Enke

Tierärztliche Bestandsbetreuung beim Milchrind

Herausgegeben von
Aart de Kruif
Rolf Mansfeld
Martina Hoedemaker

Unter Mitarbeit von
Maren Feldmann, Wolfgang Heuwieser und Rainer Martin

2., vollständig überarbeitete
und erweiterte Auflage

88 Abbildungen
14 Arbeitsblätter
96 Tabellen

Enke Verlag · Stuttgart

Bibliografische Information
der Deutschen Nationalbibliothek

Die Deutsche Nationalbibliothek verzeichnet diese Publikation in der Deutschen Nationalbibliografie; detaillierte bibliografische Daten sind im Internet über http://dnb.d-nb.de abrufbar.

Anschriften der Herausgeber:

Prof. Dr. Dr. h.c. Aart de Kruif
Department of Obstetrics, Reproduction and Herd Health
Salisburylaan, 133,
9820 Merelbeke
Belgien

Prof. Dr. Rolf Mansfeld
Klinik für Wiederkäuer mit Ambulanz und Bestandsbetreuung
Ludwig-Maximilians-Universität München
Sonnenstr. 16
85764 Oberschleißheim

Prof. Dr. Martina Hoedemaker
Klinik für Rinder
Tierärztliche Hochschule Hannover
Bischofsholer Damm 15
30173 Hannover

1. Auflage 1998

Unsere Homepage: www.enke.de

Printed in Germany

Umschlaggestaltung: Thieme Verlagsgruppe
Satz: primustype Hurler GmbH, Notzingen
gesetzt in: UltraXML
Druck: Grafisches Centrum Cuno, Calbe

ISBN 3-8304-1046-8
ISBN 978-3-8304-1046-1

1 2 3 4 5 6

Vorwort zur 2. Auflage

Nachdem die „Tierärztliche Bestandsbetreuung beim Milchrind“ als erster praxisorientierter Leitfaden in deutscher Sprache seit einiger Zeit vergriffen ist, erscheint jetzt die zweite, überarbeitete und erweiterte Auflage. Dafür konnten drei weitere, fachlich versierte Autoren hinzugewonnen werden. Grundsatzdiskussionen über Sinn und Zweck tierärztlicher Bestandsbetreuung, wie noch vor einigen Jahren an der Tagesordnung, gibt es in ernstzunehmendem Maße nicht mehr. Vielmehr wird die Bestandsbetreuung heute von verschiedenen Seiten unter Zugrundelegung unterschiedlicher Qualitätsansprüche gefordert.

Obwohl für den praktizierenden Tierarzt die Frage der betriebswirtschaftlichen Auswirkungen bestandsbetreuerischer Maßnahmen im landwirtschaftlichen Betrieb nach wie vor im Vordergrund steht, haben in der jüngeren Vergangenheit nichtmonetäre Nutzenaspekte der Tierärztlichen Bestandsbetreuung erheblich an Bedeutung gewonnen. Ursachen dafür sind unter anderem Veränderungen im Produkthaftungsrecht wie auch die EU-weite Verankerung des so genannten „Stable-to-Table-Konzepts“. Damit gewinnt die Tierärztliche Bestandsbetreuung als Instrument zur Sicherung von Prozess- und Produktqualität zum Schutz des Verbrauchers, aber auch des Landwirts und nicht zuletzt der Tiere an Bedeutung.

Die Erweiterung der vorliegenden zweiten Auflage dieses Buchs versucht dieser Entwicklung Rechnung zu tragen. So wurden unter anderem Abschnitte zu den Themen „Qualitätsmanagement“ und „Qualitätssicherungssysteme“ ergänzt. Weitere Ergänzungen stellen das Kapitel „Strategisches Fruchtbarkeitsmanagement“ und ein stark erweiterter Abschnitt zum Thema „Gliedmaßengesundheit“ dar. Trotz des ständigen Vormarsches der EDV im landwirtschaftlichen Bereich wurde nicht auf die Darstellung einfacher manueller Dokumentationsmöglichkeiten für die Bestandsbetreuung verzichtet. Die Fruchtbarkeits- und Krankenkarte stellt nach wie vor ein gutes Instrument zum Einstieg in die Bestandsbetreuung dar. Andererseits werden neuere Entwicklungen im Bereich Datenverarbeitung angesprochen, ohne auf einzelne auf dem Markt befindliche Produkte einzugehen. Schließlich stellt das Kapitel „Bedeutung und Anwendung der Ökonomie in der ITB“ den ersten Versuch dar, Grundlagen und Aspekte der Anwendung betriebswirtschaftlicher Instrumente im Rahmen der Bestandsbetreuung in eine deutschsprachige Buchpublikation einfließen zu lassen.

Wie bereits bei der ersten Auflage ist es das Anliegen der Herausgeber und der Autoren, interessierten Kolleginnen und Kollegen Informationen und Anregungen für die praktische Umsetzung der Bestandsbetreuung zu geben. Alle Autoren verfügen über langjährige Erfahrungen auf dem Gebiet der Tierärztlichen Bestandsbetreuung. Fallbeispiele, Arbeitsmaterialien, praktische Tipps wie auch Hinweise auf mögliche Schwierigkeiten bei der Umsetzung der Bestandsbetreuung in der täglichen Praxis basieren darauf. Lösungsansätze für wichtige Problemstellungen im Rahmen der Bestandsbetreuung werden aufgezeigt.

Frau Dr. Silke Mansfeld danken wir für die Anfertigung von Zeichnungen und für die Unterstützung bei den Korrekturarbeiten.

Herausgeber und Autoren wünschen allen Lesern viel Freude beim Studium des Buches und viel Erfolg bei der Bestandsbetreuung!

Aart de Kruif Gent	Rolf Mansfeld München	Martina Hoedemaker Hannover
Maren Feldmann Hannover	Wolfgang Heuwieser Berlin	Rainer Martin München

Vorwort zur 1. Auflage

Die tierärztliche Bestandsbetreuung beim Milchrind hat in den letzten Jahren an Bedeutung gewonnen. Dementsprechend liegen in zunehmendem Maße Erfahrungen aus der praktischen Umsetzung, Ergebnisse wissenschaftlicher Studien auf diesem Gebiet sowie Hilfsmittel, wie Dokumentationssysteme, Arbeitsblätter, Herden-Software u. a., vor. Interessierte Kolleginnen und Kollegen finden Unterstützung in der „Interessengemeinschaft Integrierte Tierärztliche Bestandsbetreuung – Rind“ (IG ITB-Rind) des Bundesverbandes Praktischer Tierärzte e. V. (Hahnstraße 70, 60528 Frankfurt am Main). Die wirtschaftlichen Zwänge einerseits sowie steigende Anforderungen hinsichtlich des Verbraucherschutzes und des Tierschutzes andererseits lassen eine weitere Entwicklung und einen wachsenden Bedarf für Leistungen der integrierten Bestandsbetreuung erwarten.

Das vorliegende Werk stellt das Ergebnis des ersten Versuchs dar, einen knapp gefassten, praxisorientierten Leitfaden für die Bestandsbetreuung beim Milchrind zu schaffen. Außer einer allgemeinen Einführung werden die Schwerpunkte „Herdenfruchtbarkeit“, „Eutergesundheit“, „Milchleistung und Fütterung“ sowie „Jungviehaufzucht“ behandelt. Kürzere Abschnitte wie „Infektionskrankheiten“ und „Gliedmaßengesundheit“, kommen ergänzend hinzu. Schließlich runden Ausführungen zur Datenverarbeitung und -auswertung sowie zur Bewertung ökonomischer Ergebnisse das Werk ab. Die Autoren verfügen über langjährige Erfahrungen auf dem Gebiet der Bestandsbetreuung. Arbeitsmaterialien, praktische Tipps und Hinweise auf mögliche Schwierigkeiten bei der Umsetzung der Bestandsbetreuung stellen den unmittelbaren Bezug zur Praxis sicher. Ein Leitfaden in dieser Form kann kein umfassendes Lehrbuch ersetzen. Es ist vielmehr das Anliegen des Autorenteams, den an der Bestandsbetreuung interessierten Kolleginnen und Kollegen Anregungen für die praktische Umsetzung der Bestandsbetreuung zu geben und ihnen über bekannte Anfangschwierigkeiten hinwegzuhelfen. Darüber hinaus werden Lösungsansätze für wichtige Problemstellungen im Rahmen der Bestandsbetreuung aufgezeigt. Jeweils am Ende einzelner Abschnitte wird weiterführendes Schrifttum zum Thema angeführt. Über Rückmeldungen aus der Leserschaft an den Verlag und Vorschläge für Verbesserungen und Ergänzungen wären Verfasser und Verlag sehr erfreut.

Frau Dr. Silke Steffen danken wir für die Anfertigung von Zeichnungen und die Unterstützung bei den Korrekturarbeiten.

Das Autorenteam wünscht allen Lesern viel Freude beim Studium des Buches und beste Erfolge bei der Bestandsbetreuung!

Aart	Rolf	Martina
de Kruif	Mansfeld	Hoedemaker
Gent	München	Hannover

Geleitwort zur 1. Auflage

Eine langersehnte Buchpublikation zur Integrierten Tierärztlichen Bestandsbetreuung in Milcherzeugerbetrieben liegt unter der Autorenschaft von Prof. Dr. Aart de Kruif, Dr. Rolf Mansfeld und Dr. Martina Hoedemaker im Enke Verlag vor. Sie ergänzt in idealer Weise die einschlägigen Fachbücher, die sich primär mit dem Untersuchungsgang, der Diagnose und der Therapie beim einzelnen Tier befassen. Die drei Autoren haben ein gut gegliedertes, leicht verständlich geschriebenes und mit zahlreichen Tabellen und Abbildungen versehenes Buch erstellt, das alle Aspekte der Integrierten Tierärztlichen Bestandsbetreuung lehrbuchmäßig berücksichtigt, andererseits aber von einem üblichen Lehrbuch in mancherlei Hinsicht abweicht. Untersuchungen und Therapiemaßnahmen, aber auch Lehrmeinungen, werden äußerst kritisch beleuchtet, wobei eigene Erfahrungen der Autoren und ein umfassendes Literaturstudium Grundlage der Aussagen sind. Bei der sehr umfangreichen Literatur wurde besonders das neueste angloamerikanische, deutschsprachige und flämisch-niederländische Schrifttum berücksichtigt.

Die Herausgeber sind durch ihren beruflichen Werdegang für die Erstellung dieses Buches besonders prädestiniert. Alle drei haben eine sehr gute praktisch-wissenschaftliche Ausbildung an einer Universitätsklinik sowie eine langjährige kurative Tätigkeit, sei es in Form einer ambulatorischen Außentätigkeit oder in einer tierärztlichen Landpraxis, absolviert und dabei umfangreiche Kenntnisse – auch bezüglich der wirtschaftlichen Grenzen tierärztlicher Maßnahmen – erworben. Dies wird dem Leser in jedem Kapitel bewusst. Diese Autoren wissen sehr gut, wovon sie schreiben. Der Text ist auf das Wesentliche und das alltäglich Auftretende konzentriert. Für diejenigen, die sich auch über zusätzliche Detailfragen informieren wollen, gibt ein aktuelles Literaturverzeichnis, das am Ende eines jeden Kapitels zur Verfügung steht, wertvolle Hinweise.

Dem Buch ist eine weite Verbreitung zu wünschen, nicht zuletzt im Interesse des neuen Fachgebietes, das immer mehr Beachtung im Lehrangebot tierärztlicher Bildungsstätten finden möge. Mit diesem erhalten auch erfahrene ältere Nutztierkliniker die Chance, sich bewährte Arbeitsmethoden anzueignen, die heute vielerorts schon und zukünftig sicher in zunehmendem Maße einen unverzichtbaren Teil der Nutztierpraxis ausmachen dürften.

Ich wünsche, dass dem Leser das Studium des bemerkenswerten Buches ebenso viel Freude bereitet wie dem Verfasser des Geleitworts. Es enthält eine Fundgrube wichtiger Informationen, gibt Orientierungshilfen von ausgezeichneten Spezialisten und zeigt Wege auf, das Ziel der Herdensanierung baldmöglichst und auch kostengünstig zu erreichen.

Eberhard Grunert
Direktor der Klinik für Geburtshilfe
und Gynäkologie des Rindes der
Tierärztlichen Hochschule Hannover

Inhalt

Autoren

Dr. Maren Feldmann
Klinik für Rinder
Arbeitsbereich Bestandstiermedizin
Tierärztliche Hochschule Hannover
Bischofsholer Damm 15
30173 Hannover

Prof. Dr. Wolfgang Heuwieser
Fachbereich Veterinärmedizin
Tierklinik für Fortpflanzung
Königsweg 65
14163 Berlin

Prof. Dr. Martina Hoedemaker
Klinik für Rinder
Tierärztliche Hochschule Hannover
Bischofsholer Damm 15
30173 Hannover

Prof. Dr. Dr. h.c. Aart de Kruif
Department of Obstetrics, Reproduction and Herd Health
Salisburylaan, 133
9820 Merelbeke
Belgien

Prof. Dr. Rolf Mansfeld
Klinik für Wiederkäuer mit Ambulanz und Bestandsbetreuung
Ludwig-Maximilians-Universität München
Sonnenstr. 16
85764 Oberschleißheim

Dr. Rainer Martin
Klinik für Wiederkäuer mit Ambulanz und Bestandsbetreuung
Ludwig-Maximilians-Universität München
Sonnenstr. 16
85764 Oberschleißheim

1 Einführung in die Bestandsbetreuung

R. Mansfeld, M. Hoedemaker und A. de Kruif

1.1 Allgemeines

1.1.1 Situation der Milcherzeuger

In den vergangenen Jahrzehnten war die Milcherzeugung vor allem durch Rationalisierungen in der Produktionstechnik und eine intensive züchterische Bearbeitung von Leistungsmerkmalen gekennzeichnet. Das hat zu einer Zunahme der Herdengrößen, einer Steigerung des Milchleistungsniveaus und schließlich zu einer angemessenen Einkommensentwicklung in der Milchproduktion geführt. Aufgrund der zu erwartenden negativen Entwicklung des Milchpreises ist in den nächsten Jahren jedoch mit einem steigenden wirtschaftlichen Druck und einem Rückgang des Arbeitseinkommens der Landwirte aus der Milcherzeugung zu rechnen (**Abb. 1.1**). Demgegenüber stehen politische Forderungen und daraus resultierende Veränderungen der gesetzlichen Rahmenbedingungen im Raum, durch die Aspekte des gesundheitlichen Verbraucherschutzes, des Tierschutzes und des Umweltschutzes zunehmend in den Vordergrund gerückt werden. Die aus diesen Entwicklungen resultierenden, auf den ersten Blick gegensätzlich erscheinenden Anforderungen an Milcherzeugerbetriebe machen deutlich, dass krankheits- und managementbedingte Produktionsverluste soweit möglich minimiert werden müssen, um bei optimierter Gesundheit und Leistung der Tiere betriebswirtschaftliche Reserven auch unter heutigen und zukünftigen Bedingungen nutzen zu können.

Die Milchleistung lässt sich nicht beliebig steigern, so dass es unter den Bedingungen eines Milchquotensystems und sinkender Milchpreise von besonderer Bedeutung ist, eine vorgegebene Milchmenge ohne Qualitätsverlust möglichst kostengünstig zu produzieren. Da die Leistungsfähigkeit der Tiere unmittelbar mit deren Gesundheit und Fruchtbarkeit in Zusammenhang steht, gewinnen herdenbezogene prophylaktische Maßnahmen und betriebsspezifische Qualitätssicherungsmaßnahmen als tierärztliche Tätigkeiten zunehmend an Bedeutung.

1.1.2 Geschichte der tierärztlichen Bestandsbetreuung

Seit mehr als 20 Jahren werden in Deutschland Konzepte für die tierärztliche Bestandsbetreuung in Rinder haltenden, vornehmlich Milch erzeugenden Betrieben entwickelt und in praxi privatwirtschaftlich umgesetzt. In der industriellen Produktion der Milchviehanlagen der ehemaligen DDR waren bereits in den 70er Jahren umfassende tierärztliche Überwachungsprogramme eingerichtet worden. Im europäischen und außereuropäischen Ausland sind vergleichbare Konzepte entstanden.

Die heutige tierärztliche Bestandsbetreuung wird in erster Linie von praktizierenden Tierärzten, darüber hinaus von Tiergesundheitsdiensten und Tierärzten anderer Organisationen (z.B. Hochschuleinrichtungen) durchgeführt und erfährt eine ständige Weiterentwicklung.

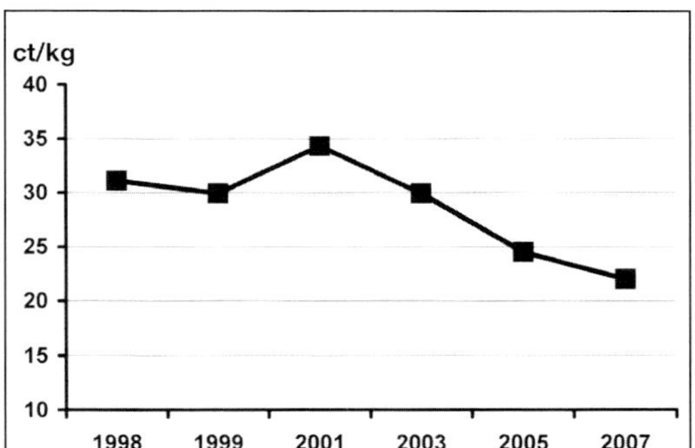

Abb. 1.1 Entwicklung des Milchpreises in Deutschland (top agrar 2004).

1.1.2.1 Die klassische „Tierärztliche Bestandsbetreuung"

Die klassische „Tierärztliche Bestandsbetreuung" (TB) besteht im Wesentlichen aus prophylaktischen Maßnahmen gegen Infektionskrankheiten und Parasitosen und einem umfassenden Tiergesundheitsmonitoring sowie den erforderlichen Behandlungsmaßnahmen auf Einzeltierebene. Die betreuten Bestände, in denen eine entsprechende Dokumentation eingerichtet wird, werden in regelmäßigen Abständen aufgesucht. Tiere, die zuvor festgelegten Auswahlkriterien entsprechen, werden einer Untersuchung unterzogen, und es erfolgen Datenauswertungen. So ist es möglich, Gesundheit und Fruchtbarkeit der Herden auf Basis von Einzeltier- und Bestandsinformationen zu erfassen und Erfolg oder Misserfolg von Einzeltierbehandlungen und/oder Bestandsmaßnahmen festzustellen. Die Bewertung erfolgt im Wesentlichen durch die Auswertung zurückliegender Zeiträume (Retrospektive Analyse), die Beurteilung von Verläufen (Verlaufsanalyse) sowie durch Auswertung des Status quo und Berechnung zu erwartender Ergebnisse (Paraspektive/Prospektive Analyse).

1.1.2.2 Die „Integrierte Tierärztliche Bestandsbetreuung"

Die „Integrierte Tierärztliche Bestandsbetreuung" (ITB) wurde definiert als „regelmäßige systematische Tätigkeit des Tierarztes mit dem Ziel, die Gesundheit und Leistung der Tiere, die Qualität der tierischen Produkte, die wirtschaftliche Situation des Betriebs und letztendlich die Berufszufriedenheit des Betriebspersonals zu steigern". Zur Umsetzung der ITB wurde die Einbeziehung des Tierarztes in das Management aller für seine Tätigkeit relevanten Betriebszweige gefordert. Im Vergleich zur klassischen Bestandsbetreuung stehen bei der ITB betriebliche Ziele und die beratende Mitwirkung des Tierarztes im Herdenmanagement vermehrt im Vordergrund. Die dafür erforderliche Integration der Tätigkeiten des bestandsbetreuenden Tierarztes in den Produktionsprozess und den Informationsfluss des jeweiligen Betriebs hat Anfang der 90er Jahre zu der Bezeichnung „Integrierte Tierärztliche Bestandsbetreuung (ITB)" geführt. Der bestandsbetreuende Tierarzt bekommt im Rahmen der ITB eine Art „Controller-Funktion". Man spricht auch vom „Tierärztlichen Controlling".

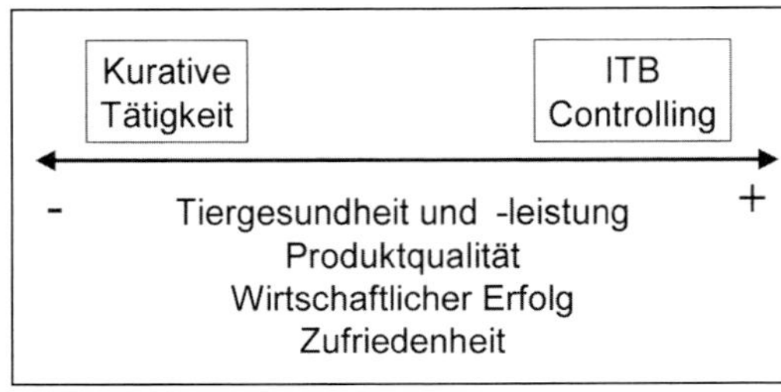

Abb. 1.2 Ausgangssituation der „Integrierten Tierärztlichen Bestandsbetreuung" im Vergleich zur traditionellen tierärztlichen Praxis in Bezug auf Tiergesundheit, Leistung, Produktqualität, wirtschaftlichen Erfolg und Berufszufriedenheit des Betriebspersonals auf einer Plus-Minus-Achse.

Elemente des klassischen Controllings sind unter anderem die Versorgung der Betriebsleitung mit Fachinformationen, die Einrichtung und die Unterhaltung von Planungs- und Kontrollsystemen sowie die Übernahme von Führungs- und Steuerungsaufgaben. Diese Elemente finden sich in der ITB wieder. **Abb. 1.2** zeigt die Ausgangsposition der ITB im Vergleich zur traditionellen kurativen Praxis bezüglich der in der Definition der ITB genannten Punkte auf einer Plus-Minus-Achse.

Die klassische TB wie auch die ITB erreichen ihre höchste Effizienz, wenn der bestandsbetreuende Tierarzt mit dem Landwirt, gegebenenfalls mit den zuständigen Gesundheitsdiensten und/oder Tierärzten anderer Organisationen sowie mit den weiteren, für den jeweiligen Betrieb tätigen Beratern im Sinn der betrieblichen Ziele so eng wie möglich kooperiert.

Die Fachgruppe „Bestandsbetreuung Rind" im Bundesverband Praktizierender Tierärzte (2002) definiert und erläutert die ITB wie folgt:

„Die Integrierte Tierärztliche Bestandsbetreuung ist die regelmäßige und planmäßige Anwendung des gesamten Spektrums tierärztlichen Wissens und Könnens in Tierbeständen mit dem Ziel, den Tierbesitzern bei der Schaffung und Erhaltung einer höchstmöglichen Tiergesundheit und betriebsspezifisch optimalen Tierleistung auf der Basis tierärztlicher Diagnosen und weiterführender Untersuchungen nach dem neuesten fachlichen Kenntnisstand Hilfestellung zu leisten. Dies wird erreicht durch ein ganzheitliches und nachhaltiges Tiergesundheits- und Hygienemanagement, das neben der Krankheitsverhütung das Wohlbefinden der Tiere (Tiergerechtheit) und die Umsetzung aller bekannten Maßnahmen zur Umwelt- und Lebensmittelsicherheit zum Ziel hat.

Ein damit verbundenes Ziel ist die dauerhafte Gesunderhaltung der Tiere, der gezielte Einsatz von Tierarzneimitteln und die dauerhafte Minimierung des Antibiotikaeinsatzes.

Bei lebensmittelliefernden Tieren steht der Schutz des Verbrauchers durch die Verhütung lebensmittelrelevanter Infektionen und Kontaminationen sowie Rückstände jeglicher Art in Produkten tierischer Herkünfte im Vordergrund. Die ITB wird durch ihre planmäßige und kontinuierliche Erfassung, Analyse und Bewertung der für die Prozesssicherheit und Produktqualität relevanten Daten zu einem unverzichtbaren Instrument von Qualitätssicherungs- und Zertifizierungssystemen in der Primärproduktion von Lebensmitteln tierischer Herkunft."

1.1.2.3 Moderne Qualitätssicherungssysteme

In der jüngeren Vergangenheit sind nicht monetäre Nutzenaspekte der Integrierten Tierärztlichen Bestandsbetreuung vermehrt in den Vordergrund getreten. Ein zunehmendes Qualitäts- und Sicherheitsbewusstsein hat vor dem Hintergrund der EU-Erweiterung einerseits und stattgefundener Tierseuchen- und Zoonosenproblematiken andererseits zu einer Reihe politischer Forderungen und zu Veränderungen der gesetzlichen Rahmenbedingungen geführt.

Die Bundesregierung hat in ihrem Positionspapier zur Zwischenbewertung der Agenda 2000 vom 27.2.2002 zum Ausdruck gebracht, dass sie eine umfassende Reform der EU-Agrarpolitik für erforderlich hält. Wesentliches Merkmal einer zukunftsorientierten Agrarpolitik sollte demnach die Orientierung an den Interessen der Verbraucher sein. Die gesellschaftlichen Anforderungen in den Bereichen Verbraucher-, Tier- und Umweltschutz sollen konsequent berücksichtigt werden. Parallel dazu soll die Ausrichtung auf eine nachhaltige Landwirtschaft erfolgen, die natürliche Ressourcen schont und zur Erhaltung der Kulturlandschaft beiträgt.

Auch in anderen Ländern sind entsprechende Entwicklungen zu beobachten. In den USA, wo die klassische „Production medicine" schon lange etabliert ist, hat ein einzelner BSE-Fall zu einer umfassenden Diskussion zum Thema „Gesundheitlicher Verbraucherschutz" geführt. Bezüglich der Hauptaufgaben der Großtierpraktiker werden hier aufgrund des starken öffentlichen Interesses in den nächsten Jahren erhebliche Veränderungen erwartet.

Auf europäischer Ebene sind vor dem Hintergrund der EU-Erweiterung und der stark unterschiedlichen Produktionsbedingungen in den einzelnen Mitgliedstaaten zwischenzeitlich sowohl die Ausdehnung der erweiterten Produkthaftung auf die landwirtschaftliche Primärproduktion (RL 1999/34/EG) als auch das „Stable-to-Table-Konzept" (VO EG 178/2002 – sog. Basisverordnung) verankert worden. Mit Letzterem wird das Ziel verfolgt, eine lückenlose Rückverfolgbarkeit innerhalb von vertikalen Produktionsketten zu gewährleisten und auf diese Weise eine Qualitätssicherung von Beginn der Urproduktion bis zum Endverbraucher zu erzielen.

Die Kombination aus „Stable-to-Table-Konzept" und „Erweiterter Produkthaftung" erfordert im Fall ihrer umfassenden Realisierung Qualitätssicherungssysteme für landwirtschaftliche Betriebe, vorzugsweise in Form einer als „Controlling-System" ausgerichteten ITB, sowohl aus Sicht und zum Schutz des Verbrauchers als auch des landwirtschaftlichen Betriebsleiters.

Die durch die Einrichtung eines effizient und zielgerichtet arbeitenden Qualitätssicherungssystems (Prozess- und Produktqualität) erzielbaren positiven betriebswirtschaftlichen, bei Flächendeckung auch volkswirtschaftlichen Begleiteffekte treten zunächst in den Hintergrund.

Klassische QS-Systeme konzentrieren sich auf die Produktqualität. Bezogen auf den Produktionsprozess erkennen und kontrollieren (Critical Control Points) sie Risikofaktoren (Risiko für den Verbraucher) somit erst zu einem relativ späten Zeitpunkt und dienen damit als „Defensivkonzepte" der Gefahrenabwehr. Demgegenüber liefert das „Veterinary Herd Controlling System" (VHC-System, **Kap. 1.3.2**) – eine Weiterentwicklung wesentlicher Teile der ITB – die Grundlage für eine mit der Planung beginnende kontrollierte Prozessgestaltung. Es stellt somit ein „Offensivkonzept" dar, bei dem Gefahren- und Verlustvermeidung im Vordergrund stehen.

1.1.2.4 Aus-, Fort- und Weiterbildung

Nachdem die Inhalte der Tierärztlichen Bestandsbetreuung über viele Jahre den Studierenden der Tiermedizin im Rahmen von fakultativen Lehrveranstaltungen vermittelt worden waren, sind sie

Tab. 1.1 Strategie der Integrierten Tierärztlichen Bestandsbetreuung (ITB) – Grundprinzip.

Feststellung des Status quo in den einzelnen Betreuungsbereichen des Betriebes
Definition von Zielen in den einzelnen Betreuungsbereichen
Erarbeitung einer Strategie, mit der die Ziele erreicht werden können; Anpassung vorhandener Strategien
Aufstellung eines Arbeitsprogramms zur Umsetzung der Strategie
Durchführung des Arbeitsprogramms
exakte Dokumentation (Datenerfassung und -verarbeitung)
Periodische Datenauswertung
Beratung, Konsequenzen (ggf. Strategiekorrektur, Definition neuer Ziele)

seit dem Jahr 1999 in der Tierärztlichen Approbationsordnung verankert. Alljährlich werden zahlreiche Fortbildungsveranstaltungen zu Themen der ITB angeboten. Die vom Bundesverband Praktizierender Tierärzte e.V. in Zusammenarbeit mit Angehörigen tierärztlicher Fakultäten ins Leben gerufene Fachgruppe „Bestandsbetreuung Rind" bietet entsprechende Veranstaltungen regelmäßig an. Außerdem ist ein zweijähriger Weiterbildungsgang „Integrierte Tierärztliche Bestandsbetreuung und Qualitätssicherung im Erzeugerbetrieb – Rind" eingerichtet worden.

In den folgenden Kapiteln soll ein „Leitfaden" für die Ein- und Durchführung der ITB mit den Schwerpunkten Herdenfruchtbarkeit, Eutergesundheit, Milchleistung und Fütterung sowie Jungviehaufzucht und Anregungen zu deren Weiterentwicklung zu einem modernen Qualitätssicherungssystem auf Erzeugerbetriebsebene gegeben werden.

Literatur

Brand, A., J.P.T.M. Noordhuizen und Y.H. Schukken (2003): Herd Health and Production Management in Dairy Practice. Wageningen Pers, Wageningen, Niederlande.

Europäisches Parlament und Rat (2002): Verordnung (EG) Nr. 178/2002 des Europäischen Parlaments und des Rates vom 28. Januar 2002 zur Festlegung der allgemeinen Grundsätze und Anforderungen des Lebensmittelrechts, zur Errichtung der Europäischen Behörde für Lebensmittelsicherheit und zur Festlegung von Verfahren zur Lebensmittelsicherheit. Amtsblatt der Europäischen Gemeinschaften, L031 vom 01.02.2002, 1–24.

Fetrow, J. (2004): Dairy Production Medicine in the United States. Proc. World Buiatrics Congress, Québec, 11.-16. Juli 2004, 41–42.

Noordhuizen, J. P. (2004): Dairy Herd Health and Production Management Practice in Europe: State of the Art. - Proc. World Buiatrics Congress, Québec, 11.-16. Juli 2004, 47–48.

Radostits, O. M. (2001): Herd Health: Food Animal Production Medicine. W.B. Saunders Company, Philadelphia, 3. Auflage.

Scholl, D.T., A. Brand und P. Dobbelaar (1990): Gesundheits- und Produktionsüberwachung in Milchviehbeständen nach Plan. Prakt. Tierarzt 71, Colleg. Vet. XX, 20–23.

Van Ginderen, S. (1992): Möglichkeiten einer tierärztlichen Bestandsbetreuung in Milcherzeugerbetrieben und deren Auswirkungen auf Herdengesundheit und -fruchtbarkeit sowie auf die Wirtschaftlichkeit der landwirtschaftlichen Produktion und der tierärztlichen Tätigkeit – eine Literaturstudie. Hannover, Tierärztliche Hochschule, Dissertation.

1.2 Grundregeln der Integrierten Tierärztlichen Bestandsbetreuung

Der Tierarzt, der die Bestandsbetreuung unter Praxisbedingungen erfolgreich betreiben möchte, muss einige Grundregeln beachten. Die **Grundregel 1** heißt: **„Strategisches Vorgehen"**. Eine Strategie ist eine „genau geplante Vorgehensweise". In **Tab. 1.1** sind die strategischen Grundprinzipien der Integrierten Tierärztlichen Bestandsbetreuung (ITB) dargestellt. Diese Strategie findet in allen Betreuungsbereichen Anwendung.

Da die ITB aus einer Reihe zeitintensiver Tätigkeiten besteht, muss bei der Erstellung eines Arbeitsprogramms für einen Betriebsbereich mit großer Sorgfalt vorgegangen und die höchstmögliche Effizienz angestrebt werden. Andernfalls besteht entweder die Gefahr, dass die ITB für den landwirtschaftlichen Betrieb zu teuer wird oder dass der durchführende Tierarzt nicht nach dem tatsächlichen Aufwand liquidieren und somit von den Tätigkeiten im Rahmen der ITB nicht existieren kann.

Zu den Grundregeln der ITB gehören das strategische, das heißt das genau geplante, zielgerichtete Vorgehen und das Konsequenzprinzip. Letzteres besagt, dass Untersuchungen wie auch Auswertungen im Rahmen der ITB nur dann durchgeführt werden, wenn festgestellte Abweichungen (pathologische Befunde oder von Referenzwerten abweichende Kennzahlen) Konsequenzen, also definierte Maßnahmen zur Folge haben.

Die **Grundregel 2** der ITB ist daher das **„Konsequenzprinzip der Integrierten Tierärztlichen Bestandsbetreuung"**. Danach werden Untersuchungen nur dann durchgeführt, wenn deren Ergebnisse im Falle abweichender Befunde auch zu Konsequenzen führen. So ist es beispielsweise nicht sinnvoll, für alle Tiere einer Herde, für die bis zu einem bestimmten Zeitpunkt nach der Kalbung keine Brunst registriert wurde, eine gynäkologische Untersuchung einzuplanen, wenn das Ergebnis dieser Untersuchung im Falle krankhafter Befunde in der Regel nicht konsequenterweise zu einer Behandlung führt, sondern zu einem weiteren Abwarten. Andererseits kann bei einer im Rahmen der Überwachung auffallenden Häufung wesentlich reduziert und/oder verspätet auftretender äußerer Brunstsymptome –, bei gleichzeitig unauffälligen Ergebnissen in den Überwachungsbereichen Fütterung/Leistung und Reproduktionsmanagement – eine gynäkologische Reihenuntersuchung zwecks Feststellung möglicher organischer Ursachen erforderlich werden. Das Konsequenzprinzip gilt auch für die Dokumentation. Es werden nur Datenauswertungen vorgenommen, deren Ergebnisse im Fall von Abweichungen gegenüber definierten Sollwerten zu Konsequenzen führen. Es ist z. B. nicht sinnvoll, Kennzahlen zur Eutergesundheit (z. B. prozentualer Anteil von Tieren mit einem Zellgehalt im Gesamtgemelk von mehr als 250.000/ml) zu ermitteln, wenn bei Überschreiten eines zuvor festgelegten Sollwerts keinerlei Konsequenzen erfolgen. Eine solche „Negativ-Dokumentation" schadet sogar der ITB, da dem landwirtschaftlichen Betriebsleiter in regelmäßigen Abständen negative Ergebnisse präsentiert werden, und die somit in einem Betriebsbereich dokumentierte Erfolgsschwäche leicht demjenigen zugeschrieben wird, der für die Tiergesundheit zuständig ist, und die Ergebnisse präsentiert. Nur in Ausnahmefällen werden aus eigenem Interesse oder auf Wunsch des landwirtschaftlichen Betriebsleiters zusätzliche, über das vereinbarte Programm hinausgehende Auswertungen durchgeführt.

Die **Grundregel 3** ist die **„Betriebsspezifität der Bestandsbetreuung"**. Es ist nicht sinnvoll, in verschiedenen Betrieben einheitlich vorgefertigte Betreuungsprogramme durchzuführen. Die Programme sind immer betriebsspezifisch und werden auf Grundlage der Status-quo-Bestimmung und der Zielfestlegungen als Strategie entwickelt und umgesetzt. Dabei können in den einzelnen Betreuungsbereichen verschiedener Betriebe unterschiedliche Routinen in unterschiedlicher Intensität zum Einsatz kommen. Durch regelmäßige Überprüfung geeigneter Indikatoren (Datenauswertungen etc.) wird das Erreichen betriebsspezifischer Ziele kontrolliert. Auf Veränderungen in einzelnen Betreuungsbereichen wird betriebsspezifisch mit einer Anpassung des jeweiligen Arbeitsprogramms an den aktuellen Bedarf reagiert.

Der in der ITB tätige Tierarzt muss sich eine Reihe von Spezialkenntnissen aneignen und diese ständig erweitern. Dazu gehören sowohl Kenntnisse bezüglich möglicher Vorgehensweisen in den verschiedenen Betreuungsbereichen und der entsprechenden tiermedizinischen Zusammenhänge als auch Kenntnisse der betreffenden landwirtschaftlichen Produktionszweige inklusive wirtschaftlicher Hintergünde. Ebenso sind betriebswirtschaftliches Wissen und praktische Kenntnisse in der Datenverarbeitung und -auswertung unabdingbar.

Daraus folgt die **Grundregel 4:** Die **Eignung des in der ITB tätigen Mitarbeiters** muss gewährleistet sein, wenn die Bestandsbetreuung erfolgreicher und dauerhafter Bestandteil der Praxistätigkeit werden soll (**Tab. 1.2**).

Die ITB lässt sich nicht „nebenbei" machen. Sie ist planbar, aber auch termingebunden. Daraus ergibt sich die **Grundregel 5: Notfallpraxis und ITB müssen gleichrangig sein.** Die daraus resultierenden Anforderungen an die Organisation der tierärztlichen Praxis sind in **Tab. 1.3** dargestellt.

Tab. 1.2 Eignung des in der ITB tätigen Praxismitarbeiters.

1. Kenntnis der Grundprinzipien der „Integrierten Tierärztlichen Bestandsbetreuung" (ITB).
2. Gute klinische Grundkenntnisse auf dem Gebiet der Rinderkrankheiten, insbesondere Euterkrankheiten, Fortpflanzungsstörungen, Stoffwechselstörungen, Infektionskrankheiten und Klauenerkrankungen.
3. Kenntnisse bezüglich der Entstehung und Verbreitung bestandsweise gehäuft auftretender Gesundheits- und Leistungsstörungen sowie entsprechender prophylaktischer, metaphylaktischer und bestandstherapeutischer Maßnahmen.
4. Kenntnisse bezüglich der Haltung von Milchvieh und der bei Haltungsfehlern auftretenden Störungen.
5. Gute Kenntnisse der Milchviehfütterung und der Möglichkeiten, Fütterungsmängel zu erkennen.
6. Kenntnisse bezüglich der Geburtshilfe und der Jungtieraufzucht.
7. Kenntnisse über die verschiedenen Produktionsabläufe in einem Milcherzeugerbetrieb und deren ökonomische Bedeutungen.
8. Kenntnis betriebswirtschaftlicher Grundprinzipien.
9. Kenntnis der Datenverarbeitung- und -nutzung in der Milcherzeugung und der Milchviehzucht.
10. Kenntnis der Datenverarbeitungsmöglichkeiten für in der Bestandsbetreuung tätige Tierärzte.
11. Kenntnis der Organisationsstrukturen der Milchviehzucht.
12. Bereitschaft, sich intensiv in die Verhältnisse der Betreuungsbetriebe einzuarbeiten und gesteckte Ziele in Zusammenarbeit mit dem Betriebsleiter hartnäckig zu verfolgen.
13. Bereitschaft zur ständigen Fortbildung.

Tab. 1.3 Organisation der ITB in der tierärztlichen Praxis.

1. Die Tätigkeiten im Rahmen der ITB werden in vereinbarten regelmäßigen Abständen (z. B. 14-tägig) durchgeführt.
2. Vereinbarte Termine müssen eingehalten werden.
3. Die Praxis muss personell so ausgestattet sein, dass ITB und Notfallpraxis parallel betrieben werden können.
4. Der für die ITB zuständige Mitarbeiter muss sich voll auf seine Arbeit konzentrieren können und genügend Zeit für die außerhalb der Bestandsbesuche anfallende Arbeit (Datenerfassung, -aufbereitung, -auswertung, Strategieentwicklung, Erstellen von Aktionslisten etc.) zur Verfügung haben.
5. Bei der Festlegung von Entgelten für die ITB müssen alle anfallenden Arbeiten berücksichtigt werden[1].

[1)] Bei intensiver Betreuung kann der Anteil an Büroarbeit erhebliche Ausmaße annehmen. In der Vergangenheit haben sich Abrechnungen nach Zeitaufwand und Kombinationen aus einer einen bestimmten Leistungsumfang enthaltenden Grundpauschale und Aufpreisen unter Berücksichtigung des Zeitaufwands für zusätzliche Leistungen bewährt. Mögliche Abrechnungsmodi sind in der Gebührenordnung für Tierärzte festgelegt.

Literatur

De Kruif, A. (1992): Die praktische Anwendung eines Programms zur Betreuung von Milchviehherden. Tierärztl. Umsch. 47, 86–92.

Mansfeld, R. und M. Metzner (1992): Tierärztliche Betreuung von Milcherzeugerbetrieben. Teil 1: Strategie der Bestandsbetreuung. Prakt. Tierarzt 73, 396–406.

Metzner, M., M. Wilhelm, M. Hoedemaker und R. Mansfeld (1994): Bewertung und Optimierung von systematischen Fruchtbarkeitsüberwachungen in der Bestandsbetreuung. Prakt. Tierarzt 75, Colleg.Vet. XXIV, 62–67.

Nordlund, K.V. (1989): Developing the production medicine practice. Vet. Clin. North Am. Food Anim. Pract. 5, 501–515.

1.3 ITB als Qualitätssicherungssystem

1.3.1 Grundlagen des Qualitätsmanagements und der Qualitätssicherung

Die DIN EN ISO 8402 und die DIN 55350 definieren „Qualität" als „die Gesamtheit von Eigenschaften und Merkmalen eines Produkts oder einer Tätigkeit, die sich auf deren Eignung zur Erfüllung gegebener Erfordernisse beziehen". Die „Erfordernisse" müssen gegeben, das heisst definiert werden. Je nach Position und Sichtweise des Beurteilenden können die einem Produktionsprozess zuzuordnenden Erfordernisse ganz unterschiedlich sein. So sehen die Anforderungen, die ein Endverbraucher an die Produktion stellt (z. B. bei Lebensmitteln: Gesundheitliche Unbedenklichkeit, Schmackhaftigkeit, günstiger Preis o.ä.), ganz anders aus als die Anforderungen des Produzenten selbst (z. B. Aussicht auf gute Absetzbarkeit eines Produkts, gute Wirtschaftlichkeit der Produktion, gute Möglichkeit zur Implementierung eines Prozesses in das Gesamtkonzept des Betriebs o.ä.). Darüber hinaus gibt es gesetzliche Anforderungen, denen eine Produktion entsprechen muss und möglicherweise auch noch zusätzliche Anforderungen der verarbeitenden Industrie oder des Handels. So ist zum Beispiel auf Initiative des Deutschen Bauernverbands, des Deutschen Raiffeisenverbands und des Milchindustrieverbands ein bundeseinheitlicher Leitfaden für die Milcherzeugung, das so genannte „Qualitätsmanagement Milch (QM Milch)" erarbeitet worden (**Abb. 1.3**). Wichtig ist die Erkenntnis, dass sich die Beurteilung einer Qualität an definierten Zielen orientiert, Qualität also „relativ" ist. In vielen Unternehmen, so auch in landwirtschaftlichen Betrieben, können die zu verfolgenden Ziele sehr unterschiedlich sein. Möglichst kostengünstige Produktion muss mit möglichst guten Bedingungen für die Tiere, wie auch für das Personal und mit bestmöglicher Produktqualität in Einklang gebracht werden. Die Quadratur des Kreises erscheint oft einfacher als die gleichzeitige Verfolgung scheinbar gegensätzlicher Ziele. Für die Einrichtung sogenannter Zielsysteme, in denen die Ziele einer Bewertung unterzogen und hierarchisch geordnet werden, wie auch für die Entwicklung und Umsetzung sogenannter Planungs- und Kontrollsysteme bedienen sich viele Unternehmen eines Controllers oder eines Controlling-Teams. In einem Milcherzeugerbetrieb nimmt der ITB-Tierarzt wesentliche Aufgaben des Controlling war.

Zu unterscheiden sind Produkt- und Prozessqualität. Die Produktqualität kann am Erzeugnis landwirtschaftlicher Produktion und an Lebensmitteln nach objektiven Kriterien im Sinn des gesundheitlichen Verbraucherschutzes (Nährwert, hygienische Beschaffenheit etc.) festgestellt werden. Die Prozessqualität wird durch die Art und Auswirkungen betriebsspezifischer Produktionsverfahren inklusive der dazugehörigen Tierhaltung, die Beachtung des Tierschutzes, des Umweltschutzes und der Nachhaltigkeit bestimmt. Derartige Eigenschaften sind nicht direkt am Produkt

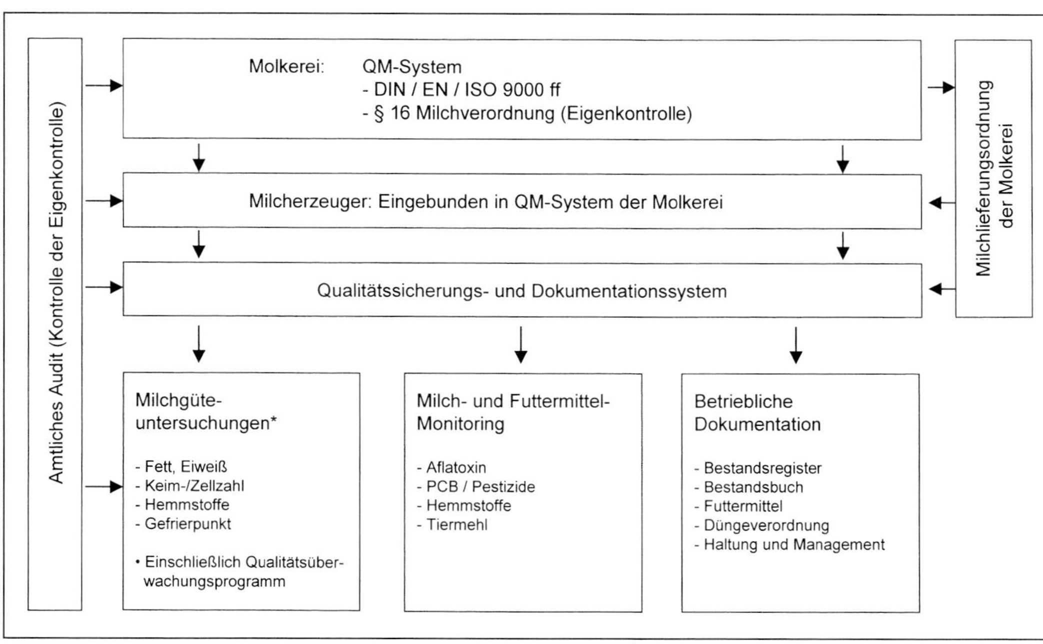

Abb. 1.3 Schema „Integriertes Qualitätssicherungssystem Milch" (QM Milch).

nachweisbar, sondern müssen produktionsbegleitend dokumentiert und regelmäßig analysiert werden.

Ähnlich wie bei dem Begriff „Qualität", kann auch der Begriff „Qualitätsmanagement" je nach Standpunkt unterschiedlich interpretiert werden. Aus der Sicht eines Betriebsleiters könnte Qualitätmanagement zum Beispiel als die „strategische Verfolgung von Unternehmenszielen unter weitgehender Optimierung von Prozess- und Produktqualität mit integriertem Kontrollsystem" definiert werden. Tatsächlich werden unter dem Einfluss von Qualitätsmanagementsystemen (QM-Systemen) Tätigkeiten und Vorgänge, die sich auf die Qualität eines Produktes auswirken, systematisch geplant, umgesetzt und dokumentiert. Verschiedene Normen (v.a. die DIN EN ISO 9000 und folgende) dienen der Schaffung eines national und international gültigen Rahmens für den Aufbau und die Beschreibung von Qualitätsmanagementsystemen.

Ein Qualitätsmanagement nach ISO 9000ff. erfasst und beschreibt sämtliche Prozessabläufe, legt Verantwortlichkeiten fest und regelt die Dokumentation. Des weiteren werden Überprüfungen (Messungen, Auswertungen, Interne Audits) festgelegt und die Fehlerbewertung im Hinblick auf Verbesserungsmöglichkeiten geregelt.

Als „umfassendes Qualitätsmanagement" („Total Quality Management" [TQM]) bezeichnet man ein Qualitätsmanagement, das alle Bereiche eines Betriebs, also nicht nur die Produktion, erfasst mit dem Zweck, Qualität als Systemziel einzuführen und dauerhaft zu sichern. Das TQM basiert ebenfalls auf dem Prinzip kontinuierlicher Verbesserung.

Qualitätssicherungssysteme (QSS) sind primär auf die Qualitätssicherheit ausgerichtet. Sie definieren Standards mittels objektiver Prüfkriterien und stellen Werkzeuge (Prüfpläne, Checklisten, Dokumentations- und Analysesysteme etc.) zur Verfügung, mit denen periodisch zu erledigende Aufzeichnungen, Prüfungen und Analysen in standardisierter Form durchgeführt werden können. Es werden horizontale QSS (z. B. QM-Milch, VHC-System), die sich auf eine Produktions- oder Vermarktungsstufe beziehen und vertikale QSS (z. B. „Qualität und Sicherheit" [QS], „Geprüfte Qualität" [GQ]), die nicht nur die Ebene der Urproduktion, sondern alle Ebenen des Herstellungs- und Vermarktungsprozesses vom Vorprodukt (z. B. Futtermittel) bis zur Ladentheke erfassen, unterschieden. Ziel ist die lückenlose Sicherung und Information entlang der Lebensmittelherstellungskette.

1.3.2 Tierärztliches Controlling – das „Veterinary Herd Controlling System"

Das Konzept des „Veterinary Herd Controlling-System" (kurz: VHC-System) als Weiterentwicklung von Teilen der ITB und dieser bezüglich der Strategie sehr ähnlich (**Tab. 1.4**) liefert den tierärztlichen Beitrag zur Sicherung von Prozess- und Produktqualität in der landwirtschaftlichen Urproduktion. Dieser dient dem gesundheitlichen Verbraucherschutz, dem Tierschutz, in begrenztem Umfang dem Umweltschutz und wirkt sich wirtschaftlich aus. Grundlage des VHC-Systems ist eine enge Zusammenarbeit zwischen dem Betriebsleiter, dem bestandsbetreuenden Tierarzt und weiteren beteiligten Beratern von der Planung über die Strategieentwicklung und -umsetzung bis zur Kontrolle. Zu diesem Zweck wird der gesamte Produktionsprozess in „Kontrollbereiche" gegliedert und diese mit sogenannten „Kontrollpunkten" (Control Points = CP) belegt (**Abb. 1.4**). Die Festlegung eines Kontrollpunkts beinhaltet Art und Häufigkeit der Durchführung einer Kontrollmaßnahme und die Durchführung selbst. Die Kontrollpunkte werden durch „kritische Kontrollpunkte" (Critical Control Points = CCP) gemäß HACCP-Konzept ergänzt. CPs und CCPs sind Prüfkriterien, den so genannten „Indikatoren", zugeordnet. Indikatoren sind nicht direkt beeinflussbare Mess- oder Rechengrößen, die dazu dienen einen Zustand zu quantifizieren. Sie

Tab. 1.4 Strategie des „Veterinary Herd Controlling Systems".

1. Status-quo-Bestimmung in den Kontrollbereichen
2. Definition von Hauptzielen
3. Festlegung von Kontrollpunkten
4. Festlegung von Indikatoren und Referenzbereichen (Zielbereichen)
5. Einrichtung eines Dokumentationssystems
6. Periodische Datenauswertung, Soll-Ist-Vergleiche mittels Indikatoren
7. Ziel-/Strategiekorrekturen

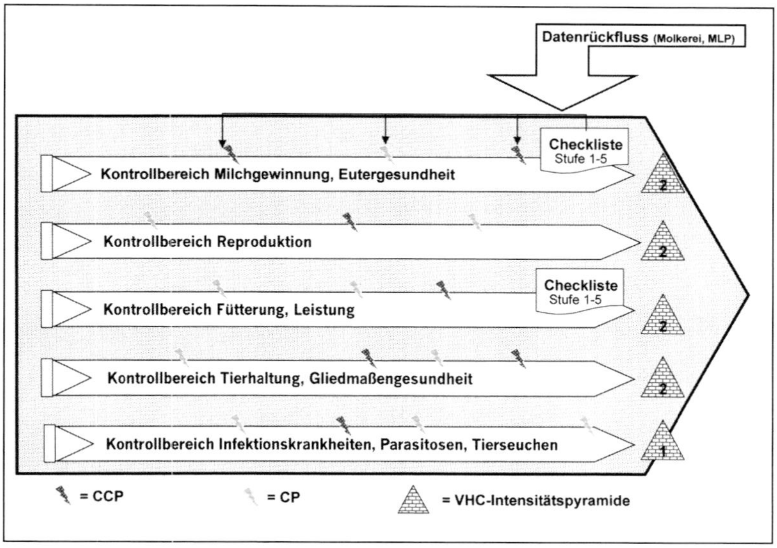

Abb. 1.4 Gliederung des Produktionsprozesses in Kontrollbereiche (Ausschnitt) und Belegung dieser mit Kontrollpunkten (CP) und kritischen Kontrollpunkten (CCP). Gekachelte Dreiecke deuten die jeweils aktivierte Intensitätsstufe an.

ermöglichen die quantitative oder semiquantitative Beschreibung von Ausgangssituationen (Status quo) sowie die Definition von Zielen und müssen sich in festgelegten Grenzen bewegen.

Bei der Umsetzung des VHC-Systems werden zwei parallele Wege beschritten. Der Weg der sog. „direkten Interventionen" betrifft den jeweiligen Kontrollbereich, z.B. Eutergesundheit, direkt, und der Weg der sog. „Indirekten Interventionen", die Faktoren des jeweiligen Kontrollbereichs (**Abb. 1.5**). Die Hauptfaktoren der Gesundheit und der Leistungsfähigkeit von Tieren sind außer der Abstammung, die Haltung, die Fütterung und das Management. Dabei verbirgt sich hinter den Begriffen Abstammung und Management je nach Kontrollbereich Unterschiedliches.

Das VHC-System ist dynamisch, das heißt seine Intensität in den jeweiligen Kontrollbereichen ist variabel. Das bedeutet, dass der Aufwand für die Durchführung und damit die „Maschenweite" des Kontrollnetzes je nach Ausgangssituation und Ziel dem Bedarf des jeweiligen Betriebs genau angepasst werden kann. Dies ist für eine rationelle und damit kostengünstige Umsetzung des Konzepts in der täglichen Praxis von entscheidender Bedeutung. Nicht alles Kontrollierbare, sondern das für die zielorientierte Sicherung einer definierten Qualität Erforderliche wird kontrolliert. Diese Dynamik der Intensität wird durch einen pyramidalen Aufbau des VHC-Systems in den einzelnen Kontrollbereichen gewährleistet (**Abb. 1.6**).

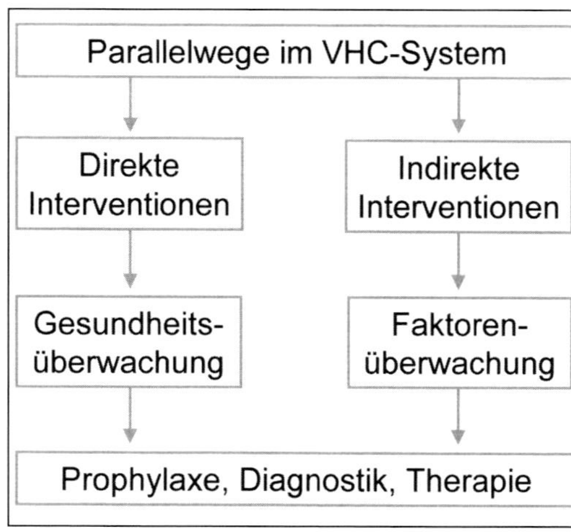

Abb. 1.5 Obligatorische Parallelwege im VHC-System.

Das VHC-System für Milcherzeugerbetriebe wird als „Dairy Herd Controlling System" (DHC-System), dasjenige für Rindfleisch erzeugende Betriebe als „Beef Herd Controlling System" (BHC-System) bezeichnet. Die bisherigen Erfahrungen haben gezeigt, dass unter dem Einfluss eines DHC-Systems eine Verbesserung des Gesundheitsstatus von Milchviehherden zu erwarten ist und der Anteil an kurativen Maßnahmen (Arzneimitteleinsatz) wie auch die Abgänge aufgrund von Gesundheits- und/oder Fruchtbarkeitsstörungen rückläufig sind.

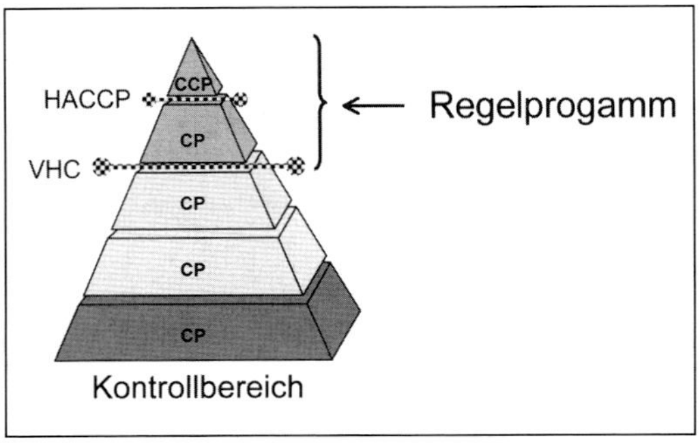

Abb. 1.6 VHC-Intensitätspyramide
(1. Stufe = Kritische Kontrollpunkte (CCP) = Minimalprogramm; 2. Stufe = Kontrollpunkte (CP), die sich aus betrieblichen Zielen und speziellen Anforderungen ergeben; 1. und 2. Stufe = VHC-Regelprogramm; weitere Stufen: Möglichkeiten zur Erhöhung der Intensität in einem Kontrollbereich).

Da der bestandsbetreuende Tierarzt im Rahmen des VHC-Systems eine Art Controller-Funktion übernimmt, trägt er eine Mitverantwortung für die Qualitätssicherung im weitesten Sinne. Unter seiner Regie kommt es vor allem zu einer kontrolliert erfolgenden Optimierung von Gesundheit und Leistungsfähigkeit der Tierbestände. Aufgrund der systematischen Verlagerung der Arbeitsschwerpunkte in die Präventive ergeben sich Beiträge zum Tierschutz durch Optimierung von Haltung und Fütterung der Tiere sowie durch Beeinflussung der Zuchtauswahl und Beiträge zum gesundheitlichen Verbraucherschutz durch Minimierung des Arzneimitteleinsatzes und Optimierung der Produktqualität. Aufgabe des VHC-Systems ist es, mit vertretbarem Aufwand möglichst wenig dem Zufall und vermeidbaren negativen Einflüssen zu überlassen.

Literatur

DeKruif, A. and G. Opsomer (2002): Integrated dairy herd health management as the basis for prevention, in: Recent developments and perspectives in bovine medicine: keynote lectures of the XII World Buiatrics Congress, Hannover,18.08.-23.08.2002, ed. by M. Kaske, H. Scholz a. M. Höltershinken – Hannover: Klinik für Rinderkrankheiten, 2002.

Hans, L. und V. Warschburger (1996): Controlling. R. Oldenbourg Verlag, München.

Hutchinson, L., B. Coe and B. Jayarao (2002): Dairy quality assurance programs : reducing producer risk and increasing consumer confidence, in: XXII World Buiatrics Congress, Hannover, 18.08.-23.08.2002, Abstracts 455–543, 147.

Landesvereinigung der Milchwirtschaft Niedersachsen e.V. (2002): Qualitätsmanagement Milch (QM Milch) – bundeseinheitlicher Leitfaden zur Milcherzeugung: www.milchwirtschaft.de/download/QM-Milch%20-Leitfaden%20.pdf.

Mansfeld, R. (1998): Dairy herd controlling system strategies and implementation. Qualitätssicherung und Tiergesundheitsmanagement im Erzeugerbetrieb. Euro Tier, Hannover, DLG Verlag, Band 2, 157–168.

Mansfeld, R. (1999): Qualitätsmanagement in Milcherzeugerbetrieben mit integrierter tierärztlicher Bestandsbetreuung. Milchpraxis 37, 72–75.

Mansfeld, R., R. Martin, R.-M. Friewald and W. Heuwieser (2002): Veterinary herd controlling system – concept and implementation, in: XXII World Buiatrics Congress, Hannover, 18.08.-23.08.2002, Abstracts 53–580, 118.

Mansfeld, R. und W. Heuwieser (1991): Tierärztliche Bestandsbetreuung. Milchpraxis 29, 198–201.

Mansfeld, R. und M. Metzner (1992): Tierärztliche Betreuung von Milcherzeugerbetrieben. Teil 1: Strategie der Bestandsbetreuung. Prakt. Tierarzt 73, 396–406.

Mather, E. C. (2002): An expanded role exists for the cattle practitioner in the global effort to improve food safety, in: XXII World Buiatrics Congress, Hannover, 18.08.-23.08.2002, Abstracts 454–380, 146–147.

Rother, B. (2005): Qualitätsmanagement- und Qualitätssicherungssysteme in der Land- und Ernährungswirtschaft: www.LfL.bayern.de/iem/qualitaetssicherung/06203/Linkurl_0_17.pdf.

2 Erarbeitung eines betriebsspezifischen Betreuungsprogramms

A. de Kruif, R. Mansfeld und M. Hoedemaker

2.1 Die vorbereitende Besprechung

Bevor man mit der eigentlichen Betreuung beginnen kann, ist es erforderlich, mit dem Landwirt die Vorgehensweisen bei der Bestandsbetreuung genau zu besprechen und ihn darauf aufmerksam zu machen, dass der Erfolg oder Misserfolg der Betreuungstätigkeit zu mehr als 50% von seiner Mitarbeit abhängt. Die Basis der ITB ist eine intensive Zusammenarbeit zwischen Landwirt und Tierarzt. Außer dem Interesse an der ITB sollte der zu betreuende Betrieb die in **Tab. 2.1** aufgeführten Voraussetzungen erfüllen.

2.2 Feststellung des Status quo

Sind die Voraussetzungen erfüllt, muss zunächst der Status quo in den verschiedenen betreuungsrelevanten Betriebsbereichen (= Kontrollbereiche) mit Hilfe aller verfügbaren Informationen festgestellt werden. Hierzu ist es sinnvoll, sich einen **Erhebungsbogen für den Betrieb** anzufertigen (**ABL 2.1**). Dieser kann sofort ausgefüllt werden oder einige Tage im Betrieb verbleiben, so dass der Betriebsleiter die Informationen in Ruhe zusammentragen kann. Des Weiteren müssen die **Stammdaten der im Betrieb vorhandenen Tiere** erfasst werden. Dies kann manuell geschehen (**ABL 2.2**) oder per Computer. Bei der Datenverarbeitung per Computer unter Nutzung entsprechender **Herden-Computerprogramme** ist es möglich, Tierstammdaten direkt aus einem im Betrieb befindlichen elektronischen „Kuhplaner" oder vom zuständigen landwirtschaftlichen Rechenzentrum zu übernehmen. Das Internet bietet hierfür gute Möglichkeiten des Informationstransfers. Vor allem bei größeren Betrieben ist es sehr ratsam, diese zu nutzen. Entsprechendes gilt für die **Bewegungsdaten der Tiere**. Bei der Status-quo-Bestimmung sind dies in erster Linie Kalbe- und Besamungsdaten, Ergebnisse aktueller Trächtigkeitsuntersuchungen und aktueller gynäkologischer Untersuchungen, Daten zur Milchleistung, Eutergesundheit und Milchqualität. Die für diese Informationen erforderlichen Unterlagen und/oder Datenträger muß der Landwirt dem betreuenden Tierarzt zur Verfügung stellen. Sofern Daten aus einem Rechenzentrum angefordert werden, muss der Landwirt hierfür eine Genehmigung erteilen. Es hat sich bewährt, ein Formblatt bereitzuhalten, das der Landwirt nur zu unterschreiben braucht (**ABL 2.3**).

Je nachdem, welche Daten zur Verfügung stehen, kann der Status quo mit Hilfe einer entsprechenden Auswertung in den einzelnen Betreuungsbereichen einigermaßen exakt bestimmt werden. Dabei ist zu beachten, dass jegliche Fremddaten und mit deren

Tab. 2.1 Voraussetzungen, die vom Betreuungsbetrieb erfüllt werden müssen.

1. Der Betrieb muss an der Milchleistungsprüfung (Milchkontrolle) teilnehmen.
2. Der Betriebsleiter muss zu einer hundertprozentigen Mitarbeit bereit sein (v.a. in den Bereichen Dokumentation, Umsetzung der Beratungsergebnisse, Bereitstellung der zur Untersuchung anstehenden Tiere, regelmäßige Bereitstellung der erforderlichen Daten).
3. Die Herdengröße sollte mindestens 40 Kühe betragen*.
4. Die Abstände zwischen den Bestandsbesuchen sollten auch in kleinen Herden nicht größer als 4 bis 6 Wochen sein. Sie sind von der Herdengröße und vom vereinbarten Betreuungsprogramm abhängig.

*In kleineren Betrieben müssen Kosten und Nutzen der ITB im Einzelfall gegeneinander abgewogen werden.

ABL 2.1 Betriebsdaten-Erhebungsbogen: Bestandsdiagnostik – Milchvieh.

Logo

BESTANDSDIAGNOSTIK - MILCHVIEH

Betrieb: ....

Anschrift: ....

Telefon: .... Telefax: ....

E-mail: ....

Haustierarzt: ....

LKV-Nr.: .... Datum: ....

Kurze Schilderung gegenwärtiger Probleme im Bestand

(was; seit wann; bisherige Maßnahmen; Entwicklungen; mögliche zeitliche Zusammenhänge mit anderen Ereignissen im Bestand; heutiger Stand)

....

....

....

....

....

....

....

....

....

....

....

....

....

ABL 2.1 Betriebsdaten-Erhebungsbogen: Bestandsdiagnostik – Milchvieh (Fortsetzung).

Betriebs-/Managementdaten

Tiere: Ist der Bestand o IBR unverdächtig o IBR-Impfbetrieb

Anzahl: Milchkühe: .... Kalbinnen/Färsen: .... weitere: ....

Rassen: ....

Herdenleistung: ....kg Milch: ....kg Fett ....kg Eiweiß

Angaben: o pro Jahr o pro Laktation ....% Fett ....% Eiweiß

Zwischenkalbezeit: ....Tage Erstbesamungsindex: ....

Anzahl aller Besamungen pro Anzahl Erstbesamungen

Aufstallung: ganzjährig: ja/nein Weidetyp: ....

o Anbindestall Standart: .... Einstreu: ja / nein

o Boxenlaufstall o mit Fressgitter o Fressliegeboxen

o Tiefboxen o Hochboxen

Anzahl der Boxen: .... Boxenmaße: .... Einstreu: ....

o Offenfrontstall o Kaltstall o Warmstall Stallboden: ....

Entmistungsverfahren: ....

Boden: Bodenart(en): .... Ackerland: ....ha Grünland: ....ha

Düngung: Gülle auf Grünland: ja/nein Menge/ha: .... wie oft im Jahr?: ....

weitere Angaben: ....

Besamung: o Haustierarzt o Besamungstechniker o Eigenstandsbes. o Deckbulle

Brunstbeobachtung: Wird ein Brunstkalender geführt? ja / nein

Wie oft wird eine gezielte Brunstkontrolle durchgeführt? ....

Behandlungen: Werden regelmäßig Behandlungen durchgeführt?

- gegen parasitäre Erkrankungen - Kühe ja / nein welche? ....
- gegen parasitäre Erkrankungen - Jungtiere ja / nein welche? ....
- prophylaktische Gebärmuttereinlagen ja / nein welche? ....
- systematische Hormonanwendungen ja / nein welche? ....
- sonstiges: ....

ABL 2.1 Betriebsdaten-Erhebungsbogen: Bestandsdiagnostik – Milchvieh (Fortsetzung).

Geburtshilfe: Wie hoch ist etwa der Anteil der Tiere, bei denen Geburtshilfe geleistet wird?

durch Landwirt ....% durch Tierarzt ....%

Wird ein mechanischer Geburtshelfer benutzt? ja / nein

Üblicher Zeitpunkt geburtshilflicher Eingriffe:

- 1. Untersuchung: o vor Fruchtblasensprung o nach Fruchtblasensprung
- Auszug der Frucht: o kurz nach Fruchtblasensprung
  o ½ - 1 Stunde nach Fruchtblasensprung
  o 1 - 2 Stunden nach Fruchtblasensprung

Geburtsbedingte Verletzungen treten

o selten o hin und wieder o häufiger auf.

Probleme im Bestand

Welche Erkrankungen treten auf? + selten ++ hin und wieder +++ häufig

- Geburtsstörungen + / ++ / +++
- Nachgeburtsverhaltungen + / ++ / +++
- Festliegen + / ++ / +++
- Ketosen + / ++ / +++
- Euterentzündungen + / ++ / +++
- Klauenerkrankungen + / ++ / +++
- Fruchtbarkeitsstörungen mit
  - Ausfluss + / ++ / +++
  - Stillbrunst + / ++ / +++
  - Unregelm. Brunst + / ++ / +++
  - Langbrunst + / ++ / +++
  - Eierstockszysten + / ++ / +++
  - Umrindern + / ++ / +++
  - sonstige: ....
- Kälberdurchfall + / ++ / +++
- Kälbergrippe + / ++ / +++
- sonstige: ....

Sind bestimmte Tiere besonders betroffen? Wenn ja, welche und seit wann?......................................

....

....

....

ABL 2.2 Tierstammdatenaufnahme

Logo

Tier-Stammdaten-Aufnahme

Dr. R. Muster, Dorfstr. 43, 30007 Kleinstadt, Tel./Fax: 007-131415

Betrieb:.. **Datum:**..**Blatt-Nr.:**....................

Tier-Nr. Name	*Rang*	*Lebens-nummer*	*Geburts-datum*	*Rasse*	*G*	*LN*	*Grp.*	*TU*	*ZU*	*TR*	*Vater*	*Mutter*	*letzte Kalbung*	*Bemerkungen*

Rang A,B..,wenn Stall-Nr. mehrfach vergeben wird; G=Geschlecht; LN=Laktations-Nr.; Grp.=Gruppe; TU=Ergebnis der Trächtigkeitsuntersuchung (+/-); ZU=zuchtuntauglich; TR=trockengestellt ja/nein

ABL 2.3 Genehmigung der Datenübermittlung.

An den **Ort und Datum**

(Adresse des zuständigen LKV
oder Rechenzentrums)

Monatliche Bereitstellung der MLP-Daten an Herrn Dr. Muster, Niederhagen

Betrieb: ....

LKV-Nr.: ....

Sehr geehrte Damen und Herren,

ich bitte Sie, ab sofort bis auf Widerruf, unserem bestandsbetreuenden Tierarzt, Herrn Dr. Muster, zum Zwecke der weiteren Datenauswertung den Abruf von MLP-Daten unseres Betriebs zu ermöglichen.

Anschrift:

Dr. med.vet. Rudolf Muster, Reeperbahn 413, 50916 Niederhagen,
Tel./Fax: 02135 - 890 60 59

Mit freundlichen Grüßen

Unterschrift / Stempel

Hilfe berechnete Kennzahlen immer mit äußerster Vorsicht und gesunder Skepsis zu behandeln sind. In jedem Fall ist deren Plausibilität zu prüfen, und vor jeder Bewertung eines Auswertungsergebnisses muß der Betreuer sich sehr genau darüber klar werden, für welche Tiere die jeweiligen Berechnungen überhaupt zutreffen, d. h. für welche Tiere z. B. eine bestimmte Kennzahl berechnet werden kann. Die mittels des verfügbaren Datenmaterials durchgeführte Status-quo-Bestimmung wird durch eine Untersuchung des Bestands in den betreuungsrelevanten Bereichen ergänzt und abgeschlossen. Auf Grundlage der Status-quo-Bestimmung werden in jedem Betreuungsbereich **Betriebsziele** definiert und anschließend eine Strategie entwickelt, die es ermöglicht, die gesteckten Ziele zu erreichen (**Tab. 2.2**). Erst daraus ergibt sich ein betriebsspezifisch bedarfsorientiertes Arbeitsprogramm für die Bestandsbetreuung.

2.3 Dokumentation

Die Integrierte Tierärztliche Bestandsbetreuung steht und fällt mit der Dokumentation. Es ist deshalb wichtig, schon im ersten Gespräch die verschiedenen Möglichkeiten zu erörtern und sich für ein Dokumentationssystem zu entscheiden.

2.3.1 Bestandsbetreuungskarte, Fruchtbarkeits- und Krankenkarte

Die einfachste Form der Dokumentation bietet die Fruchtbarkeits- und Krankenkarte (FKKR) (**Abb. 2.1**). Dabei handelt es sich um eine Übersichtskarte, die im Stall oder in der Milchkammer aufgehängt und im Wesentlichen vom Betriebsleiter geführt wird. In ihr werden Informationen aus vorhandenen Datenquellen (MLP-, Molkerei-, Besamungsdaten), Aufzeichnungen des Betriebsleiters (Brunstdaten, Erkrankungsfälle, Futterwechsel etc.) mit tierärztlichen Daten (Diagnosen, Behandlungen) und Auswertungen (Berechnung von Kennzahlen) zusammengefaßt. Die FKKR umfasst nur Tiere, die mindestens einmal abgekalbt haben. Zu Beginn werden die Tiere, die gekalbt haben und noch nicht für tragend befunden wurden, in der Reihenfolge der Abkalbungen in die Karte eingetragen. Anschließend werden alle Ereignisse fortlaufend auf der Karte dokumentiert. Die übrigen Tiere werden eingetragen, wenn sie gekalbt haben.

Der Aufbau der FKKR ist dreigeteilt. Im oberen Abschnitt finden sich MLP- und Molkereidaten, in der Mitte Daten von Reproduktionszyklen einzelner Kühe mit allen Ereignissen während eines Zyklus (Gesundheitsstörungen, Abgänge etc.) und unten Aufzeichnungen über Bestandsbehandlungen und Routineuntersuchungen mit Datum.

- **Oberer Abschnitt links = MLP-Daten**

Bei den MLP-Daten wird das gleitende Herdenmittel, entsprechend der Hochrechnung der letzten 11 Ergebnisse des Probemelkens auf 365 Tage, bestimmt. Außerdem werden die mittlere Tagesmilchleistung je Kuh sowie die mittleren Fett- und Eiweißgehalte in Prozent festgehalten. Da es sich hierbei nur um Durchschnittswerte handelt, ist die Aussagekraft beschränkt. Deutlich werdende Schwankungen dieser Werte weisen auf Mängel in der Ausnutzung des vorhandenen Leistungspotentials hin. Dies kann z. B. durch Mängel in der Fütterung oder in Zeiten eines vermehrten Vorkommens von Sekretionsstörungen und subklinischen Mastitiden der Fall sein. Zusätzlich zu den Aufzeichnungen auf der FKKR müssen die MLP-Ergebnisse regelmäßig betrachtet und ausgewertet werden.

- **Oberer Abschnitt rechts = Molkereidaten**

Die Molkereidaten liefern Zellgehalte und Keimzahlen aus der Herdensammelmilch. Erhöhte Keimzahlen weisen auf vor allem auf Probleme bei der Kühlung der Tankmilch oder auch bei der Reingung und Desinfektion der Melkanlage hin. Ein erhöhter Zellgehalt ist Ausdruck vermehrt auftretender Sekretionsstörungen und subklinischer Mastitiden und somit Hinweis auf weiteren Untersuchungs- und Sanierungsbedarf.

- **Mittlerer Abschnitt = Reproduktionszyklen, Gesundheitsstörungen, Abgänge**

Der mittlere Abschnitt beinhaltet den Hauptteil der FKKR. In jeder Zeile werden die Ereignisse innerhalb eines Reproduktionszyklus eines Tieres dokumentiert. Dies gilt nicht nur für das Reproduktionsgeschehen, sondern auch für alle auftretenden Gesundheitsstörungen sowie für Abgänge und deren Ursachen. Durch den Überblick über die Herde (40 Tiere je Karte) entsteht zusätzlich eine Art „halb-

Tab. 2.2 Strategieentwicklung in der Bestandsbetreuung.

1. Feststellung des Status quo in einem Betreuungsbereich

Beispiel Betreuungsbereich Eutergesundheit:

- Zellgehalt in der Herdensammelmilch: 290.000/ml
- Anteil Tiere $>$ 200.000 Zellen: 24%
- Kühe mit klinischen Mastitiden: 4%/Monat

2. Definition von Betriebszielen

- Zellgehalt in der Herdensammelmilch: $<$ 200.000/ml
- Anteil Tiere $>$ 200.000 Zellen: $<$ 15%
- Kühe mit klinischen Mastitiden: $\leq$ 2%/Monat

3. Arbeitsergebnisse, die erbracht werden müssen, um das Betriebsziel zu erreichen

- Mastitis-Bestandsdiagnostik, Umsetzung eines Sanierungskonzepts
- optimierte Melkarbeit und Melkhygiene
- striktes Einhalten einer Melkreihenfolge
- mängelfreie Melktechnik
- optimierte Fütterung inkl. Wasserversorgung
- optimierte Haltungsbedingungen, v.a. Qualität und Hygienebedingungen der Liegeflächen
- optimiertes Trockenstellen und Trockensteher-Management
- optimierte Dokumentation zur Eutergesundheit
- orientierung und Korrekturen auf Basis periodischer Datenauswertungen bez. Eutergesundheit

4. Für das Erreichen der Arbeitsergebnisse erforderliche Einzelaktivitäten

- Strategieumsetzung; Festlegung von Kompetenzen und Verantwortlichkeiten*
- Melkarbeit und Melkhygiene: Schulung der Mitarbeiter, regelmäßige Kontrollen
- Festlegung und Einhalten einer Melkreihenfolge
- Melktechnik: Regelmäßige Wartung, regelmäßige Prüfung der Zitzenkondition vor und nach dem Melken
- Fütterung inkl. Wasserversorgung: Optimierte Futterqualität und -rationszusammensetzung, wiederholte Vorlage frischen Futters, ständiger Zugang zum Grundfutter, Vorbereitungsfütterung, Überwachung der Futterrationsumsetzung
- Haltungsbedingungen, v.a. Qualität und Hygienebedingungen der Liegeflächen
- keine Überbelegung, regelmäßige Sichtkontrollen im Stall, ggf. zusätzliche Reinigungsmaßnahmen
- optimiertes Trockenstellen und Trockensteher-Management: Trockenstellen mit Langzeitantibiotika, regelmäßige Kontrollen der Trockensteher
- Dokumentation aller eutergesundheitsrelevanten Ereignisse

5. Festlegung von Kontrollmöglichkeiten (geeignete Indikatoren und Referenzbereiche für Eutergesundheit, Fütterung und Haltung)

- regelmäßige Überprüfung der Melkarbeit
- Wartung der Melkanlage, Nass- und Trockeninspektion
- fortlaufende Konditionsbeurteilung (Body Condition Scoring), Leistungsanalysen
- regelmäßige Ermittlung von Indikatoren zur Haltung bzw. Gliedmaßengesundheit (z. B. Stall Standing Index, Sprunggelenksbonitierung etc.)
- Dokumentation zur Eutergesundheit: Dokumentieren jeder Eutererkrankung
- periodische Datenauswertung bez. Eutergesundheit

*Es werden sog. Managementfestlegungen abgeleitet, die die Betriebsleitung, Personal (z. B. Schichtleiter) und den bestandsbetreuenden Tierarzt einbinden.

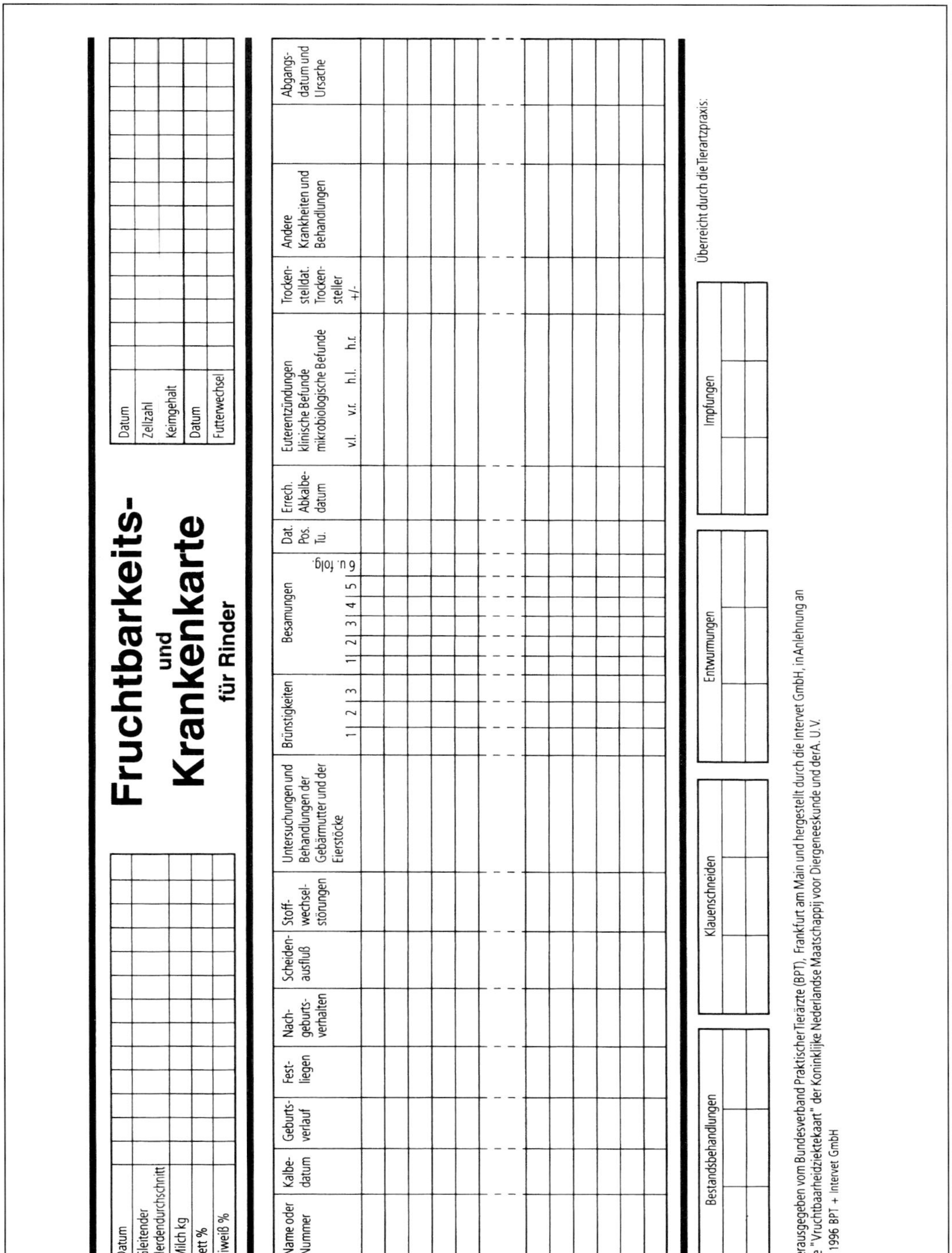

Abb. 2.1 Die „Fruchtbarkeits- und Krankenkarte für Rinder" ist ein gutes und übersichtliches Dokumentationshilfsmittel in Betrieben mittlerer Größe (zu beziehen über den Bundesverband Praktizierender Tierärzte e.V., Hahnstr. 70, 60528 Frankfurt/Main).

graphische“ Darstellung, durch die der Betreuer einen ersten visuellen Eindruck vom aktuellen Herdengeschehen bekommt. Die Daten des mittleren Abschnittes dienen der Erstellung sog. *Aktionslisten* (Arbeitslisten für den jeweiligen Bestandsbesuch); sie bieten außerdem die Möglichkeit, verschiedene Fruchtbarkeitskennzahlen zu berechnen. Diese Berechnungen sind ab einer Herdengröße von etwa 40 Tieren sinnvoll.

- **Unterer Abschnitt = Bestandsbehandlungen/ regelmäßige Termine**

Hier werden Bestandsbehandlungen und regelmäßig wiederkehrende Termine dokumentiert. Sie können auch vordatiert werden (z. B. nächster Termin für den Wechsel der Zitzengummis).

- **Allgemeine Beurteilung**

Die Fruchtbarkeits- und Krankenkarte für Rinder bietet eine übersichtliche Dokumentationsmöglichkeit (alles auf einen Blick) bei relativ leichter Auswertbarkeit und zusätzlichem optischen Eindruck des gegenwärtigen Herdengeschehens. Sie ist grundsätzlich für jeden Betrieb geeignet und gibt dem Betreuer nach der Einführung eine schnelle Möglichkeit, die Mitarbeit des Betriebsleiters zu beurteilen. Sie kann sinnvoll mit einer sogenannten **12-Monate-Übersicht** ergänzt werden (**Tab. 2.3**).

Ein Nachteil kann es sein, dass die jeweiligen Aktionslisten (Auflistung der während des Besuchs durchzuführenden Arbeiten) während des Besuchs im Bestand erstellt werden müssen. Der Betreuer erfährt also erst im Bestand, welche Arbeiten an den Tieren zu erledigen sind. Es werden nur abgekalbte Tiere berücksichtigt. Daher sollte die FKKR durch eine **Jungtier-Aufzuchtkarte** ergänzt werden. Für betreuungsrelevante, aber nicht auf der FKKR berücksichtigte Bereiche bzw. Maßnahmen müssen zusätzliche Dokumentationen und Auswertungsmöglichkeiten eingerichtet werden. Die von Hand vorzunehmende Auswertung der FKKR ist begrenzt. Bei großen Herden (> 120 Kühe) ist die Auswertung aufwendig, die Kartenführung wird dann unübersichtlich.

Sofern im Betrieb der Zugriff auf ein System zur elektronischen Datenverarbeitung nicht gegeben ist, in der Bestandsbetreuung jedoch ein Herdencomputerprogramm eingesetzt werden soll, hat es sich bewährt, zur Unterstützung der Bestandsbetreuung ein Betriebstagebuch (**ABL 2.4**) einzurichten. Die Tagebuchdaten müssen dann vom Bestandsbetreuer verarbeitet werden. Zusätzlich können Daten der Milchleistungsprüfung bei dem jeweils zuständigen Rechenzentrum per Datenträger, Datenfernübertragung oder via Internet angefordert werden, was den Dateneingabeaufwand für einen Betrieb erheblich reduziert (**ABL 2.3**).

2.3.2 Herdencomputerprogramme

Stehen in den Betrieben Systeme zur elektronischen Datenverarbeitung zur Verfügung oder kann auf diese, zum Beispiel via Internet zugegriffen werden, so können die darin enthaltenen Informationen für den Bestandsbetreuer ebenfalls von großem Nutzen sein, vorausgesetzt, diese werden exakt geführt. Zum Teil sind die elektronischen Kuhplaner mit Prozessrechnern (Abruffütterungsanlage, Milchmengenerfassung, Melkroboter u. a.) gekoppelt und liefern dadurch weitere Informationen. Die Auswertungsmöglichkeiten bezüglich veterinärmedizinisch relevanter Daten sind in der Regel beschränkt. Für die Bestandsbetreuung ist daher nach wie vor die Kopplung mit tierärztlichen Herdencomputerprogrammen sinnvoll, zumal diese weitere Vorteile, wie die Erstellung von Aktionslisten für den ITB-Tierarzt und direkte Kopplung der Bestandsbetreuung an die Praxisverwaltung (Abrechnung) bieten. Die technischen Möglichkeiten für die erforderlichen Datentransfers sind vorhanden und praxiserprobt. In jüngster Zeit geht der Trend in Richtung zentrale Datenverarbeitung und dezentrale Datennutzung. Dabei spielen das Internet und standardisierte Datenübertragungsmöglichkeiten eine entscheidende Rolle. Im Idealfall können die relevanten Daten eines Bestands oder eines Tieres tagaktuell mittels eines Hand-Computers aus dem Stall heraus von der Zentrale abgerufen und neue Daten dorthin gesendet werden (weiteres zur Dokumentation Kap. 4).

Literatur

AG Rinderbestandsbetreuung/Mansfeld, R. (Hrsg.) (1992): Pflichtenheft für EDV-Systeme zur Unterstützung der tierärztlichen Betreuung von Rinderbeständen. Akademie für tierärztliche Fortbildung, Schriftenreihe (antiquarisch).

Ewy, A., T. van Halsema und T. Held (1992): Integrierte tierärztliche Bestandsbetreuung mit Hilfe der Fruchtbarkeits- und Krankenkarte für Rinder und der 12-Monats, Übersicht. Prakt. Tierarzt 73, 611–619.

Tab. 2.3 12-Monats-Übersicht zur Fruchtbarkeits- und Krankenkarte (herausgegeben vom Bundesverband Praktizierender Tierärzte und hergestellt durch die Intervet Deutschland GmbH, Postfach 1130, 85701 Unterschleißheim).

Betrieb: Adresse:	Tierarzt:
Besuchsdatum (Monat)	
Anzahl lakt./trockenst. Kühe	
Anzahl Färsen	
Anzahl weiblicher Kälber	
Gleitender Herdendurchschnitt	
durchschnittn. Milchlieferung (kg)	
durchschn. Fett-%	
Herdensammelmilch-Zellgehalt	
Herdensammelmilch-Keimzahl	
Kühe gekalbt	
Kühe Retentio secundinarum	
Kühe Genitalkatarrh	
Kühe ohne Brunst 50 Tage p. p.	
Anzahl Aborte	
Trächtigkeitsindex	
Zwischenkalbezeit	
Erstbesamungserfolg	
Anzahl Mastitiden	
Anzahl Lahmheiten	
Anzahl Hypokalzämien	
Anzahl Stoffwechselerkrankungen	
Anzahl Labmagenverlagerungen	
Kälber geboren	
Kälber tot < 1 Tag p.n.	
Kälber tot > 1 Tag p.n.	
Anzahl Kälberdurchfall	
Anzahl Kälberpneumonien	
Jungrinder krank	
Jungrinder tot	
Abgang Kühe gesamt	
– aufgrund Unfruchtbarkeit	
– aufgrund Euterkrankheiten	
– aufgrund Lahmheiten	
– aufgrund geringer Leistung	

ABL 2.4 Betriebstagebuch

Logo

Betriebstagebuch

Betrieb:.. **Seite:**.......................

Datum	*Brunst*	*KB*	*gekalbt*	*Mastitis*	*trocken*	*sonstiges*
01.03.	*Karin*					
01.03.	*Gerda*	*Bob*				
03.03.			*Gudrun (Kuhkalb, o. B.)*			
05.03.	*Fortuna*				*Elsa*	
					Frika	
07.03.			*Retina (Kuhkalb, Kaiserschnitt, Nachgeburtsverhaltung*			
			Ausfluß)			
08.03.	*Röschen*					*Silo 2 geöffnet*
	Hetti					
09.03.	*Lisa*	*Bob*				
10.03.				*Retina vo.li.*		
11.03.	*Elfi*	*Wotan*		*Resi vo.re./BU*		
	Duna					
	Fee	*Bob*				
12.03.						*Betriebshelfer*
13.03.						*Wartung Melkm.*
14.03.						*Rosi Abort VI*
15.03.	*Elli*					
	Lore					

Metzner, M. (1991): Überwachung der Herdengesundheit von Milchrinderbeständen mit dem Computerprogramm Bovi-Concept. VI. Seminar der Deutsch-Niederländischen Arbeitsgruppe für Rindviehhaltung, Berlin, 02.-03.05.1991. In: Klinik für Klauentiere, Fortpflanzung und Haltungshygiene der Freien Univ. Berlin (Hrsg.): Beiträge zu Fragen der Ernährung, Haltung und Gesundheit von Rindern, S. 125–130.

Data Service Paretz GmbH (2005): Diagnosenschlüssel Rind. http://www.portal-rind.de/portal/mix/schluessel/index_hd.html.

2.4 Der erste Bestandsbesuch im Rahmen des Betreuungsprogramms

Man muss sich darüber klar werden, dass die oben beschriebene gründliche Vorbereitung und der Erfolg des ersten Bestandsbesuchs, der im wesentlichen noch der Status-quo-Bestimmung dient, von ausschlaggebender Bedeutung für die weitere Betreuungstätigkeit sind. Der betreuende Tierarzt sollte sich daher für die bei diesem Besuch durchzuführende Bestandsuntersuchung viel Zeit nehmen. Es ist zu empfehlen, Bestandsuntersuchungen grundsätzlich nach der in **Tab. 2.4** dargestellten Systematik durchzuführen.

Während der Bestandsinspektion werden das Haltungssystem, d. h. der Stall (Einrichtungen, Hygiene, Stalluft, Boden/Einstreu), das Fütterungssystem (Futterlager, Krippen, Futterreste, Kotkonsistenz, Tränken) und das Milchgewinnungssystem (Vorwarteraum, Melkstand oder Milchkammer, Nachwartebereich) angesehen und beurteilt. Es hat sich bewährt, auf den Wegen der Kühe durch den Stall zu gehen und die Beurteilung der Stalleinrichtungen „mit den Augen der Kühe", d. h. im Wesentlichen auf ethologischer Grundlage vorzunehmen. Während der Bestandsinspektion werden auch die Tiere einer allgemeinen Beurteilung unterzogen. Dabei wird darauf geachtet, wie die Kondition der Tiere ist und ob Auffälligkeiten wie vermehrter vaginaler Ausfluss, Husten, Hautprobleme, Lahmheiten, vermehrte Stufen- oder Hängeeuter oder ähnliches zu beobachten sind. Außerdem erfolgt eine grobe Beurteilung der aktuellen Futteraufnahme der Tiere anhand der adspektorisch und palpatorisch feststellbaren aktuellen Pansenfüllung. Bei bekannten oder während der Begehung auffallenden betriebsspezifischen Problemen wird die Inspektion in den Problembereichen erweitert (Spezielle Untersuchung). Werden beispielsweise vermehrt Lahmheiten festgestellt, sind die Bodenbeschaffenheit des Stalles und der Wege sowie der Gesundheits- und Pflegezustand der Klauen näher zu betrachten. Außerdem ist zu prüfen, ob die Kühe ihren Liegebedarf decken können, z. B. auf einfache Weise durch Ermittlung des Kuhkomfortquotienten oder des Stall Standing Index (**Tab. 3.63**).

Es hat sich unter Praxisbedingungen bewährt, für die Bestandsinspektion einfache Checklisten für die Fütterung (**ABL 2.5**) bzw. die Abgangskontrolle (**ABL 2.6**) zu benutzen. So werden alle wesentlichen Daten übersichtlich erfasst, und es wird nichts Wichtiges vergessen.

Nach der Bestandsinspektion werden **Einzeltierreihenuntersuchungen** durchgeführt. Dazu wird in Zusammenarbeit mit dem Betriebsleiter

Tab. 2.4 Ablauf einer Bestandsuntersuchung.

1. Erhebung des Vorberichts und Zusammentragen relevanter Dokumente (z. B. Fütterungsdaten, Untersuchungsergebnisse, LKV-Daten u. a.)
2. Durchführung einer Vorbesprechung und Erstellen einer Aktionsliste für die Reihenuntersuchungen
3. Durchführung einer sog. Bestandsinspektion (=Allgemeinuntersuchung des Bestands), die die Tiere, das Haltungs-, das Fütterungs- und das Milchgewinnungssystem berücksichtigt Ausdehnung der Untersuchungen in den einzelnen Bereichen je nach Befund (=Spezielle Untersuchung des Bestands)
4. Reihenuntersuchung von ausgesuchten Einzeltieren
5. Gewinnung von Probenmaterial für die Labordiagnostik
6. Zwischenbesprechung mit dem Tierbesitzer
7. Auswertung des Datenmaterials sowie der Ergebnisse der Laboruntersuchungen
8. Erstellung einer oder mehrerer Bestandsdiagnosen
9. Erstellung eines Betreuungs- bzw. eines Sanierungsprogramms
10. Abschlussbesprechung und Vereinbarung eines Betreuungs- bzw. eines Sanierungsprogramms

ABL 2.5 Checkliste Fütterung

Logo

Fütterung

Betrieb: .... Datum:..................................

Fütterungstechnik: o Grund- o Ausgleichs- o Leistungsfutter
mit Transponder ja / nein
ständiger Zugang zum Grundfutter ja / nein
o gemischte/aufgewertete Grundration mit Transponder
o TMR wieviele Gruppen?: ....

Rationsberechnung: o nach Futtermittelanalysen o nach Futterwerttabellen
Leistungsermittlung: o nach tägl. gemessener Leistung o nach MLP-Ergebnis
Futterzuteilung: o Abwiegen o Futterschaufel/-maß o sonstiges: ....

Stallration:	Menge	Komponenten	Qualität	Analyse vorhanden
A)	............kg	....	....	ja / nein
	............kg	....	....	ja / nein
	............kg	....	....	ja / nein
	............kg	....	....	ja / nein
B)	............kg	....	....	ja / nein
	............kg	....	....	ja / nein
	............kg	....	....	ja / nein
	............kg	....	....	ja / nein

Weidefütterung: ja / nein
Maissilagebeifütterung ja / nein Menge: ....kg / Tier
Kraftfutter ja / nein Menge: ....kg / Tier
Mineralfutter ja / nein Menge: ....g / Tier
sonstige Futtermittel: .... Menge: ....kg / Tier

Herbstzwischenfruchtfütterung: ja / nein Zeitraum: von .... bis ....
Futterarten u. Ration: ....

ABL 2.5 Checkliste Fütterung (Fortsetzung)

....

Trockenstehfütterung: Futterkomponenten/Menge: ....

....

Erfolgt ein „Anfüttern“vor der Abkalbung? ja / nein

ab wann? .... Komponenten/Menge: ....

Futterzuteilung: Fütterungsrhythmus – wann wird was in welchen Mengen und Reihenfolgen vorgelegt

....

Futteraufnahme: o gut o mäßig o schlecht

Freßplatz: Anzahl Tiere / Anzahl Fressplätze: .... / ....

Fressplatzbreite: .... Fressgitter ja / nein

Krippengröße/-höhe/-oberfläche: .... / .... / ....

Wasser: woher bezogen? .... Wasseruntersuchungen: ja / nein

Art und Anzahl der Tränken: ....

Anzahl Tiere / Anzahl Tränken: .... / ....

Zugänglichkeit der Tränken: ....

Transportleistung der Tränken: .... l / min

sonstiges: ....

Bemerkungen: ....

....

....

....

....

....

➡ Bitte geben Sie die Rationsdaten so genau wie möglich an. Beschreiben Sie die Qualität, Schnitt, Häcksellänge und evtl. Verschmutzungen der Futtermittel, sowie Trockensubstanzgehalte der Silagen. Senden Sie bitte Futtermittelanalysen und/oder bestehende Rationsberechnungen sowie Sackanhängerangaben von Kraft-/Mineralfuttermitteln mit. Für die Durchführung von Leistungsanalysen senden Sie bitte die letzten 2 bis 3 Zwischenberichte der Milchleistungsprüfung (Probemelken) mit. ⬅

ABL 2.6 Checkliste Abgänge

Logo

Abgänge der letzten 12 Monate

Hauptabgangsgrund	Anzahl	Nebenabgangsgrund	Anzahl
Fruchtbarkeitsstörung		Fruchtbarkeitsstörung	
Eutergesundheitsstörung u. Euterfehler		Eutergesundheitsstörung u. Euterfehler	
Lahmheit		Lahmheit	
Leistungsmängel		Leistungsmängel	
Abort		Abort	
Stoffwechselkrankheiten		Stoffwechselkrankheiten	
Erkrankungen/Störungen im Zusammenhang mit der Abkalbung Andere Krankheiten und Unfälle		Erkrankungen/Störungen im Zusammenhang mit der Abkalbung Andere Krankheiten und Unfälle	
Alter Typ schlechte Melkbarkeit		Alter Typ schlechte Melkbarkeit	
Verkauf zur Zucht sonstige		sonstige	

Anzahl der abgegangenen Tiere:	
Abgangsrate:	
Bemerkungen:	

Tab. 2.5 Aktionsliste für den ersten Bestandsbesuch.

Kühe, die untersucht werden müssen:

1. Kühe, die lahmen, vaginalen Ausfluss aufweisen, krank oder anderweitig nicht in Ordnung sind.
2. Kühe, die vor mehr als 2 Monaten gekalbt haben und noch nicht wieder als brünstig registriert worden sind.
3. Kühe, die innerhalb der letzten 2 Monate eine Schwergeburt oder eine Nachgeburtsverhaltung hatten.
4. Kühe, die vor mindestens 35 Tagen besamt worden sind und bei denen noch keine Trächtigkeit festgestellt worden ist.
5. Kühe, die viermal oder öfter besamt worden sind.

Tab. 2.6 Beispiel für Kriterien zur Erstellung einer Aktionsliste mit Hilfe der FKKR.

1. Tiere, die seit dem letzten Besuch gekalbt haben.
2. Tiere, die bis 42* Tage nach der Kalbung nicht in Brunst gesehen wurden.
3. Unregelmäßig rindernde Tiere (verlängerte/verkürzte Zyklen oder Brunsten, Schwachbrunst etc.).
4. Mehr als 3× besamte und nicht für tragend befundene Tiere.
5. Tiere zur Trächtigkeitsuntersuchung ab 35. Tag** post inseminationem.
6. Tiere, die zur Zeit des letzten Besuchs Erkrankungen aufwiesen.

*Zeitpunkt sollte den betrieblichen Gegebenheiten angepasst sein.

**bei Einsatz eines Ultraschallgeräts ab 28. Tag p. p. möglich.

eine erste **„Aktionsliste“** zusammengestellt (**Tab. 2.5**).

In einem Betrieb mit 80 Milchkühen bedeutet dies, dass, abhängig von der Zahl der trächtigen Tiere und der allgemeinen Betriebsproblematik, mit etwa 40 zu untersuchenden Tieren gerechnet werden muss. Die Art der durchzuführenden Untersuchungen variiert dabei sehr stark. Sie reicht von der rektalen Untersuchung bis zur Entnahme von Milchproben und gegebenenfalls weiterem Probenmaterial.

Nach Abschluss der Untersuchungen werden eventuelle Einzeltiertherapien (z. B. Prostaglandinverabreichungen, Mastitisbehandlungen) verordnet und, soweit sinnvoll und möglich, sofort durchgeführt.

Auch das Jungvieh wird unter Berücksichtigung der Kondition und des Stalles beurteilt. Dabei wird vor allem auf das vermehrte Auftreten von Diarrhö, Husten, Hautkrankheiten und Lahmheiten geachtet.

Nach Abschluss der Bestandsinspektion werden die Ergebnisse mit dem Betriebsleiter besprochen. Wenn alle Untersuchungsergebnisse inklusive Labordiagnostik vorliegen, können eine oder mehrere Bestandsdiagnosen gestellt werden. Erst jetzt sollten Ziele definiert und das komplette Arbeitsprogramm für die Betreuungstätigkeit festgelegt werden. Es bildet gemeinsam mit der jetzt einzurichtenden oder anzupassenden Dokumentation die Grundlage für die Aktionslisten bei den folgenden Bestandsbesuchen. Abschließend wird der Termin für den nächsten Besuch festgelegt.

2.5 Die folgenden Bestandsbesuche

Die folgenden Bestandsbesuche verlaufen ähnlich wie der erste. Ist als Dokumentationsform die Fruchtbarkeits- und Krankenkarte (FKKR) gewählt worden, werden die Aktionslisten auf der Basis des vereinbarten Betreuungsprogramms mit Hilfe der FKKR erstellt. Das **Betreuungsprogramm** legt u. a. fest, welche Kriterien dazu führen, dass ein Tier bei einem Bestandsbesuch untersucht wird. Nur so kann zu Beginn eines Besuchs zügig und systematisch eine Aktionsliste erstellt werden. Die Zusammenstellung kann beispielsweise nach den in **Tab. 2.6** dargestellten Kriterien erfolgen.

Dabei sollen Trächtigkeitsuntersuchungen nur bei Tieren durchgeführt werden, die zwischen 4 (bei Nutzung eines Ultraschallgeräts) und 9 Wochen tragend sein können. Soweit die Färsen/Kalbinnen aufgestallt sind, werden sie in die Betreuung einbezogen.

Wird mit Hilfe eines Betriebstagebuchs und eines beim Tierarzt installierten Herden-Computerprogramms dokumentiert, so liefert letzteres die erforderlichen Aktionslisten, die dem Betriebsleiter am Tag vor dem Bestandsbesuch übermittelt werden, damit dieser die benötigten Tiere bereitstellen kann. Erfahrungsgemäß müssen die Listen im Betrieb noch einmal kurz abgeglichen werden. Im Falle sog. „On Farm“-Systeme erfolgen die gesamte

Tab. 2.7 Themen, die im Rahmen der Bestandsbetreuung wenigstens einmal pro Jahr besprochen werden sollten.

1.	Fütterung während der Stallperiode
2.	Fütterung während der Weideperiode
3.	Stoffwechselkrankheiten
4.	Parasitenprophylaxe und -bekämpfung
5.	Infektionskrankheiten
6.	Kälberaufzucht und Färsenmanagement
7.	Fertilität und Reproduktionsmanagement
8.	Eutergesundheit und Qualität der Anlieferungsmilch
9.	Klauen- und Gliedmaßengesundheit
10.	Zucht

Datenverarbeitung inklusive tierärztlicher Daten und die Aktionslistenerstellung im Betrieb.

Nach der Untersuchung der Kühe gemäß Aktionsliste werden eventuelle **Therapien** verordnet, gegebenenfalls sofort durchgeführt und, soweit nötig, weitere Proben (Milch, Blut, Fäzes etc.) genommen, die für die Diagnostik von Bedeutung sind. Der Besuch kann auch mit anderen Aktivitäten, z. B. BHV-1-Impfungen, Enthornen von Kälbern o.ä., verbunden werden. Die eigentliche Betreuung selbst darf dadurch jedoch nicht beeinträchtigt werden.

Nach Abschluss der Tätigkeiten bei den Kühen wird auch das **Jungvieh** inspiziert und gegebenenfalls untersucht. Diese Inspektion kann je nach Vereinbarung von dem alleinigen Inaugenscheinnehmen der Tiere, dem Messen von Brustumfang oder Widerristhöhe über die Entnahme von Probenmaterial bis zur Durchführung spezifischer Programme zum Schutz vor Infektionskrankheiten und Parasitosen reichen.

Anschließend werden alle weiteren programmgemäßen Tätigkeiten (z. B. Ergänzung der Dokumentation, Auswertung von Gesundheits- und Leistungsdaten [Milchkontrollergebnisse]) durchgeführt und die Untersuchungs- und Auswertungsergebnisse sowie gegebenenfalls die aufgetretenen Probleme mit dem Betriebsleiter besprochen.

Es hat sich bewährt, zum Abschluss eines jeden Bestandsbesuchs mit dem Tierbesitzer ein bestimmtes Thema zu besprechen. Die Wahl des Themas hängt von der Jahreszeit, den Betriebsgegebenheiten und den aktuellen Problemen ab. Die in **Tab. 2.7** dargestellten Themen sollten mindestens einmal pro Jahr besprochen werden. Die Liste kann beliebig erweitert werden.

Erfahrungsgemäß wissen fortschrittliche Betriebsleiter die gründliche Unterrichtung hinsichtlich dieser Themen sehr zu schätzen. Auch hat es sich bewährt, auf jedem betreuten Betrieb während eines bestimmten Monats dieselben Themen zu besprechen. Dies fördert die themenbezogene Kommunikation zwischen den Landwirten.

Ein Routinebesuch der beschriebenen Art in einem Bestand mit 80 Milchkühen dauert in Abhängigkeit vom vereinbarten Programm, der Besuchsfrequenz und der Schnelligkeit des Untersuchers etwa 1 bis 1 ½ Stunden.

Je nach dem gewählten Dokumentationssystem notiert der Tierarzt seine Befunde entweder vor Ort auf der FKKR oder sorgt im Betrieb für eine Verarbeitung per EDV, im Idealfall direkt in der Datenzentrale, und notiert nach der Rückkehr aus dem Betrieb nur die Betriebsproblematik und die sich aus der Beratung ergebenden Konsequenzen (erteilte Ratschläge), oder er verarbeitet seine eigenen Daten und gegebenfalls auch die des Landwirts mit Hilfe eines Herden-Computerprogramms in der Praxis. Für jeden Betrieb sollten ein Ordner und gegebenenfalls zwei Datenträger (Disketten/CD-ROM) angelegt werden. Letztere werden alternierend benutzt, so dass bei Ausfall des Rechners und einer Datensicherung in jedem Fall noch die Sicherung des vorangegangenen Sicherungsdatums herangezogen werden kann.

Die in Zusammenhang mit einem Bestandsbesuch zu verrichtenden Tätigkeiten können in Abhängigkeit von dem vereinbarten Betreuungsprogramm sehr unterschiedlich sein. **Tab. 2.8** zeigt die üblicherweise anfallenden Arbeiten.

Tab. 2.8 Im Zusammenhang mit einem Bestandsbesuch üblicherweise zu verrichtende Arbeiten.

1. Vorbereitung des Besuchs durch den Tierarzt in der Praxis:
- Einarbeiten in die Betriebsproblematik, ggf. Anfertigung von Auswertungen
- Präsentation von Ergebnissen, ggf. Erstellen einer Aktionsliste
- Melden der Tiere, die zur Untersuchung benötigt werden (telefonisch, per Fax oder E-Mail)
2. Zusammenstellen einer Aktionsliste gemeinsam mit dem Betriebsleiter (z. B. beim Arbeiten mit der FKKR oder mit On-Farm-Systemen).
3. Bestandsinspektion und Reihenuntersuchungen sowie weiterführende Untersuchungen (je nach vereinbartem Betreuungsprogramm und aktueller Situation).
4. Gewinnung von Probenmaterial soweit erforderlich.
5. Behandlung der zuvor untersuchten Tiere soweit erforderlich.
6. Inspektion des Jungviehbestands, ggf. mit Einzeltieruntersuchungen und -behandlungen (falls vereinbart).
7. Dokumentation mit Hilfe der Fruchtbarkeits- und Krankenkarte (FKKR) oder eines anderen geeigneten Hilfsmittels.
8. Bewertung der Betriebssituation durch Auswertung der FKKR und der MLP-Daten sowie Vergleich mit zuvor gesteckten Zielen (regelmäßige Auswertungen nach vereinbarten sinnvollen Zeitintervallen).
9. Beratung aufgrund der Untersuchungs- und Auswertungsergebnisse (Erarbeiten von Konsequenzen, ggf. Definition neuer Ziele).
10. Festlegung des folgenden Besuchstermins.
11. Nach Rückkehr in die Praxis: Notieren der vorgeschlagenen Konsequenzen, ggf. Datenverarbeitung.

3 Ergebnisinterpretation und Strategien – Betrachtung einzelner Kontrollbereiche

3.1 Fruchtbarkeit

M. Hoedemaker, R. Mansfeld, A. de Kruif und W. Heuwieser

Die Fertilität ist ein Bereich der Bestandsbetreuung, in dem viele tierärztliche Untersuchungen anfallen und der daher sowohl vom Tierarzt als auch vom Betriebsleiter am meisten Berücksichtigung findet. Die Überwachung der Fruchtbarkeit stellt damit die Basis der gesamten Betreuung dar. Von Vorteil ist, dass das Ergebnis einer Untersuchung gleich sichtbar ist (z. B. die Kuh ist tragend oder nicht tragend). Bezüglich anderer Themen wie Fütterung und Mastitis, kann der Betriebsleiter auch von Nichttierärzten beraten werden, die ihren Rat z. T. „gratis" geben, so dass sich hier der Tierarzt in einer schwächeren Position befindet. Mittels Fruchtbarkeitsüberwachung wird es ihm ermöglicht, auch diese Betriebsbereiche in die Betreuung aufzunehmen und dem Landwirt ein komplettes „Betreuungspaket" anzubieten. Die Fruchtbarkeit ist deswegen, abgesehen von den rein tiermedizinischen Aspekten, die Tür, durch die der Tierarzt Zugang zu einem modernen Milchviehbetrieb bekommt.

3.1.1 Das Trächtigkeitsergebnis

M. Hoedemaker, R. Mansfeld und A. de Kruif

Das Trächtigkeitsergebnis kann mittels einer gut geführten Betriebskarte leicht beurteilt werden. Mit einer einfachen Kalkulation sind z. B. das Erstbesamungsergebnis (%) und die mittlere Anzahl von Besamungen pro tragend gewordener Kuh schnell zu errechnen. Die Berechnung der erwarteten Zwischenkalbezeit oder besser noch der Zwischentragezeit (Güstzeit) erfordert mehr Rechenarbeit. Auch der Prozentsatz von Kühen mit einer Nachgeburtsverhaltung oder mit eitrigem Ausfluss sowie von Kühen mit Aborten ist einfach zu ermitteln. In Betrieben mit mehr als 80–100 Tieren kann die Auswertung der Daten mit Hilfe eines Computers die Arbeit wesentlich erleichtern.

Die oben beschriebenen Berechnungen sollten in einem Betrieb mit mehr als 80 Kühen zweimal pro Jahr durchgeführt werden, in kleineren Betrieben reicht einmal pro Jahr aus. Aufgrund der Zufälligkeit von Ereignissen macht es wenig Sinn, diese Auswertungen jeden Monat oder jedes Quartal durchzuführen. Bei Problemen können ergänzende Berechnungen vorgenommen werden, wie z. B. der Prozentsatz der Kühe, die bis zum 60. Tag nach der Abkalbung noch keine Brunst gezeigt haben, oder die Intervalle zwischen den Besamungen.

3.1.1.1 Kennzahlen zur Beurteilung der Fruchtbarkeit

Zur Beurteilung der Fertilität werden folgende vier **Kennzahlen** herangezogen:

1. der Erstbesamungserfolg (%)
2. die mittlere Anzahl von Besamungen pro tragend (Trächtigkeitsindex) und pro nicht tragend gewordener Kuh (Nichtträchtigkeitsindex)
3. die Güstzeit (Zwischentragezeit)
4. die Abgänge wegen Unfruchtbarkeit pro Zeiteinheit

Diese Kriterien müssen immer zusammen beurteilt werden, da es anders nicht möglich ist, eine richtige Einsicht in die Fruchtbarkeitslage der betreffenden Herde zu bekommen. Bei der nun folgenden Besprechung der einzelnen Kriterien sollte dies immer berücksichtigt werden.

Erstbesamungserfolg

Unter Erstbesamungserfolg versteht man den prozentualen Anteil der Tiere, die nach Erstbesamung tragend geworden sind. Als Maßstab für das Ergebnis einer Insemination wird in der Registrierung der Besamungsstationen mit der so genannten **Non-Return-Rate** in % gearbeitet. Diese Zahl gibt den Prozentsatz der Tiere an, die bis zu einem bestimmten Zeitpunkt nach der Besamung nicht zur Wiederbelegung angemeldet worden sind. Die Non-Return-Rate kann mit verschiedenen Abständen zur Besamung berechnet werden, meistens wird aber die **56-Tage-Non-Return-Rate** benutzt. Sie liegt in der Regel bei ungefähr 70%.

Die Non-Return-Rate gibt aber keine Garantie, dass alle Tiere, die nicht umbullen, auch tatsächlich tragend geworden sind. So ist es z. B. möglich, dass der Landwirt bei umrindernden Kühen einen betriebseigenen Bullen benutzt, die Kuh verkauft hat oder erst nach Ablauf der 56 Tage wieder besamen lässt. Dies alles kann die Ursache dafür sein, dass sich der tatsächliche Erstbesamungserfolg von der Non-Return-Rate unterscheidet. So beträgt der mittlere Erstbesamungserfolg etwa 56%, liegt also um 14% niedriger als die mittlere Non-Return-Rate.

Wenn die Fertilität einer Herde beurteilt wird, sollte man bevorzugt den **tatsächlichen Erstbesamungserfolg** heranziehen. Besonders in einer kleinen Rinderpopulation (= Betrieb) kann sich die Non-Return-Rate stark von dem Erstbesamungserfolg unterscheiden. Lässt ein Landwirt beispielsweise alle umrindernden Tiere decken, dann beträgt die Non-Return-Rate 100%, aber der tatsächliche Erstbesamungserfolg ist viel niedriger.

Bei der Beurteilung der Fruchtbarkeit einer Herde wird ein Erstbesamungserfolg von 50% oder höher als befriedigend angesehen; liegt der Wert niedriger, deutet das auf mögliche Probleme hin.

Trächtigkeits- und Nichtträchtigkeitsindex

Die Anzahl der Inseminationen pro tragend gewordenem Tier wird auch als **Trächtigkeitsindex** bezeichnet. Manchmal wird der Trächtigkeitsindex mit dem Besamungsindex (s. u.) verwechselt. Hierbei handelt es sich um die Anzahl der Besamungen (auch bei nicht tragend gewordenen Tieren) in einem Zeitabschnitt, geteilt durch die Anzahl tragend gewordener Tiere. Der reziproke Wert des Besamungsindex ist die **Konzeptionsrate**, deren Idealwert bei 50–55% angesetzt wird.

In einem Milchviehbestand mit 100 Kühen wurden während eines bestimmten Zeitabschnitts 170 Besamungen durchgeführt, 90 Tiere sind mit 145 Besamungen tragend geworden. Der Besamungsindex beträgt 170/90 = 1,9, der Trächtigkeitsindex liegt bei 145/90 = 1,6.

Der Begriff Trächtigkeitsindex sollte bevorzugt werden, da sich diese Zahl auf die tragend gewordenen Tiere bezieht. Dies wird betont mit „Anzahl der Besamungen pro tragend gewordenem Tier“. Als Sollwert für die Beurteilung der Fruchtbarkeitslage eines Betriebs wird ein Wert von ≤ 1,7 angegeben.

Nicht nur die Anzahl der tragend gewordenen Tiere ist wichtig, sondern auch die Anzahl der Tiere, die gemerzt wurden, weil sie nicht tragend geworden sind und die Anzahl der Besamungen bei diesen Tieren. In obengenanntem Betrieb war die Anzahl der geschlachteten Tiere n = 10 und die Anzahl der Besamungen pro nicht tragend gewordenem Tier (**Nichtträchtigkeitsindex**) lag bei (170–145)/10 = 2,5.

Die Anzahl der Besamungen pro tragend gewordenem Tier hängt eng mit dem Erstbesamungserfolg zusammen.

Güstzeit (Zwischentragezeit) und Zwischenkalbezeit

Die **Güstzeit** ist definiert als der Zeitabschnitt von der Abkalbung bis zum 1. Trächtigkeitstag. Die mittlere Güstzeit bestimmt die Zwischenkalbezeit der Kühe, die sich aus Güstzeit plus Tragzeit zusammensetzt. Berücksichtigt man das Ziel, dass jede Kuh pro Jahr ein Kalb haben soll, dann dürfte die mittlere Güstzeit nicht länger als 85 Tage sein (mittlere Trächtigkeitsdauer bei Schwarzbuntem Milchvieh liegt bei 280 Tagen).

In Wirklichkeit beträgt die mittlere Güstzeit 105 Tage, d. h. im Durchschnitt fallen pro Kuh und Jahr etwa 20 zusätzliche „Leertage“ an. Das Unterschreiten einer mittleren Güstzeit von 105 Tagen kann als Ziel für einen Betrieb festgesetzt werden. In Betrieben mit guter Herdenfruchtbarkeit sollten weiterhin 75% der Tiere eine Güstzeit von weniger als 115 Tagen aufweisen.

Die **Zwischenkalbezeit** ist besonders bedeutsam. Sie bestimmt in starkem Ausmaß die Wirtschaftlichkeit des Betriebs. Aus verschiedenen Berechnungen wird deutlich, dass eine Verlängerung der Zwischenkalbezeit um einen Tag einen Verlust von 1–2 € pro Tier bedeutet. Beträgt die Zwischenkalbezeit in einem Betrieb mit 100 Milchkühen beispielsweise 440 Tage (ein „Problembetrieb") anstelle von 385 Tagen (= Sollwert), dann beläuft sich der Verlust auf etwa 8.000 € pro Jahr. In Abhängigkeit von den betrieblichen Gegebenheiten kann der Verlust pro Tag verlängerter Zwischenkalbezeit auch wesentlich höher sein (bis etwa 4 €). Andererseits sind bei wirtschaftlichen Betrachtungen die Milchleistung sowie das Laktationsalter zu berücksichtigen. Bei Erstkalbinnen kann sich das „ökonomische Optimum" für die Zwischenkalbezeit aufgrund einer höheren Laktationspersistenz als bei älteren Kühen durchaus nach hinten verschieben.

Nach der Berechnung der oben genannten Kriterien müssen die erhaltenen Werte beurteilt werden, um die Fruchtbarkeitslage der Herde einordnen zu können. Dies ist oft mit Schwierigkeiten verbunden, da die berechneten Kriterien nicht immer übereinstimmen. So kann der Erstbesamungserfolg niedrig sein, die Güstzeit befindet sich aber innerhalb der Norm. Dies tritt z. B. auf, wenn der Landwirt seine Kühe relativ früh wieder besamen lässt, aber die Fruchtbarkeit der Tiere trotzdem zufriedenstellend ist. Würde er später besamen lassen, würde sich wahrscheinlich der Erstbesamungserfolg verbessern, aber möglicherweise auch die Güstzeit verlängern. Welche Situation für den Betrieb am wirtschaftlichsten ist, müsste im Einzelfall überprüft werden.

■ Abgänge wegen Unfruchtbarkeit

Die Erfassung der Abgangsrate wegen Unfruchtbarkeit ist wichtig, da sich einige Fruchtbarkeitskennzahlen nur auf tragend gewordene Tiere beziehen, wie z. B. die Güstzeit, die Zwischenkalbezeit oder der Trächtigkeitsindex. Diese Kennzahlen können sich durchaus im Sollbereich befinden. Wenn allerdings viele Kühe gemerzt werden müssen, weil sie nicht tragend geworden sind, wird bei Nichtberücksichtigung der Abgangsrate eine gute Herdenfruchtbarkeit vorgetäuscht. Der Prozentsatz der Kühe, die aufgrund von Unfruchtbarkeit gemerzt wurden, sollte nicht höher als 7% liegen. Hierzu zählt man auch die Tiere, die mehr als zwei erfolglose Besamungen hatten und gemerzt wurden.

■ Andere Kennzahlen

Weichen die oben genannten Kennzahlen von der Norm oder den Zielvorstellungen ab, ist es oft sinnvoll, weitere Kennzahlen zu berechnen:

Freiwillige Wartezeit
Zeitraum post partum (p. p.), in dem die Kühe grundsätzlich noch nicht besamt werden. Wirtschaftlich günstig wäre eine freiwillige Wartezeit von 45–60 Tagen, wobei allerdings die Milchleistung und das Alter der Tiere berücksichtigt werden sollten und entsprechend auch längere Zeiträume gewählt werden können.

Mittlere Rastzeit
Abkalbung bis 1. Besamung. Diese sollte kürzer als 85 Tage sein (s. u.).

Mittlere Verzögerungszeit
Güstzeit minus Rastzeit. Als Zielgröße gilt ein Wert von < 18 Tagen.

Brunsterkennungsrate
Prozentsatz, der in einem bestimmten Zeitabschnitt (z. B. 24 Tage) in Brunst gesehenen, noch nicht besamten Kühe). Ideal wäre ein Wert von > 80% (s. u.).

Brunstnutzungsrate
Prozentsatz der in einem bestimmten Zeitabschnitt (z.B. 21 Tage) nach Ablauf der freiwilligen Wartezeit besamten Kühe. Ideal wäre auch hier ein Wert > 80%.

Prozentsatz der Kühe, die 60 Tage nach dem Abkalben noch nicht brünstig gewesen sind
Sollte 15% nicht übersteigen.

Prozentsatz der Kühe mit Nachgeburtsverhaltung
Im Mittel liegt dieser Wert bei ungefähr 10%, wobei ein Wert bis 15% noch als tolerierbar angesehen wird. Steigt der Wert über 15% an, dann könnte ein Bestandsproblem vorliegen. Bei der Interpretation dieser Kennzahl muss man auch „den Zufall" berücksichtigen. So liegt in einem Betrieb mit 50 Kühen, wenn man den Normwert der Häufigkeit einer Nachgeburtsverhaltung bei etwa 10% ansetzt, das 95%-Konfidenzintervall zwischen 1,5 und 18,5%. Mit anderen Worten, wenn in einem solchen Betrieb in einem bestimmten Jahr 10 Kühe eine Nachgeburtsverhaltung haben, dann besteht immer noch eine Chance von 1/20, dass dies rein zufällig ist. In einem Betrieb mit 100 Milchkühen liegt das oben genannte Konfidenzintervall zwischen 4 und 16%.

Tab. 3.1 Jahresübersicht der Kennzahlen zur Fruchtbarkeit eines Beispielbetriebs.

Beispielbetrieb (60 Kühe)	**Anzahl der Tiere bzw. Tage (d)**	**%**	**Ref.**
Nachgeburtsverhaltung	7	12	< 15%
Tiere mit Ausfluss	6	10	< 15%
nicht brünstig innerhalb von 60 Tagen p. p.	12	20	< 15%
Aborte	2	4	≤ 6%
Erstbesamungserfolg	33	55	≥ 50%
Anzahl der Abgänge mit > 2 Besamungen	2	4	< 7%
mittlere Rastzeit	83 d		< 85 d
mittlere Zwischentragezeit	102 d		< 105 d
Trächtigkeitsindex	1,6		≤ 1,7

Prozentsatz der Kühe mit eitrigem Ausfluss nach dem Abkalben

Dieser Wert hängt stark von der Häufigkeit von Nachgeburtsverhaltungen ab, da viele Kühe mit Retentio secundinarum später Ausfluss haben. Außerdem bereitet die Definition „Ausfluss" Schwierigkeiten. Der Prozentsatz „nicht sauberer Kühe" ist daher auch von dem Kenntnisstand des Landwirts und seiner Interpretation abhängig. Wenn zusätzlich dann noch die oben genannten Zufallsfaktoren berücksichtigt werden, wird deutlich, dass die Angaben über den Prozentsatz nur unzuverlässig sind. Bei einem Anteil an Kühen mit eitrigem Ausfluss von ≥ 15% kann man von einem Bestandsproblem sprechen.

Prozentsatz der Kühe mit Ovarialzysten

Dieser Wert sollte ≤ 10% sein.

Prozentsatz abortierender Kühe

Geht man von der Definition aus, dass ein Verwerfen zwischen dem 45. und 265. Tag als Abort bezeichnet wird, dann ist ein Abortprozentsatz von 8% akzeptabel. Legt man die Untergrenze nicht bei 6 Wochen, sondern bei 3 Monaten fest, dann ist ein Prozentsatz von 6% noch annehmbar. Spätaborte (> 210 Tage) werden im Rahmen der Datenverwaltung wie Kalbungen behandelt, d. h. die Laktationsnummer wird um 1 erhöht. Der akzeptable Abortprozentsatz sollte dann um 1–2% geringer veranschlagt werden.

Zur Verdeutlichung zeigt **Tab. 3.1** eine Jahresübersicht eines von uns betreuten Betriebs. Wie zu ersehen, liegt nur der Prozentsatz der Kühe, die mit 60 Tagen nach dem Abkalben noch keine Brunst gezeigt haben, außerhalb der Normwerte. Eine Übersicht der gängigen Fruchtbarkeitskennzahlen findet sich in **Tab. 3.2**.

3.1.1.2 Ursachen für Abweichungen der Kennzahlen von den Sollwerten

Der Fertilitätsstatus einer Kuhherde ist einerseits das Ergebnis von Faktoren, die kuhgebunden sind und andererseits von Faktoren, die mit den Umweltbedingungen, unter denen die Kühe gehalten werden, zusammenhängen. Der Betriebsleiter kann das Ergebnis dabei über das Management positiv oder negativ beeinflussen. Vor diesem Hintergrund können die Faktoren, die den Fertilitätsstatus einer Kuhherde beeinflussen, global in drei Hauptgruppen eingeteilt werden (**Tab. 3.3**).

Die unter **Umweltbedingungen** genannten Faktoren liegen mehr oder weniger außerhalb des Einflussbereichs des Landwirts. Die unter **Betriebsführung** angegebenen Faktoren können dagegen deutlich durch den Landwirt beeinflusst werden. Wenn diese Faktoren bei Fertilitätsproblemen eine Rolle spielen, muss man entsprechend die Ursache beim Landwirt und nicht bei den Kühen suchen. Die letzte Gruppe betrifft Faktoren, die **Kuh-assoziiert** sind. Natürlich kommen Überschneidungen der einzelnen Faktorengruppen vor. Für eine verminderte Fruchtbarkeit in einem Milchviehbetrieb können also zahlreiche Ursachen genannt werden. Häufig handelt es sich um einen Ursachenkomplex, so dass es oft sehr schwierig ist, eine gute Einsicht in die Betriebsproblematik zu bekommen. Erst nach der Berücksichtigung der obengenannten

Tab. 3.2 Übersicht über häufig verwendete Fruchtbarkeitskennzahlen.

Kennzahl	Definition	Zielgröße
freiwillige Wartezeit (d)	Zeitraum nach der Kalbung, innerhalb dessen die Tiere noch nicht besamt werden	betriebsspezifisch (ca. 50–60 d)
Rastzeit (d)	Intervall Kalbung–1. Belegung	≤ 85 d
Güstzeit (Zwischentragezeit) (d)	Intervall Kalbung–1. Trächtigkeitstag	≤ 105 d
% Tiere mit Zwischentragezeit < 115 d		≥ 75%
Verzögerungszeit (d)	Intervall 1. Belegung–1. Trächtigkeitstag	≤ 18 d
Zwischenkalbezeit (d)	Intervall zwischen zwei aufeinanderfolgenden Abkalbungen	≤ 385 d
erwartete Zwischenkalbezeit (d)	Güstzeit + rassespezifische Trächtigkeitsdauer	≤ 385 d
Erstbesamungserfolg (%)	Anzahl tragender Tiere nach Erstbesamung : Anzahl Erstbesamungen	≥ 50%
Trächtigkeitsindex	Anzahl Belegungen bei tragenden Tieren : Anzahl tragender Tiere	≤ 1,7
Konzeptionsrate (%)	Anzahl tragender Tiere : Anzahl aller Besamungen (auch die nicht erfolgreichen) in einem bestimmten Zeitintervall	≥ 50–55%
Besamungsindex	Anzahl aller Besamungen : Anzahl tragender Tiere	≤1,9
Gesamtträchtigkeitsrate (%)	Anzahl tragender Tiere : Anzahl besamter Tiere	≥ 90%
200-Tage-Nichtträchtigkeitsrate (%)	Anzahl nichttragender besamter Tiere ≥ 200 d p. p. : Anzahl besamter Tiere	≤ 7%
Abgänge aufgrund von Unfruchtbarkeit (%)	Anzahl der Abgänge aufgrund von Unfruchtbarkeit : Anzahl Abkalbungen	≤ 7%
Brunsterkennungsrate	Prozentsatz nichtbesamter Tiere nach Ablauf der freiwilligen Wartezeit, die innerhalb eines Zeitraums von 21 Tagen in Brunst gesehen wurden alternativ: (21 : mittleres beobachtetes Brunstintervall) × 100	≥ 80%
Brunstnutzungsrate 21	Anzahl Tiere, die innerhalb 21 Tage nach Ablauf der freiwilligen Wartezeit besamt wurden : Anzahl aller Tiere, die sich am Analysentag in diesem Zeitraum befanden	≥ 80%
% Kühe ohne Brunst bis 60 Tage p. p.		≤ 15%
Trächtigkeitsrate („Pregnancy rate“)	Brunstnutzungsrate × Konzeptionsrate alternativ: % aller Tiere, die nach Ablauf der freiwilligen Wartezeit innerhalb von 21 Tagen besamt und tragend geworden sind	> 35%
% Nachgeburtsverhaltung		≤ 15 %
% Endometritis		≤ 10 %
% Ovarialzysten		≤ 10 %
% Aborte (45–265 Tage)		≤ 8 %

Faktoren ist es möglich, ein definitives Urteil über den Fertilitätsstatus eines Betriebs zu geben. So ist es möglich, dass die Fruchtbarkeit einer Herde nicht wirklich gestört ist. Eine angebliche Störung kann beispielsweise dem Zufall oder einem neuen Besamer zuzuschreiben sein. Die meisten Fertilitätsstörungen sind aber in irgendeiner Weise mit dem Betriebsleiter verbunden, wobei eine vorzeitig

Tab. 3.3 Fertilitätsbeeinflussende Faktoren.

Umweltbedingungen	Betriebsführung	Kuh-gebundene Faktoren
• Klima • Jahreszeit • Aufstallung • Betriebsgröße	• mittleres Lebensalter der Kuhherde • Spermaqualität • Fähigkeit des Besamers • Zeitpunkt der Besamung • Brunsterkennung und Dokumentation • Hygiene zum Zeitpunkt der Abkalbung und im Puerperium • Rastzeit/freiwillige Wartezeit • Fütterung • Haltungsbedingungen • Abgänge und Selektion	• Infektionen • Individuelle Abweichungen • Erbfehler

gemerzte Kuh dann oft das Opfer eines schlechten Managements ist. Es ist daher von Bedeutung, die Aufmerksamkeit zunächst nicht in erster Linie auf die Kühe zu richten, sondern mehr auf die Umweltbedingungen, unter denen die Kühe gehalten werden und das Management. Danach erst kommen die Kühe an die Reihe.

Der **Zufall** kann vor allen Dingen in kleineren Betrieben eine große Rolle spielen. Eine der bedeutsamsten Ursachen dafür, dass ein Tier nach einer Besamung nicht tragend wird, ist die **embryonale Fruchtresorption**, die bei etwa 30% der besamten Kühe auftritt. Durch diesen Vorgang werden potenziell missgebildete oder nicht lebensfähige Früchte frühzeitig vernichtet; denn jede Befruchtung kann man immer als ein genetisches Experiment ansehen, das auch möglicherweise schief gehen kann. Anhand eines Beispiels wird die Rolle des Zufalls verdeutlicht:

Wenn ein Viehhalter nur 5 Kühe hat, besteht eine gute Chance, dass diese gleich bei der ersten Besamung tragend werden. Geschieht dies, dann beträgt der Erstbesamungserfolg 100%. Es gibt aber auch die Möglichkeit, dass bei allen besamten Kühen keine Befruchtung oder ein embryonaler Fruchttod eintritt. Der Erstbesamungserfolg beträgt dann 0% und man könnte diesen Bestand als einen Problembetrieb bezeichnen. Die eigentliche Ursache ist aber der Zufall, und der Erstbesamungserfolg im Jahr darauf könnte möglicherweise wieder 100% betragen. Neben den oben genannten Faktoren können noch zahlreiche andere Faktoren zufällig eine Rolle spielen.

Natürlich wird die Rolle des Zufalls mit zunehmender Tierzahl abnehmen. In größeren Betrieben (> 150 Kühe) braucht man dem Zufall daher kaum Beachtung zu schenken. Dies ist nicht so in Betrieben mit 60–70 Kühen; hier spielt der Zufall oft eine größere Rolle als man denkt. Eine richtige Beurteilung der Fortpflanzungsgegebenheiten in kleineren Betrieben ist nur möglich, wenn die Situation über mehrere Jahre beobachtet wird. Dabei sollte man dann nicht ausschließlich ein Fertilitätskriterium beachten, sondern immer die Kombination verschiedener Faktoren berücksichtigen.

Selbst in Betrieben mit 100 Kühen spielt der Zufall oft noch eine Rolle. So liegt in einem derartigen Betrieb der erwartete Erstbesamungserfolg zwischen 51 und 69%, wenn man von einem mittleren Wert von 60% ausgeht (95%-Konfidenzintervall).

Umweltbedingungen

Die **Klimabedingungen**, unter denen in unseren Breitengraden Viehhaltung betrieben wird, sind im allgemeinen günstig. Die Tatsache, dass man die Kühe im Winter aufstallen muss, kann als ein negativer Faktor angesehen werden.

Die **Jahreszeit**, in der die Tiere besamt werden, hat einen starken Einfluss auf die Besamungsergebnisse. Die besten Ergebnisse werden i. d. R. im Mai, Juni und Juli erzielt. In den Wintermonaten sind die Ergebnisse deutlich schlechter. Viele Faktoren spielen hierbei eine Rolle, wie Schwierigkeiten der Brunsterkennung, der Stalltyp und die Lichtverhältnisse. Die Güstzeit bei Tieren, die im Herbst abkalben ist 25–30 Tage länger als bei

Tieren, die im Frühjahr abkalben. Die Anzahl von Kühen, die mehr als eine Besamung benötigen, ist ebenfalls erhöht. In heißen Sommern beobachtet man auch häufig eine Verschlechterung des Trächtigkeitsergebnisses, da die Tiere dann offensichtlich unter Hitzestress stehen, wodurch die Fruchtbarkeit negativ beeinflußt wird.

Die Weide kann als die natürliche Umgebung der Kühe angesehen werden. Der Fertilitätsstatus wird in großem Ausmaß durch die **Art der Aufstallung** beeinflusst, besonders in der Winterperiode. Diesbezüglich spielen zwei Faktoren eine große Rolle, nämlich die Brunsterkennung und die Hygiene (Infektionen). Es ist nachgewiesen, dass in Betrieben, in denen die Kühe freie Bewegungsmöglichkeiten haben (Lauf- und Liegeboxenställe), die Brunst leichter und früher post partum festgestellt wird. Dies hat zur Folge, dass in diesen Ställen, verglichen mit Anbindeställen, die Besamungsergebnisse besser und die Güstzeit kürzer sind. Besonders in Anbindeställen mit ungenügenden Lichtverhältnissen können die Brunsterkennung sehr schwierig und die Brunstäußerung eingeschränkt sein.

Der Einfluss der **Betriebsgröße** auf den Fruchtbarkeitsstatus ist in bedeutendem Maße von dem Landwirt oder dem Betriebspersonal abhängig. Wenn die Anzahl der Kühe pro Person einen bestimmten kritischen Wert übersteigt, ist zu wenig Zeit verfügbar z. B. für eine gute Brunstbeobachtung und die Verwaltung. Dies resultiert in:

- einer verlängerten Rast- und Zwischentragezeit
- Besamungen von Kühen, die nicht in Brunst sind
- unregelmäßigen Brunst- und/oder Besamungsintervallen
- unnötigem Merzen von wertvollen, angeblich subfertilen Kühen

Eine plötzliche Bestandsvergrößerung oder der Übergang zu einem anderen Stalltyp kann auch einen negativen Einfluss auf den Fruchtbarkeitsstatus haben. Eine Verbesserung der Situation wird erst eintreten, wenn sich der Landwirt (und die Kühe) besser auf die neuen Verhältnisse eingestellt haben.

Es hat sich gezeigt, dass das **Lebensalter** einen Einfluss auf den Erstbesamungserfolg und die Güstzeit hat. Tiere über 8 Jahre und Erstkalbinnen haben weniger gute Trächtigkeitsergebnisse. Das liegt daran, dass gerade bei diesen Tieren mehr Probleme bei der Abkalbung und im Puerperium auftreten. Bei Erstkalbinnen kommt es in der Winterperiode durch die Kombination einer hohen Milchproduktion, inadäquater Fütterung und der Stallhaltung auch zu einem höheren Prozentsatz von Azyklie. Bei der Beurteilung der Fruchtbarkeit sollte man daher immer das Lebensalter der Kuhherde berücksichtigen.

■ Betriebsführung

Die Qualität des Spermas kann stark variieren. Auch ist bei einigen Bullen das Sperma weniger zur Tiefgefrierung geeignet. Dies führt möglicherweise zu deutlich verminderten Trächtigkeitsergebnissen nach der Insemination. Dennoch wird das Sperma solcher Bullen oft vermehrt eingesetzt, da sie gewünschte Eigenschaften gut zu vererben scheinen. Es ist darum empfehlenswert, nach Möglichkeit in der Fruchtbarkeit als „gut" eingestufte Bullen zu benutzen.

Der Bulle kann durch das Erzeugen von großen Kälbern auch indirekt einen negativen Einfluss auf die Fertilität hervorrufen. Dadurch treten im Folgejahr viele Schwergeburten auf mit dem Ergebnis einer herabgesetzten Fertilität.

Rindern viele Kühe in einem Intervall von 3 Wochen um und wird nur ein einziger Bulle zur Bedeckung benutzt, dann ist es wahrscheinlich, dass das Sperma von dem Bullen schlecht befruchtet. In einem solchen Betrieb müssen erst der Stier und sein Sperma untersucht werden, bevor nach anderen Ursachen für das schlechte Trächtigkeitsergebnis gesucht wird. Werden verschiedene Bullen benutzt, ist eine genaue Kontrolle der Zuchtbücher erforderlich. In Betrieben mit schlechter Dokumentation ist es manchmal sehr schwer herauszufinden, welcher Bulle schlecht befruchtet. Dann muss von allen Bullen Sperma untersucht werden.

In Betrieben, in denen vom Natursprung Gebrauch gemacht wird, soll das Erstbesamungsergebnis im allgemeinen höher sein als bei künstlicher Besamung. Die wichtigste Ursache hierfür ist, dass der Bulle ein besserer Brunstdetektor ist als der Mensch. Bei der künstlichen Besamung haben die Handhabung des Spermas vor der Tiefgefrierung, die Tiefgefrierung selbst und das Auftauen einen negativen Einfluss auf die Spermaqualität. Untersuchungen haben aber gezeigt, dass die Trächtigkeitsergebnisse nicht schlechter sind, wenn die Brunsterkennung gut ist und zur künstlichen Besamung Sperma von guter Qualität benutzt wird. Zusätzlich sollte beachtet werden, dass bei der natürlichen Bedeckung Deckinfektionen entstehen können.

Die **Fähigkeit des Besamungstierarztes oder -technikers** lässt im Allgemeinen nichts zu wünschen übrig. Ab und zu kommt es aber vor, dass ein Besamer schlechte Resultate erzielt. Dies könnte z. B. an der Unerfahrenheit oder an fehlender Konzentration liegen. Bei Besamern mit wenig Erfahrung gibt es vor allen Dingen Schwierigkeiten bei der Einführung der Besamungspipette (insbesondere bei Färsen). Gegenwärtig gibt es immer mehr Landwirte, die ihre Kühe selbst besamen (Eigenbestandsbesamung). Einige haben hierbei keine Schwierigkeiten, andere dagegen um so mehr, was sich dann in den Besamungsergebnissen äußert.

Allgemein gilt, dass mindestens 150 Besamungen pro Jahr (etwa 80 Kühe) durchgeführt werden müssen, um ausreichend Fertigkeit beim Besamen zu bekommen.

Der **Zeitpunkt der Insemination** während der Brunst ist für eine gute Konzeptionsrate ebenfalls von Bedeutung. Die besten Trächtigkeitsergebnisse werden erzielt, wenn die Kühe in der zweiten Hälfte des Östrus besamt werden. Das Problem ist, dass der Landwirt den Brunstbeginn oft nicht exakt kennt. Darum wird angeraten, Kühe, die morgens (vor 8.00 Uhr) in Brunst gesehen werden (d. h. den Duldungsreflex zeigen), noch am selben Tag zu besamen, und Kühe, die im weiteren Verlauf des Tages Östrussymptome zeigen, am folgenden Morgen zu inseminieren.

Eine nicht korrekte Inseminationszeit ist meist die Folge einer schlechten Brunsterkennung. Man erklärt oft eine Kuh nur aufgrund des Abgangs von Schleim als brünstig, obwohl sie noch keinen Duldungsreflex gezeigt hat. Manchmal werden auch „mitspielende" Kühe zur Besamung vorgestellt. Es kommt auch vor, dass Kühe fälschlicherweise aufgrund von Identifikationsfehlern besamt werden.

Durch die Intensivierung der Milchviehhaltung nimmt die Anzahl der Kühe, die von einer Person betreut werden müssen, erheblich zu. Dies kann mit einer ungenaueren Brunstdetektion gepaart sein. Die **Brunsterkennung** wird vor allen Dingen durch die fachliche Geschicklichkeit und Gewissenhaftigkeit des Landwirts beeinflusst. Es ist wichtig, den Landwirt darauf hinzuweisen, dass die Brunstbeobachtung geplant stattfinden muss und nicht dann, wenn die Arbeitszeiten es zufällig zulassen. Brunstbeobachtung darf nicht das letzte Glied der Betriebsführung sein! Pro Tag und überschaubarer Tiergruppe sollten mindestens 3 × 20 Minuten für die Brunstbeobachtung veranschlagt werden. Dies ist wichtig, damit auch die Kühe mit einer kurzen Brunstdauer erkannt werden. Günstige Zeiten für eine Brunsterkennung sind die Ruhezeiten im Stall, z. B.:

- früh am Morgen vor dem Melken
- um die Mittagstunde
- abends

Brunstbeobachtung am späten Abend ist besonders in der warmen Sommerperiode von Bedeutung, da die Tiere bei hohen Temperaturen tagsüber weniger aktiv sind. Die im Verlaufe der Brunst zunehmenden körperlichen Aktivitäten sollen durch die Abendkälte gesteigert werden. Auch im Stall nimmt die Abendkontrolle einen wichtigen Platz ein. Nahezu alle Kühe sollten dann ruhen, brünstige Kühe dagegen fallen durch ein unruhiges Verhalten auf. Außerdem zeigen 70 % der Kühe zwischen 18.00 Uhr abends und 6.00 Uhr morgens deutliche Brunstanzeichen.

Wenn die Brunstbeobachtung nicht oft genug oder regelmäßig über den Tag verteilt und nicht ausreichend lange durchgeführt wird, ist das Risiko, Brünste zu übersehen, größer (**Tab. 3.4**).

Bezüglich der Effizienz der Brunstbeobachtung zwischen den einzelnen Milchviehbetrieben können sehr große Unterschiede festgestellt werden.

Tab. 3.4 Effizienz verschiedener Methoden zur Brunstbeobachtung.

Methode	% Kühe, die richtig als brünstig erkannt wurden
kontinuierliche Brunstbeobachtung (24 h/Tag!)	90
Stier oder Suchbulle	90
dreimal pro Tag, 20 min	70
zweimal pro Tag, 20 min	60
einmal pro Tag, 20 min	40

Tab. 3.5 Einfluss der Brunstbeobachtung auf verschiedene Fertilitätsparameter.

Kriterien	**Brunstbeobachtung**	
	gut	**unzureichend**
Prozent wahrgenommener Brünste	> 80 %	< 60 %
Prozent der Kühe, die fälschlicherweise in Brunst gesehen wurden	< 5 %	> 10 %
Prozent der Tiere, die bei der Trächtigkeitsuntersuchung nicht tragend waren	< 10 %	> 15 %
Brunstintervall von 18 bis 24 Tagen	> 70 %	< 60 %
Intervall Abkalbung–1. Brunst (% Tiere > 60 d)	< 15 %	> 20 %
mittlere Rastzeit	< 85 Tage	> 90 Tage
Zwischenkalbezeit	< 385 Tage	> 395 Tage

Wenn in einem Betrieb 80 % und mehr von den dafür in Betracht kommenden Rindern in Brunst gesehen werden, dann ist dies als sehr gut zu bezeichnen. Leider kommen auch Betriebe vor, in denen nur 50 % oder weniger der Tiere in Brunst gesehen werden. Selbstverständlich sollte das Bestreben darauf gerichtet sein, mindestens 90% der Brünste zu sehen. Im Rahmen der Bestandsbetreuung muss der Bereich der Brunstbeobachtung immer wieder kontrolliert und angesprochen werden.

Die Aufstallung der Tiere spielt eine große Rolle dafür, ob die Brunst leichter oder schwieriger festzustellen ist. Auf der Weide und im Laufstall kann man sich im Wesentlichen auf Verhaltensmerkmale und äußere Brunsterscheinungen beschränken. Im Anbindestall fehlen oft die typischen Verhaltensweisen. Die angebundene Kuh hat nicht die Möglichkeit, Veränderungen im Verhalten wie Bespringen, Duldungsreflex, Gruppenformierung usw. zu zeigen. Andererseits ist es bei einer angebundenen Kuh viel leichter, physische Veränderungen zu bemerken. So können der Schleimabgang, die bessere Durchblutung und die erhöhte Feuchtigkeit der Vulvaschleimhaut (Vulvalippen spreizen) leichter wahrgenommen werden. Eine gute Methode besteht auch darin, die brunstverdächtige Kuh aus dem Stall zu holen und durch eine andere Kuh bespringen zu lassen; hochtragende Kühe sind hierbei sehr geschickt.

In der Praxis wird man oft mit einer schlechten Brunstbeobachtung konfrontiert. Dies zeigt sich besonders in einer verlängerten Zwischenkalbezeit und einer relativ großen Anzahl von „Problemkühen" (**Tab. 3.5**). Die Brunstbeobachtung ist der Managementfaktor mit dem größten Einfluss auf die Zwischenkalbezeit.

Bei einer ungenauen Brunstbeobachtung werden die Betriebsergebnisse schlechter ausfallen. Der Landwirt wird sich oft über eine ernsthafte Störung der Fruchtbarkeit seiner Herde beklagen und fast immer seine Kühe als Schuldige angeben, derweil er selbst das Betriebsproblem verschuldet hat. In solchen Situationen sollte er auf die großen finanziellen Verluste hingewiesen werden, die er sich selbst zuzuschreiben hat und die sich wie folgt manifestieren:

- erniedrigte jährliche Milch- und Kälberproduktion
- hohe Abgangsrate von wertvollen, aber güst gebliebenen (Zucht-)Rindern
- dadurch herabgesetzte Möglichkeit, niedrigleistende Tiere zu verkaufen und entsprechend geringere Selektionsmöglichkeiten
- hohe Anzahl (selbst verschuldet) von Kühen, die nur schwer tragend zu bekommen sind („Repeat Breeders")
- höhere Ausgaben für Sperma, Inseminationen und tierärztliche Behandlungen

Außer dass zu wenige Tiere als brünstig erkannt werden, können Kühe oder Rinder zu oft oder fälschlicherweise in Brunst gesehen werden. Dies ist meistens die Folge einer falschen Interpretation der Aufsprungaktivitäten, wobei angenommen wird, dass die Kuh, die eine Stallgenossin bespringt, auch brünstig ist. Das eigentliche Brunstkriterium ist aber das Stehenbleiben beim Bespringen durch eine andere Kuh.

Die Landwirte sollten bei jedem Betriebsbesuch auf die Notwendigkeit einer guten Brunstbeobachtung hingewiesen werden. Allerdings ist der Bereich der Brunstbeobachtung ein heikles Thema in der Bestandsbetreuung, da die Landwirte oft glauben, alles darüber zu wissen und alles richtig zu machen. Werden sie auf Mängel in der Brunstbeobachtung hingewiesen, fühlen sie sich daher nicht selten in ihrer Ehre gekränkt. Weiterhin schläft die Aufmerksamkeit für die Brunstbeobachtung leider allzu oft ein, besonders wenn der Betriebsleiter aus anderen Gründen „unter Druck" steht (z. B. „Saisonaktivitäten" in Ackerbaubetrieben, Erntezeiten). Das ändert aber nichts daran, dass die Brunstbeobachtung den roten Faden in der Fertilität eines Milchviehbetriebs darstellt.

Eine gute Brunstbeobachtung ist nur möglich, wenn **alle Kühe individuell deutlich erkennbar (identifizierbar)** sind, so dass bei der Brunstwahrnehmung keine Verwechslung möglich ist.

Die Brunstbeobachtung sollte auch mit einer guten und sofortigen **Dokumentation** brünstiger Tiere gepaart sein. Leider wird hierauf in vielen Betrieben, vor allem in Problembetrieben, nicht genügend geachtet. In großen Betrieben sind gute Identifikation und Dokumentation eine absolute Notwendigkeit.

Eine gute **Identifikation** eines Einzeltiers kann auf verschiedene Weise erreicht werden, z. B. mittels:

- gut sichtbarer Plastikohrmarken
- Halsbänder mit seitlichen Nummern und mit einem nummerierten Aufsatzstück oben am Band
- Halsketten mit einer Nummer
- Gefrierbrand

Es werden in der Praxis verschiedene **Dokumentationssysteme** angeboten wie z. B. eine **Betriebskarte oder ein Brunstkalender**. Es empfiehlt sich, die Betriebskarte in der Melkkammer oder im Stall aufzuhängen. Jeden Tag können dann die Gegebenheiten notiert werden. Der Landwirt sollte darauf hingewiesen werden, alle Brunstdaten zu notieren, auch wenn er die erste Brunst p. p. (vor 50 Tagen p. p.) meistens nicht zur Besamung nutzt. Das Notieren der Brunstdaten ist aber von Bedeutung, um das Datum der nächsten Brunst vorhersagen und dann das Tier wieder auf Brunstsymptome hin kontrollieren zu können.

Um die Brunsterkennung zu erleichtern, hat man nach verschiedenen Hilfsmitteln gesucht. So gebraucht man zur Zeit:

- nymphomane Kühe (Suchkühe)
- mechanische Hilfsmittel, wie den „Kamar Heat Mountdetector®"
- Schwanzanstreichen
- Pedometer
- telemetrische Verfahren

Als Alternativen zu einer nymphomanen Kuh dienen Brunstdetektoren wie z. B. der sog. „Kamar Heat Mountdetector®". Diese Messgeräte enthalten ein mit Tinte gefülltes Plastikröhrchen und werden in der Medianen auf dem Kreuz der Kühe angeklebt. Wird Druck auf das Röhrchen ausgeübt (durch Bespringen), dann wird der Detektor rot. Nachteile beim Gebrauch dieses Brunstdetektors sind:

- fälschliches Anzeigen, wenn viele Kühe in einem begrenzten Raum (Liegeboxenstall) gehalten werden (gegenseitiges Bespringen, um aneinander vorbeizukommen)
- schnelles Abhandenkommen
- schlechte Funktion bei Frostwetter
- hoher Preis

Ein anderes einfaches Hilfsmittel zur Brunsterkennung stellt das **Schwanzanstreichen** dar. Hierbei wird ein 20 cm langer und 3 cm breiter Farbstreifen (Farbkreide) auf dem Steißbein angebracht. Der Strich verläuft vom ersten Schwanzwirbel nach hinten. Bei Kühen mit einem stark abfallenden Becken sollte der Streifen etwas weiter vorn angebracht werden. Die Steißbeingegend sollte eventuell gesäubert und lose Haare entfernt werden. Beim Bespringen dieser Kuh wird der Streifen verbreitert und verschmiert.

Schrittzähler (Pedometer) können ungefähr 70% der brünstigen Kühe registrieren. Vor allen Dingen in großen Betrieben sind Schrittzähler ein gutes Hilfsmittel zur Brunstbeobachtung, da in solchen Betrieben die Zuwendung durch den Landwirt herabgesetzt ist. Natürlich sind Schrittzähler nur zu benutzen, wenn die Kühe frei laufen können. Da die Bewegungsaktivität der Kühe auch durch andere Ursachen als Brunst beeinflusst wird, ist bei alleiniger Interpretation von Pedometerdaten mit einem relativ großen Anteil falsch positiver Befunde (bis 30%) zu rechnen.

Mit Hilfe **telemetrischer** Verfahren (HeatWatch™ Transmitter Patch) werden über einen an der Kuh befestigten kleinen druckempfindlichen Sender Radiowellen ausgesendet, wenn ein brünstiges Tier durch eine andere Kuh besprungen wird. Die Radiowellen werden über einen entsprechenden Empfänger an einen Computer weitergeleitet, der dann die Zahl der Aufsprünge dokumentiert. Bei regelmäßiger Auswertung der Daten, können der Brunstbeginn genau erkannt werden und der optimale Besamungszeitpunkt besser festgelegt werden. Nachteilig sind die hohen Kosten der Anlage.

Durch das Obengesagte sollte deutlich sein, dass selbst beim Einsatz von Hilfsmitteln keine automatische Brunstbeobachtung möglich ist. Der beste Brunstdetektor bleibt, sofern kein Bulle genutzt wird, der Landwirt selbst. Eine sorgfältige 20-minütige Brunstbeobachtung mindestens dreimal pro Tag in Stallruhezeiten und gleichmäßig über den Tag verteilt bleibt das Mittel der Wahl. Wenn dies mit einer guten Kennzeichnung und Dokumentation gepaart ist, sollte es sowohl auf der Weide als auch während der Stallperiode (wenn ein Liegeboxenstall guter Qualität vorhanden ist) keine großen Schwierigkeiten mit der Brunsterkennung geben. Problematischer wird es bei angebundenen Tieren. Eine genaue Inspektion jedes einzelnen Rindes sowie Notieren von Brunstdaten und vermeintlichen Brünsten sind die primären Erfordernisse.

Zur Beurteilung der Qualität der Brunstbeobachtung kann man die Brunsterkennungsrate berechnen und die Brunst- und Besamungsintervalle überprüfen.

Die **Brunsterkennungsrate** kann wie folgt errechnet werden und liegt optimalerweise bei $\geq 80\%$:

$$\text{Brunsterkennungsrate} = \frac{21}{\text{mittleres beobachtetes Brunstintervall}} \times 100$$

Es ist zu beachten, dass die mit obiger Formel definierte Brunsterkennungsrate nur bei einwandfreier (d. h. lückenloser) Dokumentation einen ausreichenden Aussagewert besitzt und nur errechnet werden kann, wenn mindestens zwei aufeinanderfolgende Brünste bei einem Tier dokumentiert wurden. Die Brunsterkennungsrate kann auch leicht mit Hilfe eines Arbeitsblatts (**ABL 3.1**) ermittelt werden.

Das am häufigsten gefundene **Brunstintervall** sollte zwischen 18 und 24 Tagen liegen. Längere und kürzere Brunstintervalle deuten – bei Fehlen anderer Ursachen (z. B. Brunstinduktion mit Prostaglandin, Ovarialzysten etc.) – auf Mängel in der Brunstbeobachtung hin. In **Tab. 3.6** sind Richtwerte für die Verteilung der Brunstintervalle angegeben.

Tab. 3.6 Richtwerte für die Verteilung verschiedener Brunstintervalle.

Brunstintervall in Tagen	Häufigkeit %
< 4	≤ 5
5–17	≤ 5
18–24	≥ 65
> 24	≤ 25

Seit langem ist bekannt, dass eine **gute Hygiene bei der Abkalbung und im Puerperium** die Reproduktion günstig beeinflussen kann. Es ist darum umso unbegreiflicher, dass dieser Punkt immer wieder vernachlässigt wird. Wichtige hygienische Maßnahmen sind:

- Vorhandensein eines geeigneten Abkalbeplatzes, in Laufställen separate Abkalbebox mit Stroh
- regelmäßige Reinigung und Desinfektion der Abkalbeboxen
- Reinigung des Anogenitalbereichs und dessen Umgebung bei abkalbenden Tieren
- äußerste Sauberkeit bei geburtshilflichen Maßnahmen (Desinfektion der Hände, desinfizierte oder ausgekochte Geburtsstricke, sauberer mechanischer Geburtshelfer)
- Verbleiben der Tiere in der Abkalbebox bis die Nachgeburt abgegangen ist oder besser bis zum Ende der Biestmilchperiode

Der Tierarzt sollte den Landwirt mit Nachdruck auf diese Punkte hinweisen. Ein Abkalbe- und ein Krankenstall gehören auf jeden Fall in die Stallbauplanung. Viele Landwirte sind sich der Bedeutung der oben genannten hygienischen Maßnahmen nicht bewußt. Hierin liegt ein wichtiger Aufgabenbereich für die tierärztliche Beratung.

In Betrieben mit unzureichender Hygiene können, besonders in Boxenlaufställen, sehr schnell vermehrt **Endometritiden** auftreten, wobei es durch Tiere mit Ausfluss im Verlauf der Zeit zu einer Verschmutzung fast aller Boxen kommt. Geht ein Rind, das gerade abgekalbt und daher noch eine geöffnete Zervix hat, in eine solche Box, besteht für dieses Tier ein hohes Risiko für eine Endometritis. Die Folge ist, dass zu bestimmten

ABL 3.1 24-Tage-Brunsterkennungsrate.

Logo

24 -Tage-Brunsterkennungsrate

Ziel: > 80 % Brunsterkennung

Listen Sie alle abgekalbten Kühe (ab dem 45. Tag p.p.), die noch nicht besamt sind. Streichen Sie die Kühe durch, wenn sie in Brunst gesehen werden (egal ob besamt oder nicht). Sie sollten mehr als 80 % der Kühe in einer 21-Tage-Periode durchgestrichen haben. Fangen Sie alle 21 Tage mit einem neuen Blatt an und testen Sie sich selbst!

~~205~~	~~235~~	237
~~144~~	~~171~~	~~285~~
169	185	~~307~~
~~99~~	~~310~~	245
~~301~~	217	298
243	251	~~265~~
~~267~~	~~180~~	~~121~~
~~220~~	~~183~~	~~249~~
~~189~~	291	210
325	~~222~~	~~317~~
~~110~~	~~261~~	269
~~232~~	~~282~~	~~276~~
~~259~~	228	~~283~~
~~299~~	~~201~~	~~179~~

Anzahl Kühe 42 **Anzahl Kühe mit Brunst** 29 **Brunsterkennungsrate** 69%

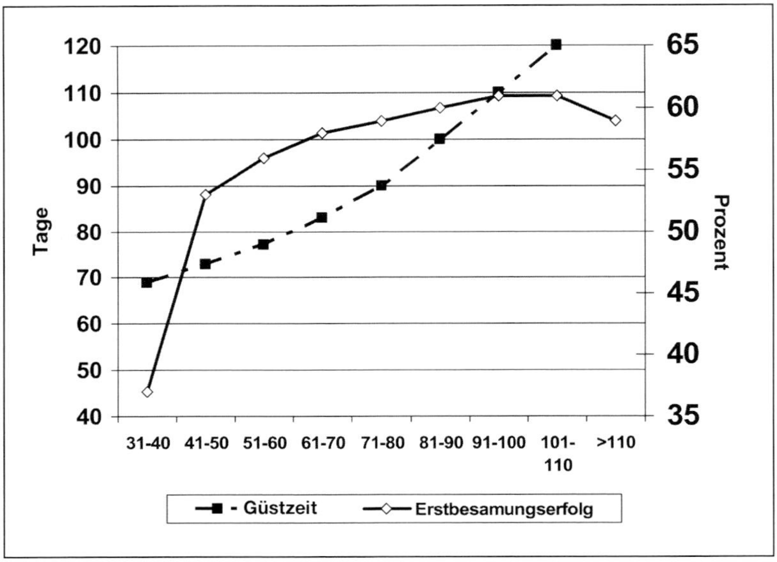

Abb. 3.1 Erstbesamungserfolg und Güstzeit in Abhängigkeit von der Rastzeit.

Zeiten Tiere gehäuft eine Endometritis/Lochiometra aufweisen oder Ausfluss bekommen (selbst tragende Tiere mit einer Vaginitis), was zu einer deutlichen Störung der Fertilität in einem solchen Betrieb führt. Dies äußert sich in einem erniedrigten Erstbesamungserfolg (z. B. 30%), vermehrtem Auftreten von pathologischem Ausfluss, gehäuftem Umrindern und Fehlen von Brunstsymptomen (z. B. bei Pyometra). Daneben ist in diesen Betrieben der Prozentsatz der Tiere mit einer Nachgeburtsverhaltung meistens erhöht.

Es wird deutlich, dass für Betriebe mit solchen Problemen eine Lösung nicht so schnell gefunden werden kann. Da der Stall selbst stark kontaminiert ist, reicht der Rat, die Abkalbehygiene zu verbessern, meist nicht aus. In diesen Betrieben ist es notwendig, zusätzliche Maßnahmen zu treffen, wie das Absondern von Tieren mit Ausfluss, das frühzeitige Behandeln erkrankter Tiere und eine Säuberung und Desinfektion der Boxen, was natürlich keine leichte Aufgabe ist.

Mit der Verbesserung der hygienischen Bedingungen beugt man nicht nur vielen Problemen im Puerperium vor, sondern auch dem daraus resultierenden späteren Umrindern. Es ergibt sich von selbst, dass dies auch die Milchproduktion günstig beeinflusst.

Unter der **Rastzeit** versteht man den Zeitraum von der Abkalbung bis zur 1. Besamung. Die Länge der Rastzeit wird zum großen Teil durch die Managemententscheidung des Landwirts beeinflusst, der die freiwillige Wartezeit festsetzt. In zahlreichen Untersuchungen wurde gezeigt, dass die besten Erstbesamungsergebnisse bei Tieren erzielt werden, die 3–4 Monate nach der Abkalbung besamt werden. Wird eher mit dem Besamen begonnen, verschlechtert sich der Erstbesamungserfolg. Deutlich schlechtere Ergebnisse werden erzielt, wenn vor 40 Tagen p. p. besamt wird. Zwischen 40 und 60 Tagen p. p. sind die Ergebnisse noch annehmbar (**Abb. 3.1**).

Aufgrund dieser Gegebenheiten war man früher der Meinung, dass frühes Besamen ungünstig sei. Es kamen häufiger „Umbuller" vor, wodurch die Ergebnisse nachteilig beeinflusst wurden. Zur Zeit wird aber von vielen Autoren die Meinung vertreten, dass es aus ökonomischen Gründen vorteilhafter ist, die Tiere möglichst schnell nach der Abkalbung wieder tragend zu bekommen. Früheres Besamen verursacht etwas niedrigere Erstbesamungsergebnisse und eine höhere Anzahl von Besamungen pro Trächtigkeit, doch führt es zu einer kürzeren Zwischenkalbezeit. Wie schon erwähnt, ist eine kurze Güstzeit und damit eine kurze Zwischenkalbezeit für den Landwirt von großer finanzieller Bedeutung.

Zur Zeit wird Folgendes empfohlen: 60 Tage p. p. mit dem Besamen beginnen bei den Tieren, die normal abgekalbt haben und bei denen das Puerperium normal verlaufen ist. Tiere mit Abkalbeproblemen oder einem pathologischen Puerperium sollten erst nach dem 75. Tag zum ersten Mal besamt werden. Möchte ein Landwirt eher mit dem Besamen beginnen, bestehen keine Bedenken dagegen. Man muss aber beachten, dass die Tiere nach einer Besamung vor dem 40. Tag p. p. häufig umrindern.

Wenn die Rastzeit zu lang ist, wird dies oft durch einen zu späten Besamungsbeginn infolge von unzureichendem Brunstverhalten der Tiere (Anaphrodisie oder Ayzklie) und/oder mangelhafter Brunstbeobachtung verursacht.

■ Fütterung

Über die mögliche Beziehung zwischen **Fütterung und Fruchtbarkeit** bestehen sehr viele Missverständnisse und Unklarheiten. Im Rahmen einer Bestandsbetreuung sind die Fruchtbarkeit und die Fütterung Hauptthemen. Aus diesem Grund werden die möglichen Beziehungen zwischen diesen beiden Punkten besonders berücksichtigt. Bezüglich der Fütterung interessieren die folgenden Themen (**Kap. 3.3.2**):

- die Energieaufnahme
- der Eiweißgehalt der Ration
- Vitamine
- Mineralstoffe und Spurenelemente
- Stoffe mit möglicher hormonaler Wirkung

Energieaufnahme

Hinsichtlich der Energieversorgung kann zwischen Unter- und Überversorgung unterschieden werden. Bei Rindern hat die aufgenommene Energiemenge einen Einfluss auf den Beginn der Pubertät. So werden Schwarzbunte Färsen bei guter Fütterung etwa in einem Lebensalter von 9–10 Monaten zum ersten Mal brünstig. Bei Energiemangel verschiebt sich das Auftreten der ersten Brunst auf einen späteren Zeitpunkt. Wenn der Zyklus einmal in Gang gekommen ist, hat die Energiedichte der Ration nur noch wenig Einfluss, es sei denn, erhebliche Mängel liegen vor.

Hochleistungsmilchkühe weisen nach der Abkalbung i. d. R. eine negative Energiebilanz auf, da die Kapazität zur Trockenmasseaufnahme nicht parallel mit der Milchleistung, sondern verzögert ansteigt. In der Phase der negativen Energiebilanz muß der Energieverbrauch für die Milchproduktion über den Abbau körpereigener Substanz (vorwiegend Fettreserven) ausgeglichen werden, so dass die Tiere an Körpermasse verlieren. Länge und Ausprägungsgrad der negativen Energiebilanz hängen von der Milchleistung und der Aufnahmekapazität (kg Trockensubstanz) des Tieres ab (**Abb. 3.2**). Von Bedeutung für die Dauer der negativen Energiebilanz sind auch die Futterqualität, die Energiedichte der Ration, die Fütterungstechnik, das Fütterungsmanagement und haltungsbedingte Faktoren, die z. B. die Wiederkau- und Liegezeiten beeinflussen. Auch die Körperkondition der trockenstehenden Kühe beeinflusst die negative Energiebilanz. In der Übergangsphase, welche die letzten 3–4 Wochen ante partum umfasst, ist die Trockenmasseaufnahme insbesondere bei überkonditionierten Kühen stark reduziert, so dass bei solchen Tieren schon vor der Abkalbung eine negative Energiebilanz besteht, die sich dann postpartal noch verstärkt. Im Allgemeinen wird die Energiebilanz zwischen 50 und 100 Tagen post partum wieder positiv und die Kuh nimmt wieder an Gewicht zu.

Hinsichtlich der Zusammenhänge zwischen negativer Energiebilanz und der Fertiltität gibt es zahlreiche Untersuchungen. Aufgrund der Ergebnisse kann ein Zusammenhang mit dem Auftreten der ersten Ovulation p. p. angenommen werden, wobei diese etwa 10 Tage, nachdem der Tiefpunkt der negativen Energiebilanz überschritten wurde, stattfindet. Weiterhin wurden Beziehungen zwischen der Follikel- und Oozytenqualität sowie der Qualität eines aus einer Ovulation resultierenden Gelbkörpers einerseits und der Energiebilanz andererseits festgestellt. So hatten Kühe mit einer positiven Energiebilanz höhere Serumkonzentrationen von IGF-I (Insulinartiger Wachstumsfaktor I) und Progesteron als Kühe mit einer negativen Energiebilanz. IGF-I ist für die Follikelreifung und Embryonalentwicklung von Bedeutung. Auch die Ausprägung von Brunstsymptomen wird durch die negative Energiebilanz beeinflusst. Während z. B. bei Kühen mit positiver Energiebilanz 60% der Fälle der ersten Ovulation p. p. mit äußeren Brunsterscheinungen einhergingen, war dies bei den Kühen mit negativer Energiebilanz nur bei 20% der Fall. Auffallend ist, dass in vielen Betrieben mit hochleistenden Kühen der Besamungserfolg nach der 2. Insemination höher ist als nach der 1. Besamung (z. B. 56 vs. 49%). Dies kann darauf zurückgeführt werden, dass die Chance einer Konzeption mit zunehmendem Abstand zwischen Abkalbung und Besamung zunimmt. Wenn dies auf die Energiebilanz übertragen wird, bedeutet das, dass die meisten Kühe dann bereits wieder eine positive Energiebilanz haben (**Abb. 3.2**).

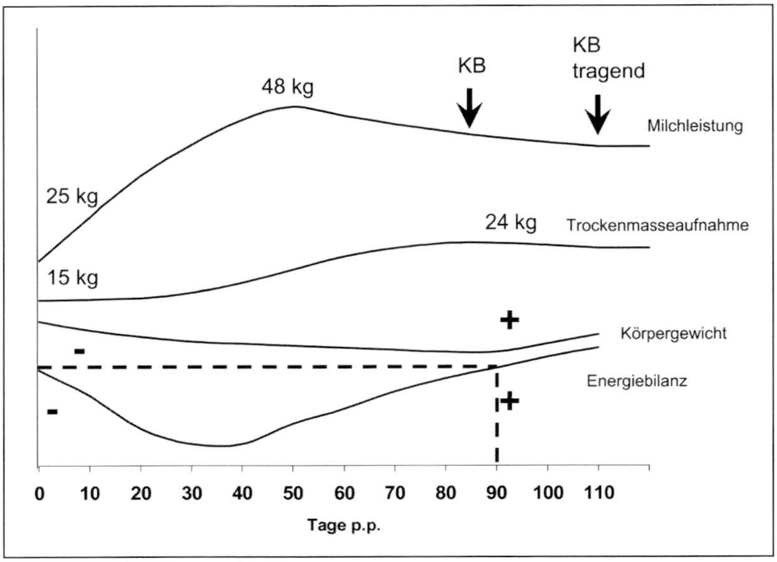

Abb. 3.2 Verlauf von Milchleistung, Trockensubstanzaufnahme, Körpergewicht und Energiebilanz während der ersten 120 Tage p. p.

Der Verlauf der Energiebilanz kann mit Hilfe der Bestimmung der Körperkondition (Body Condition Scoring, Rüchenfettdickemessung) beobachtet werden. Untersuchungen über die Beziehung zwischen Körpergewichtsverlauf und Fruchtbarkeit ergaben allerdings widersprüchliche Ergebnisse. Auf der einen Seite wurde festgestellt, dass Kühe, die nach dem Kalben extrem an Gewicht verloren hatten, einen niedrigeren Erstbesamungserfolg aufwiesen als Kühe, die einen geringen oder nur mäßigen Gewichtsverlust hatten. Extremer Gewichtsverlust führte zu vermehrtem Auftreten von Brunstlosigkeit und einem möglicherweise dadurch verminderten Trächtigkeitsergebnis. Zum anderen wurde festgestellt, dass nicht so sehr der Grad der Körpergewichtsabnahme mit der Fruchtbarkeit korreliert war, sondern die aktuelle Körperkondition zum Zeitpunkt der 1. Besamung.

Anhand der Untersuchung bestimmter Blutparameter kann die Stoffwechsellage der Kühe beurteilt werden (**„Metabolic Profile Tests (MPT)"**), um daraus wiederum Rückschlüsse auf die Energie- und Eiweißversorgung zu erhalten. Diese Tests werden vielfach herangezogen, um in Problembetrieben fütterungsbedingte Ursachen für ein Herdenfruchtbarkeitsproblem zu identifizieren. Zu beachten ist, dass MPT als Herdenuntersuchungen (mit ausreichender Stichprobengröße) angelegt und in Abhängigkeit vom jeweiligen Test für die Untersuchung von Einzeltieren weniger oder nicht geeignet sind. Die Parameter, die bei einem MPT berücksichtigt werden, variieren von Test zu Test. Oft werden folgende Substanzen bestimmt: Ca, Mg, Cu, Glukose, β-Hydroxybutyrat, freie Fettsäuren, Harnstoff und Aspartat-Aminotransferase (AST), evtl. noch Gesamtbilirubin und Gesamteiweiß. Aussagefähig sind die einzelnen Parameter eines MPT nur dann, wenn sie einen deutlichen Unterschied zwischen normalen Betrieben und Problembetrieben erkennen lassen. Leider wurden MPT in der Vergangenheit allzuoft nur in Problembetrieben durchgeführt. Bei abweichenden Werten wurde schnell gefolgert, dass der Test aussagefähig und brauchbar sei. Später zeigte sich, dass auch in normalen Betrieben die benutzten Parameter wiederholt von der Norm (mehr als zwei Standardabweichungen) abwichen. Daraus muss geschlossen werden, dass viele MPT wertlos sind, da sie keine signifikanten Unterschiede zwischen normalen und Problembetrieben aufdecken. Dies soll nicht bedeuten, dass jeder MPT nutzlos ist. Bestimmte Parameter, z. B. der Harnstoffgehalt und ß-Hydroxybutyrat, geben durchaus wichtige Informationen über die Energiebilanz oder die Eiweißversorgung der Kühe, aber nur in Zusammenhang mit anderen Betriebsgegebenheiten wie den Ergebnissen der Milchkontrolle und klinischer Untersuchungen.

Dass eine hochleistende Kuh **zu viel Energie** aufnimmt, kommt nur am Ende der Laktation und/oder in der Trockenstehperiode vor. Die Folgen einer zu hohen Energieaufnahme in dieser Periode sind aber nicht so dramatisch, wie in den letzten Jahren angenommen wurde. Gegenstand gegenwärtiger Diskussionen ist die Frage, was unter einer zu hohen Energieaufnahme zu verstehen ist. Es ist sicher erwünscht, dass eine altmelkende Kuh eine positive Energiebilanz hat und eine trockenstehende Kuh eine leicht positive Energiebilanz aufweist. Zum einen soll eine Kuh nicht mager abkalben, auf der anderen Seite muss darauf geachtet werden, dass die Energiebilanz nicht so stark positiv wird, dass die Kuh zu fett abkalbt. Aus Untersuchungen wurde deutlich, dass Kühe, die am Ende der Laktation und während der Trockenstehperiode ad libitum Maissilage aufnehmen konnten, bei der Abkalbung sehr fett waren und nach dem Abkalben erhebliche Gesundheitsprobleme hatten. Der Prozentsatz an Nachgeburtsverhaltungen betrug 62%, der an Ketosen 38%. Wegen der hohen Anzahl von Fällen mit Retentio secundinarum war die Gebärmutterinvolution stark verzögert, und es traten viele Endometritiden auf. Diese Befunde sind ein typisches Beispiel für das sog. **„Fat-cow-Syndrom“**, welches durch das Auftreten einer Reihe verschiedener Gesundheitsstörungen gekennzeichnet ist wie z.B. Milchfieber, Labmagenverlagerung bis hin zu Fortpflanzungs- und Stoffwechselstörungen insbesondere bei solchen Kühen, die in einer „zu guten“ Körperkondition abkalben.

Es sollte aber klargestellt werden, dass das „Fat-cow-Syndrom“ in der Literatur viel zu oft als Ursache für bestimmte Probleme angesehen wird. Als Beweis werden dann die Ergebnisse von metabolischen Serumprofilen angeführt. Bei der Besprechung dieser Tests wurde bereits auf die beschränkte Aussagefähigkeit hingewiesen. Als Beweis für das Vorliegen eines „Fat-cow-Syndroms“ in einem Problembetrieb sind sie auf keinen Fall geeignet.

Aus amerikanischen Untersuchungen wurde deutlich, dass Kühe, die mit einer „normalen“ bis „guten“ Kondition abkalben, nicht mehr Probleme post partum haben als Kühe, die in einer „weniger“ guten Kondition abkalben.

Verfettung in der Trockenstehperiode hat dagegen einen direkten Einfluss auf metabolische Störungen p. p. (Hypokalzämie, Ketose), die wiederum indirekt die Fruchtbarkeit negativ beeinflussen. Sehr nachdrücklich wird darauf hingewiesen, dass das Ausmaß eventueller Probleme sehr stark von der Qualität der Fütterung sowohl während der Trockenstehperiode als auch während der postpartalen Periode abhängt. Sicher ist auf jeden Fall auch, dass die Fütterung in der Trockenstehperiode so reguliert werden sollte, dass einer Verfettung vorgebeugt wird.

Eiweißversorgung

Für eine normale Reproduktion reicht ein niedriger **Rohproteingehalt** im Futter aus (11 % der TM). Für die Milchproduktion wird aber mehr Eiweiß benötigt, weswegen in der Milchviehfütterung den Kühen immer mehr Eiweiß angeboten wird, als für die Reproduktionsleistung notwendig ist. Eine **Eiweißunterversorgung** als Ursache von Fruchtbarkeitsproblemen kann daher vernachlässigt werden.

Anders ist die Situation, wenn eine **zu hohe Eiweißversorgung** vorliegt. Dies kommt vor, da ein höherer Eiweißgehalt der Ration zu einer höheren Milchleistung führt, Rationen mit einem hohen Eiweißgehalt schmackhafter sind und daher die Trockensubstanzaufnahme ansteigt. Es stellt sich die Frage, ob dies nachteilig für die Fertilität ist und wenn ja, ab welchem Proteingehalt in der Ration nachteilige Effekte auftreten. Im Laufe der Jahre sind zu diesem Thema viele Studien durchgeführt worden, wobei von den verschiedenen Untersuchern z.T. gegenteilige Schlussfolgerungen gezogen wurden. Einige Autoren sind der Meinung, dass sich hohe Eiweißgehalte in der Ration wegen möglicher nachteiliger Effekte von Ammoniak und Harnstoff auf den Genitaltrakt ungünstig auf die Fertilität auswirken. Andere Autoren finden diesbezüglich keinen Unterschied zwischen Rationen mit hohem oder niedrigem Eiweißgehalt.

In amerikanischen Untersuchungen wurde eine Reihe von Experimenten durchgeführt, in denen der Eiweißgehalt und die Fruchtbarkeit im Mittelpunkt standen. Die Rohproteingehalte der Ration variierten in den verschiedenen Versuchen von 9 bis 20%. Ein gesicherter Einfluss des Rohproteingehalts im Futter auf die Fruchtbarkeit konnte bei einem Vergleich der Resultate der verschiedenen Versuche nicht nachgewiesen werden.

Trotz widersprüchlicher Befunde können doch einige **Empfehlungen** gegeben werden:

- Rationen mit einem Rohproteingehalt von weniger als 18% der TM geben keinen Anlaß zu Fruchtbarkeitsstörungen. Probleme sind zu erwarten bei Eiweißgehalten von 18% und mehr. Derartige Eiweißgehalte sind meistens unökonomisch und auch nicht nötig.

- Wenn doch eine Ration mit einem sehr hohen Eiweißgehalt verfüttert werden soll, muss unbedingt darauf geachtet werden, dass die Energiemenge der Ration ausreichend ist. Aus der Literatur ist zu ersehen, dass bei sehr eiweißreicher Ration (> 18% Rohprotein), die zu wenig Energie enthält, Fertilitätsstörungen auftreten können. Maissilage ist als Energieausgleich sehr gut geeignet, und man kann damit Problemen vorbeugen.
- Die Qualität des zugeführten Eiweißes scheint auch eine Rolle zu spielen. Aus Untersuchungen wurde deutlich, dass große Mengen von leicht abbaubarem Eiweiß im Pansen zu Fertilitätsproblemen führen können, wobei dies in der Regel mit einer Ration, die zu wenig Energie enthält, einhergeht. Man sollte deswegen darauf achten, dass in einer sehr eiweißreichen Ration ein großer Teil des Proteins in Form von beständigem Eiweiß vorliegt (z. B. > 35%).
- Der geringe Wert der Bestimmung von Blutparametern (MPT) scheint auch für die gefundenen Konzentrationen von Serumharnstoff zuzutreffen. So ergab eine amerikanische Untersuchung, dass Harnstoffkonzentrationen über 25 mg/dl (4,2 mmol/l) nicht schädlich sind, während andere Untersucher Konzentrationen über 20 mg/dl (3,3 mmol/l) als sehr schädlich ansehen.
- Zusätzlich spielt das Lebensalter der Kühe vermutlich eine Rolle. Insbesondere ältere Kühe (> 4 Laktationen) scheinen schwieriger tragend zu werden, wenn sie eine sehr eiweißreiche Ration mit wenig beständigem Eiweiß verfüttert bekommen. Wodurch dies verursacht wird, ist weitgehend unbekannt.

Es kann gefolgert werden, dass der Eiweißgehalt einer Ration die Fruchtbarkeit nicht beeinflusst, wenn er niedriger als 18% ist. Den bei höheren Eiweißgehalten möglicherweise auftretenden Problemen kann durch einen entsprechenden Energieausgleich entgegengewirkt werden. Außerdem sollten solche Rationen ausreichend Struktur enthalten und das Eiweiß zu einem großen Teil aus beständigem Rohprotein bestehen.

Vitamine

Vitamine spielen sicher eine Rolle für die Fruchtbarkeit. Mangelsituationen treten in Milchviehbeständen nicht so schnell auf, da über die Fütterung meist ausreichend Vitamine aufgenommen werden. Ein großer Teil der Ration besteht immer aus Rauhfutter von im Allgemeinen guter Qualität und von mit Vitaminen supplementiertem Kraftfutter. Die Gefahr von Fruchtbarkeitsstörungen, die durch Vitaminmangel einschließlich Mangel an β-Karotin auftreten, ist zu vernachlässigen.

Mineralstoffe, Spurenelemente

Unausgewogenheiten in der **Mineralstoffbilanz** werden in unseren Milchrinderbetrieben oft festgestellt. Wenn in einem Problembetrieb eine Über- oder Unterversorgung mit einem bestimmten Stoff gefunden wird, sollte man mit der Herstellung möglicher Beziehungen zu einer bestimmten Fertilitätsstörung vorsichtig sein. Auch in Betrieben mit guter Fertilität können ab und zu Mineralstoffimbalanzen gefunden werden. Bezüglich der Mineralstoffbilanz verhält es sich genauso wie mit den schon beschriebenen MPT: Nur wenn deutliche Unterschiede zwischen Betrieben mit und ohne Fruchtbarkeitsproblemen gezeigt werden können, kann daraus geschlossen werden, dass ein bestimmter Mineralstoff für die Fertilität eine Rolle spielt.

Viele Mineralstoffe (und Vitamine) sind im Laufe der Jahre wegen ihrer scheinbaren Bedeutung für die Fruchtbarkeit vermehrt supplementiert worden und haben dann wieder an Bedeutung verloren. Beispiele hierfür sind P, Na und Mn. Ein anderes Problem besteht darin, dass sich viele Mineralstoffe (und Vitamine) hinsichtlich ihrer Aufnahme und Wirksamkeit gegenseitig stark beeinflussen können. Dies ist z. B. für Ca, P und Vitamin D sowie für Vitamin E und Se der Fall.

Stoffe mit hormoneller Wirkung

Pflanzen können unter bestimmten Bedingungen Stoffe mit östrogener Wirkung, sog. **Phytöstrogene,** enthalten. Die wichtigsten hiervon sind Isoflavone, die besonders in Kleearten (z. B. *Trifolium subterraneum*) vorkommen. Aber auch in Mais, Gras, Luzerne und Zuckerrübenblatt wurden Phytöstrogene gefunden. Nach dem Silieren sind einige Pilzarten in der Lage, die östrogene Wirkung weiter zu erhöhen. Als Folge der Aufnahme großer Mengen von Phyto- und/oder Pilzöstrogenen zeigen die Kühe Anzeichen von **Hyperöstrogenismus**: unregelmäßige, kurze Brunstintervalle, Langbrunst (selbst bei trächtigen Tieren) sowie zystöse Entartung der Follikel. Glücklicherweise kommen derartige Veränderungen sehr selten vor. An einem

Einfluss auf die Fruchtbarkeit wird aber nicht gezweifelt.

Neben den Stoffen mit östrogener Wirkung enthalten Pflanzen manchmal auch Stoffe mit antiöstrogener Wirkung. Diese sollen die Brunstsymptome unterdrücken. Inwiefern sie wirklich von Bedeutung sind, ist nicht bekannt.

Bestimmte Pflanzen, vor allem Kohlarten und manchmal auch Stoppelrüben, können Substanzen enthalten, die die Schilddrüsenfunktion hemmen, mit möglicherweise negativem Einfluss auf die Fruchtbarkeit. In der Literatur gibt es mehrere Hinweise, die solche Rückschlüsse für Betriebe mit Fruchtbarkeitsproblemen, in denen viel von diesen Futtermitteln (> 25 kg) gefüttert wird, zulassen.

■ Haltung

Ungünstige **Haltungsbedingungen** beeinträchtigen die Fruchtbarkeit nachteilig. Geachtet werden sollte auf die Liegeplatzqualität, den Zustand des Stallbodens (Trittsicherheit und Rutschfestigkeit), die Belegungsdichte und Stalleinrichtungen. Ein schlechter Zustand des Stallbodens in einem Boxenlaufstall kann z. B. das Brunstverhalten der Tiere negativ beeinflussen (Tiere haben Angst, Sprungaktivitäten zu zeigen; Verschlechterung der Klauengesundheit). Letzteres hat außerdem noch einen Einfluss auf die Futteraufnahme, wodurch die Zeitdauer und Ausprägung der negativen Energiebilanz beeinflußt werden und die Fruchtbarkeit verschlechtert wird.

Für eine entsprechende Interpretation der Fruchtbarkeitslage sind **Abgangsrate und Selektion** von großer Bedeutung. Vor allem in Zucht- oder Herdbuchbetrieben kommt es öfter vor, dass bestimmte Tiere sehr oft besamt werden (z. B. 10–12 Besamungen). Dies beeinflusst nicht den Erstbesamungserfolg, doch erhöhen sich der Trächtigkeitsindex und die mittlere Zwischenkalbezeit. In anderen Betrieben werden dagegen die Kühe, die nicht gleich tragend werden, sofort gemerzt. Dies hat natürlich einen günstigen Einfluss auf den Trächtigkeitsindex und die mittlere Zwischenkalbezeit.

Die Aussicht, die Fruchtbarkeit über die Selektion zu verbessern, erscheint wegen der geringen Heritabilität fruchtbarkeitsrelevanter Merkmale nur bedingt möglich zu sein. Die Zuchtorganisationen und Besamungsstationen sind sich aber der Bedeutung dieser Merkmale bewusst und versuchen, die Fruchtbarkeitsleistung von Besamungsbullen über die Kalkulation des sog. Relativzuchtwerts „weibliche Fruchtbarkeit" (RZF) zu charakterisieren. Zur Zeit ist noch nicht abzusehen, inwieweit durch die bevorzugte Wahl von Bullen mit hohem RZF die Herdenfruchtbarkeit positiv beeinflusst werden kann.

Bei der Selektion weiblicher Tiere sollte darauf geachtet werden, dass Rinder, die bereits eine schlechte Fruchtbarkeit (Umrindern, Ovarialzysten) zeigen, ohne dass andere Faktoren dafür verantwortlich gemacht werden können, nicht weiter zur Zucht verwendet werden. Das Gleiche gilt für Kühe, die wiederholt nur schwer tragend werden.

Andere Probleme können entstehen, wenn der Landwirt die Selektion der Tiere nicht richtig durchführt. So ist es möglich, dass durch falsche Selektion in einem Betrieb viele Tiere mit Eierstockszysten und „White Heifer Disease", einem Missbildungssyndrom, dass eine komplexe Aplasie bzw. Hypoplasie der Müller'schen Gänge verursacht, vorkommen. Diese Abweichungen treten dann in einigen Beständen gehäuft auf, insbesondere wenn Bullen eingesetzt werden, die aus solchen Kuhfamilien stammen.

Auch vom Gebrauch von Bullen, die schwere Kälber verursachen, muss bei Färsen abgeraten werden. Durch einen gestörten Kalbeablauf wird die Fertilität immer verschlechtert. Probleme im Puerperium führen zusätzlich zu einer erniedrigten Milchproduktion.

■ Kuh-assoziierte Faktoren

Früher spielten die **Deckinfektionen** *(Campylobacter fetus* subsp. *venerealis, Tritrichomonas fetus)* eine große Rolle für die Herdenfruchtbarkeit. Gegenwärtig werden diese Infektionen (glücklicherweise) nur noch selten angetroffen. **Andere infektiöse Ursachen**, die die Fertilität in negativer Weise beeinflussen, sind Infektionen mit dem BHV-1 und BVD-Virus. Diese Viren können zu einer erhöhten Rate von embryonalem Fruchttod und Aborten Anlass geben (s. u.). Infektionen, die die Folge von ungenügenden hygienischen Bedingungen sind, wurden bereits besprochen. Inwieweit noch unbekannte Viren die Fertilität negativ beeinflussen können, ist nicht zu sagen, aber die Möglichkeit ist nicht auszuschließen.

Kommen bestimmte **individuelle Abweichungen**, wie z. B. Urovagina, Hydrosalpinx, Ovarialzysten, „White Heifer Disease", Verwachsungen, gleichzeitig vor, dann kann die Fertilität einer

Herde deutlich gestört sein. Eine gründliche klinische Untersuchung bringt normalerweise solche Veränderungen ans Licht.

Das Vorkommen von **Erbfehlern**, die die Fruchtbarkeit negativ beeinflussen, kann als ein „Eisbergphänomen" charakterisiert werden. Bestimmte erbliche Veränderungen, die ab und zu festgestellt werden, haben ihren Ursprung meistens im Zukauf eines Tieres von bestimmten Vätern oder Müttern, der bereits Jahre zurückliegt. Einige Beispiele sind:

- Hypoplasie der Ovarien
- White Heifer Disease
- Doppelte Zervix
- Ovarialzysten
- Bulldog-Kälber etc.

Es ist nötig, den Landwirt darauf hinzuweisen, die Nachkommen solcher Kühe nicht zur Zucht zu benutzen. Leider stößt diese Empfehlung auf wenig Gehör, wenn es um hochleistende Tiere geht. Auch Besamungs- und Zuchtorganisationen haben die Verantwortung, die Landwirte diesbezüglich zu beraten und aufzuklären.

3.1.1.3 Lösung und Prävention von Fruchtbarkeitsproblemen

Aufgrund der Komplexität der Herdenfruchtbarkeit ist es besonders schwierig, bei einem einmaligen Betriebsbesuch eine richtige Einsicht in die Betriebsproblematik zu bekommen. Hat man aber das Problem erkannt, dann richtet sich die Lösung natürlich gegen die Ursachen. Ist z. B. der Bulle als Ursache erkannt (meistens schlechte Spermaqualität), dann liegt die Lösung auf der Hand. Ist der Landwirt selbst ursächlich am Problem beteiligt, was sehr oft der Fall ist, dann ist eine Lösung weniger einfach. Die Erfahrung lehrt, dass Unvollkommenheiten in der Betriebsführung besonders schwer abzustellen sind. Eine einmalige Besprechung der Situation reicht in der Regel nicht aus. Der Landwirt ist im Allgemeinen guten Willens, aber Einsicht in seine Probleme bekommt er dadurch nicht. Es besteht mehr Aussicht auf Erfolg, wenn der Betrieb öfter besucht, der Landwirt immer wieder auf seine Probleme hingewiesen und eine Strategie zur Lösung von Fruchtbarkeitsproblemen oder zur Optimierung der Fruchtbarkeit entwickelt wird. Sowohl an der Entwicklung einer Strategie als auch an der Umsetzung sollten **Betriebsleiter und Tierarzt gemeinsam arbeiten: Bestandsbetreuung.**

3.1.2 Schwache oder fehlende Brunstsymptome

M. Hoedemaker, R. Mansfeld und A. de Kruif

Wenn bei den Kühen keine Brunstsymptome beobachtet werden, kommen differenzialdiagnostisch folgende Ursachen in Betracht:

3.1.2.1 Ursachen, Differenzialdiagnosen

Subästrus („Stille Brunst", Anaphrodisie)
Tiere im Suböstrus sind zwar zyklisch, aber der Landwirt nimmt die Brunst nicht wahr. Als Ursachen hierfür kommen eine mangelhafte Brunstbeobachtung durch den Landwirt oder eine zu schwache Brunstsymptomatik durch das Tier selbst, z. B. aufgrund einer starken negativen Energiebilanz, in Frage.

Ovardystrophie („echter Anöstrus")
Die Ovarien sind bei diesen Tieren inaktiv oder nur wenig aktiv, d. h. es ist entsprechend auch kein Östrus aufgetreten. Die häufigsten Ursachen hierfür sind eine ausgeprägte negative Energiebilanz oder schwerwiegende Erkrankungen.

Zystöse Follikel
Zystöse Follikel können mit verschiedenen Symptomen gepaart sein, darunter auch Anöstrus. Auch Ovarialzysten sind oft die Folge einer negativen Energiebilanz.

Corpus luteum pseudograviditatis
Durch die Anwesenheit von Uterusinhalt (z. B. Pyometra) persistiert das Corpus luteum; Brunst tritt nicht auf.

Trächtigkeit

Angeborene Abweichungen:
Zwicken oder Hypoplasie der Ovarien

Ovarialtumoren

3.1.2.2 Diagnose

Die klinische Untersuchung besteht aus der rektalen und, wenn notwendig, aus einer vaginoskopischen Untersuchung. Ultraschalluntersuchungen können zusätzliche Informationen bringen.

- Bei einem Tier mit Suböstrus findet man rektal eine Gebärmutter ohne pathologischen Inhalt sowie Ovarien, die einen der 21 Zyklustage reflektieren.
- **Ovardystrophie** wird oft bei hochleistenden Erstkalbinnen angetroffen. Auch bei Ammenkühen wird sie nicht selten diagnostiziert (sog. „Laktationsanöstrie"). Bei sog. „Kümmerern" kommt die Ovardystrophie auch vermehrt vor. Die Abweichung findet sich öfter in Anbindeställen als in Liegeboxenställen. Die rektale Untersuchung sichert die Diagnose.
- Die Diagnose **„Zystöse Follikel"** ist meistens leicht zu stellen. Manchmal sind die Zysten hart und klein, wodurch die Diagnose erschwert wird.
- Eine **Pyometra** ist oft gepaart mit dem Symptom „Ausfluss". Die Diagnose stellt normalerweise kein Problem dar. Die Eitermenge in der Gebärmutter kann stark variieren. Auch wenn nur wenig Inhalt in der Gebärmutter ist, befindet sich trotzdem ein persistierendes Corpus luteum auf einem der beiden Eierstöcke.
- Bei einem Tier, welches mit dem Vorbericht „keine Brunst" vorgestellt wird, ist eine **Trächtigkeit** nicht auszuschließen. Man sollte dies stets berücksichtigen. Die Trächtigkeitsdiagnose kann etwa ab dem 32. Tag nach der Besamung mittels rektaler Untersuchung gestellt werden.
- Eine **Zwicke** ist einfach zu diagnostizieren: Es ist kein oder nur ein unvollständiger Genitaltrakt vorhanden; es sind nur kleinere Stränge zu palpieren.
- **Hypoplasie** der Ovarien ist bei Milchvieh sehr selten. Da sie zur permanenten Unfruchtbarkeit führt, ist sie nur bei Jungrindern nachweisbar.
- **Ovarialtumoren** sind ebenfalls sehr selten. Diagnostische Hinweise sind deutliche Abweichungen der Eierstöcke hinsichtlich Größe und Konsistenz.

3.1.2.3 Therapie

Bezüglich der Therapie muss man unterscheiden zwischen **Suböstrus** bei Einzeltieren und Suböstrus als Bestandsproblem.

- Bei **Einzelpatienten** handelt es sich meist um Tiere, die nur undeutliche Brunstsymptome zeigen, wodurch diese vom Landwirt nicht erkannt werden.
  Die Therapie ist darauf ausgerichtet, das nächste Brunstdatum so gut wie möglich vorherzusagen. Der Landwirt weiß dann, wann er dieses Tier besonders gut beobachten muß, wodurch sich allein schon der Erfolg einstellt. Die Vorhersage der nächsten Brunst kann durch Interpretation der ovariellen Befunde nach einer rektalen Untersuchung erfolgen. Dies erfordert aber viel Erfahrung, und selbst dann stimmt die Vorhersage manchmal nicht. Man sollte daher besser von Prostaglandinen Gebrauch machen.
  Eine Injektion mit Prostaglandin $F_{2\alpha}$ ruft die Regression eines vorhandenen Gelbkörpers hervor, und nach 2–5 Tagen kommt es zu einer normalen, fertilen Brunst. Wichtig ist, dass ein Gelbkörper vorhanden ist, sonst hat die Gabe von Prostaglandinen keinen Zweck. Es sollte auch beachtet werden, dass Prostaglandine keine Wirkung während der ersten 5 Zyklustage haben, da sich der Gelbkörper erst noch ausbilden muss. Auch wenn der Gelbkörper sich schon in Regression befindet, d. h. etwa ab dem 17. Zyklustag, hat eine Injektion keine Wirkung mehr. Kurz zusammengefasst ist eine Injektion von Prostaglandinen nur angebracht, wenn ein deutlich palpierbarer Gelbkörper vorhanden ist. Ist der Gelbkörper klein, dann muss entschieden werden, ob es sich um ein junges oder älteres Corpus luteum handelt. Im ersten Fall tritt die Brunst ungefähr 16–19 Tage später auf, im letzteren Fall innerhalb weniger Tage. Ist mit Hilfe der klinischen Untersuchung keine genaue Aussage zu treffen, ist es ratsam, in 10 Tagen eine zweite Untersuchung durchzuführen. Das Zyklusstadium ist dann stets zu bestimmen.
- Die Ursache von Suböstrus als **Bestandsproblem** wird meistens durch eine schlechte oder unsachgemäße Brunstbeobachtung verursacht. Die Therapie besteht dann in guter Beratung und entsprechender Aufklärung.

Ovardystrophie ist eine Störung, die mittels Medikamenten nur schwierig zu behandeln ist. Die Therapie sieht wie folgt aus:

- Im Prinzip abwarten, bis das Tier von selbst in Brunst kommt. Licht und Bewegung fördern das Ingangkommen des Zyklus. Angeraten wäre es, die Tiere auf die Weide zu bringen, was aber in der Praxis oft auf Schwierigkeiten stößt. Es muss daher empfohlen werden abzuwarten, bis die Weideperiode anfängt, in der der Zyklus und damit die Brunst normalerweise in Gang kommen.
- Es ist begreiflich, dass ein derartiger Rat, im Dezember oder Januar gegeben, zuviel Geduld vom Landwirt erfordert. Als Therapie ist dann das Einlegen einer PRID-Spirale (Progesterone Releasing Intravaginal Device) anzuordnen. Die Spirale bleibt 12 Tage in der Scheide liegen. Einige Tage nach dem Entfernen von PRID kommt das Tier in Brunst und kann besamt werden. Die Fertilität ist zwar gering, aber der Zyklus ist in Gang gekommen. Wird eine PRID-Spirale vor dem 100. Tag p. p. eingelegt, ist zu berücksichtigen, dass sich noch viele Kühe in einer negativen Energiebilanz befinden, so dass sie nicht oder nur ungenügend auf die Behandlung reagieren. Es wird daher angeraten, mit der PRID-Applikation bis nach dem 100. Tag p. p. zu warten. Eine Alternative zu PRID stellt das Ovsynch-Verfahren dar, wodurch bei einem hohen Prozentsatz eine Zyklizität bewirkt wird, allerdings ebenso wie bei PRID mit geringen erfolgreichen Besamungsaussichten.
- Bei Ammenkühen wird empfohlen, das Kalb mit der Herausnahme von PRID für 1–2 Tage von der Mutter zu entfernen. Dies fördert das Ingangkommen des Zyklus.
- Wie beschrieben, wird die Ovardystrophie auch bei Kümmerern angetroffen. Wenn ein Landwirt ein solches Tier trotzdem besamen lassen will, dann ergibt sich von selbst, dass zuerst das Grundleiden behandelt werden muss. Natürlich müssen auch hinsichtlich der Fütterung die entsprechenden Anforderungen erfüllt sein.

Zystöse Follikel können mit Gonadotropin-Releasing-Hormon (GnRH), human Chorionic Gonadotropin (hCG), einer Kombination von hCG und Progesteron oder mit PRID behandelt werden. GnRH wird meist bei der Erstbehandlung der Vorzug gegeben.

Bei Vorliegen einer **Pyometra** ist die Verabreichung von Prostaglandinen (zweimal im Abstand von 14 Tagen) das Mittel der Wahl. Hierdurch wird eine Entleerung des krankhaften Uterusinhalts sowie die Induktion des Zyklus erreicht.

3.1.2.4 Prophylaxe

- **Suböstrus** tritt um so seltener auf, je besser die Brunstbeobachtung ist. Wenn 24 Stunden am Tag kontinuierlich eine Brunstbeobachtung stattfände, dann wäre der Prozentsatz suböstrischer Tiere fast Null. Natürlich ist dies praktisch nicht durchführbar. Schwache Brunstsymptome treten vermehrt auch bei einer ausgeprägten negativen Energiebilanz auf, die deswegen vermieden werden sollte.
- **Ovardystrophie** kommt vor allem bei hochleistenden Kühen und in dunklen Anbindeställen vor. Zur Prävention sollte man die anfälligen Tiere (Erstkalbinnen) in einem geeigneten hellen Stall laufen lassen; praktisch durchführbar wird dies aber in vielen Fällen nicht sein. Man könnte auch überlegen, die Färsen nicht im Herbst, sondern mehr im Frühjahr abkalben zu lassen, doch dies ist in der Praxis ebenso schwierig durchführbar. Da diese Störung oft bei hochleistenden Tieren vorkommt, ist es selbstverständlich, dass die Fütterung ausgewogen und leistungsgerecht sein muss. Es ist wichtig, dass die Energiebilanz, die bei diesen Tieren in den ersten Wochen nach dem Abkalben deutlich negativ ist, so schnell wie möglich positiv wird.

Ammenkühe müssen beim Abkalben in guter Kondition sein und während der Laktation gut gefüttert werden.

- Hinsichtlich des Vorkommens von **zystösen Follikeln** kann eine erbliche Prädisposition wegbereitend sein. Hat man Anzeichen dafür, dann sollten solche Tiere von der Zucht ausgeschlossen werden. Ovarialzysten treten auch vermehrt bei hochleistenden Kühen mit einer negativen Energiebilanz auf. Die Fütterung muss daher leistungsgerecht sein.
- Den meisten Fällen von **Pyometra** kann man vorbeugen, indem man die Tiere unter hygienischen Bedingungen abkalben lässt und versucht, die Anzahl der Kühe mit Nachgeburtsverhaltung so gering wie möglich zu halten.

- Bei der **Hypoplasie** der Ovarien spielen erbliche Faktoren eine Rolle. Findet man Rinder mit kleinen funktionslosen Ovarien, ohne dass andere erkennbare Ursachen hierfür vorhanden sind (Haltung, Fütterung, Kümmerer), kann dies ein Hinweis auf eine mangelhafte Fruchtbarkeit sein. Solche Tiere können dann nicht zur Zucht benutzt werden.

3.1.3 Gehäuftes Auftreten von Nachgeburtsverhaltungen

M. Hoedemaker, R. Mansfeld und A. de Kruif

3.1.3.1 Ursachen, Differenzialdiagnosen

Unter physiologischen Bedingungen gehen die Eihäute innerhalb von 3–8 Stunden nach der Abkalbung ab. Von einer Nachgeburtsverhaltung oder Retentio secundinarum (Ret. sec.) spricht man, wenn die Eihäute nach Ablauf von 12 Stunden p. p. noch nicht ausgestoßen wurden.

Der Lösungsvorgang der Plazenta beginnt schon im letzten Monat der Trächtigkeit und ist etwa 5 Tage a.p. abgeschlossen, wobei man auch vom Reifungsprozess der Plazenta spricht.

Tiere, die früher abkalben, haben ein erhöhtes Risiko für eine Ret. sec. aufgrund einer unreifen Plazenta. Für diesen Reifungsvorgang werden hormonelle sowie immunologische Mechanismen verantwortlich gemacht. Aber auch bei einer ordnungsgemäß ablaufenden Reifung kann eine Ret. sec. entstehen, wenn z. B. aus mechanischen Gründen die Verbindung zwischen Placenta fetalis und materna nicht aufgehoben wird. Dies ist der Fall bei Vorliegen eines aseptischen oder septischen Plazentaödems, wobei im letzteren Fall noch hinzukommt, dass bei Anwesenheit eines chronisch verlaufenden Entzündungsprozesses die Lösungsvorgänge aufgrund der entzündlichen Veränderungen gestört werden.

Das Risiko einer Ret. sec. ist bei Rindern mit Störungen während der Gravidität und/oder gestörtem Kalbeverlauf deutlich höher als bei Tieren mit termingerechter Abkalbung und normalem Geburtsverlauf. Manchmal führt eine einfache Atonia uteri bei normal verlaufenden Lösungsvorgängen zu einer Nachgeburtsverhaltung. In diesem Fall liegt dann die mehr oder weniger vollständig abgelöste Nachgeburt im Uterus und wird nur nicht ausgestoßen.

Ein erhöhtes Risiko einer Ret. sec. (bis 100%) kann erwartet werden bei:

- Plazentitis (*Brucella abortus*, *Arcanobacterium pyogenes* etc.)
- Plazentaödem als Folge allergischer Reaktionen oder chirurgischer Manipulation wie Sectio caesarea
- Mangel an bestimmten Vitaminen oder Spurenelementen (Vitamin E, Se)
- Aufnahme giftiger Substanzen oder Verabreichung bestimmter Arzneimittel am Ende der Trächtigkeit (Corticosteroide, Prostaglandine, z. B. zur Geburtsinduktion)
- Frühgeburten
- Mehrlingsträchtigkeiten
- Hydrallantois
- Torsio uteri
- schlechtem Allgemeinzustand und Erkrankungen des Muttertiers (z. B. Mastitis)
- toten Früchten
- ungenügendem Zervixverschluss
- Uterusatonie
- Milchfieber
- Inzucht
- gestörter Abwehr

Von der Ätiologie ist die Gruppe der Tiere mit Ret. sec. am interessantesten, bei der die Abkalbung termingerecht und normal verlaufen ist. Hier wird eine Verzögerung der Reifungsprozesse vermutet.

Möglicherweise werden bei einer Anzahl von Kühen wegen einer gestörten Abwehrfunktion die Lösungsprozesse gestört. Die Aktivität von neutrophilen Granulozyten ist nämlich bei Kühen mit Ret. sec. erniedrigt. Wahrscheinlich hat auch die Fütterung während der Trockenstehperiode einen Einfluss auf die Häufigkeit einer Ret. sec. (insbesondere Überfütterung mit dann folgender übersteigerter Lipomobilisation).

3.1.3.2 Diagnose

Die Diagnose einer Ret. sec. ist einfach. Sie erfolgt aufgrund des Vorberichts (Abgang der Nachgeburt wurde nicht beobachtet), der äußeren Adspektion (Nachgeburtsteile hängen aus der Vulva heraus) oder mittels einer vaginalen Untersuchung (Nachgeburtsteile sind im weichen Geburtsweg zu palpieren).

3.1.3.3 Therapie

Eine Kuh mit Ret. sec. sollte 24–48 Stunden nach der Abkalbung behandelt werden. Die Behandlung kann wie folgt aussehen:

- Die manuelle Abnahme wird heutzutage nur dann durchgeführt, wenn die Nachgeburt bereits so lose ist, dass eine komplette Abnahme innerhalb von 1–2 Minuten möglich ist. Dies ist aber selten der Fall. Nach der Abnahme wird die Gebärmutter lokal mit Breitbandantibiotika versorgt.
- Die klassische Methode besteht aus der wiederholten intrauterinen Behandlung mit einem Breitspektrumantibiotikum in zwei- bis dreitägigen Abständen.
- Eine neue Behandlungsstrategie besteht aus einer allgemeinen Antibiose über 3–5 Tage in den Fällen, bei denen Fieber auftritt. Die übrigen Fälle bleiben unbehandelt. Diese Methode setzt tägliches Temperaturmessen im Frühpuerperium voraus. Die Behandlungserfolge sind vergleichbar mit der alleinigen lokalen Therapie.

Der Vorteil der Elimination einer Quelle für Infektionen und Toxine (durch die manuelle Abnahme der Nachgeburt) wiegt die Nachteile nicht auf. Hierzu gehören die Entstehung von Verletzungen an den Karunkeln, die die Eintrittspforte für Mikroorganismen, die sich im Uterus befinden, darstellen können; das Hervorrufen von starken hyperämischen Reaktionen in der ganzen Gebärmutter durch langwierige Abnahmeversuche mit all seinen Nachteilen; die oft nur unvollständige Abnahme der Nachgeburt besonders im kranialen Teil der Gebärmutter, wo die Kotyledonen noch festsitzen.

Zum Schluss sei darauf hingewiesen, dass es kein Mittel gibt, welches den Abgang der Nachgeburt zuverlässig fördert. Nur wenn die bereits in Ablösung befindliche Nachgeburt wegen einer Atonia uteri nicht ausgestoßen wird, kann man über die Gabe von Oxytocin (50 IE i. m.) noch einen Abgang der Eihäute erreichen.

3.1.3.4 Prophylaxe

Bezüglich der Prävention der Nachgeburtsverhaltung muß unterschieden werden zwischen einer Ret. sec. mit nachweisbaren Ursachen (z. B. nach Dystokie) und einer Ret. sec. ohne nachweisbare Ursachen.

Im ersten Fall sind Maßnahmen notwendig, die Geburtsschwierigkeiten vorbeugen: Vermeidung von schweren Kälbern, Geburtsinduktion, Milchfieber etc. Es wird deutlich, dass dies in der Praxis oft nicht möglich ist. Im zweiten Fall beruhen die Ursachen auf anderen, meist unbekannten Faktoren. Nach heutigen Kenntnissen können folgende Vorbeugemaßnahmen empfohlen werden:

- Beachtung äußerster Hygiene bei der Abkalbung: sauberer, mit Stroh eingestreuter Abkalbestall; desinfiziertes Geburtshilfematerial; Desinfektion des Hinterteils der Kuh etc.
- Vermeidung der Verfettung der Kühe während der Trockenstehperiode; die Fütterung muss bedarfsgerecht und darf nicht zu reichhaltig sein (**Kap. 3.3.2.4**).
- Auf Sand- und Moorböden kommt im Rauhfutter oft zu wenig Vitamin E oder Se vor; notfalls ergänzen.
- Die Kühe sollten in der Trockenstehperiode Ca-armes Futter bekommen. Falls notwendig, sollte ein Mineralgemisch mit wenig Ca und viel Mg und P verwendet werden. Eine weitere präventive Maßnahme stellt die Anwendung des DCAB-Konzepts dar (**Kap. 3.3.2.2**).

3.1.4 Gehäuftes Auftreten von pathologischem Scheidenausfluss

M. Hoedemaker, R. Mansfeld und A. de Kruif

3.1.4.1 Ursachen, Differenzialdiagnosen

Ein abweichender vaginaler Ausfluss kann bei einer Vaginitis, Cervicitis, Endometritis oder bei Ovarialzysten vorkommen. Mit Hilfe der klinischen Untersuchung lässt sich in der Regel nicht eindeutig feststellen, an welcher Stelle des Genitale der pathologische Ausfluss entsteht, so dass man auch von einem „Genitalkatarrh“ spricht.

Bei einem Bestandsproblem handelt es sich meistens um Endometritiden. Vaginitiden sind oft harmlos und nur von kurzer Dauer. Manchmal werden Vaginitiden bei einer Gruppe junger Färsen bemerkt. Die Symptome verschwinden oft ohne Therapie innerhalb weniger Wochen.

Das folgende Kapitel beschäftigt sich mit der Endometritis.

Folgende Faktoren stehen ursächlich mit der Entstehung eine Endometritis im Zusammenhang:

Infektionen bei der Abkalbung und/oder im Puerperium

Eine Endometritis entsteht, wenn Keime über Vagina und Zervix in den Uterus gelangen. Eine hämatogene Infektion ist möglich, gehört aber zu den Ausnahmen. Bevorzugte Zeitpunkte der Infektion des Uterus liegen während der Abkalbung und im Puerperium. Während des Partus ist die Zervix weit geöffnet, und es kommt bei allen Kühen zu einer uterinen Infektion. Der Schweregrad der Infektion und das Intervall Infektion/Elimination hängt von folgenden Faktoren ab: Anzahl und Virulenz der eingedrungenen Erreger; Verlauf der Abkalbung und des Puerperiums; Nachgeburtsverhaltung; intrauterine Abwehr. Die eingedrungenen Bakterien verursachen i. d. R. nur eine Entzündung des Endometriums. Eine Metritis gehört eher zu den Ausnahmen. Bei geringgradigen Infektionen werden die Keime meist schnell eliminiert, d. h. in der Regel bis zum 10. Tag p. p. Bei dem Rest der Tiere entwickelt sich eine akute Endometritis mit leichten bis schweren Symptomen.

Bei Tieren mit geringen Symptomen kommt es zu einer zügigen Leukozytenreaktion, wodurch bald ein purulenter Ausfluss (ungefähr 14. Tag p. p.) entsteht. Das Tier ist „nicht sauber". Im Allgemeinen werden die noch anwesenden Keime innerhalb einiger Wochen eliminiert. Wenn bei dem Tier die erste Brunst auftritt, in der Regel zwischen dem 12. und 20. Tag p. p., ist der Östrogenspiegel erhöht, was zu einer verbesserten lokalen Abwehr und gesteigerten Uteruskontraktilität führt. Beide Faktoren fördern die Selbstheilung beträchtlich. Vier bis acht Wochen p. p. ist dann oft die vollständige Heilung eingetreten.

Kommt es zu einer schweren Endometritis (Lochiometra mit übelriechendem Ausfluss), dann dauert die Erkrankung länger, bis die akute Entzündung in eine chronische übergeht. Der purulente Ausfluss entsteht meist zwischen dem 15. und 20. Tag p. p. und kann noch Monate andauern. Dies hängt davon ab, ob eine Pyometra entsteht oder nicht. Ist keine Pyometra vorhanden, dann verschwindet der mukopurulente Ausfluss meistens nach 1–3 Monaten. Hat sich aber eine Pyometra entwickelt und wird keine Behandlung durchgeführt, dann zeigt ein solches Tier noch sehr lange einen eitrigen Ausfluss. Eine spontane Heilung tritt im Allgemeinen nicht ein.

Untersuchungen haben gezeigt, dass eine Kuh mit einer Pyometra genau wie die meisten Kühe zwischen dem 15. und 25. Tag p. p. eine Ovulation hatte. Das hieraus resultierende Corpus luteum bildet sich aber bei einigen Tieren mit einer schweren Endometritis nicht zurück, wodurch kein Östrus mehr auftritt. Aufgrund der Persistenz des Gelbkörpers häuft sich in der Gebärmutter der Eiter an. In vielen Fällen einer Pyometra werden in der Gebärmutter *Arcanobacterium pyogenes* und anaerobe Keime gefunden. Eine Pyometra bildet sich offensichtlich also erst dann, wenn diese Erreger in den Uterus gelangt sind. Wahrscheinlich bestehen synergistische Effekte zwischen diesen beiden Erregergruppen. Wird eine Pyometra nicht rechtzeitig behandelt, führt dies zu einer unheilbaren Schädigung der Uteruswand. Darüber hinaus können die Eileiter in den Prozess miteinbezogen werden, wodurch sich die Chancen für eine erneute Trächtigkeit bei einem betroffenen Tier noch weiter verschlechtern.

Infektionskrankheiten

Hierzu gehört z. B. die Infektiöse Bovine Rhinotracheitis (IBR), wenn sie am Ende der Trockenstehperiode oder während des Puerperiums auftritt, wird fast stets eine starke Uterusatonie verursacht, woraus sich leicht eine schwere Endometritis entwickeln kann.

Fütterung

Inwieweit die Fütterung während der Trockenstehperiode für die Entstehung einer puerperalen Endometritis von Bedeutung ist, ist nicht genau geklärt. Die Meinungen in der Literatur gehen stark auseinander. Einige Autoren sind der Meinung, dass eine übermäßige Fütterung während der Trockenstehperiode Stoffwechselstörungen verursacht, die die Entstehung einer intrauterinen Infektion fördern. Andere bestreiten dies. Wahrscheinlich liegt die Wahrheit in der Mitte: Geringe oder mäßige Fütterungsfehler haben wenige oder keine nachteiligen Folgen, während hochgradige Fütterungsfehler, die aber nicht so oft gemacht werden, zu einem erhöhten Auftreten von Ret. sec., Uterusatonie, Milchfieber und Lebererkrankungen Anlass geben können. Eine während der Abkalbung entstandene Infektion wird bei solchen Tieren nicht so leicht eliminiert mit der Folge einer ernsthaften Endometritis.

■ **Infektion bei der Besamung**

Während der Brunst ist der Uterus beim Rind stark kontrahiert. Zusätzlich ist die uterine Abwehr wegen der hohen Östrogenkonzentrationen deutlich gesteigert. Beide Faktoren sorgen dafür, dass mit der Insemination oder dem Deckakt eingebrachte Keime keine Infektion verursachen, außer wenn es sich um spezifische Infektionen handelt (z. B. *Campylobacter fetus* subsp. *venerealis* oder *Tritrichomonas fetus*). Wird eine Kuh versehentlich während des Diöstrus besamt, kann auch leicht eine Endometritis entstehen.

■ **Pneumo-/Urovagina**

Eine Endometritis kann auch bei Kühen mit einer Pneumo- oder Urovagina entstehen. Dies ist aber eher die Ausnahme. Selbst bei Vorliegen einer schweren Vaginitis scheint der Uterus meist nicht infiziert zu sein.

3.1.4.2 Diagnose

Die Diagnose kann mittels der äußeren Adspektion (veränderte Lochien oder Eiterspuren im Bereich des äußeren Genitales, z. B. an der Schwanzunterseite, den Sitzbeinhöckern, der langen Sitzbeinmuskulatur und an der Vulva) und der vaginalen Untersuchung (z. B. mittels Röhrenspekulum) gestellt werden. Eine rektale Untersuchung der Gebärmutter kann Hinweise auf möglichen pathologischen Inhalt geben (vermehrte Fluktuation). Im Puerperium ist auch der Durchmesser der Zervix zur Diagnose einer Endometritis geeignet. Ein Zervixdurchmesser von ≥ 7,5 cm ab dem 21. Tag post partum deutet auf eine Endometritis hin.

3.1.4.3 Therapie

■ **Akute Endometritis (zwischen dem 4. und 14. Tag p. p.)**

Meistens wird bei Kühen mit einer akuten Endometritis auch angegeben, dass eine Ret. sec. vorliegt oder vorgelegen hat. Ist das Allgemeinbefinden der Kuh ungestört und nur missfarbener Ausfluss ohne übelriechenden Geruch vorhanden, ist keine Behandlung notwendig. Bei solchen Tieren geht die akute Endometritis spontan in eine chronische über. Eine Behandlung beeinflusst den Prozess nicht.

Ist das Allgemeinbefinden der Kuh gestört und/oder hat sie übelriechenden Ausfluß, dann ist eine intrauterine Behandlung mit Antibiotika angezeigt. Im Allgemeinen reicht eine einmalige Behandlung aus. Verbessert sich der Zustand der Kuh nicht, ist eine zweite Behandlung 2 Tage später notwendig. Ist die Kuh deutlich im Allgemeinbefinden gestört, ist zusätzlich eine parenterale Behandlung notwendig. Alternativ zu dieser Vorgehensweise können die Tiere mit Fieber über tägliches Temperaturmessen identifiziert werden und nach Ausschluss anderer Erkrankungen (z. B. Mastitis) lediglich allgemein antibiotisch behandelt werden.

Vom Gebrauch von Hormonen muss abgeraten werden. Oxytocin zur Stimulierung von Uteruskontraktionen hat nur einen kurzen Effekt und wirkt nur während der ersten Woche p. p. Der Nutzen von Prostaglandinen ist umstritten. In den ersten 14 Tagen p. p. sind die Prostaglandinkonzentrationen physiologischerweise hoch, so dass eine Prostaglandininjektion keinen Effekt hat. Auch Kombinationen dieser Hormone führen zu keinem besseren Ergebnis.

Die Wirksamkeit anderer Mittel, von denen man eine Uteruskontraktion erwartet, ist zweifelhaft. Derartige Mittel sind eher von psychologischer Wirkung für den Landwirt, als dass sie einen entleerenden Effekt auf die Gebärmutter besitzen.

■ **Chronische Endometritis (> 14 Tage p. p.)**

Wie bereits erwähnt, geht jede akute Endometritis um den 14. Tag p. p. in eine chronische über. Da eine Kuh mit einer chronischen Endometritis nicht allgemein krank ist, ist die meist gestellte Frage: Wie, wann und womit sollte ein solches Tier behandelt werden, so dass die Gebärmutter so schnell wie möglich ausheilt und die Kuh so bald wie möglich wieder tragend werden kann?

Zu dieser Frage sind bereits zahlreiche Veröffentlichungen erschienen mit sich stets ändernden Meinungen und Schlussfolgerungen. Das Studium der Literatur zeigt, dass es schwierig ist, Artikel zu finden, die einer Kritik standhalten können. Oft gab es keine Kontrollgruppe oder es wurden verschiedene Arzneimittel verwendet, oder es wurde nicht klar definiert, was als „Heilung" zu verstehen ist. Das größte Handicap stellt aber die Art und Weise der Diagnosestellung dar: Gebrauch verschiedener Methoden, unterschiedliche klinische Untersuchungen, nichtsterile Entnahme von Uterustupfern und unterschiedliche Interpretation der Befunde. Es ist daher unmöglich und glücklicherweise nicht nötig, alle möglichen Therapien zu besprechen.

Von größerer Bedeutung ist es, eine grobe Richtung anzugeben. Dabei ist von besonderer Wichtigkeit, dass eine richtige Diagnose gestellt wurde: Handelt es sich um eine „einfache“ Endometritis oder eine Pyometra?

Ist man der Meinung, dass eine „einfache“ Endometritis behandelt werden muss, dann wird oft einer intrauterinen Therapie der Vorzug gegeben. Da sich die Entzündung des Uterus beinahe immer auf das Endometrium beschränkt, ist eine parenterale Therapie nicht angezeigt. In kontrollierten Versuchen hat sich gezeigt, dass eine intrauterine Therapie vor dem 24. Tag p.p. nicht sinnvoll ist. Über den Nutzen einer intrauterinen Behandlung nach 24 Tagen p.p. gibt es allerdings sowohl positive als auch negative Aussagen. Die meisten Untersucher stimmen darin überein, dass eine intrauterine Behandlung allenfalls einen geringen Effekt hat. Wie oft eine intrauterine Therapie durchgeführt werden muss, ist ebenfalls unbekannt. Die meisten Literaturstellen beziehen sich auf eine einmalige Behandlung. Nur wenige Artikel beschreiben eine wiederholte Therapie, entweder nach 1–2 Tagen oder nach einigen Wochen. Nirgendwo wird beschrieben, dass eine wiederholte Behandlung bessere Resultate ergibt als eine einmalige Therapie.

Auch über die Art der Arzneimittel, die intrauterin verabreicht werden, gehen die Meinungen auseinander. Verschiedene Antiseptika (Lotagen®, Lugol'sche Lösung, Polyvidonjod etc.) und Antibiotika werden angewendet.

Es ergibt sich die Schlussfolgerung: Eine intrauterine Therapie im Falle einer einfachen Endometritis hat entweder keinen oder einen so geringen Effekt, dass die Vorteile die Kosten oft nicht aufwiegen.

Im Gegensatz dazu hat eine Verabreichung von Prostaglandin $F_{2\alpha}$ bei bereits zyklischen Tieren den Vorteil, die Selbstreinigung über die Induktion der Brunst zu beschleunigen. Für bestimmte Prostaglandine werden auch zyklusunabhängige positive Effekte beschrieben. Ist also eine Therapie erforderlich, sollte der Verabreichung von Prostaglandinen im Vergleich zur lokalen Behandlung der Vorzug gegeben werden.

Ganz anders verhält es sich mit der Therapie einer **Pyometra.** Diese Erkrankung benötigt auf jeden Fall eine Behandlung, und je eher eine Therapie durchgeführt wird, desto besser. Eine Pyometra entsteht in der 4., 5. oder 6. Woche p.p. Es ist daher empfehlenswert, die Kühe zwischen dem 30. und 40. Tag p.p. (und nicht eher) auf das Vorhandensein einer Pyometra zu kontrollieren. Ist eine Pyometra vorhanden oder meint man, dass sich eine Pyometra bildet (purulenter Ausfluss, auf einem Ovar ein Corpus luteum), dann besteht die Therapie in der Injektion von Prostaglandinen. Diese Therapie ist sehr erfolgreich und führt in 95% der Fälle zu einer Rückbildung des Gelbkörpers, wodurch sich die Gebärmutter kontrahiert und der Eiter entleert wird. Bei einzelnen Tieren treten Rezidive auf, so dass eine zweite und manchmal auch eine dritte Injektion notwendig wird. Eine Nachkontrolle behandelter Tiere ist somit immer angezeigt. Ob Kühe mit einer Pyometra intrauterin nachbehandelt werden müssen, ist unsicher. Wahrscheinlich bietet eine solche Nachbehandlung keine Vorteile. Eine zwei- oder dreimalige Prostaglandinbehandlung hat den Vorteil, dass aufgrund der wiederholten Brunstinduktion weniger Rezidive auftreten.

Ob eine hormonale Therapie, entweder mit Gonadotropin-Releasing-Hormon oder mit Prostaglandinen zwischen dem 10. und 20. Tag p.p. bei Kühen mit einer Endometritis von Nutzen ist, ist sehr unsicher. Einige Untersucher beschreiben positive Resultate, andere geben an, dass eine derartige hormonale Therapie sogar nachteilig für die Heilung ist, so dass diese Behandlung nicht empfohlen werden kann.

3.1.4.4 Prophylaxe

Bezogen auf die Ätiologie muss die Prävention auf die Verhinderung von intrauterinen Infektionen während der Abkalbung und zu Beginn des Puerperiums gerichtet sein. Von großer Bedeutung ist ein ungestörter Abkalbeverlauf in einer sauberen Umgebung. Dies schließt folgende Punkte ein:

- Bullen benutzen, von denen bekannt ist, dass sie keine schweren Kälber erzeugen.
- Für eine optimale Aufzucht des Jungviehs sorgen, so dass die abkalbenden Färsen gut entwickelt sind.
- Einen geräumigen und separaten Abkalbestall mit sauberer Einstreu benutzen.
- Menschliches Eingreifen bei der Abkalbung nach Möglichkeit vermeiden; falls es doch notwendig ist, dann ist äußerste Hygiene geboten.
- Daneben muss versucht werden, Erkrankungen der Kuh um den Abkalbezeitpunkt wie Milchfieber, Mastitis, Klauenerkrankungen, Ret. sec.

usw. nach Möglichkeit zu minimieren. Diesbezüglich sind eine entsprechende Fütterung während der Trockenstehperiode und eine gute Haltung von Bedeutung. Konkret heißt das:

- Die Kühe unter Antibiotikaschutz trockenstellen.
- Für einen gut ventilierten, geräumigen und hygienischen Stall sorgen.
- Die Fütterung während der Trockenstehperiode muss so sein, dass die Kühe nicht verfetten. Wie schon erwähnt, führt eine Ret.sec. immer zu einer ernsthaften Endometritis. Es ist darum notwendig, diese Erkrankung möglichst zu reduzieren. Es sollte energisch davon abgeraten werden, einer Endometritis vorzubeugen, indem alle Kühe eines Betriebes mit ein oder zwei Uteruskapseln nach der Abkalbung behandelt werden. Durch das Einbringen der Kapseln werden zahlreiche Keime in den Uterus gebracht und der sich nach der Abkalbung in der Zervix formende zähe Schleim entfernt. Untersuchungen haben gezeigt, dass derartiges Vorgehen nur Nachteile mit sich bringt.

3.1.5 Vermehrte Trächtigkeitsverluste

M. Hoedemaker, R. Mansfeld und A. de Kruif

Von einem **embryonalen Fruchttod** spricht man, wenn die Frucht vor dem 45. Tag nach der Konzeption abstirbt. Als Abort wird das Absterben und Ausstoßen der Frucht zwischen dem 45. und 265. Trächtigkeitstag definiert. Ein **Spätabort** ist die Geburt einer unter günstigen Bedingungen lebensfähigen Frucht vor dem 265. Trächtigkeitstag. Allgemein wird angenommen, dass ungefähr 30% aller Embryonen oder Feten absterben (**Tab. 3.7**).

Tab. 3.7 Zeitliche Verteilung der Aborthäufigkeiten.

Trächtigkeitsmonat	geschätzte Häufigkeit %
1	ca. 22
2	ca. 8
3	ca. 2
4	ca. 1
5–8	ca. 2

Unter Anwendung obenstehender Definition, müsste eine Abortrate von 7–8% als physiologisch angesehen werden. Ein Abort im 2. oder 3. Monat wird aber selten bemerkt und daher in der Literatur eine jährliche Abortrate von 3% als physiologisch angegeben. Eine Abortrate von 6% ist noch akzeptabel.

3.1.5.1 Ursachen, Differenzialdiagnosen

Genetische Abweichungen

Ungefähr 2% der geborenen Kälber zeigen kongenitale Abweichungen. Hiervon werden 50% tot geboren. Ein Teil dieser Abweichungen ist genetischen Ursprungs. Der Konzeptus ist vor dem 14. Tag der Trächtigkeit unempfindlich gegenüber teratogenen Substanzen, aber sehr empfindlich für chromosomale Abweichungen. Von der 2. bis zur 6. Woche nimmt die Empfindlichkeit gegenüber teratogenen Substanzen zu und das Risiko chromosomaler Abweichungen ab. Nach 6 Wochen ist die Frucht weitgehend unempfindlich gegenüber teratogenen Substanzen, mit Ausnahme von Stoffen, die auf das zentrale Nervensystem und den Urogenitalapparat wirken. Schwerwiegende Veränderungen an der Frucht führen zu einem frühzeitigen embryonalen Tod. Mittelgradig veränderte Früchte werden abortiert oder können termingerecht geboren werden (lebend oder tot, z. B. bei Hydrozephalus und Arthrogryposis). Nach amerikanischen Untersuchungen wird bei 5% der ins Labor gesandten abortierten Früchte eine schwerwiegende kongenitale Abweichung festgestellt. Als Ursachen werden genannt:

- chromosomale Abweichungen (diese sind die wichtigsten)
- Virusinfektionen (BVD)
- pflanzliche Teratogene (Lupinen, Senecio)

Infektionen

Der Nachweis einer Infektion als Abortursache stößt aus den folgenden Gründen oft auf Schwierigkeiten:

- Ein besonders schwieriges Problem ist die Diagnosestellung. Dies hängt eng mit der Qualität des Untersuchungslabors zusammen. Auch haben viele Laboratorien nicht die Möglichkeit, virologische Untersuchungen durchzuführen.
- Der Nachweis eines pathogenen Agens in der Frucht ist nicht der Beweis dafür, dass das Agens auch den Abort verursacht hat.

- Der fehlende Nachweis eines Agens ist ebenfalls kein Beweis dafür, dass keine Infektion vorhanden ist. Die möglichen Erreger können durch Autolyse oder durch neutralisierende Antikörper zerstört worden sein.
- Serologische Tests bei Tieren, die abortiert haben, sind von geringem Wert, selbst wenn gepaarte Serumproben untersucht wurden. Zum Zeitpunkt des Aborts ist nämlich meist schon eine Serokonversion eingetreten. Antikörper gegen *Brucella abortus* stellen hierbei eine Ausnahme dar. Ein positiver Antikörpernachweis darf hier nicht vorliegen und hätte tierseuchenrechtliche Konsequenzen.
- Der Nachweis von γ-Globulinen im fetalen Serum kann ein Hinweis auf eine bestehende Infektion sein. Er beweist aber nicht, dass das betreffende Agens die Ursache des Aborts gewesen ist, sondern nur, dass der Fetus sich mit diesem Agens auseinandergesetzt hat. Es ist auch nicht auszuschließen, dass Antikörper über eine gestörte Plazentaschranke von der Mutter in den Fetus gelangt sind.
- Die Abwesenheit von γ-Globulinen im fetalen Serum schließt eine Infektion nicht aus. Es kann nämlich sein, dass der Fetus immunologisch noch nicht kompetent oder bereits abgestorben war. γ-Globuline sind erst nach einer Trächtigkeitsdauer von mindestens 6 Monaten aussagefähig.

Infektiöse Bovine Rhinotracheitis (IBR)
Es handelt sich um eine Infektion des Muttertiers. Zwei bis sieben Tage nach der Infektion entsteht eine Virämie. Hierbei gelangt das Virus in die Plazenta, wo es latent anwesend bleibt (bis 3 Monate). Der Fetus wird während dieser 3 Monate infiziert und stirbt innerhalb von 1–2 Tagen ab. Ungefähr 5 Tage später kommt es zum Abort. Die Frucht ist dann meistens bereits autolytisch. Das Verwerfen tritt beinahe immer ab dem 5. Trächtigkeitsmonat auf. Embryonaler Fruchttod ist auch möglich. Die Aborthäufigkeit ist abhängig von der Anzahl tragender Tiere zum Zeitpunkt der Infektion. Sie beträgt maximal 50%. Die Diagnose ist nur schwer zu stellen. Möglichkeiten hierfür sind:
- Immunofluoreszenztechnik (IFT) der Nieren (ist nur bei einer frischen Frucht möglich)
- Nekroseherde in Nieren und Leber (histologisch)
- Anamnese (Nachweis von IBR-Antikörpern in einem IBR-freien Bestand, Zukauf von Tieren, Transport von Tieren aus und in den Stall, z. B. bei Besuch von Ausstellungen), respiratorische Symptome (Nasenausfluss, Husten, Fieber, Leistungsdepression)

Bovine Virus Diarrhö (BVD)
Die Infektion verläuft beim Muttertier meist symptomlos. Der Fetus bleibt etwa bis zum 6. Monat empfänglich. Es kommt dann entweder zum embryonalen Fruchttod oder zum Abort innerhalb einiger Tage bis Monate, oder die Frucht wird ausgetragen, wobei der Fetus dann mit zentralnervösen Störungen zur Welt kommt (Kleinhirn- oder Augendefekte). In vereinzelten Fällen kommt es auch zur Fruchtmumifikation. Bei einem Abort ist die Frucht autolytisch. Die Aborthäufigkeit beträgt maximal 25% in Abhängigkeit von der Anzahl tragender Kühe. Meistens bleibt es bei Einzelfällen. Die Diagnose ist nur sehr schwer zu stellen, sie ist aber möglich durch:
- Sektion der Frucht (Gehirnveränderungen)
- Nachweis von Antikörpern in neugeborenen Kälbern (vor der ersten Biestmilchaufnahme)
- Virusisolierung aus den Kälbern

Verwerfen infolge BVD wird sicher unterschätzt.

Bakterielle Infektionen
Neben Brucellose und Campylobakteriose muss man denken an:
- Leptospirose (von geringer Bedeutung)
- Listeriose (von abnehmender Bedeutung, wahrscheinlich aufgrund verbesserter Siliertechniken); die Infektion kommt z. Zt. selten vor
- Salmonellose (von zunehmender Bedeutung; die Ursache hierfür ist unbekannt)
- Andere bakterielle Infektionen. Diese sind ohne Bedeutung und verursachen nur in Einzelfällen Aborte (z. B. *Arcanobacterium pyogenes*).

Eine bakteriologische Untersuchung der Frucht und der Plazenta sichert die Diagnose.

Chlamydien
Diese Infektion verläuft meist ohne Symptome beim Muttertier. Es kommt entweder nach ungefähr einem Monat zum Abort, oder es werden schwache Kälber geboren. Die abortierte Frucht ist frisch. Der Abort tritt meistens im 7.–9. Trächtigkeitsmonat auf. Die Abortrate beträgt maximal 40%, meistens ist sie jedoch niedriger als 10%. Die Diagnose ist schwierig zu stellen:

- Isolierung der Erreger aus der Frucht oder der Plazenta. Die Gewebe müssen ganz frisch sein.
- Sektion der Frucht (serös-hämorrhagische Flüssigkeit in der Bauchhöhle, Hepatopathie mit nekrotischen Herden, Ödeme und Blutungen in der Subkutis, im Kehlgangsbereich, im Ösophagus und in der Trachea).

Schimmelpilze

Es handelt sich meist um eine Infektion mit *Aspergillus fumigatus*. Nach der Infektion (über den Darm?) verläuft diese beim Muttertier ohne Symptome. Die Plazenta wird infiziert, wonach es zu einem Abort oder der Geburt eines lebenden Kalbes kommen kann. Der Abort tritt meist zwischen dem 5. und 8. Trächtigkeitsmonat auf. Die meisten Fälle werden zwischen Januar und Mai beobachtet. Die Aborthäufigkeit beträgt maximal 10%, oft ist sie jedoch niedriger. Die Diagnose ist nicht schwer zu stellen; empfohlen wird die Untersuchung der Plazenta: mikroskopisch und Anzüchtung der Schimmelpilze.

Die Infektion kommt besonders in Anbindeställen mit Heufütterung vor.

Neospora caninum

Es handelt sich um eine Protozoenart, die Veränderungen im Gehirn verursacht, die den durch *Toxoplasma gondii* hervorgerufenen vergleichbar sind. Die Infektion wird seit einigen Jahren vermehrt in Nordamerika diagnostiziert. In kalifornischen Untersuchungen wurden Infektionen mit *Neospora spp.* sogar als eine Hauptursache von infektiösen Aborten festgestellt. Auch in Europa werden immer häufiger Infektionen festgestellt. Die Infektion verläuft subklinisch. Der Abort tritt meist vom 3.–8. Trächtigkeitsmonat auf. Es kann entweder zu einer starken Zunahme der Abortrate innerhalb einer kurzen Zeitperiode kommen oder zu einer mäßigen Erhöhung der Abortrate über einen längeren Zeitraum (z. B. über mehrere Jahre). Möglichkeiten zur Diagnosestellung sind: Sektion der Frucht, pathohistologische Untersuchung (Hinweise: multifokale nichteitrige Enzephalitis, Epi-/Myokarditis und Myositis), kombiniert mit einer immunhistochemischen Untersuchung zum Nachweis von *Neospora*-Antigen. Eine alleinige serologische Untersuchung der Frucht oder des Muttertiers scheint für eine sichere Diagnose nicht aussagekräftig genug zu sein. Die Infektion erfolgt nach oraler Aufnahme infektiöser Stadien (z. B. mit Hundekot kontaminierte Futtermittel) und nachfolgender diaplazentarer Infektion. Einer größeren Bedeutung wird aber mittlerweile der endogenen diaplazentaren Infektion mit aktivierten Zwischenstadien infizierter und daher Antikörper-positiver Muttertiere zugesprochen, wobei einmal infizierte Tiere für den Rest ihres Lebens Erregerträger bleiben. Es wurde festgestellt, dass das Abortrisiko bei Antikörper-positiven Tieren um ein vielfaches höher liegt als bei negativen Tieren. Als Präventionsmaßnahme sollte eine Kontamination des Futters mit Kot von anderen Tierarten insbesondere vom Hund vermieden werden. Ein Abortproblem mit Neospora caninum lässt sich langfristig nur lösen, wenn die infizierten Tiere geschlachtet werden. Eine Impfung ist auch möglich, allerdings existiert hierzulande kein zugelassener Impfstoff.

Weitere Infektionen

Parvovirus

Der Abort soll vorwiegend zwischen dem 3. und 6. Monat auftreten. Es ist noch zu wenig darüber bekannt.

Coxiella burnetii

Diese Erreger werden auch als Ursache von Verwerfen, manchmal regional gehäuft (z. B. Süddeutschland) diagnostiziert.

Mykoplasmen

Infektionen sind wahrscheinlich von untergeordneter Bedeutung. Meist wird der Nachweis von Mykoplasmen als Zufallsbefund angesehen.

Andere Herpesviren

Hierüber ist kaum etwas bekannt. Diese Infektionen könnten in Zukunft bedeutsamer werden.

Fütterung

Die Rolle von Fütterungsmängeln als Abortursache ist nicht genau geklärt. Neben Verwerfen werden auch andere Krankheitserscheinungen festgestellt. Mögliche Ursachen für Aborte können sein:

Giftpflanzen

Diese sind für Mitteleuropa ohne Bedeutung.

Nitratvergiftung
In der Literatur steht man möglichen Beziehungen zwischen einer Nitratvergiftung und dem Auftreten von Aborten sehr skeptisch gegenüber.

Phytöstrogene und F2-Toxine
Phytöstrogene sind pflanzliche Stoffe mit östrogener Wirkung. F2-Toxine werden von Getreideschimmelpilzen gebildet und wirken auch östrogen. Beide Substanzgruppen können sich gegenseitig in ihrer Wirkung verstärken, so dass ein Abort eintritt. Die Diagnose ist durch eine Sektion der Frucht zu stellen. Handelt es sich um eine weibliche Frucht, hat diese einen vergrößerten Uterus und aktive Ovarien. Die Bedeutung in unserem Bereich ist fraglich.

Jod- oder Vitamin-A-Mangel
Beide ohne Bedeutung.

Schimmelpilzinfektionen
s. o.

■ Weitere Abortursachen
Ob eine **erhöhte Körpertemperatur (Fieber)** allein zum Abort führt, ist nicht bekannt. Bei der Sau bestehen deutliche Beziehungen.

Die Häufigkeit von Doppelovulationen beträgt bei Kühen 5% und bei Färsen 3,8%. Der Prozentsatz von Zwillingen beträgt entsprechend 3,8 und 1,0%. Färsen sollen bei einer **Zwillingsträchtigkeit** eher verwerfen als Kühe, insbesondere bei Vorliegen einer unilateralen Zwillingsträchtigkeit.

Subfertile Tiere, d. h. solche, die nur mit Schwierigkeiten tragend geworden sind (mehr als 3 Besamungen), scheinen öfter zu verwerfen als Tiere, die mit einer oder zwei Besamungen tragend geworden sind. In der Literatur wird ein Prozentsatz von 5–10% genannt. Umgerechnet bedeutet das, dass etwa 20% der Aborte bei subfertilen Kühen stattfinden, was eine beträchtliche Häufigkeit ist.

Zervixinsuffizienz und **Plazentablutungen** werden auch als Abortursachen diskutiert. Genaues ist hierüber aber nicht bekannt.

Bei **Impfungen** von tragenden Tieren mit Lebendimpfstoffen kann es zu Aborten kommen. Die Anwendung einer Lebendvakzine gegen BVD bei tragenden Tieren ist wegen möglicher Schädigungen der Frucht nicht indiziert. Neben einer direkten Schadwirkung des Impfstoffs können auch allergische Reaktionen und die durch die Impfung hervorgerufene Stresssituation zu Aborten führen.

Stress unterschiedlicher Art wird auch für das Auftreten von Aborten verantwortlich gemacht. So ist z. B. bekannt, dass es nach einer Bauchhöhlenoperation (z. B. traumatische Retikuloperitonitis) in den letzten beiden Trächtigkeitsmonaten vermehrt zu einem Abort kommt (30%). Manchmal passiert dies auch schon vor der Operation. Auch bei sehr schwerwiegenden Allgemeinstörungen kommt es oft zumVerwerfen.

Die **Besamung einer bereits tragenden Kuh** ist eine bekannte Abortursache. Allerdings sind hier genaue Zahlen nicht bekannt.

3.1.5.2 Diagnose

Von großer Bedeutung für die Diagnosestellung ist, dass der Betriebsleiter beim Auftreten eines Aborts seinen Tierarzt sofort verständigt, dieser dann die zu untersuchenden Proben korrekt entnimmt und so schnell wie möglich an ein geeignetes Laboratorium schickt. Zur Diagnosestellung sind nötig:

- Die Plazenta oder einige Plazentome, die so steril wie möglich entnommen werden müssen. Es sollte berücksichtigt werden, dass die Eihäute mindestens so bedeutsam sind wie die Frucht, da fetale Läsionen oft nicht spezifisch sind und bei den meisten Infektionen eine Plazentitis vorhanden ist. Das Agens bleibt in vielen Fällen länger in der Plazenta nachweisbar als in der Frucht.
- Möglichst frische Frucht (nicht autolytisch). Diese muß so schnell wie möglich zum Laboratorium gebracht werden.
- Komplette Anamnese der Kuh und der Herde (Krankheitsverlauf, Fütterung).
- Serumpaare von einer Stichprobe von Kühen (20% der Herde).

Eine Untersuchung nach den Abortursachen ist sinnlos, wenn die oben stehenden Punkte nicht beachtet werden. Zur Diagnosestellung ist ein sehr gut ausgerüstetes Laboratorium unentbehrlich.

Es sollte deutlich werden, dass Abortprobleme sorgfältig untersucht werden müssen. Erst dann sind die Möglichkeiten, eine zuverlässige Diagnose zu stellen, gegeben. Man muss allerdings zugestehen, dass die Chancen, eine Abortursache herauszufinden, mit unseren heutigen Mitteln maximal 50% betragen.

3.1.5.3 Therapie

Die Durchführung einer Therapie ist aus folgenden Gründen besonders schwierig:

- Die meisten Abortfälle sind Einzelfälle, und echte „Abortstürme" (mehr als 10%) kommen selten vor.
- Eine Diagnose ist nur schwer zu stellen. Diese wird oft erst dann gestellt, wenn die Probleme bereits vorbei sind.
- Gute Therapien existieren nicht, können nicht ausgeführt werden oder sind auch nicht notwendig.

3.1.5.4 Prophylaxe

Einzelfällen von Aborten sind nur schwer oder gar nicht vorzubeugen. Stallenzootischen Fällen von Verwerfen wie bei Brucellose, Campylobakteriose, IBR und BVD kann nur in einer beschränkten Anzahl von Fällen vorgebeugt werden. Von großer Bedeutung sind die Verhinderung des Einschleppens über Zukauftiere, Beachtung hygienischer Maßnahmen und eventuell Vakzinierung (IBR und BVD).

3.1.6 Strategisches Fruchtbarkeitsmanagement beim Milchrind

W. Heuwieser

3.1.6.1 Einleitung

Die Überwachung und Sicherstellung der Fruchtbarkeit von Einzeltieren stellen seit Jahren ein klassisches Arbeitsgebiet der in der Nutztierpraxis tätigen Tierärzte dar. Während dieser Bereich früher als **„Zuchthygiene"** bezeichnet wurde, wird heute zunehmend der Begriff **„strategisches Fruchtbarkeitsmanagement"** benutzt. Grundsätzlich sind die Zielsetzungen und Arbeitsweisen vergleichbar und bauen aufeinander auf. Unterschiede sind zum einen auf den in den letzten 25 Jahren in der Landwirtschaft ablaufenden Strukturwandel und zum anderen auf gesellschaftspolitische Entwicklungen zurückzuführen. Während 1980 nahezu 60% aller Milchkühe in Deutschland auf Betrieben mit bis zu 20 Milchkühen gehalten wurden, ist dieser Anteil im Jahr 2005 auf unter 20% gesunken. Im gleichen Zeitraum entstanden mit der gesellschaftlichen Bewusstseinsentwicklung des Verbraucher- und Tierschutzes Anforderungen an die Haltung von lebensmittelliefernden Tieren, die bis dahin nahezu unbekannt gewesen waren. Beide Entwicklungen beeinflussen die tierärztliche Arbeit in hohem Maße.

Die Unterschiede zwischen der traditionellen Zuchthygiene und einem strategischen Fruchtbarkeitsmanagement umfassen die in **Tab. 3.8** dargestellten Punkte:

Die o.g. Entwicklungen in der Landwirtschaft und Gesellschaft haben zweifellos zu Fortschritten in der Tiermedizin geführt. Dabei ist es natürlich, dass unterschiedliche Vorgehensweisen in der Diagnostik oder Therapie kontrovers diskutiert werden. In der integrierten tierärztlichen Bestandsbetreuung dürfte in der Regel eine betriebsspezifisch optimale Kombination aus der Beschäftigung mit dem Einzeltier und dem Management von Tiergruppen gefordert sein.

▶ Das Wesen des strategischen Fruchtbarkeitsmanagements:

- Objekt der Maßnahmen ist eine Gruppe von Tieren
- Ziel ist eine möglichst hohe Reproduktionsleistung der Herde
- die Planung erfolgt im Voraus
- Nutzung von Behandlungsprotokollen
- Integration von Tier- und Verbraucherschutz ◀

3.1.6.2 Herdenfruchtbarkeit als ständige Herausforderung

Die Herdenfruchtbarkeit eines milcherzeugenden Betriebes steht seit langem im Mittelpunkt des Interesses von Landwirt und Tierarzt und ist eines der primären Ziele für notwendige Verbesserungen. Zugleich stellt die Sicherstellung einer guten Herdenfruchtbarkeit seit Jahren das klassische Arbeitsfeld des in der Bestandsbetreuung tätigen Tierarztes dar. Berichte über eine „schlechte Fruchtbarkeit" von Milchkühen finden sich im einschlägigen Schrifttum seit nahezu 100 Jahren. In Tausenden von Publikationen wurden die Ursachen, diagnostischen Verfahren und Strategien zur Prophylaxe und Therapie von Fruchtbarkeitsstörungen beschrieben. Für jeden in der Zuchthygiene oder im Fruchtbarkeitsmanagment tätigen

Tab. 3.8 Unterschiede zwischen Zuchthygiene und strategischem Fruchtbarkeitsmanagement.

	Zuchthygiene	strategisches Fruchtbarkeitsmanagement
Objekt der Maßnahmen	• unfruchtbares oder erkranktes Einzeltier	• Gruppe von Tieren oder die gesamte Herde
Ziel	• Feststellung der Allgemeingesundheit, der phänotypischen Erbgesundheit und der Geschlechtsgesundheit eines individuellen Tieres	• Erreichen einer möglichst hohen Reproduktionsleistung einer Herde oder Tiergruppe (d. h. möglichst vieler Trächtigkeiten in einer Population pro Zeiteinheit)
Aufgabe des Tierarztes	• der Tierarzt wird auf Anforderung des Landwirtes tätig • Tierarzt „reagiert" auf eine vom Tierhalter beobachtete Fruchtbarkeitsstörung („die Kuh schmiert", „Bessy hat noch nicht gebullt")	• vorausschauende („proaktive") Planung, um Störungen zu vermeiden
Therapiekonzept	• Anpassung der Behandlung an klinische Befunde unter Ausnutzung der therapeutischen Möglichkeiten	• Festlegung der Therapie in Form eines Behandlungsprotokolls • Prüfung des Protokolls im Vorfeld auf Wirksamkeit sowie pharmakologische, arzneimittelrechtliche, tierschutzrelevante Aspekte
Hauptziele der Therapie	• Klinische Wirksamkeit der Behandlung	• Kosten-Nutzen-Analyse • Tier- und Verbraucherschutz

Tierarzt oder Wissenschaftler ist offensichtlich, dass die Herausforderungen auch in Zukunft vorhanden sind und keine Patentrezepte zur Verfügung stehen werden. Es ist eine Tatsache, dass eine gute Herdenfruchtbarkeit nur mit ständigen, konsequenten Bemühungen zu erreichen ist. Dies hat im Wesentlichen drei Gründe:

1. Das mit dem Ergebnis der Trächtigkeitsuntersuchung seinen Abschluss findende Fruchtbarkeitsmanagement hat ein „Vorspiel" von mindestens 140 Tagen (50 Tage Trockenstehzeit, 50 Tage freiwillige Wartezeit, 40 Tage bis zur Trächtigkeitsuntersuchung).
2. Die einzelnen Ereignisse, Aktivitäten oder Zustände können im Verlauf des Reproduktionszyklus nicht isoliert voneinander betrachtet oder beeinflusst werden. Vielmehr bestehen Abhängigkeiten, Bedingungen und Beziehungen, die im Rahmen eines erfolgreichen Fruchtbarkeitsmanagements berücksichtigt werden müssen.
3. Zahlreiche Einflussgrößen und Risikofaktoren wirken in wechselnden Kombinationen auf das Fruchtbarkeitsgeschehen der Kühe ein.

Die bei einer Trächtigkeitsuntersuchung gestellte Diagnose am Einzeltier oder der für die untersuchte Tiergruppe ermittelte Prozentsatz tragender bzw. nichttragender Tiere wird von Landwirten oder Tierärzten in der Regel weitgehend als punktueller Abschluss aller zuchthygienischen Maßnahmen verstanden. In der Regel wird nicht reflektiert, dass das Ergebnis der Trächtigkeitsuntersuchung eine direkte Folge der abgelaufenen Ereignis- und Aktionskette darstellt. Häufig wird die Ursache für ein fehlgeschlagenes Aufnehmen allein in der Durchführung der künstlichen Besamung oder dem Zustand des Genitale zum Zeitpunkt der Belegung gesucht. Dabei wird übersehen, dass für ein erfolgreiches Fruchtbarkeitsmanagement ein deutlich längerer Zeitraum zugrunde gelegt werden muss. Dieser Zeitraum beginnt bereits in der späten Laktation, endet mit der Trächtigkeitsuntersuchung und schließt alle wichtigen Ereignisse (u. a. Trockenstellen, Abkalben) und Aktivitäten (u. a. Geburtshilfe, Puerperal- und Sterilitätskontrollen) ein. Der genannte Zeitraum stellt die Grundlage für den Erfolg der letzten Aktivitäten (Besamung und Trächtigkeitsuntersuchung) dar. **Tab. 3.9** verdeutlicht die Länge und Vielschichtigkeit des zu überwachenden Zeitraums.

Tab. 3.9 Etappen und Ziele eines umfassenden Fruchtbarkeitsmanagements.

Abschnitt	Zielsetzung
Ende der Laktation	• Vermeiden von Verfettung
Trockenstellen	• BCS 3,25–3,75 • gesunde Klauen, gesundes Euter
Abkalbung	• BCS 3,25–3,75 • geduldige und hygienisch einwandfreie Geburtshilfe • Verminderung von Schwergeburten und Puerperalstörungen
Puerperium	• frühzeitige Erkennung von akuten Metritiden • systematische Diagnose und Behandlung von chronischen Endometritiden
freiwillige Wartezeit	• früher Zyklusstart
nach Ablauf der freiwilligen Wartezeit	• Erkennen und Nutzen möglichst vieler Brünste • frühzeitiges Aufnehmen
freiwillige Wartezeit + 21 Tage	• systematische Diagnose und Behandlung von nicht in Brunst gesehenen Kühen und Kühen mit Fruchtbarkeitsstörungen
Zeitraum von der Besamung bis zur Trächtigkeitsuntersuchung	• Verminderung von Trächtigkeitsverlusten
Trächtigkeitsuntersuchung	• regelmäßige und frühzeitige Diagnose nicht tragender Tiere

▶ Warum ist eine gute Fruchtbarkeit so schwierig?

- Es muss ein langer Zeitraum überwacht und kontrolliert werden.
- Es bestehen Beziehungen und Abhängigkeiten zwischen Ereignissen.
- Es wirken zahlreiche Einflussgrößen und Risikofaktoren. ◀

3.1.6.3 Abhängigkeiten im Reproduktionszyklus

Milcherzeuger, Tierärzte und Ökonomen stimmen darüber ein, dass das durchschnittliche Alter einer Kuh mit 4,6 Jahren (entspricht etwa 2,2 Laktationen pro Kuh) weit vom wirtschaftlichen Optimum entfernt liegt. Deshalb muss es das langfristige Ziel eines erfolgreichen Fruchtbarkeitsmanagements sein, möglichst viele Wiederholungen des Reproduktionszyklus bei einer Kuh zu ermöglichen und somit die Nutzungsdauer zu erhöhen. Dabei muss berücksichtigt werden, dass zwischen den unterschiedlichen Phasen bzw. Ereignissen im Reproduktionszyklus Abhängigkeiten bestehen. Ein Versäumnis in einem Zeitabschnitt oder eine mangelhafte Ausführung einer Aktivität kann sich unter Umständen erst Monate später in Form einer Störung oder Erkrankung manifestieren und mindernd auf die Fruchtbarkeit auswirken. Im Tagesgeschäft wird die eigentliche Ursache in der Regel nicht mehr mit der auftretenden Störung in Beziehung gesetzt, da die auslösende Noxe schon lange zurückliegt und in Vergessenheit geraten ist. Musterbeispiele für die Verkettung von Störungen stellen das Milchfieber (**Abb. 3.3**) und das Fettlebersyndrom dar.

Ein Fettlebersyndrom („Verfettung“) tritt im Zuge einer überschießenden Fettmobilisierung nach der Abkalbung insbesondere bei fetten Tieren auf. Das Fettlebersyndrom geht mit einer herabgesetzten Trockenmasseaufnahme nach der Abkalbung, einer allgemeinen Krankheitsanfälligkeit, Milchrückgang und Fruchtbarkeitsstörungen einher. Die Beziehungen zwischen Fettlebersyndrom und Gesundheitsstörungen sind überzeugend nachgewiesen. Eine tabellarische Zusammenfassung findet sich in **Tab. 3.10**.

3.1.6.4 Einflussgrößen und Risikofaktoren

Zahlreiche Faktoren können die Reproduktionsleistung einer Herde beeinflussen. Für ein wirkungsvolles Fruchtbarkeitsmanagement in der Praxis ist es notwendig zu berücksichtigen, wie groß der Einfluss dieser Fruchtbarkeitsfaktoren ist und wie

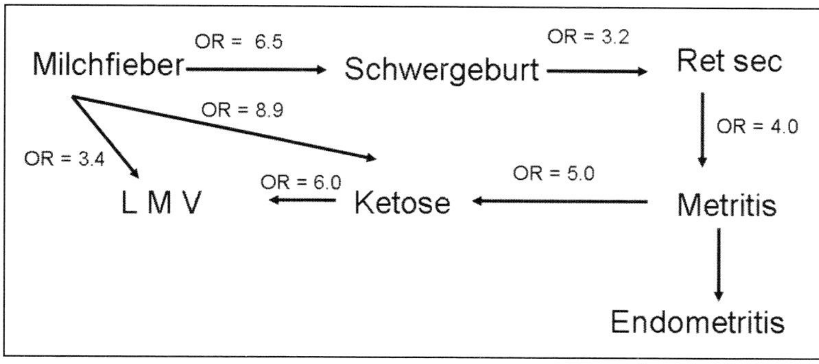

Abb. 3.3 Verkettung von Störungen dargestellt am Beispiel des Milchfiebers (hypokalzämische Gebärparese) (nach Curtis et al. und Grohn et al.), OR = relatives Risiko (engl. Odds Ratio), LMV = Labmagenverlagerung.

Tab. 3.10 Beziehungen zwischen Fettlebersyndrom und assoziierten Gesundheitsstörungen (nach Bobe et al. 2004).

Fettleber-assoziierte Störung	Ausprägung der Beziehung
Labmagenverlagerung	hochgradig
Verringerung der Immunantwort	mittelgradig
Ketose	hochgradig
Laminitis	geringgradig
Mastitis	mittelgradig
Metritis	mittelgradig
Milchfieber	geringgradig
Nachgeburtsverhaltung	geringgradig

leicht diese zu kontrollieren und damit zu beeinflussen sind.

Für den Erfolg in der Praxis ist entscheidend, dass alle Faktoren aus dem Bereich „Management" relativ leicht kontrolliert und direkt beeinflusst werden können. Dagegen ist ein Einfluss auf der Stufe der Kühe oder der Herde deutlich schwieriger. Beträgt beispielsweise die Brunstnutzung in einem Betrieb nur 35%, besteht ein enormes Potenzial zur Verbesserung. Die notwendigen Maßnahmen können ohne jeden Zeitverzug und unmittelbar umgesetzt werden. Eine Verbesserung tritt bereits nach kurzer Zeit ein. Wenn dagegen 10% aller Kühe Ovarialzysten aufweisen, ist die Verbesserungsmöglichkeit deutlich geringer. Auch können nur indirekte Maßnahmen wie Optimierung der Fütterung und Haltung umgesetzt werden, wodurch der Zeitverzug länger ist.

Bei einer unbefriedigenden Reproduktionsleistung dürften häufig mehrere Ursachen gleichzeitig vorliegen. Allerdings steht in der Regel eine der Ursachen im Vordergrund. Nach Beseitigung dieser Ursache kann die Reproduktionsleistung in gewissen Grenzen ansteigen bis eine andere Ursache zum Engpass wird und die Reproduktionsleistung ihrerseits begrenzt.

3.1.6.5 Ansätze für die Aufrechterhaltung bzw. Verbesserung der Reproduktionsleistung

Grundsätzlich setzt jede tierärztliche, bestandsbetreuende oder zootechnische Maßnahme zur Aufrechterhaltung oder zum Erreichen einer hohen Reproduktionsleistung an einem (oder mehreren) von vier Bereichen an. Diese vier Bereiche umfassen:

1. Verbesserung der Brunstnutzung
2. Steigerung des Besamungserfolgs
3. frühzeitige und regelmäßige Diagnose nichttragender Tiere im Rahmen der Trächtigkeitsuntersuchung
4. Verringerung von Trächtigkeitsverlusten

■ Verbesserung der Brunstnutzung

In einer Herde oder Tiergruppe wird die quantitative Erkennung bzw. Nutzung von Brünsten mit der Brunsterkennungsrate bzw. Brunstnutzungsrate beschrieben. Bei der Brunsterkennungsrate handelt es sich um den Anteil der korrekt als brünstig erkannten Tiere, während die Brunstnutzungsrate den Anteil der korrekt als brünstig erkannten und besamten Kühe beschreibt (**Kap 3.1.1.1**). Ziel jeder Brunstbeobachtung ist zum einen eine hohe Effizienz und zum anderen eine hohe Genauigkeit. Eine hohe Effizienz bedeutet, dass pro Zeiteinheit (i.d.R. werden 21 oder 42 Tage zugrunde gelegt) möglichst viele Tiere als brünstig erkannt und besamt werden. Eine hohe Genauigkeit bei der

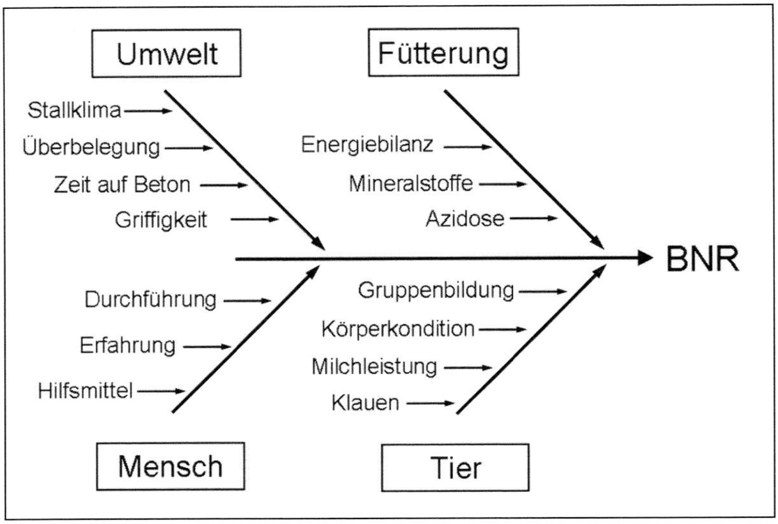

Abb. 3.4 Faktoren, die die Ausprägung und Erkennung der Brunst und damit die Brunstnutzungsrate (BNR) beeinflussen.

Brunstbeobachtung führt dazu, dass nur wenige Tiere zum falschen Zeitpunkt d. h. nicht in Hochbrunst besamt worden sind („Besamungsfehler").

Im Durchschnitt werden in Ländern mit leistungsstarken Milchviehherden Brunstnutzungsraten erreicht, die weit unter dem anzustrebenden Wert von 60–80% liegen. Eine gut organisierte und fachlich fundierte Brunstbeobachtung hat deshalb eine zentrale Rolle im Fruchtbarkeitsmanagement. Wie wichtig der Ansatzpunkt „Brunstnutzung" im Rahmen des Fruchtbarkeitsmanagements ist, verdeutlichen folgende Zusammenhänge:

Bekanntermaßen stellt die Trächtigkeitsrate das Produkt aus Brunstnutzungsrate und Besamungserfolg dar. Dabei sind die Möglichkeiten zur Verbesserung der Brunstnutzungsrate deutlich größer als die des Besamungserfolgs. Zudem hat eine Untersuchung gezeigt, dass eine schlechte Herdenfruchtbarkeit dreimal häufiger durch eine mangelhafte Brunstnutzung verursacht wird als durch niedrige Besamungserfolge. Im Einzelfall ist es nicht immer möglich, zwischen undeutlicher Ausprägung der Brunstanzeichen und mangelhafter Brunstbeobachtung zu differenzieren. Dennoch sollte die erste Maßnahme eines Fruchtbarkeitsmanagements auf Problembetrieben darin bestehen, die Organisation und Dokumentation der Brunstbeobachtung zu kontrollieren und die ausführenden Personen zu motivieren.

Eine Vielzahl von Faktoren kann die Ausprägung bzw. die Erkennung der Brunstanzeichen beeinflussen (**Abb. 3.4**). Dazu gehören menschliche, technologische und klimatische Faktoren sowie die Häufigkeit des Melkens.

Ungenügende Brunsterkennungsraten reflektieren im Regelfall Probleme bei der Durchführung der Brunstbeobachtung. Gegebenenfalls werden diese durch die Wirkung der unterschiedlichsten Faktoren verstärkt. Eine optimale Brunstbeobachtung muss die unterschiedlich lange Brunstdauer, die Variation des Zeitpunkts des Brunsteintritts und die unterschiedliche Ausprägung der Brunstsymptome berücksichtigen. Einzelheiten für eine erfolgreiche Brunstbeobachtung sind in **Kap. 3.1.1.2** beschrieben. Eine Zusammenfassung wichtiger Fruchtbarkeitsfaktoren gibt **Tab 3.11**.

■ Einsatz von betriebseigenen Deckbullen

In Betrieben mit Problemen in der Herdenfruchtbarkeit werden zunehmend betriebseigene Deckbullen eingesetzt. Dies erfolgt in der irrigen Annahme, auf diese Weise „alle Kühe ohne Aufwand tragend zu bekommen". Bei genauerer Betrachtung überwiegen jedoch die Nachteile der Bedeckung von Kühen und insbesondere Färsen durch einen betriebseigenen Bullen. Dazu gehören u. a. eine fehlende Risikostreuung in Bezug auf Zuchtwert und Kalbigkeit sowie ungenügende Informationen zum Belegungszeitpunkt und damit für den Zeitpunkt des Trockenstellens und der Abkalbung. Außerdem muss ein Deckbulle zweimal pro Jahr zuchthygienisch untersucht werden, um eine hohe Fruchtbarkeit sicherzustellen. Darüber hinaus ist die Haltung eines Bullen von der Kosten-Nut-

Tab. 3.11 Auswahl von Fruchtbarkeitsfaktoren unter Berücksichtigung des Angriffspunktes und der Beeinflussbarkeit.

Art und Kontrollierbarkeit der Fruchtbarkeitsfaktoren		
Management – hochgradige Kontrolle	Kühe – mittelgradige Kontrolle	Herde – geringgradige Kontrolle
• Wirksamkeit der Brunstbeobachtung	• Schwergeburten	• Rasse
• Fehler bei der Brunstbeobachtung	• Nachgeburtsverhaltung	• Alter
• Besamungstechniker	• Metritis-Endometritis	• Milchleistung
• Fruchtbarkeit des Bullen	• Ovarialzysten	
• Lagerung und Handhabung vom Sperma	• Trächtigkeitsverluste	
• Umwelt	• Zwillinge	
• durch Impfungen beeinflussbare Infektionskrankheiten (z. B. BVD, IBR)		
• Übergangsfütterung		

zen-Relation in der Regel ungünstig und zudem mit erheblichen Gefahren für alle Betriebsmitarbeiter verbunden. Entscheidend für den in der Bestandsbetreuung tätigen Tierarzt ist die Tatsache, dass ein strategisch geplantes Fruchtbarkeitsmanagement nicht mehr möglich ist. Zum einen fehlen wesentliche Informationen (Zeit und Zahl der Belegungen) und zum anderen können wichtige Untersuchungen nicht präzise geplant werden (Trächtigkeitsuntersuchung, Sterilitätsuntersuchung). Für bestimmte Problemtiere z. B. nach der vierten erfolglosen Besamung sehen viele Betriebe den Einsatz eines betriebseigenen Deckbullen als letzte Möglichkeit an, doch noch eine Trächtigkeit zu erzielen. Es ist jedoch kritisch zu hinterfragen, ob der tatsächliche Nutzen den Aufwand und das Gefahrenpotential rechtfertigt.

Hilfsmittel

Verschiedene technische Hilfsmittel zur Brunsterkennung sind entwickelt worden, um das Erreichen hoher Brunstnutzungsraten zu unterstützen. Praktische Bedeutung haben bisher in Deutschland nur Farbmarkierungen (Farb- oder Kreidemarkierung, drucksensible Patronen) als Nachweis eines stattgefundenen Aufsprungs und die Messung der Bewegungsaktivität erlangt. Darüber hinaus bekannte und in gewissem Umfang eingesetzte Methoden sind aus Gründen des Tierschutzes (Einsatz von Suchbullen), der Genauigkeit und Hygiene (Messung des elektrischen Widerstands des Brunstschleims) oder der Kosten (Nachweis des Duldungsreflexes durch elektronische Druckrezeptoren) nicht zu vertreten. Die Bestimmung der Konzentration von Progesteron ist gut geeignet für eine rückwirkende Abklärung der Genauigkeit der Brunstbeobachtung und für die Erkennung von Besamungsfehlern (Besamungen bei hoher Progesteronkonzentration). Einem routinemäßigen Einsatz bei allen Kühen steht der hohe Zeit- und Kostenaufwand gegenüber. Weitere Technologien (automatische Progesteronbestimmung beim Melken, kontinuierliche Temperaturmessung im Pansen) befinden sich in Entwicklung. Ein breiter Einsatz in der Praxis dürfte in absehbarer Zeit jedoch nicht erfolgen. Grundsätzlich können technische Hilfsmittel eine wichtige Hilfe bei der Erkennung brünstiger Tiere darstellen. Einen vollständigen Ersatz für eine sorgfältige und regelmäßige Brunstbeobachtung durch geschulte und motivierte Mitarbeiter bieten sie jedoch nicht.

Synchronisation

Unter dem Begriff Synchronisation werden alle biotechnischen Maßnahmen zusammengefasst, die das Ziel haben, bei einer Gruppe von Tieren in einem vorab geplanten und möglichst engen Zeitraum eine Brunst und/oder eine Ovulation auszulösen. Damit wird die Brunstbeobachtung auf bestimmte Beobachtungszeiten konzentriert (d. h. planbar) und intensiviert. Der Zeitbedarf für die Beobachtung kann verringert und die Zahl der in Brunst erkannten Tiere pro Zeiteinheit erhöht werden. Es besteht sowohl die Möglichkeit der Brunstsynchronisation als auch die Möglichkeit der Ovulationssynchronisation (Ovsynch). Beide Methoden der Synchronisation haben das Ziel, die Brunstnutzungsrate zu erhöhen. In beiden Fällen basiert die Synchronisation auf einer im Vorfeld geplanten und zeitlich festgelegten Abfolge von Aktivitäten

1 Mo	2 Di	3 Mi	4 Do	5 Fr	6 Sa	7 So
Palpation & $PGF_{2\alpha}$						
	← **intensive Brunstbeobachtung und kB** →					

Abb. 3.5 Vorauswahl von geeigneten Kühen mittels transrektaler Palpation und Verabreichung von $PGF_{2\alpha}$ bei Vorhandensein eines funktionellen Gelbkörpers.

1 Mo	2 Di	3 Mi	4 Do	5 Fr	6 Sa	7 So
$PGF_{2\alpha}$						
8 Mo	9 Di	10 Mi	11 Do	12 Fr	13 Sa	14 So
15 Mo	16 Di	17 Mi	18 Do	19 Fr	20 Sa	21 So
$PGF_{2\alpha}$	← **intensive Brunstbeobachtung und kB** →					

Abb. 3.6 Zweimalige Verabreichung von $PGF_{2\alpha}$ mit Brunstbeobachtung und Besamung nach der zweiten $PGF_{2\alpha}$-Applikation.

und Verabreichungen von Arzneimitteln (sog. Protokoll). Ein wesentlicher Unterschied besteht darin, dass bei der Brunstsynchronisation eine Brunstbeobachtung erfolgen muss. Diese muss in einem bestimmten Zeitraum mit höchster Intensität durchgeführt werden. Dagegen kann bei der Ovulationssynchronisation weitgehend auf eine Brunstbeobachtung verzichtet werden. Wichtig bei diesem Protokoll ist die konsequente Durchführung einer terminierten Besamung unabhängig vom Vorhandensein von Brunstsymptomen.

Für beide Arten der Synchronisation sind unterschiedliche Protokolle in zahlreichen Modifikationen beschrieben worden. Im Folgenden wird nur auf die Grundlagen eingegangen, da laufend neue Protokolle für unterschiedliche Indikationen erprobt und vorgestellt werden. Diesbezüglich wird auf die einschlägige Primärliteratur verwiesen.

▶ Eine Brunstnutzung kann verbessert werden durch:
- intensive, regelmäßige Beobachtung in Ruhephasen
- Einsatz von Hilfsmitteln
- Synchronisation von Brunst oder Ovulation
- Einsatz von betriebseigenen Deckbullen ◀

Brunstsynchronisation

Grundlage ist die Auslösung einer Brunst bei einer Gruppe von Tieren mit Prostaglandin $F_{2\alpha}$ ($PGF_{2\alpha}$). Kühe im Interöstrus (d. h. zwischen dem 6. und 17. Zyklustag) reagieren zu etwa 80% auf eine Applikation von $PGF_{2\alpha}$. Diese physiologische Gegebenheit kann entweder durch eine Vorauswahl bei den in Frage kommenden Kühen in Hinblick auf das Vorhandensein eines funktionellen Gelbkörpers (**Abb. 3.5**) oder durch die zweimalige Applikation von $PGF_{2\alpha}$ ohne vorherige Ansprache der Ovartätigkeit (**Abb. 3.6**) berücksichtigt werden. Beide Verfahren haben sich in der Praxis bewährt.

Die Vorauswahl erfolgt in der Praxis vor allem durch die rektale Palpation und in selteneren Fällen durch die Ultraschalluntersuchung oder den Milchprogesterontest. Da die meisten behandelten Tiere zwei bis fünf Tage nach der Verabreichung von $PGF_{2\alpha}$ in Brunst kommen, muss die Brunstbeobachtung in diesem Zeitraum intensiviert werden. Eine erneute Untersuchung 14 Tage später und ggf. Verabreichung von $PGF_{2\alpha}$ erfasst sowohl die Kühe, die zwar brünstig waren aber nicht als solche erkannt wurden, als auch die Kühe, die zum Zeitpunkt der ersten Verabreichung von $PGF_{2\alpha}$ keinen funktionellen Gelbkörper aufwiesen. Tiere beider Gruppen befinden sich im Interöstrus und sind somit ansprechbar für eine Verabreichung von $PGF_{2\alpha}$.

Vorteilhaft ist die Untersuchung aller Tiere, da eine selektive Applikation von $PGF_{2\alpha}$ erfolgt und das Erkennen pathologischer Befunde unterstützt wird. Nachteilig ist dagegen die geringere Effektivität dieses Verfahrens durch – auch für erfahrene Untersucher – unvermeidliche Fehler (etwa 15% falsch negative, etwa 30% falsch positive) sowie durch den mit der Untersuchung verbundenen Aufwand.

1 Mo **GnRH**	2 Di	3 Mi	4 Do	5 Fr	6 Sa	7 So
8 Mo **$PGF_{2\alpha}$**	9 Di	10 Mi **GnRH**	11 Do **kB**	12 Fr	13 Sa	14 So

Abb. 3.7 Synchronisation des Follikelwachstums mit anschließender Luteolyse und terminierter Besamung in einem Ovsynchprotokoll.

Bei der zweimaligen Verabreichung von $PGF_{2\alpha}$ in einem Zeitabstand von 14 Tagen werden Brunstbeobachtung und Besamung erst nach der zweiten Verabreichung durchgeführt. Die zwischen erster und zweiter Verabreichung von $PGF_{2\alpha}$ verstrichene Zeit stellt sicher, dass Kühe, die auf die erste Verabreichung von $PGF_{2\alpha}$ mit einer Brunst reagiert haben, einen neuen funktionellen Gelbkörper anbilden können. Dieser ist seinerseits wiederum für $PGF_{2\alpha}$ ansprechbar. Weiterhin weisen auch alle Kühe, die aufgrund ihres Zyklusstands nicht auf die erste Verabreichung von $PGF_{2\alpha}$ mit einer Brunst reagieren konnten, bei der zweiten $PGF_{2\alpha}$-Verabreichung einen für $PGF_{2\alpha}$ ansprechbaren Gelbkörper auf. Grundsätzlich ist ein Intervall zwischen den beiden $PGF_{2\alpha}$-Verabreichungen von 11 bis 14 Tagen möglich. Untersuchungen haben gezeigt, dass in Hinblick auf die Reproduktionsleistung keine nennenswerten Unterschiede zwischen den beiden Intervallen bestehen. Ein Abstand von 14 Tagen ist jedoch insbesondere aus arbeitstechnischen Erwägungen vorteilhaft. Damit wird sichergestellt, dass die $PGF_{2\alpha}$-Injektionen immer auf denselben Wochentag fallen und alle Aktivitäten (Injektionen, Brunstbeobachtung, Besamungen, Trächtigkeitsuntersuchungen) gezielt geplant werden können.

Vorteilhaft bei diesem Protokoll sind der geringere Aufwand und die Tatsache, dass keine falsch negativen Fehler auftreten. Allerdings wird bei der zweimaligen Verabreichung von $PGF_{2\alpha}$ deutlich mehr Wirkstoff eingesetzt. Auch muss dieses Protokoll in eine intensive Bestandsbetreuung des Bereichs Fruchtbarkeit eingebettet sein, um eine leistungsgerechte Fütterung und artgerechte Haltung sicherzustellen und um arzneimittelrechtlichen Vorgaben zu genügen. Bei gehäuftem Auftreten von inaktiven Ovarien und Follikelthekazysten sind derartige $PGF_{2\alpha}$-Protokolle nicht erfolgreich.

Ovulationssynchronisation

Das von Pursley et al. (1995) beschriebene Protokoll zur Ovulationssynchronisation (Ovsynch) umfasst eine Verabreichung von GnRH zu einem zufälligen Zeitpunkt des Zyklus, die Gabe von $PGF_{2\alpha}$ 7 Tage später sowie eine erneute Gabe von GnRH 48 Stunden nach der Gabe von Prostaglandin $F_{2\alpha}$. Eine terminierte Besamung erfolgt 16 bis 20 Stunden nach der zweiten Verabreichung von GnRH (**Abb. 3.7**).

Durch dieses Protokoll wird bei etwa 85% der behandelten Kühe eine Ovulation innerhalb von 40 Stunden nach der zweiten Gabe von GnRH ausgelöst. Die erzielten Konzeptionsraten liegen im Durchschnitt bei 35 bis 40% (Variation 11,4 bis 60%). Zahlreiche Faktoren beeinflussen den Besamungserfolg nach einem Ovsynchprotokoll. Dazu gehören u. a. Gesundheitsstatus, Körperkondition, Laktationsnummer sowie Zeitpunkt der Besamung und Umweltfaktoren (Betrieb, Hitzestress) und der Zyklusstand bei Programmbeginn. Da mit diesem Protokoll Brunstnutzungsraten von bis zu 100% erreichbar sind, eignet es sich insbesondere für Betriebe mit hartnäckigen Problemen bei der Brunsterkennung, die anderweitig nicht zu beheben sind. Wichtig für den Erfolg ist, dass mit dem Protokoll vorbereitete Tiere tatsächlich besamt werden. Widerstände der Besamungstechniker oder Eigenbestandsbesamer gegen terminierte Besamungen oder gegen Besamungen ohne deutlich erkennbare Brunstsymptome führen zum Scheitern derartiger Protokolle.

Auch für die Ovulationssynchronisation sind zahlreiche Modifikationen hinsichtlich der Zeitabstände zwischen den Verabreichungen sowie vor- und nachgeschaltete Protokolle (Presynch, Resynch) beschrieben worden.

Wichtig für den Erfolg von Synchronisationprotokollen sind zum einen gesunde und zyklische Tiere sowie insbesondere arbeitstechnische Erwägungen. So sollten bei der Planung keine wichtigen Aktivitäten wie Brunstbeobachtung und Besamungen auf das Wochenende gelegt werden. Zudem ist eine effiziente Herdenverwaltung erforderlich, um zuverlässig und mit minimalem Arbeitsaufwand alle anstehenden Untersuchungen und Tätigkeiten

Tab. 3.12 Faktoren aus den Bereichen Gesundheit der Kühe, künstliche Besamung und Umwelt, die den Besamungserfolg beeinflussen.

Gesundheit der Kühe	Künstliche Besamung	Umwelt und Haltung
• Allgemeingesundheit	• Besamungstechnik	• Stress
• Geschlechtsgesundheit	• Zeit der Besamung	• Kuhkomfort
• Körperkondition	• Vorliegen einer echten Brunst	• Temperatur
• Energiebilanz	• Fruchtbarkeit des Bullen	• Abkalbebereich
• Fütterung	• Lagerung und Handhabung des Spermas	

zu planen und die Befunde zu erfassen. Dazu gehört die Erfassung der Kühe für die rektale Palpation zur Vorauswahl, für die Verabreichung der jeweiligen Arzneimittel sowie für die zur Trächtigkeitsuntersuchung anstehenden Tiere.

Steigerung des Besamungserfolgs

Es ist nachvollziehbar, dass in die Besamung eingebundene Institutionen und Personen (u. a. Besamungsstationen, Besamungstechniker und -tierärzte) ihr vorrangiges Ziel im Erreichen eines möglichst hohen Besamungserfolgs sehen. Dieser gilt als Qualitätsmaßstab für das eingesetzte Produkt (Sperma) bzw. die erbrachte Dienstleistung (Besamung). Für das Erreichen einer hohen Reproduktionsleistung in einer Herde ist diese Betrachtungsweise jedoch nur bedingt angemessen, da der Besamungserfolg nur die tatsächlich besamten Kühe erfasst. Über die aussagefähigere Trächtigkeitsrate sagt der Besamungserfolg allein jedoch nichts aus. So kann der Besamungserfolg durchaus beeindruckend hoch, die Reproduktionsleistung der gesamten Herde dennoch völlig unbefriedigend sein. Dies liegt in der Regel daran, dass nur ein kleiner Teil der Kühe – und zwar mit gutem Erfolg – besamt wurde. Der andere oftmals größere Teil ist jedoch gar nicht erst zur Besamung vorgestellt oder aus verschiedenen zum Teil nicht objektivierbaren Gründen von der Besamung zurückgewiesen worden.

In der traditionellen Zuchthygiene stellt die Überwachung der Gesundheit der Kühe (Allgemein-, Geschlechts,- Erbgesundheit) das typische Arbeitsgebiet der Tierärzte dar. Im Rahmen eines integrierten Fruchtbarkeitsmanagments werden darüber hinaus auch die Bereiche der Fütterung, Umwelt und Haltung sowie die Besamungsarbeit vom Tierarzt überwacht. Der Besamungserfolg wird – wie die Brunstnutzung – ebenfalls durch eine Vielzahl von Faktoren beeinflusst (**Tab. 3.12**).

Überraschenderweise wird der menschliche Einfluss bei der künstlichen Besamung oft als wichtiger „Fruchtbarkeitsfaktor" übersehen. In einer amerikanischen Untersuchung bestanden Unterschiede von etwa 20% im Besamungserfolg zwischen verschiedenen Besamungstechnikern. Eine regelmäßige Schulung mit Wiederholung der wichtigen Grundlagen (Brunstanzeichen, Platzierung des Samens, Auftautechnik, Sauberkeit) kann dazu beitragen, die Besamungserfolge zu steigern bzw. auf hohem Niveau zu halten. Auch die Fruchtbarkeit der zur künstlichen Besamung eingesetzten Bullen schwankt mit bis zu 15% erheblich. Deshalb sollte auf Problembetrieben die Fruchtbarkeit des Vatertiers bei der Anpaarungsentscheidung ebenfalls berücksichtigt werden. In Herden mit suboptimalen Besamungserfolgen muss auch auf eine präzise Einhaltung der Auftauvorschrift der jeweiligen Besamungsstation für die Konfektionierung des Spermas geachtet werden. Für ein Auftauen nach dem aktuellen Stand der Wissenschaft sind dafür unabdingbar notwendig ein Wasserbad, ein geeignetes Thermometer, eine Stoppuhr und Einmalhandtücher zum Abtrocknen der Spermaportionen. Hinsichtlich der Zahl der Spermaportionen, die gleichzeitig aufgetaut und dann nacheinander für die Besamung verwendet werden können, finden sich uneinheitliche Berichte im einschlägigen Schrifttum. Es besteht allerdings durchaus die Gefahr, dass mit den letzten Portionen deutlich schlechtere Besamungsergebnisse erzielt werden. Deshalb empfehlen die Besamungsstationen nicht mehr als drei Portionen gleichzeitig aufzutauen.

Mitte der 90er Jahre wurde in den USA ein Einfluss der negativen Energiebilanz auf die Entwicklung der Eizellen postuliert. Die Theorie geht davon aus, dass Eizellen, deren Entwicklung hauptsächlich in der energetisch ausgeglichenen Trockenstehphase erfolgt, eine höhere Fruchtbarkeit bedingen als Eizellen, die sich vornehmlich in der Frühlaktation, d. h. unter dem Einfluss einer stark negativen Energiebilanz entwickelt haben. Es muss betont werden, dass es sich dabei lediglich um eine Theorie handelt, die zugegebenermaßen anschaulich und plausibel ist. Wissenschaftlich fundierte Beweise für diese Zusammenhänge liegen bis heute jedoch nicht vor. Deshalb sollte nicht versucht werden, die o. g. Theorie in der Praxis umzusetzen und Brünste vor dem 40. Tag nach der Abkalbung für Belegungen zu nutzen.

Regelmäßige und frühzeitige Diagnose nichttragender Tiere

Durch eine regelmäßige und frühzeitige Trächtigkeitsuntersuchung werden Tiere, die besamt wurden, aber nicht aufgenommen haben, so früh wie möglich als nicht tragend identifiziert. Damit werden überflüssige Güsttage wirkungsvoll minimiert. Nur bei einer frühzeitigen Diagnose der Nichtträchtigkeit besteht auch die Möglichkeit einer frühzeitigen Intervention (erneute Besamung oder/und Therapie) mit dem Ziel, vermeidbare Kosten durch verlängerte Verzögerungszeiten zu vermindern. Die bisher in der Praxis übliche Methode der manuellen rektalen Palpation liefert ab dem 35.– 42. Tag nach der künstlichen Besamung zuverlässige Ergebnisse. Erfolgt die Terminabsprache dabei nach spontaner zeitlicher Verfügbarkeit von Tierarzt und Landwirt, besteht die nicht seltene Situation, dass sich die Trächtigkeitsuntersuchung erheblich verschiebt und damit vermeidbare Güsttage anfallen. Durch eine regelmäßig durchgeführte Trächtigkeitsuntersuchung können im Vergleich zu einem spontanen Vorgehen erhebliche Güstzeiten eingespart werden. Dabei richtet sich der zeitliche Abstand zwischen den einzelnen Untersuchungen nach der Betriebsgröße (alle 4 oder 2 Wochen, wöchentlich). Ein weiterer Ansatzpunkt, vermeidbare Güstzeiten einzusparen, besteht darin, die Trächtigkeitsuntersuchung mittels Ultraschall durchzuführen. Durch technische Verbesserungen ist eine Trächtigkeitsuntersuchung mittels Ultraschall bereits ab dem 28. Tag sicher möglich. Dabei werden das Fruchtwasser, der Embryo selbst sowie der Herzschlag dargestellt. Die Genauigkeit beträgt 98% bei Kühen ab dem 29. Tag und bei Färsen ab dem 25. Tag nach der künstlichen Besamung. Für beide Methoden gilt, dass die Diagnose „nichttragend“ nur dann sinnvoll ist, wenn die diagnostische Genauigkeit so hoch ist, dass bei Vorhandensein eines Gelbkörpers eine Brunstauslösung mit $PGF_{2\alpha}$ konsequent durchgeführt werden kann. Bestehen diesbezüglich Zweifel sollte der Zeitraum für die Trächtigkeitsuntersuchung um einige Tage versetzt werden.

Verringerung von Trächtigkeitsverlusten

Unmittelbar nach der Belegung wird von einem Anteil von über 80% erfolgreich befruchteter Eizellen ausgegangen. In den ersten sechs Wochen treten jedoch 30–40% an Trächtigkeitsverlusten auf. Dies resultiert in den bekannten Besamungsergebnissen von 40–50%. Zahlreiche Ursachen kommen für Trächtigkeitsverluste beim Rind in Betracht. Dazu gehören genetische und diätetische Einflussfaktoren sowie Einflüsse aus Haltung und Umwelt.

Belastung durch Hitze

Umfangreiche Erfahrungen aus Wissenschaft und Praxis belegen, dass es schwierig ist, Kühe erfolgreich zu besamen bzw. die Trächtigkeit zu erhalten, wenn die Umgebungstemperatur oberhalb des Komfortbereichs für Rinder (über 22 °C Temperatur-Luftfeuchtigkeitsindex) liegt. Insbesondere in der ersten Woche nach der Befruchtung ist der Konzeptus empfindlich. Verschiedene Untersuchungen haben gezeigt, dass Hitze nicht die Befruchtung der Eizelle per se verhindert, sondern zu einer langsameren Entwicklung der Embryonen führt und intrazelluläre Schäden verursacht. Derart geschädigte Embryonen erreichen nicht die kritische Phase der Erkennung der Trächtigkeit. Die verzögerte Entwicklung führt zu einer verringerten Produktion von Interferon tau (IFN-τ). IFN-τ hat die Aufgabe die Freisetzung von Prostaglandin $F_{2\alpha}$ ($PGF_{2\alpha}$) und damit die Luteolyse zu unterdrücken. Im weiteren Verlauf der Trächtigkeit nimmt die Hitzetoleranz der Embryonen zu, so dass nach dem 42. Tag der Trächtigkeit hitzebedingte Verluste relativ selten sind. Im einschlägigen Schrifttum finden sich verschiedenste Maßnahmen zur Linderung der Hitze. Dazu gehören Schattendächer, Lüfter und Beregnungseinrichtungen zur Erzeugung von Verdunstungskühlung. Insbesondere sollte bei Milchkühen auf eine Kühlung im Bereich des Vorwartehofs und an den Fressplätzen geachtet werden.

Mangel an Progesteron

Die Konzentration von Progesteron im Blut steht – trotz nicht ganz einheitlicher Beobachtungen – mit der Erkennung der Trächtigkeit durch das Muttertier in Beziehung. So ist die Konzentration von Progesteron bei besamten und tragenden Tieren höher als bei besamten und nicht tragenden Kühen. Dabei ist vermutlich der Zeitpunkt des Anstiegs der Progesteron-Konzentration von großer Bedeutung. Bei einem schnellen Anstieg von Progesteron nach der Ovulation ist das Wachstum der Embryonen stärker und die Produktion von IFN-τ höher als bei einem verzögerten Anstieg. Dies deutet darauf hin, dass eine hohe Konzentration von Progesteron während der Phase der Erkennung der Trächtigkeit wichtig ist. Interessanterweise besteht ein Zusammenhang zwischen dem Metabolismus von Progesteron in der Leber und der Futteraufnahme der Kühe. Bei Kühen mit hoher Leistung und hoher Trockenmasseaufnahme (insbesondere Protein) ist der Blutfluss zur Leber erhöht und die Verstoffwechselung von Progesteron gesteigert. Obwohl diese Beobachtung häufig als Bindeglied zwischen hoher Milchleistung und Fruchtbarkeit gedeutet worden ist, steht der eindeutige Nachweis einer direkten Verursachung noch aus.

Die Erhöhung der Konzentration von Progesteron mit der Zielsetzung Trächtigkeitsverluste zu verringern, ist durch verschiedene Strategien möglich. Diese umfassen eine Beschleunigung des Wachstums des Gelbkörpers, eine Verlängerung der Lutealphase, eine Abschwächung der Östrogenproduktion durch einen dominanten Follikel in der kritischen Phase und eine Abschwächung des luteolytischen Signals durch die Mutter. Von diesen Ansätzen sind in der Praxis die exogene Verabreichung von Progesteron sowie die Verabreichung von gonadotropen Hormonen wie GnRH anwendbar und zugelassen.

Einflüsse durch den Stoffwechsel

Eine negative Energiebilanz nach der Abkalbung ist nicht nur ein bekannter Risikofaktor für ein verzögertes Wiederanlaufen des Zyklus (Anöstrie), sondern trägt auch zu Verlusten von bereits bestehenden Trächtigkeiten bei. Vermutlich ist die Ursache ein Mangel von Progesteron durch eine stark negative Energiebilanz im ersten Monat nach der Abkalbung. Diskutiert wird ein so genannter „Memory Effekt“. Dieser besteht darin, dass in der frühen Wachstumsphase befindliche Follikel im Zeitraum der intensivsten Belastung des Stoffwechsels durch verringerte Konzentrationen von Wachstumsfaktoren (IGF-I) geschädigt werden. Diese vorgeschädigten Follikel verwandeln sich nach der 40–50 Tage später erfolgenden Ovulation vermutlich in ebenfalls weniger funktionsfähige Gelbkörper.

Bisher ist nicht eindeutig geklärt worden, ob eine hohe Konzentration von Harnstoff im Blut für Trächtigkeitsverluste verantwortlich sein kann. Nachgewiesen ist jedoch eine Beziehung zum pH-Wert des Uteruslumens. Bei einer erhöhten Konzentration von Harnstoff im Blut wurden deutlich erniedrigte pH-Werte in der Gebärmutter (6,0 statt 7,1) gemessen. Embryonen werden nach längerer Exposition zu erniedrigten pH-Werten vermutlich geschädigt. Darüber hinaus produzieren die Epithelzellen der Gebärmutter durch die Absenkung des pH-Wertes verstärkt $PGF_{2\alpha}$.

Iatrogen bedingte Trächtigkeitsverluste

Verschiedene Arten von Traumen werden im Schrifttum intensiv diskutiert. Für den in das Fruchtbarkeitsmanagement eingebundenen Tierarzt sind insbesondere Trächtigkeitsverluste in Folge der Trächtigkeitsuntersuchung, der Verabreichung von $PGF_{2\alpha}$ und der künstlichen Besamung tragender Tiere von praktischer und forensischer Bedeutung. Einige Feldstudien weisen darauf hin, dass durch bestimmte Untersuchungstechniken wie z. B. beim Eihautgriff bzw. zu bestimmten Untersuchungszeiten erhöhte Risiken eines Fruchttods bestehen können. Zu bedenken ist jedoch, dass zum einen keine praktikable Alternative für die Erkennung einer Trächtigkeit besteht und zum anderen im Vergleich zu den anderen Risikofaktoren für erfahrene Untersucher im Zeitraum von 36 bis 42 Tagen nach der Besamung das Risiko zu vernachlässigen ist. Eine weitere Gefahr, Trächtigkeitsverluste iatrogen zu verursachen, besteht in der Verabreichung von $PGF_{2\alpha}$ an Kühe, die fälschlicherweise als nichttragend eingestuft wurden. Ebenso ist die Besamung von tragenden Kühen, die tatsächlich oder vermeintlich in Brunst sind, überraschend häufig. Eine Untersuchung gibt den Anteil an tragenden und fälschlicherweise besamten Kühen einer universitätseigenen Herde mit 19% an. Das folgende Risiko eines Fruchttods ist relativ groß. Aus den genannten Traumata ergeben sich folgende Empfehlungen für die Praxis:

1. Die Trächtigkeitsuntersuchung so schonend wie möglich durchführen.
2. Lückenlose und hundertprozentige Dokumentation aller Besamungen und Brünste sowie Verabreichung von $PGF_{2\alpha}$ nur an nichttragende Kühe.
3. Besamung im Zweifelsfall im kranialen Drittel der Zervix.

▶ Ansätze zur Verbesserung der Reproduktionsleistung:
- Verbesserung der Brunstnutzung
- Steigerung des Besamungserfolgs
- Frühzeitige und regelmäßige Diagnose nichttragender Tiere
- Verringern von Trächtigkeitsverlusten ◀

3.1.6.6 Zusammenfassung

Zahlreiche Faktoren beeinflussen die Reproduktionsleistung einer Herde auf unterschiedlichen Ebenen und zum Teil lange vor der Besamung bzw. Trächtigkeitsuntersuchung. Deshalb muss ein erfolgreiches Fruchtbarkeitsmanagement sowohl einen langen Zeitraum (späte Laktation bis zur Trächtigkeitsuntersuchung) abdecken als auch unterschiedliche Bereiche (Stallpersonal, Management, Kuh, Umwelt) erfassen. Die Brunstnutzung stellt den wichtigsten Einzelfaktor dar. Der Besamungserfolg misst lediglich die Prozessqualität der Besamung. Die Reproduktionsleistung einer Herde gibt der Besamungserfolg jedoch nur ungenügend wieder. Grundsätzlich bestehen vier Ansatzpunkte für ein strategisches Fruchtbarkeitsmanagement:

1. die Verbesserung der Brunstnutzung
2. die Steigerung des Besamungserfolgs
3. die frühzeitige und regelmäßige Diagnose nichttragender Tiere durch die Trächtigkeitsuntersuchung
4. das Verringern von Trächtigkeitsverlusten

Literatur

Bobe G., Young J.W., Beitz D.C. (2004): Pathology, etiology, prevention and treatment of fatty liver in dairy cows. J Dairy Sci. 87: 3105–3124.

Butler W.R. (1998): Effect of protein nutrition on ovarian and uterine physiology in dairy cattle. J. Dairy Sci. 81, 2533–2539.

Davison T. (1997): Managing hot cows: The book research note 49. http://www.metermall.com/THI/THI6.htm.

De Kruif, A. und P. Mijten (1992): Das Verhältnis von Fütterung und Fruchtbarkeit beim Milchrind. Berl. Münch. Tierärztl. Wochenschr. 105, 271–279.

De Kruif, A. (1994): Postpartale Endometritis beim Rind. Prakt. Tierarzt 75, 1071–1078.

Diskin M.G., Screenan J.M. (1980): Fertilization and embryonic mortality rates in beef heifers after artificial insemination. J. Reprod. Fertil. 59, 463–468.

Drackley J.K. (1999): Biology of dairy cows during the transition period: the final frontier. J Dairy Sci. 82, 2259–2273.

Ewy, A., T. van Halsema und T. Held (1992): Integrierte tierärztliche Bestandsbetreuung mit Hilfe der Fruchtbarkeits- und Krankenkarte für Rinder und der 12-Monats-Übersicht. Prakt. Tierarzt 73, 611–619.

Fazeli, M., L. Ball and J.D. Olsen (1980): Comparison of treatment of pyometra with estradiol cypionate or cloprostenol followed by infusion or non-infusion with nitrofurazone. Theriogenology 14, 339–343.

Ferguson, J.D. (1991): Nutrition and reproduction in dairy cows. Vet. Clin. North Am., Food Anim. Pract. 7, 483–507.

Grunert, E. (1983): Ätiologie, Pathogenese und Therapie der Nachgeburtsverhaltung beim Rind. Wien. Tierärztl. Mschr. 70, 230–235.

Grunert, E. und A. de Kruif (Hrsg.) (1999): Fertilitätsstörungen beim weiblichen Rind. 3. Aufl. Parey Buchverlag, Berlin.

Ingraham, R.H. and L.C. Kappel (1988): Metabolic profile testing. Vet. Clinic North Am., Food Anim. Pract. 4, 391–411.

Mann G.E., Lamming G.E. (1999): The influence of progesteron during early pregnancy in cattle. Reprod. Dom. Anim. 34, 269–274.

Mansfeld, R., A. de Kruif, M. Hoedemaker und W. Heuwieser (1999): Fruchtbarkeitsüberwachung auf Herdenbasis. In: Grunert, E., und A. de Kruif (Hrsg.): Fertilitätsstörungen beim weiblichen Rind. 3. Aufl. Parey Buchverlag, Berlin, S. 337–350.

Metzner, M. und R. Mansfeld (1992): Tierärztliche Betreuung von Milcherzeugerbetrieben. Teil 2: Die Beurteilung von Fruchtbarkeitsparametern – Möglichkeiten und Grenzen. Prakt. Tierarzt 73, 800–814.

Morton, J.M. and M.R. McGowan (2002): Herd-, cow-, lactation- and insemination-level factors affecting reproductive performance in dairy herds. In: Kaske, M., H. Scholz and M. Höltershinken (Eds.): Recent developments and perspectives in bovine medicine: keynote lectures of the XXII World Buiatrics Congress. Hildesheimer Druck- und Verlags-GmbH, 324–333.

Peters A.R., Martinez T.A., Cook A.J.C. (2000): A meta-analysis of studies of the effect of GNRH 11–14 days after insemination on pregnancy rates in cattle. Theriogenology 54, 1317–1326.

Senger P.L. (2002): Fertility Factors-which ones are really important? AABP Proceedings 35, 112–123.

Slenning, B.D. (1986): Decision analysis for optimizing the calving interval in large scale California dairies. Proc. 4th Int. Symp. Vet. Epidemiol. Econom., Singapore, 275–277.

Smith, R.D. (1986): Estrus detection. In: Morrow, D.A. (Ed.): Current Therapy in Theriogenology 2. W.B. Saunders Co., Philadelphia, London, p. 153–158.

Sturmann H., Oltenacu E.A., Foote R.H. (2000): Importance inseminating cows only in estrus. Theriogenology 53, 1657–1667.
Sundrum, A., R. Andersson und G. Postler (Hrsg.) (1994): Tiergerechtheitsindex – 200.1994. Ein Leitfaden zur Beurteilung von Haltungssystemen. Köllen Druck + Verlag GmbH, Bonn.
Tenhagen B.A. (2005): Einflüsse auf den Erfolg der terminieren Besamung nach der Synchronisation laktierender Milchkühe mit dem Ovsynch Programm- Eine Literaturübersicht. Dtsch. Tierärztl Wschr. 112, 121–141.
Thurmont M.C., Picanso J.P. (1993): Fetal loss associated with palpation per rectum to diagnose pregnancy in cows J. Am. Vet. Med. Assoc. 210, 672.674.
Vasconcelos J.L.M., Silcox R.W., Rosa G.J.M., Pursley J.R., Wiltbank M.C. (1999): Synchronization rate, size of the ovulatory follicle, and pregnancy rate after synchronization of ovulation beginning on different days of the estrous cycle in lactating dairy cows. Theriogenology 52, 1067–1078.
Wathes D.C., Taylor V.J., Cheng Z, Mann G.E. (2003): Follicle growth, corpus luteum function and their effects on embryo development in postpartum dairy cows. Reprod. Suppl. 61, 219–237.

3.2 Eutergesundheit und Milchqualität

M. Hoedemaker, R. Mansfeld und A. de Kruif

3.2.1 Allgemeines

In einem Milchviehbestand ist die Eutergesundheit von besonders großer Bedeutung. Sie nimmt deswegen bei jedem Betriebsbesuch einen großen Anteil am Untersuchungsprotokoll ein. Eine gestörte Eutergesundheit verursacht hohe Verluste. Der betreuende Tierarzt sollte sich dies immer vor Augen halten und alles daransetzen, um den Schaden zusammen mit dem Landwirt möglichst zu begrenzen. In einem durchschnittlichen Betrieb betragen die durch Mastitis verursachten Kosten etwa 75 € (bis 150 €) pro Kuh und Jahr. Mastitiden können nicht vollständig eliminiert werden, aber eine Begrenzung des Schadens auf etwa 25 € pro Kuh und Jahr ist möglich.

3.2.2 Kennzahlen

Zur Beurteilung der Eutergesundheit und Milchqualität können verschiedene Kennzahlen herangezogen werden (**Tab. 3.13**).

3.2.2.1 Zellgehalt

Der Zellgehalt in der Milch gilt in der Veterinärmedizin schon seit langem als wichtiger Indikator einer Euterentzündung. Aber erst seit der Einführung des Tankmilchzellgehalts als Milchqualitätsparameter hat er auch für die Milcherzeuger an Bedeutung gewonnen. Meistens wurde der Zellgehalt nur als Parameter für die Milchqualität beachtet und hatte seinen diagnostischen Wert verloren. Als Folge traten bei der Beurteilung hinsichtlich der Eutergesundheit Unklarheiten über die Normalwerte auf: Ist die Erfüllung der gesetzlichen Normen konform mit einer guten Eutergesundheit der Herde? Haben der Tankmilchzellgehalt und die individuelle Zellzahl identische Aussagekraft? Wie groß ist der Einfluss nicht infektiöser Ursachen?

Bei den somatischen Zellen in der Milch handelt es sich vorwiegend um Leukozyten (polymorphokernige neutrophile Granulozyten [PMN], Makrophagen, Lymphozyten) und einen kleinen Anteil von epithelialen Zellen. Bei nicht infiziertem und/oder ungeschädigtem Eutergewebe beträgt der Zellgehalt etwa bis zu 10.000–30.000 Zellen pro ml Milch (auf Viertelgemelksebene). Nach heutigen Erkenntnissen wird zur Beurteilung von Viertelgemelken ein Grenzwert von 100.000 Zellen/ml Milch zur Unterscheidung zwischen „gesund" oder „krank" angegeben. Als Folge einer Infektion oder eines Traumas kommt es im Wesentlichen zu einem starken Anstieg der PMN. Das Ausmaß dieses Zellgehaltsanstiegs reicht von einigen Hunderttausend bis zu mehreren Millionen.

Neben dem Anstieg der Leukozyten treten weitere Veränderungen auf: abfallende K^+-Gehalte, ansteigende Na^+- und Cl^--Gehalte (erhöhte Leitfähigkeit), abfallende Laktosegehalte, ansteigende Aktivität der NAGase (N-acetyl-β-D-Glucosaminidase). Eine Reihe von sog. Schnelltests, die im Stall durchgeführt werden können, basieren auf diesen Veränderungen.

Die Zellgehaltsbestimmungen in der Tankmilch sowie in den Gesamtgemelksproben werden von den jeweiligen Regionallabors der Landwirtschaftskammern durchgeführt. Der **Zellgehalt der Tankmilch** wird mindestens zweimal monatlich in einer automatisch am Milchtankwagen gezogenen Mischprobe festgestellt. In dieser Probe können auch andere Parameter (Keimgehalt, Gefrierpunkt, Hemmstoffe) im Rahmen der Milchqualitätsprüfung bestimmt werden. Fett- und Eiweißbestim-

Tab. 3.13 Kennzahlen für Eutergesundheit und Milchqualität.

Parameter	gesetzlich vorgeschriebener Grenzwert (EU-853/04, Milchgüte-VO, Milch-VO)	anzustrebende Zielgröße
Zellzahl: Tankmilch	geometrischer Mittelwert von 3 Monaten: < 400.000 Zellen/ml	arithmetischer Mittelwert von 12 Monaten: < 150.000 Zellen/ml
individuelles Gesamtgemelk		< 100.000 Zellen/ml < 10% der Herde mit einem Zellgehalt > 250.000 Zellen/ml
Keimzahl:	geometrischer Mittelwert von 2 Monaten: < 100.000 Keime/ml	arithmetischer Mittelwert von 12 Monaten: < 30.000 Keime/ml
Andere Parameter:		
Hemmstoffe	nicht nachweisbar	nicht nachweisbar
Gefrierpunkt	≤ –0,520 °C	≤ –0,520 °C
In Vorzugsmilchbetrieben:		
kolifome Keime	< 100 Keime/ml	< 20 Keime/ml
Staphylococcus aureus	< 500 Keime/ml	< 100 Keime/ml
Streptococcus agalactiae	< 10 Keime/ml	0
Salmonellen	0	0
Mastitishäufigkeit pro Monat:		
bezogen auf Kühe		< 2%
bezogen auf Fälle		< 2,5%

Tab. 3.14 Beurteilung der Betriebe nach der Tankmilchzellzahl (Jahresmittel).

Beurteilung	Tankmilchzellgehalt (Zellen/ml Milch)
Betriebe ohne Probleme	< 150.000
Betriebe mit vereinzelten Problemen	150.000–250.000
Betriebe mit regelmäßigen Problemen	> 250.000–400.000
Betriebe mit ständigen Problemen	> 400.000

mungen werden ebenfalls durchgeführt. Die beiden letzten Parameter unterliegen aber nicht einer offiziellen Reglementierung. In Milchkontrollbetrieben werden monatlich (1 × pro Jahr) **individuelle Zellgehaltsbestimmungen** im Gesamtgemelk im Rahmen der Milchleistungsprüfung (MLP) durchgeführt. Die Ergebnisse werden in den jeweiligen Zwischenberichten angegeben.

Beurteilung der Zellzahl

Die Überschreitung des offiziellen Grenzwertes für die **Tankmilchzellzahl** von 400.000 Zellen/ml (geometrisches Mittel aus 3 Monaten) wird mit einem Milchgeldabzug von 1 ct/kg geahndet. Tritt keine Verbesserung in den Folgemonaten auf, wird ein Lieferstopp verfügt. Eine Tankmilchzellzahl von 400.000 Zellen/ml ist aber kein guter Maßstab, um die Betriebssituation besonders in Hinsicht auf die Häufigkeit von subklinischen Mastitiden als „zufriedenstellend" zu bezeichnen. Die Tankmilchzellzahl sollte in Einzelmonaten deutlich unter 250.000 Zellen/ml und im Jahresmittel unter 150.000/ml liegen. Eine Beurteilung der Eutergesundheit eines Betriebes anhand der Tankmilchzellzahl ist nur begrenzt möglich (**Tab. 3.14**), auch wenn es Beziehungen zwischen dem Infektionsgrad und der Tankmilchzellzahl gibt (**Tab. 3.15**).
Die Reproduzierbarkeit der Bestimmung der Tankmilchzellzahl wird durch die Betriebsgröße beeinflusst: Eine Verdünnung der Milch mit hohem Zellgehalt durch die gesamte ermolkene Milchmenge pro Zeiteinheit ist nicht zu vernachlässigen. Tatsächlich stellt man stark schwankende Ergebnisse besonders in kleineren Betrieben fest. Weiterhin ist zu beachten, dass der Tankmilchzellgehalt durch das Nichtabliefern von hemmstoffhaltiger Milch

Tab. 3.15 Beziehung zwischen Tankmilchzellzahl und Infektionsgrad.

	Betriebe mit einer Tankmilchzellzahl < 500.000 Zellen/ml	**Betriebe mit einer Tankmilchzellzahl > 500.000 Zellen/ml**
% infizierte Kühe	30	42
% infizierte Euterviertel	12	25

Tab. 3.16 Relativer Anteil verschiedener Keimquellen in der Milch.

Keimquelle	**rel. Anteil**
aus dem Euter/Melkleitung	1
Außenseite des Euters/Einstreu	50
Oberfläche des Milchtanks	5000

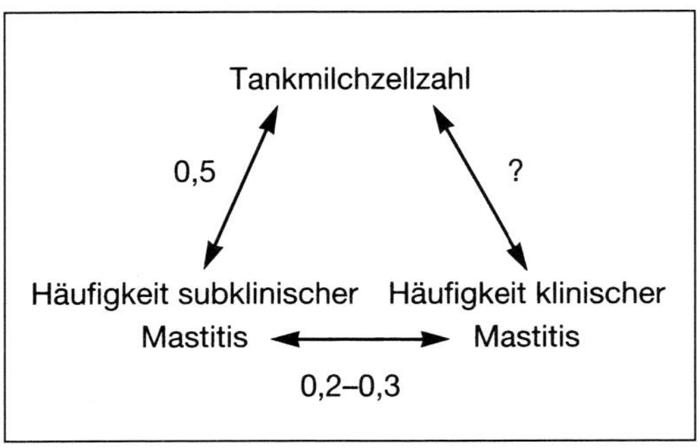

Abb. 3.8 Korrelation zwischen Tankmilchzellzahl und der Häufigkeit subklinischer und klinischer Mastitiden.

oder Milch von Tieren mit hohen Zellgehalten beeinflusst wird, so dass die Eutergesundheit der Kuhherde aufgrund des Tankmilchzellgehalts besser erscheint als sie tatsächlich ist.

Ein niedriger Tankmilchzellgehalt ist ein Signal dafür, dass im Betrieb wenig subklinische Euterinfektionen vorkommen, bietet aber keine Garantie für eine niedrige Frequenz von akuten, klinisch manifesten Mastitiden. Die letzten Jahre haben gezeigt, dass hartnäckige Probleme mit klinischen Mastitiden besonders in Betrieben mit niedrigen Tankmilchzellzahlen auftreten. Die Beziehungen sind in **Abb. 3.8** dargestellt.
Die Beurteilung der **individuellen Zellzahl** ist zwar besser zur Beurteilung der Eutergesundheit geeignet (beim Einzeltier: Zellzahlverlauf; für die Herde: % der Tiere mit Zellgehalten über einem bestimmten Grenzwert; **Tab. 3.13**), es muss aber berücksichtigt werden, dass dieser Parameter durch viele Faktoren auch nicht infektiöser Art beeinflusst wird. Der Zellgehalt der Milch von einem gesunden Euter in der ersten Laktation liegt zwischen 10.000 und 30.000 Zellen/ml. Durch verschiedene Ursachen, infektiöse oder nicht infektiöse, steigt der Zellgehalt mit zunehmendem Alter etwas an und nimmt im Laufe der Laktation zu.

3.2.2.2 Keimgehalt

Tab. 3.16 gibt den relativen Anteil verschiedener Keimquellen in der Milch an.

Aus dieser Übersicht wird deutlich, dass die Höhe der Keimzahl im Wesentlichen durch den Zustand des Milchtanks beeinflusst wird. Die Milch verlässt das Euter keimarm (< 10.000 Keime/ml), so dass die Ursache hoher Keimgehalte nicht bei den Kühen gesucht werden sollte. Trotzdem kann die Milchlieferung von Kühen mit einer klinischen Mastitis den Keimgehalt nachteilig beeinflussen. Die Anwesenheit von Flocken, wenn auch nur in den ersten Strahlen, kann eine leichte Erhöhung der Keimzahlen hervorrufen. Die Anwesenheit von Flocken in den ersten Strahlen deutet auf eine Euterinfektion – wenn auch nur in der leichten Form – hin. Eine derartige Milch ist sehr keim- und zellreich und darf ebenso wie Milch von Kühen mit Zeichen einer deutlicheren Euterentzündung (z. B. anhaltendes Ermelken von Flocken, akute Entzündungssymptome) nicht geliefert werden. Eine subklinische Mastitis hat einen viel geringeren Einfluss auf den Keimgehalt der Tankmilch. In der Milch von subklinisch erkrankten Kühen steigt der Keimgehalt selten über 20.000 Keime/ml an. Wenn dem nicht so wäre, müssten Betriebe mit hohen Zellzahlen auch immer hohe Keimzahlen haben. In der Praxis ist das nicht so. Ein Keimgehalt bis 30.000 Keime/ml wird als normal angesehen. Ein höherer Keimgehalt deutet auf Probleme hin. Ein Milchgeldabzug tritt bei einem Keimgehalt von mehr als 100.000 Keime/ml ein.

Tab. 3.17 a Tankmilchzellgehalt und Anteil klinischer Mastitiden in einem Betrieb mit 60 Milchkühen im Zeitraum von September bis März.

	Sep.	Okt.	Nov.	Dez.	Jan.	Feb.	März
Zellgehalt × 10^3/ml	550	450	470	540	520	505	495
Anzahl Mastitiden/Monat	3	4	2	6	5	5	4

Tab. 3.17 b Tankmilchzellgehalt und Anteil klinischer Mastitiden in einem Betrieb mit 60 Milchkühen, in dem viele durch koliforme Keime bedingte Mastitiden auftreten im Zeitraum von September bis März.

	Sep.	Okt.	Nov.	Dez.	Jan.	Feb.	März
Zellgehalt × 10^3/ml	200	140	200	180	170	175	120
Anzahl Mastitiden/Monat	1	2	3	6	4	3	4

3.2.2.3 Andere Parameter

Außer den schon beschriebenen Parametern wird die Milch regelmäßig auf **Hemmstoffe** untersucht. Diese gelangen über eine lokale (Euter, Gebärmutter) oder eine allgemeine Behandlung in die Milch. Nach jeder Therapie muss dem Milcherzeuger mitgeteilt werden, wie lange die Milch von einem behandelten Tier nicht abgegeben werden darf. Keimhemmende Stoffe in der Milch verursachen einen großen Schaden für die Milchproduktionsindustrie und den Export. Ist der Hemmstofftest positiv, wird der Milcherzeuger mit einem Milchgeldabzug von 10 ct/kg Milch bestraft.

Die meisten positiven Ergebnisse sind der Unaufmerksamkeit des Melkers, dem „Sich-nicht-merken“ von behandelten Kühen oder der Unwissenheit darüber, wann die Milch behandelter Tiere frühestens wieder geliefert werden darf, zuzuschreiben. Eine andere häufig vorkommende Ursache ist die vorzeitige Milchlieferung von Kühen mit einer kürzeren Trockenstehperiode (kürzer als 6 Wochen), die beim Trockenstellen mit einem Langzeitantibiotikum behandelt wurden.

Behandelte Kühe sollten vorzugsweise als letzte gemolken werden, damit selbst kleine Antibiotikarückstände nicht im Melkeimer oder in der Melkleitung zurückbleiben.

Der **Gefrierpunkt** der Milch gibt Hinweise auf Fremdwasser. Der Gefrierpunkt sollte $\leq -0{,}520$ °C sein. Liegt er darüber, deutet das auf zu viel Fremdwasser in der Milch (z. B. durch Spülwasserreste in der Melkanlage) hin und wird mit Milchgeldabzügen geahndet.

Der Gehalt an **koliformen Keimen** ist für Vorzugsmilchbetriebe von Bedeutung. Ein hoher Gehalt an koliformen Keimen weist auf Kotpartikel und Schmutz in der Milch hin, d. h. auf eine nicht ausreichende Hygiene. Für Vorzugsmilchbetriebe gibt es weiterhin Grenzwertbestimmungen für den Gehalt an *Staphylococcus aureus*, *Streptococcus agalactiae* und Salmonellen (**Tab. 3.13**). Der Milcherzeuger bekommt einen Milchgeldabzug, wenn die Qualität der Milch die festgesetzten Anforderungen nicht erfüllt.

3.2.2.4 Prozentsatz der Kühe mit einer Mastitis im letzten Monat

Als Idealwert oder anzustrebende Zielgröße für diese Kennzahl wird eine Mastitishäufigkeit von weniger als 2% pro Monat angegeben (Quartal: 6%). Ein Wert von 3% kann noch toleriert werden, allerdings sollte man bei einer weiteren Steigerung der Häufigkeit klinischer Mastitiden versuchen, die Ursachen hierfür herauszufinden und abzustellen. Im Allgemeinen haben Betriebe mit hohen Zellgehalten auch viele Kühe mit klinischen Mastitiden (**Tab. 3.17 a**).

Ein Betrieb mit einem niedrigeren Zellgehalt hat meistens auch wenig Mastitisfälle, obgleich hierbei eine Reihe von Ausnahmen vorkommt. Besonders bei gehäuftem Auftreten von Umweltkeimen (koliforme Keime, Enterokokken, *Streptococcus uberis*) können viele klinischen Mastitiden auftreten (**Tab. 3.17 b**).

Um eine gute Übersicht über die Betriebssituation zu bekommen, ist eine konsequente und exakte Dokumentation aller Mastitisfälle notwendig.

Tab. 3.18 Entwicklung des geometrisch gemittelten individuellen Zellgehalts (× 10^3/ml) in Abhängigkeit von der Laktationsnummer und dem Laktationsstadium.

	Laktationsnummer							
Laktationstadium	**1**	**2**	**3**	**4**	**5**	**6**	**>6**	**Mittelwert**
< 10 Wochen	50	64	83	114	131	162	229	77
10–35 Wochen	67	128	175	213	250	278	131	131
> 35 Wochen	129	248	343	371	371	523	242	242

Tab. 3.19 Geometrisches Mittel der indivduellen Zellzahl in Beziehung zum Ergebnis der bakteriologischen Untersuchung von Viertelgemelksproben.

Infektionsstatus	**Geometrischer Mittelwert (Zellzahl/ml)**
Bakteriologische negativ	90.000
1 Euterviertel infiziert mit Staphylokokken	300.000
1 Euterviertel infiziert mit Streptokokken	450.000
Mehrere Euterviertel infiziert mit Streptokokken	> 1.000.000
Staphylokokken und Streptokokken	> 1.000.000

3.2.3 Ursachen für einen nicht zufrieden stellenden Zellgehalt und einen zu hohen Anteil von Kühen mit einer Mastitis im letzten Monat

Diese beiden Parameter werden durch infektiöse und nicht infektiöse Faktoren beeinflusst.

3.2.3.1 Nichtinfektiöse Faktoren

Die wichtigsten „natürlichen" Faktoren, die den Zellgehalt der Milch beeinflussen, sind in folgender Reihenfolge nach Bedeutung aufgeführt: Lebensalter (Laktationsnummer), Laktationsstadium (**Tab. 3.18**) und Rasse. Bezüglich der beiden ersten Faktoren haben neuere Untersuchungen ergeben, dass eine wesentliche Ursache für einen Anstieg des Zellgehalts mit ansteigendem Lebensalter oder Laktationsstadium ein zunehmendes Risiko von intramammären Infektionen ist. Bei Tieren ohne Euterinfektionen besteht keine Beziehung zwischen dem Zellgehalt im Gesamtgemelk und dem Lebensalter oder Laktationsstadium. Die Rassenunterschiede sind nur sehr gering und kommen bei höheren Laktationsnummern kaum zum Ausdruck. Es ist nicht klar, ob die Unterschiede „per se" genetisch determiniert oder die Folge unterschiedlicher Euterform, Zitzenstellung oder Melkbarkeit sind.

Andere Faktoren sind: Brunst, Futterumstellung (Stress), Verabreichung von bovinem Somatotropin (BST; nicht zugelassen), Zitzenverletzungen, Erhöhung der Anzahl der Melkzeiten (z. B. 3 anstatt 2 pro Tag), unregelmäßige Melkintervalle bei Verwendung von Melkrobotern und eine nicht ordnungsgemäß funktionierende Melkmaschine. Das letztere kann zu einem massiven Anstieg der Zellzahlen führen, ohne dass viele klinische Mastitiden auftreten. Ein auffallendes Zeichen ist, dass die Kühe beim Melken unruhig sind und oft die Melkzeuge abtreten. In einem solchen Fall muss die Melkmaschine während des Melkens durchgemessen werden.

3.2.3.2 Infektiöse Faktoren

Hierzu gehören Mastitiden und Zitzenerkrankungen.

Mastitiden

Eine Infektion des Eutergewebes hat den größten Einfluss auf den Zellgehalt. Zwei Faktoren bestimmen den Grad der zellulären Reaktion: die Bakterienart und die Anzahl infizierter Euterviertel (**Tab. 3.19**).

Wenn die Tankmilchzellzahl oder die Häufigkeit von klinischen Mastitiden zu hoch ist, muss nach der Ursache gesucht werden. Dabei ist zu berücksichtigen, dass die Mastitis des Rindes eine Faktorenkrankheit darstellt und eine dauerhafte Lösung des Problems nur dann möglich ist, wenn alle eine Mastitis begünstigenden Faktoren untersucht sowie Mängel erkannt und abgestellt worden sind. Dies gilt insbesondere für die Bereiche **Melkhygiene, Melktechnik, Reinigung und Desinfektion der Melkanlage, Haltung und Fütterung**.

Wird man als Tierarzt mit einem Mastitisproblem konfrontiert, empfiehlt sich ein systematisches Vorgehen, um keine wichtigen Punkte zu übersehen. Die Verwendung von speziell zu diesem Zweck vorbereiteten Untersuchungsprotokollen hat sich als vorteilhaft erwiesen (**ABL 3.2**). Wichtige Punkte dieses Protokolls sind die Erhebung der Anamnese, die Beurteilung des Schweregrads des Problems, die gründliche Untersuchung aller laktierenden Tiere (ggf. auch trockenstehende und hochtragende Färsen), Untersuchung aller oben genannten **Mastitisrisikofaktoren**. Nach Abschluss der Untersuchung erwartet der Landwirt, dass eine für die jeweilige Betriebssituation richtige **Behandlung** eingeleitet wird. Oft noch wichtiger als die Behandlung aber ist eine umfassende **Beratung** des Betriebsleiters darüber, wie er der Entstehung von Mastitiden durch Abstellung von festgestellten Mängeln oder Optimierung anderer Faktoren in Zukunft vorbeugen kann.

Wichtige bei der **Anamnese** zu berücksichtigende Punkte sind in **Tab. 3.20** aufgeführt. Zur Beurteilung des Schweregrads des Problems kann man trotz aller Vorbehalte den Zellgehalt in der Tankmilch heranziehen. So ist es wichtig zu wissen, ob der gesetzlich vorgeschriebene Grenzwert bereits überschritten wurde oder sogar schon ein Lieferstopp vorliegt (erhebliches Problem, schnelles Handeln erforderlich). In anderen Fällen wünscht der Landwirt eine Untersuchung und Beratung, weil er einen Anstieg der Tankmilchzellzahl beobachtet hat oder weil zu viele Tiere an einer klinischen Mastitis erkranken und er nun fürchtet, dass sich die Situation weiter verschlechtert.

Mit Hilfe der **individuellen Untersuchung der Tiere** soll festgestellt werden, welche Tiere gesund und welche Tiere erkrankt oder verdächtig sind. Diese Untersuchung sollte folgende Punkte beinhalten:

1. **Adspektion:** Größe, Form und Aufhängung des Euters; Zitzengröße und -stellung; Zitzenverletzungen; Strichkanalveränderungen; Euterhautveränderungen; „Dreistriche". Ein hoher Prozentsatz von Tieren mit höhergradigen Strichkanalhyperkeratosen (> 20%) deutet z. B. auf Fehler in der Melkarbeit und/oder Melktechnik. Vermehrte Häufigkeit von Zitzenverletzungen kann z. B. durch schlechte Stallbedingungen, mangelhafte Klauenpflege und ungünstige Euterformen hervorgerufen werden.
2. **Palpation:** Knoten, Verhärtungen und Abszesse im Eutergewebe; Veränderungen an den Zitzen, die z. B. die Melkbarkeit negativ beeinflussen.

Tab. 3.20 Anamnestische Erhebungen.

Art und Dauer der Probleme	akut-chronisch; Art der Sekretveränderung; Störung des Allgemeinbefindens; Verlauf; Zeitpunkt der Laktation; betroffene Tiergruppe; Anzahl betroffener Tiere; Anzahl erkrankter Euterviertel pro Tier
Betriebscharakteristika	Betriebsgröße; Herdenleistung; Rasse; Stalltyp; Zukauf von Tieren; Melker; Tierbetreuung; Milchkontrolle; Abkalbesaison
Betriebshygiene	Stall und Melkplatz; Stallreinigung; Kühe, die auf Spalten liegen; Scheren der Kühe oder der Euter
Melktechnik, Melkarbeit	Melkmaschinentyp; Zusatzausrüstung (Milchflussmesser; automatische Melkzeugabnahme, Vorstimulation); Melkvorbereitung; Eutertücher; Vormelken; Ansetzen der Melkzeuge; Abnahme der Melkzeuge; „Dippen"/Sprühen
Melkmaschinenwartung	Kontrollintervalle; Überprüfungsprotokolle; Austauschen der Gummiteile
Stallklima	Lüftungssystem, Entmistungsverfahren (Festmist, Schwemmentmistung)
Haltung	Anbindestall, Boxenlaufstall
sonstige Angaben	Milchleistungskontrollergebnisse (Zellgehalt, Keimgehalt); Ergebnisse bakteriologischer Untersuchungen; durchgeführte Therapie; Trockenstelltherapie; Abgänge
Fütterung	laktierende, trockenstehende Kühe; Grundfutter (Menge, Zusammensetzung, Qualität); Kraftfutter; Futterzuteilung

ABL 3.2 Protokoll zur Überprüfung der Eutergesundheit.

1

Logo

PROTOKOLL ZUR ÜBERPRÜFUNG DER EUTERGESUNDHEIT

Datum ____________________

ALLGEMEINE INFORMATIONEN

1. Landwirt ______________________________ Telefon ____________________
2. Adresse ____
3. Tierarzt ____

   Adresse ____
4. Rasse der Kühe ________________________ Milchquote ____________________
5. Anzahl der Kühe: laktierend ________________ trockenstehend ________________
6. Milchproduktion (kg): Kuh/Tag ______________________ Herde/Jahr ____________
7. Milchleistungsprüfung ____
8. Ergebnisse der Tankmilchanalysen während der letzten 6 Monate:

Datum						
Keimzahl/ml						
Zellzahl/ml						

9. Klinische Mastitiden pro Monat

10. Wo finden sich die meisten Mastitiden? Kühe ____________ Erstkalbinnen ____________

    Hochleistende ________________ Kombination ______________________________

    Trockenstehende ______________ Frisch abgekalbte __________________________

    kein Zusammenhang zum Laktationsstadium ____________________________

ABL 3.2 Protokoll zur Überprüfung der Eutergesundheit (Fortsetzung).

2

11. Anzahl schwermelkernder Kühe ________ Anzahl dreistrichiger Kühe ________

12. Kühe mit Zitzenverletzungen ________ Kühe mit Stenosen ________

13. Abgänge wegen Mastitis im vorherigen Jahr ________

14. Monate, in denen die meisten Kühe abkalben ________

15. Remontierung: Eigene Aufzucht ________ Zukauf ________

16 Aufstallung: ________ ________

Anbindestall ____ Kurzstand ____ Mittellangstand ____ Langstand ____

Stallboden: Stroh ________ Gummimatten ________ Sonstige ________

Kotstufe ________ Gitterrost ________ Standlänge und Breite ________

Boxenlaufstall ____ Tiefboxen ____ Hochboxen ____ Fressgitter ____

Fressliegeboxen ________ Anzahl der Boxen ________ Boxenmaße ________

Boxenboden: Gummimatten Beton ____ Stroh ____ Sägespäne, Sand ____

Sonstige ________

Lauffläche: Spaltenboden ________ Betonboden ________

Lüftungssystem: ________

Stallklima: ________

17. Zustand des Stalles und der Einstreu: sehr gut ___ gut ___ mäßig ___ schlecht ___

18. Werden die Zellzahlen im Gesamtgemelk monatlich bestimmt? JA NEIN

19. Ist die allgemeine Körperkondition akzeptabel? ☐ ☐

Bermerkung ________

20. Ist die Fütterung insgesamt in Ordnung? ☐ ☐

Bermerkung ________

21. Gibt es lahme Kühe im Bestand? ☐ ☐

22. Sind die Tiere mit Ohrmarken, Transpondern oder Kaltbrand gekennzeichnet? ☐ ☐

ABL 3.2 Protokoll zur Überprüfung der Eutergesundheit (Fortsetzung).

3

		JA	NEIN
23.	Haben die Tiere Zugang zu Teichen, anderen stehenden Gewässern oder schlammigen Arealen?	☐	☐
24.	Wird den Aufzuchtkälbern Mastitismilch gefüttert?	☐	☐
25.	Können die Kälber andere Kälber ansaugen?	☐	☐
26.	Gibt es ein effektives Fliegenkontrollprogramm?	☐	☐
27.	Werden Laboruntersuchungen angefordert?	☐	☐
28.	Werden Besamungs- und Deckdaten aufgezeichnet?	☐	☐
29.	Ist der Reproduktionsstatus der Herde annehmbar?	☐	☐
30.	Werden die Zitzen vor einer Behandlung ordnungsgemäß gesäubert und desinfiziert?	☐	☐
31.	Werden Aufzeichnungen über klinische Mastitiden geführt?	☐	☐
32.	Werden die Euter geschoren?	☐	☐

33. Mastitisbehandlung während der Laktation ____________________

____

____

34. Trockenstelltherapie ____________________

Methode: alle Kühe __________ selektiv __________

Bemerkung ____________________

35. Trockenstellmethode: abrupt __________ allmählich __________

36. Allgemeine Bemerkungen ____________________

____

____

____

____

ABL 3.2 Protokoll zur Überprüfung der Eutergesundheit (Fortsetzung).

4

MELKARBEIT

1. Wie werden Zitzten und Euter gereinigt? nicht _______ Euterlappen _________
   Papierhandtuch __________ Einmalpapierhandtücher für jede Kuh ____________
2. Wie werden Zitzen- und Euterhaut getrocknet? nicht _______ Euterlappen ________
   Papierhandtuch __________ Einmalpapierhandtücher für jede Kuh ____________
3. Sind die die Euter vor dem Melken sauber? gut ____ mäßig ____ schlecht _____

		JA	NEIN
4.	Wird Vorgemelk auf Flocken überprüft?	☐	☐
	Bemerkung ____________________________________		
5.	Sind Euter ordentlich angerüstet?	☐	☐
6.	Werden die Zitzenbecher vorsichtig und zügig und ohne viel Luftansaugen angesetzt?	☐	☐
7.	Sind die Melkzeuge und Euter entsprechend ausgerichtet?	☐	☐
8.	Fallen die Melkzeuge ab? Wenn ja, wie oft? selten _____ mäßig _____ oft _____	☐	☐
9.	Gibt es Vorrichtungen, um das Sistieren des Milchflusses festzustellen?	☐	☐
10.	Werden die meisten Kühe innerhalb von 5-7 Minuten ausgemolken?	☐	☐
11.	Sind die Tiere ausgemolken?	☐	☐
12.	Werden Kühe blind gemolken?	☐	☐
13.	Sind die Tiere beim Melken unruhig?	☐	☐
14.	Wird maschinelles Nachmelken nur wenn notwendig durchgeführt und möglichst auf einem praktikablen Minimum gehalten?	☐	☐
15.	Wird beim maschinellen Nachmelken Luft angesaugt?	☐	☐
16.	Wird das Vakuum abgeschaltet, bevor die Melkbecher abgenommen werden?	☐	☐

Bemerkung ____________________________________

ABL 3.2 Protokoll zur Überprüfung der Eutergesundheit (Fortsetzung).

5

		JA	NEIN
17.	Wird eine automatische Melkzeugabnahme benutzt? werden?	☐	☐
	Wenn ja, welcher Typ ______		
	Bemerkung ______		
18.	Werden die Kühe umsichtig behandelt?	☐	☐
19.	Werden die Zitzen nach dem Melken desinfiziert?	☐	☐
	Wenn ja: Zitzentauchen ______ Spray ______		
	Welches Produkt wird benutzt? ______		
	Bemerkung ______		
20.	Finden sich an den Zitzenenden Erosionen oder andere Veränderungen?	☐	☐
	Bemerkung ______		
21.	Werden Kühe mit Mastitis getrennt von anderen Kühen gemolken?	☐	☐
22.	Wird den Kühen nach dem Melken Futter vorgelegt, sodass sie sich nicht sofort hinlegen?	☐	☐
23.	Werden die Zitzenbecher zwischen den Kühen zwischendesinfiziert oder durchgespült?	☐	☐
	Bemerkung ______		
24.	Wie hoch ist die Temperatur der Milch im Milchtank?		
	An Ende des Melkens ______ 1 Stunde nach dem Melken ______		
25.	Allgemeine Beurteilung: ausgezeichnet ____ gut ____ mäßig ____ schlecht ____		
26	Allgemeine Bemerkungen ______		

ABL 3.2 Protokoll zur Überprüfung der Eutergesundheit (Fortsetzung).

6

REINIGUNG UND DESINFEKTION

1. Sauberkeit des Melkstandes und der Melkkammer: gut ____ mäßig ____ schlecht ____
2. Welche Desinfektionsmittel werden benutzt und in welcher Reihenfolge?
3. Welche Art der Reinigung und Desinfektion wird durchgeführt:
   automatisch ________ manuell ________
4. Wie hoch ist die Temperatur des Spülwassers im Rücklauf?
   (Soll mindestens 40°C betragen) ____________________
5. Allgemeine Bemerkungen ____________________
   ____
   ____

MELKTECHNIK

1. Melkanlagentyp ____________________
   ____________________ Baujahr ____________
2. Melkleitung: hochverlegt ________ tief verlegt ________ Recorder ________
   Ringleitung ________ Stichleitung ________ Max. Höhe ________
   Gefälle ________ Material ________ OD mm
3. Anzahl Melkeinheiten ________ Anzahl Melker ________
4. Abnahmeautomatik: vorhanden ______ nicht vorhanden ______ Art ______
5. Andere Zusatzausrüstungen: ____________________
   ____

ABL 3.2 Protokoll zur Überprüfung der Eutergesundheit (Fortsetzung).

7

6. Vakuumpumpe ____________ Luftdurchfluss (nach Hersteller) ____________

Soll ____________ Betriebsvakuum ____________

7. Regelventil: Lokalisation ____________ Zustand ____________

8. Pulsaboren: Gleichtakt ____ Wechseltakt ____ Frequenz ____ (A+B)/ (C+D) ____

9. Melkzeugdimensionen: Sammelstück (ml) ____________ Einlauf ID (mm) ____________

Auslauf ID (mm) ____________ langer Milchschlauch ID (mm) ____________

Schauglas ID (mm) ____ k. Milchschlauch (ID) ____ Melkleitung Einlauf (ID) ____

10. Zustand der Gummiteile: in Ordnung ____________ nicht in Ordnung ____________

Bemerkung: ____________

		JA	NEIN
11.	Wird die Melkanlage regelnmäßig überprüft?	☐	☐
	Wenn ja, in welchem Abstand? ____________		
12.	Werden die Gummiteile regelmäßig ausgetauscht?	☐	☐
13.	Sind die Keilriemen an der Vakuumpumpe fest und und nicht mit Öl verschmiert?	☐	☐
14.	Ist der Zustand der Melkleitung in Ordnung?	☐	☐
	Bemerkung ____________		
15.	Ist das Luftloch am Sammelstück durchlässig?	☐	☐
16.	Befinden sich die Milchschlösser im oberen Drittel der Melkleitung?	☐	☐
17.	Beträgt die Evakuierungszeit weniger als 5 Sekunden?	☐	☐

ABL 3.2 Protokoll zur Überprüfung der Eutergesundheit (Fortsetzung).

8

		JA	NEIN
18.	Stimmt das Betriebsvakuum mit dem eingestellten Wert überein?	☐	☐
19.	Bleibt das Vakuum nach Öffnen eines Melkzeuges stabil? (Abfall um maximal 2 kPa)	☐	☐
20.	Ist die Transportleistung der Melkleitung ausreichend (bei Rohrmelkanlagen)?	☐	☐
21.	Bleibt das Vakuum nach Öffnen eines Melkzeuges stabil (± 2 kPa)?	☐	☐
22.	Gibt es Hinweise auf Lufteinbrüche (Aufhören des Zischens am Regelventil)?	☐	☐
23.	Bilden sich Milchsäulen in der Milchleitung?	☐	☐
24.	Läuft die Milch ruhig plätschernd in den Milchabscheider ein?	☐	☐
25.	Hängen die Melkbecher senkrecht und parallel zueinander unter dem Euter?	☐	☐
26.	Gibt es Schlaucharretierungen an den Grubenkanten?	☐	☐
27.	Sind Milchschläuche und Pulsschläuche verdreht?	☐	☐
28.	Gibt es Servicearme?	☐	☐
29.	Fallen die Melkzeuge häufig ab?	☐	☐
	Wenn ja, wie oft? oft ______ mäßig ______ selten ______		
30.	Verhalten sich die Tiere beim Melken ruhig?	☐	☐
31.	Sind die Zitzen nach dem Melken „nass“?	☐	☐
32.	Sind die Zitzen nach dem Melken verändert?	☐	☐

Bemerkung: ____

ABL 3.2 Protokoll zur Überprüfung der Eutergesundheit (Fortsetzung).

9

33. Allgemeine Beurteilung: ausgezeichnet ____ gut ____ mäßig ____ schlecht ______

Bemerkungen:

____

____

____

____

☐ = positiv zu beurteilen

⬚ = negativ zu beurteilen

Die Palpation ist wichtig, um chronisch kranke und damit oft therapieunwürdige Tiere herauszufinden, die gemerzt werden müssen.

3. **Sekretprüfung:** Farbe, Geruch, Beimengungen (Eiterflocken, Fibrinflocken, Blutkoagula). Die Sekretprüfung dient der Feststellung klinisch kranker Tiere. Sie sollte immer vom Untersucher selbst durchgeführt werden, da oft Diskrepanzen zwischen den Angaben der Betriebsleiter über die Häufigkeit von klinischen Mastitiden und den tatsächlich festgestellten klinischen Mastitiden bestehen.
4. **Individuelle Zellzahl**: Ergebnis des California-Mastitis-Test (CMT) vor Ort oder individuelle Zellzahl im Gesamtgemelk aus den Daten der MLP. Hierbei sollte man auch die Zellzahlverläufe der einzelnen Kühe berücksichtigen. Kühe mit einem Zellgehalt über 200.000 Zellen/ml sind als mastitisverdächtig anzusehen. Von diesen Kühen oder von Tieren mit einem positiven CMT sollten Viertelgemelksproben für eine bakteriologische Untersuchung gezogen werden.
5. **Elektrische Leitfähigkeit:** Aufgrund der veränderten Konzentration von Anionen und Kationen in der Milch von Tieren mit einer Mastitis kommt es zu einer Erhöhung der elektrischen Leitfähigkeit. Diese kann mit entsprechenden Geräten auf Viertelgemelksebene bestimmt werden. Aussagefähig sind nicht so sehr die Absolutwerte, als vielmehr die Messdifferenzen zwischen den einzelnen Vierteln eines Euters. In modernen Melkständen ist es heutzutage auch schon möglich, die elektrische Leitfähigkeit beim Melken kontinuierlich zu messen. Die kontinuierliche Messung der elektrischen Leitfähigkeit soll dabei als Frühwarnsystem dienen, um mastitisverdächtige Tiere rechtzeitig zu erkennen. Entsprechende Erfahrungswerte, wie die Messergebnisse auszuwerten sind, stehen aber noch aus. Feldunteruntersuchungen mit kontinuierlichen Messsystemen haben gezeigt, dass Tiere mit klinischer oder subklinischer Mastitis anhand einer Erhöhung der elektrischen Leitfähigkeit nicht zuverlässig erkannt werden können. Es sollte auch beachtet werden, dass eine Detektion verdächtiger Tiere anhand der elekt-

rischen Leitfähigkeit weitergehende zytobakteriologische Untersuchungen bei betroffenen Kühen nach sich ziehen muss, um eine Euterinfektion zu bestätigen. Auf keinen Fall sollten Abweichungen der elektrischen Leitfähigkeit als Basis für die Erstellung eines Behandlungsplans dienen.

6. **Bakteriologische Untersuchung:** Diese dient der Identifizierung von ursächlich am Mastitisgeschehen beteiligten Erregern und der Erstellung von Antibiogrammen. Bei Bestandsproblemen lassen sich oft sog. **Leitkeime** feststellen. Voraussetzung für aussagefähige Ergebnisse ist ein äußerst hygienisches Vorgehen bei der Entnahme der Milchprobe, da es sehr schnell zu Verunreinigungen kommen kann.

Das Vorgehen bei der Milchprobenentnahme ist wie folgt:

- Wegmelken der ersten Strahlen Milch
- gründliche Desinfektion der Strichkanalöffnung
- sorgfältiges Auffangen einiger Strahlen Milch in ein Probenröhrchen (Zitze darf Öffnung des Probenröhrchens nicht berühren, Milchstrahl möglichst horizontal ins schräg gehaltene Röhrchen ermelken)
- Milchproben so schnell wie möglich in ein Labor zur bakteriologischen Untersuchung bringen

Die bakteriologische Untersuchung hat das Ziel, den am Mastitisgeschehen maßgeblich beteiligten Erreger zu isolieren. Außerdem sollen über die Erstellung eines Antibiogramms unwirksame Antibiotika ermittelt werden. Die bakteriologische Untersuchung besteht aus der Bewertung eines nach Gram gefärbten Milchausstrichs, der kulturellen Anzüchtung der Mastitiserreger sowie ggf. einer weitergehenden Untersuchung zur näheren Differenzierung der Erreger. Sie kann, ein entsprechend eingerichtetes Praxislabor und Erfahrung vorausgesetzt, auch leicht in einer tierärztlichen Praxis durchgeführt werden, was gerade bei der Diagnostik klinischer Mastitiden wichtig sein dürfte. Fallen im Rahmen einer Bestandsdiagnostik viele Milchproben an, wird die Kapazität eines Praxislabors allerdings leicht überschritten, und die Proben sollten dann in entsprechenden Speziallabors untersucht werden.

Die **Mastitisbestandsdiagnose** wird anhand der bakteriologischen Untersuchung der Viertelgemelksproben gestellt. Zur Beurteilung und für das weitere Vorgehen hat sich eine Einteilung der Mastitiserreger in **Kuh-assoziierte (infektiöse, „klassische") Erreger und Umwelterreger** als vorteilhaft erwiesen.

Zu der ersten Gruppe gehören Erreger wie *Streptococcus agalactiae*, *Staphylococcus aureus*, *Streptococcus canis* (früher hämolysierende Streptokokken der serologischen Gruppe G), *Corynebacterium bovis* und Mykoplasmen, zu der zweiten Gruppe koliforme Keime, Enterokokken und *Streptococcus uberis*. Bei *Streptococcus dysgalactiae* besteht Uneinigkeit über die Gruppenzugehörigkeit. Die wichtigsten Charakteristika dieser beiden Erregergruppen sind in **Tab. 3.21** dargestellt. Zu berücksichtigen ist, dass eine genaue Abgrenzung der Probleme (kontagiös/umweltbedingt) nicht immer möglich ist. So werden Umwelterreger nicht nur in der Zwischenmelkzeit übertragen, sondern können insbesondere bei mangelhafter Reinigung und Desinfektion der Melkanlage auch während des Melkens übertragen werden. Aufgrund neuerer Erkenntnisse scheinen bestimmte Erregergruppen ihr Verhalten zu ändern. So sind chronische Infektionen mit *E. coli* heute keine Seltenheit mehr. Molekularbiologische Untersuchungen zeigten, dass *Sc. uberis* – ein klassischer Umwelterreger – auch die Eigenschaften von Kuh-assoziierten Erregern (kontagiöses Verhalten bei geringer Variabilität der Stämme) annehmen kann. Aus weiteren Untersuchungen wird deutlich, dass bei Problemen mit *Staphylococcus aureus* auch andere Reservoirs als die infizierte Milchdrüse von Bedeutung sind (insbesondere bei Färsenmastitiden z. B. Fliegen, Haarkleid). Außerdem scheint sich *S. aureus* betriebsspezifisch zwar überwiegend wie ein typischer Kuh-assoziierter Erreger (meist hohe Infektionsprävalenz, ggr. Variabilität der Stämme) zu verhalten, aber manchmal auch wie ein Umwelt-assoziierter Erreger (geringe Prävalenz bei hoher Variabilität der Stämme).

Neben diesen Erregern, die in mehr als 80% bakteriologisch positiver Proben gefunden werden, werden noch sog. **opportunistische Keime** (koagulasenegative Staphylokokken [KNS]) isoliert, die in früheren Jahren als nicht oder nur gering pathogen angesehen wurden. In den letzten Jahren häufen sich allerdings die Nachweise von KNS, wobei diese aufgrund neuerer Untersuchungsergebnisse tatsächlich zu einer – wenn auch nur geringgradig bis mäßigen – entzündlichen Zellreaktion im Eutergewebe führen. Da KNS auch auf der gesunden

Zitzen- und Euterhaut gefunden werden, ist es bei positivem Nachweis schwer zu sagen, ob sie als Kontaminanten in die Milchprobe hineingelangt sind oder als Verursacher einer Mastitis in Frage kommen. KNS ist die bei Färsen am häufigsten nachgewiesene Erregergruppe.

Weiterhin werden Mastitiden durch eine ganze Reihe anderer, sog. „seltener" Erreger hervorgerufen (Pseudomonaden, Nocardien, Pilze, Sporenbildner, Algen).

Die **prognostische Beurteilung** richtet sich unter anderem nach den gefundenen Leitkeimen. Bei Überwiegen von Streptokokken ist die Prognose relativ günstig. Handelt es sich um ein Problem mit *Staphylococcus aureus*, ist die Prognose zweifelhaft bis ungünstig. Sind im Wesentlichen koliforme Keime im Spiel, dann ist die Prognose zweifelhaft bis mäßig günstig.

Die **Therapie** wird zum großen Teil von den Ergebnissen der bakteriologischen Untersuchung bestimmt, wobei hier die „Leitlinien zum sorgfältigen Umgang mit antimikrobiell wirksamen Tierarzneimitteln" zu beachten sind. Vor einer Behandlung sollten mit Hilfe der klinischen Untersuchung, vorberichtlichen und bakteriologischen Befunde diejenigen Tiere identifziert werden, die nicht mehr therapiewürdig sind. Hierzu gehören Tiere, die schon hochgradige palpatorische Veränderungen im Eutergewebe haben, Tiere mit ständig hohen Zellzahlen oder Tiere, die schon mehrfach in der Laktation wegen einer Mastitis behandelt werden mussten. Erfahrungsgemäß sind in einem Mastitisproblembestand etwa 10% der Tiere mit Streptokokkeninfektionen und etwa 30–40% der Tiere mit *S.-aureus*-Infektionen nicht mehr therapiewürdig. Eine Behandlung erkrankter Kühe hat weiterhin nur einen Sinn, wenn alle mastitisbegünstigenden Faktoren beseitigt werden. Erst wenn alle Mängel beseitigt oder angepasst worden sind, ist es eigentlich zu vertreten, das Mastitisproblem mit Antibiotika anzugehen. Leider wird noch allzu oft versucht, einen Mastitisproblembestand über eine Therapie zu sanieren. In der Regel sind die erzielten Erfolge, wenn überhaupt, nicht von langer Dauer. Die Therapie ist nur ein Bestandteil einer Bestandssanierung, die allerdings insbesondere zu Beginn eines Sanierungsprogramms dazu beitragen kann, den Infektionsdruck zu senken.

Tab. 3.21 Eigenschaften von Kuh-assoziierten Erregern und Umwelterregern.

Kuh-assoziierte Erreger	Umwelterreger
• Reservoir: infizierte Tiere • gute Adaptation an das Eutergewebe • Übertragung während des Melkens • lange Infektionsdauer • gehäuft subklinische Mastitiden • Probleme mit erhöhten Zellzahlen	• Reservoir: Umwelt • niedrige Prävalenz • kurze Infektionsdauer • vermehrt akute Mastitiden • Zellgehalt in der Herdsammelmilch oft nicht beeinflusst

Im folgenden sind noch einmal wichtige neben einer Therapie zu berücksichtigende Maßnahmen zur Kontrolle eines Mastitisproblems aufgeführt:

- Merzung chronisch kranker Tiere
- frühzeitige Erkennung klinisch kranker Tiere (Vormelken!) und rechtzeitige Behandlung; eindeutige Tieridentifikation und Dokumentation der durchgeführten Behandlungen
- Einhalten einer Melkreihenfolge (mastitiskranke Tiere, Kühe mit erhöhten Zellzahlen zum Schluss melken); diese Maßnahme ist aber in Boxenlaufställen aus organisatorischen Gründen oft nicht durchzuführen
- Gruppenbildung (temporär bei einer Galt-Sanierung, permanent bei Bestandsproblemen mit *S. aureus* und Mykoplasmen)
- ordnungsgemäßes Trockenstellen aller Kühe mit Langzeitantibiotika (therapeutische Dosierung)
- Optimierung der Melkhygiene (Euter trocken reinigen, Einmalpapierhandtücher, korrekte und konsequente Zitzendesinfektion nach dem Melken, Benutzung von Handschuhen (Latex) beim Melken), evtl. Melkzeugzwischendesinfektion
- Optimierung der Melktechnik (regelmäßige [1–2 × jährliche] Wartung und Pflege der Melkanlage)
- optimale Reinigung und Desinfektion der Melkanlage
- Optimierung der Haltung und Pflege (ein der Tierzahl und Tiergröße angepasster Stall – keine Überbelegung – und einwandfreier Zustand der Stalleinrichtungen, trockene geräumige Liegeplätze, zweimal tägliches Reinigen der Hinterenden der Liegeboxen, Scheren der Euter)
- gutes Stallklima (ausreichende Luftdurchflussrate, aber keine Zugluft, regelmäßige Entfernung des Festmistes und/oder Entleerung der Güllekeller)

- konsequente Überwachung der Betriebssituation und Entnahme von Milchproben zur bakteriologischen Untersuchung von Kühen mit erhöhten Zellzahlen
- leistungs- und wiederkäuergerechte, qualitativ hochwertige Fütterung

Streptokokkenmastitis

Wenn in einem Betrieb mit vielen Streptokokkeninfektionen die obenstehenden Maßregeln befolgt werden, wird das Problem nach einiger Zeit besser und in 1–2 Jahren verschwinden. Eine Ausnahme machen Infektionen mit *Streptococcus agalactiae*, dem Galterreger, die grundsätzlich (d. h. klinische und subklinische Fälle) antibiotisch behandelt werden sollten. Bei *Sc. agalactiae* sollten die Tiere während der Sanierungsphase in Gruppen (frei – behandelt – fraglich) eingeteilt werden, bis Galtfreiheit festgestellt wurde, da ansonsten mit starken Verzögerungen oder sogar einem Scheitern der Bemühungen zu rechnen ist.

Wünscht der Milcherzeuger in den anderen Fällen von Streptokokkeninfektionen schnellere Resultate, wäre zu überlegen, alle Kühe mit einem positiven bakteriologischen Ergebnis mit Penicillin zu behandeln. Dies kann als Blockbehandlung durchgeführt werden, wobei alle positiven Tiere täglich über mindestens 3 Tage behandelt werden. Die behandelten Tiere sollten dabei nach Möglichkeit getrennt gehalten werden oder müssen eindeutig zu identifizieren sein (z. B. Benutzen von farbigen Beinbändern). Die behandelten Tiere müssen auf jeden Fall zum Schluss gemolken werden, und die Melkzeuge sollten nach dem Melken dieser Kühe gründlich gereinigt werden, um Antibiotikareste zu entfernen. Die Blockbehandlung kann entweder auf einmal (d. h. alle infizierten Tiere zur gleichen Zeit) oder fraktioniert durchgeführt werden (z. B. über 5 Wochen 3 Kühe pro Woche). Gute Ergebnisse sind nur dann zu erwarten, wenn die Kühe tagsüber mehrere Male zusätzlich gemolken werden. Weiterhin ist zu beachten, dass nach einer antibiotischen Behandlung subklinisch erkrankter Tiere vermutlich aufgrund der Reizwirkung des Arzneimittels bei einigen Tieren klinische Symptome auftreten können. Hierauf ist der Landwirt hinzuweisen. Der Behandlungserfolg ist 2–3 Wochen später zu überprüfen. Bei noch positiven Tieren ist zu entscheiden, ob sie noch einmal behandelt werden sollen oder gemerzt werden. In letzter Zeit hat sich gezeigt, dass klinische Infektionen mit *Streptococcus uberis* trotz korrekter Behandlung nur sehr schwer in den Griff zu bekommen sind und die Tiere nach einer anscheinenden klinischen Heilung oft rezidivierend erkranken. Von den wiederholten Mastitisattacken bleiben deutliche Narbengewebszubildungen im Euter zurück. Dies unterstreicht nur erneut die Bedeutung einer schlagkräftigen Mastitisprophylaxe.

***S.-aureus*-Mastitis**

Staphylokokkeninfektionen sind im chronischen Stadium besonders schwierig zu bekämpfen. Bei einer eventuellen Therapie muss man sich daher jederzeit fragen, ob sie überhaupt Sinn hat. Allgemein gilt, dass eine junge Kuh mit einem palpatorisch noch guten Euter und einer frischen Staphylokokkenmastitis möglicherweise auf eine Therapie im Sinne einer bakteriologischen Heilung noch reagieren dürfte, während eine ältere Kuh mit einer chronischen Staphylokokkenmastitis und einem Hängeeuter sicher nicht mehr erfolgreich zu therapieren ist, selbst wenn die Behandlung zwei Wochen dauert. Der Rest der Kühe mit einer Staphylokokkenmastitis liegt dazwischen, wobei berücksichtigt werden sollte, dass die meisten Staphylokokkenmastitiden zum Zeitpunkt ihrer Diagnose schon chronisch sind, wodurch sich die Erfolgsrate einer Therapie schnell reduziert. Bei einer Laktationstherapie ist nur mit einer durchschnittlichen bakteriologischen Heilungsrate von 30% zu rechnen. Findet die Therapie zu Beginn der Trockenstehperiode statt, dann ist die Heilungsrate ungefähr 50%. Deswegen wird empfohlen, eine chronische Staphylokokkenmastitis nicht während der Laktation, sondern zu Beginn der Trockenstehperiode zu behandeln. Da von den in der Laktation nicht behandelten subklinisch kranken Kühen eine Infektionsgefahr für andere Tiere ausgeht, wird empfohlen, solche Tiere vorzeitig trockenzustellen. Nach der Abkalbung sollten infizierte Tiere bakteriologisch kontrolliert werden. Wird *S. aureus* nachgewiesen, sind solche Kühe als chronisch infiziert anzusehen und sollten nicht mehr zur Zucht zugelassen, sondern gemerzt werden. Wenn nach der Abkalbung noch immer infizierte Tiere nicht sofort mit erhöhten Zellzahlen auffallen, treten Zellzahlerhöhungen zusammen mit positiven bakteriologischen Befunden oft im 2. oder 3. Laktationsmonat auf. Die Gruppenbildung ist bei *S. aureus* eine wirkungsvolle Maßnahme zur Kontrolle. Die *S.-aureus*-positiven Tiere kommen in eine Gruppe, werden nicht weiter untersucht und nur im Falle einer klinischen Mastitis behandelt. Sie bleiben bis zu ihrem Abgang in ihrer Gruppe. Die negativen Tiere werden regelmäßig bakteriologisch untersucht, um neue positive Tiere frühzeitig zu erkennen, die dann in die *S.-aureus*-Gruppe kommen. Auf diese Weise wird die Gefahr der Übertragung beim Melken stark reduziert; die Gruppe der *S.-aureus*-Tiere wird über die normalen Abgänge mit der Zeit reduziert, so dass das Problem nach ein bis zwei Jahren beseitigt sein sollte. Im Gegensatz zu *Sc. agalactiae* ist aber nicht mit einer vollständigen Elimination des Erregers zu rechnen.

Hat man sich in bestimmten Situationen doch zu einer Behandlung entschlossen (im Wesentlichen klinische Fälle), sollte bei Infektionen mit Staphylokokken beachtet werden, dass im Gegensatz zu einer Streptokokkeninfektion, bei der Penicillin das Mittel der Wahl ist, etwa 30–40% der Staphylokokkenstämme unempfindlich gegenüber Penicillin sind. Dies ist nicht der Fall bei den halbsynthetischen Penicillinen, wie z. B. Oxacillin, Cloxacillin oder Dicloxacillin, sowie den Aminoglykosiden (Neomycin), Lincosamiden (Lincomycin, Pirlimycin) und den Makrolid-Antibiotika (Spiramycin).

Durch eine Kombination von lokaler und parenteraler Therapie kann eine Verbesserung der Resultate erzielt werden, z. B. bei Infektionen mit *S. aureus* eine Erhöhung der bakteriologischen Heilungsrate von 25 auf 50%. Bei der Wahl der parenteral zu verabreichenden Antibiotika ist zu beachten, dass diese sich in ausreichender Höhe im Eutergewebe anreichern können (z. B. Makrolide, Penethacillin). Weiterhin wirkt sich eine verlängerte Behandlungsdauer (5 bis 8 Tage) positiv auf den Behandlungserfolg aus.

Koliforme Mastitis

Diese Form der Mastitis ist in der Regel ein Umweltproblem. Die Infektion verläuft in der Regel akut und geht mit einer Störung des Allgemeinbefindens einher. Die Krankheitserscheinungen werden durch die bakteriellen Endotoxine hervorgerufen. Oft führt die Infektion aufgrund einer innerhalb weniger Stunden eintretenden Nekrose zur Zerstörung des betroffenen Euterviertels. Probleme treten im Wesentlichen bei unhygienischer Haltung und bei einer mangelhaften Reinigung und Desinfektion der Melkanlage auf. Es ist daher wichtig, dafür zu sorgen, dass der Stall nicht überbelegt und gut belüftet ist, die Boxen trocken und sauber gehalten werden, eine geeignete Einstreu benutzt wird und die Reinigung und Desinfektion der Melkanlage in Ordnung sind. In Einzelfällen wird auch eine hämatogene Infektion diskutiert, z. B. bei Kühen 1–2 Tage p. p. mit anderen Infektionsherden (Geburtsverletzungen, Nachgeburtsverhaltung etc.). Infektionen mit koliformen Keimen treten auch oft in der Trockenstehphase auf. Die Erreger persistieren im Euter und führen dann in der Frühlaktation gehäuft zu klinischen Mastitiden.

Über die Rolle von Antibiotika bei der Entzündungshemmung und der Bekämpfung der Endotoxinämie während der Therapie einer Koliforme-Mastitis ist noch vieles unbekannt. Untersuchungen haben ergeben, dass einer Antiintoxikationsbehandlung (Flüssigkeitsersatz über Dauertropf oder Drenchen, nichtsteroidale Antiphlogistika) offenbar eine größere Bedeutung zukommt als einer antibiotischen Behandlung. Dies gilt insbesondere für die Wiederherstellung eines ungestörten Allgemeinbefindens. Viele koliforme Mastitiden heilen lokal selbst nicht mit einer intensiven Therapie, während einige Mastitiden ohne Therapie ausheilen. Eine Heilung hängt in großem Ausmaße von der Reaktion der Kuh auf die eingedrungenen Erreger ab. Eine Therapie hat zwar Einfluss auf die Allgemeinerscheinungen, kann aber den Krankheitsverlauf am Euter nur in geringem Maße beeinflussen.

Mykoplasmenmastitis

Diese Mastitis tritt glücklicherweise nicht so häufig auf, bedeutet aber für den betroffenen Betrieb empfindliche bis schwerste ökonomische Verluste. Diese werden verursacht durch das zum Teil enzootische Auftreten, die Erkrankung des gesamten Euters mit hochgradiger Leistungsdepression und irreversible Schäden im Eutergewebe bei fehlenden wirksamen Therapien.

Der klinische Verlauf ist charakterisiert durch das akute Auftreten einer mit einer starken Euterschwellung verbundenen Mastitis, die schnell von einem Euterviertel auf die anderen Euterviertel derselben Kuh übergeht. Die Milchleistung ist stark reduziert. In der Praxis ist das Ausbleiben eines Erfolgs einer mehrfachen Behandlung mit Breitspektrumantibiotika das erste Anzeichen dafür, dass es sich um eine „ungewöhnliche" Mastitis handelt. Die Diagnose wird dadurch erschwert, dass sich die Mykoplasmen mit den üblichen bakteriologischen Methoden nicht nachweisen lassen. Hierfür sind spezielle Kulturverfahren notwendig.

In einem betroffenen Betrieb müssen von allen Tieren Viertelgemelksproben entnommen werden. Infizierte Tiere sollten am besten sofort verwertet werden. Meist sind mehrere Probendurchgänge erforderlich, um alle infizierten Tiere zu identifizieren. Wird dieses Verfahren konsequent durchgeführt, kann der Betrieb nach einigen Monaten mykoplasmenfrei sein. Eine Alternative stellt die Kombination aus Merzen und Behandlung dar. Klinisch kranke Tiere werden dabei gemerzt, während subklinisch infizierte Tiere behandelt werden (z. B. mit Lincomycin). Voraussetzung für eine erfolgreiche Sanierung ist hierbei die strikte Trennung von gesunden und infizierten Tieren insbesondere beim Melken und eine regelmäßige Kontrolle des Infektionsstatus. Zu beachten ist, dass die antibiotische Behandlung nur eine bakteriologische Heilung von ca. 50–60% ergibt, so dass die Sanierung deutlich länger dauert (1–1½ Jahre). Sinnvoll ist in beiden Fällen eine komplette (räumliche) Trennung der gesunden und infizierten Tiere in Gruppen, wobei die positiven Tiere dauerhaft in ihrer Gruppe verbleiben.

Die Ursache der Erkrankung kann meistens nicht mehr eruiert werden. In einigen Fällen scheint durch den Ankauf eines infizierten Tieres die Infektion in den Betrieb eingeschleppt worden zu sein. Auch eine plötzliche Störung der Widerstandskraft kann eine Rolle spielen. Kühe, die klinisch wiederhergestellt scheinen, scheiden die Mykoplasmen oft noch über einen langen Zeitraum mit der Milch aus. Das Merzen infizierter Tiere ist deswegen von großer Bedeutung für die Vorbeuge von Neuinfektionen.

Pilzmastitis (Schimmelpilze, Hefen)

Schimmelpilze und Hefen kommen als Saprophyten ubiquitär in der Umwelt der Milchkühe vor und finden sich deswegen auch auf der Euter- und Zitzenhaut. So können sie manchmal in der Zwischenmelkzeit in die Zitzenzisterne gelangen. Häufig kommt es zu einer Infektion mit Hefen im Rahmen von intramammären Behandlungen, die unsachgemäß und ohne die notwendigen hygienischen Maßregeln durchgeführt werden (z. B. schmutzige Euterkanülen, infizierte Antibiotikaflaschen). Mangelhafte Reinigung und Desinfektion der Melkanlage scheinen auch zu einem erhöhten Risiko von Hefeinfektionen zu führen. Schimmelpilze *(Aspergillus fumigatus)* kommen in großer Menge in der Einstreu (Stroh, Sägespäne) von Liegeboxen vor. Wenn die Einstreu feucht ist, kann sich eine Kuh leicht infizieren.

Eine Behandlung ist meist nicht sinnvoll. Tiere mit einer Schimmelpilzinfektion sollten verwertet werden. Bei Infektionen mit Hefen ist eine Selbstheilung möglich. Es muss aber berücksichtigt werden, dass infizierte Tiere die Hefen über Wochen bis Monate ausscheiden und deswegen zum Schluss gemolken werden sollten.

■ **Erkrankungen der Zitzen- und Euterhaut**

Hauterkrankungen an der Zitzen- und Euterhaut verursachen oft einen ernsthaften Schaden, weil das Melken für die betroffenen Tiere mit Schmerzen verbunden ist. Unvollständiges Ausmelken ist die Folge. Weiterhin kommt es zu einem starken bakteriellen Wachstum auf der Haut, wodurch der Infektionsdruck zunimmt. Das Mastitisrisiko ist daher groß. Aufgrund der heute üblichen Melkweise kommt es zu einer raschen Verbreitung von infektiösen Erkrankungen.

In **Tab. 3.22** sind die wichtigsten Erkrankungen der Euter- und Zitzenhaut zusammengestellt.

3.2.4 Den Keimgehalt beeinflussende Faktoren

Eine hygienische Milchgewinnung, Milchlagerung und Reinigung sind von größerer Bedeutung für das Erreichen eines niedrigen Milchkeimgehalts als die Eutergesundheit der Kühe. Unter Milchgewinnung werden die Vorbereitung des Euters, das Melken selbst und der Abtransport der Milch zum Kühltank verstanden (**Kap. 3.2.5**). Unter Milchlagerung wird das Einfließen und die Aufbewahrung der Milch im Milchtank zusammengefasst.

3.2.4.1 Milchlagerung

Milch stellt ein ideales Nährmedium für fast alle Bakterienarten dar. Darum muss die gewonnene Milch schnell abgekühlt und kühl aufbewahrt werden. Nach der Milchverordnung muss Milch, die nicht innerhalb von 2 Stunden abgegeben wird, auf +8 °C (tägliche Abgabe) oder auf mindestens +6 °C abgekühlt werden. Diese Temperaturen sollten spätestens nach 2 Stunden erreicht sein. Die

Tab. 3.22 Differenzialdiagnose wichtiger Erkrankungen der Euter- und Zitzenhaut als Bestandsproblem.

Lokale Virusinfektionen	
Bovine Herpes-Mamillitis	**Erreger:** Bovines Herpesvirus 2 (BHV-2). **Klinik:** Besonders bei frisch abgekalbten Färsen plötzlich auftretende Ulzeration der Zitzen. Erkrankung beginnt mit ovalen rötlichen Knötchen, die ulzerieren und sich zu schmerzhaften rötlichen Flecken mit ungeradem Rand ausbreiten. Manchmal auch zuerst Blasenbildung. Ausbreitung der Ulzeration auf die gesamte Zitze und auch die Euterhaut. Betroffene Tiere lassen sich wegen großer Schmerzhaftigkeit nicht melken. Der Heilungsverlauf ist sehr langsam und kann 3 bis 4 Monate dauern. Die Erkrankung breitet sich im Bestand im Verlauf einiger Monate aus (meist zwischen September bis November). Häufig endet sie plötzlich, und betroffene Tiere sind danach lebenslang immun. **Epidemiologie:** Nicht genau geklärt. Übertragung des Virus vermutlich über die Melkanlage oder Melkmaschine. Latente Infektionen mit BHV-2 sind möglich. Möglicherweise erfolgt auch eine Übertragung über Insekten im Sommer auf die Haut tragender Rinder. Die hormonalen und immunologischen Veränderungen zur Zeit der Abkalbung führen dann dazu, dass die Infektion klinisch manifest wird. Zitzen sind vermutlich Prädilektionsstellen, da das Virus sich am schnellsten bei einer Hauttemperatur von 30 °C vermehrt. Dies kann erklären, warum die Erkrankung besonders Färsen betrifft, bei denen durch das Geburtsödem eine Erniedrigung der Hauttemperatur eintritt. **Therapie:** Besteht im Wesentlichen in einer Vorbeugung von bakteriellen Infektionen und damit einer Verringerung des Mastitisrisikos. Behandlung der Läsion mit desinfizierenden Salben oder jodhaltigen „Dippmitteln". Trennung erkrankter von gesunden Kühen, äußerste Melkhygiene.
Pseudokuhpocken	**Erreger:** Parapoxvirus 2. Verursacht beim Kalb **Stomatitis papulosa**. **Klinik:** Erkrankung beginnt mit roten Knötchen, welche langsam größer werden, wobei im Zentrum eine Krustenbildung erfolgt. Enstehung einer Heilungszone im Zentrum, wodurch eine ring- bis hufeisenförmige Läsion entsteht. Die Erkrankung verläuft mild und ist kaum schmerzhaft. Abheilung der Läsion innerhalb von 2 bis 4 Wochen. Nur kurzdauernde Immunität, daher Rezidive möglich. **Epidemiologie:** Einschleppung oft durch Zukauf infizierter Tiere, Verbreitung beim Melken. **Therapie:** s. BHV-2. **Prophylaxe:** Impfstoffe stehen nicht zur Verfügung, evtl. Herstellung einer stallspezifischen Vakzine.
Kuhpocken und Vaccinia	**Erreger:** Orthopoxvirus (echte Kuhpocken), Orthopoxvirus commune (Vakzine-pocken). Vorkommen: sehr selten. **Klinik:** In der zeitlichen Reihenfolge unterscheidet man das Stadium erythematosum (Schwellung und Rötung der Zitze), Stadium papulosum (Knötchenbildung), Stadium vesiculosum (Blasenbildung mit klarem, später trübem flüssigen Inhalt), Stadium pustulosum (eitriger Blaseninhalt), danach Abheilung mit Narbenbildung. Heilung innerhalb von 15 bis 20 Tagen mit langdauernder Immunität. **Epidemiologie:** Übertragung beim Melken von pockenkranken Tieren. **Therapie:** s. BHV-2. **Prophylaxe:** Impfstoffe stehen nicht zur Verfügung.

Tab. 3.22 Differenzialdiagnose wichtiger Erkrankungen der Euter- und Zitzenhaut als Bestandsproblem (Fortsetzung).

Papillomatose	**Erreger:** Bovines Papillomavirus 1 oder 5 (BPV-1 oder -5). **Klinik:** Entstehung von Fibropapillomen mit echter warzenartiger Struktur (fungiform, filiform) (BPV-1) oder flachen, glatten, reiskornartigen Erhebungen (planiform) (BPV-5). Warzen können auch auf der Zitzenzisternenschleimhaut sitzen und Melkbarkeitsstörungen verursachen. Probleme machen vor allem die unförmigen Wucherungen bei BPV-1: Sie können beim Melken stören, es entstehen oft Blutungen, und in den Kluften der Warzen können sich Bakterien ansiedeln, wodurch das Mastitisrisiko steigt. **Therapie:** s. BHV-2, ggf. operative Entfernung der Papillome. **Prophylaxe:** evtl. stallspezifische Vakzine bei umfangreicher Verbreitung im Bestand.
Allgemeine Virusinfektionen: Euter- und Zitzenhautveränderungen sind nur Begleitsymptom.	
Maul- und Klauenseuche	**Erreger:** Picornavirus. **Klinik:** hochgradig gestörtes Allgemeinbefinden, Blasenbildung an anderen Körperstellen (Flotzmaul, Klauen).
Bösartiges Katarrhal-Fieber (BKF)	**Erreger:** ovines Gamma-Herpes-Virus-2 (OHV-2). **Klinik:** hochgradig gestörtes Allgemeinbefinden, extreme Depression, Hornhauttrübung, Erosionen auf Maul- und Nasenschleimhaut.
Mucosal Disease (MD)	**Erreger:** BVD-Virus (Pestivirus). **Klinik:** hochgradig gestörtes Allgemeinbefinden, Erosionen im Bereich der Maulschleimhaut, auch an Nasenspiegel, Vulva und im Zwischenklauenspalt, Diarrhö.
Stomatitis vesicularis	**Erreger:** Arbovirus. **Klinik:** Erosionen im Bereich der Maulschleimhaut und auch im Zwischenschenkelspalt und am Kronsaum.
Bakterielle Infektionen	
Akne, Furunkulose, Abszess	**Erreger:** meist *Staphylococcus aureus*, auch *S. hyicus*. **Klinik:** meist nach Hautläsionen, follikuläre Entzündungen (Akne) bis hin zu hochgradiger Furunkulose (phlegmonöse, schmerzhafte Hautschwellung). Veränderungen meist in der Nähe der Zitzenbasis und im Zwischeneuterbereich. Schnelle Ausbreitung der Erkrankung im Wesentlichen beim Melken möglich. **Therapie:** Auftragen antibiotikahaltiger Salben (Überprüfung der Resistenzlage der entsprechenden Erreger; Wartezeiten beachten). Strengste Melkhygiene. **Prophylaxe:** evtl. stallspezifische Vakzine.
Zwischenschenkelekzem (Intertrigo)	**Erreger:** Mischinfektion mit grampositiven (unspezifischen Corynebakterien, Mikrokokken, *A. pyogenes*, Streptokokken, *S. aureus*) und gramnegativen Bakterien (*E. coli*, *Proteus vulgaris*). Manchmal auch Befall mit Räudemilben. **Klinik:** großflächige Wunden an der Schenkelinnenseite und der anliegenden Euterhaut, oft schmierig und mit übelriechendem Sekret bedeckt, im fortgeschrittenen Stadium tief greifende ulzeröse Gewebsnekrose, die auch die Muskulatur an der Schenkelinnenseite miteinbezieht. **Auftreten:** in den ersten 3 bis 4 Wochen p. p., oft bei Erstkalbinnen mit stark ausgeprägtem Euterödem oder bei Kühen mit sehr hoher Einsatzleistung und dadurch sehr prallem Euter. Andere prädisponierende Faktoren sind strohlose Aufstallung, Zugluft, Nassreinigung des Euters ohne anschließendes Abtrocknen des Euters.

Tab. 3.22 Differenzialdiagnose wichtiger Erkrankungen der Euter- und Zitzenhaut als Bestandsproblem (Fortsetzung).

	Therapie: zunächst tägliches gründliches Ausspülen des Zwischenschenkelbereichs mit klarem Wasser, Spülung mit Polyvidonjod-Lösung, danach Abtrocknen und Auftragen desinfizierender Salben. Demarkiertes nekrotisches Gewebe ist abzutragen. Behandlungsintervalle können im Laufe der Therapie verlängert werden. Mit einer Behandlungsdauer von mehreren Wochen muss gerechnet werden.
Pilzinfektionen	
Trichophytie	**Erreger:** *Trichophyton verrucosum* **Klinik:** Ausbreitung von den häufiger befallenen Körperteilen (Kopf, Hals) auf die Euterhaut möglich, charakteristische Hautveränderungen (runde, mit Borken bedeckte Hautbezirke). Gefahr bakterieller Sekundärinfektionen. **Therapie:** Antimykotika lokal. **Prophylaxe:** evtl. Vakzinierung.
Parasitäre Erkrankungen	
Sommerwunden	**Erreger:** Stephanofilarien. **Klinik:** Auftreten der Sommerwunden bei Weidebeginn (Mai/Juni) und Abheilung im Oktober/November. Zunächst erbsengroßes, nässendes Knötchen, danach rundliche, abgegrenzte, bis zu mehreren cm große rote Wundflächen, die mit gelblichem Exsudat bedeckt sind. Veränderungen insbesondere an Zitzenbasis und Unterbauch. Gefahr der bakteriellen Sekundärinfektion. Später Krustenbildung mit langsamer Abheilung im Herbst. **Therapie:** makrozyklische Laktone parenteral
Räude	**Erreger:** meist Sarcoptes- oder Chorioptes-Milben **Klinik:** Juckreiz, Bildung von Bläschen, Schuppen, Borken und Krusten. **Therapie:** Akarizide.
Nichtinfektiöse Zitzenerkrankungen	
Strichkanalhyperkeratose	**Ursache:** meist Fehler in der Melktechnik und Melkarbeit (Blindmelken, zu hohes Vakuum, unregelmäßige Vakuumschwankungen, zu lange Melkzeiten z. B. durch ungenügendes Anrüsten). **Klinik:** Veränderungen an der äußeren Strickkanalöffnung von einem weißlichen, glatten Ring bis hin zu papillomartigen Veränderungen. Mastitisgefahr wegen Keimanreicherungen im zerklüfteten Gewebe. **Maßnahme:** Korrektur der Mängel in Melktechnik und -arbeit
Verätzungen	**Ursache:** Desinfektionsmittel, z. B. Ätznatron, Formalinbäder, gewebsreizende Salben. **Klinik:** Rötung und Schmerzhaftigkeit mit möglicher Entwicklung einer Hautgangrän. **Therapie:** Zinklebertransalben, Antibiotikasalben.
Dermatitis solaris	**Ursache:** primäre oder sekundäre Photosensibilität. **Klinik:** flächenhafte Ablösung der Haut. **Therapie:** epithelisierende Salben.
Erfrierungen	**Ursache:** z. B. „Dipp"-Mittelanwendung bei sehr niedrigen Temperaturen. **Klinik:** umschriebene bis großflächige Nekrose der Zitzenhaut. Maßnahme: epithelisierende Salben. **Prophylaxe:** „Dipp"-Mittel anwärmen (schnellere Trocknung) oder nur 30 Sek. einwirken lassen und danach mit Einmalpapiertüchern abwischen.

verzögerte Abkühlung oder nicht ausreichende Abkühlung (defekte Tankkühlung) ist nachteilig für den Keimgehalt. Darum muss die Temperatur der gekühlten Milch regelmäßig mit einem Präzisionsthermometer kontrolliert werden.

3.2.4.2 Reinigung

Selbstverständlich muss die Melkanlage täglich nach jedem Melken gereinigt werden. Hierzu stehen alkalische und saure Mittel zur Verfügung. Jede Woche sollte eine sehr gründliche (saure) Reinigung vorgenommen werden. In Gegenden mit höherer Wasserhärte ist die saure Reinigung häufiger durchzuführen. Von großer Bedeutung ist die Temperatur des Reinigungswassers. Im Rücklauf sollte die Temperatur mindestens 40 °C, besser mehr als 50 °C betragen. Dies sollte einige Male im Jahr mit einem Präzisionsthermometer kontrolliert werden. Bei langen Milchleitungen und einer zu niedrigen Anfangstemperatur (< 70 °C) entsteht eine Verschmutzung der Melkanlage mit allen nachteiligen Konsequenzen auch für den Keimgehalt der Milch und natürlich auch für die Eutergesundheit der Tiere.

3.2.5 Mastitisprophylaxe

Der Infektionsgrad in einer Herde ist das Produkt von Infektionsdauer und Neuinfektionsrate. Während die Therapie von Mastitiden und das Merzen von Tieren im Wesentlichen die Infektionsdauer beeinflussen, wird die Neuinfektionsrate durch prophylaktische Maßnahmen, die den Infektionsdruck vermindern, erniedrigt. Hierzu gehören:

- Hygiene im Melkstand (**Kap. 3.2.5.1**)
- technisch einwandfrei funktionierende Melkanlage (**Kap. 3.2.5.2**)
- gute Melkarbeit (**Kap. 3.2.5.3**)
- hygienischer und gut ventilierter Stall (**Kap. 3.2.5.4**)
- leistungs- und wiederkäuergerechte Fütterung (**Kap. 3.3.2**)

Wenn in mehreren dieser Bereiche Mängel gleichzeitig auftreten, was nicht selten der Fall ist, steigt das Risiko für Mastitiden stark an.

Zu den Hygienemaßnahmen gehört im weiteren Sinn auch ein gutes Zuchtprogramm mit der Zielsetzung, eine möglichst wenig krankheits-(mastitis-)empfängliche Kuhpopulation zu schaffen (**Kap. 3.2.5.5**).

3.2.5.1 Melkhygiene

Die Eutergesundheit ist in starkem Maße von einer kontinuierlichen und strengen Hygiene inner- und außerhalb des Melkstands abhängig. Die Beachtung der Hygiene ist darum Hauptfaktor präventiver Maßnahmen.

Mastitiserreger dringen in der Regel über den Strichkanal in das Euter ein. Die Gefahr der Entstehung von Mastitiden ist stark abhängig von der Anzahl der Bakterien auf der Zitzenhaut. Es ist darum wichtig, den Infektionsdruck dieser Keime an der Zitze und besonders um den Strichkanal herum so gering wie möglich zu halten.

Im Melkstand sollte die Aufmerksamkeit primär darauf ausgerichtet sein, die Verbreitung von Mastitiserregern, die sich im Euter, an den Zitzen oder auf der Euterhaut befinden, zu verhindern. Im Melkstand, oder während des Melkens im Anbindestall, können Infektionen von Kuh zu Kuh und von Euterviertel zu Euterviertel über die Hände des Melkers, über Geräte, die während des Melkens gebraucht werden (Eutertücher) und über die Melkmaschine (Zitzengummis, Vakuumschwankungen, schlechte Reinigung und Desinfektion) übertragen werden.

Alle Handlungen im Melkstand müssen darauf ausgerichtet sein, die Übertragung von Keimen durch Beachtung hygienischer Maßregeln zu verhindern. Hierzu gehören insbesondere (**Kap. 3.2.5.3**):

- Äußere Veränderungen wie raue Zitzen, Risse und Entzündungen entsprechend versorgen (Melkfett, desinfizierende bzw. epithelisierende Salben auftragen).
- Vormelken in eine Schale mit schwarzem Untergrund, um klinische Mastitiden rechtzeitig zu erkennen.
- Gute Euterreinigung, bevorzugt trocken mit Einmaltüchern. Nur bei schmutzigen Eutern und Zitzen fließendes Wasser gebrauchen und das Euter mit Einmalpapierhandtüchern abtrocknen; ggf. Verwendung von mit Desinfektionsmittel getränkten Einmalpapiertüchern.
- Kranke Kühe, insbesondere solche mit einer Euterentzündung, sollten möglichst zum Schluss gemolken und getrennt aufgestallt werden.
- Wenn die Einhaltung einer Melkreihenfolge nicht möglich ist (insbesondere in Laufställen), nach dem Melken einer infizierten Kuh das Melkzeug vom langen Milchschlauch aus gründ-

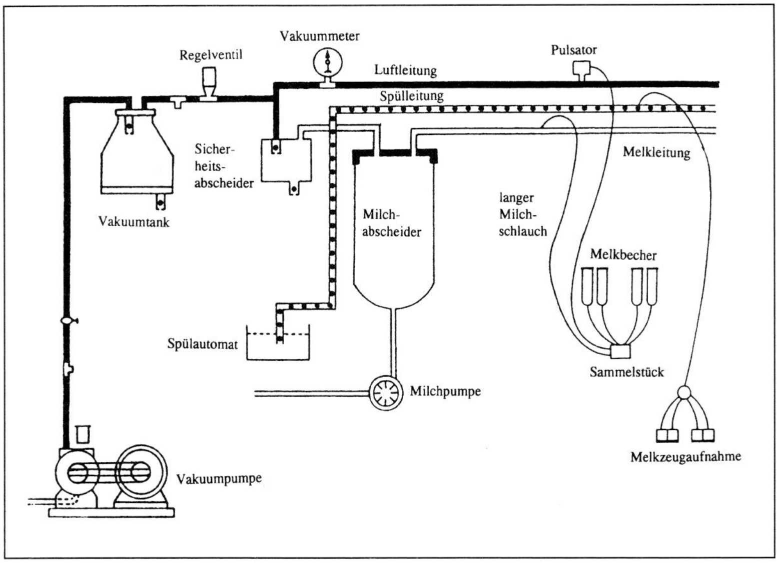

Abb. 3.9 Schema einer Rohrmelkanlage.

lich mit klarem Wasser durchspülen; hierdurch kann zumindest eine Keimverdünnung erreicht werden. Eine manuelle Zwischendesinfektion ist nur dann sinnvoll, wenn sie ordnungsgemäß durchgeführt wird (Einwirkungszeit von mehreren Minuten, Durchspülen, Melkzeuge abtropfen lassen). Dies wird aus arbeitstechnischen Gründen oft nicht eingehalten. Eine nicht korrekt vorgenommene Zwischendesinfektion kann sich über die Entwicklung resistenter Keime sogar für das Mastitisgeschehen negativ auswirken. Automatisierte Desinfektions- und Durchspülsysteme („Backflushing") sind teuer. Der Haupteffekt liegt in einer durch die Spülung erreichten Keimverdünnung, so dass auf die Desinfektionsmittelkomponente aus obengenannten Gründen verzichtet werden kann. Der Einbau eines „Backflush"-Systems lohnt sich nur, wenn erhebliche Mastitisprobleme vorliegen.

- Direkt nach Abnahme der Melkzeuge die Zitzen „dippen" oder einsprühen.
- Die Zitzengummis nach Ablauf einer entsprechenden Anzahl von Betriebsstunden (bezogen auf die Melk- und Reinigungszeit) erneuern.
- Regelmäßig die Kondition der Strichkanäle nach dem Abnehmen der Melkzeuge kontrollieren; hierbei ist auf Verfärbung, Ringbildung, Ödembildung und Feuchtigkeitszustand zu achten.

3.2.5.2 Melkmaschine

Die Melkmaschine kann zum einen die Funktion eines Vektors für Mastitiserreger übernehmen, zum anderen beeinflusst sie den Ausmelkgrad und die Kondition der Zitzen. Bei unvollständigem Ausmelken kommt es zur Zellzahlerhöhung und zu einem erhöhten Mastitisrisiko. Werden die Zitzen durch eine nicht ordnungsgemäß funktionierende Melkanlage chronisch mechanisch gereizt, sinkt die lokale Abwehrkraft, und das Mastitisrisiko steigt.

Die wichtigsten Bestandteile der Melkmaschine sind die Vakuumpumpe, das Regelventil, die Luft- und Melkleitung, der Milchabscheider (Endeinheit), die Pulsatoren und die Melkzeuge (**Abb. 3.9**). Die Anforderungen an Melkanlagen werden in der DIN/ISO 5707 geregelt. Die Mindestanforderungen nach der DIN/ISO 5707 sollten auf jeden Fall eingehalten werden.

Gegenwärtig gibt es viele Melkmaschinentypen auf dem Markt, angefangen von einteiligen mobilen Eimermelkanlagen bis hin zu komplizierten Rohrleitungssystemen, die an einen gekühlten Milchtank angeschlossen sind. Über die Vakuumpumpe entsteht ein Vakuum im Zitzenbecher und somit auch an der Zitze von etwa 50.000 Pascal. Dieses Vakuum, welches durch ein Regelventil konstant gehalten wird, öffnet den Strichkanalsphinkter, so dass die Milch durch die Zitzenöffnung strömt. Ein kontinuierliches Vakuum würde

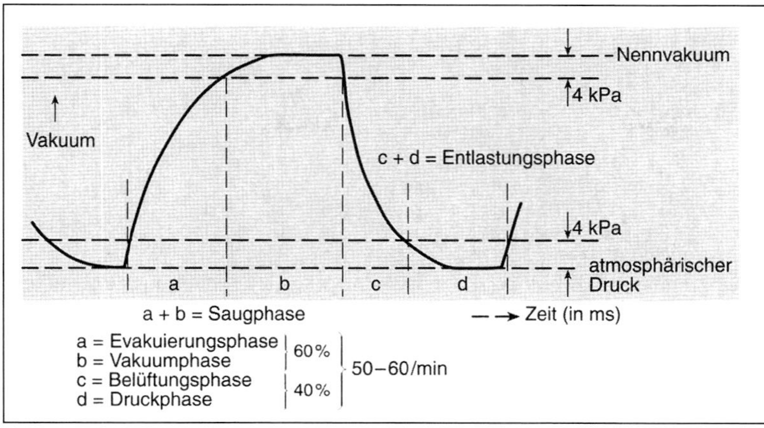

Abb. 3.10 Pulskurve mit typischen Phasen.

allerdings eine Blutstauung an der Zitzenbasis verursachen. Deswegen wird ein Pulsator zwischengeschaltet, der rhythmisch atmosphärische Luft in den Pulsraum einlässt (Ruhephase). Hierdurch kollabiert der Zitzengummi, wodurch sich der Sphinkter schließt und der Milchfluss stoppt. Durch das abwechselnde An- und Entspannen des Zitzengummis wird die Zitze massiert und ein Blutstau verhindert. Die Anzahl der Pulse (Pulsatorfrequenz) schwankt meistens zwischen 50 und 60 pro Minute. Das Verhältnis zwischen Saug- und Ruhephase (Saugtaktverhältnis) beträgt in der Regel 60:40. Je höher das Verhältnis, um so schneller kann die Milch fließen, aber um so stärker ist auch die Belastung an der Zitze. Eine typische Pulskurve mit ihren Phasen ist in **Abb. 3.10** dargestellt.

Vakuumpumpe und Regelventil

Die **Vakuumpumpe** sorgt dafür, dass die eingelassene Luft so schnell wie möglich aus dem Melkleitungssystem entfernt wird. Hierdurch entsteht ein gewisser Unterdruck, der in cm Hg oder kPa (1 cm Hg = 1,33 kPa) ausgedrückt wird. Die Höhe dieses Unterdrucks hängt von der Art der Melkleitung ab. Die Empfehlung ist wie folgt: Eimermelkanlagen 44–46 kPa, niedrigverlegte Melkleitungen 38–42 kPa, Recorderanlagen 44–46 kPa, hochverlegte Leitungen 45–48 kPa. Ein zu hohes Vakuum kann die Entstehung von Euterentzündungen fördern, ein zu niedriges Vakuum verursacht langsameres Melken.

An einer Reihe von Lokalisationen kann Luft in das System gelangen:

- als Leckluft am Regelventil
- als Leckluft über den Pulsator
- als Leckluft über die Melkleitung
- über undichte Stellen in den Gummiteilen
- über das Luftloch im Sammelstück (beabsichtigt)
- als Leckluft entlang den Zitzen

Während des Melkens kann durch das Abfallen eines Melkzeugs oder über viel Luftansaugen beim Ansetzen der Melkzeuge eine große Menge zusätzlicher Luft in die Anlage gelangen. Wird diese Luft nicht schnell genug abgesaugt, z. B. bei einer zu geringen Pumpkapazität, bei einem schlecht funktionierenden Regelventil oder einer verschmutzen Leitung, können Probleme entstehen. Die plötzlich eingelassene Luft kann zusammen mit erregerhaltigen Milchtröpfchen (von einem infizierten Euterviertel) beim Öffnen des Zitzengummis in die Zitze zurückschießen (der sog. „Impact"). Hierdurch können Erreger übertragen werden und eine Infektion entstehen. Es muss daher dafür gesorgt werden, dass die Pumpkapazität groß genug ist, das Regelventil und die Vakuumleitung nicht verschmutzt sind und der Durchmesser der Vakuumleitung groß genug ist. Die genaue Berechnung der benötigten Pumpkapazität sollte nach den Vorgaben der DIN/ISO 5705 erfolgen. Sie hängt von Faktoren wie Höhe des Betriebsvakuums, Durchmesser der Melkleitung, Luftverbrauch für Pulsatoren und Melkzeugen, Luftverbrauch für die automatische Melkzeugabnahme, Anzahl der Melker und Lokalisation der Anlage in Bezug zur Meereshöhe ab.

Der Innendurchmesser der **Vakuumleitung** hängt von der Menge der Luftförderung pro Minute, dem spezifischen Vakuumabfall und der tatsächlichen Länge des Rohrleistungssystems ab. Auch hier gibt die DIN/ISO.5707 genaue Vorgaben.

Die Leckluft am **Regelventil** soll nach der DIN/ ISO 5707 35 l/min oder 10% des manuellen Reserveluftdurchflusses der Vakuumpumpe nicht überschreiten.

Melkleitung

Die Dimensionierung (Durchmesser, Länge) und Verlegung der Melkleitung haben einen Einfluss auf den Milchabfluss. Ein ungenügender Milchabfluss kann sich negativ auf die Eutergesundheit auswirken. Wegen der starken Steigerung der Milchleistung in den letzten Jahren hat die Milchflussgeschwindigkeit auch zugenommen. Viele Melkanlagen (besonders Rohrmelkanlagen) sind nicht entsprechend angepasst worden, so dass die Milch oft nicht schnell genug abfließt. Dies zeigt sich an einer Säulenbildung in der Melkleitung und einem schwallartigen Einschießen der Milch in den Milchabscheider. Als Folge eines zu langsamen Milchabflusses kommt es zu einem Rückfluss von Milch in Richtung Zitzen, dem sog. „Zitzenwascheffekt". Hierbei kann erregerhaltige Milch von einem infizierten Euterviertel an und in die Zitze eines noch gesunden Euterviertels gelangen und so eine Infektion hervorrufen. „Nasse" Zitzenkuppen unmittelbar nach Abnahme der Melkzeuge sind ein Hinweis auf einen Milchrückfluss.

Um den Milchabfluss insbesondere bei hochleistenden und leichtmelkenden Kühen zu verbessern, werden größere Sammelstücke (bis 450 ml) benutzt, wobei der Innendurchmesser von kurzen und langen Milchschläuchen ebenfalls vergrößert wird (10–12 mm bzw. 14–16 mm). Auch die Anschlussstellen an Recordern, Milchflussindikatoren und an der Melkleitung müssen angepasst werden. Wichtig ist, dass die Innendurchmesser der milchführenden Teile mit zunehmender Entfernung vom Euter nicht mehr kleiner werden, da es sonst zu einem Milchstau kommen kann. Der Einsatz der übergroßen Sammelstücke hat sich aber trotz guter Vakuumstabilität im kurzen Milchschlauch in vielen Betrieben nicht bewährt, so dass man heute wieder vermehrt zu geringeren Sammelstückvolumina zurückkehrt (z. B. 200 bis 300 ml).

Für einen 2 × 4-Fischgrätenmelkstand (4V4) wird ein Innendurchmesser der Melkleitung von 1½–2 Zoll, für einen 2 × 6-Fischgrätenmelkstand (6V6) 2 oder 2½ Zoll empfohlen. Dies gilt für Leitungen ohne Recorder.

Die Melkleitung kann als Stichleitung, doppelte Stichleitung oder als Ringleitung verlegt sein, wobei letztere einen gleichmäßigeren Milchabfluss gewährleistet und sich die Gefahr der Säulenbildung verringert. In Rohrmelkanlagen limitieren die Länge, der Durchmesser und die Art der Verlegung der Melkleitung die Anzahl der Melkzeuge, mit denen bei ausreichendem Milchfluss gleichzeitig gemolken werden kann.

Die Melkleitung muss mit einem gleichmäßigen Gefälle zum Milchabscheider hin verlegt sein. Dies sollte etwa 0,4–0,8% betragen. Besonders in Rohrmelkanlagen findet man häufig an verschiedenen Stellen Bögen und Senken, die den Milchabfluss stören. Dies kann leicht überprüft werden, indem man an der entferntesten Stelle (im Bezug zur Endeinheit) der Leitung 10 l Wasser ansaugen lässt und kontrolliert, wie viel Wasser nach 2 Minuten im Milchabscheider ankommt. Von der ursprünglichen Menge Wasser sollten dies 50%, besser 75% sein.

Zitzengummis

Obwohl sich die Zitzenform nach und nach den Anforderungen des machinellen Milchentzugs angepasst hat, können die Unterschiede in der Zitzenform innerhalb eines Betriebs sehr groß sein. Wenn weitlumige Zitzengummis benutzt werden, besteht die Gefahr, dass viel „falsche Luft" an den Zitzen entlang angesaugt wird mit einer gesteigerten Infektionsgefahr über den schon erwähnten „Impact". Auch führen solche Zitzengummis häufiger zum vermehrten Auftreten von Strichkanalbeschädigungen als enge Zitzengummis. Englumige Zitzengummis sind allerdings teurer und müssen öfter ausgewechselt werden. Seit einigen Jahren werden auch Zitzengummis aus Silikon angeboten. Diese scheinen sehr zitzenschonend zu sein. Probleme treten dann auf, wenn von Silikonzitzengummis auf normale Zitzengummis umgestiegen wird. Ein Nachteil von Zitzengummis aus Silikon ist der hohe Preis. Es sei noch einmal darauf hingewiesen, dass die Gummiteile der Melkzeuge, insbesondere aber die Zitzengummis, regelmäßig (d. h. mindestens alle 6 Monate) ausgewechselt werden sollten. Eine Ausnahme hiervon machen die Silikonzitzengummis, die eine längere Haltbarkeitsdauer haben sollen. Der Nachteil alter Zitzengummis liegt darin, dass der Gummi mit der Zeit seine Elastizität verliert und dadurch der Massage-Effekt nachhaltig beeinflusst wird (Fingertest). Dies führt zu einer chronischen mechanischen Reizung an der Zitzenkuppe (Strichkanalhyperkeratosen) und einer verminderten lokalen Abwehr. Chronisch mechanisch gereizte Zitzen beeinflussen weiterhin mit der Zeit die Melkbarkeit der Zitze und über kurz oder lang das Ausmelkergebnis.

Pulsatoren

Die Funktion der Pulsatoren kann man aus dem Aufbau der Pulskurve ablesen (**Abb. 3.10**). Die Kurve besteht aus einer Saug- und einer Entlastungsphase. Die Saugphase setzt sich aus der Evakuierungsphase (= Übergang vom atmosphärischen Druck zum Unterdruck, a-Phase) und der Vakuumphase (= eigentliche Melkphase, b-Phase) zusammen. Die Entlastungsphase besteht aus der Belüftungsphase (= Übergang vom Unterdruck zum atmosphärischen Druck, c-Phase) und der Druckphase (d-Phase). Diese verschiedenen Phasen werden in Prozent der gesamten Zyklusdauer angegeben. Für diese Phasen gibt es bestimmte Minimalanforderungen, um gut melken zu können, d. h. für die a-Phase maximal 20%, für die b-Phase mindestens 30% und somit länger als die a-Phase, für die d-Phase mindestens 15%.

Bei einem Saugtaktverhältnis von 60:40 können diese Werte z. B. wie folgt sein: a = 20%, b = 40%, c = 20% und d = 20%.

Die Funktion der Pulsatoren kann durch eine zu enge Luftleitung oder zu enge Pulsschläuche ungünstig beeinflusst werden. Dies drückt sich meist in einer zu langen a-Phase auf Kosten der eigentlichen Melkphase (b-Phase) aus und führt zu einer Verlängerung der Melkzeit. Eine zu kurze d-Phase, die wichtig für die Erholung des Zitzengewebes ist, kann Zitzenschädigungen zur Folge haben. Damit hat also ein schlecht funktionierendes Pulsatorsystem auch einen Einfluss auf die Eutergesundheit.

Es sollte hiermit deutlich geworden sein, dass die Funktion der Melkanlage von sehr großer Bedeutung für die Eutergesundheit der Kühe ist. Darum muss jede Anlage mindestens 1 × im Jahr durchgemessen werden. Ist die Anlage veraltet, ist eine Aufrüstung notwendig. Oft ist es sogar nötig, die Anlage komplett zu erneuern.

Als „geringe" Mängel der Melkanlage gelten:

- ein zu hohes Vakuum
- eine zu hohe Pulsfrequenz
- ein zu hohes Saugtaktverhältnis

Diese verursachen aber nicht so schnell Eutergesundheitsschäden, im Gegensatz zu den beiden folgenden, oft vorkommenden Mängeln:

- **Verschlissene Zitzengummis**, wodurch es leicht zur Erregeranreicherung in den zahlreichen Ritzen und Spalten und zu einem zu hohen Vakuumverlust kommt (s.o.); außerdem werden die Zitzen unnötig mechanisch gereizt (s. o.).
- **Unstabiles Vakuum**, wodurch starke Vakuumschwankungen unter der Zitze auftreten. Dies tritt besonders auf, wenn die Reservekapazität der Vakuumpumpe nicht ausreicht, um unvermeidlichen Lufteintritt, z. B. beim Abnehmen eines Melkzeuges, auszugleichen. Auch ein unzureichender Milchabfluss (z. B. bei nicht ausreichend dimensionierter Melkleitung und/oder Melkzeugen) ruft unerwünschte unregelmäßige Vakuumschwankungen unter der Zitze hervor.

Überprüfung der Funktion der Melkanlage

Unterschieden wird zwischen der statischen und dynamischen Testung der Melkanlage. Die statische Überprüfung erfolgt in der Regel in der Zwischenmelkzeit. Hier wird der technische Zustand der Anlage unter den Vorgaben der DIN/ISO-Normen (5705, 6630, 3918) untersucht. Jede Melkanlage sollte mindestens 1 jährlich statisch von entsprechenden Fachleuten überprüft werden. Die **dynamische Testung** umfasst Untersuchungen während des Melkens. Hier kann am besten das Zusammenspiel „Mensch-Tier-Technik" beurteilt werden. Folgende Punkte sollten beobachtet werden:

- Verhalten der Tiere (möglichst ruhig, wenig Kotabsatz, kein Trippeln, kein Abschlagen der Melkzeuge)
- Abfallen von Melkzeugen (max. 5%)
- Melkdauer (Faustzahl: für die ersten 10 kg Milch 5 Minuten, für jede weitere 5 kg Milch 1 Minute)
- Sitz der Melkzeuge unter dem Euter (keine Verschränkung)
- Blindmelken (möglichst nicht, Verzögerung bei automatischer Melkzeugabnahme nicht mehr als 30 Sekunden)
- Luftansaugen (möglichst vermeiden)
- Einlauf der Milch am Milchabscheider (nicht schwallartig)
- Ausmelkgrad (bei einer Stichprobe max. 0,5 kg Milch pro Tier)
- Zustand der Zitzen nach dem Melken

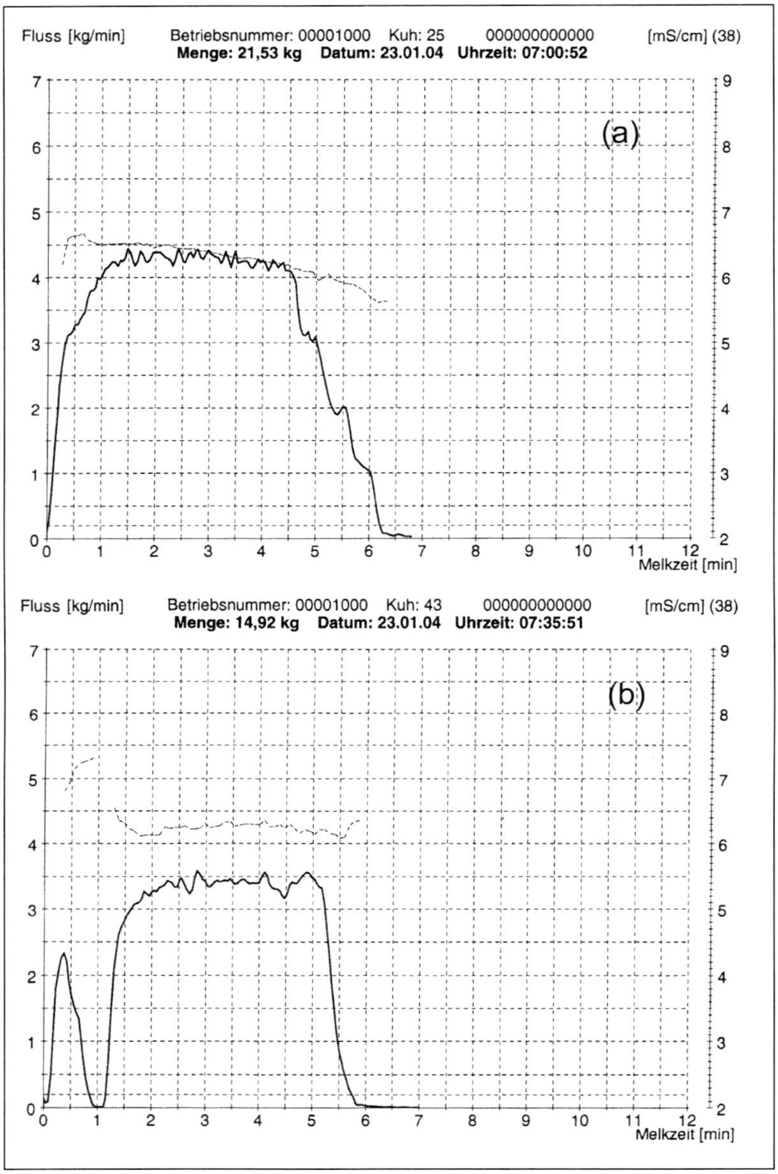

Abb. 3.11 Milchflusskurven: (a) normal, (b) biphasisch aufgrund ungenügender Vorstimulation.

Weiterhin können Vakuummessungen an verschiedenen Stellen während des Melkens durchgeführt werden (sog. „Nassmessung“, **Kap. 3.11**). Mit Hilfe von Milchflussmessgeräten (z. B. Lactocorder) ist es möglich, Informationen über die Effektivität der Anrüstroutine sowie des Grades von Blindmelken zu erhalten. Eine erwünschte Milchflusskurve hat eine Trapezform mit schnellem Anstieg, Plateau und schnellem Abfall (**Abb. 3.11 a**). Eine biphasische Milchflusskurve deutet auf unzureichendes Anrüsten hin und sollte bei weniger als 10% der Messungen auftreten (**Abb 3.11 b**). Weiterhin erhält man Informationen über Melkdauer, Milchflussgeschwindigkeit, Ausmelken der einzelnen Euterviertel sowie Anstieg und Abfall des Milchflusses. Manchmal gibt es Probleme mit der Erdung der elektrischen Teile der Anlage und es entstehen Kriechströme. Hinweise sind große Unruhe bei den Tieren, Trippeln und Abschlagen der Melkzeuge, schlechtes Milchabgabeverhalten, zögerliches Betreten des Melkstandes etc. In Verdachtsfällen sollte die Anlage von einem Techniker hierauf überprüft werden. Werte von > 0,5 V gelten als verdächtig und von > 1,0 V als problematisch.

Um die Bedeutung der Melkanlage zu illustrieren, und weil viele Tierärzte nur unvollständige Kenntnisse über die Funktion der Melkanlage haben, folgt in **Kap. 3.11** eine Darstellung eines Milchviehbetriebs mit Melk- und Eutergesundheitsproblemen.

3.2.5.3 Melkarbeit

Bei der Melkarbeit sind verschiedene Betriebsmanagement-Aspekte von Bedeutung:

- Melkhygiene (**Kap. 3.2.5.1**)
- Umgang mit den Kühen
- Kraftfuttervorgaben
- Melkvorbereitung (Vormelken, Reinigung der Zitzen)
- Ansetzen und Abnahme der Melkzeuge
- Zitzendesinfektion

Umgang mit den Kühen

Es wird meist vernachlässigt, dass ein wichtiger Bestandteil der Melkarbeit der Umgang mit den Kühen beim Eintreiben in den Melkstand und während des Melkens ist. Die Kühe müssen auf ruhige Weise in den Melkstand getrieben werden, im Anbindestall sollte man sich ihnen ruhig nähern. Den Kühen sollte kein Stress (Angst) bereitet werden (z. B. durch Schlagen, Treten, Jagen, Schreien). Während des Melkens müssen ungewohnte Situationen vermieden werden. Tiere, die Angst haben, setzen vermehrt Kot ab. Findet dies im Melkstand statt, werden die hygienischen Bedingungen beim Melken verschlechtert. Vermehrtes Kotabsetzen im Melkstand ist immer ein Hinweis darauf, dass sich die Kühe bei dem „Handling" um das Melken nicht wohl fühlen. Wenn Adrenalin vor der Melkvorbereitung freigesetzt wird, hat dies ein unvollständiges Ausmelken (10–85%) und gleichzeitig eine längere Melkzeit zur Folge. Dieser Effekt wird selbst dann noch deutlich, wenn die eigentliche Stresssituation dem Melkbeginn schon 30 Minuten vorausgegangen ist. Kommen diese Situationen täglich vor, hat dies eine erniedrigte Milchproduktion zur Folge. Sämtliche Stresssituationen in der Nähe des Melkstands (z. B. Behandlungen, Impfungen) sollten vermieden werden.

Kraftfuttervorgaben

In einigen Melkstandtypen wird den Kühen zu Beginn des Melkens Kraftfutter angeboten. Die Menge sollte so bemessen sein, dass die Kühe sie während des Aufenthalts im Melkstand auch auffressen können (d. h. maximal 4 kg pro Kuh). Die Kühe sollen hierdurch leichter in den Melkstand kommen, was arbeitsersparend wirkt, und sie sollen sich entspannen, während sie fressen. Hierdurch werden die besten Voraussetzungen für eine maximale Abgabe von Oxytocin geschaffen. Man sollte darauf achten, dass kein Kraftfutter in den Futternäpfen zurückbleibt. Die neu hinzukommenden Kühe können sonst beim ersten Trog, der noch Futter enthält, anhalten und den Zutritt zu den übrigen Plätzen blockieren. Dies verursacht wieder Unruhe und demzufolge eine Freisetzung von Adrenalin. Eine solche Situation kann durch einen gesteuerten Kraftfutterdosierer vermieden werden.

In vielen Betrieben mit computergesteuerter Kraftfutterzuteilung wird kein Kraftfutter mehr im Melkstand gegeben. Wenn der Umgang mit den Kühen gut ist, sind die Ergebnisse sehr befriedigend. Nachteilig ist, dass die Kühe nicht mehr so leicht in den Melkstand kommen wollen. Ein großer Vorteil ist, dass es kein Gedränge der Kühe um Kraftfutter mehr gibt.

Melkvorbereitung

Die Vorbereitung besteht aus dem Vormelken und dem Reinigen der Zitzen. Gründlich durchgeführt, dient sie auch einem guten Anrüsten.

Beim **Vormelken** werden 2–3 Strahlen Milch auf einen schwarzen Untergrund, vorzugsweise eine Vormelkschale oder einen Becher, gemolken.

Die Milch jeder laktierenden Kuh sollte vor dem Melken auf Abweichungen hinsichtlich Konsistenz und Farbe sowie Flockenbeimengung untersucht werden. Eine Mastitis muss frühzeitig erkannt werden, so dass eine Behandlung rechtzeitig begonnen werden kann.

Eine Kuh mit klinischer Mastitis sollte isoliert und im Krankenstall gehalten werden. Sie sollte zum Schluss gemolken werden. Zu oft werden Kühe mit Mastitis im Stall belassen und zusammen mit den anderen Kühen gemolken. Man sollte dem Landwirt bewusst machen, dass ein infiziertes Euterviertel das größte und gefährlichste Reservoir für Mastitiserreger ist. Über die Zitzengummis können Kühe, die direkt danach gemolken werden, infiziert werden. Das gleiche gilt für die Hände des Melkers, wenn diese Kontakt mit infiziertem Material hatten. Man sollte die Hände während des Melkens regelmäßig abspülen und in einer geeigneten Lösung desinfizieren. Die Melkerhände werden mehr und mehr als Überträger von Infektionen angesehen. Die Verwendung von Latex-Handschuhen beim Melken vermindert die Vektorfunktion der Melkerhände für Mastitiserreger.

Ein anderer Vorteil des Vormelkens ist, dass Milch mit einem hohen Keimgehalt weggemolken wird. Die ersten Strahlen Milch enthalten viele Keime. Wenn diese Keime letztendlich in den Milchtank kommen, ist die Haltbarkeit und damit die Qualität der Milch vermindert.

Die Zitzen müssen sauber und trocken sein, wenn das Melkzeug angesetzt wird. Zitzen sind Träger einer großen Anzahl von Bakterien, darunter Mastitiserreger. Auch anhaftender Mist und Kot an Zitzen und Euterhaut können Mastitiserreger enthalten. Die Euter sollten deswegen regelmäßig geschoren werden.

Das Auftreten neuer Euterinfektionen ist eng an die Anzahl von Bakterien auf der Zitzenhaut gekoppelt. Es ist darum wichtig, die Keimzahl durch **Zitzenreinigung** vor dem Melken auf ein Minimum zu reduzieren. Die Keimzahl in der Milch (Haltbarkeit) wird dadurch positiv beeinflusst. Die Reinigungsmethode bei schmutzigen Zitzen besteht im Abwaschen und Abtrocknen ausschließlich der Zitzen. Dies kann mit fließendem Wasser geschehen, während der Handrücken die Zitzenbasis abschirmt. Danach werden die Zitzen mit Einmalpapierhandtüchern gründlich abgetrocknet. Wenn die Euterhaut oberhalb der Zitzen verschmutzt ist, sollte man dies besser so lassen. Eine trockene aber schmutzige Euterhaut ist einer gesäuberten aber nassen Euterhaut vorzuziehen. Für das in den USA praktizierte Verfahren des „Predipping" zur Prophylaxe von Infektionenen mit umweltassoziierten Erregern existieren in Deutschland keine zugelassenen Desinfektionsmittel.

Wenn die Zitzen nicht allzu schmutzig sind, ist eine trockene Reinigung mit Einmalpapierhandtüchern, d. h. ohne vorher zu waschen, anzustreben. Beim Waschen besteht selbst nach dem Abtrocknen immer das Risiko von nassen Zitzen durch herunterlaufendes Wasser von der Euter- und Zitzenhaut, wodurch die Kontamination wieder zunimmt. Insgesamt sollte am Euter und an den Zitzen so wenig wie möglich mit Wasser hantiert werden. Statt der trockenen Reinigung hat sich auch die Verwendung von mit Desinfektionsmittel leicht angefeuchteten Einmalpapiertüchern bewährt. Hierdurch lassen sich Verschmutzungen der Zitzen leichter beseitigen, ohne dass die Zitzenhaut zu stark angefeuchtet wird.

Aus dem Gesagten sollte deutlich geworden sein, dass der Gebrauch von Eutertüchern für mehrere Kühe abzulehnen ist. Derartige Tücher sind stark mit Bakterien kontaminiert und übertragen diese von einer Zitze zur anderen, auch wenn die Tücher zwischendurch in einen Eimer mit Desinfektionslösung gelegt werden. Einmalpapierhandtüchern sollte aus hygienischen Gründen der Vorzug gegeben werden.

Der Hygiene muss nicht nur im Melkstand, sondern auch im Stall besondere Aufmerksamkeit geschenkt werden. Man muss verhindern, dass die Zitzen zwischen den Melkzeiten zu stark verschmutzen. Saubere Kühe tragen zu einer besseren Milchqualität und besseren Arbeitskonditionen bei. Außerdem vermindern sich die Reservoire von Umwelterregern, die eine Mastitis verursachen können.

Das Ansetzen und Abnehmen der Melkzeuge

Das Melkzeug sollte innerhalb von 30–60 Sekunden nach Beginn der Vorbereitung angesetzt werden, ohne dabei viel Luft anzusaugen. Das Vormelken und die Reinigung der Zitzen stimulieren die hypophysäre Abgabe von Oxytocin. Die Melkzeuge sollten daher nach der oben genannten Vorbereitung sofort angeschlossen werden. Man muss auf jeden Fall verhindern, dass das Ansetzen erst nach einigen Minuten stattfindet. Die höchste Abgabe von Oxytocin findet 1–2 Minuten nach Beginn der Vorbehandlung statt und hält 4 Minuten an. Um die Kühe in einer möglichst kurzen Zeit vollständig auszumelken, ist es ratsam, den Verlauf der Oxytocinabgabe optimal auszunutzen.

Melken ist eine Kooperation zwischen Mensch und Tier. Der Melker bekommt nur die Milch, die die Kuh bereit ist abzugeben. Der Melker muss dafür die richtigen Vorbedingungen schaffen!

Während des Melkens ist zu achten auf:

- das Ansaugen von Luft
- eine gute Gewichtsverteilung des Melkzeugs an allen vier Eutervierteln; bei verschränkten Melkzeugen ist die Gefahr von ungleichmäßigem

Ausmelken der einzelnen Euterviertel vergrößert
- ein schnelles Ansetzen abgefallener Melkzeuge
- ein rechtzeitiges Abnehmen der Melkzeuge, nachdem das Vakuum abgeschaltet wurde
- Unruhe bei den Kühen, was meistens auf eine mangelhafte Funktion der Melkmaschine hindeutet

Besonders am Ende des Melkens muss darauf geachtet werden, dass plötzliches Luftansaugen das Vakuum unter der Zitze nicht negativ beeinflusst. Dies kann beim Abrutschen der Zitzengummis oder beim Abfallen eines Zitzengummis auftreten. Die Folge hiervon ist die Entstehung von „Impacts", die das Risiko von Neuinfektionen erhöhen.

Zitzendesinfektion

Das „Dippen" oder Sprühen der Zitzen bildet den Abschluss einer guten Melkhygiene. Man sollte darauf achten, dass das Desinfektionsmittel die Zitzen rundherum benetzt. Außerdem muss die Zitzendesinfektion unmittelbar nach Abnahme der Melkzeuge vorgenommen werden. Beim Zitzensprühen gelangt oft nicht ausreichend Desinfektionsmittel an die Zitze, so dass das Zitzentauchen dem Sprühen vorzuziehen ist.

Die Zitzendesinfektion beugt neuen Infektionen vor. Sie hat keinen Einfluss auf bestehende Infektionen. Die gängigen Desinfektionsmittel sind besonders wirksam gegenüber Kokken und in einem geringeren Maße gegenüber koliformen Bakterien. Die „Dippbecher" sollten in nicht zu langen Abständen (optimal nach jedem Melken) gereinigt und getrocknet werden. Über stark mit Mist und/oder Urin verschmutzte oder zu alte Desinfektionslösungen können sich Infektionen durch das „Dippen" von Kuh zu Kuh verbreiten. Bei der Auswahl der Desinfektionslösungen sollten DLG-geprüfte Mittel bevorzugt werden. Neben der desinfizierenden Wirkung ist der Pflegeeffekt nicht zu unterschätzen, d. h. die Mittel sollten Bestandteile wie Glycerin enthalten. Fertigpräparate haben diesbezüglich Vorzüge im Vergleich mit Konzentraten, die erst noch verdünnt werden müssen.

Zum Schluss noch einige zusätzliche Anmerkungen:

- Der Landwirt sollte sich an feste Melkzeiten halten.
- Zweimal pro Jahr sollten die Euter geschoren werden.
- Wenn der regelmäßige Milchfluss aufhört, die Melkzeuge abnehmen: kein Blindmelken! Die beste Lösung ist die Installation einer Melkmaschine mit automatischer Abnahme. Wenn der Milchfluss unterhalb eines bestimmten Wertes fällt, wird das Melkzeug abgenommen. Blindmelken wird dadurch vermieden. Eine automatische Melkzeugabnahme kann deswegen viele Mastitiden verhindern.
- So wenig maschinell nachmelken wie möglich.
- So wenig Melkerwechsel wie möglich.
- Der Landwirt muss seine Kühe kennen.
- Vor der Applikation eines Euterinjektors im Rahmen einer Mastitisbehandlung oder als Antibiotikaschutz zum Trockenstellen sind die Zitzen mit Alkohol zu desinfizieren. Hierzu können die oft mit den Injektoren mitgelieferten Desinfektionstücher oder mit 70%igem Alkohol getränkte Wattetupfer benutzt werden.

3.2.5.4 Haltung und Pflege

Eine gute Haltung ist von besonderer Bedeutung zur Verhinderung von Euterinfektionen. Der Landwirt sollte deswegen sorgen für:
- eine gute Ventilation, um zu hohe Luftfeuchtigkeiten zu vermeiden
- optimale Abmessung (Länge/Breite) der Stand- und Liegeplätze, um Zitzenverletzungen zu vermeiden
- eine der Größe des Tieres entsprechende Breite der Standplätze in Anbindeställen
- eine geeignete und trockene Liegefläche
- eine regelmäßige Klauenpflege
- ein Euternetz bei Kühen mit großen Eutern und Zitzen; ausreichende Bewegungsfreiheit bei Kühen im Anbindestall
- getrennte Haltung von laktierenden und trockenstehenden Kühen
- Verhinderung der Entstehung von dünnem Kot durch Anpassung der Ration

- Vermeidung von Überbelegung und damit auch von „Spaltenliegern". Jungtiere in Laufställen mit Liegeboxen halten.

Die Haltung ist besonders wichtig beim vermehrten Auftreten von koliformen Mastitiden. In einem Betrieb mit diesbezüglichen Problemen sollten folgende Punkte zusätzlich beachtet werden:

- Liegeboxeneinstreu: möglichst keine Säge- oder Holzspäne, bevorzugt gehäckseltes Stroh; je mehr Stroh, um so besser; Sand
- geräumige Liegeboxen mit Nackenrohren oder -bändern
- hervorragende Stallüftung (offener First, offene Seitenschächte, evtl. mit Klappen)
- Kühe nicht mit nassen Eutern melken (vor dem Melken gut abtrocknen)
- gut funktionierende Melkmaschine
- den Kühen nach dem Melken schmackhaftes Futter anbieten, damit sie sich möglichst innerhalb der ersten Stunde nach dem Melken nicht hinlegen

3.2.5.5 Züchterische Maßnahmen

Ungünstige Euter- und Zitzenformen führen zu einem erhöhten Infektionsrisiko, z. B. aufgrund einer starken Verletzungsgefahr (Hängeeuter) oder aufgrund von Problemen beim maschinellen Melken (z. B. werden bei Stufeneutern meist die Vorder- und Hinterviertel nicht gleichmäßig leergemolken). Gerade im Zeitalter einer zunehmenden Automatisierung der Melkarbeit muss die Forderung nach einer Kuhherde aus Tieren mit möglichst homogenen Euterformen und Zitzengrößen sowie einer guten Euteraufhängung gestellt werden. Der Landwirt sollte im Rahmen der Beratung darauf hingewiesen werden, damit geeignete Bullen verwendet werden und nicht mit Kuhfamilien weitergezüchtet wird, die eine verminderte Mastitisresistenz aufgrund einer ungünstigen Form des Euters vererben.

Im Rahmen der Zucht auf Milchleistung sind die Milchflussraten der Kühe angestiegen. Dies ging mit einer Tendenz zur Züchtung auf kürzere Zitzen und weiten Zitzenkanälen mit einer erhöhten Gefahr der Invasion von Erregern einher. Schon lange ist bekannt, dass sich die Neuinfektionsrate sowohl während der Laktation als auch während der Trockenstehperiode mit zunehmenden Milchflussgeschwindigkeiten erhöht. Das zunächst erwünschte Merkmal „Leichtmelkigkeit" ist also mit dem bedeutsamen Nachteil einer erhöhten Mastitisanfälligkeit verbunden. Hier sollte von den Zuchtverbänden eine kritische Überprüfung der Zuchtziele vorgenommen werden. Den Landwirten muss im Rahmen der sich ändernden Wettbewerbsbedingungen ermöglicht werden, die Milch so kostengünstig wie möglich zu produzieren. Mit einer schon von vornherein mastitisanfälligen Kuhherde ist dies nicht realisierbar.

Literatur

Bramley, A.J., F.H. Dodd, G.A. Mein and J.A. Bramley (1992): Machine milking and lactation. Insight Books, Berkshire (England), Vermont (USA).

Bundestierärztekammer (BTK) und Arbeitsgemeinschaft der Leitenden Veterinärmbeamten (ArgeVET) (2000): Leitlinien zum sorgfältigen Umgang mit antimikrobiell wirksamen Tierarzneimitteln.
http://bundestieraerztekammer.de/datei.htm?filename=ab_leitlinien.pdf&themen_id=4856

Deutsche Veterinärmedizinische Gesellschaft e.V., Sachverständigenausschuss „Subklinische Mastitis" (2002): Leitlinien zur Bekämpfung der Mastitis des Rindes als Bestandsproblem. 4. Aufl., DVG, Gießen.

Hoedemaker, M. (1993): Tierärztliche Betreuung von Milcherzeugerbetrieben. Teil 4: Eutergesundheitsüberwachung. Prakt. Tierarzt 74, 981–988.

Informatie en Kennis Centrum Veehouderij (1991): Handleiding voor het doormeten van melkinstallaties. Lelystad (Niederlande).

Kleinschroth, E. (1991): Tierärztliches Vorgehen in Mastitisproblembeständen. 1.Teil: Bestandsdiagnostik bei Eutergesundheitsstörungen und Einflußfaktoren auf die Eutergesundheit. Prakt. Tierarzt 72, 1063–1077.

Kleinschroth, E. (1992): Tierärztliches Vorgehen in Mastitisproblembeständen. 2. Teil: Therapie von Eutergesundheitsstörungen und weitere Maßnahmen bei Bestandssanierungen. Prakt. Tierarzt 73, 32–37.

Laevens, H., A. Janssens, A. de Kruif, L. de Meulemeester und R. Vandermeersch (1994): De melkmachine als oorzaak van sterke onrust bij de koeien (en de veehouder) tijdens het Melken. Tijdschr. Diergeneeskd. 119, 495–499.

Philpot, W.N. and S.C. Nickerson (1991): Mastitis: Counter attack. Babson Bros. Co., Naperville (USA).

Sandholm, M., T. Honkanen-Buzalski, L. Kaartinen and S. Pyörälä (1995): The bovine udder and mastitis. Gummerus Kirjapaino Oy, Jyväskylä (Finnland).

Smith, K.L., D.A. Todhunter and P.S. Schoeneberger (1985): Environmental mastitis: cause, prevalence, prevention. J. Dairy Sci. 68, 1531–1553.

Worstorff, H. (1994): Melktechnik. Top agrar Sonderheft, Landwirtschaftsverlag, Münster-Hiltrup.

3.3 Milchleistung und Fütterung

R. Martin, R. Mansfeld, M. Hoedemaker und A. de Kruif

3.3.1 Milchleistungsprüfung

3.3.1.1 Ziele der Milchleistungsprüfung

- Erfassung von Milchmenge und Milchinhaltsstoffen (Fett und Eiweiß) beim Einzeltier als Voraussetzung für die Zuchtwertfeststellung und Selektion.
- Erfassung von Daten zur Fütterung und Haltung sowie zur Abschätzung der Wirtschaftlichkeit der Milchviehhaltung.
- Erfassung von Daten über die Milchqualität und den Stand der Hygiene bei der Milchgewinnung.
- Durchführung von Melkbarkeitsprüfungen.
- Überprüfung technischer Einrichtungen in der Milchproduktion.
- Einsatz und Überprüfung von Milchmengenmessgeräten. Kennzeichnung der Nachzucht zur Abstammungssicherung sowie im Rahmen der Viehverkehrsverordnung.
- Erfassung von Daten für die züchterische Bearbeitung der Reproduktionsleistung (Fruchtbarkeit, Kalbungsverlauf, Nutzungsdauer).
- Beratung der Mitgliedsbetriebe in Fragen der Fütterung, Milchgewinnung und Milchbehandlung.

3.3.1.2 Durchführung der Milchleistungsprüfung

Grundsätzlich wird zwischen Fremd- und Besitzerkontrolle unterschieden. In der Bundesrepublik Deutschland überwiegt die Fremdkontrolle mit einem Prüfungszeitraum von 30 Tagen. Mit der Durchführung sind Organisationen, z. B. Landeskontrollverbände (LKV), beauftragt. Weitere Aufgaben der Landeskontrollverbände sind in **Abb. 3.12** dargestellt. Der Milchkontrolleur meldet sich frühestens nach dem der Prüfung vorangegangenen Melken im Betrieb an. Bei zweimaligem Melken beginnt die Prüfung abends und endet morgens; bei dreimaligem Melken beginnt die Prüfung mittags. Es werden alle Kühe geprüft, außer den trockenstehenden bis einschließlich 5 Tage nach der Kalbung. Das Prüfungsjahr dauert vom 1. Oktober bis zum 30. September. In diesem Zeitraum werden mindestens 11 Prüfungen durchgeführt. Bei der Prüfung werden routinemäßig für jede Kuh Milchmenge, Fett-, Eiweiß-, und Zellgehalt ermittelt, weitere Parameter werden von den einzelnen Kontrollverbänden unterschiedlich angeboten (z. B. Harnstoff-, Laktosegehalt, Milchflussmessungen). Die Messungen dürfen ausschließlich mit Messgeräten vorgenommen werden, die die Zulassungsnormen der Arbeitsgemeinschaft Deutscher Rinderzüchter e. V. (ADR) und des Internationalen Komitees für die Ermittlung der Wirtschaftlichkeit von Milchtieren (IKEWM) erfüllen. Aus den Ergebnissen des Prüfungstages wird die Leistung innerhalb des Prüfzeitraums hochgerechnet. Unregelmäßige Bestandsnachprüfungen dienen der Absicherung der MLP-Ergebnisse und der Bestätigung des Leistungsniveaus der Betriebe. Kalbe- und Trockenstelldaten sowie Abgänge und Abgangsursachen werden am Prüfungstag zusätzlich erfasst.

3.3.1.3 Untersuchung der Milch auf Inhaltsstoffe und andere Gütemerkmale

Diese Untersuchungen dienen vor allem als Hilfsmittel bei der Überwachung der Fütterung (**Kap. 3.3.2.4**) und Milchqualität, und sie liefern züchterische Entscheidungshilfen. Im Rahmen der Milchgüteverordnung bilden diese Merkmale die Grundlage für die Bezahlung der Anlieferungsmilch. Während sich die Ergebnisse der Güteprüfung auf die Herdensammelmilch beziehen, geben diejenigen der MLP Auskünfte über die Einzeltiere.

Die LKV haben bei der Datenerfassung eine zentrale Funktion, denn die MLP-Daten sind unentbehrlich für die Zuchtverbände, Besamungsorganisationen, für die Zuchtwertschätzung, für Auktionen und nicht zuletzt für den bestandsbetreuenden Tierarzt (ITB-Tierarzt). Moderne Datenträger, Internet und mobile Datenerfassungsgeräte beschleunigen heute den Datenfluss, in den der Bestandsbetreuungstierarzt seinerseits integriert sein muss. Der ITB-Tierarzt muss dabei nicht zwangsläufig mit einem Herdencomputerprogramm arbeiten. Die Nutzung solcher Programme bietet jedoch, vor allem bei größeren Betrieben, erhebliche Vorteile. Es ist heutzutage kein technisches Problem mehr, mit Zustimmung des Betriebsleiters einen direkten Datenfluss zwischen den entsprechenden

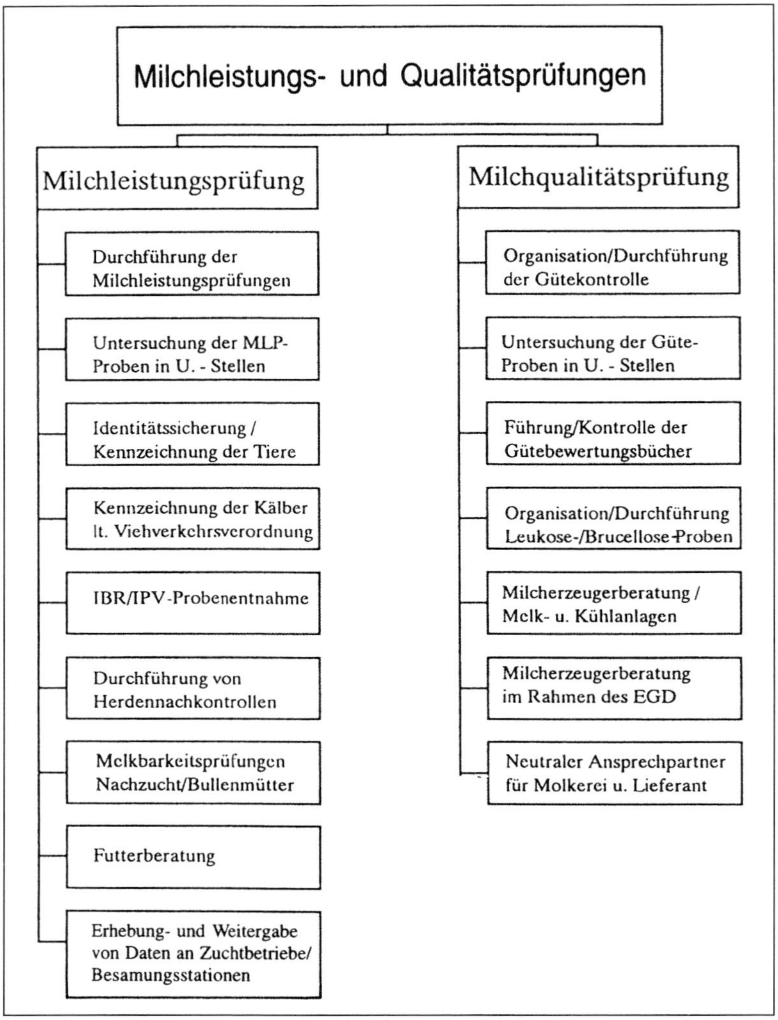

Abb. 3.12 Aufgaben der Milchkontrollorganisationen (Beispiel LWK Hannover).

landwirtschaftlichen Rechenzentren und der tierärztlichen Praxis herzustellen.

Die Datenerfassung erfolgt im Wesentlichen mit Hilfe von Datenerfassungsgeräten und MLP-Prüfprotokollen. Aus den Ergebnissen der Milchkontrollen (Probemelken) erhalten die Betriebsleiter umfassende Informationen über:

- die Ergebnisse am Prüfungstag
- Leistungen seit Beginn der Laktation
- Lebensleistungen
- Herdenleistungen
- Eutergesundheit
- Milchqualität
- Fütterung
- Zuchtwerte von Kühen
- Vergleichszahlen (Vormonat, Jahr, Prüfungsbezirk)

Diese Informationen erhalten die Betriebsleiter, von LKV zu LKV etwas unterschiedlich, in Form verschiedener Aufstellungen, übermittelt:

- Monatsbericht/Zwischenbericht
- Herdenübersicht
- Listen mit Kalbungen und Belegungen (sog. „Aktionslisten“, aus denen das Reproduktionsstadium der Tiere hervorgeht)
- Jungvieh-/Kälberlisten (Geburtsdatum, Abstammung, Belegung und andere Informationen zu Tieren, die noch nicht abgekalbt haben)

- Zuchtbuchblätter/Listen mit Abstammungs-, Laktations- und Zuchtwertangaben
- Zellzahlergebnisse
- Jahresabschluss
- Zusatzauswertungen

Die MLP bietet dem landwirtschaftlichen Betrieb die Möglichkeit, in optimierter Weise nach Leistungskriterien zu selektieren, was für den wirtschaftlichen Erfolg der Milchproduktion von entscheidender Bedeutung ist. Außer Milchmenge und -inhaltsstoffen beeinflussen auch die Fütterung, Milchmenge aus dem Grundfutter, das Reproduktionsmanagement und die Eutergesundheit der Tiere den wirtschaftlichen Erfolg des Betriebes. Bei konsequenter Nutzung der MLP-Daten können mit deren Hilfe Leistungskriterien, Eutergesundheit, Reproduktionsmanagement/Herdenfruchtbarkeit, Fütterung, Abgangsursachen und Zuchtfortschritt zumindest teilweise überwacht werden.

Wie alle Fremddaten sollten auch die MLP-Daten vom ITB-Tierarzt mit großer Sorgfalt behandelt und hinsichtlich ihrer Plausibilität geprüft werden. Zwar werden „unwahrscheinliche Ergebnisse" in der MLP z. T. Korrekturverfahren unterzogen, es können sich aber dennoch auch hier Fehler einschleichen, die dann oft über längere Zeiträume „mitgeschleppt" werden. Da die Daten an die Herdbuchnummern (Ohrmarkennummern) der Tiere und nicht an Betriebe gekoppelt sind, kommt es auch infolge von Verarbeitungsfehlern (Zahlendreher etc.) gelegentlich vor, dass Daten falsch zugeordnet werden (falsches Tier und falscher Betrieb). Bei diesen Daten fehlt dann in der Regel für das entsprechende Datum die Milchmengenangabe, da diese bereits vor Ort festgestellt wurde; es sind aber Angaben für Fett- und Eiweißgehalt vorhanden. Vor solchen und ähnlichen Fehldaten muss jeder, mit wachsenden Datenbanken arbeitende Bestandsbetreuer sich nach besten Kräften schützen.

3.3.1.4 Kennzahlen der Milchkontrollergebnisse

Aus den Milchkontrollergebnissen werden eine Reihe von Kennzahlen errechnet, die vor allem für die Zuchtwertschätzung und die Zuchtauswahl sowie für die Kontrolle der Fütterung (**Kap. 3.3.2.4**) von Bedeutung sind. **Tab. 3.23** zeigt eine Auswahl solcher Kennzahlen (außer den unter **Kap. 3.3.2.4** genannten), die sich trotz vorhandener Bestrebungen für eine internationale Vereinheitlichung vielfältig gestalten.

3.3.2 Fütterung

3.3.2.1 Allgemeines

Eine optimale Fütterung ist eine wichtige Basis für eine erfolgreiche Milchviehhaltung. Zum einen können die Grund- und Kraftfutterkosten bis zu 40% der Milchproduktionskosten ausmachen und sind somit ein großer Kostenfaktor. Zum anderen kann die Fütterung die Gesundheit der Tiere direkt (z. B. durch Schadstoffe) und indirekt (z. B. mittels fütterungsbedingter Stoffwechselstörungen) beeinflussen und sich so u. a. auf die Bereiche Eutergesundheit oder Fruchtbarkeit auswirken. Das Wissen zur Milchviehfütterung hat in den letzten Jahren immens zugenommen. Beratungsbedarf besteht, die eigenständige Berufssparte der Fütterungsberater hat sich etabliert. Dem bestandsbetreuenden Tierarzt kommt immer mehr die Aufgabe der Überwachung der Fütterung zu. Dazu gehören die Überprüfung der leistungsgerechten Rationszusammensetzung und -berechnung, die Überprüfung der ausreichenden Futterzuteilung, die Bewertung der Futteraufnahme und die Beurteilung der Futterverwertung. In den folgenden Ausführungen werden diese vier Aspekte jeweils mit den wichtigsten Punkten besprochen.

3.3.2.2 Rationszusammensetzung und -berechnung

Grundlage für gute Rationen ist eine gute Qualität der Grundfuttermittel. Außer Arten- und Sortenwahl sowie Düngung beim Futteranbau beeinflussen die Qualität des Grundfutters vor allem der Schnittzeitpunkt bzw. die Art und Güte der Konservierung (**Abb. 3.13**). Zur Beurteilung der Gärqualität von Silagen können pH-Wert und Gärsäuremuster herangezogen werden. Der pH-Wert von Silagen wird nicht nur durch die Milchsäurebildung beeinflusst, die Anwelkdauer und somit der Trockensubstanzgehalt des Futters hat ebenfalls einen großen Einfluss. So ist die alleinige Beurteilung der Gärqualität anhand des pH-Wertes nicht sicher möglich, da die pH-Werte von guten Silagen zwischen 3,4–5,0 liegen können, die pH-Werte von schlechten Silagen zwischen 4,6–6,9. Einen siche-

Tab. 3.23 Kennzahlen der Milchkontrollergebnisse.

Jahresleistung	Leistung in einem Prüfungsjahr (1.Okt. bis 30.Sept.)
Laktationsleistung	Leistung vom Tag nach dem Kalben bis zum Ende des letzten Prüfungszeitraums dieser Laktation
305-Tage-Leistung	Leistung vom Tag nach dem Kalben bis zum Ende des letzten Prüfungszeitraums dieser Laktation, längstens jedoch bis zum Ablauf des 305. Laktationstags
∅ 305-Tage-Leistung	Durchschnitt mehrerer 305-Tage-Leistungen
Lebensleistung	Leistung vom Tag nach dem ersten Kalben bis zum Ende des letzten abgeschlossenen Prüfungsjahrs, bei abgegangenen Kühen bis zum Abgangszeitpunkt
∅ Lebensleistung	Lebensleistung der Kuh geteilt durch die Anzahl der Leistungsjahre
Bestands-Durchschnitts-leistung	Gesamtleistung der Herde im Prüfungsjahr geteilt durch die durchschnittliche Kuhzahl
geschätzter Zuchtwert estimated breeding value (EBV)	Aussage: Vergleichsmöglichkeit zwischen den Tieren; drückt aus, welche Durchschnittsleistung bei Anpaarung an eine repräsentative Stichprobe der Population bei den Nachkommen bzgl. des jeweiligen Merkmals zu erwarten ist Bestimmung: der ZW beim Rind wird vor allem aus Leistungsfeststellungen bei Eltern, Großeltern, Halbgeschwistern, Nachkommen und bei dem betreffenden Tier vorgenommen. Die Leistungsdaten werden von systematischen Umwelteinflüssen bereinigt und gewichtet. Als Zielgröße ist, gemäß den Empfehlungen des ADR-Ausschusses für Zuchtwertschätzung, der durchschnittliche Zuchtwert aus den ersten drei Laktationen festgelegt. Als Berechnungsbasis dient der jeweils mittlere Zuchtwert eines Kuhgeburtsjahrgangs (z. Zt. 2000).
geschätzte Vererbungs-fähigkeit estimated transmitting abilities (ETA)	vor allem in Nordamerika verwendeter Zuchtwert für Bullen (ETA entsprechen jeweils dem halben EBV für Milchmenge, Fettmenge, Eiweißmenge, Eiweiß-% und Fett-%)
Relativzuchtwert Milch (RZM)	Gesamtzuchtwert (Selektionsindex), in dem die Zuchtwerte der Mengenmerkmale (Fett-kg und Eiweiß-kg) mit einer relativen ökonomischen Gewichtung von 1:4 zusammengefasst werden. Er bezieht sich auf eine jährlich gleitende Basis, die aus den letzten 3 KB-Testbullenjahrgängen mit vollständiger Töchterinformation (z.Zt. 1996–1998) gebildet wird.
Laktationswert	in den Niederlanden gebräuchlicher Wert Aussage: Vergleichsmöglichkeit zwischen den Tieren. Eine Kuh mit einem LW von 120 produziert 20% mehr als eine Kuh mit mittlerer Leistung und einem LW von 100. Kühe mit einem LW < 85 sollten besser gemerzt werden; solche mit einem LW von 85–90 sollten nur behalten werden, wenn sie über eine gute Gesundheit verfügen und schnell wieder tragend werden. Berechnung: für die Berechnung wird die 305-Tage-Leistung so genau wie möglich bestimmt. Dazu werden die Leistungen der laufenden Liste, die Ergebnisse der letzten Prüfung und die Ergebnisse der Tiergruppe berücksichtigt, zu der die jeweilige Kuh gehört. Bei den Gruppen werden ein rassespezifischer Basiscode, Alter (9 Gruppen; min. 21 Monate; max.: 11 Jahre), Laktationsnummer u. -stadium sowie der Abkalbemonat (5 Klassen) berücksichtigt. Für den Kalbemonat erfolgt eine Umrechnung auf den Monat Februar; bei den Altersgruppen erfolgt eine Korrektur auf eine Lebenszeit von 8 Jahren. Die 305-Tage-Leistung wird aus den Daten abgeschlossener Laktationen und für die laufende Laktation auf der Basis von wenigstens 4 Prüfungen geschätzt.

Tab. 3.23 Kennzahlen der Milchkontrollergebnisse (Fortsetzung).

erweiterter Lebensleistungs-Gewinn-Index Lifetime Profit Index (LPI)	in der kanadischen Zucht verwendeter Index im Rahmen des „Balanced Breeding", der den Milcheiweißgehalt, die Euteranlage und das Fundament stärker berücksichtigt; jedes Merkmal wurde standardisiert
Zuchtwert für Herdenverbleib Herd Life	Verbindung der Begriffe „Direct Herd Life" (Direkter Herdenverbleib), der auf der Verbleiberate von Töchtern in der ersten, zweiten und dritten Laktation basiert, und „Indirect Herd Life" (Indirekter Herdenverbleib), dem Extérieurmerkmale zugrundeliegen, die für Langlebigkeit sprechen, erstmalig ab Januar 1996 in der kanadischen Zucht verfügbare Kategorie. Zu Beginn der „Laufbahn" eines Bullen (wenige Töchter) hängt dieser Wert v.a. von der Beurteilung der Euteranlage und des Fundaments ab. Bei Vorhandensein vieler Töchter beruht er ausschließlich auf deren tatsächlicher Verbleiberate.
Relativzuchtwert Zellzahl (RZS)	Aufgrund vom LKV festgestellter Zellzahlergebnisse ermittelter Relativzuchtwert. Der Wert ist innerhalb einer Rasse auf einen Mittelwert von 100 und eine Standardabweichung von 12 Punkten standardisiert.
Zuchtwert für somatische Zellzahlen Somatic Cell Score (SCS)	Ab Januar 1996, zuerst für kanadische Bullen, angegebener Index für „Mastitiswiderstandsfähigkeit" (Werte: 2,5 bis 3,5; niedrige Werte erwünscht)
Wirtschaftlicher Gesamtzuchtwert Total Economic Value (TEV)	Neuer Index für kanadische Bullen; besteht aus Leistung (64%), Herd Life (26%) und Somatic Cell Score (10%), ausgedrückt in kanadischen Dollars; bietet Hinweis auf zu erwartende Gewinnunterschiede bei den Töchtern. Die TEV-Einstufungen sollen das Erreichen rascher Zuchtfortschritte ohne negative Einflüsse auf Herdenverbleib und Mastitisanfälligkeit ermöglichen.
Relativzuchtwert weibliche Fruchtbarkeit (RZF wbl.)	Aus den im Rahmen der MLP erhobenen Leistungs- und Kalbedaten in Kombination mit den Besamungsdaten ermittelter Wert zur Zuchtwertschätzung für die weibliche Fruchtbarkeit; wird anhand von mindestens 50 Töchtern geschätzt. Die Sicherheiten dieser Zuchtwerte sind deutlich geringer als bei Milchleistungsmerkmalen.
Zwischenkalbezeit	Zeit zwischen zwei aufeinanderfolgenden Abkalbungen
Abgangsrate/Abgangsursachen	Die Abgangsursachen werden im Rahmen der MLP-Daten erfasst. Mit ihrer Hilfe können die Abgangsrate (prozentualer Anteil der Abgänge in einem definierten Zeitabschnitt an der durchschnittlichen Kuhzahl während dieses Zeitabschnitts) und die Häufigkeiten verschiedener Abgangsgründe festgestellt und verfolgt werden. Erfahrungsgemäß werden die Abgangsgründe oft nicht korrekt angegeben oder übermittelt, d. h. der Milchkontrolleur bekommt falsche oder unvollständige Angaben. Bei Abgängen aufgrund von Fruchtbarkeitsstörungen oder Euterkrankheiten werden häufiger „Leistungsmangel" oder „sonstige Gründe" angegeben. Liegt eine entsprechende exakt geführte Dokumentation, wie zum Beispiel die Fruchtbarkeits- und Krankenkarte (Kap. 2.3.1), ein geeignetes Tagebuch und/oder ein Herden-Computerprogramm vor, dann muss diese zur Auswertung der Abgangsursachen mit herangezogen werden.

ren Hinweis auf die Gärqualität gibt das Gärsäuremuster. In Silagen von guter Qualität beträgt der Anteil der Milchsäure an den Gärsäuren 80–100%, der Anteil der Essigsäure 10–20%, der der Buttersäure max. 5%. Bei abnehmenden Qualitäten nähern sich die Anteile der Gärsäuren an (Anteil der Milchsäure nimmt ab, Anteile der Essig und Buttersäure nehmen zu), so dass die Anteile bei schlechten Qualitäten in etwa gleich sind.

Gelingt es, eine hohe Qualität des Grundfutters zu erzeugen (**Tab. 3.24**), so erreicht man eine hohe Grundfutteraufnahme, das bedeutet eine Senkung der Futterkosten (**Tab. 3.25**). Bei Aufnahme von 11 kg Grundfutter-Trockenmasse statt 10 kg können sich z. B. die Futterkosten je Liter Milch um bis zu 1 Cent reduzieren; bei 200.000 Litern abgelieferter Milch pro Jahr bedeutet das eine Ersparnis von 2.000 €. Eine Kostensenkung lässt sich auch dann erzielen, wenn Kraftfutter billiger als Grundfutter ist (häufig benutztes Gegenargument), da der Mehraufwand für die Erzeugung einer guten Grundfutterqualität geringere Kosten verursacht

Tab. 3.24 Die Grundfutteraufnahme begünstigende Faktoren und Möglichkeiten zur Realisierung.

Faktor	Möglichkeiten zur Realisierung
hohe Energiekonzentration	Halmfutter früh schneiden (vor dem Ähren-/Rispenschieben); verlustarm konservieren
wiederkäuergerechte Struktur	Gärfutter: auf 30–45% Trockenmasse anwelken, kurz häckseln (Schnittlänge < 3 cm; Empfehlung nach Coenen [1995]: 15% > 1cm und 15% > 4cm)
	Heu: Strukturfutter
schonende Konservierung	Gärfutter: Gesamtsäure- und Ammoniakgehalte durch Anwelken begrenzen
	Heu: Aroma und Blattreichtum durch schnelle Trocknung erhalten

Tab. 3.25 Mögliche Milchleistung (4% Fett) aus Grundfutter (GF) in Abhängigkeit von der GF-Qualität (TM = Trockenmasse; NEL = Netto-Energie-Laktation).

	Energiekonzentration (MJ NEL/kg TM)			
	4,8	5,2	5,6	6,0
maximale GF-Aufnahme (kg TM pro Kuh und Tag)	9,5	10,6	11,7	13,0
mögliche Milchleistung aus dem GF (kg pro Kuh und Tag)	2,5	5,5	8,9	12,7

Tab. 3.26 Berechnung des Energiegehalts der Milch (MJ NEL).

Fettgehalt bekannt	1,5 + 0,4 × % Fett
Fett- und Proteingehalt bekannt	0,95 + 0,37 × % Fett + 0,21 × % Protein
Fett- und Trockenmassegehalt (TM) bekannt	–0,24 + 0,18 × % Fett + 0,20 × % TM

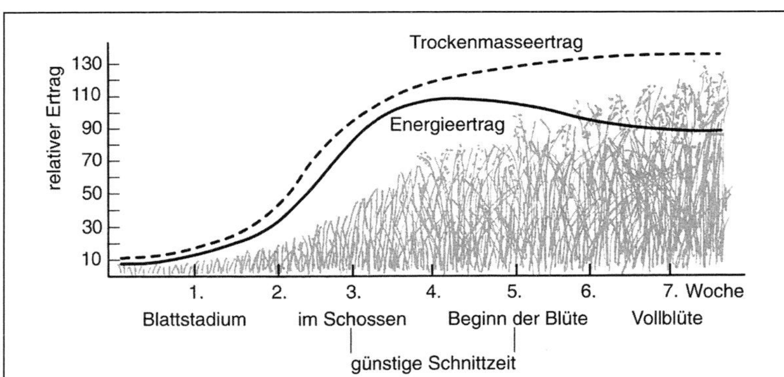

Abb. 3.13 Energie- und Trockenmasseertrag in Abhängigkeit vom Wachtumsstadium der Gräser – Dauergrünland und Feldgras (aid 1987; Zeichnung: S. Mansfeld).

als der infolge geringerer Grundfutterqualität erforderliche Kraftfutterzukauf. Abgesehen davon muss im Hinblick auf eine ungestörte Pansenfunktion bei Hochleistungskühen die bestmögliche Grundfutterqualität angestrebt werden, um die gesundheitsrelevanten Kriterien einer guten Futterration (bedarfsgerecht, aufnehmbar, wiederkäuergerecht, verträglich) erfüllen zu können.

Futterbewertung und Fütterungsnormen

Für eine leistungsgerechte Ration müssen folgende Anforderungen an den Bedarf an Energie, Eiweiß, Strukturversorgung, Wasser und Mineralstoffe erfüllt werden:

Bedarf an Energie

Der Energiebedarf der Tiere ergibt sich aus dem Erhaltungsbedarf und dem Bedarf für die Milchproduktion. Da die Teilwirkungsgrade der umsetzbaren Energie für die Erhaltung und für die Milchbildung in einem konstanten Verhältnis zueinander stehen, kann der Energiebedarf für die Erhaltung auch als NEL angegeben werden, er beträgt:

Tab. 3.27 Energiebedarf bei verschiedenen Fettgehalten der Milch

Fettgehalt der Milch (%)	Energiebedarf NEL (MJ/kg)
3,0	2,77
3,5	2,97
4,0	3,17
4,5	3,37
5,0	3,57

Tab. 3.28 Zusätzlicher, über den Erhaltungsbedarf hinausgehender Bedarf während der Trächtigkeit

Trächtigkeitsstadium	über den Erhaltungsbedarf hinausgehender Bedarf
6. bis 4. Woche vor dem Kalben	10–15 MJ NEL
3. Woche vor dem Kalben bis zum Kalben	16–20 MJ NEL

▶ Erhaltungsbedarf (MJ NEL/Tag)
= 0,293 MJ × $W^{0,75}$ *
*metabolische Körpermasse
= Lebendmasse $(kg)^{0,75}$ ◀

Der Bedarf an NEL je kg produzierter Milch hängt vom Energiegehalt der Milch ab. Der Energiegehalt von 1 kg Milch mit 4% Fett bei 12,8% Trockenmasse beträgt 3,1 MJ NEL. Der Energiegehalt der Milch kann nach **Tab. 3.26** berechnet werden.

Der mit steigendem Fütterungsniveau abnehmende Gehalt an umsetzbarer Energie je kg Trockenmasse der Ration wird bei der Berechnung des Energiebedarfs für die Milchbildung dadurch berücksichtigt, dass zum jeweils berechneten Wert 0,07 MJ/kg addiert werden (**Tab. 3.27**).

Der während der Trächtigkeit entstehende zusätzliche Energiebedarf muss ebenfalls berücksichtigt werden (**Tab. 3.28**).

Bedarf an nutzbarem Rohprotein (nXP)

Der tägliche Bedarf an nutzbarem Rohprotein im Dünndarm der Kuh (600 kg LM) wird in den DLG-Futterwerttabellen mit 420 g für die Erhaltung und 86 g pro kg Milch bei 3,4% Protein angegeben (**Tab. 3.29**). Pro 50 kg LM steigt bzw. fällt der Erhaltungsbedarf um 20 g nXP/Tier und Tag, der Bedarf für die Milchproduktion steigt bzw. fällt pro 0,1%ige Änderung der Milcheiweißgehaltes um 2 g nXP/kg Milch. Bei trockenstehenden und niederleistenden Kühen kann der Stickstoffbedarf der Pansenmikroben den Bedarf der Kühe übersteigen. Ein Rohproteingehalt von 9% in der Trockenmasse sollte daher nicht unterschritten werden.

Proteinbewertung

Bei der Proteinbewertung der Futtermittel muss die Rohproteinumsetzung im Pansen beachtet werden (**Abb. 3.14**). Abhängig vom Futtermittel gelangen nur etwa 15–35% des Rohproteins (XP) unabgebaut in den Darm (**UDP**: unabgebautes Rohprotein) (**Tab. 3.30**). Das übrige Rohprotein wird durch die Pansenmikroben zu Ammoniak abgebaut und entweder im Pansen energieabhängig wieder zu Mikrobenprotein aufgebaut oder in der Leber zu Harnstoff umgebaut. Das im Darm verfügbare Protein besteht also zum größten Teil aus Mikrobenprotein. Zur Futtermitteleiweißbewertung wird das nutzbare Rohprotein (nXP) herangezogen. Es besteht aus Mikrobenprotein und unabgebautem Futterprotein und gibt an, wie viel darmverfügba-

Tab. 3.29 Richtzahlen für den täglichen Nährstoffbedarf von Milchkühen bei 600 kg Lebendmasse (DLG-Futterwerttabellen für Wiederkäuer, 1997).

	nXP g	MJ NEL	Ca (g)	P (g)	Na (g)	Mg (g)
Erhaltung + 10 kg Milch	1280	67,2	49	31	15	19
Erhaltung + 20 kg Milch	2140	98,9	82	51	22	25
Erhaltung + 30 kg Milch	3000	130,6	114	71	28	32
Erhaltung + 40 kg Milch	3860	162,3	144	89	34	38
trockenstehende Kühe 6.–4. Woche ante partum	1070	49,5	40	29	12	16
trockenstehende Kühe 3 Wochen a.p. bis zur Kalbung	1165	56,0	49	31	15	19

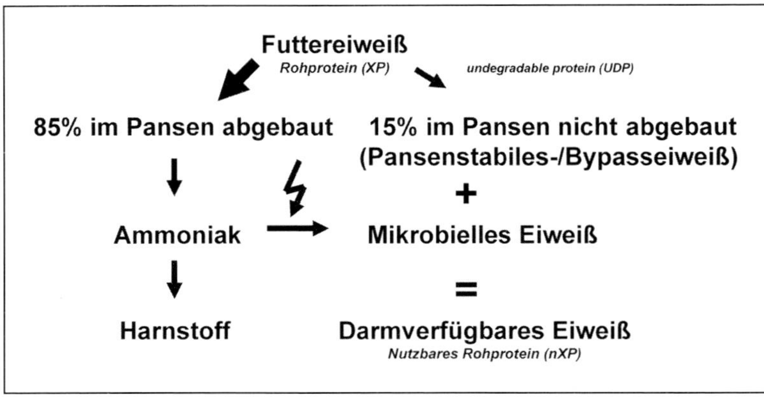

Abb. 3.14 Proteinverdauung beim Wiederkäuer.

Tab. 3.30 Anteile des pansenstabilen Futterproteins (%) bei verschiedenen Futtermitteln (DLG-Futterwerttabellen für Wiederkäuer, 1997).

Anteile pansenstabiles Futterprotein in %		
35 (25–45)	**25 (15–35)**	**15 (5–25)**
Trockengrün	Maissilage	Frischgras
Sojaschrot	Sonnenblumenschrot/Exp.	Grassilage
Baumwollsaatschrot/Expeller	Erdnussschrot/Expeller	Heu
Trockenschnitzel	Palmkernschrot/Expeller	Weizen (Korn)
Maiskleber	Kokosschrot/Expeller	Hafer (Korn)
Biertreber	Rapsschrot	Gerste (Korn)
Mais	Maiskeimschrot	Ackerbohnen
	Maiskleberfutter	
	Hefe	

Bei Futtermitteln, die nicht in dieser Tabelle genannt sind, wird ein UDP-Anteil von 15% unterstellt.
Bei getrocknetem Biertreber ist die ruminale Abbaubarkeit des Rohproteins deutlich geringer als bei Sojaschrot.

Tab. 3.31 Gehalte an Rohprotein (XP), nutzbarem Rohprotein (nXP) und Ruminaler Stickstoff Bilanz (RNB) verschiedener Futtermittel (DLG-Futterwerttabellen für Wiederkäuer, 1997).

	XP (g/kg TM)	**nXP (g/kg TM)**	**RNB (g/kg TM)**
Grünlandsilage	184	147	+6
Maissilage	86	127	–6
Weizen	138	172	–5
Sojaschrot	548	324	+36

res Protein, basierend auf dem Energiegehalt des Futtermittels, bereitgestellt wird. Die **Berechnung des nutzbaren Rohproteins** folgt nach der Formel:

▶ nXP (g/kg TM) = [11,93 – (6,82 ×(UDP/XP))] × ME + (1,03 × UDP) ◀

Bei Rohfettgehalten von mehr als 7% in der TM wird der Energiegehalt des Fettes (MEXL) abgezogen, die Berechnung lautet in diesem Fall:

▶ nXP (g/kg TM) = [13,06 – (8,41 × (UDP/XP))] × (ME – MEXL) + (1,03 × UDP) ◀

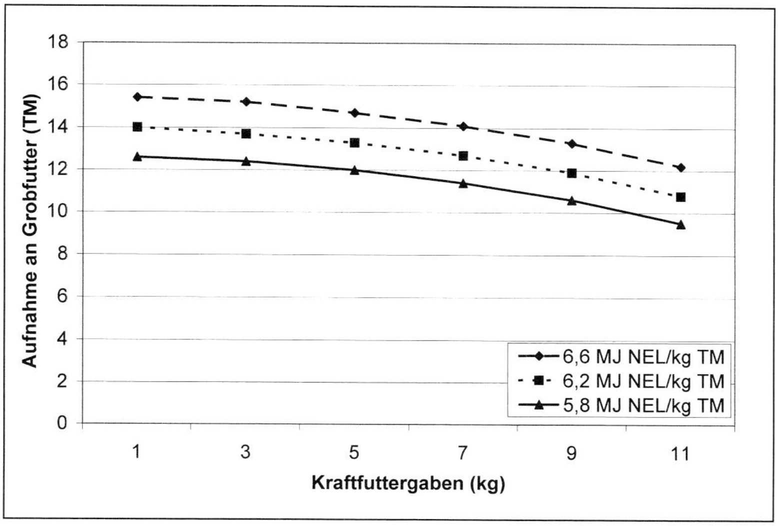

Abb. 3.15 Möglicher Grobfutterverzehr bei unterschiedlichen Energiegehalten des Grobfutters und steigenden Kraftfuttergaben.

Bei sehr energiereichen Futtermitteln kann das nutzbare Rohprotein größer sein als das Rohprotein (**Tab. 3.31**). Diese Futtermittel haben also durch den hohen Energiegehalt das Potenzial, mehr nutzbares Rohprotein zu bilden als Rohprotein im Futtermittel enthalten ist. Ob für die Bildung des nutzbaren Rohprotein genug Stickstoff zur Verfügung steht, gibt die **Ruminale Stickstoff Bilanz (RNB)** an. Sie wird berechnet als:

▶ RNB (g/kg TM) = (XP–nXP)/6,25 ◀

Negative Werte bedeuten, dass dem Futtermittel zur Bildung des angegebenen nutzbaren Rohproteins entsprechende Mengen Stickstoff fehlen, positive Werte weisen auf einen Stickstoffüberschuss des Futtermittels hin.

Trockenmasseaufnahme

Für eine gute Pansenaktivität brauchen Wiederkäuer eine minimale Menge an Trockenmasse in der Futterration. Bedarfsnormen gibt es nicht. Bei der üblichen Milchviehfütterung mit Grundfutterrationen ad libitum gibt es hier keine Mangelsituationen. Ein Problem stellt eher die maximal mögliche Trockenmasseaufnahme dar. Sollen Kühe mit hoher Milchleistung leistungsgerecht und gleichzeitig wiederkäuergerecht gefüttert werden, muss die volle Trockenmasse-Aufnahmekapazität der Tiere ausgeschöpft werden.

Hochlaktierende Milchkühe dürfen daher niemals vor leeren Futterkrippen stehen, sondern müssen 24 Stunden pro Tag Grundfutter aufnehmen können. Die maximale Trockenmasseaufnahme schwankt stark unter verschiedenen äußeren und individuellen Einflüssen, wie Futterqualitäten, Menge der Kraftfuttergaben, Milchproduktion, Laktations- und Trächtigkeitsstadium, Körperkondition etc. Wichtig ist vor allem eine möglichst hohe Grobfutteraufnahme, um die Wiederkäuergerechtheit der Gesamtration zu wahren. Mit Hilfe folgender Formeln lässt sich die mögliche **Grobfutteraufnahme** abschätzen:

▶ Grobfutteraufnahme (kg TM/Kuh und Tag) = $(0{,}006 \times LM) + (0{,}19\ E^{2,16}) - (0{,}026 \times Kf^2) + [(ECM - 25) \times 0{,}1]$

LM = Lebendmasse (kg)

E = Energiekonzentration des Grobfutters (MJ/kg TM)

Kf = Aufnahme an Kraftfutter (kg TM/Kuh und Tag)

ECM = energiekorrigierte Milch (kg/Tag) (nur bei Leistungen > 25 kg Milch/Kuh und Tag) ◀

Unterschiede von 1 MJ NEL/kg TM im Grundfutter können zu unterschiedlichen Trockenmasseaufnahmen von bis zu 3 kg führen (**Abb. 3.15**). Großrahmige Kühe mit hohen Milchleistungen können demnach bis zu 25 kg TM aufnehmen. Das ist sehr viel und wird unter Praxisbedingungen bei weitem nicht immer erreicht. Es hängt sehr von der Raufutterqualität und von der Futterzuteilung ab. Insgesamt variiert die TM-Aufnahme sehr stark. Unterschiede von 2–3 kg sind nichts Außergewöhnli-

Tab. 3.32 Empfohlene Mengen an Zucker und Stärke in der Gesamtration.

	Min. (g/kg TM)	Max. (g/kg TM)
Zucker (XZ)	–	75
unbeständige Stärke (XS–bXS) und Zucker (XZ)	150	250
beständige Stärke (bXS)	10	60

Tab. 3.33 Empfohlene Mindestgehalte an strukturierten bzw. Maximalgehalte an nicht strukturierten Kohlenhydraten (% der TM) bei vorgegebenen NDFg (NRC 2001).

NDFg	NDF min.	ADF min.	NFC max.
19	25	17	44
18	27	18	42
17	29	19	40
16	31	20	38
15	33	21	36

Tab. 3.34 Strukturwirksame Rohfaser = analytisch bestimmte Rohfaser xf.

Futtermittel	xf
Heu, Silagen, Grünfutter, Stroh	1,00 (Langstroh 1,5)
Trockengrünfutter, pelletiert	0,50
Pressschnitzel, frisch oder siliert	0,25
Biertreber, frisch oder siliert	0,25

Tab. 3.35 Anzustrebende Anteile der Partikelgröße in der Gesamtration (lufttrockene Substanz).

Siebgröße (mm)	Anzustrebende Anteile
> 19	5–10%
8–18	35–45%
< 8	45–55%

ches. Daraus wird deutlich, dass es keinen Sinn hat allzu exakte Rationsberechnungen anzustellen und daraus umfassende Rückschlüsse auf die Nährstoffversorgung der Tiere ziehen zu wollen.

Als Faustregel gilt: In den ersten 4–5 Monaten nach der Kalbung soll die Trockenmasseaufnahme aus dem Grundfutter bei Kühen 2,5%, danach 2% der Lebendmasse der Tiere betragen.

Strukturbedarf/Kohlenhydratbeurteilung

Aufgrund der hohen Milchleistungen der Kühe und der damit verbundenen Notwendigkeit, eine möglichst hohe Energiedichte in den Rationen zu erzielen, kommt der Wiederkäuergerechtheit, d. h. der Erhaltung der Pansengesundheit eine tragende Rolle in der Rationsgestaltung zu. Um Pansenübersäuerungen zu vermeiden, müssen die Futterrationen genügende Mengen an strukturierter Rohfaser enthalten. So wird eine ausreichende Wiederkautätigkeit und somit Pufferung des Panseninhaltes erzielt.

Die Beurteilung der in den Futtermitteln enthaltenen Rohfaser kann nach verschiedenen Systemen erfolgen. Verwendet werden:

- die Bewertung der **strukturwirksamen Rohfaser nach Piatkowski und Hoffmann**
- der **Strukturwert nach De Brabander**
- die Bestimmung der **Neutraldetergentienfasern (NDF)** und **Säuredetergentienfasern (ADF)** aus „Nutrient Requirements of Dairy Cattle“ des National Research Council.

Weiterhin müssen neben den Faserfraktionen der Ration auch die löslichen Kohlenhydrate beachtet werden. Bewertet werden können die Gehalte an Zucker, unbeständiger Stärke, beständiger Stärke sowie an **Nicht-Faser-Kohlenhydraten (NFC)**. **Abb. 3.16** erläutert die Zusammensetzung der einzelnen Kohlenhydratfraktionen. Die Mindest- bzw. Maximalgehalte der einzelnen Inhaltstoffe in der Gesamtration geben die **Tab. 3.32** und **Tab. 3.33** an.

Strukturwirksame Rohfaser nach Hoffmann und Piatkowski

Trockene und im Wasser weitgehend beständige Futterpartikel mit einer Länge von mehr als 8 mm haben sich beim Rind als „strukturwirksam“ erwiesen. Anhand Kauzeitmessungen wurden Strukturfaktoren für einzelne Futtermittel ermittelt (**Tab. 3.34**), die, multipliziert mit dem Gehalt an Rohfaser, den Gehalt an strukturwirksamer Rohfaser ergeben. Heu und gehäckseltem Stroh ist der Faktor 1 zugewiesen, Langstroh der Faktor 1,5. Die Strukturwirksamkeit der Rohfaser anderer Futtermittel wird also mit der von Heu und Stroh verglichen. Für eine optimale Versorgung mit strukturwirksamer Rohfaser in der Ration gibt es verschiedene Angaben. Bei einer groben Einschätzung sollte der Gehalt an Rohfaser in der Ration 16–18% betragen, davon etwa ⅔ als strukturwirk-

Tab. 3.36 Empfohlene Formeln zur Schätzung des Strukturwerts.

Grassilage (Häcksellänge > 20 mm)	SW = (0,0125 × XF) – 0,2
Heu	SW = ([0,0125 × XF] – 0,2) × 1,06
Maissilage (Häcksellänge 6 mm)	SW =(0,009 × XF) – 0,1
Kraftfutter	SW =0,321 + (0,00098 × XF) + (0,00025 × bXS) – (0,0012 × [XZ+ a × (XS – bXS)])

a = 0,9 – (1,3 * b)
XF = Rohfaser, g/kg TM
XS = Stärke, g/kg TM
bXS = beständige Stärke, g/kg TM
XZ = Zucker, g/kg TM
b = XS – Beständigkeit (0 bis 1)

same Rohfaser, also in der Gesamtration 10–12%. In Relation zur Körpermasse wird als notwendige Menge an strukturwirksamer Rohfaser 400 g/Tag je 100 kg Körpermasse angegeben. In Abhängigkeit von der Trockenmasseaufnahme sinkt somit der Mindestgehalt an strukturwirksamer Rohfaser pro kg Trockenmasse der Ration bei einer 650 kg Kuh von 260 g/kg TM bei 10 kg Trockenmasseaufnahme je Tier und Tag auf 104 g/kg TM bei 25 kg Trockenmasseaufnahme. Neben der Bestimmung der strukturwirksamen Rohfaser muss die Partikelgröße beachtet werden. Die Bestimmung erfolgt mittels einer Futterschüttelbox, die zwei Siebe (Durchmesser 19 und 8 mm) enthält. Die anzustrebenden Anteile der Partikelgrößen in der Gesamtration (lufttrockene Substanz) sind in **Tab. 3.35** aufgeführt.

Strukturwert nach De Brabander

Der Strukturwert (SW) nach De Brabander ist eine dimensionslose Zahl. Sie wurde für einzelne Futtermittel aus Fütterungsversuchen abgeleitet, in denen durch steigende Zugabe von Kraftfutter der kritische Grobfutteranteil bestimmt wurde, ab dem es zu einem Mangel an Struktur kam (Abnahme des Milchfettgehalts, Rückgang der Futteraufnahme und der Milchleistung). Auf Basis dieser Fütterungsversuche wurden Gleichungen erstellt, mit denen der SW bei bekanntem Rohfaser- und Trockenmassegehalt berechnet werden kann (**Tab.3.36**). Für eine „Standardkuh" (25 kg Milch / Tag) wurde für eine ausreichende Strukturversorgung ein SW von 1 festgesetzt. Durch Fütterungsversuche konnte gezeigt werden, dass bei höherleistenden Tieren für eine ausreichende Strukturwirkung auch der SW steigt. Der SW in der Gesamtration sollte mindestens 1,1 betragen.

Ein vereinfachtes System wird häufig in der Praxis eingesetzt: Zur Beurteilung der Strukturwirkung der Ration werden die Trockensubstanzmengen von Heu und Stroh mit dem Faktor 1, die TM-Menge von Maissilage mit dem Faktor 0,6–0,7 und die von Grassilage mit dem Faktor 0,6–0,8 multipliziert. Die Trockensubstanzmengen der anderen Futtermittel (Kraftfutter, Pülpe etc.) werden mit 0 multipliziert und bleiben somit unberücksichtigt. Anschließend werden die mit dem jeweiligen Faktor multiplizierten Trockensubstanzmengen addiert. Von einer ausreichenden Strukturversorgung wird ausgegangen, wenn diese Summe mindestens ⅓ der Gesamttrockensubstanzaufnahme ausmacht.

Detergentienfasern

Basieren die Strukturbewertungen zur strukturwirksamen Rohfaser sowie zum Strukturwert auf Kauzeitmessungen sowie Stoffwechsel- und Ver-

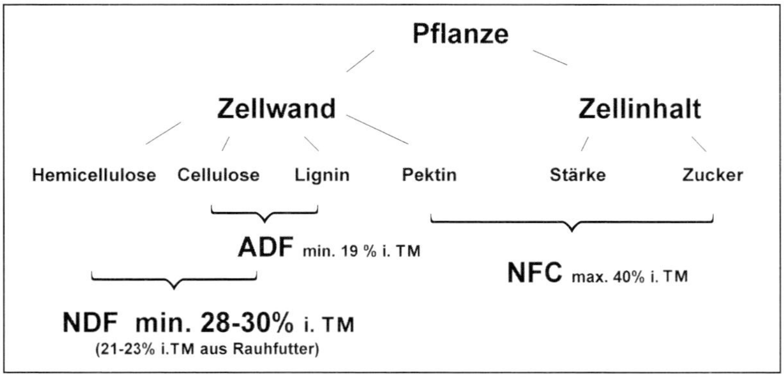

Abb. 3.16 Zusammensetzung der einzelnen Kohlenhydratfraktionen. (ADF = Säuredetergentienfasern; NDF = Neutraldetergentienfasern; NFC = Nicht-Faser-Kohlenhydrate).

haltensänderungen, sind die Angaben zu den Detergentienfasern futtermittelanalytische Angaben (**Abb. 3.16**). Besondere Bedeutung kommt dem NDF-Gehalt aus dem Grobfutter zu (NDFg), da diese Fraktion höhere Strukturwirksamkeit hat. In Abhängigkeit von den Gehalten an NDFg steigen die empfohlenen Mindestgehalte an NDF und ADF bzw. die Maximalgehalte an NFC (**Tab. 3.33**).

Wasserbedarf

Eine Kuh benötigt abhängig von der Umgebungstemperatur für einen Liter Milch etwa 3–4 Liter Wasser. So kann der Bedarf für eine Kuh mit einer täglichen Leistung von 45 l Milch bis zu 180 l Wasser betragen. Ein großer Teil der täglichen Wasseraufnahme (etwa 30%) findet in den ersten 1–2 Stunden nach dem Melken statt. Es ist daher sicherzustellen, dass die Kühe unmittelbar nach dem Melken Wasser aufnehmen können (**Abb. 3.17**). Tränken müssen gut zugänglich (1 m Trogtränke für max. 10 Tiere) und so angebracht sein, dass sie nicht leicht verschmutzen und leicht zu reinigen sind (d. h. etwas erhöht). Die Erhöhung darf aber auch nicht podestartig sein, weil sich dann v.a. ranghohe Tiere quer vor die Tränken stellen können. Die Trinkgeschwindigkeit kann bis zu 25 l pro Minute betragen, ein entsprechender Wasserzufluss zu den Tränken muss gewährleistet sein. Bei hohen Umgebungstemperaturen steigt der Wasserbedarf erheblich an. Auch daran muss bei der Planung von Tränken gedacht werden. Gegebenenfalls müssen Zusatztränken eingerichtet werden.

Mineralstoffe, Spurenelemente und Vitamine

Die meisten Grundfuttermittel weisen mehr oder weniger Mängel hinsichtlich des Gehalts an Mineralstoffen, Spurenelementen und Vitaminen auf. Diese Mängel werden in der Regel durch die Zugabe von mineralisiertem Kraftfutter oder durch zusätzliches Mineralstofffutter ausgeglichen. Es wird heute davon ausgegangen, dass Tiere, die eine höhere Kraftfutterration bekommen, kein zusätzliches Mineralstofffutter benötigen. Vielmehr sind bei Tieren mit niedrigeren Leistungen und im Falle geteilter Kraftfutterrationen (Zugabe von Sojaschrot o.ä.) gegebenenfalls Mineralstoffergänzungen erforderlich, die dann an die entsprechende Basisration angepasst sein müssen. Die Beurteilung der Mengenelementversorgung ist nur auf der Basis entsprechender Grundfutteranalysen möglich, da die Gehalte in den verschiedenen Grundfuttermitteln (vor allem Grassilage, Maissilage) erheblichen Schwankungen unterworfen sind. Auch die zu berücksichtigende Zusammensetzung der Milchleistungsfuttermittel ist nicht einheitlich. Die Empfehlungen zur Mineralstoffversorgung (Ca, P, Na, Mg) sind in **Tab. 3.29** aufgeführt.

Abb. 3.17 Unzureichendes Wasserangebot unmittelbar nach dem Melken führt zu Rangeleien an der Tränke.

Seit einigen Jahren wird bei der Mineralstoffversorgung im Zusammenhang mit der Vermeidung des Auftretens von hypokalzämischer Gebärparese nicht nur die Kalziumversorgung und das Ca/P-Verhältnis berücksichtigt, sondern das aus den USA stammende **„DCAB-Konzept“** („dietary cation-anion balance“) angewendet.

▶ DCAB (mEq/kg TM)
= (mEq Na + mEq K) – (mEq Cl + mEq S) ◀

In epidemiologischen Studien wurde festgestellt, dass mit zunehmendem DCAB-Wert in der Futterration die Frequenz des Auftretens von hypokalzämischer Gebärparese deutlich anstieg und bei Reduktion des DCAB-Wertes ein entsprechender Abfall der Erkrankungsrate zu verzeichnen war. Durch Absenkung der DCAB-Werte wird eine milde azidotische Stoffwechsellage provoziert, durch die die Kalziumresorptionsmechanismen schon vor der Kalbung aktiviert werden. Bei der praktischen Umsetzung des DCAB-Konzepts werden vor allem Ammoniumchlorid und -sulfat (z. T. auch die entsprechenden Ca- und Mg-Salze) zur Reduktion des DCAB-Wertes in den letzten 3 Wochen der Trächtigkeit eingesetzt (**Tab. 3.37**) Es wird jedoch darauf hingewiesen, dass Ammoniumchlorid in

Tab. 3.37 Umrechnungshilfe für das DCAB-Konzept (Kamphues 1996).

Natrium: 1 g Na = 43,5 mEq	53,5 g **NH_4Cl** = 1 Eq = 1000 mEq
Kalium: 1 g K = 25,6 mEq	66,1 g **$(NH_4)_2SO_4$**= 1 Eq = 1000 mEq
Chlorid: 1 g Cl = 28,2 mEq	123,3 g **$MgSO_4 \times 7\ H_20$**= 1 Eq = 1000 mEq
Schwefel: 1 g S = 62,5 mEq	73,5 g **$CaCl_2 \times 2\ H_20$**= 1 Eq = 1000 mEq
Ziel: DCAB = -100–150 mEq/kg TM **(in den letzten 2–3 Wochen vor der Kalbung !)**	

Tab. 3.38 Spurenelementgehalte (mg/kg TM) von Milchleistungsfutter, Gras- und Maissilage (Zentek 1995).

		Cu	Zn	Fe	Mn	Se
Milchleistungsfutter	Median	22,6	104	975	96	0,31
n = 40	unteres Quartil	14,1	86	575	80	0,26
	oberes Quartil	30,2	124	1046	115	0,40
Grassilage	Median	8,28	41,7	417	136	0,06
n = 2478	unteres Quartil	6,42	35,5	251	101	-
	oberes Quartil	10,3	48,9	723	182	-
Maissilage	Median	4,19	31,5	134	28,6	0,02
n = 602	unteres Quartil	3,09	23,6	103	22,1	-
	oberes Quartil	4,36	41,0	189	39,7	-

Deutschland nicht als Futtermittelzusatzstoff zugelassen ist.

Schrittweises Vorgehen beim DCAB-Konzept (nach Oetzel, 1993):

1. Untersuchung aller Futtermittel für trockenstehende Kühe auf Na, K, Cl und S
2. Auswahl des Grundfutters mit geringstem DCAB-Wert (niedriger K-Gehalt)
3. Zusatz von $MgSO_4$ x 7 H_20 bis zum Wert von 4 g Mg/kg TM
4. Zusatz von Schwefel bis zum Wert von 4 g S/kg TM (über $CaSO_4 \times 2\ H_2O$)
5. Zusatz von $CaCl_2 \times 2\ H_2O$ und/oder NH_4Cl bis zum DCAB von –100 bis –150 mEq/kg TM
6. bei NPN > 0,5% der TM oder Proteinabbaubarkeit im Pansen > 70% ist der Anteil an Ammoniumsalzen zu reduzieren!
7. Zusatz von Kalzium bis auf 150 g/Tier und Tag (d. h. ein Vielfaches des Bedarfs !).

Bei der Vorgehensweise nach Oetzel (1993) fällt auf, dass die Verabreichung sehr hoher Kalziummengen an trockenstehende Tiere den bisherigen Ansichten einer knappen Ca-Versorgung während dieser Zeit und der Einhaltung eines kleinen Ca-/P-Verhältnisses (< 1:1) entgegensteht. Die Empfehlung ist daher auch nicht unumstritten.

Hauptproblem des DCAB-Konzepts ist die geringe Schmackhaftigkeit der anionischen Verbindungen. Es sind entsprechende Fütterungstechniken nötig, um die Aufnahme der erforderlichen Mengen zu gewährleisten. Am leichtesten ist dies über „totale Mischrationen" (TMR) zu realisieren. Ist eine gute Einmischung der Salze nicht möglich, könnte die geringe Schmackhaftigkeit die Futteraufnahme, die peripartal häufig vermindert ist, weiter verringern und somit die negative Energiebilanz vergrößern. In diesen Fällen ist der Einsatz der sauren Salze kritisch zu prüfen.

Während die Versorgung mit Mengenelementen in der Regel kein größeres Problem aufwirft, liegt die Versorgung mit Spurenelementen und Vitaminen häufiger im argen. Die Spurenelementversorgung variiert erheblich. Die Gehalte in Maissilagen liegen, außer für Eisen, z. T. deutlich unterhalb empfohlener Richtwerte. Spurenelementversorgungslücken im Grundfutter werden jedoch im Allgemeinen durch Zufütterung von Milchleistungsfutter mehr als kompensiert. Bei ungünstigen Verhältnissen können Mängel vor allem hinsichtlich der Versorgung mit Kupfer, Selen, Zink und Mangan entstehen. **Tab. 3.38** zeigt die Spurenelementgehalte in Milchleistungsfutter, Gras- und Maissilage.

Tab. 3.39 Beispiele für Grundfutterkombinationen.

Basis	passende Ergänzung
Weidegras	Maissilage, Heu, Stroh
Grassilage	Maissilage, Heu, Futterrüben
Heu	Maissilage, Futterrüben
Maissilage	Grassilage, Heu
Rübenblattsilage	Heu, Grassilage, (Maissilage)
Zwischenfrüchte	Heu, Stroh

Die Vitaminversorgung ist schwer einzuschätzen. Man kann davon ausgehen, dass B-Vitamine und Vitamin K in ausreichenden Mengen von den Pansenmikroben synthetisiert werden. Grünfutter und blattreiche Silagen enthalten reichlich β-Carotin und Vitamin E. Niedrige, aber in der Regel dennoch ausreichende β-Carotinversorgung findet man vermehrt ab Ende Januar bis zur Zeit des Weideaustriebs. Bei Weidegang wird von einer ausreichenden Vitamin-D_3-Versorgung ausgegangen. Die Vitaminzulagen in Rinderfuttermitteln sind in den letzten Jahren gestiegen; dies vor allem vor dem Hintergrund steigender Milchleistungen und der Kenntnis von Zusammenhängen zwischen der Tiergesundheit, Leistungsfähigkeit und Fruchtbarkeit einerseits und der Vitaminversorgung andererseits (Niacin: Ketoseprophylaxe; Vitamin E: Eutergesundheit, Produktqualität; β-Carotin: Fruchtbarkeit; β-Carotin, Vitamin E, Vitamin C: Minderung der Belastung des Stoffwechsels mit freien Radikalen [antioxidative Vitamine]). Außerdem werden Vitamine gezielt bei bekannten Problemen eingesetzt (Vitamin D_3: Gebärparese-Prophylaxe; Niacin: Ketoseprophylaxe).

Rationsberechnung

Allgemeines

Die Rationsberechnung für Milchkühe muss die jeweilige Leistung der Tiere sowie das Laktations- und Trächtigkeitsstadium berücksichtigen. Nicht in allen Phasen des Reproduktionszyklus ist eine rechnerisch optimale Ration praktisch zu realisieren. So kann bei den z. T. hohen Einsatzleistungen der Tiere zu Beginn der Laktation der Nährstoffbedarf nicht vollständig über die Futterration abgedeckt werden. In dieser Phase negativer Energiebilanz (NEB) müssen die Tiere körpereigene Reserven mobilisieren. Das können nur Tiere, die in guter Kondition zur Kalbung kommen. Zu magere Tiere haben keine entsprechenden Reserven, zu fette Tiere bauen zu viel Körperfett ab, nehmen zu wenig Futter auf, bekommen eine subklinische oder klinische Ketose (Lipomobilisationssyndrom). Überkonditionierung hat ihre Ursachen meist in einer Überfütterung während der Spätlaktation, z. T. auch während des Trockenstehens, was in zweifacher Weise unsinnig ist, da hierdurch auch eine unnötige Erhöhung der Futterkosten verursacht wird.

Aktuelle Futtermittelanalysen für die Rationsberechnungen zumindest der im Betrieb verwendeten Grundfutterarten Gras- und Maissilage sind unabdingbar. Zwar ist es möglich, Tabellenwerte unter Beachtung des Schnittzeitpunkts und der Aufwuchshöhe zu verwenden. Dies ist jedoch eine sehr vage Schätzung und birgt große Fehlermöglichkeiten.

Sofern die Möglichkeit besteht, verschiedene Grundfutterarten miteinander zu kombinieren, sollte ein Grundfutter mit einem Überschuss an nutzbarem Rohprotein mit einem weniger proteinhaltigen ergänzt werden, um Rationen mit einem Energie-Eiweiß-Ungleichgewicht zu vermeiden (**Tab. 3.39**).

Das schrittweise Vorgehen bei der Berechnung von Futterrationen für Milchvieh ist in **Tab. 3.40** dargestellt. **Tab. 3.41** zeigt mögliche Ausgleichsfuttermittel.

Fütterung während des Trockenstehens und im peripartalen Zeitraum

Kommen Tiere mit „schlechter" Kondition zur Kalbung, werden dadurch die Gesundheit der Tiere und die Milchleistung in verschiedener Weise negativ beeinflusst. Sowohl Über- als auch Unterkondition sind dabei als „schlecht" einzustufen. Die Grundlage für die Abkalbung in „guter" Kondition wird allerdings nicht während der Trockenstehzeit, sondern bereits in der Spätlaktation gelegt. Hier muss besonders darauf geachtet werden, dass die Tiere nicht zu wenig, aber auch und vor allem nicht zu viel an Körpermasse zunehmen. Während der Trockenstehzeit soll sich dann die Kondition nicht mehr wesentlich verändern.

Tiere, die überkonditioniert zur Abkalbung kommen, neigen zur Zeit der Abkalbung und danach vermehrt zu Stoffwechselstörungen („Milchfieber", „atypisches Milchfieber" [Hypophosphatämie], „Ketose"). Übermäßiger Körperfettabbau führt bei diesen Tieren zu höhergradigen Ketosen

Tab. 3.40 Schritte der Rationsberechnung.

1. Bedarf ermitteln	Ermittlung von Erhaltungs- und Leistungsbedarf (abhängig von Körpergewicht und Milchleistung). Bei größeren Unterschieden im Körpergewicht zwischen den Tieren (> 50 kg) muss für mehrere Gruppen gerechnet werden. Am wichtigsten sind ausreichende Energie- und Stickstoffversorgung.
2. Grundfuttermengen (GF) festlegen	GF-Mengen der Tagesration müssen festgelegt werden. Sie sind abhängig von der vorhandenen Futtermenge (Futterverteilungsplan; Mengenschätzung s. u.), den möglichen Verzehrsmengen, Höchstmengenbegrenzungen und den Anforderungen der Ration an Ausgewogenheit und Struktur. Die aufgrund der Energiekonzentration des Grundfutters mögliche Futteraufnahme muss möglichst ausgeschöpft werden.
3. Versorgung aus dem Grundfutter errechnen	Die Berechnung wird für die ganze Herde oder einzelne Gruppen durchgeführt. Man geht davon aus, dass eine schwerere Kuh den Mehrbedarf durch entsprechend höhere Futteraufnahme kompensiert. Schwerere Kühe geben mehr Milch aus dem GF als weniger schwere. Erstlaktierende Tiere geben etwa 2 kg weniger Milch aus dem GF (Tiere wachsen noch; Vormägen sind noch nicht voll ausgebildet). Für eine Berechnung müssen bekannt sein: Lebendmasse der Tiere; Aufnahmemenge der verwendeten Futtermittel (großes Problem, da die Basis im Wesentlichen Schätzungen sind; für einige wichtige Grundfutterarten gibt es entsprechende Schätzformeln); Nährstoffgehalte der verwendeten Futtermittel (FM) (grundsätzlich sind GF-Analysen als Grundlage der Rationsberechnungen zu empfehlen; bei FM mit geringen Nährstoffschwankungen kann mit Tabellenwerten gerechnet werden, bei solchen mit größeren Schwankungen [v.a. Grünlandprodukte] sollten auf jeden Fall Analysen vorgenommen werden).
4. Errechnen des Bedarfs an Ausgleichsfutter	Grundsätzlich wird empfohlen, eine hinsichtlich der Energie- und Eiweißversorgung unausgeglichene GF-Ration durch entsprechende Ausgleichsfuttermittel so zu ergänzen, dass mit der Ration eine möglichst gleiche Milchmenge aus NEL und nXP bei einer RNB ±0 gebildet werden kann. Ein leichter Überschuss (für 1–2 kg Milch) an nutzbarem Rohprotein wirkt sich erfahrungsgemäß nicht negativ und auf die Milchmengenleistung sogar positiv aus. Andererseits kann ein relativer Energieüberschuss v.a. bei Tieren in der Spätlaktation zu vermehrtem Fettansatz führen. Tab. 3.39 zeigt verschiedene Ausgleichsfuttermittel.
5. Errechnen des Mineralfutterbedarfs	Nach neueren Erkenntnissen geht man im Regelfall davon aus, dass die Mengenelementversorgung von Milchkühen ausreichend ist. Da die Mengen- und Spurenelementgehalte in den verschiedenen Futtermitteln erheblichen Schwankungen unterworfen sind, sind Berechnungen nur auf der Basis von GF-Analysen sinnvoll. Die Mengen- und Spurenelementversorgung aus dem GF wird errechnet und ggf. durch ein passendes Mineralfutter ergänzt (Tab. 3.27).
6. Auswahl des geeigneten KF-Typs	KF der Energiestufen 2 (6,2 MJ NEL/ g), 3 (6,7 MJ NEL/kg) und > 3 (mind. 7,0 MJ NEL/ kg) sind am gebräuchlichsten. Der Energiegehalt von 1 kg KF der Energiestufe 3 reicht für die Produktion von etwa 2 kg Milch. Der Gehalt an nutzbarem Rohprotein muss bei ausgeglichener GF-Ration also 2 × 85 g = 170 g betragen.
7. Errechnen der erforderlichen KF-Mengen	KF (Milchleistungsfutter [MLF]) sollte erst oberhalb der aus dem GF (ggf. inkl. Ausgleichsfutter) möglichen Milchleistung zugeteilt werden. Die Höhe der Zuteilung richtet sich nach dem Energiegehalt des KF und nach einer möglichen Verdrängung von GF durch das KF (Abb. 3.15). Eine nennenswerte Verdrängung beginnt erst bei KF-Gaben von mehr als 4 kg pro Tag. Sie variiert in Abhängigkeit von der Verteilung der KF-Ration auf mehrere Einzelgaben. Da die GF-Verdrängung mit steigenden KF-Gaben größer wird, müssen die zusätzlichen KF-Gaben pro kg Milch ebenfalls größer werden. In „Totalen Mischrationen“ (TMR) ist die GF-Verdrängung sehr gering.

Tab. 3.41 Mögliche Ausgleichsfuttermittel.

Ausgleich einer positiven RNB			
	NEL (MJ/kg TM)	**nXP (g/kg TM)**	**RNB (g/kg TM)**
Pressschnitzelsilage	7,4	157	– 7
Kartoffeln	8,4	162	– 11
Weizen	8,5	172	– 5
Melasseschnitzel	7,5	162	– 6
CCM	8,1	159	– 9
Ausgleich einer negativen RNB			
	NEL (MJ/kg TM)	**nXP (g/kg TM)**	**RNB (g/kg TM)**
Biertrebersilage	6,9	184	+ 9
Erbsen	7,5	165	+ 9
Sojaex.schrot	8,6	308	+ 32
Rapsex.schrot	6,9	213	+ 29
Futterharnstoff	–	–	+ 460

(3–14 Tage p. p.), wodurch die Futteraufnahme weiter gehemmt wird (Appetitverlust). Die herabgesetzte Futteraufnahme verstärkt die in dieser Phase ohnehin negative Energiebilanz und fördert den weiteren Fettabbau, wodurch es innerhalb kurzer Zeit zu einem sehr starken Konditionsverlust kommt. Dieser Vorgang führt zu einem deutlichen Absinken der Milchleistung, zu einer starken Belastung des Stoffwechsels und damit vor allem der Leber als das zentrale Stoffwechselorgan. Es kommt zu Fetteinlagerungen und degenerativen Veränderungen. Ein hohes Fütterungsniveau in der Zeit vor der Kalbung begünstigt außerdem das Auftreten von Uterusatonie, Nachgeburtsverhaltung (oft in Kombination mit „Milchfieber"), puerperaler Endometritis, Euterödem (in diesem Zusammenhang auch von Zitzenverletzungen), Klauen- und Gliedmaßenerkrankungen (z. B. vermehrtes Auftreten sog. „Liegebeulen") und Mastitis. Negative Auswirkungen auf das Fruchtbarkeitsgeschehen durch Beeinträchtigung der Entwicklung und der späteren Qualität von Follikeln sind ebenfalls bekannt.

Ein hohes Fütterungsniveau während des Trockenstehens wird vor allem dann erreicht, wenn vermehrt Kraftfutter gegeben wird. Gerade in dieser Zeit verdrängt jedoch das Kraftfutter in zunehmendem Maße das Grundfutter (Verdrängung von bis zu 0,8 kg TM aus Grundfutter durch 1 kg Kraftfutter). Da die Trockenmasseaufnahme ohnehin in den letzten Wochen der Trächtigkeit am geringsten ist, wird durch das Verfüttern von mehr Kraftfutter nicht wesentlich mehr Energie aufgenommen. Wird zu wenig Strukturfutter aufgenommen, steigt die Gefahr von Magen-Darm-Erkrankungen nach der Kalbung (Labmagenverlagerung u. a.).

Für die Futterrationen während der Trockenstehzeit wird empfohlen, den Bedarf der Tiere für die Erhaltung plus 5–8 kg Milchleistung zugrunde zu legen. Ist es möglich, mit zwei Tiergruppen zu arbeiten, ist die Empfehlung für den 1. Monat der Trockenstehzeit Erhaltung plus 3–5 kg Milchleistung, für den 2. Monat der Trockenstehzeit Erhaltung plus 8 kg Milchleistung.

Ab etwa 2 Wochen vor der Kalbung sollte mit einer Vorbereitungsfütterung begonnen werden. Bei diesem „Anfüttern" wird den Tieren bereits das Kraftfutter gegeben, das sie auch während der Laktation erhalten sollen (Empfehlung: Mit 0,5 kg beginnen, in 0,5 kg-Schritten steigern bis maximal 3 kg). Nach der Kalbung wird die Kraftfuttermenge vorsichtig weiter gesteigert, so dass nach etwa 20 Tagen eine dem Energiebedarf entsprechende Kraftfutterration gefüttert wird (Steigerung bis etwa 9 kg Kraftfutter bei Erstkalbinnen, 12–13 kg bei Hochleistungskühen). Die Steigerung muss sehr vorsichtig erfolgen, da die Grundfutteraufnahme nicht beeinträchtigt werden darf. Die Vorbereitungsfütterung stellt die Pansenflora auf das neue Futter ein. Es kommt in dieser Zeit außerdem zu einer deutlichen Vergrößerung der Pansenzotten und damit zu einer Oberflächenvergrößerung. Diese Oberflächenvergrößerung ist im Wesentlichen dafür verantwortlich, dass die großen Mengen an kurzkettigen Fettsäuren, die durch die hohen Kraftfuttergaben in der Hochlaktation anfallen, zügig durch die Pansenwand hindurch resorbiert werden können und somit die pH-Schwankungen begrenzen. Das Resultat ist eine bessere Futteraufnahme zu Beginn der Laktation. Nach der Kalbung darf keine Futterumstellung erfolgen. Außerdem muss in dieser Zeit bestes Grundfutter verfüttert werden (hochverdauliche Silagesorten; früher Schnitt; einwandfreie hygienische Qualität).

Werden trockenstehende Kühe auf der Weide gehalten, muss besonders darauf geachtet werden, dass diese nicht zu stark an Kondition gewinnen. Die Futteraufnahme ist auf der Weide kaum kontrollierbar. Um einer Überversorgung dennoch entgegenzuwirken, ist es oft nötig, die Trockensteher auf „magere“ Weiden zu stellen, sie gemeinsam mit Jungvieh weiden zu lassen und/oder die Futteraufnahme durch Steuerung der Besatzdichte oder durch zeitliche Beschränkung des Weidegangs zu beeinflussen. Geht man von einem Bedarf für die Erhaltung plus etwa 8 kg Milchleistung aus, sollten die Kühe während der Trockenstehzeit nicht mehr als etwa 9 kg Trockenmasse aus Gras aufnehmen können. Es gibt Kühe mit einer Trockenmasseaufnahme von 15 kg während des letzten Trächtigkeitsmonats.

Für die Berechnung von Futterrationen gibt es mittlerweile eine Vielzahl von Computerprogrammen, die man mit Hilfe portabler Rechner auch mobil einsetzen kann.

Total Mixed Ration

Bei dem „Total Mixed Ration“-Verfahren (Totale Mischration; TMR) werden alle Komponenten einer Futterration in einer Mischung angeboten. Das Futter sollte mindestens 2 × pro Tag vorgelegt und mehrfach nachgeschoben werden.

Vorteile der TMR-Fütterung: Durch das kontinuierliche Angebot einer konstant zusammengesetzten Ration werden Umstellungsphasen, die die Verdauung immer vorübergehend beeinträchtigen, vermieden. Durch zeitgleiche Aufnahme von Struktur- und Kraftfutter kommt es kaum zu pH-Wert-Schwankungen im Pansen und damit zu einer dauerhaften Stabilisierung der Milieubedingungen. Energie- und Proteinstoffwechsel im Pansen können bestmöglich koordiniert werden. Diese Vorteile bringen weitere mit sich. Es kommt zu einer Maximierung der Trockenmasse-Aufnahme (> 20 kg TM/Tag) und Optimierung der Energieversorgung mit positivem Einfluss auf die Milchleistung (Menge und Inhaltsstoffe). Durch die Stabilität des Pansen-pH-Wertes ergibt sich eine bessere Verträglichkeit hoher Kraftfuttermengen, so dass das Verhältnis von Grundfutter-TM zu Kraftfutter-TM, falls nötig, bis auf 40:60 verkleinert werden kann. Eine Grundfutterverdrängung findet beim TMR-Verfahren nur in geringerem Maße statt, und die Anpassung des Kraftfutters an das Grundfutter ist besser möglich, da entsprechend mehr Komponenten eingesetzt werden können. Weiterhin können Futtermittel mit geringer Schmackhaftigkeit oder besonderen Struktureigenschaften ohne Nachteil für die Futteraufnahme eingesetzt werden (z. B. beim DCAB-Konzept). Das Gleiche gilt für den Einsatz unkonventioneller, sonst schwer verwendbarer Futtermittel (Melasse, Backabfälle). Schließlich bietet das TMR-Verfahren auch arbeitswirtschaftliche Vorteile.

Nachteile und Schwierigkeiten des TMR-Verfahrens: Zu nasses oder zu trockenes Grundfutter kann sich nachteilig auf den Mischvorgang und die Futteraufnahme auswirken, wenn es zu inhomogenen Mischungen kommt. Im Falle labiler, nachgärender Grundfutterkonserven kann es zu einer forcierten mikrobiellen Aktivität in der TMR kommen, was ebenfalls eine abnehmende Futteraufnahme zur Folge hat. Auch stellenweise verdorbenes Grundfutter (Schimmelnester) stellt ein gewisses Problem dar, da eine Selektion beim Beladen nur bedingt möglich ist, und die Tiere lokal verdorbenes Futter aufgrund der Durchmischung ebenfalls nicht selektieren können. Nachteile für den Pansenstoffwechsel und die Futteraufnahme sind zu befürchten. Die Vorbereitungsfütterung vor der Abkalbung kann sich in Betrieben, in denen aufgrund der Betriebsgröße keine separate Mischung für diese Phase erstellt wird, schwierig gestalten. Um eine Adaptationsphase zu gewähren, müssen häufig „Tischmischungen“ aus Laktations- und Trockenstehration erstellt werden, die zum einen seitens der Futterinhaltsstoffe immer einen Kompromiss darstellen und andererseits wieder arbeitsintensiver sind.

Wird nicht mit mehreren Leistungsgruppen gearbeitet, oder ergeben sich inhomogene Leistungsniveaus innerhalb einer Gruppe, z.B. bei geringen Tierzahlen und verteilten Abkalbungen oder bei

Tab. 3.42 Orientierungswerte für TMR-Rationen.

Bestandteil der Ration		**Phase Trockensteher**		**Übergangsphase**		**Hochlaktation 45–40 kg Milch/Tag**		**mittlere Laktation 35–30 kg Milch/Tag**		**Spätlaktation 25–20 kg Milch/Tag**	
		min.	**max.**	**min.**	**max.**	**min.**	**max.**	**min.**	**max.**	**min.**	**max.**
TM	g/kg	300		350		450		400	550	400	600
NDFg	g/kg TM	350		250		180		240		300	
NDF	g/kg TM	400		350		280	320		380		440
ADF	g/kg TM	300		220		180		200		230	
NFC	g/kg TM		250	300	350	350	420*		380		340
best. XS	g/kg TM			15		35		30			10
XZ	g/kg TM		75		75		75		75		75
PKH[1]	g/kg TM			100	200	150	250	150	250	100	200
SW		2,0		1,4		1,2		1,1		1,0	
XF	g/kg TM	260		180		150		150		180	
struk. XF	g/kg TM	170		120		100		100		12	
NEL	MJ/kg TM	5,1	5,5	6,5	6,7	7,1	7,3	6,9	7,0	6,6	6,7
nXP	g/kg TM	100	125	140	150	170		160		145	
RNB	g/kg TM	0		1		1,5		1		0	

* nur bei hohen Anteilen an beständiger Stärke

[1] Pansenverfügbare Kohlenhydrate (unbeständige Stärke und Zucker)

noch wenig durchgezüchteten Herden, besteht die Gefahr der Überfütterung und damit der Verfettung in fortgeschrittener Laktation und während der Trockenstehzeit. Häufig wird durch Herabsetzen der Energiedichte in der Ration der Verfettung niederleistender Tiere entgegengewirkt. Dabei muss aber bedacht werden, dass dann die hochleistenden Tiere, also die besten und zukunftsträchtigsten Tiere in der Herde unterversorgt werden.

In vielen Fällen wird versucht, der Inhomogenität der Gruppen mit dem sog. **„Top Dressing"** oder der sog. **„aufgewerteten Grundfutterration"** zu begegnen. Hierbei wird das TMR-Verfahren nicht in letzter Konsequenz durchgeführt („Fast-TMR"), und Tiere mit sehr hohen Leistungen bekommen zusätzlich zur „Fast-TMR" etwas Kraftfutter über noch vorhandene Abrufautomaten. Der Nachteil besteht darin, dass auch bei Zufütterung kleiner Kraftfuttermengen das Pansenmilieu bereits wieder beeinflusst wird, d. h. die pH-Wert-Schwankungen im Pansen wieder zunehmen.

Die Energiedichten der TMR in den verschiedenen Laktationsphasen sind in **Tab. 3.42** aufgeführt.

Für das TMR-Verfahren ist eine Mischvorrichtung, in der Regel ein Futtermischwagen, erforderlich. Das bedeutet für den Betrieb einen Investitionsaufwand, für den bestimmte Voraussetzungen gegeben sein müssen (Herdengröße, Liquidität etc.).

Die hohe Technikabhängigkeit (Mischwagen) birgt gewisse Nachteile in sich. So ist diese im Falle des TMR-Verfahrens schwer aufzufangen, so dass ein Schaden an der Mischtechnik immer einen „eiligen Notfall" darstellt. Je nach Mischerfabrikat und -funktionsprinzip sowie Beschaffenheit der Futtermittel ist eine ausreichende Vermischung insbesondere von „Minorkomponenten" mitunter fraglich. Infolge einer nicht angemessenen Schneidwirkung beim Mischen kann es zu einem zu geringen Zerkleinerungsgrad kommen. Außerdem können sich Defekte der Wägetechnik/-elektronik negativ auswirken.

Tab. 3.43 Schätzung des Trockenmassegehalts in Silagen.

geschätze TM %	Merkmale
< 20	Handinnenflächen tropfnass bzw. bei leichtem Druck auf das Siliergut fließt Saft ab
20–25	Handinnenflächen feucht, bei kräftigem Druck ist Pflanzensaft abzupressen
20–30	aus dem geformten Ballen kann Pflanzensaft nicht abgepresst werden, nur bei Wringen tritt Saft aus
30–35	bei Wringen werden die Handinnenflächen nur leicht feucht
> 35	auch bei kräftigem Druck bleiben die Handinnenflächen trocken
> 50	Material hat heuähnlichen Charakter, sperrig – hart – klamm im Griff

3.3.2.3 Überprüfung der Futterzuteilung sowie Bewertung der Futteraufnahme

Wie bereits zuvor erwähnt, ist es wichtig Rationsberechnungen zu erstellen. Zahlreiche Faktoren können die Futterzusammensetzung und Futteraufnahme jedoch beeinflussen. So ist es ebenso wichtig, wenn nicht wichtiger, die Futterzuteilung und Futteraufnahme zu kontrollieren. Für die Überprüfung der ausreichenden Futterzuteilung werden vor allem Sichtkontrollen durchgeführt. Es hat sich bewährt, die „Futterstrecke" beginnend bei den Futtervorräten bis zum vorgelegten Futter zu überprüfen. Die Qualität der Silagen wird in den Silos u. a. auf Verdichtung, Nacherwärmung und Schimmelbildung geprüft. Insbesondere in den oberen, äußeren Bereichen der Anschnittflächen sind häufig Schimmelnester zu finden. Die Qualität der Silagen hat direkten Einfluss auf die Futteraufnahme.

Der Trockensubstanzgehalt der Silagen kann in den Futterstöcken mittels Handtest grob geschätzt und mit den Futtermittelanalysen verglichen werden. Weichen die Schätzungen deutlich von den vorliegenden Futtermittelanalysen ab, empfiehlt es sich, aktuelle Futtermittelanalysen erstellen zu lassen (**Tab. 3.43**).

Werden Mischrationen gefüttert, kann die Mischgüte zum einen mittels Futterschüttelbox oder durch „Erbsenzählerei" eruiert werden. Wird die Futtermischung an verschiedenen Stellen des Futtertisches unmittelbar nach der Vorlage geschüttelt, sollten die einzelnen Siebfraktionen an den verschiedenen Stellen in etwa gleich groß sein. Weiterhin kann mit der Futterschüttelbox überprüft werden, ob die Kühe die Ration selektieren. In diesem Falle würden sich die Anteile der einzelnen Siebfraktionen im Laufe des Tages ändern. Anzustrebende Gehalte der einzelnen Siebfraktionen können aus **Tab. 3.35** entnommnen werden.

Eine sehr gute Möglichkeit, die Mischgüte einer Mischration zu beurteilen, bietet die „Erbsenzählerei". Gibt man z. B. 30 kg Erbsen in eine Futtermischung von 1.500 kg, müssten bei guter Durchmischung pro kg Futter etwa 20 g Erbsen enthalten sein. Dieses Vorgehen ist zwar etwas mühsam, hilft aber Schwachstellen bei der Futtermischung aufzudecken.

Die Bewertung der Futteraufnahme kann mittels Beurteilung der Pansenfüllung durchgeführt werden. Dazu wird die Körperoberflächenregion über der linken Hungergrube der Kühe betrachtet und die Pansenfüllung anhand dem Hautverlauf über den Querfortsätzen der Lendenwirbel, der Tiefe der Hungergrube und der vom Hüfthöcker ausgehenden Hautfalte in einem fünfstufigen Scoresystem beurteilt. Die Kühe sollten bei ständigem Zugang zum Futter zu jeder Tageszeit einen gut gefüllten Pansen aufweisen.

Zur Kontrolle der aufgenommenen Grundration können bei konventionellen bzw. aufgewerteten Rationen die Grundfutterleistungen errechnet werden. Dazu wird die Milchmenge, die aus dem über die Transponderstationen gefütterten Leistungskraftfutter gebildet werden kann, von der ermolkenen Tagesmilchmenge abgezogen. Die verbliebene Milchmenge ergibt die Grund- bzw. Basisfutterleistung. Diese Berechnungen können auf Herden-, als auch auf Einzeltierebene durchgeführt werden. Ein Vergleich der ermolkenen mit der berechneten Grundfutterleistung gibt Hinweise auf die aufgenommene Futtermenge.

Maßnahmen, die zu einer vermehrten Futteraufnahme beitragen, sind in **Tab 3.44** aufgeführt.

Tab. 3.44 Maßnahmen zur Optimierung der Futteraufnahme.

Zugang zum Futter:	Eine ausreichende Futteraufnahme kann nur dann gewährleistet werden, wenn Kühe 24 Stunden am Tag die Möglichkeit haben, Futter aufzunehmen. Insbesondere bei Anbindehaltung muss überprüft werden, ob Kühe zeitweise vom Futter weggesperrt sind.
Menge des vorgelegten Futters:	Es sollte immer Futter vorliegen. Müssen vor der nächsten Futtervorlage keine Futterreste vom Futtertisch entfernt werden, ist dies ein Zeichen, dass die Kühe mehr Futter aufnehmen könnten. Von einer ausreichenden Futtervorlage kann ausgegangen werden, wenn etwa 5% Futterreste übrig bleiben.
Fressplatzgestaltung:	Das Tier-/Fressplatzverhältnis sollte ≤ 1:1 betragen, damit es den Kühen ermöglicht wird, z. B. nach dem Melken gleichzeitig zu fressen. Die Futteraufnahme von glatten Oberflächen des Futtertischs ist größer als von rauen. Weiterhin sollte das Fressgitter etwa 15° zum Futtertisch geneigt sein.

3.3.2.4 Beurteilung der Futterverwertung

Der wichtigste Teil der Rationskontrolle ist die Beurteilung der Futterverwertung der Kühe, d. h. die umgesetzte Ration. Diese Ration ist sozusagen die „Antwort" der Tiere, ob die zusammengestellte und vorgelegte Ration ihren Bedürfnissen entspricht. Letztendlich ist nur diese Ration, nämlich die von den Tieren verwertete Ration von Interesse. Während in früheren Jahren vornehmlich Blut- und Speichel-/Harnproben von einer repräsentativen Stichprobe der Herde für die Erstellung sog. Stoffwechselprofile genutzt wurden, um mit Hilfe stoffwechselrelevanter Parameter die Fütterungssituation zu kontrollieren, bedient man sich heute vorwiegend verschiedener Parameter in der Milch, die zum Teil bei den routinemäßigen Milchkontrollen automatisch, d. h. ohne zusätzlichen Kostenaufwand anfallen und lediglich für eine entsprechende Auswertung aufbereitet werden müssen. Außerdem haben sich die fortlaufende Konditionskontrolle, mittels **„Body Condition Scoring"** (BCS) und **Rückenfettdickenmessung** (RFD), bei dem der Ernährungszustand der Tiere wiederholt während eines Reproduktionszyklus bestimmt wird, als einfaches und kostengünstiges Instrument der Fütterungsüberwachung ebenfalls bewährt. Für die Durchführung dieser Verfahren stehen heute auch einfach anwendbare Computerprogramme zur Verfügung, was bei größeren Herden von Vorteil ist. Auswertung der monatlichen MLP-Daten und Body Condition Scoring oder Rückenfettdickenmessung ermöglichen in Kombination mit regelmäßigen Beratungsgesprächen über die Fütterung und regelmäßigen Sichtkontrollen im Stall eine unter Praxisbedingungen ausreichende Kontrolle der Fütterung. Nur in Ausnahmefällen, z. B. bei Verdacht auf erhebliche Leberbelastungen, müssen für weitergehende Informationen zusätzliche Proben von den Tieren gewonnen werden.

Zusammenhänge zwischen Fütterung und Milchinhaltsstoffen

Milchfettgehalt

Das Milchfett wird aus verschiedenen Stoffwechselquellen gebildet:

1. Acetat (C2) und β-Hydroxybutyrat (C4) aus der Cellulosefermentation im Pansen liefern vor allem kurzkettige Fettsäuren (C4–C16) für das Milchfett.
2. Aus dem körpereigenen Depotfett durch Lipolyse abgebaute Triglyceride liefern vor allem langkettige Fettsäuren (C16–C18).
3. Futterfette haben nur einen geringen Anteil am Milchfett, da sie in der Regel nicht pansenstabil sind. Hohe Futterfettanteile beeinträchtigen außerdem die Pansenfermentation. Pansenstabile, sog. „geschützte" Fette bilden eine Ausnahme.
4. In beschränktem Umfang liefert das mikrobielle Fett vor allem ungerade (C15, C17) und verzweigte Fettsäuren (nur in Wiederkäuermilch vorhanden).

Der Fettgehalt der Milch ist negativ mit der Milchmenge korreliert. Er soll zu Beginn der Laktation abfallen mit einem Tiefpunkt zwischen dem 60. und dem 80. Tag der Laktation und dann bis zum Trockenstellen langsam wieder ansteigen. Ein zu hohes Fütterungsniveau in den letzten Wochen vor dem Abkalben senkt den Fettgehalt zu Beginn

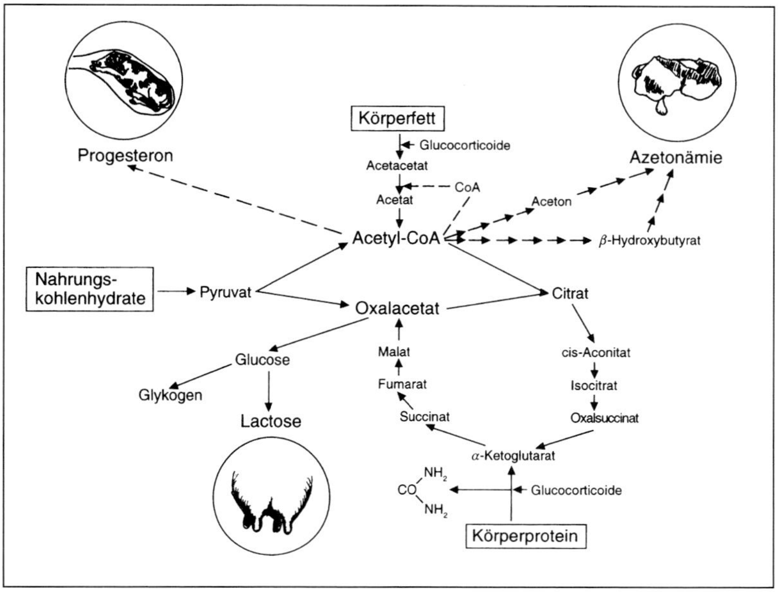

Abb. 3.18 Wege des Energiestoffwechsels bei der Milchkuh (nach Farries 1980; Zeichnung: S. Mansfeld).

der Laktation. Eine zu schnelle Steigerung und ein zu hohes Niveau der Kraftfutterration bedingen eine zu geringe Raufutteraufnahme. Der Rohfasermangel führt zu einem Absinken des Milchfettgehalts. Niedrige Milchfettgehalte weisen also auf Mängel in der Rohfaserversorgung und subklinische Pansenazidosen hin. Plötzliche Veränderungen der Grundfutterarten können ebenfalls zu einem Abfall des Milchfettgehalts führen.

Durch starkes Abmagern von Tieren zu Laktationsbeginn infolge eines zu geringen Futterangebots steigt der Milchfettgehalt durch vermehrte Lipomobilisation. Dies ist auch festzustellen bei Tieren, die bei der Kalbung stark verfettet sind, und die zu Beginn der Laktation trotz vorhandenen Angebots nicht genügend Futter aufnehmen. Durch den starken Abbau körpereigenen Fettes bei gleichzeitig einsetzender Milchleistung kommt es bei diesen Tieren gewissermaßen zu einem Ungleichgewicht im Citratzyklus und in der Folge zu einem vermehrten Anfall von Ketonkörpern im Blut. Diese belasten die Leber und bewirken einen weiteren Appetitverlust (**Abb. 3.18**). Hohe Milchfettgehalte zu Beginn der Laktation weisen demnach auf das vermehrte Vorliegen subklinischer Ketosen hin.

Eine zu hohe Propionsäurebildung (C3) im Pansen, durch die das Verhältnis Essigsäure/Propionsäure kleiner wird, wirkt hemmend auf die Milchfettbildung. Das ist z. B. der Fall bei Rationen mit relativ wenig Rohfaser und/oder vielen leicht fermentierbaren Kohlenhydraten, z. B. Rationen mit hohem Rüben-, Kartoffel- oder KF-Anteil oder mit jungem Gras. Auch zu fein gehäckseltes Raufutter kann hierbei eine Rolle spielen. Allerdings wird in diesem Fall die negative Auswirkung auf den Milchfettgehalt z. T. durch die Mehraufnahme von Futter kompensiert. Futterfett wirkt sich auf den Milchfettgehalt nur dann erhöhend aus, wenn es ungehindert den Pansen passieren kann. Das ist nur der Fall, wenn es vollständig in Grundstoffe eingeschlossen oder durch vorherige Bearbeitung geschützt ist. Soweit Fettsäuren (FS) im Pansen freigesetzt werden (vor allem unverzweigte FS aus jungem Gras, dem Kraftfutter zugesetzte Fette), beeinträchtigen diese die Cellulosefermentation und senken die Essigsäureproduktion. Es wird von der Verwendung von KF mit mehr als 5% Fettgehalt abgeraten. Das Hinzufügen einer Puffersubstanz (Hydrogencarbonat) kann theoretisch dem Abfallen des Milchfettgehalts vorbeugen, da ein zu starkes Absinken des Pansen-pH-Wertes verhindert und somit die zellulolytische Aktivität der Pansenflora erhalten bleibt. Tatsächlich können dadurch nur extreme Abfälle des Milchfettgehalts vermieden werden. Ein Verteilen der Tageskraftfutterrationen auf mehrere Einzelgaben wirkt sich günstig auf den Milchfettgehalt aus (pH-Wert-Schwankungen im Pansen geringer).

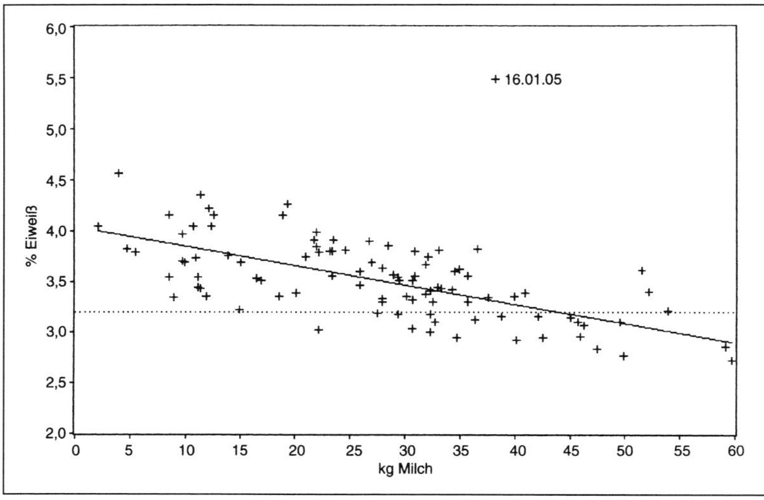

Abb. 3.19 Beurteilung der energetischen Leistungsfähigkeit der Fütterung durch Gegenüberstellung von Milchmenge und prozentualem Milcheinweißgehalt. Hoher Schnittpunkt der Regressionsgeraden mit der 3,2%-Hilfslinie (44 kg) bei geringer Streuung der Werte spricht für eine gute Energieversorgung.

Milcheiweißgehalt

Der größte Teil des Milcheiweißes ist von der Pansenflora gebildetes, bakterielles Eiweiß. Ein kleiner Teil wird von pansenstabilem Futtereiweiß geliefert, nur ein sehr kleiner Teil durch Mobilisation aus Körperreserven. Jegliche Störung der Aktivität der Pansenflora wirkt sich daher negativ auf den Milcheiweißgehalt aus. Das bedeutet, dass ein hohes Energieniveau der Fütterung, ein ausreichender Eiweißgehalt und aufeinander abgestimmte Abbaubarkeiten im Pansen die Voraussetzung/Gewähr für einen hohen Milcheiweißgehalt sind. Ein spontaner Abfall des Eiweißgehalts nach der Kalbung mit einem Tiefpunkt im 3. Laktationsmonat ist die Regel. Insgesamt ist festzustellen, dass der Milcheiweißgehalt wesentlich mehr durch die Energiezufuhr über das Futter als durch die Eiweißzufuhr (auch pansenstabiles Eiweiß) beeinflusst wird. Eine Verbesserung der Futteraufnahme (Quantität) wirkt sich außerdem im allgemeinen stärker aus als eine qualitative Verbesserung der Futterration (Zusammensetzung).

Auswertung der Milchinhaltsstoffe zur Fütterungsüberwachung

Als Kontrollparameter dienen die **Milchmenge**, Fett- und Eiweißgehalte sowie, falls vorhanden, der **Milchharnstoffgehalt**. Für die Auswertung dieser Parameter hat sich die Anwendung eines einfachen graphischen Auswertungsprogramms unter Praxisbedingungen bestens bewährt. Ein solches Programm sollte nach Spohr u. Wiesner (1991) folgende Bedingungen erfüllen:

1. Die Daten sollen herdenbezogene Einflüsse (Fütterung) und gleichzeitig tierindividuelle Abweichungen vom Herdendurchschnitt (Färsen, Kühe) erkennen lassen.
2. Entwicklungen müssen in Form von Monatsvergleichen darstellbar sein. Dabei muss der Einfluss des sich ständig ändernden Herdenstatus (Tierzahl, Laktationsstand und -nummer) soweit wie möglich ausgeschlossen oder beachtet werden.

Die im Folgenden beschriebenen Verfahren werden von den Autoren seit mehreren Jahren unter Praxisbedingungen angewandt und haben sich bestens bewährt.

Milchmenge/Milcheiweißgehalt

Die Gegenüberstellung von Milchmenge und Milcheiweißgehalt (**Abb. 3.19**) ermöglicht eine Beurteilung der energetischen Leistungsfähigkeit der Fütterung. Die Regressionsgerade durch den Punkteschwarm ergibt eine herden- oder tiergruppenspezifische Kennlinie. Der Schnittpunkt dieser Kennlinie mit der willkürlich festgelegten Hilfslinie (3,2%-Milcheiweißgehalt) ergibt die energetische Leistungsfähigkeit der z.Zt. gefütterten Ration. Das bedeutet in **Abb. 3.19**, dass die Ration etwa bis 44 kg Tagesmilchleistung ausreichend ist. Der Wert ist von verschiedenen Faktoren abhängig. Verschiebungen des Schnittpunkts zwischen zwei Kontrollen deuten auf Veränderungen in der Fütterung hin. Es hat sich in der Praxis gezeigt, dass auch geringe Futterveränderungen (z.B. durch Öffnen eines neuen Silos, auch bei vergleichbarer Qua-

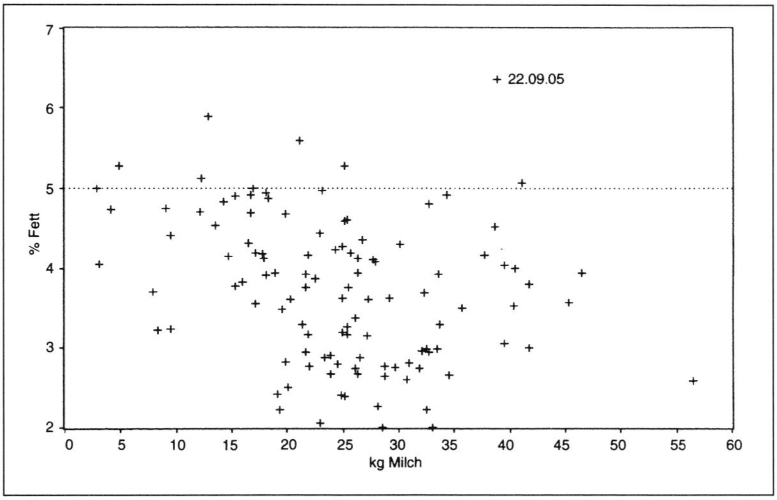

Abb. 3.20 Beurteilung von Stoffwechselgesundheit und Rohfaserversorgung durch Gegenüberstellung von Milchmenge und prozentualem Milchfettgehalt. Beispiel mit sehr niedrigen Fettgehalten, z. T. auch bei relativ geringer Milchmengenleistung infolge eines deutlichen Rohfasermangels.

lität, Wegfall einer kleinen Rationskomponente und Erhöhung der Menge einer anderen etc.) bereits zu deutlich sichtbaren Veränderungen einer solchen Punktegrafik führen. Sehr niedrige Eiweißgehalte (< 3,0%) sind ein deutlicher Hinweis auf eine energetische Unterversorgung. Wenn es möglich ist, d. h. in den Fällen, in denen die Herde groß genug ist, und die erforderlichen Stammdaten der Tiere bekannt sind, sollte diese Auswertung für Erstkalbinnen und mehrkalbige Kühe getrennt durchgeführt werden. Der Schnittpunkt der Kennlinie mit der Hilfslinie liegt für Erstkalbinnen in der Regel niedriger. Außerdem können bei getrennter Betrachtung häufig schon bei dieser Auswertung erkennbare Mängel der einen oder anderen Gruppe zugeordnet werden. Die Streuung der Messwerte soll möglichst gering sein. Größere Streuungen (niedrige Eiweißgehalte vermehrt auch bei Tieren mit relativ geringer Mengenleistung) bei im Übrigen vergleichbaren Tiergruppen oder in Gruppen, die Streuungen solcher Art bei vorangegangenen Auswertungen nicht zeigten, treten bei Beeinträchtigungen der Futteraufnahme (Rationsänderungen, Qualitätsänderungen, Verschlechterung der Futterzuteilung, Weideaustrieb etc.) auf. Bei bewusst herbeigeführten Veränderungen kann, vorausgesetzt die Abweichungen sind nicht zu stark, in der Regel eine Milchkontrolle abgewartet werden, um zu sehen, ob sich die Tiere auf die Veränderung eingestellt haben. Bei Abweichungen ohne bekannte Ursache muss diese sofort gesucht und abgestellt werden. Auffällig niedrige Milcheiweißgehalte zu Beginn der Laktation weisen auf das vermehrte Vorkommen von subklinischen Ketosen hin.

Laktationsstadium/Milchmenge/Milchfettgehalt

Die Beurteilung des Milchfettgehalts (s. o.) hängt von der Rasse und innerhalb dieser wesentlich vom jeweiligen Laktationsstadium ab. Sehr niedrige Fettgehalte (< 3%) sind ein Hinweis auf deutliche Mängel in der Rohfaserversorgung (**Abb. 3.20**). Bei HF-Tieren soll der Fettgehalt zu Beginn der Laktation nicht wesentlich über 5% steigen. Kommen bei einem erheblichen Teil der Tiere in diesem Stadium erhöhte Fettgehalte vor, spricht das für das Auftreten (subklinischer) Ketosen. Ist bei der Auswertung das Laktationsstadium der Tiere nicht bekannt, kann man zunächst die Milchmengenleistung als Anhaltspunkt dafür nehmen, welche Tiere in der Früh- oder Hochlaktation sind. Bei der Bewertung muss beachtet werden, dass die Punktegraphik in dieser Form immer nur das Spiegelbild einer Milchkontrolle ist. Um die Bedeutung des Auftretens subklinischer Stoffwechselstörungen zu Beginn der Laktation in einem Bestand sicher erfassen zu können, müssen solche Auswertungen über einen längeren Zeitraum durchgeführt werden.

Milchmenge/Fett-Eiweiß-Quotient (FDE-Wert)

Die alleinige Bewertung des Milchfettgehalts birgt die Gefahr, dass sich lipomobilisationsbedingter Fettanstieg und rohfasermangelbedingter Fettabfall gegenseitig aufheben können. Der Fett-Eiweiß-Quotient (sog. FDE-Wert) ist daher zur Er-

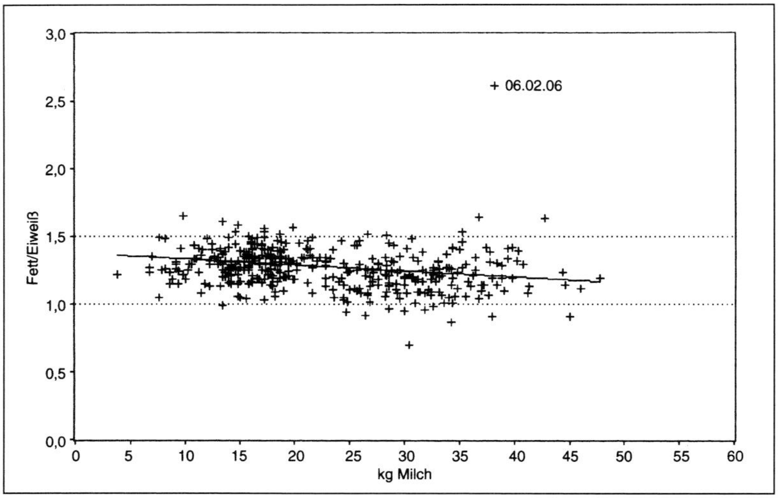

Abb. 3.21 Beurteilung der Energie- und Rohfaserversorgung durch Gegenüberstellung von Milchmenge und Fett-Eiweiß-Quotient („FDE-Wert"). Beispiel aus einer großen Milchviehherde mit nahezu optimaler Verteilung der Einzelwerte.

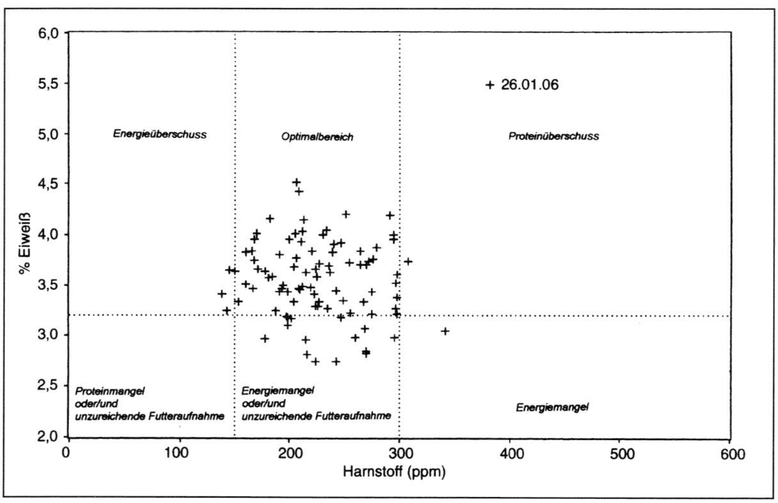

Abb. 3.22 6-Felder-Tafel zur Darstellung der absoluten Energie- und Eiweißversorgungssituation durch Gegenüberstellung von Eiweiß- und Harnstoffgehalt. Beispiel mit einer vermehrten Anzahl von Tieren mit suboptimaler Futteraufnahme und/oder Energiemangel. Das Nährstoffverhältnis bleibt dabei unverändert (**Abb. 3.23**). Eine Belastung des Stoffwechsels und entsprechend negative Auswirkungen auf die Leistungen dieser Tiere sind zu erwarten.

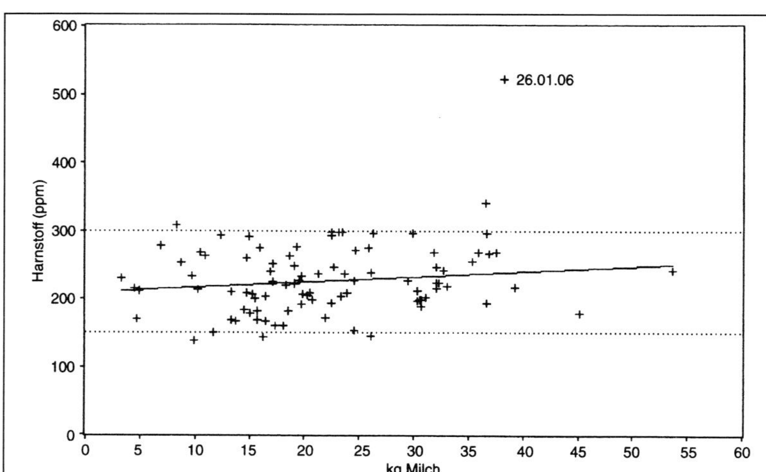

Abb. 3.23 Beurteilung des Energie-Eiweiß-Verhältnisses in der aufgenommenen Futterration nach Leistungsgruppen durch Gegenüberstellung von Milchmenge und Milchharnstoffgehalt. Beispiel mit nahezu optimaler Verteilung der Einzelwerte.

Tab. 3.45 Nutzung von Milchinhaltsstoffen für die Beurteilung der Fütterung.

Milchinhaltsstoff	Beurteilung von	Sollwerte (HF-Tiere)
Fettgehalt	Rohfaserversorgung	> 3,0%
	Auftreten subklinischer Ketosen zu Beginn der Laktation	< 5,0%
Eiweißgehalt	Energieversorgung	> 3,2% (Einzeltier)
	Futteraufnahme	Schnittpunkt der Regressionsgeraden mit der 3,2%-Eiweißlinie > 30 kg bei möglichst geringer Streuung*
Fett-/Eiweiß-Quotient	Auftreten subklinischer Ketosen	1,0 bis 1,5
		Anteil der Tiere innerhalb dieser Grenzen ≥ 90%*
		F/E-Quotient der Regressionsgeraden bei 35 kg Milch 1,2–1,3
Harnstoff	Nährstoffverhältnis	150 bis 300 ppm (mg/kg Milch)

*Erfahrungswerte in HF-Herden mit überwiegend mittlerer Leistung und Größen von 50 bis 800 Kühen.

kennung ketosegefährdeter Kühe besser geeignet. Werte > 1,5 sind als Hinweise auf subklinische Ketosen zu werten.

Außer der Bedeutung für die Ketosediagnostik hat der FDE-Wert auch Auswirkungen auf den Milchauszahlungspreis. Da Milchmenge und -eiweißgehalt den Auszahlungspreis vorrangig bestimmen, zu hohe Fettgehalte außerdem zu einer Kürzung der Milchquote führen können, wird empfohlen, einen FDE-Wert von 1,2 in der Anlieferungsmilch anzustreben. Hohe Mengenleistungen bei gleichzeitig hohen Eiweißgehalten werden daher häufiger durch eine Gratwanderung zuungunsten der Rohfaserversorgung erkauft. Gratwanderungen solcher Art sind auch unter strengster Kontrolle nicht ungefährlich. Es gibt Hinweise darauf, dass es in Betrieben, die in dieser Art füttern, vermehrt zum Auftreten von Labmagenverlagerungen kommen kann. Außerdem sind negative Auswirkungen auf die Oberfläche der Pansenschleimhaut (subklinische Pansenazidosen) mit möglichen akuten Krankheitsfällen oder subklinisch entstehenden Spätfolgen zum Beispiel für die Klauengesundheit nicht auszuschließen. Als Hinweise auf dieses Geschehen sind FDE-Werte unter 1,0 zu werten. Die **Abb. 3.21** zeigen die Punktegraphiken für den Fett-Eiweiß-Quotient nahezu in der anzustrebenden Form.

Milchharnstoffgehalt/Milcheiweißgehalt

Der Milchharnstoffgehalt dient als Maß für das Nährstoffverhältnis (Energie-Eiweiß) im aufgenommenen Futter. Ein relativer Eiweißüberschuss führt zu steigenden, ein relativer Energieüberschuss zu sinkenden Milchharnstoffgehalten. Um auch die absolute Nährstoffversorgung beurteilen zu können, wird der Milcheiweißgehalt in die Auswertung einbezogen. Mit Hilfe eines Parameters für die Energieversorgung (Milcheiweißgehalt) und eines weiteren für die Proteinversorgung (Milchharnstoffgehalt) lässt sich die Energie-Eiweiß-Versorgungssituation in Form einer 6-Felder-Tafel darstellen und beurteilen (**Abb. 3.22**).

Milchmenge/Milchharnstoffgehalt

Die Gegenüberstellung von Milchmenge und Milchharnstoffgehalt dient der Erkennung von Fütterungsfehlern in einzelnen Leistungsgruppen (**Abb. 3.23**). Starke Schwankungen des Harnstoffgehalts innerhalb einer Leistungsgruppe (> 150 ppm) weisen häufig auf Ungenauigkeiten in der Kraftfutterzuteilung oder auf individuell erheblich variierende Trockensubstanzaufnahmen hin (individuelle Eigenschaft, subklinische Erkrankungen, Futterzuteilung etc.). Deutlich erniedrigte Harnstoffwerte bei Weidegang deuten auf subklinische/klinische Erkrankungen der betreffenden Tiere und dadurch verringerte Futteraufnahme hin.

Tab. 3.45 fasst die Milchparameter zur Fütterungsbewertung zusammen.

■ Netto-Säure-Basen-Ausscheidung (NSBA)/ Pansensaft-pH

Seit geraumer Zeit werden die Netto-Säure-Basen-Ausscheidung (NSBA) im Harn und der Pan-

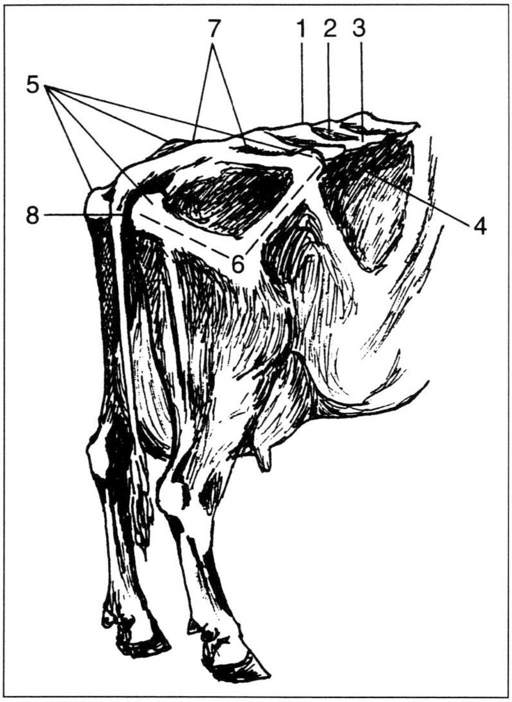

Abb. 3.24 Für die Konditionsbeurteilung wichtige Körperbereiche (nach Heuwieser und Bergmann, 1996; Zeichnung: S. Mansfeld).
1. Dornfortsätze der Lendenwirbel
2. Verbindungslinie zwischen Dorn- und Querfortsätzen der Lendenwirbel
3. Enden der Querfortsätze („kurze Rippen")
4. Übergang von den Querfortsätzen zur Hungergrube auf der rechten Seite
5. Hüfthöcker und Sitzbeinhöcker
6. Bereich zwischen Hüfthöcker und Sitzbeinhöcker
7. Bereich zwischen den beiden Hüfthöckern
8. Beckenausgangsgrube

sensaft-pH zur Diagnose latenter Pansenazidosen genutzt.

Bei der Bestimmung der NSBA werden alle über die Niere mit dem Harn ausgeschiedenen Säuren und Basen, einschließlich der Ammoniumionen maßanalytisch ermittelt. Idealerweise sollte Katheterurin schnellstmöglich an das entsprechende Labor versendet werden, um eine bakterielle Kontamination und sekundäre pH-Wert-Veränderungen zu vermeiden.

Eine weitere Methode zur Ermittlung subklinischer Pansenazidosen ist die Bestimmung des Pansensaft-pH-Wertes. Um den pH-Wert des Pansensafts bei peroraler Entnahme mittels Pansenschlundsonde nicht durch Speichel zu beeinflussen, kann der Pansensaft auch perkutan per Rumenozentese gewonnen werden.

Body Condition Scoring

Body Condition Scoring (BCS) ist eine subjektive Methode zur Beurteilung der Fettreserven von Rindern anhand der Ausprägung der Fettpolster an bestimmten Lokalisationen in der Unterhaut (**Abb. 3.24**). Die Bewertung erfolgt durch Adspektion und Palpation. Es wird dafür ein Indexsystem mit einer Bewertung von 1 bis 5, untergliedert in Halb- oder Viertelschritte, genutzt (**Abb. 3.25**). Durch wiederholtes BCS während des Reproduktionszyklus einer Kuh werden die Kondition zu verschiedenen Zeitpunkten und die Konditionsschwankungen aufgezeichnet. Dabei können sowohl die Konditionsbeurteilung zu bestimmten Zeitpunkten (Kalbung, ein Monat nach der Kalbung, Belegung, Spätlaktation, Trockenstellen etc.), die monatliche Beurteilung aller Tiere einer

Tab. 3.46 Referenzwerte der Körperkondition nach Heuwieser u. Mansfeld (1992) bei der Rasse Holstein-Friesian (HF) und Fleckvieh (FL).

Leistungsgruppe bzw. Laktationsstadium	„Idealer Wert"		„Normalbereich" Viertelpunktskala		„Normalbereich" +/– -Skala	
Kühe	**HF**	**FL**	**HF**	**FL**	**HF**	**FL**
frisch abgekalbt	3,50	4,00	3,25–3,75	3,75–4,25	3+ bis 4–	–
frühe Laktation	3,00	3,50	2,50–3,25	3,25–3,75	3- bis 3	–
mittlere Laktation	3,25	3,50	2,75–3,25	3,25–3,75	3	–
späte Laktation	3,50	4,00	3,00–3,50	3,50–4,00	3	–
trockenstehend	3,50	4,00	3,25–3,75	3,75–4,25	3+ bis 4–	–
Färsen						
zur Zeit der Besamung	3,00	–	2,75–3,25	–	3– bis 3+	–
zur Zeit der Abkalbung	3,50	–	3,25–3,75	–	3+ bis 4–	–

ABL 3.3 Arbeitsblatt zur Erhebung der Körperkondition (BCS).

Körperkondition - BCS

Betrieb: Datum:

Tier-Nr.	LN	Tage p.p.											
				2,5	2,75	3,0	3,25	3,5	3,75	4,0	4,25	4,5	
				2,5	2,75	3,0	3,25	3,5	3,75	4,0	4,25	4,5	
				2,5	2,75	3,0	3,25	3,5	3,75	4,0	4,25	4,5	
				2,5	2,75	3,0	3,25	3,5	3,75	4,0	4,25	4,5	
				2,5	2,75	3,0	3,25	3,5	3,75	4,0	4,25	4,5	
				2,5	2,75	3,0	3,25	3,5	3,75	4,0	4,25	4,5	
				2,5	2,75	3,0	3,25	3,5	3,75	4,0	4,25	4,5	
				2,5	2,75	3,0	3,25	3,5	3,75	4,0	4,25	4,5	
				2,5	2,75	3,0	3,25	3,5	3,75	4,0	4,25	4,5	
				2,5	2,75	3,0	3,25	3,5	3,75	4,0	4,25	4,5	
				2,5	2,75	3,0	3,25	3,5	3,75	4,0	4,25	4,5	
				2,5	2,75	3,0	3,25	3,5	3,75	4,0	4,25	4,5	
				2,5	2,75	3,0	3,25	3,5	3,75	4,0	4,25	4,5	
				2,5	2,75	3,0	3,25	3,5	3,75	4,0	4,25	4,5	
				2,5	2,75	3,0	3,25	3,5	3,75	4,0	4,25	4,5	
				2,5	2,75	3,0	3,25	3,5	3,75	4,0	4,25	4,5	
				2,5	2,75	3,0	3,25	3,5	3,75	4,0	4,25	4,5	
				2,5	2,75	3,0	3,25	3,5	3,75	4,0	4,25	4,5	
				2,5	2,75	3,0	3,25	3,5	3,75	4,0	4,25	4,5	
				2,5	2,75	3,0	3,25	3,5	3,75	4,0	4,25	4,5	
				2,5	2,75	3,0	3,25	3,5	3,75	4,0	4,25	4,5	
				2,5	2,75	3,0	3,25	3,5	3,75	4,0	4,25	4,5	
				2,5	2,75	3,0	3,25	3,5	3,75	4,0	4,25	4,5	
				2,5	2,75	3,0	3,25	3,5	3,75	4,0	4,25	4,5	
				2,5	2,75	3,0	3,25	3,5	3,75	4,0	4,25	4,5	
				2,5	2,75	3,0	3,25	3,5	3,75	4,0	4,25	4,5	
				2,5	2,75	3,0	3,25	3,5	3,75	4,0	4,25	4,5	
				2,5	2,75	3,0	3,25	3,5	3,75	4,0	4,25	4,5	
				2,5	2,75	3,0	3,25	3,5	3,75	4,0	4,25	4,5	
				2,5	2,75	3,0	3,25	3,5	3,75	4,0	4,25	4,5	
				2,5	2,75	3,0	3,25	3,5	3,75	4,0	4,25	4,5	
				2,5	2,75	3,0	3,25	3,5	3,75	4,0	4,25	4,5	
				2,5	2,75	3,0	3,25	3,5	3,75	4,0	4,25	4,5	
				2,5	2,75	3,0	3,25	3,5	3,75	4,0	4,25	4,5	
				2,5	2,75	3,0	3,25	3,5	3,75	4,0	4,25	4,5	

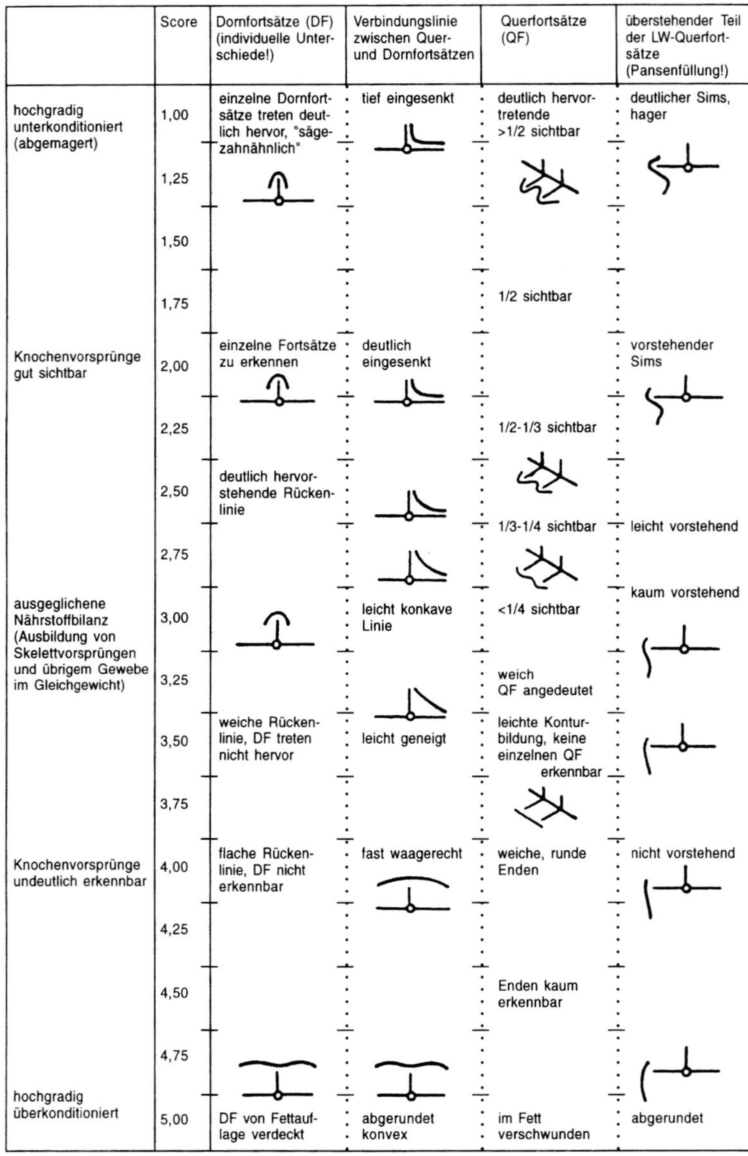

Abb. 3.25 Konditionsindex-Bestimmungstafel (nach Edmondson et al.; übersetzt von M. Wältermann, modifiziert von R. Mansfeld).

Herde oder, in großen Herden, das Gruppen-BCS sinnvoll angewandt werden. Zur Durchführung des BCS dient ein entsprechender Erhebungsbogen als Arbeitsmittel (**ABL 3.3**). Die Auswertung erfolgt in einer graphischen Darstellung von Hand oder mit Computer (**Abb. 3.26**). Dabei ist zu berücksichtigen, dass eine Herdenauswertung vorliegt, in die die Einzeltiere je nach BCS-Frequenz während eines Reproduktionszyklus wiederholt einbezogen werden. Das BCS ist eine gute, preiswerte Möglichkeit, die Entwicklung des Ernährungszustands und damit die Energiebilanz von Tieren im Verlaufe eines Reproduktionszyklus zu verfolgen. Die Kondition eines Einzeltiers sollte in der Regel um nicht mehr als 1 Indexpunkt schwanken.

Tab. 3.46 zeigt die erwünschten Konditionen in verschiedenen Laktationsstadien bei HF-Tieren und bei Fleckviehkühen.

In großen Herden kann eine grobe Einschätzung gewonnen werden, indem der Anteil der laktie-

Abb. 3.25 (Fortsetzung)

	Score	Hüfthöcker und Sitzbeinhöcker	Bereich zwischen Hüft- und Sitzbeinhöcker	Bereich zwischen den Hüfthöckern	Schwanzwurzel und Sitzbeinhöcker
hochgradig unterkonditioniert (abgemagert)	1,00	extrem scharf, kein Fettgewebe	völliger Fleischverlust	sehr stark eingesunken	Knochen deutlich hervortretend, tiefe V-förmige Beckenausgangsgrube
	1,25			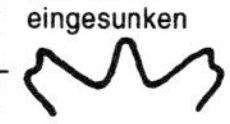	
	1,50				
	1,75		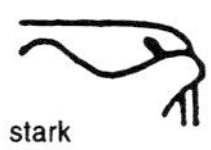		
Knochenvorsprünge gut sichtbar	2,00	vorstehend	stark eingefallen		Knochen hervortretend, U-förmige Beckenausgangsgrube
	2,25				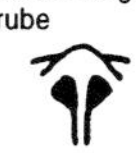
	2,50		dünne Fleischauflage	deutlich eingesunken	erste Anzeichen von Fett
	2,75		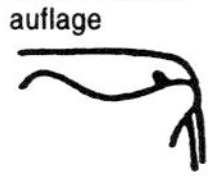		
ausgeglichene Nährstoffbilanz (Ausbildung von Skelettvorsprüngen und übrigem Gewebe im Gleichgewicht)	3,00	weich	eingesunken	leicht eingesunken	Knochen weich abgehoben, Fettauflage, Beckenausgangsgrube flach
	3,25				
	3,50	abgedeckt	leicht eingesunken	wenig eingesunken	
	3,75		wenig eingesunken		
Knochenvorsprünge undeutlich erkennbar	4,00	mit Fettgewebe bedeckt, abgerundet		flach, eben 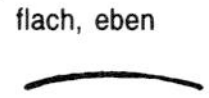	Knochen von Fett umgeben, abgerundet, Beckenausgangsgrube angedeutet
	4,25		flach, eben		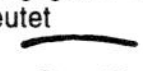
	4,50	im Fett verschwunden			Knochen im Fett verschwunden, Beckenausgangsgrube mit Fett angefüllt, Fettgewebefalten
	4,75				
hochgradig überkonditioniert	5,00		abgerundet	abgerundet	

renden Kühe bestimmt wird, deren Körperkondition ≤ 2,0 ist. In HF-Herden sollten dies max. 5% der Tiere sein.

Rückenfettdickenmessung

Die mittels Ultraschall durchführbare Messung der Rückenfettdicke stellt eine quantitative Alternativmethode zur Körperkonditionsbeurteilung dar. Verschiedene Untersuchungen konnten Korrelationen zwischen der Rückenfettdicke und dem Körperfettgehalt zwischen 0,71 und 0,84 nachweisen. Als Richtwert kann angenommen werden, dass 1 mm gemessene Rückenfettdicke 5 kg Körperfett entsprechen. Im Gegensatz zum Body Condition Scoring ist die Messskala nach oben offen und verläuft über den ganzen Messbereich linear. Zur Messung wird ein tragbares, möglichst akkubetriebenes Ultraschallgerät mit einem 5 oder 7,5 MHz-Linearschallkopf benötigt. Es sind unterschiedliche Messpunkte gebräuchlich, am häufigsten wird auf einer Linie zwi-

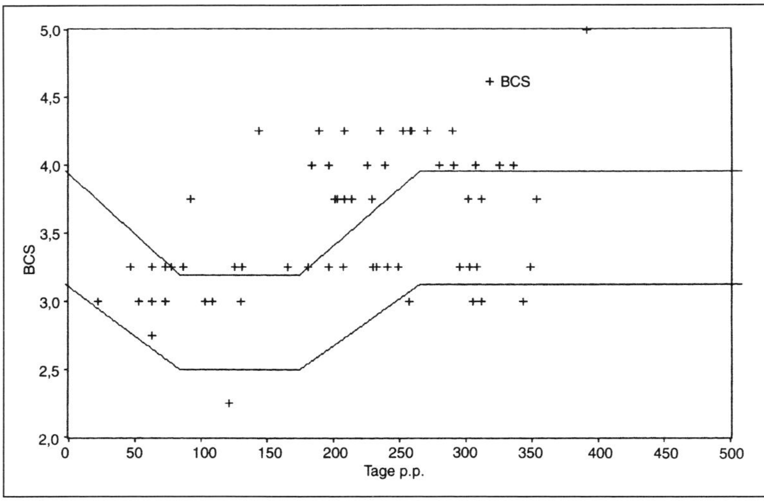

Abb. 3.26 Grafische Auswertung der Konditionsbeurteilung mit Hilfe eines Herdencomputerprogramms durch Gegenüberstellung von Konditionsindex und Laktationstag. Beispiel einer „Momentaufnahme" einer Herde mit gehäuft überkonditionerten Tieren in fortgeschrittener Laktation.

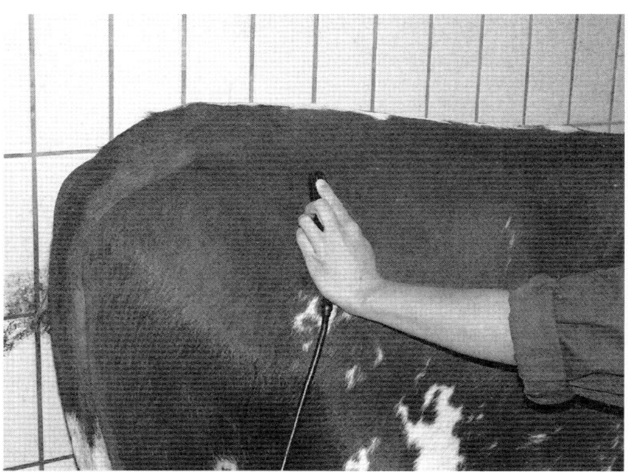

Abb. 3.27 Bestimmung des Messpunkts der Rückenfettdicke auf einer Linie zwischen den oberen Begrenzungspunkten von Hüft- und Sitzbeinhöcker.

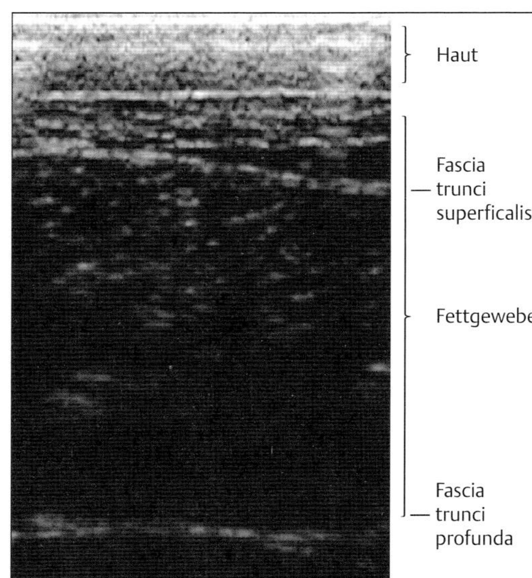

Abb. 3.28 Unterhautschichten bei der Messung der Rückenfettdicke im Ultraschallbild.

schen den oberen Begrenzungspunkten von Hüft- und Sitzbeinhöcker ungefähr eine Handbreit vor dem Sitzbeinhöcker gemessen (**Abb. 3.27**). Als Kontaktmittel kann Alkohol oder auch Paraffinöl verwendet werden. Der Schallkopf wird mit geringem Druck auf die Haut aufgelegt und an der Stelle mit der höchsten Fettauflage gemessen. Die Schichten des Ultraschallbilds sind in **Abb. 3.28** ersichtlich. Für reproduzierbare Messergebnisse muss sich die Fascia trunci profunda im Ultraschallbild als gerade, parallel zum Schallkopf verlaufende Linie darstellen. Die Hautdicke beträgt im Messbereich etwa 5 mm, so dass zur Vereinfachung die Hautdicke in den Messbereich eingeschlossen wird. Gemessen wird der Abstand zwischen äußerer Hautbegrenzung und Fascia trunci profunda. Der unterste Bereich der Rückenfettdicke beträgt daher 5 mm, dies entspricht einem vollständigen Abbau des Unterhautfettgewebes. Eine Rückenfettdicke von etwa 20–25 mm hat sich als optimale Kondition zur Kalbung erwiesen. Im Laufe der Hochlaktation sollte die Rückenfettdicke nicht unter 15 mm fallen.

3.3.2.5 Ratschläge für die Praxis

Grundsätzliche Ziele, die angestrebt werden sollten sind:

- Zusammenstellen einer Grundfutterration, die mindestens für den Erhaltungsbedarf plus 18 kg Milchproduktion aus der Energie ausreicht.
- In der Weidesaison sollte die Milchproduktion aus Grundfutter bei ausgewachsenen Kühen 20 kg betragen.
- Bei Zweinutzungsrassen sollten mindestens 3.000 kg, beim reinen Milchtyp 4.000 kg Milch pro Jahr aus dem Grundfutter produziert werden.
- Als Faustregel gilt: Der Kraftfutterverbrauch pro 100 kg Milch sollte nicht mehr als 25 kg betragen.

Praxisbeispiel:
Die abgelieferte Milchmenge an einem Tag beträgt 2.200 kg.
Die verbrauchte KF-Menge umfasst 520 kg.
520 : 22 = 23,64 kg = KF-Verbrauch pro 100 kg Milch.

- Die Tiere sollten mindestens 14 kg Trockenmasse pro Tag aus dem Grundfutter aufnehmen (gute Qualität und Schmackhaftigkeit erforderlich).
- Hochproduzierende Kühe müssen Grundfutter ad libitum aufnehmen können (keine leeren Krippen; häufiger frisches Futter vorlegen [Empfehlung: 3–4 /Tag]).
- Es sollte kein deutlicher Leistungsunterschied (Menge und Inhaltsstoffe) infolge des Übergangs von der Stall- zur Weidehaltung oder umgekehrt erkennbar sein.

Was ist weiterhin zu beachten?

- Ist die Grundfutterration hinsichtlich der Energie- und Eiweißversorgung nicht ausgeglichen, muss ein entsprechendes Ausgleichsfutter eingesetzt werden.

Tab. 3.47 Gewicht verschiedener Grundfuttermittel pro m^3.

Grundfutterart	Futtermasse (kg/m^3)	Trockenmasse (kg/m^3)
Stroh	120	100
Heu (kleine Ballen)		
mittlere Qualität	95	80
junges Heu	110	95
Grassilage		
Flachsilo – gehäckselt		140–180
frisch einsiliert	675–750	170–210
angewelkt	400–525	
Hochsilo – gehäckselt	Werte etwa 15% höher als beim Flachsilo (abhängig von der Silohöhe)	Werte etwa 15% höher als beim Flachsilo (abhängig von der Silohöhe)
nicht gehäckselt	Werte jeweils 10–15% geringer	Werte jeweils 10–15% geringer
Maissilage (Teigreife)		
Flachsilo		
< 30% TM	620–720	175–195
> 30% TM	570–670	195–215
Hochsilo	Werte etwa 15% höher als beim Flachsilo (abhängig von der Silohöhe)	Werte etwa 15% höher als beim Flachsilo (abhängig von der Silohöhe)
Erbsenstroh	650	230
Rübenblatt mit Köpfen	850	150
Einsilierte nasse Pülpe	900	130
Einsilierte vorgepresste Pülpe	820	175
Rapssilage	940	150
Futterrüben (in Haufen)	700	90
Kartoffeln	650	150

- Die Tiere sollten gutes Heu zur freien Aufnahme haben. So können sie einen eventuell auftretenden Rohfasermangel z. T. selbst ausgleichen.
- Die Grundfutterration muss für höhere Leistungen mit 1 kg Kraftfutter mit mindestens 6,7 MJ NEL und 18% Rohprotein pro 2 kg Milchleistung ergänzt werden.
- Zu Beginn der Stallsaison muss ein Futterverteilungsplan erstellt werden, so dass die vorhandenen Futtermittel so rationell wie möglich eingesetzt werden können. Am Ende der Stallsaison muss ein Raufutter-/Grundfutterproduktionsplan erstellt werden.
- Im Spätsommer nach der Futterernte kann der Futtervorrat für den folgenden Winter festgestellt werden. Gegebenenfalls können dann Futtermittel zu einem günstigen Zeitpunkt zugekauft werden.
- Im Herbst sollten Grundfutteranalysen als Grundlage für die Rationsberechnung durchgeführt werden (inkl. Mineralstoffe, ggf. auch wichtige Spurenelemente oder/und Kationen und Anionen).
- Auch wenn die Rationen sehr exakt berechnet werden, ist der Unterschied zwischen der berechneten und der von den Tieren umgesetzten Ration oft sehr groß. Schon die individuell unterschiedliche Trockenmasseaufnahme trägt erheblich dazu bei.
- Verfolgung der Futterverzehrsmengen (Grundfutter und Kraftfutter; bei Grundfutter ggf. Blockwägung oder Volumenbestimmung (**Tab. 3.47**).
- Monatliche Auswertung der Milchleistungsdaten.
- Bei Weidegang auf jungem, eiweißreichem Gras sollte magnesiumhaltiges Kraftfutter gefüttert werden (2,5% MgO im Kraftfutter; 2 kg des Futters reichen aus, um das Auftreten von Weidetetanie zu vermeiden).

3.3.2.6 Ursachen für mangelhafte Milchleistung (Menge, Inhaltsstoffe)

1. zu wenig Grund- oder Kraftfutter	
2. herabgesetzte Futteraufnahme infolge von:	
a. Pansenfunktionsstörungen	• Mangel an strukturierter Rohfaser oder starke pH-Wert-Schwankungen im Pansen infolge Verabreichung zu großer Kraftfuttermengen pro Mahlzeit • Mangel oder Überschuss an verdaulichem Eiweiß • Erhöhter Fettgehalt (bei bis 5% ungeschütztem Fett im Kraftfutter sind keine Nachteile zu befürchten) • Überschuss an leichtverdaulichen Kohlenhydraten • Abrupte Rationsveränderungen • Umstellungsphase nach Rationsumstellung oder neuer Kraft- oder Grundfuttercharge
b. Wassermangel oder Wasserqualitätsmangel	
c. Qualitätsmängeln bei den Grundfuttermitteln	• Verschmutzung von Silagen, Schimmel, alte Futterreste in den Krippen [Krippen wenigstens 1x/Tag säubern]
d. Qualitätsmängeln bei den Kraftfuttermitteln	• schlecht pelletiert, zu hoher Fettgehalt, zu hoher Mg-Gehalt
e. Haltungsmängeln	• schlechte Liegeplatzqualität → Liegezeiten ↓ → Wiederkauzeiten ↓ → Futteraufnahme ↓ → Leistung ↓ • zu wenige Fressplätze • ungünstige Positionierung von Kraftfutterabrufautomaten
f. Krankheiten	
3. Zu geringer Eiweißgehalt der Ration	Selektives Fressen: Es gibt Kühe, die bevorzugt Maissilage fressen, andere bevorzugen Grassilage, wenn die Möglichkeit besteht, selektiv Futter aufzunehmen → Ungleichgewichte hinsichtlich Energie-, Eiweiß- und Rohfaserversorgung möglich
4. Infektions- und Invasionskrankheiten (Fasziolose, Leptospirose etc.)	

3.3.2.7 Vorgehen bei zu niedriger Milchleistung

1. Anamnese	
a. Überprüfen, ob tatsächlich ein Leistungsmangel besteht	• Zustände im letzten und vorletzten Jahr • Ergebnisse der Milchleistungsprüfung mit Tankmilchlisten vergleichen • Feststellung der Zeiten der Milchprobenentnahmen
b. Bei welchen Tieren bestehen Leistungsmängel?	• Frischmelkende • Altmelkende • Kühe (mehrkalbige Tiere) • Färsen (Erstkalbinnen)
c. Krankheiten oder Abweichungen bei betroffenen Tieren	• Mastitiden (klinisch, subklinisch) • Lahmheiten • Stoffwechselstörungen • verlängerte Zwischenkalbezeit
2. Beurteilung der Kühe und des Fütterungsregimes	
a. Beurteilung der Leistung einzelner Kühe	• Prüfprotokolle • Ergebnisse der Milchleistungsprüfung • individuelle Laktationswerte • Standardkuhleistungen (falls verfügbar) • 100-Tage-Leistungen der Erstkalbinnen • Laktationsstadien
b. Beurteilung der Futtermittel und der Futterrationen	• Was wird gefüttert? • Analysen der gegenwärtig verfütterten Grundfuttermittel? • Zusammensetzung und die Schmackhaftigkeit des Milchleistungsfutters? • Wieviel wird gefüttert? • Wann wird gefüttert? • Wie wird gefüttert (Fütterungsgruppen)? • Fütterung um die Kalbezeit? • Schnelligkeit der Erhöhung des Kraftfutteranteil in der Ration? • Max. Kraftfuttergabe? • Lieferung der letzten Charge Milchleistungsfutter? • Tränkwasserversorgung (Qualität, Quantität)? • Kraftfutterabrufautomaten funktionstüchtig? Positionierung? • Kraftfutterverteilung über den Tag während der Weide- und der Stallsaison? • Kraftfutterverbrauch pro Kuh und Tag?
c. Beurteilung der Kühe	• Beurteilung der Produktions-/Fütterungsgruppen • Konditionsbeurteilung in Relation zum Laktationsstadium • Kotbeurteilung (Konsistenz, Bestandteile, Verdauungsgrad) • Futteraufnahmeverhalten (kommen die Tiere zügig zum Fressgitter, können alle gleichzeitig fressen etc.)
d. Beurteilung des Managements	• Belegungsdichte • Grobsinnliche Beurteilung der Futterqualitäten • Gruppeneinteilung • Wer melkt und wer füttert?
e. Beurteilung der Haltungsbedingungen	• Fressgitter (Zustand) • Fressplätze • Anzahl Kraftfutterstationen • Anzahl und Größe der Tränken • Kraftfutterzuteilung im Melkstand • Hygiene

3.3.2.8 Beispiele häufig vorkommender Fütterungsfehler

Überversorgung spätlaktierender Tiere

Folgen: • Vermehrt peripartale Störungen	Eine Überversorgung der spätlaktierenden Tiere mit Nährstoffen an sich ruft noch keine Beschwerden hervor, wodurch dieser gravierende Fütterungsfehler häufig der Aufmerksamkeit des Betriebspersonals entgeht. Die Folge ist, dass die Tiere deutlich überkonditioniert trockengestellt werden. Solche Tiere neigen vermehrt zu peripartalen Störungen.
Maßnahmen: • Futterration der spätlaktierenden Kühe überprüfen • Kraftfutterzuteilung ggf. reduzieren	Gegebenenfalls muss die Futterration der spätlaktierenden Kühe überprüft werden. Dabei werden zunächst Art und Menge der Grundfuttermittel und danach Art und Menge der Kraftfuttermittel kontrolliert. **Referenzwert:** Aus Anwelksilage und Maissilage (jeweils 50 % Anteil an der TM) können bei guter Futteraufnahme etwa 12–15 kg Milch produziert werden. Tiere mit einer geringeren Milchleistung benötigen demnach kein Kraftfutter. Es muss gegebenenfalls eine entsprechende Gruppeneinteilung vorgenommen werden.

Überversorgung während der Trockenstehzeit

Folgen: • Vermehrt peripartale Störungen	Tiere, die während des Trockenstehens mit Nährstoffen überversorgt werden, neigen deutlich zum Verfetten. Bei diesen Tieren kommt es um den Kalbezeitpunkt herum vermehrt zu Problemen. Hierzu gehören ein vermehrtes Auftreten von Stoffwechselstörungen, vor allem Hypokalzämische Gebärparese („Milchfieber"), auch atypische Verlaufsformen (mit gleichzeitiger Hypophosphatämie oder/und Ketose), subklinische und klinische Ketosen infolge herabgesetzter Futteraufnahme und übermäßigen Abbaus von körpereigenem Fettgewebe („Lipomobilisations-Syndrom"), ein höheres Risiko für die Entstehung von Nachgeburtsverhaltungen, Labmagenverlagerungen, Mastitis, Klauen- und Gliedmaßenerkrankungen.
Maßnahmen: • Futterration der trockenstehenden Kühe überprüfen • Unterbringung überprüfen	Die Futterrationen zu Beginn und am Ende des Trockenstehens, in den letzten Tagen vor der Kalbung und am Tag der Kalbung müssen überprüft werden (Art und Menge von Grund- und Kraftfuttermitteln). Die Unterbringung der Tiere spielt ebenfalls eine Rolle. Im Hinblick auf die Fütterung ist z. B. das aus anderen Gründen sinnvolle Umstellen der Tiere vor der Kalbung in einen Abkalbestall eher von nachteiligem Einfluss. Diese Auswirkungen sind besonders stark, wenn während der Weidesaison plötzlich der Weidegang fehlt und kein Frischfutter gegeben wird. Aber auch allein die Tatsache, dass der Platz, an dem Grundfutter gefüttert wird, ein anderer ist, führt meistens zu einer vorübergehenden verminderten Futteraufnahme. Die Futteraufnahme und damit auch die Kalziumaufnahme sollten am Tag der Kalbung mindestens ebenso gut sein wie an den vorangegangenen Tagen.

Zu schnelle Erhöhung der Kraftfutterration nach dem Abkalben

Folgen: • Pansenazidosen • Appetitmangel • herabgesetzte Futteraufnahme • niedrige Milchfettgehalte • Tiere mit „aufgezogenem" Bauch • Abmagern	Wird die Kraftfutterration nach der Kalbung zu schnell erhöht, kann es zu einer deutlichen Beeinträchtigung der Grundfutteraufnahme kommen. Dabei kann die GF-Aufnahme bis unter das erforderliche Minimum abfallen, was infolge von Azidosen zu Pansenfunktionsstörungen führt. Folgen sind Appetitmangel und herabgesetzte Futteraufnahme. In Extremfällen entstehen Ketosen, die in diesem Zusammenhang vor allem um den 10. Tag post partum auftreten. Plötzliche Veränderungen der Grundfutterrationen um den Kalbezeitpunkt erhöhen das Risiko. Treten in dieser Phase Fütterungsfehler dieser Art auf, finden sich vermehrt Kühe mit etwas „aufgezogen" wirkendem Bauch, die mager aussehen. In Extremfällen magern die Tiere tatsächlich stark ab.
Maßnahmen: • Geschwindigkeit der Kraftfutterrationserhöhung überprüfen Täglich nicht mehr als um 0,5 kg steigern	Bei der Rationsüberprüfung muss also besonders auf die Geschwindigkeit, mit der die Kraftfutterration nach der Kalbung erhöht wird, geachtet werden. Als Richtlinie gilt, dass die Kraftfutterration in günstigen Fällen (gute GF-Qualitäten) etwa nach 20 Tagen leistungsgerecht sein soll. Dabei sollte die tägliche Erhöhung der Kraftfutterration 0,5 kg nicht wesentlich überschreiten.

Zu wenig strukturierte Rohfaser in der Ration

Folgen: • Pansenazidosen • herabgesetzte Futteraufnahme • Abmagern • niedrige Milchfettgehalte	Ursachen für einen Mangel an strukturierter Rohfaser in der Ration können ein zu hoher Kraftfutteranteil, fehlerhafte Kraft- oder/und Grundfutterzuteilung oder Fehleinschätzungen der Strukturwerte der Grundfuttermittel sein. Ein Mangel an strukturwirksamer Rohfaser kann zu subklinischen Pansenazidosen führen, ein Absinken des Milchfettgehalts ist zu beobachten. In Extremfällen kommt es zu einer Beeinträchtigung der Fresslust. Infolge der herabgesetzten Futteraufnahme kommt es dann zu einem Abfall der Milchproduktion, und die Tiere sind deutlich unterkonditioniert.
Maßnahmen: • Strukturwert überprüfen • Strukturfutteranteil erhöhen	Bei der Rationsüberprüfung müssen die Grundfutterarten, -mengen und -qualitäten sowie die Kraftfuttermengen besonders beachtet werden. **Richtwert:** Summe des vereinfachten Strukturwerts mindestens ⅓ der Gesamtrationstrockenmasse.

Zu wenig Kraftfutter nach der Kalbung

Folgen: • Abfall des Milcheiweiß • Ketosen • Abfall der Milchleistung	Wird das Kraftfutter von den Tieren nicht im erwünschten Maße aufgenommen, ist die Ursache häufig ebenfalls in einer zu schnellen Erhöhung der KF-Ration und einem Mangel an strukturierwirksamer Rohfaser zu suchen (s. o.). Wird andererseits zu wenig Kraftfutter gefüttert, wird die nach der Kalbung ohnehin bestehende negative Energiebilanz verstärkt, und die Tiere magern sichtlich ab. In diesem Fall ist ein Abfall der Milcheiweißgehalte zu beobachten. In der Folge entstehen Ketosen, die in diesem Zusammenhang vor allem etwa 3 Wochen nach der Kalbung auftreten. Meistens fällt in solchen Fällen die Milchleistung zu schnell ab.
Maßnahmen: • Rationsüberprüfung • leistungsbezogene Kraftfutterzuteilung	Bei der Rationsüberprüfung müssen Grundfutterarten, -mengen und -qualitäten sowie die Kraftfuttermengen beachtet werden. **Richtwerte:** Bei ad-libitum-Verfütterung von Grundfutter guter Qualität ist bei Kühen (mehrkalbige) mit einer Milchleistung > 38 kg/Tag nicht mehr als 12 kg Kraftfutter erforderlich; bei Färsen (Erstkalbinnen) mit einer Milchleistung von mehr als 27 kg/Tag maximal 9 kg.

Zu wenig Eiweiß in der Ration

Folgen: • Abfall der Milchleistung • niedrige Milchharnstoffgehalte	Ein Eiweißmangel in der Futterration führt zu einem Abfall der Milchleistung (Menge), wobei die Kondition der Tiere gut bleibt oder sogar zunimmt – auch bei frischmelkenden Tieren. Eine fortlaufende Konditionsbeurteilung, vor allem auch mit dem Zweck der Überwachung während der Weidesaison, kann bei bestehenden Leistungsmängeln Hinweise darauf geben, ob ein Energie- oder ein Eiweißmangel vorliegt. Ist das Grundfutter Ursache für die Eiweißarmut der Ration, tritt der Mangel bei den Tieren in fortgeschrittener Laktation vermehrt in Erscheinung; er kann aber auch in anderen Laktationsstadien erkennbar sein. Ist eiweißarmes Kraftfutter die Ursache, treten Mangelerscheinungen vor allem bei frisch- und hochlaktierenden Tieren auf.
Maßnahmen: • Rationsüberprüfung RNB beachten	Bei der Rationsüberprüfung muss insbesondere die RNB der einzelnen Futtermittel beachtet werden. Analysen der Grundfuttermittel müssen ggf. wiederholt durchgeführt werden.

Keine Vorbereitungsfütterung

Folgen: • Vermehrt puerperale Störungen • geringe Milchleistung	Da hochtragende Färsen und trockenstehende Kühe häufig in getrennten Stallabteilen gehalten werden, stellt eine Vorbereitungsfütterung vor der Abkalbung einen besonderen Aufwand dar. Nicht selten unterbleibt die Vorbereitungsfütterung ganz mit erheblichen Nachteilen für die Futteraufnahme nach der Kalbung und mit entsprechenden Folgen (Festliegen, Ketosen, Labmagenverlagerung etc.).
Maßnahmen: • Vorbereitungsfütterung einrichten	Der Übergang von der Trockenstehperiode zur Laktation ist die kritischste Phase im Laktationszyklus. Kühe und vor allem Kalbinnen müssen auf die Laktation und die damit veränderte Fütterungssituation vorbereitet werden, dem Pansenepithel und den Pansenmikroben muss genügend Zeit gegeben werden, sich an die neue Situation adaptieren zu können.

Literatur

Deutsche Landwirtschafts-Gesellschaft (1997): DLG-Futterwerttabellen für Wiederkäuer, 7. Aufl., DLG-Verlag, Frankfurt/M.

Edmondson, A.J., I.J. Lean, L.D. Weaver, T. Farver and G. Webster (1989): A body condition scoring chart for Holstein dairy cows. J. Dairy Sci. 72, 68–78.

Heuwieser, W. (1991): Die Beurteilung der Körperkondition bei Milchkühen. Ein praktisches Hilfsmittel für ein erfolgreiches Herdenmanagement. Milchpraxis 29, 130–133.

Heuwieser, W. und J. Bergmann (1996): Body condition scoring, Kühe nach Noten füttern. top agrar, Nr. 3, R8–R11.

Heuwieser, W. und R. Mansfeld (1992): Beurteilung der Körperkondition bei Milchkühen, Teil 2. Milchpraxis 30, 10–14.

Kamphues, J. (1996): Das DCAB-Konzept in der Gebärpareseprophylaxe. Übers. Tierernähr. 24, 129–135.

Metzner, M., W. Heuwieser und W. Klee (1993): Die Beurteilung der Körperkondition (body condition scoring) im Herdenmanagement. Prakt. Tierarzt 74, 991–998.

Nutrient Requirements of Dairy Cattle, Committee an Animal Nutrition, National Research Council: Seventh Revised Edition, 2001.

Oetzel, G.R. (1993): Use of anionic salts for prevention of milk fever in dairy cattle. Comp. Cont. Educ. Pract. Vet. 15, 1138–1147.

Spiekers, H. und V. Potthast (2004): Erfolgreiche Milchviehfütterung. DLG-Verlag, Frankfurt am Main.

Spohr, M. und H.-U. Wiesner (1991): Kontrolle der Herdengesundheit und Milchproduktion mit Hilfe der erweiterten Milchleistungsprüfung, Milchpraxis 29, 231–236.

Spohr, M., J. Beening und H. Scholz (1992): Informationen aus der Milch des Rindes zur Überprüfung von Fütterung und Gesundheit. Prakt. Tierarzt 73, Colleg, Vet, XXIII, 52–56.

Van Horn, H. H. and C. J. Wilcox (Eds.) (1992): Large Dairy Herd Management. American Dairy Science Association, 301 West Clark St, Champaign, IL 61820.

Ulbrich, M. Hoffmann, M. und W. Drochner (2004): Fütterung und Tiergesundheit. Verlag Eugen Ulmer, Stuttgart.

3.4 Stoffwechselkrankheiten

A. de Kruif, M. Hoedemaker und R. Mansfeld

Aufgrund der hohen Leistungen heutiger Milchkühe treten stoffwechselbedingte Probleme mehr und mehr in den Vordergrund. Dem Auftreten von Stoffwechselstörungen muss im Rahmen der tierärztlichen Bestandsbetreuung entgegengewirkt werden. Dazu ist es erforderlich, die Ursachen der Entstehung zu kennen und zu beeinflussen sowie Möglichkeiten der Überwachung zu schaffen. Im folgenden werden für den Bestandsbetreuer wichtige Aspekte

- der Hypokalzämischen Gebärparese („Milchfieber")
- der Hypomagnesiämie („Weidetetanie")
- der Ketose/Azetonämie und des Fettlebersyndroms besprochen.

3.4.1 Hypokalzämische Gebärparese („Milchfieber")

Die Hypokalzämische Gebärparese entsteht infolge eines starken Abfalls des Blutkalziumspiegels. Sie wird bei älteren und hoch leistenden Tieren beobachtet. Vor allem um den Kalbezeitpunkt ist es aus verschiedenen Gründen für den Organismus der Kuh schwierig, den Blutkalziumspiegel aufrechtzuerhalten. Eine Gebärpareserate von 2–3% ist normal. Der Grenzwert liegt bei 6%.

3.4.1.1 Ursachen und Prophylaxe

Übermäßige Kalziumaufnahme

Übermäßige Kalziumaufnahme vor der Kalbung wird als wesentliche Ursache für die Enstehung der Gebärparese betrachtet. „Übermäßig" bedeutet in diesem Zusammenhang, dass die hochtragende Kuh täglich mehr als 20–25 g Ca mit der Futterration aufnimmt. Umgerechnet auf den Futter-Ca-Gehalt bedeutet das etwa 2 g Ca pro kg Trockenmasse (TM). In der Praxis lässt sich nahezu keine Ration zusammenstellen, die nicht mehr als 2 g pro kg TM Ca enthält und gleichzeitig die übrigen Anforderungen an derartige Rationen erfüllt. Eine in der Praxis üblicherweise verwendete Ration für hochtragende Kühe auf der Basis von Raufutter enthält leicht 3–6 g Ca pro kg TM. Da dieser Gehalt viel höher ist als der Bedarf der Tiere, brauchen diese während des Trockenstehens niemals Kalzium aus körpereigenen Reserven zu mobilisieren. Die Kühe regeln die Ca-Versorgung während dieser Zeit hauptsächlich über die Resorption aus dem Darm, wobei grundsätzlich nicht mehr Kalzium resorbiert als gebraucht wird. Besteht das Grundfutter aus Grassilage, beträgt die Ca-Aufnahme pro Tag ungefähr 65 g, wovon etwa 25% resorbiert werden. Steigt der Kalziumbedarf zur Zeit der Abkalbung als Folge der plötzlich vermehrten Abgabe von Kalzium mit dem Kolostrum stark an, kommt es leicht zu einem Abfall des Blutkalziumspiegels.

Es wird empfohlen, einer übermäßigen Kalziumaufnahme während des Trockenstehens durch Einhaltung eines kleinen Ca-/P-Verhältnisses (< 1:1) in der Futterration entgegenzuwirken.

Ungünstiges Kationen-Anionen-Verhältnis

Mit größer werdendem Kationen-Anionen-Verhältnis in der Futterration während der letzten 3 Wochen vor der Kalbung steigt das Auftreten von Hypokalzämischer Gebärparese.

Als prophylaktische Maßnahme wird das Anwenden des DCAB-Konzepts empfohlen (**Kap. 3.3.2.2**).

Überversorgung mit Nährstoffen während des Trockenstehens

Ein zu hohes Fütterungsniveau während des Trockenstehens, das mit einer entsprechenden Zunahme der Körpermasse einhergeht, erhöht das Risiko für die Entstehung von Hypokalzämischer Gebärparese. Es kommt zu einer herabgesetzten Futteraufnahme um den Kalbezeitpunkt, wobei die Herabsetzung stärker ist als die vorangegangene Erhöhung während des Trockenstehens. Die Herabsetzung der Futteraufnahme und dementsprechend auch der Kalziumaufnahme beginnt 1–2 Tage vor der Abkalbung, also genau zur Zeit eines stark steigenden Nährstoffbedarfs. Tiere, die stark überkonditioniert zur Kalbung kommen, weisen zu dieser Zeit oft auch einen deutlich herabgesetzten Blutphosphorspiegel auf.

Zur Verminderung des Risikos muss auf eine bedarfsgerechte Fütterung während der Spätlaktation und während des Trockenstehens geachtet werden (**Kap. 3.3.2.2**).

Unzureichende Magnesiumversorgung

Eine unzureichende Magnesiumversorgung kann die Entstehung von Hypokalzämischer Gebärparese begünstigen. Mg-Mangel kann Folge eines niedrigen Mg-Gehalts im Grundfutter sein, der seinerseits infolge eines Mg-Mangels im Boden entsteht. Viel häufiger ist die Mg-Versorgung jedoch eine Frage der Mg-Verfügbarkeit für die Tiere. Die Mg-Verfügbarkeit im Grundfutter wird durch hohe Gehalte an Kalium und Rohprotein stark negativ beeinflusst. Junges, schnellwachsendes Gras hat außer einem hohen Eiweißgehalt auch einen hohen Kaliumgehalt. Unzureichendes Kaliumangebot hemmt das Graswachstum stark. Bei erhöhtem Kaliumangebot nimmt der Kaliumgehalt im Gras deutlich zu (bei Mais nicht so stark). Damit steigt das Risiko für die Entstehung eines Mg-Mangels bei den Tieren. Es wird von einem erhöhten Kaliumangebot im Futter ausgegangen, wenn der Kaliumgehalt im Boden stark erhöht oder wenn größere Mengen Gülle auf einmal auf die Flächen gebracht werden.

Ausgehend von einem ausreichenden Kaliumgehalt des Bodens wird durch das Aufbringen von 10–15 m^3 Gülle/ha auf Flächen, die nur beweidet werden, eine für die gesamte Vegetationsperiode ausreichende Kaliumversorgung erreicht. Werden Flächen mehr als einmal gemäht, müssen pro Schnitt 10–15 m^3 Gülle/ha aufgebracht werden, um den Kaliumgehalt des Bodens aufrechtzuerhalten. Wird Gülle oberirdisch aufgebracht, werden in der Regel nicht mehr als 10–15 m^3/ha auf einmal verteilt. Beim Einbringen in die Oberfläche wird wenig Ammoniak freigesetzt, und die Risiken für das Verbrennen von Gras und Geschmacksbeeinträchtigungen sind nur gering. Bei derartigen Verfahren werden in der Regel Mengen von etwa 25 m^3/ha verarbeitet. Bei Güllemengen dieser Größenordnung entsteht ein übermäßiges Kaliumangebot für das in der Folgezeit auf diesen Flächen wachsende Gras. Das ist auch der Fall, wenn die gleichen Mengen oberirdisch aufgebracht werden. Man kann also nicht schlussfolgern, dass das Einbringen von Gülle in den Boden gut für das Gras und schlecht für die Kühe ist. Sind die Mengen auf den Bedarf des Grases abgestimmt, ergibt sich auch für die Kühe kein zusätzlicher Nachteil.

Die Mg-Versorgung für die Tiere ist bei jungem Gras schon aufgrund der Kalium- und der Rohproteingehalte immer zweifelhaft. Das Aufbringen größerer Mengen von Gülle auf die Futterflächen begünstigt zusätzlich die Enstehung eines Mg-Mangels. Geht die Mangelsituation bereits mit erniedrigten Blut-Mg-Gehalten einher, kann sich das negativ auf die Futteraufnahme und damit auf die Ca-Aufnahme auswirken. Außerdem wird die Wirksamkeit von Parathormon beeinträchtigt, wodurch ein für den Kalziumhaushalt wichtiger Regulationsmechanismus gestört wird.

Die Magnesiumversorgung kann sichergestellt werden, wenn während der letzten Wochen der Trockenstehphase täglich etwa 50 g Magnesiumoxid (MgO) zugefüttert werden.

■ **Futterumstellung kurz vor der Abkalbung**

Eine Herabsetzung der Futteraufnahme kommt auch dadurch zustande, dass die Kühe kurz vor der Abkalbung von der Weide geholt und mehr oder weniger isoliert werden. Die aus anderen Gründen (Überwachungsmöglichkeit, Hygiene bei der Abkalbung etc.) sinnvolle Nutzung eines Abkalbestalls mit für das Tier ungewohnter Umgebung und neuen Bedingungen für die Futteraufnahme wirkt sich auf letztere negativ aus. Hat eine Kuh während des Trockenstehens sehr viel Grassilage von Flächen mit einem übermäßigen Kaliumangebot aufgenommen und wird sie zur Abkalbung bei Umstellung der Fütterung vollständig isoliert, entsteht ein zusätzlicher negativer Effekt, und es ist mit erheblichen Schwierigkeiten bei der Aufrechterhaltung des Blut-Ca-Spiegels im peripartalen Zeitraum zu rechnen.

Werden die Tiere um den Kalbezeitpunkt soviel wie möglich in Kontakt mit Artgenossen gehalten, kann eine Beeinträchtigung der Futteraufnahme und damit der Ca-Versorgung verhindert werden.

Als Überwachungsmaßnahmen im Hinblick auf eine Vermeidung von Hypokalzämischer Gebärparese eignen sich vor allem die Überwachung der Fütterung mit Bestimmung des Kationen-Anionen-Verhältnisses sowie die fortlaufende Konditionsbeurteilung. Das Bestimmen von Blutkalziumwerten ist wegen der strengen Homöostase für Ca keine geeignete Überwachungsmethode.

3.4.2 Hypomagnesiämie – „Weidetetanie"

Die Weidetetanie ist eine Stoffwechselerkrankung, bei der infolge einer verminderten Aufnahme von Magnesium aus dem Magen-Darm-Kanal eine Hypomagnesiämie mit klinischen Symptomen bis hin zum Festliegen entsteht. Sie wird vor allem bei älteren und hochleistenden Tieren beobachtet.

3.4.2.1 Ursachen

Der tägliche Netto-Mg-bedarf beträgt 3 g für Erhaltung und 0,12 g pro kg Mich. Bei einer Tagesmilchleistung von 40 kg bedeutet das 8 g. Die im Frühjahr mit dem jungen Gras täglich aufgenommenen 20–25 g Mg wird zu 20% verwertet was netto 4–5 g ergibt. Die Mg-Versorgung ist damit immer zu knapp. Auch ein hoher Kaliumgehalt des Grases behindert die Resorption von Mg.

- Bei Verdacht auf Mg-Mangel kann die Diagnose durch Bestimmung des Urin-Mg-Gehalts abgesichert werden (Grenzwert: > 1 mmol/l).
- Bei toten Tieren kann das Glaskörperwasser des Auges für die Diagnose benutzt werden. Dabei gelten Mg-Werte von < 0,55 mmol/l als Tetaniebeweis.

3.4.2.2 Prophylaxe

Für prophylaktische Maßnahmen im Rahmen der Bestandsbetreuung gelten folgende Regeln:

- Anpassen von Rationen aus jungem Gras oder junger Anwelksilage mit Hilfe strukturgebender Raufuttermittel oder Mais. In der Nacht aufstallen oder halbtags weiden während der ersten 3 bis 4 Wochen
- Zufütterung von 75 g MgO pro Tier und Tag (Mg-Acetat und -Propionat finden ebenfalls Verwendung)
- Verringerung der Weidedüngung
- Zugabe von magnesiumhaltigem Mineraldünger in passender Menge auf Sandböden
- Grundfutteranalysen mit Berücksichtigung der Mg- und K-Gehalte

3.4.3 Azetonämie (Ketose)

Die Azetonämie oder Ketose ist eine Stoffwechselstörung, die mit niedrigen Blutglukosegehalten und einem erhöhten Gehalt an Ketonkörpern im Blut einhergeht. Eine geringe subklinische Ketose zur Zeit der höchsten Milchproduktion wird als „physiologisch“ betrachtet. Klinische Azetonämien sind unter normalen Umständen vermeidbar. Sie kommen vor allem in Anbindeställen vor, da Bewegungsmangel die Entstehung begünstigt. Der Schaden durch klinische Azetonämie ist gering, jener durch subklinische Ketosen schwer zu schätzen und in betroffenen Betrieben vermutlich erheblich. Es kommt zu einer starken Beeinträchtigung von Milch- und Reproduktionsleistung.

3.4.3.1 Ursachen

Ketosen entstehen primär infolge von Fütterungsfehlern, sekundär infolge anderer Erkrankungen oder alimentär durch Umsetzung von Buttersäure. Zu klinischen Azetonämien kommt es primär durch eine erhebliche negative Energiebilanz oder sekundär infolge schwerer Erkrankungen, z. B. im Zusammenhang mit dem Auftreten von Labmagenverlagerung und Lahmheiten.

3.4.3.2 Diagnostik auf Bestandsebene

Anamnese und Analyse der Betriebsgegebenheiten

Durch Auswertung der vorhandenen Dokumentation kann die Häufigkeit klinischer Fälle festgestellt werden. Die Auswertung von Milchkontrolldaten erlaubt die Ermittlung von ketoseverdächtigen Tieren (**Kap. 3.3.2.4**). Dabei sind Tiere, die zu Beginn der Laktation einen hohen Milchfettgehalt (> 5%) und einen niedrigen Milcheiweißgehalt (< 3,2%) mit einem dementsprechend nach oben abweichenden Fett-Eiweiß-Quotienten aufweisen, als verdächtig einzustufen. Für bestandsbezogene Beurteilungen müssen Zeitraumanalysen (Zusammenfassung mehrerer Milchkontrollergebnisse) durchgeführt werden, um möglichst viele Tiere in verschiedenen Laktationsstadien beurteilen und Beurteilungsproblemen bei saisonaler Abkalbung begegnen zu können. Durch diese Auswertungen kann ein Überblick über das Ketose-/Azetonämie-Vorkommen im Bestand gewonnen werden. Anschließend sollte die Fütterung überprüft werden (**ABL 2.5**).

Bei Einzeltieren kann der Verdacht einer Ketose durch Bestimmung des Ketonkörpergehalts in der Milch (Harn) abgeklärt werden.

Vorberichtlich kann festgestellt werden:

- wie gefüttert wird (**ABL 2.5**)
- wie die Vorbereitungsfütterung durchgeführt und wie die Kraftfutterration nach der Kalbung erhöht wird
- welche Energiekonzentration die Futterrationen vor und nach der Kalbung aufweisen
- ob die „Fresslust“ der Kühe zu Beginn der Laktation gut ist und später so bleibt

- ob Veränderungen der Futterzusammensetzung (neue Komponenten, neues Silo), der Futterration oder der Durchführung der Fütterung (Personalwechsel etc.) stattgefunden haben

Betriebsinspektion
Bei der Betriebsinspektion wird besonders geachtet auf:
- Tiere mit klinischen Erscheinungen
- Beurteilung von Bauchumfang und Pansenfüllungsgrad bei frischlaktierenden Tieren
- Konditionsbeurteilung bei Tieren in verschiedenen Laktationsstadien (**Kap. 3.3.2.4**)
- Beurteilung der Kotkonsistenz
- Vorkommen von Erkrankungen/Störungen, die die Futteraufnahme beeinträchtigen können (Lahmheiten etc.)
- Beobachtung und Beurteilung der Fütterung und des Fütterungsregimes

3.4.3.3 Prophylaxe

Die wichtigste prophylaktische Maßnahme zur Vermeidung von Ketose/Azetonämie ist die bedarfsgerechte Fütterung der Tiere in allen Stadien der Laktation und während des Trockenstehens. Dafür müssen Grundfuttermittel von guter Qualität vorhanden sein und die Rationen mit Hilfe von Grundfutteranalysen berechnet werden (**Kap. 3.3.2**). Am Ende der Laktation und während des Trockenstehens soll die Ansammlung übermäßiger Fettreserven vermieden werden. Ab 10 Tage ante partum sollte die Ration die gleichen Bestandteile enthalten, die auch nach dem Kalben verfüttert werden. In den Bereich der Prophylaxe gehört außerdem die Schaffung weitgehend optimierter Fütterungsbedingungen (Fütterungsrhythmus, Fütterungstechnik, Fressplätze etc.) und Haltungsbedingungen (Liegeplatzqualität etc.). Alle die Fresslust beeinträchtigenden Belastungen sollen verhütet werden. Das fängt bereits bei der Kalbung (Abkalbebedingungen) an. Stresssituationen sollen vorgebeugt werden. Auch können 300 g Propylenglycol pro Kuh und Tag von 2 bis 3 Wochen vor der Kalbung bis 4 Wochen nach dem Kalben ins Futter eingemischt werden.

Die Überwachung geschieht am einfachsten durch regelmäßige Auswertung der Milchleistungsdaten und fortlaufende Konditionskontrolle (**Kap. 3.3.2.4**). Auch kann die Milch während der ersten 4 Laktationswochen auf Ketonkörper überprüft werden. Ebenso sinnvoll ist die Kontrolle des Blutserumgehalts an Glukose und ß-Hydroxybutyrat.

3.4.4 Fettlebersyndrom

Es ist sehr wichtig, Kühe durch eine bedarfsgerechte Fütterung auf die folgende Laktation vorzubereiten. Dabei müssen die Tiere in Zeiten positiver Energiebilanz angemessene Körperreserven an Fett, Eiweiß und Mineralstoffen aufbauen.

3.4.4.1 Ursachen

Infolge von Fütterungsfehlern in der Spätlaktation und während des Trockenstehens kommen viele Kühe deutlich überkonditioniert, d. h. „zu fett“ zur Abkalbung. Zu Beginn der Laktation kommt es aufgrund des stark ansteigenden Nährstoffbedarfs zu einer erheblichen Veränderung der Stoffwechselvorgänge. Im Falle einer negativen Energiebilanz kommt es bei den überkonditionierten Tieren zu einem übermäßigen Fettabbau aus den körpereigenen Depots, vor allem in Form von freien Fettsäuren. Das führt zu einer Anflutung in der Leber und zu einer vermehrten Einlagerung von Fett in die Hepatozyten. Dabei werden die Leberzellen in ihren physiologischen Funktionen gestört. Folge sind eine herabgesetzte Eiweißsynthese, herabgesetzte Aktivität des MPS (Mononukleäres Phagozytosesystem), herabgesetztes Entgiftungsvermögen, darunter auch eine verminderte Umsetzung von Ammoniak zu Harnstoff. Bei allen hochleistenden Kühen kommt es nach der Kalbung bis zu einem gewissen Grad zu einer Leberverfettung, wobei in der 2.–3. Woche p. p. das Maximum der Fetteinlagerung erreicht wird und anschließend eine langsame Normalisierung einsetzt. Der Grad der Fetteinlagerung in die Hepatozyten nimmt bei sehr stark überkonditionierten Tieren überproportional zu.

Das Fettlebersyndrom wird als Bestandsproblem in der Regel unterschätzt, da es als solches nicht erkannt wird. Im Allgemeinbefinden gestörte, „stumpfsinnig“ wirkende, infektionsanfällige Tiere, auch plötzliche Todesfälle, vor allem in der Hochlaktation, können hier ihre Ursache haben.

3.4.4.2 Prophylaxe

Zur Überwachung und Prophylaxe sind dieselben Maßnahmen wie bei Ketose/Azetonämie erforderlich.

3.5 Jungviehaufzucht und Färsenmanagement

R. Mansfeld, M. Hoedemaker, R. Martin und A. de Kruif

3.5.1 Allgemeines

Bei der Jungviehaufzucht sind das Management, die Haltungs- und Fütterungsbedingungen sowie prophylaktische Maßnahmen gegen Parasitosen (vor allem Magen-Darm- und Lungenwürmer) und Infektionskrankheiten die bedeutendsten Faktoren, die das Ergebnis – „eine gut entwickelte Färse" – beeinflussen.

Bis zum Zeitpunkt der ersten Abkalbung wird mit Färsen, sofern diese nicht zuvor verkauft werden, kein Einkommen erzielt. Der mit Hilfe eigener Färsenaufzucht erzielbare Gewinn ist eine Funktion aus Kosten pro Tag der Aufzucht, Erstkalbealter, Milchproduktion, Sterblichkeitsrate von Kälbern aus Färsen und Abgangsrate laktierender Kühe. Das Ziel, dass Holstein-Friesian (HF)-Färsen ein mittleres Erstkalbealter von etwa 24 Monaten haben sollten, kann nur erreicht werden, wenn sie im Alter von 14–15 Monaten tragend werden. Wachstum und Gewichtszunahme im ersten Lebensjahr, Alter bei Erstbelegung und Trächtigkeitsrate sind die wichtigsten Faktoren, die das Erstkalbealter beeinflussen.

3.5.1.1 Erstkalbealter, Erstbelegungsalter

Färsen sollen in einem bestimmten Alter und bei einer bestimmten Körpergröße kalben, um Geburtsschwierigkeiten zu vermeiden. Missverhältnisse zwischen der Größe des Muttertiers und der Frucht sind die Hauptursachen von Schwergeburten bei Färsen. Das Geschlecht des Kalbes spielt auch eine nicht unwesentliche Rolle, lässt sich aber unter heutigen Praxisbedingungen nicht beeinflussen. Demgegenüber lassen sich die Körpergröße der Färsen und die Größe der Kälber durch Management und Zuchtauswahl in gewissen Grenzen steuern. Holstein-Friesian (HF)-Färsen sollten bei der ersten Kalbung mindestens 22 Monate alt und 550 kg schwer sein. Es sollten Bullen ausgewählt werden, von denen leichte Kälber erwartet werden können. Bei Fleckvieh sollte das Erstkalbealter 24–26 Monate betragen, da die Jungtiere bei zu intensiver Aufzucht eher zur Verfettung neigen.

Erstbelegungsalter

Das Erstkalbealter wird hauptsächlich durch das Erstbelegungsalter festgelegt. HF-Rinder werden durchschnittlich im Alter von 7–8 Monaten bei einem Körpergewicht von 220–230 kg geschlechtsreif. Der Hauptfaktor, durch den die Geschlechtsreife festgelegt wird, ist das Körpergewicht, nicht das Alter. Das Alter kann also variieren. Geschlechtsreife bedingt noch keine gute Fruchtbarkeit. Rinder müssen wenigstens 2–3 Sexualzyklen durchlaufen, bevor optimale Trächtigkeitsraten zu erzielen sind. Bei der Erstbelegung sollte ein Körpergewicht von mindestens 350 kg erreicht sein. Da die Trächtigkeitsdauer mit 270–290 Tagen vorgegeben ist, müssen die Tiere mit 15 Monaten tragend sein, um ein Erstkalbealter von 24 Monaten zu erreichen. Das bedeutet, dass im Alter von 13–14 Monaten ein Körpergewicht von 340 kg erreicht sein sollte. Bei einem mittleren Geburtsgewicht von etwa 38 kg müssen die Tiere in 13–14 Monaten 300 kg zunehmen. Das bedeutet eine mittlere Zunahme von 0,75 kg pro Tag, wenn das Zielgewicht mit 13 Monaten erreicht werden soll. Die Gewichtszunahme im ersten Lebensjahr ist für eine erfolgreiche, gewinnbringende Färsenaufzucht entscheidend. So ist es verständlich, dass gerade diese Tiere möglichst tiergerecht gehalten und mit qualitativ hochwertigen Futtermitteln versorgt werden müssen. Eine strategische Parasitosenbekämpfung und, soweit erforderlich, prophylaktische Maßnahmen gegen Infektionskrankheiten verbessern ebenso den Erfolg wie ein optimiertes Reproduktionsmanagement (Stichwort „Brunsterkennung") bei dieser Tiergruppe.

Färsen haben den größten Anteil am genetischen Fortschritt der Herde. Wenigstens 45% der Färsen liefern mit der ersten Abkalbung ein Kalb für die Herde (Kuhkälber). In den Folgelaktationen bis zum Abgang liefern etwa 30% derselben Tiere mit der zweiten Kalbung, 20% mit der dritten und 14% mit der vierten Kalbung ein Kalb für die Herde. Viele Kälber in einem Betrieb werden in jedem Jahr

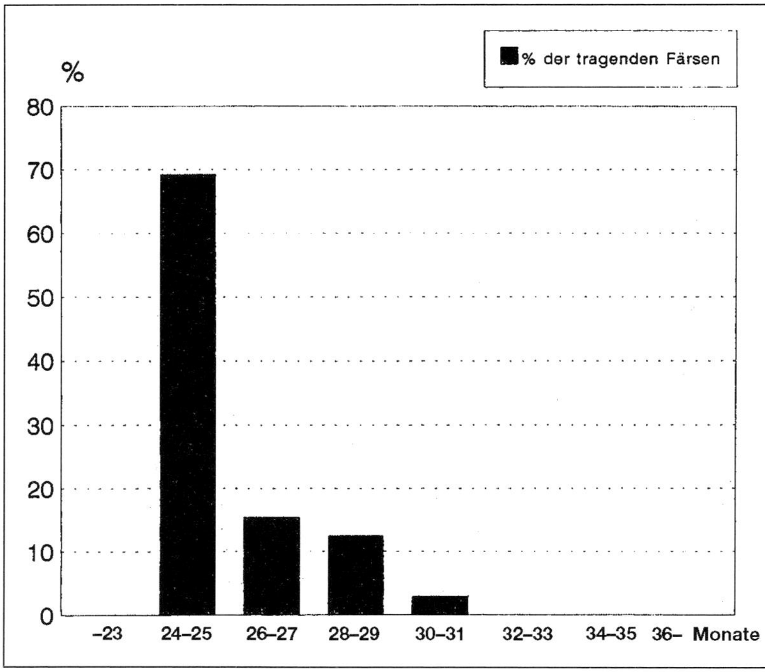

Abb. 3.29 Beispiel für ein Histogramm des Erstkalbealters in einem Bestand als Hilfsmittel zur Beurteilung des Färsenmanagements (gutes Resultat).

von Erstkalbinnen geboren. Dies ist Grund genug, nur Samen guter Qualität von guten Bullen einzusetzen, die für leichte Kalbungen bekannt sind.

■ **Bedeutung der Brunsterkennung**

Der Erstbesamungserfolg bei Färsen ist hoch. In den meisten Fällen liegt er bei 60% oder höher. Wenn der Erstbesamungserfolg 60% beträgt und die Besamung ab einem Alter von 13 Monaten und einem Körpergewicht von rund 350 kg begonnen wird, hat die Brunstbeobachtung einen großen Einfluss auf das Erstkalbealter (**Tab. 3.48**).

Sicher ist der Besamungsbeginn mit 13 Monaten recht früh. Entscheidend ist jedoch die körperliche Entwicklung der Tiere und nicht das Alter. Bei späterem Beginn und anderen Rassen verschieben sich die Zahlen der **Tab. 3.48** entsprechend nach hinten. Wenn die Brunsterkennungsrate 70% oder mehr beträgt, variiert demnach das Erstkalbealter von fast 80% der Färsen um nicht mehr als 2 Monate. Diese geringe Variation des Erstkalbealters ist das Hauptziel bei der Färsenaufzucht (**Abb. 3.29**). Wesentliche Abweichungen hiervon weisen auf eine nicht ausreichende Brunstbeobachtung/Brunsterkennung, einen herabgesetzten Erstbesamungserfolg oder nicht ausreichendes Wachstum im ersten Lebensjahr hin (**Abb. 3.30**).

Tab. 3.48 Einfluss der Brunsterkennung auf das Erstkalbealter von Färsen bei einer Besamungserfolg von 60% und einem Alter von 13 Monaten bei der Besamung.

Brunsterkennungsrate	**30%**	**50%**	**70%**
Erstkalbealtersabschnitte	**Prozent Kalbungen**		
22–23 Monate	49%	66%	78%
24–25 Monate	25%	22%	17%
26–27 Monate	12%	8%	4%
> 27 Monate	14%	4%	1%

3.5.1.2 Biestmilchversorgung

Der Grundstein für eine erfolgreiche Färsenaufzucht wird mit der richtigen Behandlung neugeborener Kälber und einem guten Gesundheitsprogramm während des ersten Lebensjahrs gelegt. Die meisten für die weitere Entwicklung entscheidenden Krankheiten treten während der ersten 6 Monate auf. Eine der wichtigsten Maßnahmen zur Verhütung ist die zeitgerechte und ausreichende Versorgung mit Biestmilch (Kolostrum). Die neugeborenen Kälber sollen in den ersten 4 Lebensstunden mindestens 5% ihres eigenen Körpergewichts

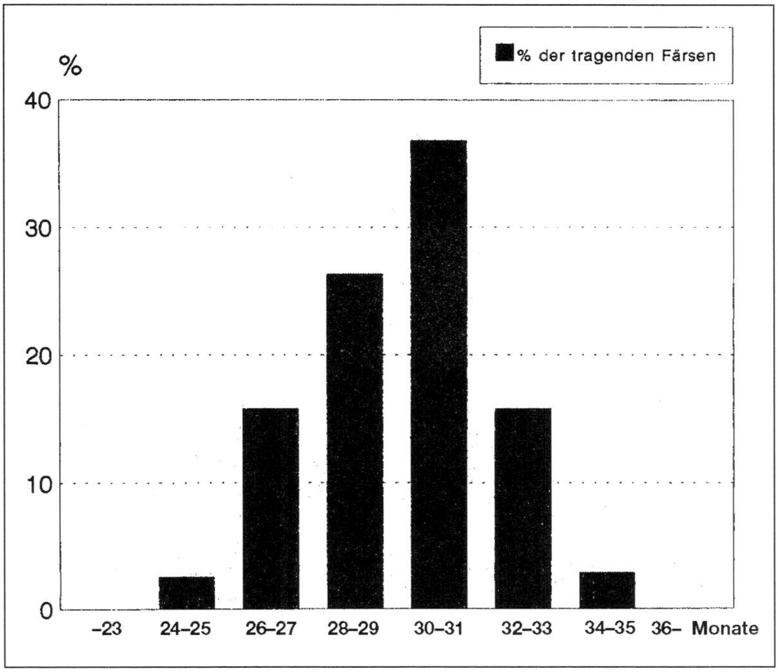

Abb. 3.30 Beispiel für ein Histogramm des Erstkalbealters in einem Bestand als Hilfsmittel zur Beurteilung des Färsenmanagements (schlechtes Resultat).

als Kolostrum erhalten. Je besser die Qualität der Biestmilch ist, und je mehr das Kalb aufnimmt, umso mehr Antikörper erhält das Kalb vom Muttertier, d. h. umso besser ist es für die ersten Lebensmonate gegen Infektionskrankheiten, vor allem gegen Erkrankungen des Atmungsapparats und des Verdauungstrakts geschützt. Wie lange der Schutz durch die Biestmilch anhält, hängt von der aufgenommenen Menge, der Art der Antikörper, der Gesundheit des Kalbes und von den vorhandenen Krankheitserregern ab. Je besser die Kolostrumverabreichung durchgeführt wird, und je besser der Immunstatus der Muttertiere ist, desto besser und länger anhaltend ist der Schutz für das Kalb.

Im Allgemeinen liefern ältere Kühe höherwertige Biestmilch als Erstkalbinnen. Färsen sollten spätestens im 7. Trächtigkeitsmonat in die Herde eingegliedert werden, um sich mit den hier vorhandenen Keimen auseinandersetzen zu können. Der Zukauf von Tieren, die kurz vor der Kalbung stehen, sollte unterbleiben.

Bei guter Biestmilchaufnahme rechnet man mit einem Schutz von bis zu 6 Monaten Dauer. Einen über diesen Zeitraum hinaus reichenden Schutz vor Infektionskrankheiten erreicht man durch gezielte Impfprogramme. Hierfür gibt es keine allgemeingültigen Empfehlungen, da die Programme in Abhängigkeit von den jeweiligen örtlichen und betrieblichen Bedingungen stark variieren. Ein allgemeines Problem ist es, den richtigen Zeitpunkt für die Erstimpfungen zu finden. Einerseits entfalten viele Impfstoffe in Gegenwart mütterlicher Antikörper (Biestmilchwirkung) nicht ihre volle Wirkung, andererseits soll der Impfschutz auch nicht zu spät einsetzen. In Abhängigkeit von der Biestmilchaufnahme erscheint es sinnvoll, mit den meisten in Frage kommenden Impfungen im Alter von 3–6 Monaten zu beginnen. Je nach verwendetem Impfstoff können Nachimpfungen erforderlich sein. Bei modifizierten Lebendvakzinen reicht in der Regel eine Impfung aus. Der Impferfolg hängt wesentlich von der Gesundheit der Kälber und besonders von der fachgerechten Durchführung der Impfung und einer den Anforderungen entsprechenden Aufbewahrung der Impfstoffe ab. Es wird jedoch kein Impfprogramm erfolgreich sein, wenn die Kälberhaltung erhebliche Mängel aufweist.

Auch parasitären Erkrankungen muss vorgebeugt werden. Je nach den betrieblichen Verhältnissen sollten ein effektives Entwurmungsprogramm und ein Fliegenkontrollprogramm durchgeführt werden.

Tab. 3.49 Kennzahlen in der Jungviehaufzucht

Kennzahl	Sollwert
Anteil Erstabkalbungen für die eigene Nachzucht	soll 5% über der Bestandsergänzungsrate liegen
Anteil Jungvieh (0–2 Jahre) bei 25% Bestandsergänzungsrate (bezogen auf die Anzahl vorhandener Kühe)	55–60%
perinatale Sterblichkeit	≤ 5%
Ausfälle während des ersten Lebensmonats	< 5%
Ausfälle während der gesamten weiteren Aufzuchtperiode	≤ 5%
tägliche Zunahme während der Zeit der Milchtränke	≈ 600 g
tägliche Zunahme während des ersten Jahres	750–800 g
tägliche Zunahme während der ersten Hälfte des 2. Jahres	≈ 700 g
tägliche Zunahme während der zweiten Hälfte des 2. Jahres	≈ 650 g
Erstbelegungsalter und -lebendmasse	13–15 Monate, ≥ 350 kg
Erstkalbealter	22–26 Monate
Anteil Erstkalbungen innerhalb von 2 Monaten bezogen auf das Lebensalter	> 75%
Anteil Färsen, die Sommermastitis gehabt haben	0%
Entwicklung des Brustumfangs	s. Kap. 3.5.10
Entwicklung der Widerristhöhe	s. Kap. 3.5.10

Das gesamte betriebsspezifische Gesundheitsprogramm für die Jungtiere sollte vom bestandsbetreuenden Tierarzt und Betriebsleiter gemeinsam erarbeitet werden.

3.5.2 Kennzahlen in der Jungviehaufzucht

Zur Bestimmung des Status quo und zur kontinuierlichen Überwachung der Jungviehaufzucht können verschiedene Kennzahlen bestimmt und zur Beurteilung herangezogen werden (**Tab. 3.49**).

Kennt der betreuende Tierarzt den Jungtierbestand eines Betriebes noch nicht, und/oder liegen keine weitergehenden Informationen vor, ist es für die Beurteilung der Jungviehaufzucht am einfachsten, Kälber, Jungrinder und Färsen in Augenschein zu nehmen und hinsichtlich des Ernährungs-, Wachstums- und Pflegezustands zu beurteilen. Prophylaxeprogramme sowie die entsprechenden Haltungs- und Fütterungssysteme sollten ebenfalls beurteilt werden. Das Ergebnis der bisherigen Färsenaufzucht kann beurteilt werden, indem von allen tragenden Färsen Geburts- und Erstbelegungsdatum ermittelt und daraus das zu erwartende Erstkalbealter errechnet wird.

3.5.3 Die Jungviehaufzucht beeinflussende Faktoren

Die Jungviehaufzucht wird durch eine Reihe von Faktoren beeinflusst. Die wichtigsten sind die Zuchtauswahl (Abstammung), das Färsenmanagement sowie die Haltungs- und Fütterungsbedingungen. Diese sind ihrerseits äußeren Einflüssen ausgesetzt, die nicht in allen Fällen vom Tierhalter „steuerbar“ sind. Kommt es zu Beeinträchtigungen der Jungviehaufzucht, verändern sich die spezifischen Kennzahlen. Im Folgenden wird ein Überblick über die Hauptursachen für Abweichungen der Kennzahlen in der Jungviehaufzucht von den Sollwerten gegeben.

- **Anteil Erstkalbungen für die Nachzucht zu gering**
  - Zu viele Bullenkälber geboren: Es kommt immer wieder vor, dass zu viele Bullenkälber geboren werden. Das ist vermutlich zufällig. Über mögliche Ursachen ist nichts mit Sicherheit bekannt.
  - Zu viele Tiere mit Bullensperma von Fleischrassen besamt: Sollwerte in kleineren Betrieben (< 50 Kühe): max. 10% der Milchkühe; in größeren Betrieben: max. 15% der Milchkühe.

  - Hoher Anteil perinataler Sterblichkeit (**Kap. 3.5.4**).
  - Totalverluste in der Aufzuchtphase sind zu hoch.
- **Perinatale Sterblichkeit (P.S.) zu hoch** (**Kap. 3.5.4**)
- **Ausfälle während des ersten Lebensmonats zu hoch**
  - Diarrhö (**Kap. 3.5.5**).
  - Nabelentzündung: Bestandsweise vermehrtes Auftreten von Nabelentzündungen kann verschiedene Ursachen haben. Dabei stehen Mängel in der Biestmilchversorgung und fehlerhafte Nabeldesinfektion nach der Geburt im Vordergrund. Auch krasse Hygienemängel und das gegenseitige „Ansaugen" des Nabels kommen als Ursachen infrage.
  - Respiratorische Erkrankungen (**Kap. 3.5.6**).
  - Kälberdiphtheroid: Vor allem im Zusammenhang mit Mängeln in der Tränkehygiene.
- **Ausfälle während der gesamten Aufzuchtperiode zu hoch**
  - Respiratorische Erkrankungen (**Kap. 3.5.6**)
  - Kokzidiose (**Kap. 3.5.7**)
  - Andere Endoparasitosen (**Kap. 3.5.8**)
  - Sommermastitis: Dieser Erkrankung kann leicht durch eine gezielte Fliegenbekämpfung (z. B. durch Ohr-Clips) bei den Jungrindern auf der Weide vorgebeugt werden (Achtung: 2 Ohr-Clips pro Tier).
- **Tägliche Lebendmassezunahme zu gering:** Außer den bereits genannten klinischen und subklinischen Erkrankungen und Belastungen während der Aufzuchtperiode führen vor allem Mängel in der Fütterung, der Wasserversorgung und der Haltung zu Einbußen bei der körperlichen Entwicklung der Tiere.
  Bezüglich der **Fütterung** kommen vorwiegend Mängel in der Grundfutterkonservierung, der Rationsberechnung, -zubereitung und -zuteilung einerseits sowie eine mangelhafte Futteraufnahme und -verdauung andererseits als Negativfaktoren infrage. Bei letzteren können vor allem schlechte Futterqualitäten als Ursachen eine Rolle spielen (**Kap. 3.5.9**).
  Der **Wasserbedarf** von Jungtieren wird gelegentlich unterschätzt. Es ist unter anderem auch für eine ausreichende Futteraufnahme wichtig, dass die Tiere jederzeit Tränkwasser guter Qualität aufnehmen können.
  Suboptimale **Haltungsbedingungen,** wie bei Überbelegung von Ställen, schlechten Stallluftbedingungen, Ställe ohne geeignete Liegeflächen oder mit starken Hygienemängeln führen ebenso zu Belastungen und in der Folge zu Verzögerungen der körperlichen Entwicklung der Tiere.
- **Erstkalbealter zu hoch:** Für ein über dem angestrebten Sollwert liegendes Erstkalbealter (**Kap. 3.5.1.1**) gibt es verschiedene Ursachen:
  - **Unzureichende körperliche Entwicklung:** Bei Tieren, die innerhalb von 15 Monaten nicht eine Lebendmasse von 350 kg erreichen, muss mit der 1. Belegung gewartet werden.
  - **Brunstlosigkeit:** Vor allem Managementfehler (mangelhafte, nicht systematische Brunstbeobachtung), Stillbrünstigkeit und inaktive Eierstöcke (seltener) in dunklen Anbindeställen und bei Tieren in schlechter Kondition führen zu einer scheinbaren oder tatsächlichen Brunstlosigkeit.
  - **Konzeptionsmängel:** Jungtiere konzipieren in aller Regel gut. Dennoch gibt es bestandsweise gehäuft auftretende Fälle, in denen Tiere auch nach mehrfacher Besamung nicht tragend werden. Häufige Ursachen dafür sind: falscher Besamungszeitpunkt, mangelhafte oder durch falsche Handhabung beeinträchtigte Spermaqualität oder eine mangelhafte Besamungstechnik.
  - **Managementfehler:** Sehr häufig führen allein Managementfehler zu Aufzuchtverlusten, die ein erhöhtes Erstkalbealter nach sich ziehen. Zu solchen Fehlern gehören die zu späte oder zu geringe Biestmilchverabreichung, das Fehlen einer ausreichenden systematischen Prophylaxe gegen Infektions- und Invasionskrankheiten, Haltungs- und Fütterungsmängel während der Aufzuchtphase, keine oder mangelhafte systematische Brunstbeobachtung und Belegung, zu späte Trächtigkeitsuntersuchungen etc.
  - **Bewusst herbeigeführte Verzögerungen:** Zum Teil liegen einem erhöhten Erstkalbealter auch bewusste Managemententscheidungen zugrunde. Das kommt z. B. vor, wenn ein Landwirt Tiere später belegt, um den Zeitpunkt der höchsten Milchproduktion zu beeinflussen oder auch, wenn die Meinung vorherrscht, dass die Tiere bei der Erstbelegung ein höheres Alter erreicht haben müssen. Dies ist nicht in allen Fällen eine ökonomisch rich-

tige Entscheidung und oft auch aus tiergesundheitlichen Gründen nicht unproblematisch. Tiere, die zu spät belegt werden, verfetten leicht, werden schlechter tragend und neigen später vermehrt zu Kalbe- und Stoffwechselstörungen.

3.5.4 Vermehrte perinatale Sterblichkeit

3.5.4.1 Ursachen

Angeborene Missbildungen (~6% der perinatalen Sterblichkeit [P.S.])

Sie kommen zu allen Zeiten zufällig vor und können Ursache für ein Bestandsproblem werden, vor allem wenn Erblichkeitsfaktoren eine Rolle spielen, deren Einfluss die Lebensfähigkeit der Frucht vermindert. Die bedeutendsten Letalfaktoren sind rezessiv erblich. Umwelteinflüsse (Pflanzentoxine, Manganmangel etc.) und Virusinfektionen können ebenfalls eine Rolle spielen. Etwa 1% aller Kälber weisen angeborene Missbildungen auf, von denen etwa 50% letal sind. Beispiele sind Hydrozephalus, Ankylose, Arthrogryposis, Spina bifida, Atresia coli, Zerebellumdefekte, Schizosoma reflexum, Amorphus globosus, Congenitale Vertebrale Malformation (CVM).

Perinatale Traumata (5–10% der P.S.)

Perinatale Traumata werden meist durch zu starke Zugkraft bei der Geburtshilfe verursacht. Schwere Traumata (z.B. Rückenfrakturen, Rippenfrakturen, Hernia diaphragmatica) führen zum Tod; leichtere Traumata (z.B. Metakarpusfrakturen) können in Abhängigkeit von der postnatalen Versorgung vollständig abheilen.

Asphyxie (50% der P.S.)

Häufigste Ursache für P.S. ist die Asphyxie. In HF-Herden und bei Doppellender-Fleischrassen, deren Kälber mittels Sectio caesarea zur Welt kommen, ist der Anteil von Geburten, bei denen Asphyxien entstehen, relativ gering. Bei anderen Fleisch- und Zweinutzungsrassen kann er bis zu 40% betragen.

Die **Frühasphyxie** (häufigere Form) entsteht infolge verzögerter Geburt, übermäßiger Wehen sowie verstärkter und/oder länger andauernder Zugkraft. Die Kälber werden tot oder lebensschwach mit respiratorisch-metabolischer Azidose und Atmungsstörungen geboren. Zur **Spätasphyxie** kommt es vor allem bei Frühgeburten infolge eines Surfactantmangels.

Asphyktische Kälber bleiben oft lebensschwach und in der Entwicklung zurück sowie infektionsgefährdet, weil sie mehr oder weniger ausgeprägte Organschäden (vor allem Lunge, Herz und Gehirn) aufweisen, was unter anderem eine starke Verminderung der Kolostrumaufnahme zur Folge hat.

Infektionen (20–30% der P.S.)

Infektionen sind auch eine sehr bedeutende Ursache für P.S. und treten oft als Bestandsproblem in Erscheinung. Alle Aborterreger, die das Muttertier im Endstadium der Trächtigkeit infizieren, können Anlaß für P.S. geben. Folgende primäre Erreger können P.S. verursachen:

- *Brucella abortus*
- *Haemophilus somnus*
- *Salmonella spp.*
- *Listeria monocytogenes*
- *Leptospira hardjo* und *L. grippotyphosa*
- Mykoplasmen
- Chlamydien
- *Neospora caninum*
- BVD-Virus
- BHV-1-Virus
- Schimmelpilze

Infizierte Kälber werden oft zu früh geboren und sterben meistens infolge der Infektion oder infolge Surfactantmangels (Spätasphyxie). In etwa 20% der Fälle gelingt ein Erregernachweis, d.h. mindestens 20% der P.S. sind infektionsbedingt. BVD-Virus ist einer der wichtigsten Erreger.

Mangelzustände (sehr geringer Anteil der P.S.)

Viele Mangelzustände können zum Auftreten von P.S. oder lebensschwachen Kälbern führen. Sie spielen als Ursachen vor allem bei Milchvieh eine untergeordnete Rolle. Gelegentliches Vorkommen wird in Betrieben mit geringem oder keinem Kraftfuttereinsatz und bei Doppellendern beobachtet.

Spurenelementmangel: Co-, Cu-, Mn- und insbesondere Se-Mangel können P.S. verursachen. Als Begleiterscheinungen sind Aborte bei Co-Mangel und Gliedmaßenverformungen bei Mn-Mangel zu beobachten.

Magnesiummangel kann P.S. direkt oder indirekt herbeiführen.

Tab. 3.50 Untersuchungsgang bei vermehrt auftretender perinataler Sterblichkeit.

Vorbericht	• Rasse, Lebensalter, Lebendmasse der Färsen • Bullenauswahl, Trächtigkeitsdauer, Ablauf der Geburten (Dauer, Zugkraft), Zustand der Kälber während und nach der Geburt (fehlerhafte Lagen, Stellungen, Haltungen, Hinweise auf Asphyxie), Zustand der Muttertiere vor, während und nach den Kalbungen, andere Erscheinungen bei den Kühen (Diarrhö, Husten, Aborte), Möglichkeiten für Mangelzustände oder Intoxikationen. • In Abhängigkeit von dem vorliegenden Fall kann die Anamnese in spezieller Richtung weiter ausgedehnt werden. • Die Anamnese liefert auch einen Eindruck von der Qualität der Betriebsführung.
Untersuchung betroffener Kälber	• Angeborene Missbildungen • Traumata • Anzeichen von Asphyxie • Geburtsgewicht
Der Vorbericht und die Untersuchung der Kälber liefern in vielen Fällen eine ausreichende Diagnose oder Hinweise, in welcher Richtung weitergesucht werden muss.	
Veranlassung von Laboruntersuchungen	• bei bestehendem Bestandsproblem, wenn mit Hilfe des Vorberichts und der Untersuchung von Kälbern keine Diagnose gestellt werden kann 1. **Sektion** und **mikrobiologische Untersuchung der gestorbenen Kälber; serologische Untersuchung der Muttertiere** 2. **Serologische und evtl. virologische Untersuchungen beim Kalb** (v.a. bei Verdacht auf BVD-Infektion; Antikörpernachweis bei Blutprobenentnahme vor Kolostrumverabreichung weist BVD-Infektion des Kalbes nach; bei toten Kälbern kann gelegentlich BVD-Virus nachgewiesen werden; BHV-Infektionen können dagegen nur durch Virusnachweis festgestellt werden. 3. **Weitere Untersuchungen:** Laboruntersuchungen sind auch sinnvoll, wenn Mangelzustände oder Intoxikationen vermutet werden und diese nachgewiesen werden sollen (z. B. in forensischen Fällen). Der Vorbericht und die Untersuchungen vor Ort müssen bereits deutliche Hinweise liefern, damit die richtigen Untersuchungen veranlasst werden können.

Vitaminmangel: Massiver Vitamin-A-Mangel kann Aborte und P.S. verursachen; Vitamin-E-Mangel ebenfalls.

Intoxikationen (geringer Anteil an P.S.)

Intoxikationen spielen für P.S. nur gelegentlich eine Rolle. Vorbericht und Lage des Betriebes in Bezug auf umweltbelastende Industrien können Anlass für entsprechende Untersuchungen sein. Auch Unglücksfälle oder Missbrauch kommen infrage. Viele chemische Verbindungen und physikalische Faktoren können die Vitalität der ungeborenen Frucht beeinflussen, insbesondere Pflanzengifte, Pflanzenschutzmittel und anorganische Verbindungen (Metalle). Zum Nachweis von Vergiftungen sind spezielle Untersuchungen nötig. Es ist eine Verdachtsdiagnose erforderlich, um die richtigen Untersuchungen veranlassen zu können.

Weitere Ursachen: Zwillingsträchtigkeiten (5% der P.S.)

In einem Teil der Fälle ist keine eindeutige Ursache für P.S. erkennbar, in anderen Fällen spielen Kombinationen aus Infektionen und Umgebungsfaktoren eine Rolle. Vermutlich bestehen weitere, noch unbekannte Ursachen für P.S. (z. B. spezielle Virusinfektionen).

3.5.4.2 Diagnostik

Die Diagnosestellung beim Auftreten perinataler Sterblichkeit und lebensschwacher Kälber kann sehr einfach (z.B bei angeborenen Missbildungen), aber auch sehr schwierig (z. B. bei BVD-Infektion) sein. Grundlage für die Diagnostik ist eine systematische Untersuchung (**Tab. 3.50**).

Tab. 3.51 Zusammenhang zwischen Dauer des Geburtsvorgangs und Auftreten von Asphyxie gemessen mit Hilfe einer Blut-pH-Wert-Bestimmung.

Dauer des Geburtsvorgangs	Anteil der Kälber mit Blut-pH-Werten < 7,1
Geburtsvorgang 2 Stunden nach Platzen der Allantois (Wasserblase) abgeschlossen	4%
Geburtsvorgang zwischen 2 und 4 Stunden nach Platzen der Allantois abgeschlossen	23%
Geburtsvorgang zwischen 4 und 6 Stunden nach Platzen der Allantois abgeschlossen	59%

Die vorberichtlichen Angaben zu dem Verlauf von Geburten liefern unter anderem Hinweise auf die Bedeutung des Auftretens von Asphyxien in einem Bestand. In **Tab. 3.51** sind Zusammenhänge zwischen der Dauer der Geburtsvorgänge und dem Auftreten von Asphyxie dargestellt.

Etwa 21% der Kälber, die mit einem Blut-pH-Wert < 7,1 geboren werden, sterben innerhalb von 24 Stunden; weitere 20% sterben innerhalb von 3 Wochen. Die entsprechenden Anteile an Todesfällen liegen bei Kälbern mit pH-Werten über 7,1 bei 1% und 4%.

3.5.4.3 Prophylaktische und bestandstherapeutische Maßnahmen

Viele neugeborene Kälber sterben aufgrund von Asphyxie oder/und durch Traumata. Dementsprechend kann das vermehrte Auftreten von P.S. in vielen Fällen durch Verbesserung der Geburtshilfe und durch eine gezielte Bullenauswahl deutlich reduziert werden. Die Verbesserung der Geburtshilfe betrifft vor allem das frühzeitige Eingreifen, wenn der Fetus nicht in Vorderendlage liegt, und den korrekten, zeitgerechten und nicht übermäßigen Einsatz von Zugkraft. Die Bedeutung des Geburtsvorgangs für das Entstehen von Asphyxien wird unter anderem auch dadurch deutlich, dass in Doppellenderherden mit gutem Management, in denen die Kälber mittels Sectio caesarea entwickelt werden, Asphyxien sehr selten vorkommen.

Im Falle von Infektionen als Ursachen für die P.S. müssen geeignete Maßnahmen wie Impfungen und Merzung von Tieren getroffen werden. Beim Zukauf von Tieren muss mit äußerster Vorsicht vorgegangen werden. Ergänzend sollten ein Quarantänestall eingerichtet und zusätzliche Hygienemaßnahmen vorgenommen werden. Angeborenen Missbildungen ist mit züchterischen Maßnahmen zu begegnen.

3.5.5 Diarrhö während des ersten Lebensmonats

Durchfallerkrankungen kommen bei jungen Kälbern sehr häufig vor. Sie können in Abhängigkeit von Ursachen und Einflussfaktoren mit einer hohen Sterblichkeit gekoppelt sein. Die meisten der betroffenen Kälber sterben innerhalb der ersten 3 Wochen. Den Erkrankungen liegen infektiöse, parasitäre und diätetische Ursachen zugrunde. Nachfolgend wird ein Überblick über die Ursachen, die diagnostischen, prophylaktischen und bestandstherapeutischen Maßnahmen bei Durchfallerkrankungen während des ersten Lebensmonats als Bestandsproblem gegeben.

3.5.5.1 Ursachen

■ Escherichia coli (meist K99)

Bei der durch enteropathogene *E. coli* bedingten Durchfallerkrankung neugeborener Kälber unterscheidet man die enterotoxämische (häufiger) und die septikämische (seltener) Form. Die Erkrankungen treten besonders in den ersten Lebenstagen auf.

Enterotoxämische Form

schnelle Dehydratation, wässriger Kot, ohne Hilfe schneller Tod. Tiere, die älter sind als 4 Tage, sind in der Regel unempfindlich; sie entwickeln eine lebenslange Immunität. Manche erwachsenen Tiere sind Träger und scheiden *E. coli* mit dem Kot aus. Infektionen können plötzlich auftreten, vor allem kurz nach der Geburt. Es kommt dann zu einer schnellen Ausbreitung im Bestand. Die Kontamination des Abkalbestalls und des geburtshilflichen Instrumentariums trägt wesentlich zur weiteren Verbreitung bei.

Septikämische Form
geht mit Pneumonie, Polyarthritis und Meningoenzephalitis einher; schlechte Prognose.

■ **Salmonella dublin**
Betroffene Tiere zeigen meist ab der 2. Lebenswoche Symptome einer Diarrhö. Die Übertragung erfolgt über die Milch von Trägertieren.

■ **Rotavirus**
Rotavirus kommt in nahezu allen Betrieben vor. Betroffene Tiere zeigen Symptome einer Diarrhö zwischen dem 4. und 14. Lebenstag. Auch subklinische Verläufe kommen vor. Die Rotavirusinfektion ist durch hohe Morbidität und niedrige Mortalität gekennzeichnet. In großen Beständen kann es bei entsprechend hohem Infektionsdruck zu ernsteren Verläufen kommen. In Fällen einer Kombination mit *E.-coli*-Infektionen zeigt sich eine kritische Phase mit Todesfällen um den 3.–6. Lebenstag.

■ **Coronavirus**
Betroffene Tiere erkranken zwischen dem 5. und 21. Lebenstag, wobei die Krankheitssymptome länger anhalten als bei Rotavirusinfektionen. Die Coronavirusinfektion verläuft oft auch subklinisch. Die Mortalität ist in den meisten Fällen gering. Sie kann aber erhöht sein, wenn der Infektionsdruck sehr hoch ist und weitere belastende Faktoren zum Tragen kommen. Schwerer erkrankte Tiere zeigen schnell einen Wachstumsrückstand. Zu einem wesentlich ernsteren Verlauf kommt es, wenn die Coronavirusinfektion mit Rotavirus- und/oder *E.-coli*-Infektionen kombiniert in Erscheinung tritt. Die Folge sind dann oft länger anhaltende, intermittierende Diarrhöen.

■ **BVD-Virus**
Im Zusammenhang mit BVD-Virus-Infektionen können vermehrt Diarrhöen in Erscheinung treten. Andere Symptome, wie Totgeburten, lebensschwache Kälber etc. überwiegen in der Regel.

■ **Andere Viren**
Wahrscheinlich verursachen noch weitere Viren Neugeborenendiarrhö. Diese sind z.T. bereits bekannt, wie das Breda-Virus, Calicivirus, Parvovirus und Toro-Virus. Zum Teil sind sie aber auch noch unbekannt.

■ **Kryptosporidien**
Die Übertragung von Kryptosporidien (*Cryptosporidium parvum*) erfolgt durch Oozysten, die mit dem Kot infizierter Tiere über einen Zeitraum von 1–2 Wochen ausgeschieden werden. Die Kryptosporidiose verläuft oft subklinisch. Es kann aber auch zu intermittierender, in schweren Fällen auch anhaltender Diarrhö kommen. Die Krankheitserscheinungen treten besonders zwischen dem 10. und 30. Lebenstag auf. Zu schweren Verläufen kommt es vor allem bei Mischinfektionen mit Viren.

■ **Fütterungdiarrhö**
Zu fütterungsbedingter Diarrhö kommt es hauptsächlich durch Fehler bei der Herstellung oder Zuteilung der Tränke. Solche Fehler treten häufig beim Übergang von Vollmilchtränke auf Milchaustauscher (MAT) auf. Die Anweisungen der MAT-Hersteller sollten dabei immer strikt befolgt werden. Ein weiterer häufiger Fehler ist das Einmischen von Wasser oder Elektrolytpulver in Vollmilchtränke.

3.5.5.2 Diagnostik

■ **E. coli**
Typisches Sektionsbild: hochgradige Dehydratation, flüssigkeitsgefüllte Eingeweide, keine Enteritis, keine Bakteriämie, auch wenn gelegentlich Keimnachweis aus Organen möglich ist (gelangen vermutlich während der Agonie dorthin).

Probenmaterial: Darminhalt von unbehandelten mehr oder weniger ernst erkrankten oder gestorbenen Kälbern innerhalb der 1. Lebenswoche; Organmaterial ist in der Regel ungeeignet. Probenröhrchen mit dicht schließendem Schraubverschluss; maximal zu ⅔ befüllen.

■ **Salmonellen**
Sektionsbild: akute katarrhalische oder fibrinöse Gastroenteritis oder chronische Enteritis (diphtheroid-nekrotisierende oder ulzerierende Typhlokolitis); bei septikämischem Verlauf: Blutungen in serösen Häuten, serofibrinöse Polyarthritis und -serositis, miliare Nekrosen in Milz und Leber.

Probenmaterial: Fäzes oder Darminhalt. Probenröhrchen s. o.

Viren

Bei Bestandsproblemen sind meistens mehrere Viren beteiligt, oder es liegen Mischinfektionen mit *E. coli* oder/und Kryptosporidien vor. Zu einer eindeutigen Diagnose gelangt man nur mit Hilfe von Mehrfachuntersuchungen bei verschiedenen Kälbern an wenigstens 3 Tagen innerhalb der ersten 14 Lebenstage. Für eine Virusisolierung muss die Entnahme von Probenmaterial in der akuten Krankheitsphase erfolgen.

Rota- bzw. Coronavirus: Kot (Probenröhrchen s. o.).

Der Nachweis von Virusantigen im Blut mittels ELISA ist je nach Testsystem in Serum, Plasma oder EDTA-Blut möglich. Der Nachweis von Virusgenom im Blut mittels PCR erfordert EDTA-Blut.

Kryptosporidien

Probenmaterial: frischer Kot (Probenröhrchen s. o.), Kotextrakt, Blutserum.

Nachweismethoden:

- Kot: Carbol-Fuchsin-Färbung (runde, lichtbrechende Strukturen von 4–5 mm), indirekte Immunfluoreszenz (IIF), ELISA
- Kotextrakt: Anstieg spezifischer IgA
- Blutserum: IIF oder ELISA

Der diagnostische Wert serologischer Methoden ist zweifelhaft, da praktisch alle Kälber über maternale Antikörper verfügen und die Serokonversion nur langsam in Gang kommt.

3.5.5.3 Prophylaktische und bestandstherapeutische Maßnahmen

Korrekte Biestmilchversorgung

▶ Für die Biestmilchversorgung (Kolostrum) neugeborener Kälber gilt grundsätzlich: So früh und soviel wie möglich (mindestens 5% ihres eigenen Körpergewichts in des ersten 4 Lebensstunden). ◀

Es sollte 1 Liter möglichst gleich nach der Geburt verabreicht werden (**Kap. 3.5.1.2**). Idealerweise bekommt ein Holstein-Friesian-Kalb mindestens 2 l Kolostrum in den ersten 4 Lebensstunden. Wenn das Kalb das Kolostrum absolut verweigert, kann die Biestmilch notfalls mittels Schlundsonde gegeben werden (nur am 1. Tag). Auch die Qualität der Biestmilch ist von Bedeutung. Bei guter Qualität ist diese dick, sämig und von deutlich gelber Farbe. Die Kolostrumqualität lässt schnell nach, so dass nach 24 Stunden nur noch etwa 10% der ursprünglichen Antikörper vorhanden sind.

Es sollte eine Biestmilchreserve, möglichst von älteren Kühen (bessere Qualität) angelegt werden. Die Reserve wird in Portionen eingefroren. Beim Auftauen der Portionen muss darauf geachtet werden, dass diese nicht über 40 °C erhitzt werden. Bei einem Durchfallproblem im Bestand kann die Schutzwirkung des Kolostrums genutzt werden, indem den gefährdeten Tieren bis zum 10. Lebenstag einmal täglich 0,5–1 Liter Erstkolostrum zugefüttert wird.

Korrekte Vollmilchtränke

Tagesbedarf: 10–12% des Körpergewichts (Kalb mit 40–45 kg LM etwa 5–6 Liter). Vorteil der Vollmilchtränke ist die Anwesenheit lokaler Antikörper (besonders in den ersten Tagen nach der Kalbung) sowie weiterer Wirkstoffe, deren Bedeutungen nur z. T. bekannt sind (z. B. Kasomorphine). Daher ist die Verabreichung von Milch der Mutter über die ersten 2 Lebenswochen besonders in Problembetrieben sinnvoll. Beim Auftreten von Durchfall ist eine Umstellung auf MAT nicht angezeigt. Fütterungsfehler führen des Öfteren zu Diarrhöen. Das Fassungsvermögen des Labmagens beträgt 1,5–2 l, ein dreimaliges Tränken ist in den ersten Lebenswochen ratsam. Eine Überfütterung muss vermieden werden (Rückfluss von Milch aus dem Labmagen in den Pansen, Fermentationsstörungen; zu wenig Verdauungsenzyme, Diarrhö). Bei Vollmilchtränke soll keine Verdünnung vorgenommen werden, da dies zu einer Hemmung des Schlundrinnenreflexes und der Gerinnung der Milch im Labmagen führt und Fehlgärungen verursacht. Bei Verdünnung über längeren Zeitraum ist zwar die Flüssigkeitsversorgung ausreichend, es kommt aber zu einem Eiweiß- und Energiemangel und Diarrhö.

Die Verabreichung von Vollmilch mit der Schlundsonde ist abzulehnen, da es zum sog. „erzwungenen" **Pansentrinken** mit den entsprechenden Folgen kommt.

Für eine gute Funktion des Schlundrinnenreflexes und eine gute Milchgerinnung im Labmagen hat sich die Beachtung folgender Punkte bewährt:

- Ruhe bei der Tränkeaufnahme
- Verwendung von Saugeimern
- Anbieten warmer, unverdünnter Milch
- Ansäuern mit Ameisensäure (0,3% einer 85%igen Stammlösung) führt zu einem niedrigen Labmagen-pH-Wert

Korrekte Milchaustauschertränke

Die Zubereitung der Milchaustauschertränke (MAT) erfolgt in Wasser bei 65–70 °C, da die Fettemulgierung bei niedrigeren Temperaturen ungenügend ist und die Fette dann schlechter verdaut werden. Hohe Temperaturen führen jedoch zu einer Denaturierung der Eiweiße und damit zu einem Absinken der HCl- und Pankreasenzymproduktion, was eine Verschlechterung der Milchgerinnung und Absorption im Darm zur Folge hat. Um diesen Effekt nicht unnötig zu verstärken, muss die „Optimaltemperatur“ nach Herstellerangaben streng eingehalten werden.

Die „ideale MAT-Konzentration“ beträgt 100–125 g TM pro Liter MAT. Zu niedrige Konzentrationen führen vermehrt zum Pansentrinken; zu hohe Konzentrationen bewirken eine Beschleunigung der Labmagen- und Darmpassage mit der Gefahr von Diarrhö und Enterotoxämie.

Außer den Herstellungsvorschriften und den Konzentrationen sollten folgende Punkte beachtet werden:

- Zuteilung des MAT in regelmäßigen Zeitabständen und begrenzt
- Temperatur bei Zuteilung mindestens Körpertemperatur
- gute Lagerung des MAT-Pulvers (Schutz vor Qualitätsverlust und Verderbnis)
- gute Qualität der Grundstoffe (übererhitztes Magermilchpulver und Soja, das Antitrypsine enthält, sollen die Gerinnung im Labmagen beeinträchtigen; Polysaccharide außer Laktose können Verdauungsstörungen verursachen)

In der Praxis zeigen sich die geringsten Probleme bei Verwendung von angesäuertem MAT ohne Magermilchpulver.

Wasser-, Rau- und Kraftfutterversorgung

Wasser muss bereits in den ersten Lebenstagen angeboten werden. Heu und in kleinen Mengen Kraftfutter sollte nach wenigen Tagen, spätestens ab der 2. Lebenswoche angeboten werden, um die Vormagenentwicklung zu fördern.

Impfungen

Bei der **Muttertierimpfung** gegen *E. coli*, sowie **Rota**, und **Coronaviren** ist es sinnvoll, alle trächtigen Rinder am Ende der Trächtigkeit zu impfen, um den Infektionsdruck für die Kälber zu senken. Die Antikörper werden mit dem Kolostrum an die Kälber übergeben. Es erfolgt eine Zweifachimpfung im Abstand von einigen Wochen im ersten Jahr, in späteren Jahren genügt eine einmalige Impfung vor der Abkalbung.

In akuten Fällen kann durch fragmentierte Zuteilung von Biestmilch während der ersten zwei Lebenswochen (½ l pro Tag, verteilt auf 3 Tränkungen) eine Erhöhung der passiven intestinalen Immunität erreicht werden. Muttertierimpfungen sind dann sinnvoll, wenn die Kälber die Milch der Mutter über wenigstens 10 bis 14 Tage erhalten.

Eine **Schluckimpfung bei Neugeborenen** in den ersten Lebensstunden mit stallspezifischer Vakzine ist möglich, aber relativ teuer.

Hygienische Maßnahmen

Außer der richtigen Tränkeversorgung und den Impfprogrammen kommt vor allem den hygienischen Maßnahmen Bedeutung zu. Dabei sind folgende Punkte besonders zu beachten:

1. **Maximale Hygiene rund um die Geburt:** „Alles“ muss gründlich gereinigt und desinfiziert werden. Das gilt insbesondere für den Abkalbestall, das geburtshilfliche Instrumentarium, die Umgebung der Vulva, Euter und Zitzen (vor dem Ausmelken von Kolostrum) des Muttertiers, Hände und Kleidung des Geburtshelfers, Transportmittel für die Kälber, alle Fütterungsgerätschaften für die Kälber. Es sollten keine Gebrauchsgegenstände in der Nähe von erkrankten Kälbern aufbewahrt werden.
2. **Kühe zum Abkalben nicht in der Nähe von jungen Kälbern aufstallen:** Der Abkalbestall sollte am besten ganz von der Unterbringung der Kälber getrennt und wenn möglich entfernt sein. Falls nötig muss mit entsprechendem Abstand ein Abkalbestall/-abteil improvisiert werden.
3. **Neugeborene Kälber möglichst umgehend, spätestens jedoch nach 12 Stunden aus dem Abkalbestall entfernen:** Um die Kontamination/Rekontamination des Stalles zu vermeiden, auch wenn die Kälber einige Zeit bei den Muttertieren bleiben sollen, sollte ein Zeitraum von 12 Stunden nicht überschritten werden.

4. **Unterbringung der Kälber in den ersten 14 Lebenstagen möglichst isoliert und verteilt:** Einzel-Außenboxen (z. B. Kälberiglus), notfalls improvisierte Einzel-Strohballenboxen bieten die Möglichkeit, die neugeborenen Kälber isoliert zu halten. Bei der Unterbringung der neugeborenen Kälber in Iglus o. Ä. müssen die Tiere sofort trockengerieben und ins Iglu gebracht werden. Am besten ist es, wenn 2 oder 3 Boxen für ein Kalb zur Verfügung stehen, so dass immer genügend Boxen vorhanden sind, die gereinigt und desinfiziert werden und anschließend einige Wochen leer stehen können.
5. **Ab der 3. Lebenswoche Gruppenhaltung unter Bildung von Altersgruppen in getrennten Abteilen:** Nicht zu große Gruppen. Nach Möglichkeit in den einzelnen Abteilungen Rein-Raus-Verfahren mit zwischenzeitlicher Reinigung und Desinfektion und einigen Wochen Leerstehen des Abteils praktizieren.
6. **In den ersten 14 Lebenstagen für jedes Kalb einen eigenen, sauberen Tränkeeimer:** Die Eimer sollen nicht am Boden gestapelt, sondern einzeln, am besten mit der Öffnung nach unten, aufgehängt werden. Eimer von verschiedenen Tiergruppen getrennt halten.
7. Falls eine Person für die Kälberversorgung zuständig ist, soll bei der täglichen Arbeit **immer mit den jüngsten Kälbern begonnen werden.**
8. **Unter allen Umständen verhindern, dass Kälberkot über die Laufwege verteilt wird.**

Bei Kryptosporidienproblemen
Kryptosporidien sind ubiquitär; Oozysten bleiben in feuchtem Milieu über Monate infektiös; sie sind resistent gegenüber nahezu allen herkömmlichen Desinfektionsmitteln. Wirksam sind:

- 10%iges Wasserstoffperoxid und Oöcide® (Antec International Ltd.; setzt Ammoniak frei)
- zur Tränkwasserdesinfektion: Ozon (1 mg/l, 6 min)
- Desinfektion von Wasserbehältern: Chlordioxid (1,4 mg/l)

Eine Impfung ist nicht möglich. Auch bei einer Kryptosporidienproblematik kommt den genannten hygienischen Maßnahmen besondere Bedeutung zu. Die Boxen müssen gründlich gereinigt (hoher Druck, hohe Temperatur) und desinfiziert werden und über mehrere Wochen leer stehen.

Therapie: In Beständen mit einem nachgewiesenen Kryptosporidienproblem kann Halufuginon (Halocur®) zur Vorbeugung von Durchfall bei neugeborenen Kälbern mit Kryptosporidieninfektion eingesetzt werden. Bei bereits durch Kryptosporidienbefall verursachtem Durchfall kann dieser durch Behandlung mit Halufuginon vermindert werden. Das Medikament senkt die Oocystenausscheidung. Wird die Behandlung bei einem Kalb begonnen, müssen auch die folgenden neugeborenen Kälber behandelt werden, solange ein Erkrankungsrisiko besteht. Bei der Anwendung von Halufuginon muss sich streng an die Anweisung des Herstellers gehalten werden.

3.5.6 Respiratorische Erkrankungen

3.5.6.1 Ursachen

Lungenerkrankungen kommen bei Kälbern häufig vor und verursachen erhebliche wirtschaftliche Verluste. Die Ursachen dieser Erkrankungen sind oft nicht eindeutig. Viele verschiedene Erreger wurden isoliert und mit Krankheitsbildern in Zusammenhang gebracht. Nur sehr selten ist es aber geglückt, mit Hilfe experimenteller Infektion bei gnotobiotischen Kälbern diejenigen Krankheitsbilder herbeizuführen, die mit den unter Praxisbedingungen zu beobachtenden vergleichbar wären. **Tab. 3.52** zeigt die Erreger, die bei verschiedenen Ausbrüchen von Lungenerkrankungen bei Kälbern isoliert worden sind.

Die schlechte experimentelle Reproduzierbarkeit der Krankheitsbilder weist darauf hin, dass in aller Regel der Einfluss resistenzmindernder Faktoren, wie Stress (Transporte, fehlerhafte Gruppenbildung), mangelhafte Haltungsbedingungen (Zugluft, hohe Luftfeuchtigkeit, hohe Schadgaskonzentrationen) etc. wesentlich zum Ausbruch respiratorischer Erkrankungen beitragen. Virale Infektionen sind dann Wegbereiter für bakterielle Sekundärinfektionen. In der Bezeichnung Enzootische Bronchopneumonie (sog. „Rindergrippe") sind die verschiedenen Einflussfaktoren zusammengefasst. Diese Faktorenkrankheit betrifft als saisonale Form Zuchtbetriebe in der nasskalten Jahreszeit, als „crowding-assoziierte" Form Zukaufsbetriebe (Mast) durch Zusammenbringen vieler Tiere verschiedener Herkunft. Im Folgenden wird eine Übersicht über die Bedeutung der verschiedenen

Tab. 3.52 Pathogene Erreger, die aus dem Respirationsapparat von Kälbern mit Pneumonie isoliert wurden.

Viren	Mycoplasmen	Chlamydien	Bakterien
• BRSV • PI3-Virus • BVD-Virus • BHV-1 • BHV-4 • Adenovirus • Rhinovirus • Reovirus • Coronavirus • Enterovirus • Torovirus	• *Mycoplasma bovis* • *Mycoplasma dispar* • *Ureaplasma*	• *Chlamydophila pecorum*	• *Mannheimia haemolytica* • *Pasteurella multocida* • *Haemophilus somnus* • *Arcanobacterium pyogenes* • *Salmonella dublin*

Erreger für Lungenerkrankungen bei Kälbern gegeben.

Viren

Bovines Respiratorisches Synzytialvirus (BRSV)
verursacht bei experimenteller Infektion (e.I.) nur milde Krankheitserscheinungen, wobei kleine pneumonische Herde entstehen. Durch Infektion alveolärer Makrophagen wird der Abwehrmechanismus gestört. Gleichzeitig kommt es zu Nekrosen bronchialer Epithelzellen, was die Gefahr der Entstehung von bakteriellen Sekundärinfektionen erhöht. Es gibt außerdem Hinweise, daß immunpathologische Reaktionen (Komplement) eine Rolle spielen.

Es wird eine vereinzelt auftretende schwere Verlaufsform, die mit hochgradiger Atemnot und Ausbildung eines Lungenemphysems einhergeht, beschrieben.

PI3-Virus
verursacht bei e.I. nur milde Krankheitserscheinungen. Bei der Erkrankung kommt es zu einer Störung der Alveolarmakrophagenfunktion und Nekrosen von Bronchialepithelzellen.

BVD-Virus
verursacht bei e.I. keine oder sehr geringe klinische und pathologisch-anatomische Erscheinungen, führt jedoch zu einer deutlichen Immunsuppression.

BHV-1
ist primär pathogen für die Schleimhaut der oberen Luftwege. Das Krankheitsbild ist bei e.I. gut reproduzierbar. Dabei erfolgt in der Regel kein Befall der Lunge, und nur in Fällen von Infektionen junger Kälber kommt es zur Entstehung ernsterer Probleme. Bei den in der Praxis üblichen Fällen enzootischer Pneumonien bei Kälbern wird selten BHV-1 nachgewiesen.

Übrige Viren (Tab. 3.52)
wurden nur in Ausnahmefällen gefunden. Ihre Rolle bei dem Zustandekommen einer schweren Lungenerkrankung ist noch unbekannt.

Bakterien

Mannheimia haemolytica
wird sehr häufig, *Pasteurella multocida* weniger häufig bei an Pneumonie gestorbenen Kälbern nachgewiesen. E.I. mit diesen Arten führen in der Regel zu keinen klinischen Symptomen. Die Keime können auch von der Nasenschleimhaut gesunder Kälber isoliert werden. Beide Arten können diverse Toxine (Endotoxine, Neuraminidasen) produzieren, die die Funktion von immunologisch aktiven Zellen beeinträchtigen.

Haemophilus somnus* und *Arcanobacterium pyogenes
können ebenfalls auf der Nasenschleimhaut gesunder Kälber nachgewiesen werden und Toxine bilden. Nach experimenteller Infektion mit *Haemophilus somnus* sind Degenerationen von Makropha-

gen, in geringerem Maß von neutrophilen Granulozyten festgestellt worden.

Mykoplasmen
Aus oberen und tieferen Luftwegen von Kälbern mit Lungenerkrankungen sind sehr häufig Mykoplasmenarten isoliert worden. Die Mehrzahl wird für apathogen gehalten; den in **Tab. 3.52** genannten wird eine Pathogenität zugeschrieben. Sie besiedeln das Ziliarepithel und zerstören dessen Funktion.

M. bovis ist nach e.I. in der Lage, in das Lungengewebe einzudringen und dort Nekrosen zu verursachen (vermutlich Toxinbildung und/oder immunpathologische Reaktion); nach e.I. sind Fieber, hohe Atmungsfrequenz und Pneumonieherde von geringem Umfang festgestellt worden.

M. dispar verursacht nach e.I. keine klinischen Symptome und nur geringe pathologisch-anatomische Abweichungen am Ziliarepithel sowie eine Immunsuppression.

Chlamydien
Über die Rolle der Chlamydien im Zusammenhang mit Lungenerkrankungen ist wenig bekannt.

3.5.6.2 Diagnostik

■ Klinische Diagnose:
Die Stellung einer eindeutigen ätiologischen Diagnose aufgrund der klinischen Untersuchung ist schwierig. Beim Krankheitskomplex Enzootische Brochopneumonie kommt es in aller Regel allenfalls zu einer Verdachtsdiagnose. Bei der IBR gibt der klinische Krankheitsverlauf deutliche Hinweise.

■ Serologische Diagnose (ELISA)
Die serologische Untersuchung ist nur sinnvoll, wenn Serumpaare von mehreren Tieren untersucht und multiple Serokonversionen festgestellt werden können. Einzeluntersuchungen sind nur von beschränktem diagnostischen Wert, da die Feststellung eines ätiologischen Zusammenhangs nicht sicher möglich ist.

■ Virologische Diagnose
Für den Virusnachweis können verschiedene Substrate genutzt werden. Der Antigennachweis im Lungengewebe mit Hilfe einer Immunfluoreszenzreaktion stellt die beste Methode dar. Bei der Virusisolation aus Zellkulturen gibt es oft falsch negative Ergebnisse. Andererseits ist der ätiologische Zusammenhang im Falle positiver Ergebnisse nicht zwangsläufig gegeben. Nasentupferproben (BRSV, langes Tupfermodell) oder Bronchialspülproben sind weitere diagnostische Möglichkeiten, wobei letztere im Falle eines positiven Ergebnisses nur den Schluss zulassen, dass das nachgewiesene Virus im Tier vorhanden ist, da die Kontamination des Entnahmeinstruments schon in den oberen Luftwegen stattgefunden haben kann.

Das BVD-Virus kann mit verschiedenen Verfahren nachgewiesen werden, u. a. mittels BVD-Virus-Antigen-ELISA oder Polymerasekettenreaktion. Allerdings kann bei persistierenden Virämikern (PI-Tiere) nach der Kolostrumaufnahme ein Virusnachweis durch hohe maternale Antikörper-Spiegel verhindert werden („diagnostische Lücke“ zwischen Kolostrumaufnahme und ca. 90 Tage p. n., bei den genannten modernen Möglichkeiten auch kleiner). Nach Abbau der maternalen Antikörper (Ak) sind PI-Tiere im Ak-Test negativ und im Virusnachweis positiv. Bei älteren Tieren kann es sich bei positivem Virusnachweis um kürzlich infizierte Tiere, die im Ak-Test noch negativ sind, oder um PI-Tiere handeln. Während erstere das Virus im weiteren Verlauf eliminieren und Ak-positiv werden, bleiben PI-Tiere Virus-positiv. In jedem Fall ist zur zweifelsfreien Feststellung eines PI-Tieres eine Nachuntersuchung im Abstand von mindestens 3 Wochen erforderlich.

In der Praxis handelt es sich bei Lungenerkrankungen der Kälber fast immer um **Mischinfektionen**. Das bringt für das Aufstellen von Therapie- und Prophylaxemaßnahmen gewisse Schwierigkeiten mit sich.

3.5.6.3 Prophylaxe

■ Gute Haltungsbedingungen

Einzel-/Gruppenhaltung
Kälber sollten in den ersten 14 Lebenstagen in Einzelboxen, am besten in Einzel-Außenboxen, die auf mehrere Standorte verteilt sind, gehalten werden. Danach sollen die Tiere in Gruppen auf Stroheinstreu gehalten werden (max. 5 Tiere/Gruppe). An eine Kaltstallphase sollte sich keine Warmstallphase anschließen. Im Alter von 3 Monaten sollten

die Tiere zur Gewöhnung an harten Boden in einem Laufstall mit Liegeboxen untergebracht werden. Ab 6 Monaten ist die Haltung auf vollperforierten Böden möglich; es sollte aber weiterhin ein Stall mit Liegeboxen bevorzugt werden. Die Tiere sollten auch hier nicht aus einem Kaltstall in einen Warmstall verbracht werden.

Stallluft

Für gute Lüftung sorgen; am besten einseitig offener Stall. Grundsätzlich gilt: je größer der Rauminhalt des Stalles, desto mehr frische Luft, desto weniger Probleme mit Erkrankungen des Atmungsapparats.

Die Mindestanforderungen an die Haltung von Kälbern in Ställen sind in der Tierschutz-Nutztierhaltungs-Verordnung in der Neufassung vom 22. August 2006 geregelt.

- **Gute Fütterungsbedingungen (Kap. 3.5.9).**

- **Impfungen**

Lebendvakzinen bewirken eine bessere Immunität als Totvakzinen. Die immunologisch optimale Methode ist die intranasale Vakzination, die zu der lokal und allgemein besten Immunantwort und zur lokalen Interferonproduktion führt (PI3, IBR, Adenovirus). Eine Boosterung sollte durchgeführt werden. Wird eine subkutane oder intramuskuläre Applikationsform vorgezogen (BRSV, BVD, IBR), so ist eine Boosterung unbedingt erforderlich.

BRSV

Die Impfung wird nur für Problembetriebe empfohlen.

Programm 1: Anfang September alle Tiere, die älter als 3 Monate sind; zweimal im Abstand von 3–4 Wochen impfen.

Programm 2: Das ganze Jahr hindurch (z. B. anlässlich der regelmäßigen Bestandsbesuche) alle Tiere, die wenigstens 3½ Monate alt sind, zweimal im Abstand von 3–4 Wochen impfen.

IBR

Eine Infektion mit dem BHV-1-Virus ist **anzeigepflichtig**. Ihre Bekämpfung wird durch die „Verordnung zum Schutz der Rinder vor einer Infektion mit dem Bovinen Herpesvirus Typ 1 (BHV1-Verordnung) vom 3.11.2004" geregelt. Durch die Aufnahme der IBR-Bekämpfung in die staatliche Tierseuchenbekämpfung im Jahr 1997 wurde den Anforderungen an EU-Handelsnormen entsprochen und die Grundlagen für eine Sanierung der Rinderbestände geschaffen. Diese ist zur Sicherung der Wettbewerbsfähigkeit der deutschen Rinderzucht erforderlich, da für BHV-1-positive Rinder Handelsbeschränkungen innerhalb der EU bestehen, und sich auch Drittländer in der Regel daran orientieren. Die anderen Mitgliedstaaten unternehmen zunehmende Sanierungsbestrebungen, Dänemark, Finnland, Schweden, Österreich und Bozen in Italien sind bereits als „IBR-frei" anerkannt.

Laut VO besteht Untersuchungspflicht für alle Zucht- und Nutzrinder im Alter von über 9 Monaten im Abstand von längstens 12 Monaten. Um die IBR-freien Bestände und solche, die sich in Sanierungsverfahren befinden, zu schützen, ist das Verbringen von Zucht- und Nutztieren streng geregelt.

Impfung: Seit einigen Jahren stehen Markerimpfstoffe zur Verfügung, die sich durch Deletion des Glykoproteins E (gE) vom Feldvirus unterscheiden. Dementsprechend bilden mit Markerimpfstoffen vakzinierte Tiere keine Antikörper gegen gE und können daher mit entsprechenden Testsystemen von mit Feldvirus infizierten Tieren unterschieden werden. Sowohl Markerimpfstoffe als auch konventionelle Impfstoffe sind als attenuierte Lebendvakzine und als inaktivierte Vakzine erhältlich. Konventionelle Impfstoffe dürfen nur in Beständen verwendet werden, in denen die Rinder ausschließlich gemästet und zur Schlachtung abgegeben werden. Der Einsatz von Markerimpfstoff ist von den jeweiligen regionalen Bedingungen und Vorschriften und der Bestandssituation abhängig.

Impfen von Tieren, die jünger als 1 Jahr sind, wird von einigen Autoren als nicht sinnvoll erachtet. Andere empfehlen Impfungen ab einem Alter von 3 Monaten oder sogar noch früher bei der Einstallung von Kälbern. Je nach eingesetztem Impfstoff besteht die Grundimmunisierung aus einer einmaligen Impfung oder zwei Impfungen im Abstand von 3–6 Wochen und einer Nachimpfung nach 3–6 Monaten. Wiederholungsimpfungen werden halbjährlich durchgeführt. In den bisherigen Programmen werden **Partialimpfung** (Impfung der seropositiven Tiere, der sog. Reagenten, in teilverseuchten Beständen) und **Totalimpfung** (Bestandsimpfung in stark verseuchten Beständen) unterschieden. In den verschiedenen Bundesländern werden unterschiedliche Bekämpfungsstrategien verfolgt: Länder mit geringer BHV-1-Seroprävalenz streben die Abschaffung positiver Rinder an und erlauben nur in Ausnahmefällen die Vakzination IBR-freier Tiere (Selektionsprinzip). Für Reagenten, die im Bestand verbleiben, besteht Impfpflicht. Durch regelmäßige Wiederholungsimpfungen sowie Kontrolluntersuchungen nicht geimpfter, seronegativer Tiere und der nach Beginn der Maßnahme neugeborenen Kälber, die ebenfalls nicht geimpft werden, sowie die Abschaffung der Reagenten, wird der allmähliche Aufbau eines BHV-1-freien Bestands angestrebt. Bundesländer mit hoher BHV-1-Seroprävalenz verfahren nach dem Markerkonzept, d. h. der Einsatz von Markerimpfstoffen soll das Feldvirus nach und nach aus den noch nicht IBR-freien Beständen verdrängen und die bereits freien Bestände in gefährdeten Regionen vor einer BHV-1-Einschleppung schützen. Allerdings kann eine Impfung keinen absoluten Schutz vor einer Feldvirusinfektion und somit -latenz mit nachfolgender Virusausscheidung bei Belastung gewähren. Durch eine Impfung wird jedoch die Virusausscheidung deutlich minimiert und die Weiterverbreitung damit eingeschränkt.

BVD

Die BVD ist seit dem 10.11.2004 **anzeigepflichtig**. Eine BVDV-Verordnung ist in Vorbereitung. Noch werden Sanierungsmaßnahmen auf freiwilliger Basis ergriffen. Da die Erkrankung hohe wirtschaftliche Schäden verursacht und einige andere EU-Mitgliedsstaaten (z. B. Skandinavien) die Tilgung der Infektion und Schaffung BVD-freier Herden anstreben, sind Maßnahmen zur Kontrolle und Bekämpfung von großer Bedeutung. Dabei nimmt die Ausmerzung der persistierenden Virämiker (PI-Tiere) eine zentrale Rolle ein.

In Regionen mit geringer Seroprävalenz kann die Schaffung BVD-freier Herden als Ziel gesetzt werden. Die Überwachung eines Bestands kann über Kontrolluntersuchungen von Tankmilchproben, bei Jungtieren und im Verdachtsfall zusätzlich von Einzelblutproben erfolgen. Die PI-Tiere werden sofort aus dem Bestand entfernt und neugeborene Kälber noch ein Jahr auf BVDV untersucht. Impfungen werden nicht durchgeführt, eine Reinfektion soll durch strikte Hygienemaßnahmen verhindert werden.

In Regionen mit hoher Seroprävalenz, in denen zudem geimpft wird, wird die Ausmerzung der PI-Tiere mit einer systematischen Impfung verbunden, um Reinfektionen und eine transplazentare Übertragung des Feldvirus zu verhindern. Die zur Verfügung stehenden, gut immunisierenden Lebendimpfstoffe gegen BVD sind mit dem Problem der Impfinfektion in der Gravidität belastet. Impflinge scheiden Virus aus und gefährden auch gravide Nachbartiere. Impfstoffe, die die Gravidität nicht gefährden, werden hinsichtlich der immunisierenden Wirkung schwächer bewertet. Die meisten Totvakzinen bewirken bei alleiniger Anwendung nur eine relative Immunität und keinen langfristigen Schutz vor diaplazentarer Infektion der Feten, zur Zeit ist ein Totimpfstoff auf dem Markt, der auch für den fetalen Schutz zugelassen ist.

Empfehlung: Grundimmunisierung der Jungtiere vor dem Belegen mit Lebendimpfstoff, um einen sicheren Schutz vor fetalen Infektionen zu erreichen (nicht in Gruppen mit graviden Tieren!). Ein mittlerweile etabliertes zweistufiges Impfverfahren soll einen fetalen Schutz bei geringem Risiko einer Impfvirusinfektion im Bestand gewährleisten: Eine Vorvakzinierung mit inaktiviertem Impfstoff führt zu einer erheblichen Reduzierung der Virusausscheidung bei der anschließenden Boosterung mit Lebendvakzine vor der ersten Trächtigkeit. Eine räumliche Trennung zu empfänglichen trächtigen Tieren sollte trotzdem eingehalten werden. Eine jährliche Revakzination erfolgt mit Totimpfstoffen. (s. auch **Kap. 3.7.1.5**).

PI3, Adenovirus

Impfungen gegen PI3- und Adenovirusinfektionen sind von den jeweiligen Betriebsgegebenheiten abhängig.

Andere Kombinationen von Erregern

In Problembetrieben ist eine Frühimpfung gegen die Enzootische Bronchopneumonie ab der 2. Lebenswoche mit Wiederholungsimpfung nach 4 bis 6 Wochen und Boosterimpfung mit ca. 6 Monaten möglich. Auffrischungsimpfungen sind dann rechtzeitig vor resistenzmindernden Situationen (Umstallung, Beginn nasskalte Jahreszeit etc.) ratsam. Ohne Optimierung der Haltungsbedingungen bleiben Impfprogramme u. U. ohne Erfolg.

3.5.7 Kokzidiose

Kokzidien *(Eimeria-Arten)* kommen nahezu in allen Betrieben vor, verursachen aber nur selten Probleme. Die meisten Rinder sind Träger, ohne klinische Erscheinungen aufzuweisen und bauen eine Immunität auf. Es muß daher zwischen der Anwesenheit von Kokzidien und dem Vorliegen einer Kokzidiose unterschieden werden. Von Kokzidiose kann nur gesprochen werden, wenn typische Krankheitserscheinungen vorhanden sind (blutiger Durchfall, Tenesmus), der OpG-Wert (Oozysten pro Gramm Kot) mittelgradig erhöht ist und die nachgewiesenen Kokzidien zu einer pathogenen Art gehören.

Therapie

Betroffene Tiere: Symptomatische Behandlung (Flüssigkeitsersatz).

Weitere Möglichkeiten:

- **Toltrazuril** (Baycox® 5%, Umwidmung erforderlich): Dosierung: 20 mg Toltrazuril/kg KGW; Applikationsweg: oral; Dauer: einmalig
- **Sulfadimidin**: Dosierung: 100 mg Sulfadimidin/kg KGW; Applikationsweg: oral; Dauer: 3 Tage, 2 Tage Pause, 3 Tage; in schweren Fällen zusätzlich **Trimethoprim** (40 mg/ml) und **Sulfadimidin-Na** (215,8 mg/ml) parenteral; Dosierung: 16–24 mg Gesamtwirkstoff aus Trimethoprim + Sulfadimidin-Na/kg KGW/Tag; Dauer: 3–5 Tage

Stall: gründliche Reinigung und Desinfektion (kochendes Wasser; Hochdruckreiniger; 10% Formalin über 24 h [Anwendung in Deutschland nicht erlaubt!]).

Prophylaxe

Sehr gute Stall- und Futterhygiene. Die Oozysten in der Außenwelt sind sehr widerstandsfähig. Gründliche Reinigung und Austrocknen von Boxen und Buchten vor Neubelegungen vermindern das Infektionsrisiko.

3.5.8 Andere Endoparasitosen

Als Endoparasiten spielen vor allem Helminthen, und zwar Magen-Darm-Würmer und Lungenwürmer sowie Leberegel eine Rolle. Bei starkem Befall erkranken die Tiere und können sogar verenden. Leistungsverluste infolge eines subklinisch verlaufenden Befalls, bei Jungrindern vor allem in Form einer Verlangsamung der körperlichen Entwicklung, sind von erheblich größerer wirtschaftlicher Bedeutung.

3.5.8.1 Ursachen

Magen-Darm-Wurm-Befall

Befall mit Magen-Darm-Würmern kommt in jedem Betrieb vor. Einer der häufigsten Magen-Darm-Würmer beim Rind ist der Labmagenwurm *(Ostertagia ostertagi)*. Normalerweise bilden die Tiere eine Immunität aus, die nach zwei Weideperioden vollständig ausgebildet ist. Werden Jungrinder und Färsen im Stall gehalten, ist die Immunität nach der ersten Kalbung noch unvollständig. Der Weidehaltung von Jungrindern und jungen Färsen ist daher gegenüber der Stallhaltung der Vorzug zu geben. So wird bis zur Abkalbung eine ausreichende Immunität erreicht.

Epidemiologie: Die auf der Schleimhaut von Labmagen und Dünndarm lebenden weiblichen Magen-Darm-Würmer legen Eier, die mit dem Kot in die Außenwelt gelangen. Dort entwickeln sich die Larven in Abhängigkeit von Umgebungstemperatur und Feuchtigkeit. Die 3. Larven sind ansteckungsfähig. Sie werden mit den Futterpflanzen aufgenommen. Jungtiere, die Ende April bis Anfang Mai das erste Mal auf die Weide kommen, nehmen überwinterte 3. Larven auf. Sie infizieren sich, wobei die damit einhergehenden Verluste in der Regel gering sind. Doch sorgen diese Aufnahme und die weitere Entwicklung der Larven in den Wirtstieren für eine weitere Weidekontamination durch die folgenden Parasitengenerationen. Die meisten Wurmeier, die im Mai und Juni in die Außenwelt gelangen, sind Anfang Juli zu infektiösen Larven herangewachsen. Bei „normalem" Regenfall steigt die Zahl der Larven Mitte Juli stark an (Sommerpeak; mid-summer rise). Bei Trockenheit entfällt der Sommerpeak. Die 3. Larven sind in den Kotfladen eingeschlossen (Reservoir); ihre Freisetzung verzögert sich, bis es im Herbst zu regnen beginnt. Ab Juli/August bildet sich bei den Tieren in zunehmendem Maße eine Immunität aus, durch die die Eiablage der Parasiten unterdrückt wird. Auch sollen sich die Eier, die im Herbst in die Außenwelt gelangen, schlechter entwickeln. Der Grad der Weidekontamination im Herbst ist entscheidend für das Überleben von Larven bis zum nächsten Frühjahr.

Hinsichtlich der möglichen Erkrankungen unterscheidet man Sommer- und Winter-Ostertagiose. Während die Sommer-Ostertagiose vorwiegend etwa 3–5 Wochen nach Infektion im August/September bei Jungtieren im ersten Weidejahr auftritt, hat die Winter-Ostertagiose ihre Ursache in der Aufnahme großer Mengen von Wurmlarven auf der Herbstweide. Diese Larven werden im Wirtstier im selben Jahr nicht mehr geschlechtsreif. Sie überdauern den Winter, eingebettet in die Magenschleimhaut, in einer Art Ruhestadium (Hypobiose) und führen erst im Spätwinter/zeitigen Frühjahr nach Erlangung der Geschlechtsreife zu Krankheitssymptomen, wie Durchfall, Abmagerung, Appetitlosigkeit etc. Bei schwächeren Infektionen treten nicht immer deutliche Krankheitssymptome in Erscheinung. Es kommt jedoch in jedem Falle zu einem Leistungsabfall (geringe Lebendmassezunahme, verminderte Milchleistung), vor allem durch Beeinträchtigung der Futteraufnahme und -verwertung.

Lungenwurmbefall

Auch beim Lungenwurmbefall (*Dictycaulus viviparus*) erfolgt die Infektion auf der Weide durch Aufnahme von mit dem Kot ausgeschiedenen und zur Infektionsreife gelangten 3. Larven. Kälber und Jungrinder sind vor allem in feuchten Jahren besonders gefährdet. Die aufgenommenen Larven durchdringen die Dünndarmschleimhaut, wandern mit dem Lymphstrom zum Herzen und anschließend mit dem Blut in die Lunge. Ein bis zwei Wochen nach der Infektion treten Krankheitssymptome (Husten, erhöhte Atemfrequenz, Atemnot etc.) auf. Ab etwa drei Wochen sind die Lungenwürmer geschlechtsreif und beginnen, sehr viele embryonierte Eier abzulegen, die mit dem Wimpernstrom zum Larynx gelangen, aufgehustet und abgeschluckt werden. Die sich während dieser Passage entwickelnde 1. Larve wird mit dem Kot ausgeschieden. Lungenwurmlarven sind gegen Austrocknung empfindlich, so dass sie auf der Weide im Sommer innerhalb einer Woche größtenteils absterben. Bei feuchtkaltem Wetter im Sommer sowie im Herbst und im Winter bleiben die Larven über längere Zeit infektionsfähig. Da ein Teil der Verbreitung durch Ausschwemmen aus den Kuhfladen mit dem Regenwasser erfolgt (passive Verbreitung), ergibt sich in feuchten, regnerischen Jahren eine besondere Ansteckungs- und Erkrankungsgefahr. Verbreitung erfolgt auch durch Vögel und Insekten (Verschleppung) und zu einem großen Teil durch Sporen eines in den Kuhfladen wachsenden Pilzes (*Pilobolus*), wobei sich die Larven aktiv auf die Fruchtkörper zu bewegen (aktive Verbreitung). Der Winter kann von einigen Larven überdauert werden. Im Herbst aufgenommene Larven überdauern, wie bei den Magen-Darm-Würmern, in einer Ruhephase, und sind im Frühjahr Ursache weiterer Weidekontamination. Die Infektion einer Herde kann durch vereinzelte Larven beginnen, und die 2. Larvengeneration kann bereits so umfangreich sein, dass es zu Erkrankungen kommt. Am häufigsten sind allerdings Erkrankungsausbrüche im Herbst durch die 3. oder 4. Larvengeneration zu beobachten.

Der Große Leberegel

Der Große Leberegel (*Fasciola hepatica*) benötigt für seine Entwicklung die Zwergschlammschnecke als Zwischenwirt. Diese lebt an Uferzonen seichter Gewässer, aber auch in überwachsenen, wasserhaltigen Löchern, Trittsiegeln etc. auf Weiden und Wiesen mit hoher Grundfeuchtigkeit. Infizierte Tiere scheiden Eier mit dem Kot aus. Diese werden durch Regen- oder Bodenwasser ausgeschwemmt und entwickeln sich zu Wimpernlarven, die in den Zwischenwirt eindringen. Nach starker ungeschlechtlicher Vermehrung verlassen reife Schwanzlarven die Schnecken im Wasser und heften sich unter der Wasseroberfläche an Grashalme oder andere Pflanzenteile. Dort entwickeln sie eine Dauerform, die Kapsellarve. Durch Aufnahme von Kapsellarven mit den Futterpflanzen infizieren sich die Wirtstiere. Bei starker Trockenheit und Grünsilierung sterben die Larven in der Regel bald ab. Die Infektionsgefahr ist auf feuchten oder teilweise überschwemmten Weiden besonders groß. Feuchtstellen, Tümpel und Entwässerungsgräben sind ebenfalls Ansteckungsquellen. Eine Infektion ist auch bei Stallhaltung möglich, wenn Frischfutter verwendet wird. Das Risiko ist in Jahren mit feuchtem Frühsommer (starke Regenfälle von Mai bis Anfang Juli) besonders hoch. Die vom Wirtstier aufgenommenen Larven durchdringen die Darmwand, gelangen durch die Bauchhöhle zur Leber und dringen in diese ein. Frühestens nach 6 Wochen gelangen sie in die Gallengänge und wachsen zum eigentlichen Leberegel heran. Dieser legt dort Eier ab, die mit der Galle in den Darm und mit dem Kot in die Außenwelt gelangen. Die Krankheitssymptome (Wachstums-

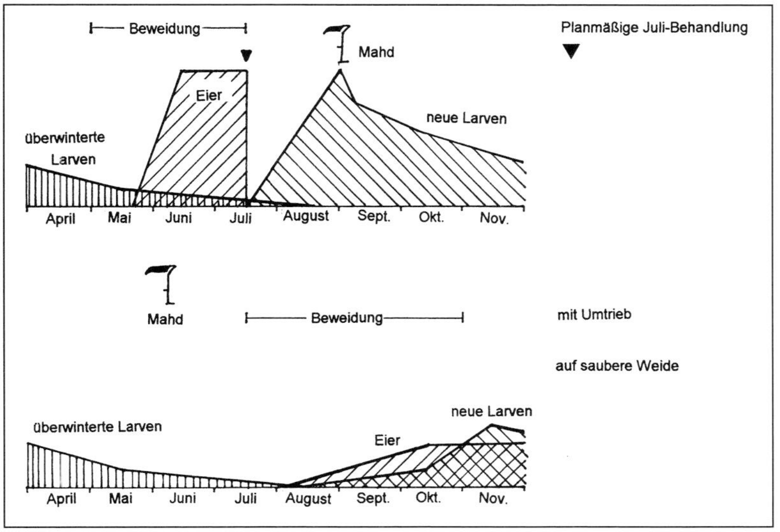

Abb. 3.31 Juli-Behandlung der Tiere mit Umtrieb auf „saubere" oder „sichere" Weiden (nach aid, 1992; Zeichnung: S. Mansfeld).

stillstand, Abmagerung, stumpfes, raues Haarkleid) treten vor allem bei Jungtieren in Erscheinung. Ein geringgradiger Befall oder ein Befall bei älteren Tieren führt häufig nur zu einem Leistungsabfall, nicht zu deutlichen Symptomen und wird daher häufig nicht erkannt. Der Leberegel zerstört das Lebergewebe, dessen Funktionen ganz besonders beim Milchvieh eine wichtige Rolle spielen.

3.5.8.2 Therapie

Heilbehandlungen gegen Parasitosen sind grundsätzlich als Notmaßnahmen anzusehen, die den bereits eingetretenen Schaden allenfalls noch begrenzen können. Metaphylaktische Behandlungen (z. B. Juli-Behandlung von Kälbern, bei starker Ansteckungsgefahr auch von zweitsömmrigen Tieren) sind nur sinnvoll, wenn sie mit einem Umtrieb auf saubere Flächen verbunden sind (**Abb. 3.31**). Sinnvolle metaphylaktische Behandlungen sind auch die Aufstallungsbehandlung (Antiparasitikum muß gegen gehemmte Stadien wirksam sein) und bei entsprechendem Verdacht und nachgewiesenem Befall die Behandlung gegen Leberegel bei Kälbern 8 Wochen, bei älteren Rindern 12 Wochen nach dem Aufstallen (**Kap. 3.7.3.1**).

3.5.8.3 Prophylaxe

Die tierärztliche Bestandsbetreuung strebt eine strategische Parasitenkontrolle an. Diese umfasst sowohl das gesamte Management betreffende Maßnahmen (Futterwerbung, Weidenutzung, Güllebehandlung etc.) als auch Maßnahmen an den Tieren (Prophylaxe, Metaphylaxe, notfalls auch Therapie).

Ziel beim **Weidemanagement** ist die Verminderung der Aufnahme von infektiösen Larven. Dabei werden zwei Weidearten unterschieden: „sichere Weiden" und „saubere Weiden". Der Grad der Weidekontamination wird durch die jeweilige Beweidung der Flächen im Vorjahr bedingt. Eine **„sichere Weide"** weist eine äußerst geringe Kontamination auf. Eine Weide, die im Vorjahr in der ersten Hälfte der Saison von Rindern begrast wurde und in der 2. Saisonhälfte gemäht wurde, kann ab Anfang Mai für die erste Hälfte der Weidesaison als „sicher" eingestuft werden. In der zweiten Hälfte der Weidesaison sind nur solche Weiden als „sicher" einzustufen, die in der ersten Saisonhälfte zunächst gemäht wurden. Unter **„sauberen Weiden"** versteht man gänzlich unkontaminierte Flächen. Dies sind neue Weiden und solche, die im Vorjahr nicht durch Rinder beweidet wurden. Eine „saubere" Weide, die von wurmfreien Kälbern begrast wird, bleibt bis zum Ende der Weidesaison „sicher".

Folgende Maßnahmen helfen das Infektionsrisiko zu senken:

Umtriebsweide: Ein Weidewechsel der Jungrinder alle 3 Wochen (Abstand der Präpatenz bei Magen-Darmwürmern) auf saubere Weiden verhindert zuverlässig, dass die Tiere einer neuen Generation von infektiösen Larven ausgesetzt werden. Da hierfür sehr viel Weidefläche zur Verfügung stehen muss, ist diese Maßnahme in der Praxis meist nicht durchführbar.

Besatzdichte: Bei hoher Besatzdichte oder zu knappem Grasangebot durch Trockenheit oder bei sehr langer Weideperiode wird das Gras bis zur Narbe abgefressen und dabei die größtmögliche Menge an infektiösen Larven aufgenommen. Bei geringerer Besatzdichte/genügend Futterangebot ist die Zahl der aufgenommenen Larven bei gleicher Weidekontamination geringer.

Austriebsdatum: Mit steigenden Temperaturen und Trockenheit im späten Frühjahr sinkt die Zahl der infektiösen Larven im Gras. Daher ist das Infektionsrisiko umso geringer, je später die Rinder ausgetrieben werden.

Weidevornutzung: Die Nutzung des ersten Aufwuchses durch Heu-oder Silagegewinnung entfernt eine große Anzahl überwinterter infektiöser Larven. Den gleichen Effekt hat die Beweidung durch andere Tierarten (Pferde, Schafe) zu Beginn der Weidesaison.

Zufütterung: Die Zufütterung von Kraftfutter im ersten Weidejahr verbessert die Entwicklung der Tiere und verringert gleichzeitig die aufgenommene Grasmenge und damit die Anzahl der aufgenommenen Larven.

Trennung der Altersgruppen: Auch ältere Tiere, die bereits eine Immunität erworben haben, können Wurmeier ausscheiden. Um ein zusätzliches Infektionsrisiko für erstsömmrige Rinder zu vermeiden, sollten diese daher getrennt von älteren Tieren gehalten werden. Dies gilt nicht für die Mutterkuhhaltung, bei der die Mutterkühe den größten Teil des kontaminierten Grases wegfressen und die Kälber durch allmähliche geringe Grasaufnahme eine Immunität entwickeln können.

Planmäßige Bekämpfungsmaßnahmen

Ziel ist es, die Wurmbürde der Tiere zu reduzieren, die Weidekontamination so gering wie möglich zu halten und eine Immunitätsausbildung bei den Tieren zu ermöglichen. Dazu werden Anthelmintika zu Zeitpunkten eingesetzt, die auf den Entwicklungzyklus des Parasiten abgestimmt sind.

Steht ausreichend Grünland zur Verfügung, können Weidewechsel und Behandlung erfolgreich miteinander kombiniert werden. Beim sog. **„Weybridger dose-and-move-System"** können sich die Kälber, nach dem Austrieb möglichst auf eine „sichere" Weide, mit Wurmlarven infizieren. Mitte Juli („Sommerpeak") werden alle Tiere entwurmt und 1–2 Tage später auf eine andere „sichere" Weide umgestellt. Dadurch werden die Tiere von ihrer Wurmbürde befreit und eine Neukontamination der Weide für geraume Zeit verhindert. Die epidemiologischen Prinzipien dieser Methode sind:

- Die überwinterte Larvenpopulation auf den Weideflächen soll so gering sein, dass eine Infektion nicht zu einer Leistungsminderung oder Erkrankung führt; neue Larven sollen nicht vor Mitte Juli auf der Weide erscheinen.
- Die Kontamination der „neuen" Weide nach Mitte Juli ist gering, somit ist auch der Infektionsdruck für die Tiere gering.
- Die Behandlung soll die Weidekontamination verzögern.
- Der Effekt wird noch verbessert, wenn die Weide im Vorjahr vorab gemäht wurde.

Präventive Behandlungsmethoden verhindern die Entstehung von hochgradigen Weidekontaminationen durch den strategischen, an regionale und betriebliche Gegebenheiten angepassten Einsatz von Antiparasitika. Für die verschiedenen Behandlungsschemata konnte eine Verbesserung der Körpergewichtsentwicklung festgestellt werden. Dabei sind folgende Grundregeln zu beachten:

- Jungtiere (1. Weidesaison) nicht vor dem 1. Mai austreiben
- alle Tiere, die zusammen auf einer Weide stehen, müssen behandelt werden
- die Tiere während der gesamten Weidesaison nicht auf kontaminierte Weiden umstellen
- die Tiere Ende Oktober aufstallen

Mit dem der **Einsatz von Anthelminthika zu Beginn Weidesaison** versucht man, die aufgenommenen überwinterten Larven unschädlich zu machen. Die Eiausscheidung mit dem Kot wird dadurch unterdrückt und auf diese Weise die Enstehung des „Sommerpeaks" vermieden (**Abb. 3.32**).

Antiparasitika stehen in unterschiedlichen Applikationsformen zur Verfügung (Injektion, orale Eingabe einer Suspension=„Drenchen", über Futter/Wasser, Bolusapplikation mit Pilleneingeber, „Pour-on", „Spot-on"). Für den Landwirt ist es wichtig, den Arbeitsaufwand in einem vertretbaren Rahmen zu halten. Daher empfehlen sich bei Behandlungen auf der Weide „Spot-on"- und „Pour-on"-Methoden. Ebenso bewährt hat sich der Einsatz oral zu applizierender Boli und Intervallboli,

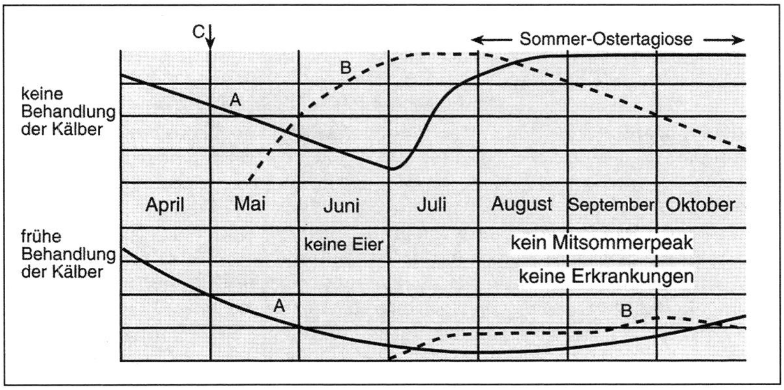

Abb. 3.32 Reduktion der Weidekontamination durch frühe Behandlung der Kälber (Dorny et al. 1991).
A – 3. Larven pro kg Gras
B – Eier pro Gramm Kot
C – Weideaustrieb der Kälber

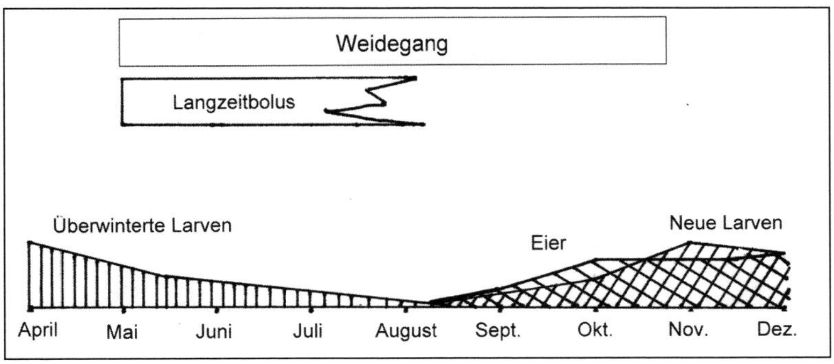

Abb. 3.33 Effekt eines Langzeitbolus auf die Eiausscheidung bei erstsömmrigen Rindern und die Kontamination der Weide mit infektiösen dritten Larven (Schnieder 2000; Zeichnung: S. Mansfeld).

bei denen Wirkstoff über einen längeren Zeitraum (Wirkung bis etwa 150 Tage) kontinuierlich oder in Intervallen freigesetzt wird. Boli sind für Tiere ab 100 kg Körpergewicht geeignet.

Abhängig von der Wirkungsdauer der Antiparasitika und den verschiedenen betrieblichen Gegebenheiten wie auch dem Weidemanagement sind verschiedene Parasitenkontrollprogramme möglich:

Beim sog. **„Glasgower Modell"** werden die Antiparasitika 3, 6, und 9 Wochen nach dem Austrieb verabreicht, bei Anwendung makrozyklischer Laktone (z. B. Ivermectin, Doramectin, Eprinomectin) können die Intervalle um 2–3 Wochen verlängert werden (3–8–13 Wochen). Dieses Vorgehen ist sehr wirkungsvoll, hat sich jedoch wegen des hohen Arbeitsaufwands nicht durchsetzen können.

Eine **Behandlung mit makrozyklischen Laktonen zum Zeitpunkt des Austriebs sowie 6 bis 8 Wochen später (0–6, 0–8)** unterbindet die Eiausscheidung, beseitigt die bis zur zweiten Behandlung erworbene Infektion und bietet mehrere Wochen darüber hinaus Schutz vor Neuinfektionen. Eine gute Immunitätsausbildung wird ermöglicht, und es ist nur eine Behandlung auf der Weide notwendig.

Der **Einsatz von Boli** unmittelbar vor Weideaustrieb hat den Vorteil, dass keine Behandlung auf der Weide notwendig wird, die Tiere für die gesamte Weidesaison vor klinischen Erkrankungen geschützt sind und die Weidekontamination gering bleibt (**Abb. 3.33**). Ein möglicher Nachteil ist, dass einige Bolustypen einen nahezu kompletten Schutz vor Infektionen bieten, und daher die Immunstimulation – besonders bei kurzer Weideperiode – geringer ist als bei weniger intensiv behandelten Tieren. Die Kosten sind pro Tier und Behandlung höher.

Zusätzlich zu den genannten Maßnahmen ist – insbesondere bei Standweidehaltung – eine **Aufstallungsbehandlung** zu empfehlen. Hierfür sollte ein Präparat verwendet werden, das auch gegen inhibierte Larvenstadien wirksam ist. Eine solche Behandlung im Herbst kann gleichzeitig zur Lungenwurmbekämpfung und bei Anwendung eines endo- und ektozid wirkenden Antiparasitikums (z. B. Eprinomectin) zur Bekämpfung von Ektoparasiten, die während der Stallhaltungsperiode klinische Erkrankungen auslösen können, genutzt werden. Zur Ektoparasitenbekämpfung müssen dann alle Tiere eines Bestands behandelt werden.

Verschiedene Untersuchungen haben gezeigt, dass es auch bei Einsatz intensiver strategischer Entwurmungsprogramme zu einer Immunitätsausbildung bei erstsömmrigen Tieren kommt. Bei hohem Infektionsdruck reicht diese erworbene Immunität u. U. nicht aus, um Leistungminderungen oder Erkrankungen zu verhindern. Daher sollten Zweitsömmrige einer Aufstallungsbehandlung und, abhängig von den im Vorjahr durchgeführten Maßnahmen und dem Grad der Weidekontamination, auch einer Mittsommerbehandlung unterzogen werden.

Eine Infektion mit Lungenwurmlarven kann bereits im Laufe der ersten Weidesaison zu einer belastbaren Immunität führen, allerdings nimmt der Immunitätsgrad bereits nach einem halben Jahr ab, wenn es nicht zu boosternden Infektionen kommt. Bei intensiver strategischer Entwurmung ist u. U. kein ausreichender Immunitätsaufbau möglich, daher ist die erwähnte Aufstallungsbehandlung sinnvoll. Im Rahmen der planmäßigen Bekämpfung der Dictyocaulose werden auch **Vakzinierungen** durchgeführt. Diese beruhen auf der Fähigkeit röntgenattenuierter Lungenwurmlarven, nach zweimaliger oraler Verabreichung eine Grundimmunität hervorzurufen, die durch weitere natürliche Infektionen gesteigert und aufrechterhalten werden muss. Eine Vakzinierung kommt daher nur für Bestände in Betracht, in denen Dictyocaulose regelmäßig auftritt. Die Kombination einer Impfung gegen Lungenwurmbefall und der Verabreichung moderner Boli mit guter Wirkung gegen *Dictyocaulus* oder langwirkender Avermectine ist nicht zu empfehlen. Die Kombination mit anderen Boli ist möglich, zusätzliche Anthelmintikagaben dürfen jedoch frühestens 2 Wochen nach der 2. Impfung erfolgen.

Bei der **Leberegelbekämpfung** muss die Übertragung über die Zwergschlammschnecke verhindert werden. So sollten in den entsprechenden Gebieten Maßnahmen ergriffen werden, um die Lebensräume der Schnecken trockenzulegen. Flüsse, Bäche, Teiche, Gräben und feuchte Niederungen müssen ausgezäunt werden. Tränken sollten auf erhöhten, drainierten Standplätzen aufgestellt werden. Heu von solchen Weiden sollte nur nach ausreichender Lagerung verfüttert, Gülle nicht auf Weideflächen ausgebracht werden. In Betrieben mit hohem Infektionsrisiko im Frühling durch Metazerkarien aus überwinterten Schnecken kann zur Vermeidung der Weidekontamination im Sommer eine Behandlung mit einem geeigneten Anthelmintikum(z. B. Triclabendazol) durchgeführt werden: Kälber 8 Wochen, ältere Rinder 10 Wochen nach dem Austrieb. Die planmäßige Bekämpfung in endemischen Gebieten muss weidehygienische Maßnahmen und die konsequente Behandlung aller Tiere der betroffenen Bestände (auch anderer potentieller Wirte) einschließen, um dauerhaften Erfolg zu gewähren.

Außer der gezielten Nutzung sauberer Weiden und dem Einsatz von Antiparasitika gilt eine **„parasitenhemmende Futterwerbung"** als wesentliche prophylaktische Maßnahme. Da die Parasitenlarven in Silagen und Heu nach einiger Zeit absterben, gelten folgende Grundsätze:

- Beim ersten Schnitt im Mai/Juni werden alle vorjährigen Kälberweiden gemäht.
- Bei Silage- und Heuwerbung im Spätsommer werden alle Flächen mit gemäht, die im Frühsommer von Kälbern beweidet wurden.
- Grünland alternierend mähen und abweiden lassen.
- Kein Grünfutter von kontaminierten Flächen frisch verfüttern.
- Nach der Aufstallung zunächst das weitgehend larvenfreie Heu (1. Schnitt) verfüttern.

In gepacktem Festmist sterben Wurmeier und -larven innerhalb weniger Wochen ab. In Flüssigmist und Gülle überleben sie im Winter wenigstens vier, im Sommer zwei Monate. Es gelten daher für eine **„parasitenhemmende Mist- und Güllebehandlung"** die Grundsätze:

- Mist und Gülle lange genug ohne Neuzugabe lagern (vorteilhaft ist dementsprechend die Verwendung von zwei Güllebehältern)
- Keine frische Gülle auf Grünland ausbringen
- Aufstallungsbehandlung mit einem Anthelminthikum, das alle Entwicklungsstadien erfasst (Verringerung der Kontamination von Gülle und Mist mit Wurmeiern)
- Festmist stapeln (Gewährleistung ausreichender Selbsterwärmung)

Als bestandsbetreuender Tierarzt in einem Betrieb eine strategische Parasitenkontrolle zu etablieren, ist ein schwieriges Unterfangen. Es müssen zuerst sowohl die örtlichen als auch die betrieblichen Verhältnisse sowie die Ausgangssituation bezüglich vorhandener Parasitosen festgestellt werden. Dazu ist es sinnvoll, eine repräsentative Stichprobe von Tieren aller Altersgruppen auf Endo- (Kotprobenuntersuchungen und/oder serologische Untersuchungen auf Leberegel und Lungenwürmer) und Ektoparasiten (ggf. Hautgeschabsel) zu untersuchen. Jährliche Wiederholungsuntersuchungen sind empfehlenswert, um die pro- und metaphylaktischen Maßnahmen zu überprüfen und, falls nötig, anzupassen (**„Parasiten-Monitoring“**). Die Zeitpunkte für den Weideaustrieb und das Aufstallen müssen ebenso festgelegt werden wie die Nutzung der Weideflächen, die Futterwerbung und die Mist- oder Güllebehandlung und -nutzung. Erst dann können die geeigneten Antiparasitika systematisch und wirkungsvoll eingesetzt werden. Es ergibt sich dann noch die Notwendigkeit der Beachtung von Rückständen im Fleisch und ggf. auch in der Milch (unterschiedlich lange Wartezeiten in Abhängigkeit vom verwendeten Wirkstoff), Rückständen in den Fäzes (ökologisches Problem), der Entwicklung von Resistenzen gegenüber den Antiparasitika (wird für einige Wirkstoffe aus einigen Ländern berichtet, stellt beim Rind jedoch noch kein Problem dar) und die Interferenz der präventiven Maßnahmen mit dem Immunitätsaufbau (bei ungenügendem Kontakt mit infektiösen Larven infolge intensiver Maßnahmen wird bis zur ersten Kalbung keine ausreichende Immunität aufgebaut). Aufgrund von Rückständen im Kot kommt es zu einem stark verlangsamten Abbau der Kotfladen auf der Weide. Als Ursache wird eine Beeinträchtigung der am Abbau beteiligten Insekten angenommen. Dieser Effekt wird daher nur bei insektenwirksamen Antiparasitika beobachtet. Schließlich müssen die finanziellen Aufwendungen berücksichtigt werden. Die Kosten für die Verwendung von Boli sind etwa doppelt so hoch wie die einer 2- oder 3-maligen Verabreichung eines Medikaments in anderer Applikationsform. Andererseits wirkt sich die Verwendung von Boli arbeitssparend aus.

Auch wenn mit den verschiedenen strategischen Behandlungssystemen eine effiziente Verminderung der Weidekontamination erreicht werden kann, sind für Betriebe mit frühem Weideaustrieb und/oder später Aufstallung moderne Boli und langwirksame Antiparasitika (makrozyklische Laktone) zu empfehlen.

3.5.9 Fütterung der Jungtiere

Um Aufzuchtverluste so gering wie möglich zu halten, muss, wie beim Milchvieh, auch bei den Jungtieren die Fütterung sehr sorgfältig geplant und durchgeführt werden. Dabei muss sie möglichst exakt an die einzelnen Wachstumsphasen angepasst werden. Fehlversorgungen sollten ebenso vermieden werden, wie die Verwendung qualitativ minderwertiger Futtermittel.

3.5.9.1 Fütterung in verschiedenen Lebensaltersstufen

Tab. 3.53 zeigt eine Übersicht über die Fütterung in verschiedenen Lebensaltersstufen.

3.5.9.2 Fütterungsnormen für Jungrinder (Aufzucht)

Der Energiebedarf für Aufzuchtrinder wird entsprechend den neuen Empfehlungen (GfE 2001) in umsetzbarer Energie (MJ ME) angegeben. Der Erhaltungsbedarf beträgt 0,530 MJ ME/kg $LM^{0,75}$. Der Bedarf für den Lebendmassezuwachs leitet sich aus der täglich angesetzten Menge an Körperprotein und -fett ab. Der Proteinansatz nimmt mit zunehmender Lebendmasse (Alter) ab, der Fettansatz steigt an. **Tab. 3.54** und **Tab. 3.55** zeigen die Empfehlungen für Nähr- und Mineralstoffversorgungen bei der Färsenaufzucht. **Tab. 3.56** gibt eine Übersicht über Beispiele für Rationszusammensetzungen, die für die Färsenaufzucht geeignet sind.

3.5.10 Überwachung der körperlichen Entwicklung der Jungtiere

Bestehen gewisse Zweifel an der körperlichen Entwicklung des Jungviehs oder wird nur ein zu hohes Erstkalbealter erreicht, sollte die Entwicklung regelmäßig überprüft werden. Dafür kann bei einer repräsentativen Stichprobe von Tieren aus den verschiedenen Altersgruppen oder bei allen Tieren der Brustumfang gemessen werden. Die Messung erfolgt unmittelbar hinter dem Ellbogen, wobei das Zentimetermaß nicht zu stark angezogen werden darf. Der Brustumfang korreliert rassenabhängig mit der Lebendmasse der Tiere (**Tab. 3.57**). Auch

Tab. 3.53 Fütterung der Jungtiere in verschiedenen Lebensaltersstufen.

Lebensaltersstufe	Fütterung
Neugeborenenphase bis 7. Woche, Saugphase	Rechtzeitige und ausreichende **Biestmilchversorgung** (5–10% der Lebendmasse des Kalbes in den ersten 4 Stunden bzw. 1,5–2 l in den ersten 3 Stunden und insgesamt 3–4 l in den ersten 6 Stunden); **Steigerung des Milchangebots** innerhalb der 1. Lebenswoche auf 5–6 kg. Anfangs 3× tägl. tränken, dann 2× oder Gewöhnung an Automaten. **Wasserversorgung** ad libitum am besten immer, spätestens wenn die Tiere die Möglichkeit haben, Raufutter aufzunehmen (der Hämatokrit bei neugeborenen Kälbern ist relativ niedrig; er steigt in den ersten Lebenstagen kontinuierlich an; es gibt keine sichere Erkenntnis darüber, ab wann eine uneingeschränkte Wasserversorgung erforderlich ist; daher am besten zu jeder Zeit). Für eine optimale **Vormagenentwicklung** möglichst früh neben Milch oder Milchersatz Angebot von **Raufutter** bester Qualität (zartes, blattreiches Heu, sehr gute Silage) und **Kraftfutter** (pelletiert; zunächst ad lib.). Körnerreiche Maissilage, Anwelksilage, Futterrüben guter Qualität ab 6. Woche einsetzbar.
8. bis 12. Woche (70–80 kg LM)	• Gutes Raufutter ad libitum (mindestens 300 g) • Kraftfutter (KF) ad libitum (mindestens 1 kg) • Wasser ad libitum • Haltungsbedingungen nicht verändern
3. bis 6. Monat	• gute Anwelksilage, gutes Heu, Gras, eventuell begrenzt Maissilage • 2 kg KF
6. bis 12. Monat	**Stallperiode:** Gute Anwelksilage, gutes Heu, begrenzt Maissilage, 2 kg KF ab 6. Monat, 1½ kg KF ab 9. Monat, 1 kg KF ab 12. Monat **Weideperiode:** Gras (gute Qualität), 1½ kg KF ab 6. Monat, ½ kg KF ab 8. Monat, kein KF mehr ab 10. Monat
12. bis 18. Monat	**Stallperiode:** Gute Anwelksilage und gutes Heu, begrenzt Maissilage, 1 kg KF **Weideperiode:** Gras, kein KF

Tab. 3.54 Empfehlungen für die Nährstoffversorgung bei der Färsenaufzucht (DLG-Futterwerttabellen für Wiederkäuer 1997).

Lebendmasse (kg)	Trockenmasseaufnahme (g/Tag)	Tägliche Zufuhr an Energie (ME) und Rohprotein (XP) bei Zunahme von 700 g	
		MJ ME[2]	g XP[2]
150	3–4	34,1	480
200	4–5	42,0	525
250	5–6	49,6	565
300	6–6,5	57,6	650
350	6,5–7	64,7	735
400	7–8	72,2	825
450	7,5–9	79,9	910
500	8–9,5	87,5	1000

[2] hochtragende Färsen zusätzlich 6.–4. Woche a.p. 21,4 MJ ME und 260 g XP; letzte 3 Wochen a.p. 30,0 MJ ME und 365 g XP

Tab. 3.55 Empfehlungen für die Mineralstoffversorgung bei der Färsenaufzucht.

Lebendmasse (kg)	**Trockenmasseaufnahme (kg/Tag)**	**Tägliche Zufuhr an Mineralstoffen in g bei Zunahmen von 700 g**[2]			
		Ca	**P**	**Mg**	**Na**
150	3–4	26	13	5	3
200	4–5	28	14	6	4
250	5–6	30	16	7	5
300	6–7	32	17	8	5
350	7–8	34	19	9	6
400	8–8,5	36	20	10	7
450	8,5–9,5	37	21	10	7
500	9–10	38	22	11	8

[2]hochtragende Färsen: 38 g Ca, 30 g P, 10 g Na, 14 g Mg

Tab. 3.56 Beispiele für Rationszusammensetzungen bei der Färsenaufzucht (300 kg LM).

	Ration 1	**Ration 2**	**Ration 3**	**Ration 4**
Grundfutter	12 kg Anwelksilage (gute Qualität)	9 kg Anwelksilage (mindere Qualität)	16 kg Maissilage vorzugsweise etwas Heu	3 kg Weizenstroh
Kraftfutter	1 kg	2,5 kg	1 kg (eiweißreich)	4 kg

Tab. 3.57 Entwicklung von Lebendmasse und Brustumfang bei HF-Tieren.

Alter in Monaten	**Lebendmasse in kg**	**Brustumfang in cm**
0	38	70
3	95	102
4	120	110
5	145	118
6	170	125
7	195	132
8	220	138
9	240	143
10	265	148
11	290	153
12	315	158
13	340	163
14	365	167
Belegungsbeginn		
15	390	171
16	410	174
17	430	177
18	450	180
19	470	183
20	490	186
21	510	189
22	530	193
24 [nach Abkalben]	540–550	196

ABL 3.4 Diagramm zur Beurteilung von Gewicht und Widerristhöhe bei Jungtieren.

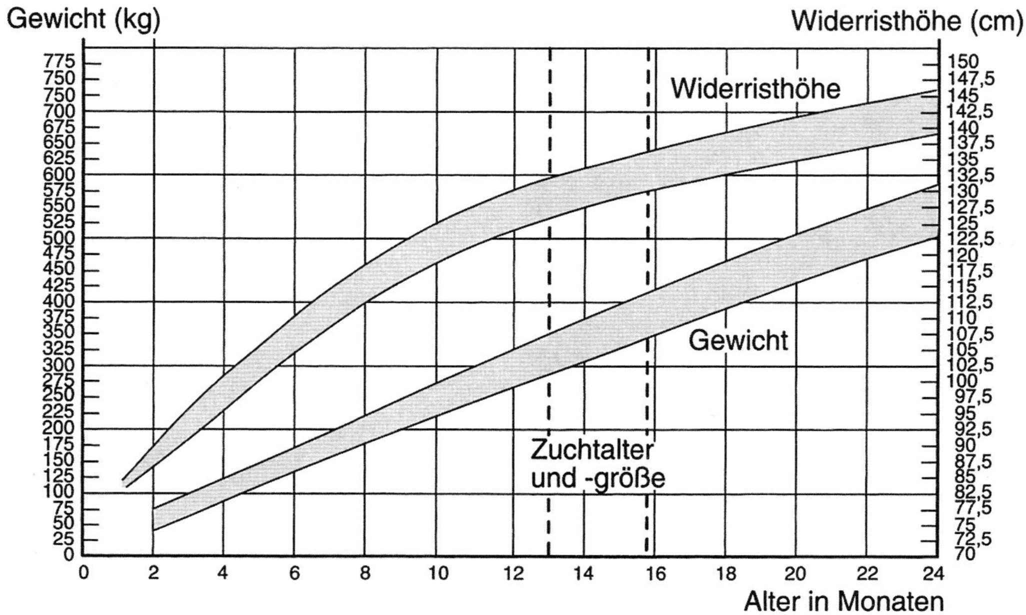

wenn dies nur eine grobe Methode zur Beurteilung der Lebendmassezunahme ist, so liefert sie doch brauchbare Ergebnisse und ist sehr einfach durchführbar.

Der Verlauf der Aufzucht sollte dreimal kontrolliert werden (im Alter von 5, 12 und 19 Monaten). Hierzu können die Tiere auch gewogen und/oder die Widerristhöhe gemessen werden (**ABL 3.4**).

Literatur

Ferguson, J.D. (1991): Heifer breeding and management programs. Animal Science Mimeograph Series No. 149, Dept. Anim. Sci., Cornell Univ., 15–18.

Grunert, E. (1993): Säuglingsinfektionen: In: E. Grunert u. K. Arbeiter (Hrsg.): J. Richter, R. Götze, Tiergeburtshilfe. Paul Parey, Berlin, Hamburg, 4. Aufl., 518–559.

Lotthammer, K.-H., und G. Wittkowski (1994): Kälberkrankheiten. In: K.-H. Lotthammer u. G. Wittkowski (Hrsg.): Fruchtbarkeit und Gesundheit der Rinder. Eugen Ulmer, Stuttgart, 143–160.

Meyer, H., und E. Grunert (1993): Erkrankungen der Neugeborenen durch Fehlernährung. In: E. Grunert u. K. Arbeiter (Hrsg.): J. Richter, R. Götze, Tiergeburtshilfe. Paul Parey, Berlin, Hamburg, 4. Aufl., 500–515.

Rademacher, G. (2000): Kälberkrankheiten. Ursachen und Früherkennung, neue Wege für Vorbeugung und Behandlung. Verlags Union Agrar, München.

Radostits, O.M., K. E. Leslie and J. Fetrow (1994): Health management of dairy calves and replacement heifers. In: O. M. Radostits, K. E. Leslie and J. Fetrow (Eds.): Herd Health. Food Animal Production Medicine. W. B. Saunders Company, Philadelphia, 2nd Ed., S.183–228.

Schnieder, T. (2000): Helminthosen der Wiederkäuer. In: M. Rommel, J. Eckert, E. Kutzer, W. Körting und T. Schnieder (Hrsg.): Veterinärmedizinische Parasitologie. Begr. v. J. Boch und R. Supperer. Parey Buchverlag im Blackwell Wissenschaftsverlag, Berlin, Wien, 5. Aufl., S.192–295.

Verordnung zum Schutz der Rinder vor einer Infektion mit dem Bovinen Herpesvirus Typ1 (BHV1-Verordnung), vom 3. November 2004. Satz I, Nr. 79, S. 2727,in: Deutsches Tierärzteblatt 53, März 2005, Beil. Tierseuchenrecht, 19–25.

Zaremba, W., und M. Hoedemaker (1996): Postnatale Phase. In: E. Grunert (Hrsg.): Buiatrik, Bd. 1. 5. Aufl., M. u. H. Schaper, Alfeld, Hannover, S. 198–214.

3.6 Gliedmaßengesundheit

M. Feldmann, R. Mansfeld, M. Hoedemaker und A. de Kruif

3.6.1 Allgemeines

Die Intensivierung der Milchviehhaltung hat zu einer Zunahme von Herdengröße und Milchleistung geführt. Gleichzeitig konnte ein Anstieg von Lahmheiten beobachtet werden. Mittlerweile sind Klauen- und Gliedmaßenerkrankungen mit rund 10% der abgegangenen Kühe die dritthäufigste Abgangsursache in milchviehhaltenden Betrieben mit steigender Tendenz. Die wirtschaftlichen Verluste sind aber nicht allein durch die Abgänge bedingt. Wesentlich größer ist der Schaden, der aufgrund von Schmerzen und eingeschränkter Beweglichkeit indirekt entsteht. Verminderte Futteraufnahme und Milchleistung sowie Fruchtbarkeits- und Milchqualitätsprobleme sind die Folgen. Für den Landwirt stehen Behandlungskosten, erhöhter Arbeitsaufwand, reduzierte Milchleistung bzw. Liefersperren aufgrund entstehender Wartezeit, unfreiwillige Abgänge sowie reduzierte Schlachterlöse im Vordergrund.

In den meisten Fällen liegen den Lahmheiten Erkrankungen im Bereich der Klaue zugrunde, wobei die Erkrankungen der Klauen an den Hintergliedmaßen und hier wiederum an den Außenklauen deutlich überwiegen.

Die Häufigkeit einer oder mehrerer Gliedmaßenerkrankungen innerhalb eines Betriebes ist tierabhängig (Genetik, Alter und Laktationsstand) und wird stark durch das Management (Haltung, Ernährung, Klauenpflege) beeinflusst.

3.6.2 Kennzahlen

Als Indikatoren für die Gliedmaßengesundheit auf Bestandsebene können einfache Kennzahlen auf Grundlage einer guten Dokumentation oder einer entsprechenden Untersuchung ermittelt und genutzt werden (**Tab. 3.58**).

Tab. 3.58 Kennzahlen der Gliedmaßengesundheit auf Bestandsebene.

Kennzahl	Sollwert
Anteil lahmer Tiere innerhalb eines Jahres	< 25%
Anteil lahmer Kühe während des letzten Monats	< 3%
Abgänge aufgrund von Gliedmaßenerkrankungen während des letzten Jahres	< 2%
Anteil Tiere mit Peritarsitis	< 5%
Anteil lahmer Tiere bei einer Bestandsuntersuchung, bei der die entstehenden Kosten noch akzeptabel sind	5–10%

3.6.3 Ursachen für Abweichungen von den Sollwerten

Unmittelbare Ursachen für das vermehrte Auftreten von Lahmheiten und damit für Veränderungen der genannten Kennzahlen zur Beurteilung der Gliedmaßengesundheit sind im Wesentlichen eine Reihe spezifischer Erkrankungen, die zu 90% auf Erkrankungen der Klauen bzw. des Unterfußes zurückzuführen sind.

Zur Beurteilung eines Lahmheitsproblems in der Herde, ist es wichtig, die jeweiligen Krankheiten und deren Ursachen zu erkennen, damit das Problem gezielt angegangen werden kann. Im Folgenden werden die häufigsten Krankheiten und ihre hauptsächlichen Ursachen nochmals kurz dargestellt:

■ Klauenrehe (Laminitis, Pododermatitis aseptica diffusa)

Rehe (**Abb. 3.34** bis **Abb. 3.38**) ist eine häufig vorkommende Erkrankung und als Folge einer initialen Mikrozirkulationsstörung der Wandlederhaut anzusehen. Bei einer gesunden Klaue wird die Last vom Tragrand übernommen. Die Sohlenlederhaut ist weitestgehend Druck entlastet. Durch die Durchblutungsstörung wird die Aufhängung der Wandlederhaut gelockert; mit der dadurch bedingten Verbreiterung der weißen Linie und der Absenkung des Klauenbeins kommt es zu einer vermehrten Druckbelastung der Sohlenlederhaut. Die daraus resultierenden Hornbildungsstörungen können so nachhaltig sein, dass nicht verhornte Bezirke als Klauensohlengeschwür oder Rusterholz'sches Sohlengeschwür auch bei relativ gut gepflegten Klauen sichtbar werden. Die Ursachen der Klauenrehe sind nicht eindeutig geklärt. Die Fütterung (hoher Anteil leicht verdaulicher Kohlenhydrate, hohe Proteingehalte, „Fütterungsrehe") und übermäßige Belastung (verlängerte Standzeiten, lange Wege auf harten Laufflächen, hohes Körpergewicht; „Belastungsrehe") werden als mögliche Ursachen angenommen. Eine Kombination aus beiden Ursachenkomplexen ist unter den heutigen Fütterungs- und Haltungsbedingungen wahrscheinlich. Als weitere Ursachen werden Erkrankungen anderer Organsysteme angegeben (Endotoxämien durch Pansenazidosen, Nachgeburtsverhaltungen, Endometritiden, Euterentzündungen). Unterschieden werden mehrere Formen der Klauenrehe:

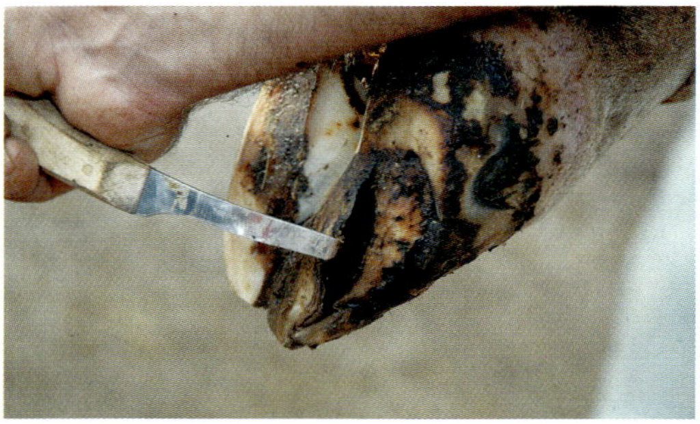

Abb. 3.34 Klauenrehe: Bildung einer doppelten Sohle (Foto: Klinik für Rinder, Hannover).

Akute Rehe: sehr selten und mit Störung des Allgemeinbefindens sowie deutlicher Lahmheit einhergehend; Hornschuh dabei unverändert, betroffene Klauen zeigen jedoch deutliche Druckempfindlichkeit.

Subakute Rehe: trippelndes Stehen, wechselnde und eher moderate Lahmheit, klammer Gang; weiches gelbes Horn schlechter Qualität, doppelte Sohlen (**Abb. 3.34**), Blutungen im Sohlenhorn und entlang der weißen Linie (**Abb. 3.35**), Defekte an der weißen Linie, bei Eindringen von Bakterien bis zur Wandlederhaut Ausbildung einer eitrig hohlen Wand (Sohlenwandgeschwür; White Line Disease) (**Abb. 3.36** und **Abb. 3.37**).

Chronische Rehe/chronisch rezidivierende Rehe: häufigste Form; undeutliche oder fehlende

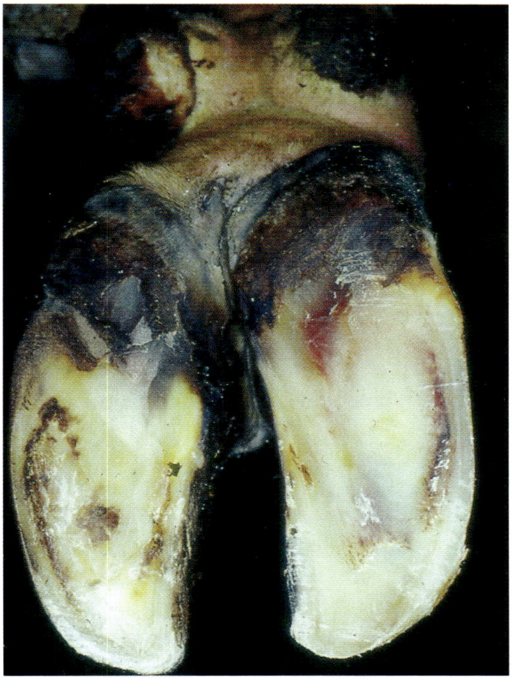

Abb. 3.35 Klauenrehe: Blutungen im Sohlenhorn und an der weißen Linie (Foto: Klinik für Rinder, Hannover).

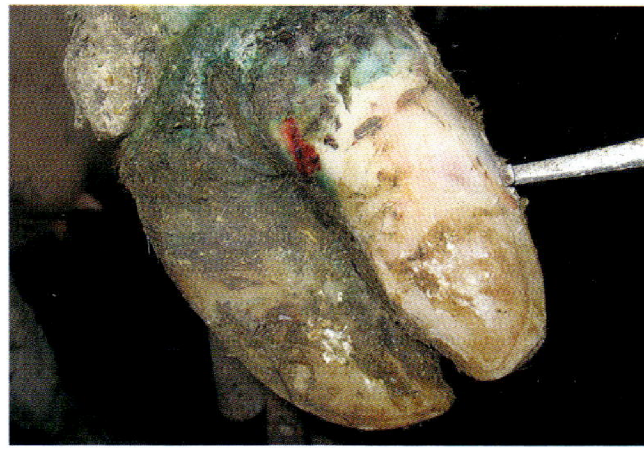

Abb. 3.36 Klauenrehe: Defekt an der weißen Linie; nach Beschneiden des Sohlenhorns entleert sich eitriges Exsudat (Foto: Klinik für Rinder, Hannover).

Abb. 3.37 Klauenrehe: Defekt an der weißen Linie; Wanddefekt freigelegt (Eitrig hohle Wand) (Foto: Klinik für Rinder, Hannover).

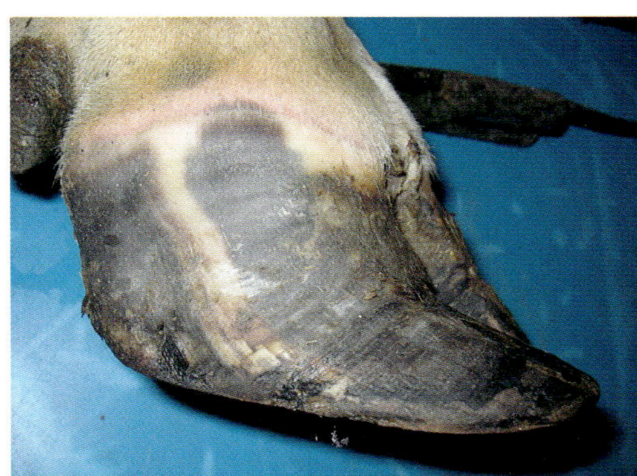

Abb. 3.38 Klauenrehe: Deformierter Hornschuh mit sog. „Reheringen" und konkaver Dorsalwand (Foto: Klinik für Rinder, Hannover).

Lahmheit, nach wiederholten meist unbemerkten subakuten oder akuten Reheschüben mit typischen Veränderungen wie bei der subakuten Rehe sowie Deformierung des Hornschuhs wie tiefe, parallel zum Kronsaum verlaufende, seitlich divergierende Reheringe und konkave Ausbildung der Dorsalwand, teilweise mit Absenkung bzw. Rotation des Klauenbeins verbunden (**Abb. 3.38**).

Die Klauenrehe manifestiert sich also in direkten Folgeschäden wie doppelter Sohle oder Defekten der weißen Linie, sie spielt aber auch wegen der Hornbildungsstörung als prädisponierender Faktor für andere Klauenerkrankungen wie z. B. das Rusterholz'sche Sohlengeschwür eine wichtige Rolle.

Ballenhornerosionen

Ballenhornerosionen (**Abb. 3.39**) werden zunehmend als rehebedingte Veränderungen angesehen und kommen bei Laufstallhaltung sehr häufig vor. Das bei Rehe auftretende Horn minderer Qualität ist nicht so widerstandsfähig gegen Abrieb und bakterielle und chemische Zersetzungsprozesse wie gesundes Horn. Begünstigt durch feuchte, stark

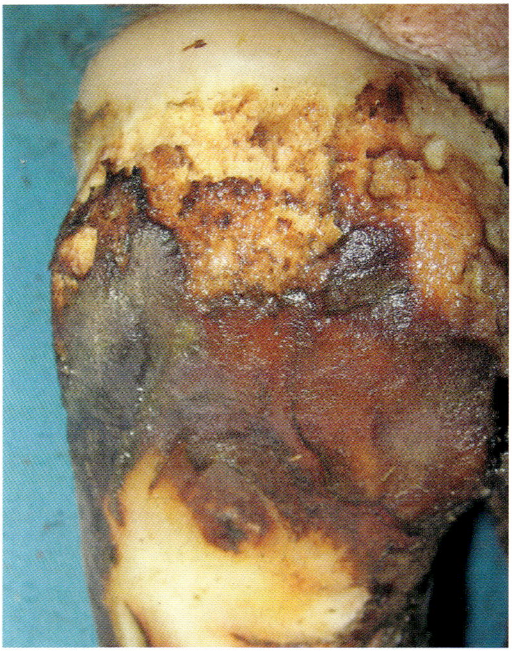

Abb. 3.39 Ballenhornerosionen: Zerklüftetes Ballenhorn (Foto: Klinik für Rinder, Hannover).

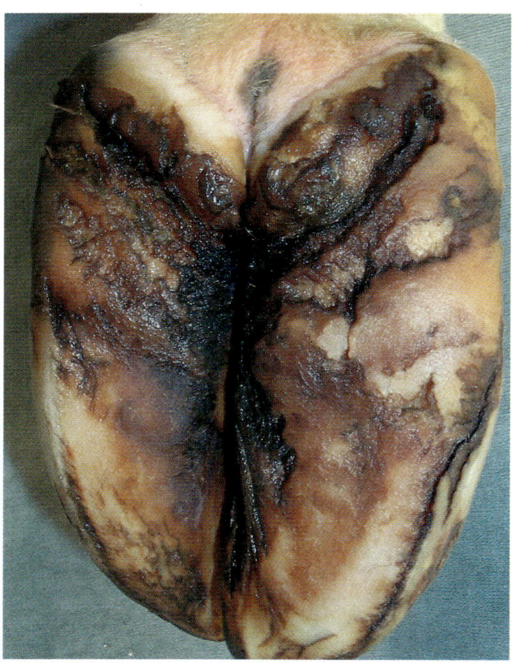

Abb. 3.40 Dermatitis interdigitalis: Hyperkeratotische Veränderungen des Horns im Ballenbereich (sog. „V-Furchen") mit Veränderungen im Zwischenklauenspalt (Foto: Klinik für Rinder, Hannover).

kotverschmutzte Laufflächen und mangelnde Klauenpflege kommt es zur Zersetzung des Horns durch ubiquitäre Keime, die in den rehebedingten hämorrhagischen Zonen einen optimalen Nährboden finden. Bei den Ballenhornerosionen handelt es sich um Fäuleveränderungen ohne Beteiligung des Zwischenklauenspalts. Die Ballenhornbereiche stellen sich oberflächlich zerklüftet dar. In schweren Fällen ist das gesamte Ballenhorn zersetzt. Lahmheiten sind nur in komplizierten Fällen zu beobachten.

■ Dermatitis interdigitalis (Fäuleveränderungen mit Beteiligung des Zwischenklauenspalts)

Bei dieser häufigen Erkrankung (**Abb. 3.40**) handelt es sich um eine oberflächliche Entzündung der Haut, die im Zwischenklauenspalt beginnt und auf das Saumband des Ballens übergreift. Feuchte, kotverschmutzte Laufflächen sind verantwortlich für eine chronische Reizung des Zwischenklauenspalts. Bakterien können eindringen und die Entzündungserscheinungen verstärken. Die Haut im Zwischenklauenspalt zeigt ein charakteristisches faulig riechendes Exsudat mit nässenden Gewebsnekrosen. Die Bildung des Ballenhorns ist gestört, wodurch es zu ausgeprägten hyper- und parakeratotischen Veränderungen des Horns im Ballenbereich kommt. In leichten Fällen ist das Ballenhorn oberflächlich zersetzt, in schwereren Fällen kann man deutliche Furchen im Horn erkennen (sog. „V-Furchen"). Lahmheiten sind meist nur geringgradig. Durch Ausbreitung der Keime in tiefere Schichten kann es auch zu einer **Phlegmona interdigitalis** mit deutlicher Lahmheit kommen (s. dort).

■ Phlegmona interdigitalis (Zwischenzehenphlegmone, Zwischenklauennekrose)

Es handelt sich um eine akute Entzündung des Unterhautgewebes, die vom Interdigitalspalt aus den Kronsaumbereich erfasst und mit einer Schwellung und Nekrose der Zwischenklauenhaut einhergeht (**Abb. 3.41**). Sie ist meist auf Einzeltiere eines Bestandes beschränkt, kann aber in manchen Betrieben gehäuft angetroffen werden. Die Lahmheiten sind meistens höhergradig. Ursache stellt eine Verletzung der Haut im Zwischenklauenbereich mit nachfolgendem Eindringen von Bakterien in die Subkutis dar. Prädisponierende Faktoren wie schlechte Stallhygiene und feuchte Umweltbedingungen erweichen die Zwischenklauenhaut, so dass schon kleine Traumata zu Hautläsionen mit nachfolgender Infektion führen können. Häufig findet man diese Erkrankung auch vergesellschaftet mit Zubildungen im Zwischenklauenspalt (Limax; s. dort). Dermatitis interdigitalis gilt als Wegbereiter. Schwellungen des Kronsaums, die auch bei tiefen komplizierten Sohlen- oder Wandgeschwüren sowie Gabelstichen auftreten können, werden fälschlicherweise auch als Phlegmona interdigitalis bezeichnet, haben aber eine völlig andere Ursache. Ebenso falsch ist der von Landwirten geprägte Begriff „Panaritium", der nahezu für sämtliche Schwellungen des Unterfußes bzw. Kronsaums benutzt wird, ohne dass die genaue Ursache bekannt ist.

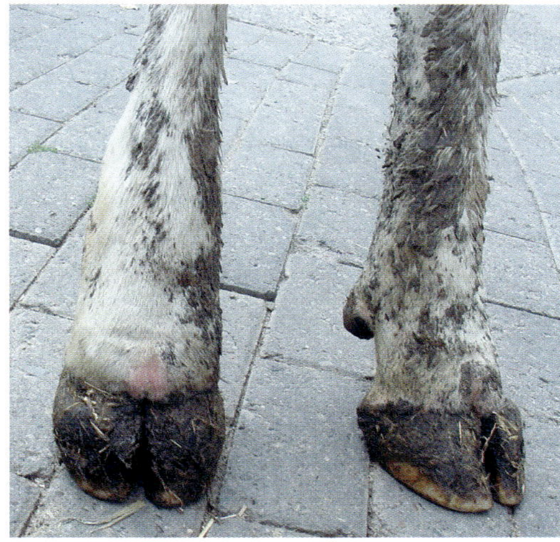

Abb. 3.41 Phlegmona interdigitalis (Zwischenklauennekrose): Deutliche Schwellung des Unterfußes (Foto: Klinik für Rinder, Hannover).

■ Dermatitis digitalis (Mortellaro'sche Krankheit, „Erdbeerkrankheit")

Dermatitis digitalis ist eine umschriebene, oberflächliche Hautentzündung (**Abb. 3.42**). Meistens sind die Veränderungen im Zwischenballenbereich lokalisiert, in selteneren Fällen ist auch der Zwischenklauenspalt oder der Kronsaum an der Vorderseite der Zehen betroffen. Die Erkrankung tritt bei Laufstallhaltung häufig auf. Die Lahmheiten sind meist gering, aber es können auch hochgradige Lahmheiten beobachtet werden. Die Ursache ist nicht abschließend geklärt. Man vermutet eine Schädigung der Haut durch Kot und Harn, die dann leichter von beteiligten Keimen besiedelt werden kann. Trotz Isolierung einer Vielzahl von Erregern fehlt bislang der Nachweis, welcher Erreger für die Erkrankung verantwortlich ist.

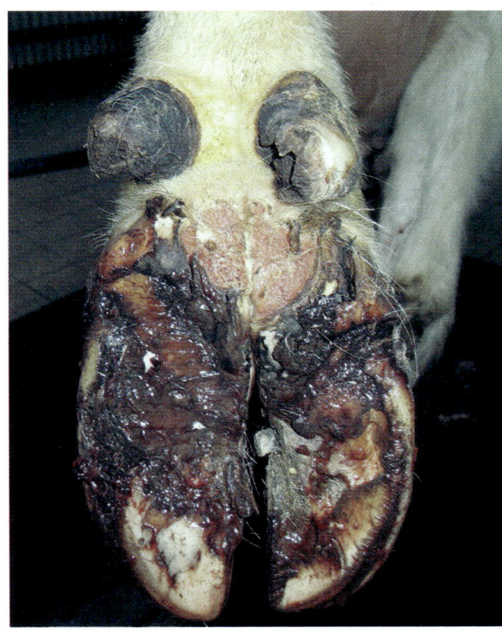

Abb. 3.42 Dermatitis digitalis (Foto: Klinik für Rinder, Hannover).

■ Sohlengeschwüre

Hierbei unterscheidet man typische und untypische Sohlengeschwüre, da beiden eine unterschiedliche Pathogenese zugrunde liegt.

Rusterholz'sches Sohlengeschwür (sog. Typisches Sohlengeschwür; RSG)

Das RSG (**Abb. 3.43** und **Abb. 3.44**) stellt eine umschriebene, anfangs aseptische später infizierte Entzündung der Lederhaut dar. Die Lokalisation ist typischerweise am Übergang zwischen Sohle und Ballen an der Außenklaue der Hintergliedmaße. Nur selten ist diese Veränderung an den Vorderklauen zu beobachten und dann ist meist die Innenklaue betroffen. Die anfänglichen Veränderungen bestehen aus blutigen Verfärbungen an o.g. Lokalisation. Dieses Anfangsstadium wird als typischer „Druckpunkt" erst bei der Klauenpflege sichtbar und geht meist noch nicht mit einer Lahmheit einher. Die Quetschungen und Blutungen der Lederhaut kommen durch Fehlbelastungen zustande (harter planer Boden, zu lange Klauen, hypertrophierte Außenklaue kann nicht durch klei-

Abb. 3.43 Beginnendes Rusterholz'sches Sohlengeschwür (RSG): Lokalisation axial am Übergang zwischen Sohle und Ballen (Foto: Klinik für Rinder, Hannover).

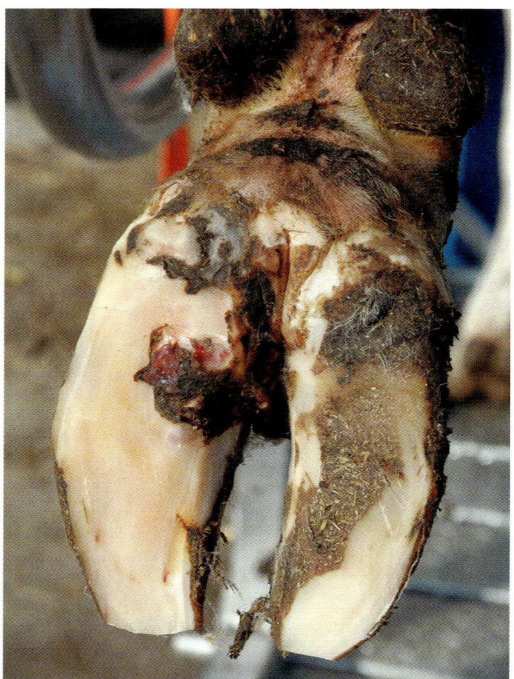

Abb. 3.44 Infiziertes Rusterholz'sches Sohlengeschwür (RSG; Foto: Klinik für Rinder, Hannover).

nere instabilere Innenklaue entlastet werden; Außenklaue kann nicht wie unter natürlichen Verhältnissen in den Boden einsinken und somit nicht dem Druck des harten Laufbodens ausweichen). Dies führt zur Bildung von minderwertigem Horn und damit zum Eindringen von Bakterien. Klauenrehe wirkt begünstigend auf die Entstehung des Geschwürs. Bei Vordringen in tiefere Schichten der Klaue (Beugesehne, Sesambein, Klauengelenk, Klauenbein) kommt es zur phlegmonösen Schwellung des Kronsaums der Klaue, die mit einer hochgradigen Lahmheit verbunden ist. Das Auftreten von RSG ist sehr häufig und stellt weltweit nach wie vor eine der bedeutendsten Klauenerkrankungen dar.

Klauensohlengeschwür (Sohlengeschwür in untypischer Lokalisation; KSG)

Das KSG (**Abb. 3.45** und **Abb. 3.46**) kann im gesamten Sohlenbereich auftreten. Es wird nicht (wie beim RSG) durch Fehlbelastungen, sondern durch akute Traumata (eingetretene Fremdkörper, „Steingalle") verursacht und ist wesentlich seltener zu beobachten als ein RSG. Der weitere Verlauf der Erkrankung entspricht aber dem RSG.

Eine Sonderform des Klauensohlengeschwürs ist ein **Sohlenspitzengeschwür (Pododermatitis septica apicalis)**. Dies kommt zustande, wenn das Sohlenhorn durch raue Laufflächen oder lange Wege zu stark abgerieben oder bei der Klauenpflege zu viel Horn abgetragen wird. Auch das bei Klauenrehe gebildete minderwertige weichere Sohlenhorn nutzt sich schneller ab. Es kommt zu Blutungen und Zusammenhangstrennungen an der weißen Linie an der Sohlenspitze. Infektionen erreichen schnell die Klauenbeinspitze. Die Erkrankung geht mit einer deutlichen Lahmheit einher und kann sich schnell von der Klauenspitze bis in den Ballen- und Wandbereich ausbreiten. Da das Klauenbein an der Klauenspitze nur sehr dünn von Lederhaut umgeben ist, ist eine Osteomyelitis des Klauenbeins nicht selten. In diesem Stadium ist auch eine Kronsaumrötung und -phlegmone zu beobachten.

Limax (Hyperplasia interdigitalis, Tylom, Zwischenklauenwulst)

Aus einer subakut bis chronischen proliferativen Entzündung der Haut im Interdigitalbereich kommt es zur Entwicklung einer Hautschwiele, die bis zu doppelter Daumengröße anschwellen kann (**Abb. 3.47**). Bei bakterieller Sekundärinfektion entwickeln sich mehr oder weniger tiefgreifende, geschwürige und mit Nekrose einhergehende Veränderungen (s. Phlegmona interdigitalis). Die meist sporadisch auftretende Zubildung wird auf dauernde mechanische, chemische oder bakterielle Reize sowie auf mangelhafte Klauenpflege zurückgeführt.

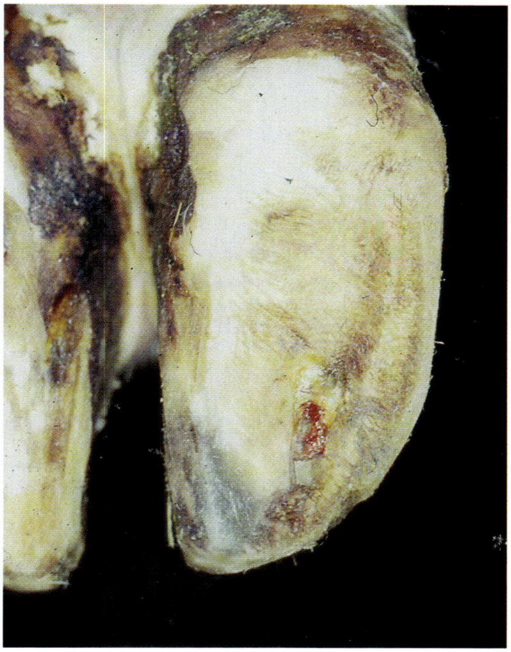

Abb. 3.45 Klauensohlengeschwür im Spitzenbereich der Sohle (KSG; Foto: Klinik für Rinder, Hannover).

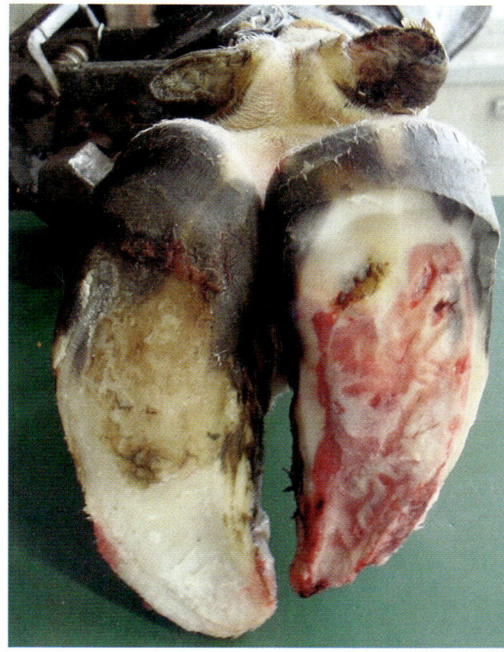

Abb. 3.46 Pododermatitis septica diffusa ausgehend von einem Defekt im Spitzenbereich; ausgedehnt über gesamte Sohlenlederhaut (Foto: Klinik für Rinder, Hannover).

Hornspalt/-kluft (Fissura ungulae longitudinalis/transversalis, „sandcracks")

Die Fissuren stellen Zusammenhangstrennungen der Hornwand parallel zur Dorsalwand (longitudinalis) oder parallel zum Kronsaum (transversalis) dar (**Abb. 3.48**). Ursache sind Verletzungen bzw. Defekte im Saumbereich sowie Hornbildungsstörungen bei Ernährungsproblemen. Zirkuläre Hornspalten (Hornkluft) treten meist im Zusammenhang mit einer schweren chronischen Klauenrehe und damit verbundenen Klauendeformationen auf. Sie können aber auch durch sehr trockene Umweltbedingungen hervorgerufen werden.

Die eher seltener zu beobachteten Hornspalten gehen meist nicht mit einer Lahmheit einher. Erst wenn auch tiefere Strukturen betroffen sind, kann eine mehr oder weniger starke Lahmheit beobachtet werden.

Periartikuläre Veränderungen

Häufig findet man in der Nähe von großen Gelenken Hautveränderungen und Schwellungen (**Abb. 3.49**). Hauptsächlich sind diese an Tarsal-

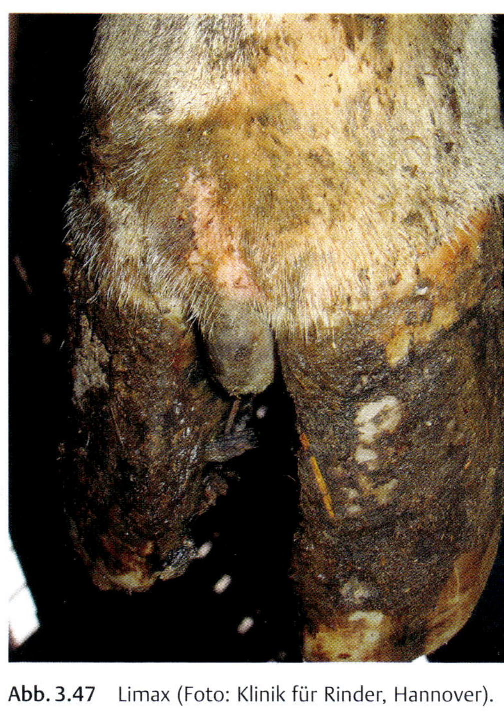

Abb. 3.47 Limax (Foto: Klinik für Rinder, Hannover).

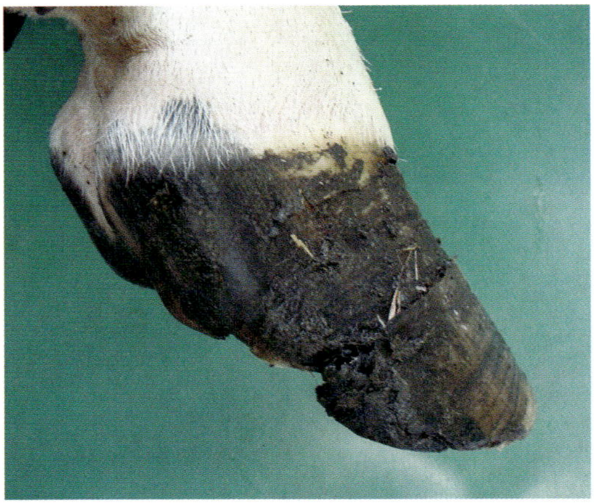

Abb. 3.48 Zirkulärer Hornspalt infolge chronischer Klauenrehe und damit verbundener Klauendeformation (Foto: Klinik für Rinder, Hannover).

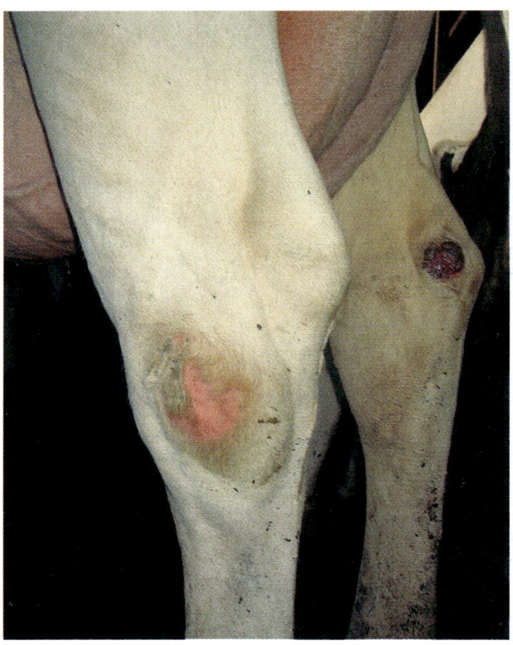

Abb. 3.49 Mediale und laterale peritarsale Hautveränderungen hervorgerufen durch mangelhaften Liegekomfort (Foto: Klinik für Rinder, Hannover).

und Karpalgelenken zu beobachten, seltener an Fessel- und Kniegelenken. Die Veränderungen reichen von einfachen haarlosen Stellen über Hautabschürfungen bis hin zu deutlichen Schwellungen der in Gelenknähe befindlichen Schleimbeutel. Bei Traumatisierung der Haut entzündet sich das umliegende Gewebe und kann bei weiterem Fortschreiten auch auf das jeweilige Gelenk übergreifen. Eine Lahmheit wird meistens nicht beobachtet. Erst bei Gelenk- oder Sehnenscheidenbeteiligung kommt es zu deutlich erkennbaren Lahmheiten. Die periartikulären Veränderungen reflektieren die Auswirkungen von stallbaulichen Bedingungen insbesondere der Liegeflächen und sind damit ein messbarer Indikator für den Liegeflächenkomfort (s. dort).

3.6.4 Vorgehensweise bei Lahmheitsproblemen

3.6.4.1 Erkennung von Lahmheiten

Im Rahmen einer Anfangsstatuserhebung zur Bestandsbetreuung sollten auch Fragen zur Klauengesundheit gestellt werden. Die Kriterien der bisher vom Betriebsleiter registrierten oder gar lediglich im Gedächtnis gebliebenen Lahmheiten können allerdings zu erheblicher Fehlbeurteilung führen. Viele Landwirte scheinen sich an lahmende Tiere zu gewöhnen, meist aus Arbeitskräfte- und Zeitmangel. Der erste Schritt im Management von Gliedmaßenerkrankungen besteht infolgedessen darin, das Problem zu erkennen. Zur realistischen Einschätzung der Gliedmaßengesundheit ist die Lahmheitsbeurteilung aller Tiere des Bestandes bei einem der ersten Besuche empfehlenswert. Am besten geeignet erscheint dafür die Beobachtung der Tiere, wenn sie den Melkstand verlassen. Meistens handelt es sich um eine Gruppe von Tieren, die bis zum Aufsuchen des Futter- oder Liegeplatzes auf planen Untergrund gehen, auf dem die Bewegung der Tiere gut beurteilt werden kann. Eine weitere Möglichkeit besteht darin, dass alle Tiere im Fressgitter fixiert und nacheinander gelöst werden, um dann am Einzeltier eine Lahmheitsbeurteilung vornehmen zu können. Bei größeren Herden ist es sinnvoll, mindestens 10% der Herde zu beurteilen.

Zahlreiche Vorschläge zur Beurteilung von Lahmheiten wurden in der Vergangenheit gemacht. **„Locomotion scoring"** ist eine subjektive Möglichkeit zur Beurteilung der Lahmheiten in einer Herde. Die Bewertung erfolgt durch Adspektion. Es wird dafür ein Indexsystem mit einer Benotung von 1 bis 5 genutzt (**Tab. 3.59**). Bei der

Tab. 3.59 Beurteilung von Lahmheiten („Locomotion scoring") (modifiziert nach Dirksen 1990 und Sprecher et al. 1997).

Score	Beschreibung	Beobachtung Stand	Bewegung	Zielwert
1	normal	normal	keine Abweichung des Gangbildes	> 70%
2	leichte Lahmheit	normal; bei Hintergliedmaßen evtl. leicht kuhhessig gerade Rückenlinie	bewegt sich vorsichtig; leicht gekrümmte Rückenlinie	< 20%
3	moderate Lahmheit	trippelt, evtl. kuhhessig, Gliedmaßen unter Körper gestellt gekrümmte Rückenlinie	Schrittverkürzung* (erkennbare Lahmheit); gekrümmte Rückenlinie	< 10%
4	deutliche Lahmheit	Entlastung der betroffenen Gliedmaße gekrümmte Rückenlinie	deutlich erkennbarre Lahmheit u. Schrittverkürzung* gekrümmte Rückenlinie	0%
5	schwere Lahmheit	Entlastung der betroffenen Gliedmaße gekrümmte Rückenlinie	setzt Gliedmaße nur kurz oder nicht mehr auf; gekrümmte Rückenlinie	0%

* Ursache der meisten Lahmheiten sind Klauenerkrankungen, die durch eine Stützbeinlahmheit gekennzeichnet sind und sich deswegen durch eine Schnittverkürzung zu erkennen geben.

Beobachtung der Tiere wird zunächst der Krümmung des Rückens im Stand und in der Bewegung Aufmerksamkeit geschenkt. Die Erhebung des Herdenstatus anhand der Form der Rückenlinie allein genügt allerdings nicht, da oft nur beidseitig oder an mehreren Klauen erkrankte Tiere einen aufgekrümmten Rücken zeigen. Wichtiger ist, ob evtl. bereits im Stand eine Gliedmaße entlastet wird oder eine Gliedmaßenfehlstellung zu erkennen ist. In der Bewegung wird auf eine Schrittverkürzung einer oder mehrerer Gliedmaßen geachtet, da es sich i. d. R. um Stützbeinlahmheiten (Klauenerkrankungen) handelt und diese mit einer Schrittverkürzung einhergehen. Es ist anzustreben, dass nicht mehr als 25% der Tiere einen Lahmheitsscore von 2 und mehr aufweisen. Der Herdendurchschnitt sollte nicht über 1,4 liegen.

Stellt sich heraus, dass in einer Herde ein Lahmheitsproblem vorliegt, so ist die in **Kap. 3.6.4.2** aufgeführte weitere systematische Vorgehensweise zur Ermittlung der Ursachen empfehlenswert. Wichtiges Hilfsmittel ist ein Erhebungsformular, auf dem Daten zur Herde, Beschreibung der Lahmheiten und ihrer Ursachen in den letzten 12 Monaten sowie Angaben zum Lahmheitsmanagement gemacht werden (**ABL 3.5**).

3.6.4.2 Diagnostik der Lahmheitsursachen

Nach Erhebung obiger Informationen besteht der zweite Schritt in der Untersuchung der Tiere, um die vorherrschende Lahmheitsursache im Betrieb herauszufinden. Eine retrospektive Auswertung von Dokumentationsbögen bietet dabei erste Anhaltspunkte. Voraussetzung ist natürlich, dass diese während der Klauenpflege bzw. Lahmheitsbehandlung zuverlässig geführt wurden. In jedem Fall empfiehlt sich folgende weitere Vorgehensweise:

- Untersuchung der Klauen und Gliedmaßen aller lahmen Tiere; bei größeren Herden sind zur Einschätzung des Problems etwa 10% der betroffenen Tiere notwendig.
- Untersuchung von 5–10% lahmheitsfreier Kühe, die möglichst zufällig aus mehreren Tiergruppen ausgewählt werden (Erstkalbinnen 4 bis 8 Wochen p. p., Kühe > LN1 und 4 bis 8 Wochen p. p., Kühe in der Mitte und am Ende der Laktation).
- Untersuchung während der regelmäßigen Klauenpflege im Betrieb. Dies hat den Vorteil, dass die Klauenpflegemaßnahme selbst beurteilt werden kann sowie Befunde und Diagnosen mit relativ geringem Zeitaufwand erfasst werden können.

Für die Auswertung ist es notwendig, die Befunde und Diagnosen gut zu dokumentieren. Hierzu ist ein einheitlicher Diagnoseschlüssel sinnvoll, der

ABL 3.5 Erhebungsbogen Bewegungsapparat.

Logo

Erhebungsbogen Bewegungsapparat

Allgemeines:
Rasse: Tierzahl: Laktierende: Erstkalbinnen: Trockenstehende:

Zukauf: ja ○ nein○

Fragen zu aufgetretenen Lahmheiten in den letzten 12 Monaten:

Abgänge wg. Lahmheit:

Anzahl Kühe wg. Lahmheit behandelt:

Seit wann treten vermehrt Lahmheiten auf?

Hauptsächliches Auftreten der Lahmheit: LN< 1 ○ LN = 1 ○ LN > 1 ○ unabhängig○
Laktationsphase: früh○ mittel○ spät ○ unabhängig○
Leistungsniveau: hoch○ niedrig○ unabhängig○
Ort: Stall○ Weide○ unabhängig ○
Jahreszeit: F ○ S○ H○ W○ unabhängig○
nach der Klauenpflege ○

Hauptsächliche Lahmheitsursachen:

Fragen zum Lahmheitsmanagement:
• Klauenpflege:
Herdenschnitt(e)/Jahr: 1x ○ 2x ○ 3x ○
vor Weideaustrieb ○ nach Weideabtrieb ○
vor Umstallung ○ nach Umstallung ○
oder Einzeltiere: bei zu langen Klauen○ bei Lahmheit○ vor dem Trockenstellen○
Klauenpflege durch: Landwirt○ Ausgebildeter Klauenpfleger○ Sonstige Person ○
Dokumentation während der Klauenpflege: ja ○ nein ○

• Lahmheiten
Behandlung der Lahmheit durch: Landwirt ○ Ausgebildeter Klauenpfleger ○ Tierarzt ○ Sonstige ○
Dokumentation der Lahmheiten: ja ○ nein ○

Einsatz von Klauenbädern: ja○ nein ○ nein, aber Sprühbehandlung ○
Art des Klauenbades: Kupfersulfat ○ Formalin○ Sonstiges ○
Häufigkeit der Anwendung: ständig monatlich für ....Tage wöchentlich für ....Tage
bei Bedarf für ....Tage
Wechsel der Lösung: pro Melkzeit○ täglich○ verbleibt für mehrere Tage ○
Größe der Wanne:
Vorreinigung der Klauen: ja○ nein ○

Sonstiges:

sich weitgehend den internationalen Bezeichnungen anschließt. Vom Arbeitskreis Klauengesundheit der DLG ist ein Vorschlag für ein einheitliches System zur Erfassung von Befunden und Diagnosen im Bereich Gliedmaßengesundheit entwickelt worden (**Abb. 3.50**). Auf dieser Grundlage ist mittlerweile ein rechnergestütztes Dokumentationssystem entstanden. Die Datenerfassung am Tier erfolgt entweder manuell mit Hilfe des o.g. Dokumentationsbogens, kann aber auch auf einem mobilen Gerät (Pocket-PC; **Abb. 4.2.**) erfolgen und später auf einen Computer übertragen werden. Viele Klauenpfleger bedienen sich bereits dieser Technik. Die dem Landwirt zur Verfügung stehenden Daten können dann zur Kontrolle und Feststellung der ursächlichen Risikofaktoren von Klauenerkrankungen genutzt werden.

3.6.4.3 Ermittlung der betriebsspezifischen Risikofaktoren

Nach Erkennung und Auswertung der im Betrieb vorkommenden Klauenerkrankungen, können Rückschlüsse auf mögliche Ursachen gezogen werden. Im Betrieb werden nachfolgend Aufstallung, Fütterungsmanagement sowie weitere ätiologisch bedeutende Faktoren berücksichtigt.

Haltung

Da sich Defizite im Haltungsbereich auch negativ auf die Klauengesundheit auswirken, ist zur Festlegung geeigneter Maßnahmen die Beurteilung der Haltungsbedingungen erforderlich. Unkomfortable Liegeplätze oder überbelegte Ställe führen beispielsweise zu geringer Liegefrequenz und -zeit. Lange Standzeiten auf hartem Untergrund sind die Folge, die wiederum zu belastungsbedingten Quetschungen der Klauenlederhaut (Belastungsreihe) mit entsprechend sekundären Veränderungen führen (z. B. eitrig hohle Wand).

Verschiedene Funktionsbereiche im Stall (Lauf- und Liegeflächen, Futter- und Wasseraufnahme) werden dabei überprüft. Je nach vorhandener Haltungsform sollten folgende Aspekte berücksichtigt werden:

Beurteilung des Flächen- und Raumangebots
Hierzu gehören:
- Größe des Stalls
- Lauf/Fressganglängen- und breiten
- Anzahl Quergänge
- Gefälle
- Zugänge zu den Funktionsbereichen
- Gestaltung des Auslaufs

Anzustrebende Abmessungen für HF-Herden sind in **Tab. 3.60** zusammengefasst.

Beurteilung der Laufflächenqualität
Die Beurteilung der Laufflächenqualität erfolgt anhand folgender Merkmale:
- Rutschfestigkeit (Überprüfung des Reibungswiderstandes der Oberfläche).
  - Stiefeltest: Man versucht mit eigenem Stiefel auf dem Boden entlang zu gleiten, dabei sollte ein spürbarer Widerstand feststellbar sein; negativ sind Rutschen oder abruptes Bremsen des Stiefels zu bewerten; für sachgerechte Einschätzung allerdings ausreichende Erfahrung notwendig (stetiges Wiederholen in vielen Betrieben, um Vergleichbarkeit zu ermöglichen)
  - SRT (Skid-Resistance-Test): Gerät, das den Reibungswiderstand auf glatten Oberflächen in SRT-Einheiten misst (Ziel: > 60 Einheiten); Nachteil: Messung sehr teuer (Industriestandard) und nicht auf Spaltenböden einsetzbar
  - Gleitreibungsmessung: Bedienungsfreundliches Messgerät für alle Laufflächen (wird auf Anfrage von der DLG mit entsprechenden Referenzwerten zur Verfügung gestellt; relativ teuer)
- Hygienestatus (Kotdurchtritt, Einstreumaterial, Pfützenbildung, „Schmutzecken", Reinigungsfrequenz, Boniturschema für Verschmutzung [**Abb. 3.51**])
- Beobachtung des Tierverhaltens (z. B. Lecken kaudaler Körperpartien, Ausgleiten)
- Trittsicherheit (lose Balken, Stufen, Beobachtung der Tiere bei Fortbewegung)
- Spaltenweite und Spaltenbreite
- Laufflächen in den jeweiligen Laktationsstadien
- Zeitpunkte der Umstallung für hochtragende Färsen oder trockenstehende Kühe
- Bei Weidegang (Beurteilung der Treibwege zum Stall)

Beurteilung der Liegeflächen
Die Beurteilung der Liegebox und Liegeflächen (**Abb. 3.52**, **Tab. 3.60** und **3.61**) erfolgt durch:
- Tier-Liegeplatz-Verhältnis
- Abmessungen

DLG e. V.
Klauengen. Sachsen eG
LVA Echem
VIT-PCS GmbH

Dokumentation von Klauenerkrankungen und Klauenbehandlungsmaßnahmen Seite:

Name / Betrieb: Nummer Klauenpfleger:

Ortslage / Stall: Betriebsschlüssel: Registriernummer:

Laufende Nummer bzw. Datum	Tier-Nummer	Erkrankung der Klaue / Grad der Erkrankung (Grd)												Klauenpflege-/Behandlungsmaßnahmen Artikelnummer								Bemerkungen bzw. Medikament(e)/ Menge	Warte-zeit in Tagen		Überweisung an Tierarzt				Bestä-tigung Tierhalter
		VL / 1			VR / 2			HL / 3			HR / 4			VL / 1		VR / 2		HL / 3		HR / 4					VL	VR	HL	HR	
		a	i	Grd	i	a	Grd	A	i	Grd	i	a	Grd	a	i	I	a	a	i	i	a		M	F	1	2	3	4	

Erläuterungen: VL = vorne links, **VR** = vorne rechts, **HL** = hinten links, **HR** = hinten rechts; **a** = Außenklaue, **i** = Innenklaue **Grad der Erkrankung: 1** = geringgradig **2** = mittelgradig **3** = hochgradig; **M** = Milch, **F** = Fleisch

Erkrankung der Klaue:

1	**RE**	Klauenrehe (Laminitis)	**5.2**	**SK**	Schwellung des Kronsaums
1.1	**WLD**	Weiße-Linie-Defekt (Zusammenhangstrennung)	**6**	**SG**	Sohlengeschwür
1.2	**WL**	Wandläsion	**6.1**	**STG**	Steingalle (Druckstelle)
1.3	**DS**	Doppelte Sohle	**6.2**	**RSG**	Rusterholzsches Sohlengeschwür
2	**BF**	Ballenhornfäule	**6.3**	**SSG**	Sohlenspitzengeschwür
3	**DID**	Klauenfäule (Dermatitis interdigitalis)	**6.4**	**KSG**	Klauensohlengeschwür in untypischer Lokalisation
4	**DD**	Mortellarosche Krankheit (Dermatitis digitalis)	**7**	**LI**	Limax (Tylom)
5	**PH**	Phlegmone (Schwellung des Fußes)	**8**	**HS**	Hornspalt (Wandriss)
5.1	**ZP**	Zwischenzehenphlegmone (Panaritium)	**9**	**B/S**	Besonderheiten / Sonstiges

Datum, Unterschrift Klauenpfleger

Datum, Unterschrift Betriebsleiter / Beauftragter

Abb. 3.50 Dokumentationsblatt Klauengesundheit mit Diagnoseschlüssel (DLG).

Tab. 3.60 Anzustrebende Abmessungen im Liege- und Laufbereich im Boxen-Laufstall (Maße gelten für HF-Herden).

	Zielwert	Anmerkungen
Liegen		
Tier-Liegeplatz-Verhältnis	≤ 1:1	
Boxenlänge		
wandständige Boxen	250–270 cm	Aufkantungen am Boxenende zählen nicht zur effektiven Fläche
gegenständig Boxen	230–240 cm	
Liegeflächenlänge (Abstand Bugschwelle – hinteres Boxenende)	170–190 cm	Aufkantungen am Boxenende zählen nicht zur effektiven Liegefläche; in Tiefboxen muss die Liegelänge um die Breite der Streuschwelle erweitert werden
Boxenbreite	≥ 120 cm	Achsmaß beachten (Messung zwischen den Innenkanten der Seitenbügel)
Höhe der Kotkante	20 cm	
Höhe Nackenriegel über Liegefläche	115–120 cm	flexibler Nackenriegel bei stark unterschiedlich großen Kühen vorteilhaft
schräge Länge des Nackenriegels von der hinteren Boxenkante	190–200 cm	
Höhe Bugschwelle	10 cm	Bugschwelle mit abgerundeten Kanten
Abstand unterer Holm im vorderen Bereich Seitenbügels zur Liegefläche	≤ 28 cm	wichtig in Liegeboxen mit wenig Platz für Kopfschwung nach vorn, so dass Tiere beim Aufstehen zur Seite ausweichen. Bei höheren Abmessungen ist ein seitlicher Kopfschwung erschwert
Abstand unterer Holm des Seitenbügels zur oberen Begrenzung der Bugschwelle	≥ 15 cm	bei kleinerem Abstand besteht die Gefahr, dass das Vorderbein während des Liegens zwischen Bugbrett und seitlicher Abtrennung festklemmt
Abstand unterer Holm im hinteren Bereich des Seitenbügels zur Liegefläche	≥ 55 cm	bei kleinerem Abstand berühren die Tiere den Seitenbügel während des Liegens und können beim Aufstehen hängen bleiben; Trennbügel neuerer Bauart sind im hinteren Teil sehr schräg gestaltet, so dass dieses Problem nicht entsteht.
Bewegung		
Breite Fressgang	≥ 350 cm	
Breite Laufgang	≥ 300 cm	
Quergänge	nach 12 Liegeboxen	Ausweichen von ranghohen und -niedrigeren Tieren wird ermöglicht
Breite Quergang	≥ doppelte Boxenbreite	
Spaltenweite	2,5–3,0 cm	
Balkenbreite	≥ 10 cm	
Sackgassen	keine	

- Bewertung der Liegefläche (Verformbarkeit, Isolation, Sitz der Liegeflächenauflage, Verschmutzung, Feuchtigkeit, Kot-, Harn- u. Milchreste); einfacher Knietest: „auf-die-Knie-fallen-lassen" und einige Zeit in dieser Position verbleiben: Das Fallenlassen darf nicht schmerzhaft sein, die Kleidung sollte trocken bleiben und die Knie für kurze Zeit einen Abdruck auf der Unterlage hinterlassen)
- Einstreumaterial (Einstreufrequenz; Häufigkeit der Reinigung, schädigende Inhaltsstoffe z. B. Beschichtungsreste bei Sägespänen; Handtest:

Tab. 3.61 Anzustrebende Abmessungen im Fressbereich im Boxen-Laufstall (Maße gelten für HF-Herden).

	Zielwert	Anmerkungen
Futter-/Tränkeaufnahme		
Tier-Fressplatz-Verhältnis	≤1:1	
Fressplatzbreite	≥ 75 cm	
Höhe Futtertisch über Standplatz	15–20 cm	
Fressgitterneigung	≥ 15 °	
Tier-Kraftfutterstation-Verhältnis	≤ 25:1	
Tier-Tränke-Verhältnis		Vorteilhaft sind kippbare Tränken, die sich besser reinigen lassen; für ausreichenden Nachlauf muss gesorgt werden (z. B. 18 l/min bei Ventiltrogtränken) Tiere sollten mit eingetauchtem Flotzmaul trinken können; Schalentränken sind als nicht geeignet einzustufen.
Ventiltrogtränken	≤ 7:1	
Trogtränke	≥ 8 cm/Kuh	
Freiraum um Kraftfutter/Tränkestation	≥ 3 m um Station	

Tab. 3.62 Bonitierung hervorstehender Knochenpunkte der Gliedmaßen (modifiziert nach Reubold 2002). Die Befunde werden je Tier und Lokalisation (z. B. Tarsalgelenk) angegeben.

Score	Befund	Lahmheit	Zielwert
1	o.b.B	nein	
2	haarlose Stelle	nein	> 90%
3	Hyperkeratose u./o. Schwellung des Schleimbeutels ohne Entzündungserscheinungen	nein	
4	profunde perforierende Hautläsion, Entzündungserscheinungen; phlegmonöse Schwellung	geringgradig	< 10%
5	wie 4 mit zusätzlicher Gelenkbeteiligung	mittel- bis hochgradig	

Beim Zusammendrücken des Einstreumaterials dürfen keine deutlichen Stiche in der Haut spürbar sein; Verletzungsgefahr bei Hartholzspänen z. B. Buche)

- Verletzungsgefahren durch beschädigte Steuerelemente (z. B. lose Bugschwellen oder seitliche Begrenzungen)
- Beobachtung der Tiere beim Ablegen und Aufstehen
- „Blanke" Stellen an den Liegeboxenabtrennungen (z. B. bei zu niedrig angebrachtem Nackenriegeln Scheuerstellen am unteren Rohr)
- Ermittlung von Kuh-Komfort-Indices (während Stallruhezeit, z. B. 2 Std. nach der Melkzeit; **Tab. 3.63**)
- Bewertung von hervorstehenden Knochenpunkten an den Tieren (z. B. Sprunggelenksbonitierung [**Abb. 3.49, Abb. 3.53** und **Tab. 3.62**]); dabei sollten Tiere bewertet werden, die sich schon seit längerer Zeit in der betreffenden Stallabteilung (> 3 Monate) befinden. Kühe, die Veränderungen an den Gelenken zeigen, die nicht auf die für sie vorgesehene Liegefläche zurückzuführen sind, gehen nicht in die Bewertung ein (z. B. „Spaltenlieger"; festliegende Tiere nach dem Abkalben; unfallbedingte Veränderungen)
- Boniturschema für Verschmutzung (**Abb. 3.51**)

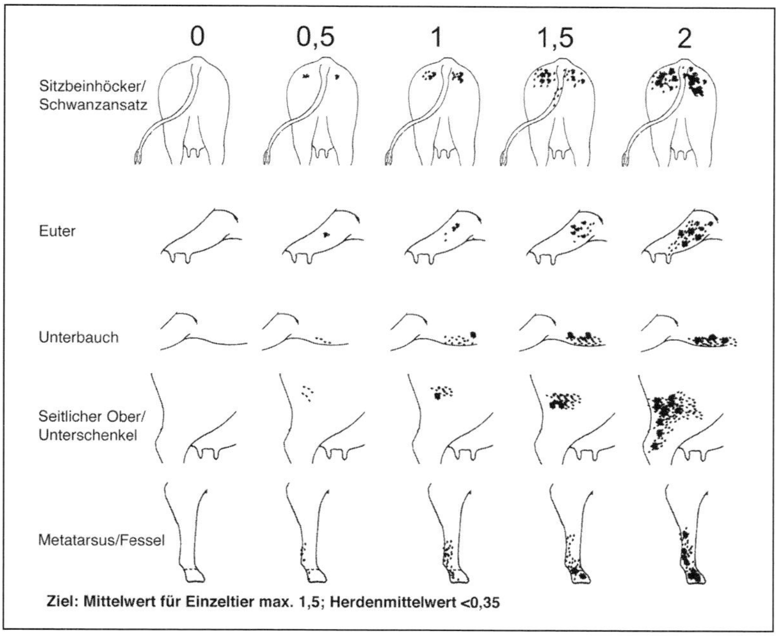

Abb. 3.51 Boniturschema für Verschmutzung (nach Faye und Barnouin [1985] bzw. Cook [2002]).

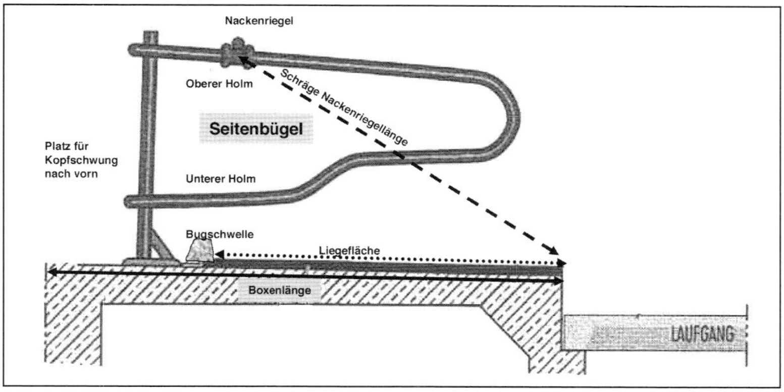

Abb. 3.52 Elemente einer Liegebox (Hochbox).

Beurteilung der Fütterungstechnik

- Tier-Fressplatz-Verhältnis
- Fressplatzbreite
- Höhe Futtertisch über Standplatz (bei Anbindung Höhe des Krippensockels)
- Tier-Fressplatz-Verhältnis für eine Kraftfutterstation
- Zugänglichkeit Kraftfutterstation
- Neigung Fressgitter

Beurteilung der Tränketechnik

- Tier-Tränke-Verhältnis
- Sauberkeit
- Funktionsfähigkeit
- Zugänglichkeit

Sonstiges

- Wartezeiten vor dem Melken
- Bodengestaltung im Wartehof und im Melkstand
- Betreten und Verlassen des Melkstandes (Winkelung, Stufen, Verletzungsgefahren)
- Zustand und Größe von Klauenbadvorrichtungen

■ Fütterung

Bei Lahmheitsproblemen sollte auch eine Analyse der Fütterung in den jeweiligen Laktationsgruppen hinsichtlich der Risiken für die Klauengesundheit erfolgen. Von zentraler Bedeutung ist hier die Vermeidung von Fütterungsfehlern, die für die Entste-

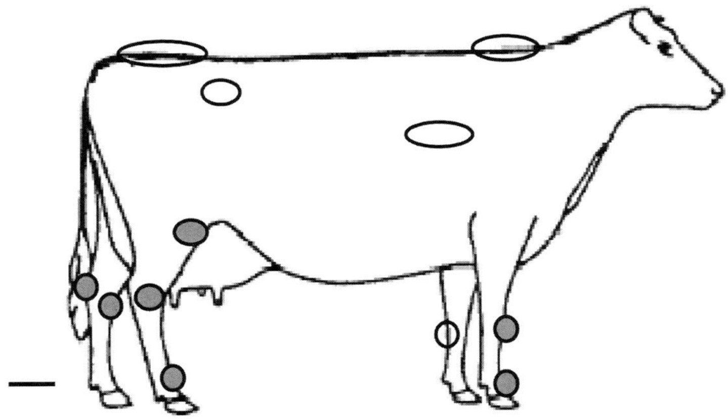

Steuerelemente ○
Widerrist (Nackenriegel; Fressgitter)
Rippen (seitliche Abtrennung)
Hüfthöcker (seitliche Abtrennung)
Schwanzwurzel/Kreuzbein (seitliche Abtrennung)
Karpus palmar (Bugschwelle)

Liegefläche ●
Karpus dorsal
Fessel vorne und hinten
Tarsus lateral und medial
Tuber calcanei
Knie lateral

Abb. 3.53 Typische Lokalisationen für haltungsbedingte Integumentschäden

hung der Klauenrehe mitverantwortlich gemacht werden, da Rehe für viele andere Klauenerkrankungen prädisponierend wirkt. Auch wenn die Mechanismen, die zur Klauenrehe führen, nicht abschließend geklärt sind, wird davon ausgegangen, dass diese im Zusammenhang mit subklinischen bzw. subakuten Pansenazidosen (Subacute Ruminal Acidosis; SARA) stehen. Im Laktationsverlauf kommt es zu einer zeitlichen Häufung von Klauenerkrankungen etwa ab dem 60. Tag p. p. Da rehebedingte Klauenschäden durch das Klauenwachstum zeitversetzt auftreten, kann man davon ausgehen, dass der „Reheschub" annähernd parallel in die Zeit zunehmender Energiedichte durch erhöhten Kraftfutter- und reduzierten Rohfaseranteil in der Ration frischmelkender Kühe fällt. Generell können daher alle Fütterungsbedingungen als „klauenschädigend" eingestuft werden, die zu einer Schädigung von Pansenflora und -fauna führen. Eine Beurteilung der Ration ist daher unbedingt notwendig (**Kap. 3.3.2**). Indirekte Auswertung über die Milchleistungsdaten sind dabei sehr hilfreich (z. B. low-milk-fat syndrome oder niedrige Fett/Eiweißquotienten als Indikatoren für azidotische Bedingungen im Pansen und damit erhöhtes Risiko für Reheveränderungen).

■ Sonstige ätiologisch wichtige Faktoren

Andere Erkrankungen

Für das Auftreten von Klauenerkrankungen werden neben Aufstallung und Fütterung auch noch andere Faktoren verantwortlich gemacht. Auch wenn die Pathogenese nicht endgültig geklärt ist, werden Erkrankungen um den Geburtszeitraum, die mit der Freisetzung von toxischen und vasoaktiven Substanzen wie Histamin und Endotoxinen im Zusammenhang stehen, als auslösende Ursache diskutiert. Diese entstehen meist im Gefolge von hochgradigen septischen Erkrankungen wie Masti-

Tab. 3.63 Indices zur Überprüfung des Liege-Komforts in Laufställen (Überprüfung während der Stallruhezeit, z. B. zwei Stunden vor einer Mahlzeit).

Index	Berechnung	Zielwert	Erklärung
CCQ Cow-Comfort-Quotient	(Anzahl richtig liegender Kühe : Anzahl liegender Kühe u. stehender Kühe in Liegeboxen) × 100	> 85%	stehende Kuh in Liegebox bedeutet, dass mindestens zwei Vorderbeine in die Box gestellt sind
PEL Proportion-Eligible Lying o. Stall Usage Index	(Anzahl richtig liegender Kühe : Gesamtzahl der Kühe in Stallabteilung) × 100	> 75%	bei der Gesamtzahl der Kühe im Stall werden die Kühe, die gerade am Futtertisch stehen nicht miterfasst
CCI Cud-Chewing-Index	(Anzahl wiederkauender Kühe : Anzahl liegender u. stehender Kühe in Liegeboxen) × 100	> 50%	es werden alle Kühe gezählt, die sich liegend oder stehend in der Box befinden
SSI Stall-Standing-Index	(Anzahl stehender Kühe in Box : Anzahl liegender u. stehender Kühe in Liegeboxen) × 100	< 15%	es werden alle Kühe gezählt, die mindestens 2 Vorderbeine in die Liegebox gestellt haben

tiden, Nachgeburtsverhaltungen und Gebärmutterentzündungen.

Gewicht der Tiere
Überkonditionierte Tiere am Ende der Laktation sowie während der Trockenstehzeit sind einem erhöhten Risiko für die Entstehung von Klauenerkrankungen ausgesetzt. Die Gewichtszunahme im letzten Drittel der Trächtigkeit sowie harte Laufböden und unbequeme Liegeflächen können die Biomechanik zusätzlich beeinträchtigen. Die Körperkondition besonders der hochtragenden Färsen und trockenstehenden Kühe sollte in diesem Zusammenhang beurteilt (**Kap. 3.3.2**).

Qualität der Klauenpflege
Das Ergebnis einer Klauenpflege ist in hohem Maße von der Kenntnis und Motivation des Klauenpflegers abhängig. Durch die Klauenpflegemaßnahme selbst kann ein Lahmheitsproblem verursacht werden, wenn die Regeln der funktionellen Klauenpflege nicht beachtet werden.

3.6.5 Prophylaktische und bestandstherapeutische Maßnahmen

3.6.5.1 Allgemeine und spezielle prophylaktische Maßnahmen

■ Klauenpflege

Häufigkeit und Zeitpunkt
Das Verhältnis von Hornwachstum und Abrieb unter den jeweiligen Haltungsbedingungen ist als Zeitgeber für die Häufigkeit der Klauenpflege zu sehen. Sohlendicke und Hornschuhlänge sind von Bodenbeschaffenheit, Alter, Leistung, Fütterung, Krankheiten, Jahreszeit usw. abhängig. Die Notwendigkeit einer Klauenpflege ist deshalb betriebsspezifisch. Meistens wird ein halbjährliches Intervall empfohlen. In vielen Betrieben ist es notwendig, **dreimal pro Jahr** einen Herdenschnitt durchzuführen. Einzelne Tiere einer Herde erfordern manchmal eine noch höhere Frequenz. Nur bei lahmen Tieren die Klauen zu schneiden, ist eine unvollständige Maßnahme. Der optimale Zeitpunkt für die Klauenpflege liegt direkt vor der präpartalen Gewichtszunahme also vor dem Trockenstellen. Für Färsen ist ebenfalls etwa 8 Wochen vor dem errechneten Geburtstermin erstmals eine Klauenpflege sinnvoll, da in Herden mit hohen Milchleistungen erhöhte Lahmheitsinzidenzen bereits verstärkt bei Erstkalbinnen auftreten. Dieser tierindividuelle Klauenschnitt zum Zeitpunkt des Trockenstellens ist meist nur in kleinen Betrieben

möglich, in denen sachkundige Tierhalter die Klauen selbst pflegen. In größeren Herden ist dies zeit- und betriebsbedingt oft nicht durchführbar, so dass alle Tiere zu einem Zeitpunkt gepflegt werden müssen. Klauen sollten nicht kurz vor der Umstellung in einen anderen Stall mit rauer Oberfläche geschnitten werden, da der Abrieb dann größer sein kann als das Hornwachstum und die Sohlen folglich durchscheuern.

Klauenpfleger

Die Auswahl des Klauenpflegers sollte sorgfältig erfolgen und nicht nur den finanziellen Aspekt berücksichtigen. Die Kosten für eine Klauenpflege sind vergleichsweise gering – sie werden allein durch höhere Leistung klauengesunder Kühe mehrfach gedeckt. Die erforderlichen Fähigkeiten zur Ausübung der Klauenpflege können nur durch eine qualifizierte Ausbildung erworben werden. Vor Auftragserteilung sollte erfragt werden, an welchen Aus- und Weiterbildungskursen der Klauenpfleger teilgenommen hat. Bestrebungen über ein einheitliches Ausbildungssystem sind derzeit im Gang. Wie wichtig Sachkunde bei der Klauenpflege ist, zeigen immer wieder Fälle, in denen schwere Traumatisierungen ebenso beobachtet werden wie sekundär verursachte Schäden durch Dünnschneiden des Sohlenhorns sowie durch Veränderungen der Belastungsverhältnisse durch ungleichmäßige Korrektur. Hinweise auf Fehler bei der Klauenkorrektur ergeben sich stets dann, wenn nach der Klauenpflege mehr Tiere lahm gehen als vorher und möglicherweise nach Ablauf einer bestimmten Zeit hochgradige Lahmheiten auftreten, die auf falsche Klauenpflege zurückgeführt werden können (z. B. Sohlenspitzengeschwüre).

Methode

Im Gegensatz zu älteren Klauenpflegemethoden setzt sich die **„Funktionelle Klauenpflege"** immer mehr durch, da sie nicht nur die Lastverteilung innerhalb der Einzelklaue, sondern auch die Lastverteilung zwischen Innen- und Außenklaue ausdrücklich betont. Der Schutz- und Tragefunktion der Klaue wird bei diesem Konzept oberste Priorität eingeräumt. Die Methode trägt besonders den Bedingungen der modernen Milchviehhaltung Rechnung. Funktionelle Klauenpflege bedeutet ferner, dass die Pflege auch den Betriebsumständen angepasst werden sollte (z. B. Beachtung eines vermehrten Hornabriebs bei rauen Gussasphaltböden oder dünneres Beschneiden der Sohle der Außenklaue bei Anbindehaltung möglich).

■ Haltungsbedingungen

Die Verbesserung der Haltungsbedingungen stößt oft aus bautechnischen (Altbauten), arbeitswirtschaftlichen oder finanziellen Gründen an ihre Grenzen. Dies darf jedoch nicht dazu führen, eine Behebung von Haltungsmängeln zu unterlassen. Die Optimierung der Haltungsbedingungen muss im Rahmen der jeweiligen betrieblichen Möglichkeiten durchgeführt werden. Eine wichtige Rolle spielt dabei oft der persönliche Einsatz des Tierhalters. Die derzeit empfohlenen räumlichen Maße für die einzelnen Funktionsbereiche im Boxenlaufstall sind in **Tab. 3.60** dargestellt.

Unter dem Aspekt der Klauengesundheit sind nachfolgend ergänzende Punkte zu den Funktionsbereichen Laufen und Liegen aufgeführt:

Laufen

Anforderungen an den Untergrund orientieren sich an Trittsicherheit, Rutschfestigkeit und Verformbarkeit sowie an Haltbarkeit und Reinigungsmöglichkeiten. Grundsätzlich gibt es bislang keinen Stallboden, der allen Anforderungen gerecht wird.

Hygiene

Unabhängig vom Haltungssystem, sollten die Oberflächen möglichst sauber und trocken sein (geringere Keimvermehrung, niedriger Feuchtigkeitsgehalt von Hornschuh und umgebender Haut).

Flächenangebot

Breite Laufgänge und ggf. zusätzliche Bereiche wie Laufhöfe sind grundsätzlich positiv zu bewerten. Es bestehen Ausweichmöglichkeiten für die Tiere und es wird eine vielfältigere Umgebung geschaffen. Die Zugänglichkeit der einzelnen Bereiche muss dabei gewährleistet sein. Eine ausreichende Anzahl an Quergängen zwischen den Laufgängen erleichtert unterschiedlich ranghohen Tieren den Platzwechsel und verringert die Laufbelastung (z. B. Belastungsrehe). Bei hohem Flächenangebot je Tier neigen Spaltenböden zu stärkerer Verschmutzung (Förderung von Klauenkrankheiten mit infektiöser Komponente). Dies gilt auch für Laufhöfe, die oft ohne entsprechende automatische Reinigungsvorrichtung gebaut werden. In der wärmeren Jahreszeit kann es bei entsprechendem Gefälle und guter Abtrocknung der Laufflächen zu einer Schmierfilmbildung kommen, der besonders bei zu glatten Böden die Rutschfestigkeit stark herabsetzt. Unabhängig vom Bodentyp ist also eine Reinigung der Laufflächen nach wie vor unerlässlich und kann durch mobile oder stationäre Systeme erleichtert werden.

Flächenqualität

Grundsätzlich ist bei allen Laufböden der Klauenabrieb zu berücksichtigen. In älteren Ställen sind die Böden meistens zu glatt (vorsichtige Fortbewegung, reduzierte Körperpflege, ausrutschende Tiere, reduzierter Klauenabrieb). Eine Verbesserung kann das Aufrauen solcher Flächen bringen. Bei Spaltenböden sind allerdings statische Gegebenheiten zu berücksichtigen (zu geringe Dicke). Die nach einer Profilierung häufig zu beobachtenden ausgebrochenen Kotabrisskanten bergen ein Verletzungsrisiko für die Klauen. Ein nachträglicher Einbau von Gummimatten ist ebenfalls möglich. Zusätzlich muss dann häufig ein Schieber installiert werden, da der Kot nicht wie gewohnt durchgetreten wird. Zu glatte planbefestigte Böden können ebenfalls mit Gummiauflagen versehen werden. Auch eine Teilverlegung in besonders frequentierte Bereiche ist dabei möglich. Betonböden können nachträglich profiliert oder mit einer Gussasphaltdecke saniert werden. Nachteilig können sich zu breite Fräsrillen erweisen, deren Reinigung schwierig ist und somit ein Schmutz- und Keimreservoir darstellen.

Neu aufgebrachte oder nicht fachgerecht erstellte planbefestigte Böden sind dagegen oft zu rau und haben einen erhöhten Abrieb zur Folge (dünnes Horn, Quetschungen der Lederhaut, Spitzendefekte). Bei Gussasphaltböden, die in sehr unterschiedlichen Qualitäten hergestellt werden, ist dies häufig zu beobachten (Pfützenbildung, abrasive Oberfläche, Herauslösung der gröberen Partikel aus der oberen Schicht nach relativ kurzer Nutzungsdauer). Eine Sanierung ist nur durch Neuaufbringung oder Gummimattenauflage zu erreichen.

Die Entwicklung von Gummiböden in unterschiedlichen Ausführungen lassen nach ersten Untersuchungen bezüglich Trittsicherheit und Tierkomfort eine Verbesserung erwarten. Allerdings zeigen einige Untersuchungen, dass nicht immer mit einer Verbesserung der Klauengesundheit zu rechnen ist. Stroheingestreute Laufställe (Tretmiststall oder Tiefstreustall) sind ebenfalls eine etablierte Möglichkeit den Lauf- und Liegkomfort zu verbessern. Bei beiden Varianten ist der mangelnde Abrieb ggf. durch eine erhöhte Frequenz der Klauenpflege auszugleichen.

Liegen

Milchkühe liegen etwa von 12 bis 14 Stunden. Liegen erfolgt in mehreren Blöcken, die etwa 1 bis 1,5 Stunden lang sind. Für die Gliedmaßengesundheit steht der Liegekomfort an oberster Stelle. Reduzierte Liegezeiten bedeuten für die Milchkuh verlängerte Standzeiten (erhöhte Belastung der Klauen, schlechtes Abtrocknen der Klauen mit Förderung von Krankheiten infektiöser Genese) und weniger Wiederkautätigkeit (verminderte Speichelbildung zur pH-Wert-Stabilisation im Pansen). Die Mindestabmessungen für Liegeplätze in Boxenlaufställen sind **Tab. 3.60** zu entnehmen. Häufige Mängel sind:

- zu kurze Boxen
- fehlerhafter oder defekter Sperrriegel oder Nackenholm
- zu geringer Abstand zwischen Sperrriegel und Nackenholm
- Verwendung von Achsmaßen statt lichter Maße
- Nichtbeachtung des nötigen Kopfraumes
- ungeeignete Trennbügel etc.

Weiterhin ist der Liegebelag oft ein Entscheidungskriterium für die Kuh, ob diese sich hinlegt oder nicht. Die Flächen müssen ausreichend isolieren und gut verformbar sein, so dass eine Anpassung an den Körper und die hervorstehenden Knochenpunkte gegeben ist (mehr als 80% des Körpergewichts ruhen für eine kurze Zeit während des Ablegens und Aufstehens auf den Karpalgelenken). Der Anteil liegender Kühe kann durch eine erhöhte Akzeptanz von nachgiebigen Matten oder Matratzen deutlich erhöht werden. Tiefboxen mit einer dicken Strohmatte ist aus Sicht des Kuh-Komforts der Vorzug zu geben. Ebenso geeignet sind Sandtiefboxen, die allerdings durch den Sandeintrag in die Gülle an anderer Stelle Probleme bereiten können. Unnachgiebige Gummimattenauflagen oder Boxen ohne Auflage erfüllen die Kriterien tiergerechter Liegeflächen nicht und sollten als ungeeignet eingestuft werden.

Die Liegefläche sollte trocken und sauber sein. Da sich Ausscheidungen der Tiere in den Boxen auch bei richtiger Dimensionierung der Liegebox nicht gänzlich vermeiden lassen, ist in Hochboxen unabhängig vom gewählten Liegebelag zusätzlich

Einstreu zu verwenden. Die Einstreu sollte dabei nicht feucht werden. Ein Zusatz von gelöschtem Kalk bindet zusätzlich Flüssigkeit. Unabhängig von der gewählten Einstreu, ist eine regelmäßige Boxenpflege (2 × pro Tag) unerlässlich.

Klauenbäder

Allgemeines

Nach den derzeitigen gesetzlichen Bestimmungen in Deutschland sind Klauenbäder nur zur Reinigung und Pflege sowie zur Verbesserung des äußeren Erscheinungsbildes erlaubt. Damit beschränkt sich der Einsatz von Klauenbädern auf die Prophylaxe, besonders von Dermatitis digitalis und interdigitalis sowie den Ballenhornerosionen. Ziel eines Klauenbades kann es nicht sein, bestimmte Klauenerkrankungen zu therapieren. Es hat vielmehr die Aufgabe, die Klauen zu reinigen, das Klauenhorn zu härten und die klauennahe Haut zu pflegen, um so bestimmten Krankheiten vorzubeugen. Neben der Reinigungswirkung wird auch eine Keimverdünnung und in bestimmten Umfang eine keimabtötende Wirkung erzielt. Eine Verbesserung der Klauengesundheit kann nur erreicht werden, wenn andere Maßnahmen im Stall nicht vernachlässigt werden: Fehlendes Hygienemanagement im Betrieb kann durch ein Klauenbad in keinem Fall ersetzt werden. Eine Keimreduktion ist durch häufiges Abschieben der Laufgänge, trockene Treibwege, geringe Luftfeuchtigkeit, saubere und trockene Liege- und Laufflächen zu erreichen (**Kap. 3.6.4.3**). Bislang fehlen wissenschaftliche Untersuchungen, die den Erfolg eines Klauenbades zweifelsfrei nachweisen, da meistens ohne unbehandelte Kontrollgruppen gearbeitet wurde. Eine vermeintliche Verbesserung der Klauengesundheit durch ein Klauenbad kann also auch auf saisonale Einflüsse oder auf eine Änderung im Betriebsmanagement zurückzuführen sein.

Ausführung

Unabhängig davon, ob fest installierte Gruben oder mobile Wannen benutzt werden, sollten diese so bemessen sein, dass der Kronsaum von der Klauenbad-Lösung benetzt wird (2,5 bis 3 m lang, 1 m breit, > 15 cm hoch, > 10 cm Flüssigkeitsniveau). Ein Klauenbad muss somit mindestens 250 Liter Flüssigkeit enthalten. Die Wannen sollten so lang sein, dass jeder Fuß mindestens zweimal eintaucht. Die damit erreichbare kurze Einwirkzeit des Klauenbades von etwa 30 Sekunden resultiert aber oft nicht in dem erwarteten Erfolg. In jedem Fall sollte eine Wanne mit Wasser vorgeschaltet sein, um die Klauen von grobem Schmutz zu befreien (Abmessungen s. o.). Eine längere Einwirkzeit kann durch Standbäder erreicht werden, in denen die Tiere für 30 bis 60 Minuten stehen bleiben. Dabei muss auf jeden Fall die orale Aufnahme der Flüssigkeit verhindert werden. Eine andere Methode, die Einwirkzeit zu verlängern, besteht darin, die Tiere im Fressgitter zu fixieren, die Unterfüße mit Wasser zu reinigen und danach Klauenpflegemittel per Sprühflasche aufzutragen. Diese Maßnahme beschränkt sich dann auf die Hintergliedmaßen. Schäumende Klauenpflegemittel (sog. Schaumteppiche), die mit einem Schaumgenerator ausgebracht werden, nutzen die Zeit im Vorwartehof und können auch noch während der Melkzeit einwirken. Das häufig praktizierte Abspritzen der Klauen im Melkstand sollte vermieden werden, da es hier zu einer Streuung von Keimen kommt. Klauenbad-Matten sind weniger empfehlenswert (zu kurz, zu geringe Eindringtiefe, zu geringe Einwirkzeit, kaum Reinigungsmöglichkeiten).

Eine regelmäßige Durchführung des Klauenbades ist sinnvoll und sollte sich nicht an der Anzahl lahmender Tiere im Bestand orientieren (Prophylaxe!). Eine wöchentliche Durchführung (2 bis 3 Melkzeiten) über mindestens ein halbes Jahr wird empfohlen.

Entgegen häufig beobachteter Praxis sollten Klauenbäder regelmäßig gewechselt werden. Die Frequenz hängt hauptsächlich von der Sauberkeit der Kühe und der Wannengröße ab. Die maximale Anzahl an Kühen ist deswegen variabel. Als Faustzahl kann man etwa annehmen, dass 50 bis 60 Kühe durch eine Badlösung gehen können. Bei nicht vorgeschalteter Reinigungswanne reduziert sich diese Zahl entsprechend.

Wichtig ist, dass alle Tiere durch das Klauenbad gehen. Ausweichmöglichkeiten sollten nicht vorhanden sein. Bei Färsen ist dies manchmal problematisch, da die Wannen im Laufstall aufgestellt werden müssen und die Tiere das Bad nicht freiwillig betreten. Kann man dabei nicht sicherstellen, dass die Tiere durch das Klauenbad gehen (z. B. durch geeignete seitliche Abtrennung des Klauenbades auf dem Weg zum Fressplatz), so sollte ein Standbad oder eine Gruppenbehandlung über Fixation im Fressgitter erfolgen.

Lösungen

Formalin (2–3%ig) besitzt hinsichtlich der Anforderung an Klauenbäder keine reinigende Komponente, sondern eine austrocknende und somit klauenhärtende Wirkung, die in gewissen Maß auch erwünscht ist. Außerdem weist Formalin eine gute keimabtötende Wirkung auf.

Bei zu häufiger Anwendung oder zu hohen Konzentrationen kann die Elastizität des Klauenhorns verloren gehen. Sprödes Klauenhorn neigt dazu, Mikrorisse zu bilden. Auch wenn diese mit bloßem Auge zunächst nicht erkennbar sind, können Keime und Schmutz besser eindringen und durch die mechanische Belastung eine Vergrößerung der Risse herbeigeführt werden. Bei der Verwendung muss auf die Stalltemperatur geachtet werden (Kältefehler bei < 10 °C). Bei niedrigen Temperaturen verbietet sich der Einsatz ohnehin, da dann mit so hohen Konzentrationen gearbeitet werden muss, dass mit schweren Hautschäden am Unterfuß zu rechnen ist. Mit zunehmender Verschmutzung wird die Lösung inaktiv (Eiweißfehler). Weiterhin kann die Anwendung bei melkstandnahem Gebrauch für das Betriebspersonal selbst zur Belastung werden (MAK-Werte). Eine orale Aufnahme durch die Tiere ist in jedem Fall zu vermeiden.

Kupfer- oder Zinksulfat-Lösungen (3–5%ig) haben keine reinigende Wirkung. Sie entfetten das Klauenhorn und führen damit zur Klauenhärtung mit den gleichen Nachteilen, die bereits für den Einsatz von Formalin beschrieben sind. Eine orale Aufnahme von Kupfersulfat durch die Tiere kann zu Schäden im Pansen führen (Abtötung der Pansenbakterien). Weiterhin ist die Entsorgung in die Gülle als sehr problematisch anzusehen (Überschreitung der Grenzwerte für Schwermetallbelastung bei Düngung). Kupfersulfat wirkt außerdem korrosiv.

Peressigsäure (1%ig) hat keine reinigende Wirkung. Die Lösung wirkt austrocknend, indem es Eiweißstrukturen im Horn zerstört. Weiterhin ist Peressigsäure keimabtötend. Die geringe Stabilität der Peressigsäure-Lösung erfordert einen häufigen Badwechsel.

Antibiotikahaltige Lösungen sind in Deutschland nicht möglich. Es gibt keinen Therapienotstand, da lokal oder systemisch anzuwendende Medikamente zur Verfügung stehen.

Industrielle Klauenbad-Lösungen sind sehr unterschiedlich zusammengesetzt und deswegen in ihrem Wirkprinzip auch sehr unterschiedlich. Grundsätzlich sind diese nur zur Prophylaxe einsetzbar. Kontrollierte Studien über den Erfolg verschiedener Mittel liegen kaum vor. In einigen Mitteln sind Tenside zur Lösung von Schmutz enthalten, die zumindest einen reinigenden und keimverdünnenden Effekt versprechen. In jüngster Zeit bieten einige Hersteller Produkte an, die sich für eine Sprühbehandlung am Tier eignen. Zuvor ist eine Reinigung der Unterfüße notwendig (z. B. Reinigung der im Fressgitter fixierten Tiere mit Wasserschlauch; nach Aufbringen der Lösung sind längere Einwirkzeiten durch Fixation der Tiere möglich). Andere nutzen die Melkzeit, um pflegende und reinigende Mittel anzuwenden (Verlängerung der Einwirkdauer durch Aufbringen von Reinigungsschaum im Wartebereich vor dem Melkstand).

■ Fütterung

Zentraler Punkt ist hier natürlich die Fütterung um den Abkalbezeitpunkt. Die Fütterung mit erhöhten Anteilen nicht strukturwirksamer Kohlenhydrate mit Einsetzen der Milchleistung führt oft zu azidotischen Bedingungen im Pansen mit nachteiligen Folgen für die Klauengesundheit. Ziel der Fütterung muss es sein, das Risiko einer Pansenübersäuerung zu minimieren. Im Zentrum der prophylaktischen Maßnahmen steht also eine wiederkäuergerechte Fütterung, die es ermöglicht, die Pansenschleimhaut sowie Pansenflora und -fauna an konzentratreiche Rationen zu gewöhnen. Der Gewöhnungsprozess ist erst drei bis vier Wochen nach der Abkalbung abgeschlossen (**Kap. 3.3.2**).

Kritisch zu bewerten sind hochtragende Färsen und trockenstehende Kühe, die auf der Weide gehalten und bei den Rationsberechnungen meistens nicht berücksichtigt werden. Im Hinblick auf die Fütterung widerspricht dies den Anforderungen an einen optimalen Laktationsstart. Sowohl im Frühjahr als auch im Sommer sind die Energiegehalte in Weidegras meist erheblich höher, als für Trockensteher erwünscht. In den letzten zwei Wochen vor der Kalbung erscheint der Energiegehalt zwar geeignet, allerdings werden nach der Kalbung oft gänzlich andere Futtermittel vorgelegt, so dass man eigentlich nicht von Vorbereitungsfütterung sprechen kann und azidotische Bedingungen im Pansen vorprogrammiert sind. Soweit möglich sollte in der Gruppe der Trockensteher bei energiereichem Weidegras eine Beifütterung von Heu oder energiearmen Grassilagen in guter Qualität über stabile Raufen angeboten werden, so dass zumindest annäherungsweise eine zu energiereiche Fütterung vermieden wird. Die Vorbereitungsfütterung sollte am Hof mit einer bedarfsgerechten Ration erfolgen. Ist dies in kleineren Betrieben nicht möglich, so kann man als Kompromiss die mit ausreichend Struktur versehene Ration der laktierenden Kühe in entsprechend geringer Menge beifüttern (**Kap. 3.3.2.2**).

Wird in Herden mit hohen Milchleistungen keine getrennte Vorbereitungsfütterung durchgeführt, sind Probleme mit der Klauengesundheit neben anderen peripartalen Erkrankungen zu erwarten. Gleiches gilt, wenn Tiere auf weit entfernten Weiden stehen und abrupt auf Stallfütterung mit völlig anderen Fütterungskomponenten umgestellt werden. In solchen Fällen wirkt sich auch noch eine Umstellung des Laufbodens von weich nach hart besonders negativ auf die Klauengesundheit aus.

■ Futterzusätze

Ergänzungsfuttermittel, die eine Verbesserung der Klauengesundheit herbeiführen sollen, sind stets mit Vorsicht zu betrachten. Durch alleinige Gabe bestimmter Zulagen, Klauenschäden zu vermeiden oder gar zu reparieren, bringt oft nicht den erwarteten Erfolg. Fraglich ist auch, ob der finanzielle Aufwand für eine vermeintliche Verbesserung gerechtfertigt ist oder ob nicht vordringlich andere Faktoren geändert werden müssen. Eine bedenkenlose Zufütterung kann sich in manchen Fällen sogar als nachteilig erweisen (z. B. schädliche Auswirkungen einer übermäßigen Selenversorgung).

Aufgrund der Zusammensetzung des Klauenhorns und den Veränderungen bei schlechter Hornqualität, sind die Möglichkeiten die Zusammensetzung des Horns und die Hornfestigkeit positiv zu beeinflussen, begrenzt. Hinsichtlich der Klauengesundheit werden zwei Gruppen an begründbaren Zulagen unterschieden:

1. **Indirekte Wirkung** auf die Klauengesundheit durch Prävention azidotischer Bedingungen im Pansen:
   Natrium-Bikarbonat besitzt eine puffernde Wirkung im Pansen (0,75–1 % der TS-Aufnahme; ca. 150–200 g). Die zeitliche Abstimmung auf die Verdauungsvorgänge beim Rind ist allerdings problematisch. Wird Natriumbikarbonat dem Kraftfutter beigemischt, so ist keine Wirkung zu erwarten, da die maximale pH-Wert-Absenkung erst zwei bis drei Stunden nach der Kraftfutteraufnahme erfolgt und das Bikarbonat bis dahin nicht mehr vorhanden sein wird. Bei kompletten Rationen (TMR), die sehr kraftfutterreich sind, ist dagegen eine gewisse Vorbeuge zu erwarten. Eine weitere Reduzierung des Rohfasergehaltes jenseits wiederkäuergerechter Fütterung ist durch Zusatz von Natrium-Bikarbonat allerdings nicht möglich.
2. **Direkte Wirkung** auf die Klauengesundheit durch Verbesserung der Beschaffenheit des Klauenhorns
   Kupfer kann bei Mangel zu Hornschäden führen. Eine Verbesserung der Klauengesundheit durch bedarfsübersteigende Zufütterung ist allerdings nicht zu erwarten. Die Empfehlungen sollen also bedarfsgerecht sein (10 mg Cu/kg Trockenmasse der Ration).
   Zink wird bezüglich der Hornbeschaffenheit die größte Bedeutung beigemessen, da bei einem Zinkmangel entsprechende Hornschäden zu erwarten sind. Eine Zinkergänzung kann offensichtlich zu einer Verbesserung der Hornqualität führen. Die Auswirkungen einer Zinkzufütterung sind durch experimentelle Studien noch nicht ausreichend untersucht. In Problembetrieben werden Empfehlungen bis zu 100 mg/kg Trockenmasse der Ration empfohlen.
   Biotin regt die Entwicklung der Keratin-bildenden Zellen an. Eine über den Bedarf hinaus reichende Zufütterung von Biotin führt zu einer verbesserten Hornqualität. Allerdings ist dieser Effekt erst bei dauerhafter Zufütterung zu erwarten und muss daher über mehrere Monate erfolgen (20 mg Biotin pro Tier und Tag).

3.6.5.2 Bestandstherapeutische Maßnahmen

Die wirtschaftlichen Verluste durch nicht oder zu spät behandelte Gliedmaßenerkrankungen werden in vielen Untersuchungen je nach Krankheitsfall zwischen 150 und 700 € angegeben. Häufig werden lahme Tiere erst dann behandelt, wenn die Lahmheit nicht mehr zu übersehen oder die Milchleistung und Körperkondition merklich zurückgegangen ist. Eine Sensibilisierung des Tierhalters im Hinblick auf frühzeitige und adäquate Behandlung ist deswegen in vielen Fällen notwendig. Ein kritischer Punkt ist häufig die fachliche Eignung der behandelnden Person. In einigen Fällen ist auch ein Wechsel des Klauenpflegers nicht zu umgehen.

Bei Lahmheitsbehandlungen durch den Landwirt sollte die Fachkenntnis durch entsprechend angebotene Kurse erworben bzw. erweitert werden.

Natürlich hängen die einzuleitenden Therapiemaßnahmen von den im jeweiligen Betrieb vorherrschenden Klauenerkrankungen ab und werden nach wie vor als Einzeltierbehandlungen durchgeführt. Nach Abschluss des Herdenmonitorings sollten mit dem Tierhalter die geeigneten Therapien durchgesprochen und geplant werden (Entlastungsmaßnahmen, funktionelle Klauenpflege, Operationen, keine Therapie). Allein eine regelmäßige fachgerechte funktionelle Klauenpflege kann bereits Erkrankungen in ihrem Schweregrad positiv beeinflussen (Rusterholz'sches Sohlengeschwür, Limax). Eine Herdenbehandlung im Sinne eines Klauenbades zur Bekämpfung von Klauenerkrankungen mit infektiöser Komponente (z. B. Dermatitis digitalis) ist durch Einschränkungen des Arzneimittelgesetzes auf Prophylaxemaßnahmen beschränkt.

Die Einhaltung des aufgestellten Maßnahmenkatalogs, der Therapieerfolg und die Prophylaxemaßnahmen sollten regelmäßig überprüft werden.

Beispiele aus der Praxis zum Thema Gliedmaßenerkrankungen finden sich in **Kap. 3.11**.

Literatur

Bergsten, C. (2004): Lameness and claw lesions as influenced by stall environment. In: Klauengesundheit. 1. Internationaler Trendreport. DLG (Hrsg.), Frankfurt/M., 111–117.

Bickert, W. G., O. M. Radostits (2001): Housing and environment for dairy cattle. In: O. M. Radostits (Ed.): Herd Health. Food Animal Production Medicine. 3rd Ed., W. B. Saunders Co., Philadelphia, p. 475–507.

Blowey, R. (1998): Klauenpflege bei Rindern, Ulmer Stuttgart

Cook, N. B. (2002): The influence of barn design on dairy cow hygiene, lameness and udder health. 35th Annual Convention Proceedings American Association of Bovine Practitioners, Madison Wisconsin, 97–103.

Dirksen, G. (2002): Krankheiten der Bewegungsorgane. In: G. Dirksen, H.D. Gründer, M. Stöber (Hrsg.): Innere Medizin und Chirurgie des Rindes. 4. Aufl., Paul Parey, Berlin, S. 753–1025.

Faye, B., Barnouin, J. (1985): Objectivation des la propreté des vaches laitières et des stabulations – l'indice de propreté. Bull. Techn. C R Z V Theix, INRA 59, 61–67.

Fiedler, A., Maierl, J., Nuss, K., (2004): Erkrankungen der Klauen und Zehen des Rindes. 1. Auf., Schattauer GmbH, Stuttgart

Greenough, P. R., A. D. Weaver (1997). Lameness in cattle. 3rd Ed. W.B. Saunders Co., Philadelphia

Kehler, W. (2000): Funktionelle Klauenpflege. Landwirtschaftskammer Hannover (Hrsg). 2. Aufl., ISBN 3-9806870-1-5

Kleen, J. L., Hooijer, G. A., Rehage, J., Noordhuizen J. P. T. M. (2003): Subacute Ruminal Acidosis (SARA): a Review. J. Vet. Med. A 50, 406–414.

Kofler, J. (2001): Beziehungen zwischen Fütterung und Gliedmaßenerkrankungen bei Rindern – Diagnostik, Therapie und Prophylaxe. In: 28. Viehwirtschaftliche Fachtagung, Bundesanstalt für alpenländische Landwirtschaft Gumpenstein, Irding 75–92.

Landmann, D., Eise, M., Fiedler, A., Feldmann, M., Feucker, W. (2004): PC-supported documentation of claw diseases as the basis for herd management. In: Proc. 13th International Symposium on Lameness in Ruminants, Maribor Slovenija, 99–100. ISBN 961-91247-0-7

Metzner, M. (2001): Update zur Dermatitis digitalis des Rindes. Grosstierpraxis 2 (6), 47–51.

Mülling, C., T. Voges (2004): Beziehungen zwischen Stallboden, Hornstruktur und Klauenfunktion. In: Klauengesundheit. 1. Internationaler Trendreport. DLG (Hrsg.), Frankfurt/M., 127–138.

Nordlund, K. V., Cook, N. B. (2003): A flowchart for evaluating dairy cow freestalls. Bovine Pract. 37, 89–96

Nordlund, K. V., Cook, N.B., Oetzel, G.R. (2004). Investigation strategies for laminitis problem herds. J. Dairy Sci. 87, E27-E35.

Nuss, K. (2002): Pododermatitis aseptica diffusa (Klauenrehe). Grosstierpraxis 1, 20–30.

Sprecher, D. J., Hostetler, D.E., Kaneene, J.B. (1997). A lameness scoring system that uses posture and gait to predict dairy cattle reproductive performance. Theriogenology 47, 1178–1187.

Toussaint Raven, E. (1998). Klauenpflege beim Rind, Landwirtschaftskammer Hannover und Universität Utrecht, Niederlande (Hrsg.)., ISBN 3-00-0032193

Von Borell, E., Hesse, D., Knierim, U., Sundrum, A., Waiblinger, S., VandenWeghe, S., Winckler, C. (2002). Bewertung praktikabler Kriterien zur Beurteilung der Tiergerechtheit von Haltungssystemen. Frankfurt/M, Rentenbank.

Vockey, F. J., C. L. Guard, H. N. Erb, D. M. Galton (2001): Effects of alley and stall surfaces on indices of claw and leg health in dairy cattle housed in a free stall-barn. J. Dairy Sci. 84, 2686–2699.

Tschanz, B. (1985): Kriterien für die Beurteilung von Haltungssystemen für landwirtschafliche Nutztiere aus ethologischer Sicht. Tierärztl. Umschau 40, 730–738.

3.7 Infektionskrankheiten, Parasitosen und andere Erkrankungen

A. de Kruif, M. Hoedemaker, M. Feldmann und R. Mansfeld

In diesem Kapitel werden schwerpunktmäßig die auf Betriebsniveau bedeutsamen Infektionskrankheiten, Parasitosen und andere Erkrankungen abgehandelt. Diese sind nach vier Symptomenkomplexen geordnet, wobei die Differenzialdiagnose besonders berücksichtigt wird. Bezüglich der seltener vorkommenden Krankheiten und für mehr in die Tiefe gehende Informationen wird auf die einschlägige Fachliteratur verwiesen.

3.7.1 Symptom „Durchfall" oder „zu viele Kühe haben dünnen Kot"

Das Symptom „Durchfall" oder „dünner Kot" wird durch eine Reihe infektiöser und nichtinfektiöser Ursachen hervorgerufen. Eine gute Anamnese ist eine unabdingbare Voraussetzung, um das Problem einzugrenzen und gezielt weitergehende Untersuchungen einzuleiten. Das Vorgehen beim bestandsweisen Auftreten von Durchfall wird weiter unten anhand eines Beispiels besprochen.

Aus der Anamnese ist oft schon eine (Wahrscheinlichkeits-)Diagnose zu stellen (**Tab. 3.64**). So ist die Diagnose einer gastrointestinalen Parasitose sehr wahrscheinlich, wenn aus der Anamnese folgende Informationen hervorgehen:

- die Diarrhö kommt mehr bei jüngeren als bei älteren Tieren vor
- das Problem tritt vornehmlich während der Weideperiode auf
- es liegt eine Überbelegung vor
- das Entwurmungsprogramm ist unzureichend

Aus der Anamnese ist auch schon oft erkennbar, ob die Erkrankung einen infektiösen Charakter hat oder nicht. Ist z. B. das Problem nach dem Zukauf neuer Tiere bei zahlreichen anderen Tieren des Bestands aufgetreten oder bei Tieren, die mit den Neuzugängen in Kontakt gestanden haben, während in der Betriebsführung nichts verändert wurde, dann ist eine infektiöse Ursache wahrscheinlich.

Bei der Einordnung des Symptoms „Diarrhö" ist eine Beurteilung der momentanen Ration sehr wichtig, da die Kotkonsistenz stark von der Rationszusammenstellung beeinflusst wird.

Frischgrasfütterung verursacht eher eine dünnere Kotkonsistenz als Rationen, die viel Maissilage enthalten. Auch die Fütterung großer Kraftfuttermengen kann eine dünne Kotkonsistenz hervorrufen.

Ein Beispiel über die Diagnosestellung in einem Betrieb, in dem Durchfall aufgetreten war, ist in **Kap. 3.11** aufgeführt.

Im folgenden werden differenzialdiagnostisch bedeutsame Erkrankungen bezüglich des Symptoms „Diarrhö" dargestellt. Hierzu gehören:

Tab. 3.64 Anamnestische Erhebungen bei Diarrhö.

Konsistenz und Farbe des Kots, Beimengungen	z. B. bei Kälbern mit einer *E. coli.*-Infektion ohne Beimengungen, bei einer Infektion mit *Salmonella typhimurium* blutig und mit Blutstippchen
Zeitpunkt	z. B. Winterdiarrhö: plötzliches explosives Auftreten eines profusen dunklen Durchfalls; Rinder mit Paratuberkulose: zuerst Milchleistungsdepression und Abmagerung, erst später Diarrhö
Betroffene Tiergruppen	z. B. BVD-Infektion: Tiere meist nicht älter als 2 Jahre, bei Infektion mit *Mycobacterium avium* subsp. *paratuberculosis* klinische Symptome in der Regel zwischen dem 2. und 8. Lebensjahr
Jahreszeit	z. B. Winterdiarrhö in der Regel während der Stallperiode, Ostertagiose-/Trichostrongylose in der Regel im Sommer, BVD keine Saisongebundenheit
Beteiligung anderer Organssysteme	z. B. BHV-1-Infektion, Bösartiges Katarrhalfieber (BKF), *E. coli*-Mastitis, Leukose
Futteraufnahme und Leistung	z. B. eine BVD-Infektion bei nicht immuntoleranten Tieren in einem Lebensalter von 6 Monaten bis zu 3 Jahren verläuft oft wenig dramatisch, bei BKF sind die Tiere ernsthaft krank und anorektisch mit dramatischem Leistungsrückgang

- Verdauungsstörungen
- Paratuberkulose
- Salmonellose
- Winterdiarrhö
- BVD/MD
- Kokzidiose (bei erwachsenen Rindern eine sehr große Ausnahme)
- Endoparasitosen
- Intoxikationen

Bei allen Erkrankungen ist die Aufnahme einer gründlichen Anamnese und die Durchführung einer gründlichen klinischen Untersuchung, eventuell komplementiert durch Laboruntersuchungen von überragender Bedeutung, um eine korrekte Diagnose stellen zu können.

3.7.1.1 Verdauungsstörungen

■ Indigestionen

Als Indigestionen werden Verdauungsstörungen bezeichnet, die auf einer Erkrankung der Vormägen beruhen. Man unterscheidet **primäre Indigestionen** (Haube und Pansen idiopathisch erkrankt, z. B. bei einer traumatischen Retikulitis, funktionellen Vormagenstenose, Fermentationsstörungen) und **sekundäre Indigestionen** (Haube und Pansen symptomatisch in Mitleidenschaft gezogen, z. B. nach Rückfluss von Labmageninhalt in den Pansen, bei hochgradig gestörtem Allgemeinbefinden mit sistierender oder herabgesetzter Futteraufnahme). Indigestionen können mit oder ohne Tympanie (mit dorsaler Gasblase oder als schaumige Gärung) einhergehen. Fütterungsfehler sind eine häufige Ursache von Indigestionen, wobei sich die Pansenflora aufgrund der Störung der Fermentation verändert oder (teilweise) zugrunde geht.

Die Diagnose beruht auf einer gründlichen Anamnese (Ration und Fütterungstechnik) und auf einer klinischen Untersuchung. Hierbei sind folgende Punkte besonders zu berücksichtigen:

- Allgemeinbefinden (Fieber, Fresslust, Kot, Muskelschwäche)
- Vormagenuntersuchung (Pansenfüllung, Pansenkontraktionen, Schmerzproben)
- Labmagenuntersuchung (Dislocatio, Torsio)
- rektale Untersuchung (Pansenfüllung; Kotbeschaffenheit)

Eventuell kann eine Untersuchung der Pansenflüssigkeit vorgenommen werden, welche insbesondere bei chronischen Beschwerden gute Zusatzinformationen bringen kann. Im Folgenden wird auf die **Fermentationsstörungen** näher eingegangen.

Pansenazidose

Hierbei handelt es sich um eine Pansenfermentationsstörung mit übermäßiger Säureproduktion oder einem Mangel an Puffersubstanzen (Speichel), wodurch der pH-Wert im Pansen auf etwa 5,5 oder sogar darunter absinkt. Eine Pansenazidose ist die Folge eines schnellen Abbaus von Kohlenhydraten, wobei das Ausmaß dieses Abbaus den Grad der Azidose bestimmt. Es treten vermehrt flüchtige Fettsäuren auf. Bei sehr schnellem Abbau und dadurch stark absinkendem pH-Wert tritt sogar Milchsäurebildung auf. Das Verhältnis zwischen Raufutter und Kraftfutter in der Ration ist von großer Bedeutung für den Ablauf der Fermentationsprozesse.

In Abhängigkeit vom Grad der pH-Wert-Senkung unterscheidet man die Pansenazidose 1., 2. und 3. Grades.

Die **Pansenazidose 1. Grades** ist durch einen Abfall des Milchfettgehalts gekennzeichnet. Fallen in den Milchkontrolldaten mehr als 5% der Tiere mit einem niedrigen Milchfettgehalt (< 3%) auf, so ist der Verdacht auf azidotische Zustände gegeben, und es sollten eine Kontrolle und Korrektur der Fütterung erfolgen.

Bei der **Pansenazidose 2. Grades** liegt der pH-Wert des Panseninhalts dauerhaft zwischen 5,4 und 5,8. Die Ursache hierfür ist meistens die Verfütterung einer kraftfutterreichen Ration. Die Bildung von Acetessigsäure ist erniedrigt und die von Propionsäure deutlich erhöht. Auch finden sich mäßig erhöhte Konzentrationen von Buttersäure. Tiere mit einer Pansenazidose 2. Grades fallen durch eine wechselnde Fresslust und Diarrhö auf. Die Behandlung besteht aus diätetischen Maßnahmen mit strukturreichem Raufutter (Heu), wobei das Verhältnis von Raufutter- zu Kraftfuttertrockensubstanz nicht weiter als 1:2 sein sollte. Kann eine Ration nicht verändert werden, sollte dem Kraftfutter 3% $NaHCO_3$ oder 3% Na-Acetat beigemischt werden.

Auch bei dem akut auftretenden **„Off-feed"-Syndrom** handelt es sich um eine Pansenazidose 2. Grades. Das „Off-feed"-Syndrom kommt bei Kühen vor, denen hohe Kraftfuttermengen verfüttert werden und bei denen die Aufnahme von Raufutter abnimmt. Es entsteht auch oft bei einem zu schnellen Anfüttern des Kraftfutters nach der Abkalbung.

Die Erscheinungen sind Anorexie (besonders Verweigerung des Kraftfutters) und leichtes Fieber. Wenn das akute Stadium überstanden ist, normalisiert sich die Kraftfutteraufnahme meist wieder, aber es treten auch manchmal Rezidive auf. Als Folge dessen können eine Abnahme des Milchfettgehalts, Klauenerkrankungen und Leberabszesse vorkommen. Die Vorbeuge besteht in einer ausbalancierten Ration und einem nicht zu schnellen Anfüttern des Kraftfutters nach der Abkalbung (Steigerung der Kraftfuttermengen um 0,3–0,5 kg pro Tag bis zum Erreichen der maximalen Kraftfuttermengen, 3 Wochen post partum).

Bei der **Pansenazidose 3. Grades** sinkt der pH-Wert im Pansen unter 5,4 ab. Als Ursache kommt häufig die Aufnahme von großen Mengen leichtverdaulicher Kohlenhydrate in Betracht, an die die Tiere nicht gewöhnt sind (Brot, Äpfel, Birnen, Kartoffeln, Kartoffelabfälle, Zuckerrüben, Maiskolben, Zichorie etc.). Die Symptome sind stark herabgesetzte Fresslust, Apathie, Muskeltremor, milchfieberähnliches Festliegen, geringe Tympanie mit flüssigem Panseninhalt und herabgesetzter oder fehlender Pansenmotilität. Der Panseninhalt ist wässrig und gelblich, die Protozoen sind tot, und es kommen viele grampositive Bakterien vor. Die Behandlung besteht aus einer raschen Korrektur des Säure-Basen-Verhältnisses im Tier, Korrektur des Pansen-pH-Wertes (250 g $NaHCO_3$), Abtöten der Pansenflora mit Antibiotika und ggf. Rumenotomie mit Entfernung des Panseninhalts, Spülung und entsprechendem Ersatz. Wenn das Tier überlebt, sollten noch mehrere Tage Pansensaftübertragungen durchgeführt werden, begleitet von diätetischen Maßnahmen (Heufütterung).

Pansenalkalose

Hierbei handelt es sich um eine Pansenfermentationsstörung mit einer pH-Wert-Erhöhung des Panseninhalts oberhalb von 7,2 als Folge einer Überproduktion von Ammoniak. Ammoniak ist ein Endprodukt der Eiweißverdauung, und bei einer Überversorgung mit Rohprotein oder Nicht-Protein-Stickstoff (NPN) entsteht eine Pansenalkalose. Erstere tritt bei zu hohen Gaben von Soja- oder Knochenmehl auf oder bei der reichlichen Aufnahme von jungem, eiweißreichen Gras. Bei relativ zu wenig leichtverdaulichen Kohlenhydraten kommt es zu einer unvollständigen NH_3-Bindung über die mikrobielle Eiweißsynthese. Bei einer Überversorgung mit NPN, z. B. Harnstoff, steigt die Produktion von NH_3, der leicht durch die Pansenwand diffundieren kann, an. Wenn die Leber das NH_3-Angebot nicht mehr vollständig verwerten kann, besteht die Gefahr einer NH_3-Intoxikation.

Die klinischen Erscheinungen bei einer Pansenalkalose sind verminderte Fresslust und Milchleistung, Pansenatonie, Tympanie und dünner Kot. Die Pansenflüssigkeit ist wässrig und dunkelbraun. Die Protozoen sind abgestorben, und die gramnegativen Bakterien herrschen vor. Bei einer NH_3-Intoxikation treten folgende Symptome auf: Kolik, Zähneknirschen, Muskeltremor, Parese, schnelle Atmung, Straucheln, Exzitation, Krämpfe und schließlich Koma.

Die Behandlung besteht aus einer Ration mit gutem Raufutter. Nach zwei Tagen kann das Tier wieder mit Kraftfutter angefüttert werden. In ernsten Fällen ist eine Korrektur des pH-Wertes des Panseninhalts nötig, z. B. durch Verabreichung von 10 l Küchenessig oder 500 ml 80%iger Essigsäure in 10 l Wasser. Bei einer NH_3-Intoxikation kommt die Therapie meist zu spät. Ein Behandlungsversuch besteht in der oralen Verabreichung von 0,5–1 l 80%iger Essigsäure in 10–20 l Wasser.

Zu wenig Futter im Pansen

Wenn durch Fasten oder aus anderen Gründen eine herabgesetzte Futteraufnahme besteht, sterben die Mikroben innerhalb weniger Tage ab. Auch lange Transporte oder Geburtsstörungen können dies verursachen. Als Erscheinungen treten eine herabgesetzte Milchleistung und Pansenaktivität sowie Abmagerung auf. Die Behandlung besteht aus einer Pansensaftübertragung von 3–6 l Pansensaft über 1–2 Tage, gefolgt von einer Gabe guten Raufutters.

Zu wenig strukturiertes Futter

Wenn das Futter nur ungenügend strukturiertes Material enthält, kann im Pansen keine Strukturschicht gebildet werden. Außerdem ist die Speichelproduktion aufgrund der mangelnden Struktur unvollständig, und die puffernde Wirkung des Speichels fällt weg. Es kann eine **schaumige Gärung** im Pansen entstehen, die manchmal zu einer akuten Pansentympanie führt. Die Pathogenese einer schaumigen Gärung ist allerdings noch nicht vollständig geklärt. Symptome sind leichte Kolik, Zunahme des Bauchumfangs, erhöhte Pansenaktivität, später Dyspnoe und Kollaps. Zur Behandlung werden Antischaumsubstanzen eingesetzt (Silibon®). In lebensbedrohlichen Situationen ist eine Rumenotomie angezeigt.

Der schaumigen Gärung kann durch die Vermeidung einer zu starken Düngung der Vorjahresweide und durch Zufütterung von gröberem Raufutter (Heu, Stroh) oder Maissilage vorgebeugt werden. Auch durch die Verfütterung von in einem regenreichen Herbst schnell nachgewachsenem Gras kann vermutlich als Folge der Nachwirkung einer durchgeführten Herbstdüngung eine schaumige Gärung provoziert werden.

Futter von schlechter Qualität

Eine **Pansenfäulnis** entsteht durch die Aufnahme von verdorbenen, gefrorenen oder verunreinigten Futtermitteln. Auch durch die Aufnahme von verunreinigtem Trinkwasser kann eine Pansenfäulnis verursacht werden. Schmutzkeime wie *E. coli* und *Proteus* können die Fermentation dann negativ beeinflussen.

Die Erscheinungen sind verminderte Fresslust und Milchleistung, herabgesetzte Pansenmotilität, Tympanie und Fäzes mit einem fauligen Geruch. Die Pansenflüssigkeit ist wässrig, dunkelbraun und riecht nach Kot. In schweren Fällen treten Depression, Parese und evtl. Tod des Tieres auf.

Die Behandlung besteht in der Gabe von gutem Raufutter. Bei schwerkranken Tieren ist die Gabe von Antibiotika per os oder von 50–100 ml Milchsäure in 10 l Wasser angebracht. Diesen Maßnahmen sollten eine Pansensaftübertragung und die Gabe von gutem Raufutter folgen.

■ Labmagenverlagerung

Die Verlagerung des Labmagens stellt eine oft vorkommende Gesundheitsstörung bei Milchkühen dar. Dies hat insbesondere mit der verstärkten Einkreuzung von Kühen der Rasse „Holstein Friesian“ (HF) und mit einer starken Intensivierung der Betriebe zu tun. Manchmal, wenn innerhalb einer kurzen Zeit mehrere Tiere erkranken, kann sich die Labmagenverlagerung zu einem Bestandsproblem ausweiten.

Bezüglich der **Ursachen** sind die folgenden prädisponierenden Faktoren von Bedeutung:

Rassedisposition

Labmagenverlagerungen treten vermehrt bei HF-Kühen auf. Die Tiere dieser Rasse wurden auf Milchleistung hin selektiert. Damit genügend Energie zur Milchproduktion zur Verfügung steht, müssen die Kühe in der Lage sein, große Mengen an Futter aufzunehmen und zu verdauen. So entstanden im Laufe der Jahre großrahmige Kühe mit einem großen Pansenvolumen. Möglicherweise ist die Selektion auf Milchleistung positiv mit dem Risiko einer Labmagenverlagerung korreliert, so dass sich letztendlich die Entstehung einer Labmagenverlagerung nicht vollständig vermeiden lassen wird.

Abkalbung

Es wird vermutet, dass nach der Abkalbung wegen der Verkleinerung des Uteruslumens mehr Platz in der Bauchhöhle ist, so dass sich der Labmagen leichter verlagern kann. Ob dies tatsächlich so ist, ist nicht genau geklärt. Um die Abkalbung herum ist die Futteraufnahme unregelmäßig. Außerdem wird in vielen Betrieben kurz nach der Abkalbung die Ration verändert. Hierdurch kann es zu Verdauungsstörungen mit dem erhöhten Risiko einer Labmagenverlagerung kommen.

Ration

Bei kraftfutterreichen Rationen oder plötzlichen Rationsumstellungen steigt das Risiko einer Labmagenverlagerung.

Erkrankungen in der postpartalen Periode

Nachgeburtsverhaltung, Metritis und Lahmheiten geben Anlass zu einer verminderten Futteraufnahme. Die betroffenen Kühe fressen unregelmäßig, nehmen weniger Grundfutter, aber relativ mehr Kraftfutter auf. Dies erhöht dann wiederum das Risiko einer Labmagenverlagerung.

Prophylaxe

Bei der Durchführung präventiver Maßnahmen sollten die Rassedisposition und die Fütterung berücksichtigt werden. Wenn ein hoher HF-Anteil in der Herde wegen der erwarteten hohen Milchleistung erwünscht ist, lässt sich an dem Faktor „Rasse“ wenig ändern. Man muss dann allerdings auch akzeptieren, dass sich der Anteil an Labmagenverlagerungen nicht ganz vermeiden lassen wird. Auch der Einfluss auf den möglichen Risikofaktor „Abkalbung“ dürfte nur gering sein.

In einem Hochleistungsbetrieb muss man also damit leben, dass jedes Jahr einige Kühe an einer Labmagenverlagerung erkranken. Erhöht sich allerdings die Zahl der Fälle in einem Betrieb mit z. B. 100 Tieren auf mehr als 6, dann muss nach zusätzlichen Ursachen gesucht werden, wobei die Ration zusammen mit den Problemen in der postpartalen Phase im Mittelpunkt steht. Der Betreuungstierarzt sollte in solchen Fällen eine genaue Überprüfung der Ration und der Fütterungstechnik vornehmen und eruieren, ob vermehrt Erkrankungen in der postpartalen Phase vorkommen (z. B. Hypokalzämie, Ketose, Nachgeburtsverhaltung, Metritis, Mastitis, Fermentationsstörungen, Lahmheiten). Wenn es gelingt, Ursachen zu finden, muss eingegriffen werden. Die Erfahrung lehrt aber, dass selbst mit einer gründlichen Untersuchung der oben genannten Punkte bisweilen keine Ursachen gefunden werden können.

Gegen die Labmagenverlagerung richten sich folgende Maßnahmen:

- Vermeidung von übermäßigem Fettansatz am Laktationsende und während der Trockenstehzeit
- Adaptation der Vormagenflora an die postpartale Ration durch das Anbieten von schmackhaftem Strukturfutter 10–14 Tage ante partum bis 3 Wochen nach der Kalbung
- Vermeiden von Stresszuständen, Hypokalzämie und anderen Krankheiten

3.7.1.2 Paratuberkulose

Die durch *Mycobacterium avium* subsp. *paratuberculosis* hervorgerufene **meldepflichtige** Erkrankung ist durch wechselnden, im späteren Erkrankungsstadium unstillbaren Durchfall sowie hochgradige Abmagerung gekennzeichnet. Die Krankheit endet in der Regel tödlich. Die Erreger werden vornehmlich über den Kot, aber auch über die Milch (inklusive der Kolostralmilch) ausgeschieden; die Infektion erfolgt meist oral. Etwa die Hälfte der Kälber von klinisch erkrankten Kühen ist infiziert. Bei Kälbern von Kühen ohne klinische Erscheinungen liegt der Prozentsatz bei 17%. Bei 7% der subklinisch erkrankten Tiere wird der Erreger aus dem Euter isoliert, während dies bei Tieren mit klinischen Erscheinungen etwa bei 18% der Tiere der Fall ist.

Epidemiologie.

In einem verseuchten Betrieb wird man viele infizierte Kälber antreffen. Einige davon genesen spontan, andere wiederum werden zu Trägertieren, wobei sich die Bakterien in der Schleimhaut des Darmes befinden. Kommt es zu einer Schwächung der Resistenz oder Reinfektion, vermehren sich die Erreger und werden über den Kot verbreitet, d. h. die Tiere werden zu Ausscheidern. Außerdem können Bakterien hämatogen in den Körper gelangen und auch die Gebärmutter, die Frucht und das Euter infizieren. Etwa 0,5–2,5 Jahre vor dem Eintritt des klinischen Stadiums (d. h. also ab einem Lebensalter von 6 Monaten) kann (intermittierend in Abhängigkeit von der Resistenz) eine Erregerausscheidung stattfinden. Oft findet man in einem verseuchten Betrieb 3–4 × so viele Ausscheider wie klinisch erkrankte Tiere.

Diagnose

Bei nicht klinisch kranken Tieren ist eine sichere Aussage über den Infektionsstatus nicht möglich. Insgesamt gibt es noch keine Methode, die für alle Stadien der Erkrankung ein zuverlässiges Ergebnis bietet.

Johnin-Reaktion

Diese Methode beruht auf der Entstehung einer allergischen Reaktion nach Verabreichung von Paratuberkulin. Mit dem intradermalen Test können 70% der klinisch verdächtigen Tiere, aber nur 34% der latent infizierten Tiere erfasst werden, d. h., diese Reaktion gibt nur eine grobe Information über den Infektionsgrad in einer Herde. Weiterhin lässt eine positive Reaktion nur wenig Schlüsse über den weiteren Verlauf der Infektion zu. Bei einer natürlichen Infektion oder bei einem jungen Tier ist die Johnin-Reaktion selten positiv. In einem fortgeschrittenen klinischen Stadium der Erkrankung ist die Reaktion meistens negativ (Anergie). Wiederholt durchgeführte Tests bei einem Tier sind aufschlussreicher als ein einmaliger Test. Ist z. B. eine Reaktion nach ein oder mehreren negativen Tests positiv, steigt die Chance, die Krankheit über eine Sektion zu bestätigen. Gesunde Tiere mit einer positiven Reaktion sind aber nur in 25% der Fälle bei der Sektion positiv.

Eine intravenöse Injektion von 1,6 oder 3,2 ml Johnin verursacht bei klinisch verdächtigen Tieren etwa 6 Stunden (4–10 Stunden) später eine Erhöhung der Körpertemperatur um 0,9 °C oder mehr.

Antikörpernachweis

Ein älteres Verfahren ist die **Komplementbindungsreaktion** (KBR). Allerdings entstehen komplementbindende Antikörper erst spät im Krankheitsprozess. Im klinischen Stadium ist die KBR aber eine relativ zuverlässige Methode, wobei im Endstadium der Erkrankung der Test auch wieder negativ ausfallen kann. Kreuzreaktionen mit anderen Antigendeterminanten sind möglich, wodurch falsch-positive Ergebnisse auftreten können. Die in den letzten Jahren entwickelten ELISA zum Nachweis von Antikörpern in Milch oder Blut sollen bezüglich ihrer Spezifität genauer und falsch positive Ergebnisse nahezu ausgeschlossen sein. Probleme in der Diagnostik bereiten insbesondere Tiere mit niedrigen Titern. In Verlaufsuntersuchungen können diese Tiere mal schwach positiv, mal negativ reagieren. Klinisch gesunde Tiere mit positiven Antikörpertitern sollten als latent infiziert angesehen werden. Mit einer einmaligen serologischen Untersuchung werden nur etwa 50% der tatsächlich infizierten Tiere erfasst. Auch Tankmilchserologie ist möglich.

Erregernachweis

Durch eine mikroskopische Untersuchung eines Darm- oder Kotausstrichs oder eines Ausstrichs der mesenterialen Lymphknoten oder eines Leberbioptats können mittels **Ziehl-Neelsen-Färbung** die typischen säurefesten Stäbchen nachgewiesen werden. Bei Tieren in einem klinisch verdächtigen Stadium wird aber nur bei einer von drei Kühen ein positiver Ausstrich gefunden. Eine Kotuntersuchung augenscheinlich klinisch gesunder Tiere hat keinen Zweck.

Meistens wird eine Kultur vom Kot oder von einem Lymphknoten angelegt. Die Kultur bei klinisch verdächtigen Tieren oder Ausscheidern ist eine zuverlässige, aber zeitaufwändige Methode (2–6 Monate). Ein Nachweis von Erregerantigen mittels PCR ist möglich, aber noch nicht weit verbreitet.

Bekämpfung

Eine nur auf einer Johnin-Reaktion und KBR beruhende Paratuberkulosebekämpfung hat bisher noch keinen zufriedenstellenden Erfolg gezeigt, da eine frühzeitige Erkennung von Paratuberkulose-Trägern und -Ausscheidern nicht möglich war. Eine größere Hoffnung zur frühzeitigen Erkennung dieser Tiere wird auf die neueren Nachweismethoden gesetzt. Neben der Erfassung von (potentiellen) Ausscheidertieren sind **hygienische Maßnahmen** von sehr großer Bedeutung, die aber leider meistens nur unvollständig durchgeführt werden. Diese sind wichtig zur Verhinderung einer Infektion des Jungviehs. Folgende Maßnahmen müssen beachtet werden:

- extrem gute Hygiene beim Kalben einhalten
- neugeborene Kälber nicht bei der Mutter lassen
- dem Kalb sauber gewonnenes Kolostrum geben; dazu muss das Euter zuerst gründlich gereinigt werden
- Kot nicht über Stiefel oder Gerätschaften etc. von älteren auf jngere Tiere übertragen
- Trennung von Jungvieh und erwachsenen Rindern bis zu einem Alter von zwei Jahren
- Jungvieh nicht mit älteren Tieren z. B. in einem Krankenstall zusammenbringen, und trockenstehende Kühe nicht mit Kälbern oder Jungvieh zusammen auf der Weide halten
- Jungvieh nicht auf Weiden bringen, auf denen innerhalb von einem oder besser zwei Jahren Mist von älteren Kühen ausgefahren wurde
- Jungtieren Leitungswasser und kein verschmutztes Traufenwasser geben
- den Ankauf von Tieren vermeiden oder auf ein Mindestmaß beschränken
- Entfernen von Tieren mit klinischer Paratuberkulose zusammen mit deren Nachzucht vom Betrieb
- serologisch positive Tiere sollten den Bestand verlassen. Falls eine sofortige Verwertung aus wirtschaftlichen Gründen nicht möglich ist (z. B. bei einer großen Anzahl positiver Tiere), sollten die betroffenen Tiere getrennt gehalten werden. Die Gülle dieser Tiere darf nicht auf Weiden ausgefahren werden. Außerdem sollten die Tiere nicht wieder zur Besamung zugelassen und zu einem ökonomisch vertretbaren Zeitpunkt gemerzt werden. Bei tragenden Kühen müssen besondere hygienische Maßregeln bei der Abkalbung beachtet werden, um einen Kontakt des Neugeborenen mit Kot des Muttertiers zu vermeiden. Außerdem sollte dem Kalb Kolostralmilch aus einem Kolostrumpool negativer Kühe, aber nicht das Kolostrum des Muttertiers verabreicht werden.

Zusätzlich zu den hygienischen Maßnahmen kann eine **Impfung** gegen Paratuberkulose durchgeführt werden. Geimpft werden Kälber bis zu einem Alter von 30 Tagen. Der Vorteil der Impfung liegt in einer starken Reduzierung der Anzahl von Ausscheidertieren sowie der klinischen Fälle. Als Nachteile sind die lokalen Impfreaktionen (große „Impfbeule") und eine aufgrund von Kreuzreaktionen entstehende positive Tuberkulinreaktion zu nennen. Beim Verkauf eines Impftiers in einen anderen Bestand muss deswegen vorab eine Tuberkuloseuntersuchung durchgeführt werden. Die Impfung muss mit größter Sorgfalt erfolgen, da durch die Vakzine beim Menschen gefährliche Granulome mit Metastasierung entstehen können.

Milcherzeugerbetriebe sollten eine Sanierung anstreben. Die Tilgung der Paratuberkulose ist jedoch ein mühsames Geschehen, welches viel Ausdauer und Disziplin erfordert. Sie stützt sich auf regelmäßige Bestandsuntersuchungen mit anschließender Tilgung der Reagenten. Neueinschleppung soll verhindert werden.

3.7.1.3 Salmonellose

Die Rindersalmonellose gehört in Deutschland zu den **anzeigepflichtigen Tierseuchen**. Die wichtigsten *Salmonella*-Serotypen, die auf dem Rindersektor eine Rolle spielen, sind *Salmonella (S.) typhimurium* und *S. dublin*. Während *S. dublin* der typische Erreger der Salmonellose der erwachsenden Rinder ist, kommt *S. typhimurium* vermehrt bei den Jungtieren vor. Im Gegensatz zu *S. dublin* ist bei *S. typhimurium* die Trägerzeit kürzer (10 Wochen).

Infektionen mit Salmonellen finden im allgemeinen oral-alimentär statt. Nach der Aufnahme siedeln sich die Salmonellen im Darmtrakt an. Mindestens drei Toxingruppen können durch die Salmonellen gebildet werden: Enterotoxine, Zytotoxine und Endotoxine. Die Enterotoxine sind eng mit dem Choleratoxin verwandt und verursachen profusen Durchfall.

Die Bakterien können sich unter anderem in die mesenterialen Lymphknoten und Gallengänge zurückziehen. Auf diese Weise entstehen Trägertiere. Intrazellulär vermehren sich die Salmonellen mit einer Generationszeit von 50 Minuten. Ältere Kühe, die eine Infektion durchgemacht haben, können die Erreger jahrelang bis lebenslang mit dem Kot ausscheiden. Diese Tiere werden persistente Ausscheider oder aktive Träger genannt. Salmonellen können auch von älteren Tieren aufgenommen werden und dann passiv ohne Invasion der Darmepithelien oder Lymphknoten im Magen-Darm-Kanal verstreut werden. Diese Tiere werden als **passive Ausscheider** bezeichnet. Latente Träger, bei denen sich die Erreger in den mesenterialen Lymphknoten oder der Gallenblase befinden, können unter Einfluss von Stress, wie z. B. Transport oder hormonale Veränderungen zum Zeitpunkt der Abkalbung, zu Ausscheidern werden. Es gibt Betriebe, in denen weniger als 5% der Tiere infiziert sind. Auf anderen Betrieben sind bis zu 40% der Tiere mit Salmonellen infiziert.

■ Epidemiologie

Die Salmonellose kann in einen Betrieb durch Ankauf infizierter Kälber oder Trägertiere, über das Wasser, Futter oder auch durch den Menschen eingeschleppt werden. Darüber hinaus gelten wilde Nagetiere oder andere Haustiere als Verbreiter oder Erregerreservoir. Über eine primäre Infektion oder Schmutzkontamination kann rohe Milch auch eine Infektionsquelle sein. In Milch, die bei 4 °C aufbewahrt wird, überlebt der Erreger 16–32 Tage, bei höheren Temperaturen noch länger.

Zwischen einem hohen Grundwasserpegel und Salmonellenausbrüchen beim Rindvieh wurde eine Beziehung konstatiert. Die Überlebenszeit von *S. dublin* auf der Weide wird unterschiedlich angegeben: 6–11 Monate; im trockenen Kot 2,5 Jahre, auf trockenem Grund 1,5 Jahre, auf feuchtem Grund 1 Jahr und im Wasser 3 Wochen. Auch die Temperatur und der pH-Wert des Mistes auf dem Misthaufen sind wichtig für das Überleben der Salmonellen.

Es sollte auch erwähnt werden, dass ein Befall mit *Fasciola hepatica* die Entstehung von Trägertieren mit *S. dublin* begünstigt.

■ Symptome

Beim ausgewachsenen Rind tritt die Erkrankung plötzlich mit klinischen Erscheinungen wie hohem Fieber, Lustlosigkeit und verminderter Fresslust auf. Zugleich können eine Abnahme der Milchleistung und hochgradige Diarrhö vorkommen. Die Fäzes sind oft mit Schleim, Blut und/oder Pseudomembranen vermengt. Bei solchen Tieren nimmt die Erkrankung schnell einen tödlichen Verlauf. Als Folge einer Salmonelleninfektion kann es zu einem Abort kommen. Dieser tritt manchmal bei der enteralen Form auf, meistens werden aber bei dem Muttertier keine dem Abort vorausgehenden Erscheinungen festgestellt. Nach einer Salmonelleninfektion bei tragenden Tieren werden vermehrt schwache oder tote Kälber geboren. Außerdem kann bei Kühen eine akute oder chronische Mastitis auftreten.

Diagnose

- **Sektion**
- **Bakteriologische Untersuchung von Fäzes und Sektionsmaterial:** Die bakteriologische Kotuntersuchung kann durchgeführt werden, um bei Tieren mit Diarrhö Salmonellen zu isolieren oder um aktive Träger aufzuspüren. Bei einem latenten Träger ist der Nachweis der Salmonellen aufgrund der intermittierenden Ausscheidung der Salmonellen mit den Fäzes nicht immer möglich. Bei Tieren mit einer Sepsis sind die Erreger im Kot meistens nicht feststellbar. Die bakteriologische Untersuchung von Blut während einer Salmonellen-Septikämie ist selten positiv.
- **Serologische Untersuchung:** Zum Nachweis von Antikörpern im Serum von Tieren sind im Laufe der Jahre viele Tests entwickelt worden: der Serumagglutinationstest (SAT), die Komplementbindungsreaktion (KBR), der Antiglobulintest (Coombs-Test), der indirekte Hämagglutinationstest, der Molkeagglutinationstest, der Ringtest in der Milch, der intradermale Test für eine verzögerte Überempfindlichkeitsreaktion und der ELISA. Serologisch kann kein Unterschied zwischen Tieren, die die Krankheit überstanden haben, nicht mehr infizierten Tieren und Trägertieren gemacht werden. Zur Routineuntersuchung in der Praxis wird meist der SAT angewandt.

Therapie

Die Behandlung einer Salmonellose wird wegen der Gefahr der Induktion von Trägertieren kontrovers diskutiert. Im Allgemeinen wird empfohlen, Trimethoprim/Sulfonamid-Kombinationen als Therapeutikum einzusetzen. Eventuell kann ein Antibiogramm angefertigt werden. Bei einem akuten Ausbruch sind die Maßnahmen ausgerichtet auf das Einschränken der Infektion: äußerste Hygiene, keine Tiere umstellen oder Kot verbringen.

Prophylaxe

Die Vorbeuge von Salmonelleninfektionen ist schwierig. Die Erreger können lange in der Umgebung überleben. In den modernen Ställen sind die Isolation von infizierten Tieren und die Durchführung hygienischer Maßnahmen oft ein nicht lösbares Problem. Träger können die Infektion in einem Betrieb endemisch halten. Über Untersuchungen wie den SAT sind Tiere mit positiven Titern zu finden, die nachfolgend gemerzt werden können. Hiermit verschwinden die Salmonellen aber nicht aus dem Milieu des Betriebs. Auf der Basis einer Serologie allein ist es nicht möglich, eine Milchviehherde frei von *S. dublin* zu bekommen.

Von vielen Autoren werden präventive Maßnahmen empfohlen, die auf einer Vorbeuge der Infektion von empfänglichen Tieren und auf einer Erniedrigung des Infektionsdrucks ausgerichtet sind. Die empfohlenen Maßregeln können wie folgt zusammengefasst werden:

- Vorbeuge der Kontamination von Trinkwasser und Futter
- Maßnahmen zur Kontrolle von Leberegeln und anderen Parasiten und/oder viralen Infektionen
- Räume, in denen sich infizierte Tiere aufhalten, sind gründlich zu reinigen und zu desinfizieren
- bei Ankauf von neuen Tieren sind diese serologisch und bakteriologisch zu untersuchen

Stress muss soweit wie möglich vermieden werden. Die Gabe von Medizinalfutter mit Arzneimitteln soll prädisponierend für eine Salmonelleninfektion sein. Präventiv können Vakzinationen durchgeführt werden, obwohl die heutigen Vakzinen keinen vollständigen Schutz bieten und deshalb Infektionsdurchbrüche möglich sind. Stallspezifische Vakzinen werden in der Literatur positiv beurteilt.

Zusammengefasst kann gesagt werden, dass eine Bekämpfung der *S.-dublin*-Infektion mit dem Ziel, die Erkrankung auszurotten, eine sehr schwierige Aufgabe ist. Salmonellen sind im Milieu weit verbreitet. Der Mensch trägt über seinen Einfluss auf das Hygienemanagement entscheidend zu der Verbreitung bei. In einem Milchviehbetrieb müssen präventive, hygienische und therapeutische Maßnahmen von primärer Bedeutung sein, um diese Verbreitung zu kontrollieren. Durch die Eliminierung von permanenten Ausscheidern, genesenen Tieren und von Kühen mit Aborten kann schließlich eine Verminderung des Infektionsdrucks im Betrieb erreicht werden.

Man kann versuchen, die Erkrankung durch die Kot- und Blutuntersuchung von allen Kälbern im Alter von 3 bis 6 Monaten 3 Monate nach den letzten Symptomen auszurotten. Wenn die Untersuchungsergebnisse negativ sind, kann die Tankmilch untersucht werden. Wenn diese negativ ist, ist der Bestand wahrscheinlich frei. Wenn die Blut- oder Kotuntersuchung positiv ist, sollten alle Tiere 3 Monate später erneut untersucht und die positiven Tiere ausgemerzt werden. Einen Monat später kann wieder eine Tankmilchuntersuchung durchgeführt werden.

3.7.1.4 Winterdiarrhö

Unter Winterdiarrhö versteht man eine plötzlich auftretende schwere Durchfallerkrankung viralen Ursprungs (nicht genau geklärt, vermutlich Coronavirus), welche zunächst bei einer oder einigen erwachsenen Kühen unabhängig vom Laktationsstadium auftritt und oft innerhalb von 1 oder 2 Wochen die gesamte Herde erfasst. Die Diarrhö ist hochgradig, und Kotspritzer sind oft hoch an der Stallmauer zu finden. Das Aussehen der Fäzes ist sehr unterschiedlich, sowohl was die Farbe und den Geruch als auch die Konsistenz angeht. Der Geruch wird von einigen Autoren als sehr charakteristisch beschrieben, aber eine genaue Beschreibung fehlt. Manchmal wird am 2. oder 3. Tag eine Blutbeimengung beobachtet. Als Begleitsymptome finden sich bisweilen leichtes Fieber, Anorexie und respiratorische Erscheinungen, wie seröser Nasenausfluss und Husten. Das deutlichste Symptom neben der Diarrhö ist das Absinken der Milchproduktion im Mittel um 50%. In ernsten Fällen ist jedoch der Abfall der Produktion deutlich höher. Diese Milchleistungsdepression dauert meistens 5–7 Tage an. Schwer erkrankte Tiere erreichen in der weiteren Laktation ihr altes Produktionsniveau nicht wieder. Die Diarrhö verschwindet in der Regel spontan nach 2–3 Tagen. In 5–10% der Fälle entsteht auch eine hämorrhagische Diarrhö insbesondere bei den jüngeren erwachsenen Tieren. Das hier beschriebene Krankheitsbild tritt in der Stallperiode während der kälteren Jahreszeit auf. Es wird sowohl bei Milch- als auch bei Fleischrindern angetroffen. Kälber zeigen keine Symptome. Hinsichtlich der Dauer einer sich entwickelnden Immunität variieren die Angaben von 6 Monaten bis zu 3 Jahren.

Eine Therapie wird selten durchgeführt, da die Symptome, wie oben dargestellt, meist spontan wieder verschwinden. Eventuell kann eine symptomatische Behandlung erfolgen.

3.7.1.5 Bovine Virusdiarrhö (BVD)/Mucosal Disease (MD)

Es ist bereits seit geraumer Zeit bekannt, dass das BVD/MD-Virus in den Kuhherden weltweit stark verbreitet ist. Je nach Land besitzen 36–88% der erwachsenen Rinder neutralisierende Antikörper gegen das BVD/MD-Virus, wodurch erkennbar wird, dass der größte Teil der Infektionen symptomlos oder zumindest unbemerkt verläuft. Falls die Infektion doch zu einer Erkrankung führt, können eine ganze Reihe klinischer Erscheinungen auftreten. Dies hat mit der komplexen Pathogenese der Erkrankung zu tun.

BVD/MD besteht aus zwei Krankheitskomplexen, BVD und MD. In der Besprechung der Pathogenese von BVD/MD wird zunächst auf die BVD eingegangen. Sie ist seit 2005 **anzeigepflichtig**. Die Infektion erfolgt horizontal, und das Virus stammt von klinisch kranken, klinisch inapparent oder persistent infizierten Rindern oder kleinen Wiederkäuern sowie Wildwiederkäuern und in geringerem Maß von infiziertem Sperma oder Eizellen, infizierten Nadeln, blutsaugenden Insekten oder kontaminierten Vakzinen.

■ Bovine Virusdiarrhö

Pathogenese

Das Virus dringt meist nach oraler Aufnahme in den Organismus ein und vermehrt sich lokal besonders im Bereich der oronasalen Schleimhäute, in geringerem Maß in den Konjunktiven oder in der Genitalschleimhaut. Eine Virusvermehrung findet auch in den Tonsillen und den Lymphknoten im Kopf- und Pharynxbereich statt. Vier bis 7 Tage nach dieser primären Virusvermehrung tritt eine Virämie auf, wobei das Virus verschiedene Organe befallen kann, in denen eine sekundäre Virusvermehrung stattfindet. Zielorgane sind insbesondere die Lymphorgane, der Verdauungstrakt, die oberen Luftwege und beim tragenden Rind die Gebärmutter.

Die Virämie dauert zwei Wochen an. Während dieser Periode kann das Virus in mehr oder weniger starkem Ausmaß unter anderem aus Blut, Speichel, Nasenausfluss, Tränenflüssigkeit, Urin, Kot, Sperma, Uterusschleim und Amnionflüssigkeit isoliert werden. Diese Körperflüssigkeiten sind deswegen potenziell für andere empfängliche Tiere gefährlich. Etwa 2–3 Wochen nach der Infektion können neutralisierende Antikörper im Serum infizierter Tiere nachgewiesen werden. Das Virus, welches im Blut zirkuliert, wird hierdurch zunächst neutralisiert, während es aus den Leukozyten noch 1–2 Wochen länger isoliert werden kann. In einem Bericht wurde angegeben, dass selbst 56 Tage nach einer experimentellen Infektion Virus aus den Lungen und den bronchialen Lymphknoten isoliert werden konnte. Der Titer neutralisierender Antikörper erreicht seinen Höhepunkt nach 10–12 Wochen, bleibt oft lebenslang erhalten und ist in der Lage, einen Schutz gegen Reinfektionen zu bieten. Späterer Kontakt mit dem Virus kann durchaus zu einer Boosterung führen. Bei den BVD-Viren werden zwei Genotypen unterschieden: Genotyp 1 und Genotyp 2. Genotyp 1 ist am weitesten verbreitet und nicht sehr virulent. Genotyp 2 ist in Nordamerika weit verbreitet, und kommt bei uns seltener vor.

Symptome

Die klinische Symptomatik während einer BVD-Infektion kann stark variieren. Das Lebensalter und der Immunstatus des Tieres sind hierbei von Bedeutung. Auch der Biotyp (zytopathogen, nichtzytopathogen) des infizierenden Virusstamms und die unterschiedliche Erregervirulenz zwischen verschiedenen Virusstämmen innerhalb eines Biotyps können den Verlauf der Infektion mit beeinflussen. Es muss auch berücksichtigt werden, dass ein Biotyp (z. B. nicht zytopathogen) zu dem anderen (zytopathogen) innerhalb eines Tieres mutieren kann.

Neonatale Infektionen: Wegen der großen Anzahl von Kühen mit serumneutralisierenden Antikörpern gegen BVD besitzen die meisten Kälber nach Aufnahme von Kolostrum einen passiven Schutz, und es gibt wenig Probleme mit neonataler BVD. Die maternalen Antikörper bleiben bei den meisten Kälbern über eine relativ lange Zeitdauer (105–230 Tage) nachweisbar. Aus einer belgischen Statistik des Nationalen Instituts für Tiergesundheit geht hervor, dass nur 1,4% der eingeschickten Kotproben virologisch positiv waren. Daher sollte die Bedeutung der BVD für die neonatale Diarrhö-Problematik nicht überbewertet werden. Wenn die Infektion vor der Aufnahme von maternalen Antikörpern stattfindet oder das Kolostrum keine Antikörper enthält, kann die Infektion zu einer fibrinös-hämorrhagischen Enteritis mit tödlichem Ausgang führen. Öfter aber entsteht eine milde Diarrhö, die einige Tage andauert. Anschließend entwickelt das Kalb dann eine aktive Immunität.

Infektionen beim Jungvieh: Bei Tieren im Alter von einigen Monaten kann eine BVD-Infektion oft einen symptomlosen Verlauf nehmen, wobei der maternale Schutz durch eine eigene aktive Immunität ersetzt wird. Die Infektion geht meist mit leichtem Fieber und einer kurzdauernden Leukopenie einher und wird oft gar nicht bemerkt.

Das typische Bild einer BVD-Infektion ist natürlich die Diarrhö. Klinische Symptome hierbei sind: Fieber, Leukopenie, Depression, Anorexie, Augen- und Nasenausfluss, keine oder minimale Schleimhautläsionen im Maul und ein wässriger bis fibrinös-blutiger Durchfall. Diese Symptome treten im Wesentlichen bei Jungtieren ohne oder mit unzureichenden Titern von serumneutralisierenden Antikörpern auf. Die Morbidität ist bei einer empfänglichen Tiergruppe sehr hoch, die Mortalität niedrig. Nach dem Überstehen der akuten Erkrankung sind die Tiere durch die gebildeten Antikörper lebenslang geschützt. Das oben geschilderte Erscheinungsbild wird manchmal auch in Mastkälberbetrieben beobachtet. Der Zukauf eines empfänglichen Tieres in einen seropositiven Betrieb, in dem Virus zirkuliert, kann dann eine akute Diarrhö bei diesem Tier hervorrufen. Sehr virulente Virusstämme (Genotyp 2) können das „Haemorrhagic Syndrome“ mit letalem Ausgang hervorrufen.

Unter bestimmten Umständen, wie z. B. bei ungenügendem passiven Schutz, bei einem virulenten BVD/MD-Virusstamm, bei gleichzeitigem Vorkommen anderer pathogener Agentien und schlechten Umweltbedingungen, kann eine Infektion mit dem BVD-Virus auch starke bis letale Atemwegsstörungen verursachen, die dann aber nicht mit einer Diarrhö einhergehen. In dem Betrieb entsteht dann oft das Bild einer enzootischen Bronchopneumonie. In diesem Stadium wird meist kein BVD-Virus mehr isoliert, aber eine Laboruntersuchung weist oft andere lungenpathogene Erreger (PI3, Mannheimia etc.) nach. Experimentelle Untersuchungen haben gezeigt, dass eine Kombination von IBR oder Pasteurellen mit BVD-Virus deutlich stärkere Lungenläsionen verursacht als eine Monoinfektion.

Infektionen bei erwachsenen Rindern: Wie beim Jungvieh verlaufen die meisten Infektionen mit dem BVD-Virus auch bei erwachsenen Tieren unbemerkt oder symptomlos. Die Tiere entwickeln nach der Infektion eine dauerhafte Immunität und sind weiterhin gegen eine Virämie geschützt. Bei tragenden Rindern ohne serumneutralisie-

Tab. 3.65 Auswirkung einer transplazentaren Infektion mit BVD-Virus bei empfänglichen (d. h. seronegativen) Muttertieren.

Virusstamm	Trachtigkeitsdauer bei Infektion	klinisch-pathologische Veränderungen
nicht zytopathogen	bis 42 d	embryonaler Fruchttod
	43–120 d	Abort, Fruchtmumifikation, Geburt persistent virämischer Kälber (lebensschwach, oft perinataler Tod; auch klinisch unauffällig)
	121–180 d	Abort, kongenitale Defekte (Kleinhirnaplasie/-hypoplasie, Hydrocephalus internus, Augendefekte) klinisch: Ataxie, Astasie, Tortikollis, Opisthotonus
	ab 181 d	Geburt klinisch unauffälliger Kälber mit serumneutralisierenden Antikörpern, bei besonders virulenten Stämmen evtl. auch Spätabort
zytopathogen	bis 120 d	embryonaler Fruchttod, Abort
	ab 121 d	ähnlich wie bei nicht zytopathogenem Virus

rende Antikörper kann die Infektion fatale Folgen für den Fetus haben (**Tab. 3.65**).

Bei einer beschränkten Anzahl von Fällen können klinische Symptome von BVD bei erwachsenen Rindern auftreten. Der Immunstatus des Tieres oder der Herde ist hierbei von großer Bedeutung. Betriebe, die über längere Zeit keinen Kontakt mit dem Virus mehr hatten, können seronegativ werden. Unter bestimmten Umständen kann das Eindringen eines Wildstamms des Virus dann einen akuten Ausbruch von BVD verursachen. Die Symptome sind meistens wie folgt: Tiere aller Altersstufen zeigen über mehrere Tage starke wässrige Diarrhö, Fieber (39–41 °C), Anorexie, Nasen- und Augenausfluss, Dehydratation und in seltenen Fällen leichte Erosionen in der Maulhöhle. Bei Vorliegen eines sehr virulenten Virusstamms (Genotyp 2) kann es auch bei erwachsenenen Tieren zur Entstehung des „Haemorrhagic Syndrome“ mit meist letalem Ausgang kommen.

■ Mucosal Disease

Pathogenese

Der zweite Bestandteil des BVD/MD-Komplexes ist die Mucosal Disease. Im Gegensatz zur BVD ist die MD eine Erkrankung mit niedriger Morbidität, aber hoher Mortalität. Momentan wird die Pathogenese von Mucosal Disease wie folgt gesehen: Nach transplazentarer Infektion seronegativer Rinder vor dem 120. Trächtigkeitstag kann ein nicht zytopathogener Virusstamm von dem noch immuninkompetenten Fetus als „körpereigen“ erkannt werden und dieser dann immuntolerant gegen den infizierenden Virusstamm werden. Hierdurch kann der Virusstamm im Fetus persistieren. Die betroffenen Kälber bleiben auch nach der Geburt Träger und Ausscheider dieses Virusstamms und sind so eine permanente Infektionsquelle für andere empfängliche Tiere. Die persistent infizierten Tiere sind bei der Geburt oft weniger gut entwickelt und bleiben in Größe und Entwicklung zurück. Ein Teil der persistent virämischen Tiere sieht aber auch völlig normal aus und wächst anfangs ebenso gut wie nicht virämische Altersgenossen. Bei diesen anscheinend gesunden Tieren können aber doch klinisch unauffällige Schäden vorhanden sein.

Die Lebenserwartung für die virämischen Tiere ist kurz. Ungefähr die Hälfte der Tiere stirbt im Alter von 6 Monaten bis zu einem Jahr, selten werden die Tiere älter als zwei Jahre. Über das Vorkommen von persistent virämischen Tieren wurden in vielen Ländern Untersuchungen durchgeführt: Auf Populationsniveau ist mit 0,4–1,7% persistent virämischen Tieren zu rechnen. Auf Betriebsniveau kann die Situation aber deutlich schlechter sein. Es gibt Berichte von Betrieben mit 30% persistent virämischen Tieren.

Der Zustand einer persistierenden Virämie mit einem nicht zytopathogenen Stamm wird zur Mucosal Disease, wenn das Tier exogen oder endogen (Mutation) mit einem antigenetisch identischen oder sehr ähnlichen, aber zytopathogenen Biotyp superinfiziert wird. Durch die Immuntoleranz kann sich der Organismus nicht gegen den anderen Stamm verteidigen, so dass die Infektion letal verläuft. Während der Erkrankung ist das Tier dann

Träger und Ausscheider sowohl des zytopathogenen als auch des nicht zytopathogenen Virusstamms.

Symptome

Unabhängig von der Herkunft des zytopathogenen Biotyps verursacht seine Anwesenheit bei einem persistierend virämischen Tier stets eine tödlich verlaufende Erkrankung.

Akute Mucosal Disease: Wird ein persistent infiziertes Tier mit einem antigenetisch identischen (homologen) zytopathogenen Biotyp superinfiziert, entsteht innerhalb von zwei bis drei Wochen die sogenannte Frühform der MD. Die klinischen Symptome sind gut bekannt und gekennzeichnet durch hohes Fieber (40–41 °C), Depression, Anorexie, Erosionen auf der Zunge, am Zahnfleisch, auf den Lippen und auf der Backen- und Gaumenschleimhaut. Die Papillen im Maul sind gerötet, stumpf und bluten beim Berühren. Auch am Nasenspiegel, an der Vulva, den Zitzen und im Zwischenklauenspalt können Erosionen vorkommen. Speichelfluss, Nasen- und Augenausfluss können auftreten. Eine Diarrhö ist immer vorhanden und hat wässrigen, aber meistens fibrinös-hämorrhagischen Charakter. Durch die Diarrhö tritt eine starke Dehydratation auf. Die Defäkation kann mit einem Tenesmus gepaart sein, da auch im Rektum Erosionen entstehen. Bei einer Blutuntersuchung werden nur wenig spezifische Abweichungen wie Leukopenie mit Neutropenie sowie Thrombozytopenie festgestellt. Der Tod tritt entweder akut oder nach ein paar Tagen bis zu einigen Wochen ein.

Chronische Mucosal Disease: Diese sog. Spätform entwickelt sich durch eine Superinfektion eines persistent virämischen Tieres mit einem nicht homologen zytopathogenen Stamm. Es ist sowohl zytopathogenes als auch nicht zytopathogenes Virus anwesend, und die Lokalisation viraler Antigene in den verschiedenen Geweben scheint identisch zu sein. Es entwickelt sich nach Monaten die chronische MD. In den Zellen kommt es zur Rekombination, mit dem Ergebnis, dass zytopathogenes Virus mit den antigenen Eigenschaften des persistenten nicht-zytopathogenen Virus vorhanden ist.

Die Symptomatik der chronischen Form ist weniger dramatisch und verläuft langsamer als die akute Form. Progressives Abmagern, dauernde oder intermittierende Diarrhö, schlechte Fresslust, Nasen- und Augenausfluss sind oft vorgebrachte Beschwerden. Die Erosionen, die bei der akuten Form sehr ausgeprägt sind, fehlen hier manchmal oder sind nur schwer zu erkennen, können aber im Verlauf der Erkrankung progressiv zunehmen. Als weiteres Symptom tritt in einigen Fällen eine chronische Tympanie auf, die wahrscheinlich durch Läsionen in der Pansen- und Ösophaguswand verursacht wird. Lahmheiten aufgrund von Kronsaum- und Zwischenklauenläsionen werden auch beschrieben. Des Weiteren finden sich bei der chronischen Form der MD Hautläsionen wie Alopezie oder eine chronisch proliferative Dermatitis (generalisierend oder besonders im Nackenbereich). Chronische oder rezidivierende Lungenerscheinungen kommen oft vor. Andere Entzündungsprozesse wie Arthritis, Peritonitis und Nabelentzündungen können den Krankheitsverlauf erschweren, ebenso wie Sekundärinfektionen, die sich aufgrund der immunsuppressiven Eigenschaften des Virus vermehrt ausbreiten.

Diagnose

Die nachstehenden Möglichkeiten zur Diagnose der BVD werden im Folgenden besprochen:

- BVD-Virämie bei immuntoleranten Tieren
- BVD und Atemwegserkrankungen
- BVD bei nicht persistent virämischen Tieren
- BVD und Aborte
- BVD und Kälber mit kongenitalen Abweichungen oder „schwache Kälber"
- BVD und Mucosal Disease
- BVD in einem Bestand

BVD-Virämie bei immuntoleranten Tieren

Der Virusnachweis ist mittels ELISA (EDTA-Vollblut, Serum, Plasma), PCR (Polymerase-Ketten-Reaktion) (Serum, Plasma, Vollblut), Durchflusszytometrie (EDTA-Blut), Virusisolierung auf Zellkulturen (EDTA-Blut) möglich. Wenn aus der ersten Probe BVD-Virus isoliert wurde, muss eine zweite Probe frühestens nach 3 Wochen entnommen werden, um eine Immuntoleranz zu bestätigen. Da persistent virämische Kühe immer auch persistent infizierte Kälber gebären, werden bei der Betriebsuntersuchung in erster Instanz nur die Tiere der letzten Generation des Betriebs untersucht, d. h. nur Kälber, deren Mütter im Bestand sind, und alle anderen Tiere, von denen keine Vorfahren anwesend sind. Nur wenn in der letzten Generation ein persistierend virämisches Tier gefunden wird, wird darauffolgend die vorherige Generation untersucht. Zu berücksichtigen ist, dass die Antigenmenge bei Kälbern in der Kolostralmilchperiode stark vermindert sein kann und ein Virusnachweis über einen bestimmten Zeitraum nicht möglich ist (diagnostische Lücke). Nach dem Verbrauch der mütterlichen Antikörper steigt die Antigenmenge wieder an. Deswegen ist eine Untersuchung zum Virusnachweis nur vor der Kolostrumaufnahme und dann erst wieder ab dem 3. Monat sinnvoll. Für eine Untersuchung auf Virusantigen ist zu berücksichtigen, dass dieser Zeitraum in Abhängigkeit vom angewendeten Testsystem variiert und auch bis zu 6 Lebensmonate andauern kann bis ein Virusnachweis möglich ist. Neuere immunhistochemische Untersuchungen von Hautbioptaten (Ohrstanzproben) sollen auch persistent infizierte Tiere erfassen, wenn sie noch kolostrale Antikörper haben.

BVD und Atemwegserkrankungen

Die serologische Diagnose, die meist mit dem ELISA durchgeführt wird, ist nur von Wert, wenn sie auf der Basis gepaarter Serumproben von mehreren Tieren, die bei einem Krankheitsausbruch betroffen waren, gestellt wurde. Selbst dann ist der diagnostische Wert beschränkt, da manchmal multiple Serokonversionen auftreten. Das Vorhandensein von seropositiven Tiere außerhalb der Kolostralphase sagt nur aus, dass mit großer Wahrscheinlichkeit mindestens ein persistent virämisches Tier im Bestand ist oder war. Im Hinblick auf Atemwegserkrankung kann davon ausgegangen werden, dass durch die immunsuppressive Wirkung des Virus die Entstehung von Atemwegserkrankungen, für die letztendlich andere Keime und schlechte Umweltbedingungen verantwortlich sind, Vorschub geleistet wird.

BVD-Virämie bei nicht persistent virämischen Tieren

Die Diagnose wird anhand des Virusnachweises in der akuten Phase oder durch Serologie von gepaarten Serumproben gestellt. Virusisolation aus Kotmaterial ist oft nicht möglich. Das BVD-Virus kann aber in sehr seltenen Fällen (1%) bei neonataler Kälberdiarrhö nachgewiesen werden.

BVD und Aborte sowie gehäuftes Umrindern

Der Virusnachweis bei einem Abort kann im Fall einer schnellen Austreibung, d. h. bei einem frischen Fetus, mit der direkten Immunfluoreszenz gestellt werden. Mit der PCR ist der Virusnachweis in Organen oder Gewebeproben möglich. Eine Untersuchung der Mutter mit Virusisolation aus den Leukozyten oder Lochien oder eine serologische Untersuchung von gepaarten Serumproben kann einen Hinweis geben. Dies ist aber oft von geringem Wert, da das Verwerfen häufig erst einige Wochen nach der Infektion stattfindet. Bei gehäuftem Umrindern kann versucht werden, über gepaarte Serumproben einen ursächlichen Zusammenhang zu BVDV herzustellen. Da die Untersuchung allerdings erst zeitverzögert einsetzt, ist die Interpretation des Ergebnisses meist schwierig. Ein Virusnachweis ist wenig sinnvoll, da die Phase der Virämie bei transient infizierten Tieren bereits vorbei ist. Bei positiven serologischen Befunden und bislang unklarer Bestandssituation ist davon auszugehen, dass persistent infizierte Tiere im Betrieb sind oder waren.

BVD bei Kälbern mit kongenitalen Abweichungen oder „lebensschwachen" Kälbern

Sobald solche Kälber bereits Kolostralmilch, die immer Antikörper enthält, getrunken haben, ist eine serologische Untersuchung unsinnig. Auch eine Virusisolation ist nicht möglich, da die Kälber zum Zeitpunkt der intrauterinen Infektion bereits immunkompetent waren. Die Diagnose „intrauterine Infektion mit BVD-Virus" kann nur gestellt werden, wenn Blut vor der ersten Kolostrumaufnahme entnommen wird. Werden in dieser Blutprobe Antikörper festgestellt, dann ist es sicher, dass das Kalb intrauterin infiziert wurde und zu diesem Zeitpunkt ein Virus in der Herde zirkulierte.

BVD und Mucosal Disease

Die klinische Diagnose kann in vielen Fällen bereits beim lebenden Tier aufgrund der pathognomonischen Erosionen im Maul und am Nasenspiegel gestellt werden. Bei der Sektion eines gestorbenen Tieres festgestellte longitudinale Erosionen in der Ösophagusschleimhaut bestätigen die klinische Diagnose. Aus den Leukozyten kann sowohl zytopathogenes als auch nicht zytopathogenes BVD-Virus isoliert werden. Mit der Immunfluoreszenz werden virusbedingte Läsionen im gesamten Verdauungsapparat nachgewiesen.

BVD in einem Bestand

Unter allen Umständen ist eine Aufklärung des Besitzers über die möglichen Folgen für den Betrieb erforderlich. Die Einschätzung der Situation des

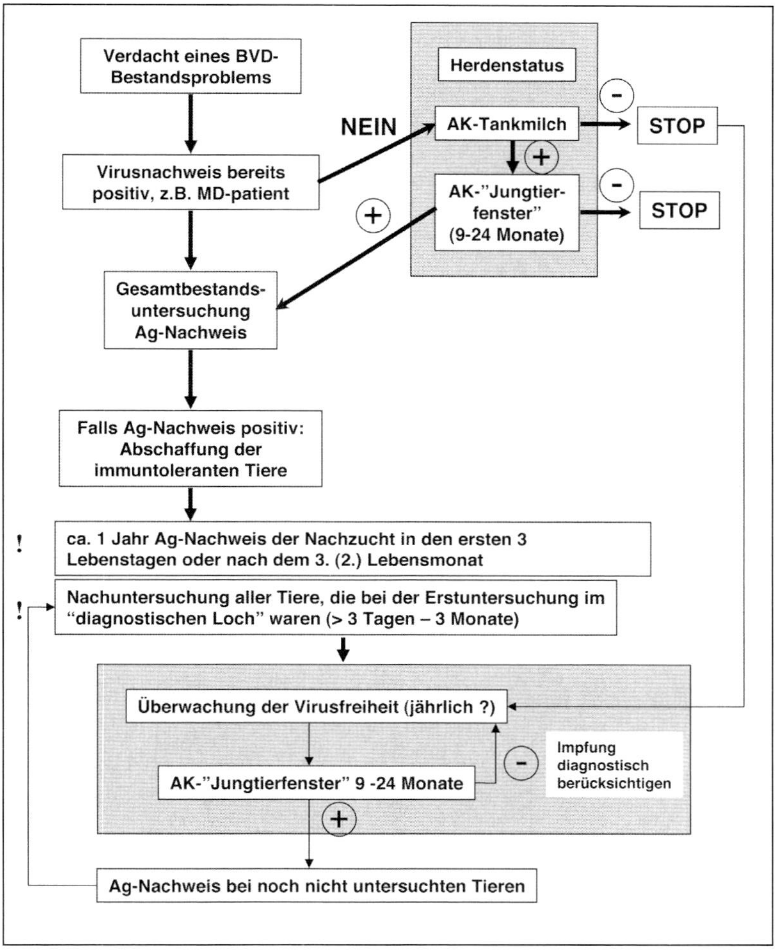

Abb. 3.54 Schema zur BVD-Bestandsdiagnose (nach Wolf et al. 1996).

Betriebs ist unentbehrlich für die weiteren Maßnahmen und Empfehlungen. In der Praxis hat man es in der Regel mit einer relativ großen Anzahl an Tieren zu tun, die sich in verschiedenen Stadien des Infektionsprozesses befinden können. Mit Hilfe der serologischen Untersuchung von diversen Tiergruppen kann versucht werden, eine Einsicht über die Verbreitung der Infektion im Betrieb zu bekommen. Hierbei hat sich das sog. Jungtierfenster (serologische Untersuchung einer repräsentativen Stichprobe bei Jungtieren jenseits der Kolostralphase) bewährt, um einen ersten Einblick in die Bestandssituation zu bekommen. In der zweiten Instanz können Tiere für eine BVD-Virusisolation ausgesucht werden. **Abb. 3.54** zeigt das Schema zur BVD-Bestandsdiagnose nach Wolf et al. (1996).

Am besten eignet sich die PCR für die Untersuchung von Pools aus Einzelblutproben. Ist eine von 50 Blutproben positiv, kann das Virus noch detektiert werden. Wenn der Test positiv ausfällt, sollten Einzelblutproben mit der ELISA-Methode untersucht werden. Auf diese Weise kann man sehr gut die virämischen Tiere finden. Mit der PCR kann auch die Tankmilch untersucht werden. Ist die Tankmilchprobe positiv, werden die laktierenden Tiere individuell untersucht, um die virämischen Tiere herauszufinden. Tankmilchuntersuchungen sind auch mit ELISA-Testsystemen möglich.

Bekämpfung

Da die BVD erhebliche wirtschaftliche Schäden verursacht, sind in den vergangenen Jahren in einigen EU-Mitgliedsländern Bekämpfungsprogramme zur Kontrolle und Tilgung der Infektion eingeführt worden. In der Bundesrepublik gibt es länderspezifische Bekämpfungsprogramme, die auf einer

Bundesleitlinie aus dem Jahre 1998 basieren. Sanierungsmaßnahmen sowie Kostenübernahmen für notwendige Untersuchungs- und Impfmaßnahmen und Entschädigungen durch die Tierseuchenkassen werden in den verschiedenen Bundesländern unterschiedlich geregelt und sind überwiegend auf freiwilliger Basis. Seit dem 3.11.2004 ist die BVD/MD in Deutschland anzeigepflichtig. Nicht verbindlich definiert ist jedoch bisher, was der Anzeigepflicht unterliegt. Eine Verordnung zum Schutz vor einer BVD-Infektion ist in Vorbereitung. Mit Inkrafttreten dieser Verordnung wird eine Untersuchungspflicht für alle Zucht- und Nutzrinder eingeführt, von denen nur Bestände ausgenommen werden, in denen Rinder in Stallhaltung gemästet werden. Auch das Verbringen wird streng geregelt werden und Impfungen dürfen nur so erfolgen, dass ein intrauteriner Schutz des Fetus induziert wird. Die zugelassenen Untersuchungsmethoden und Probenschemata werden in einem Anhang zur VO veröffentlicht. Ziel ist die Schaffung BVD-unverdächtiger Bestände (frei von persistent infizierten Tieren).

Die Bekämpfung vollzieht sich prinzipiell in drei Säulen. Hierzu gehört zunächst eine Statuserhebung (Jungtierfenster, Tankmilch, Einzeltieruntersuchung). Im zweiten Schritt werden die persistent virämischen Tiere identifiziert und ausgemerzt. Die weitere Vorgehensweise dient der Prävention, d. h. dem Schutz der Bestände vor einem Viruseintrag und somit der Verhinderung der Entstehung neuer PI-Tiere.

Zurzeit kann die Schaffung BVD-freier Herden nur in Regionen mit geringer Seroprävalenz als Ziel gesetzt werden. Die Überwachung eines Bestandes kann über Kontrolluntersuchungen von Tankmilchproben, bei Jungtieren und im Verdachtsfall zusätzlich von Einzelblutproben erfolgen. Die PI-Tiere werden sofort aus dem Bestand entfernt und neugeborene Kälber noch ein Jahr auf BVDV untersucht. Impfungen werden nicht durchgeführt, eine Reinfektion soll durch strikte Hygienemaßnahmen verhindert werden.

In den meisten Regionen Deutschlands ist die Seroprävalenz hoch und es wird häufig bereits geimpft. Hier wird die Ausmerzung der PI-Tiere mit einer systematischen Impfung verbunden, um Reinfektionen und eine transplazentare Übertragung des Feldvirus zu verhindern.

Die Vorgehensweise zur Kontrolle und Sanierung einer BVD-Infektion in einem Bestand wird in Zukunft von den durch eine BVD-VO vorgegebenen Rahmenbedingungen bestimmt sein. Eine Impfung wird regional geregelt sein und die zuständigen Behörden können im Bedarfsfall eine Impfung sowohl anordnen als auch verbieten. Eine Impfung muss Schutz vor einer diaplazentaren Infektion bieten.

Für die **Impfung** gegen BVD stehen derzeit gut immunisierende Lebendimpfstoffe, die auch eine diaplazentare Infektion verhindern, Totimpfstoffe, die hinsichtlich ihrer immunisierenden Wirkung schwächer bewertet werden und bei alleiniger Anwendung keinen sicheren Schutz vor diaplazentarer Infektion gewähren, sowie ein Totimpfstoff, der laut Zulassung einen fetalen Schutz gewährleistet, zur Verfügung. Grundsätzlich ist aufgrund der antigenetischen Vielfalt des BVD-Virus nicht zu erwarten, dass Impfungen stets einen 100%igen fetalen Schutz bieten. Alle Vakzinen bieten einen wirkungsvollen Schutz gegen eine akute (transiente) BVD-Erkrankung, deren Verhinderung jedoch nicht im Vordergrund bei der Bekämpfung steht.

Gravide Tiere dürfen nicht mit einer Lebendvakzine geimpft werden, da bei der Impfung die Gefahr der diaplazentaren Infektion mit dem Impfvirus besteht. Dies kann zu der Erzeugung immuntoleranter Kälber, dem Auftreten von Aborten und kongenitalen Schäden beim Kalb führen. Da Impflinge das Virus eine kurze Zeit ausscheiden, bestehen die genannten Risiken auch für tragende Tiere, wenn sie mit nicht tragenden Impflingen zusammen gehalten werden.

Es sollte eine Grundimmunisierung der Jungtiere vor dem Belegen mit Lebendimpfstoff erfolgen, um einen sicheren Schutz zu erreichen (nicht in Gruppen mit graviden Tieren).

Ein mittlerweile etabliertes zweistufiges Verfahren soll einen fetalen Schutz gewährleisten und die oben genannten Risiken minimieren: Eine Vorvakzinierung mit einem inaktivierten Impfstoff führt zu einer erheblichen Reduzierung der Virusausscheidung bei der anschließenden Boosterung mit Lebendvakzine vor der ersten Trächtigkeit. Eine jährliche Revakzination erfolgt mit Totimpfstoffen.

Der oben erwähnte Totimpfstoff soll nach abgeschlossener Grundimmunisierung einen ausreichenden fetalen Schutz und Schutz vor BVDV-bedingten Fertilitätsverlusten bei Zuchtrindern induzieren.

3.7.1.6 Kokzidiose

Diese Infektion gehört bei erwachsenen Rindern zu den großen Ausnahmen. In Einzelfällen kann es zu einem Ausbruch der Erkrankung kommen (**Kap. 3.5.7**).

3.7.1.7 Endoparasitosen

Magen-Darm-Würmer können auch bei erwachsenen Rindern ab und zu Probleme mit Diarrhö verursachen. Besonders Erstkalbinnen, die oft nur eine Weidesaison gehabt haben, sind empfänglich. Es wird empfohlen, diese Tiergruppe z. B. bei Weideabtrieb der Rinder oder bei der Abkalbung noch einmal extra zu entwurmen.

Die Wartezeiten der entsprechenden Antiparasitika sind zu beachten! In einigen Milchviehbetrieben sind die prophylaktischen Maßnahmen (Avermectine, Boli) derartig gut wirksam, dass die Jungrinder eine zu geringe Immunität aufbauen. Das führt dazu, dass die Milchkühe empfindlich sind und klinisch erkranken. Weiterhin wird auf das **Kap. 3.5.8** verwiesen.

3.7.1.8 Intoxikationen

Viele Intoxikationen gehen mit Verdauungsstörungen, darunter auch Diarrhö einher. Oft können Vergiftungen bestandsweise auftreten. z. B. Vergiftungen durch Raps, Kupfer, Eicheln und Kochsalz. Die Diagnose ist schwierig und basiert auf einer gründlichen Anamnese und klinischen Untersuchung, während die Absicherung der Diagnose über eine Laboruntersuchung stattfinden muss (**Kap. 3.8**).

3.7.2 Symptom „Husten“

Das Symptom „Husten“ wird auch gelegentlich bei den erwachsenen Tieren einer Milchviehherde festgestellt. Nicht immer ist eine ursächliche Diagnose zu stellen. Bei Verdacht einer IBR-Infektion gibt es meist deutliche Symptome. Ist Husten das einzige Symptom, dann ist eine Infektion mit Lungenwürmern eine mögliche Ursache.

Die Erfahrung lehrt, dass, wenn keine Diagnose gestellt werden kann, der Husten oft von selbst verschwindet. Dies kann aber Monate bis zu einem halben Jahr dauern. Da sich viele Landwirte wegen des Hustens Sorgen machen, hat der Tierarzt vor allem die Aufgabe, den Landwirt zu beruhigen. Glücklicherweise hat chronischer Husten meist keinen Einfluss auf die Milchleistung.

Differenzialdiagnostisch kommen bei kurzdauerndem Husten in Betracht:

- IBR,
- andere Viren (mit oder ohne bakterielle Sekundärinfektionen). z. B. BRSV- und PI-3-Infektionen. Diese Infektionen sind bei erwachsene Rinder selten
- bei langandauerndem Husten:
  - Lungenwürmer
  - *Ascaris suum*
- Trimethylindolin-Intoxikation (bei stark kontaminiertem Gras, sehr selten, nur im Frühjahr)

3.7.2.1 IBR (Infektiöse Bovine Rhinotracheitis)

Die Infektion wird durch das Bovine Herpesvirus 1 (BHV-1) hervorgerufen. Klinische Symptome einer akuten Infektion sind hohes Fieber (bis 42 °C), seröser Nasenausfluss, Hyperämie von Flotzmaul- und Nasenschleimhäuten sowie Speicheln. An der Nasenschleimhaut können umschriebene anfangs nur stecknadelkopfgroße zarte Fibrinausschwitzungen erkannt werden. Später kommen Husten und Augenausfluss als Folge einer Konjunktivitis hinzu. Laktierende Kühe zeigen einen drastischen Milchrückgang. Bei Kälbern findet sich zusätzlich zu den respiratorischen Symptomen noch Diarrhö. Tragende Kühe können abortieren (meist im 5.–8. Trächtigkeitsmonat nach 3- bis 6-wöchiger Inkubationszeit).

Epidemiologie

Nach einer primären Infektion werden die Tiere zu latenten Trägern des BHV-1. Intermittierend kann in besonderen Stresssituationen wie z. B. Abkalbung, Transport sowie Lungenwurminfektion, BHV-1 ausgeschieden werden. Gleiches wird beobachtet bei Glukokortikoid-Gaben und Abfall spezifischer Antikörper.

Die Einschleppung in einen IBR-freien Bestand findet im Allgemeinen durch ein ungünstiges Weidemanagement (z. B. Verbringen von Tieren auf die Weide eines anderen Landwirts) oder durch Ankauf von Tieren statt, die in Stresssituationen von latenten Trägern zu Ausscheidern geworden sind oder sich beim Kauf im Inkubationsstadium befunden haben. Empfängliche Tiere, die in eine Milchviehherde kommen, können ebenfalls durch infizierte Tiere angesteckt werden. Auf diese Weise kann der Eindruck entstehen, dass im Bestand eine erneute BHV-1-Infektion (IBR) ausgebrochen ist, besonders wenn ein Großteil der Herde aus empfänglichen (jungen) Tieren besteht.

Diagnose

Die klinische Diagnose muss durch den Virusnachweis oder durch den Nachweis, dass das Virus anwesend gewesen ist, erhärtet werden. Das Virus kann in Ausstrichen von Nasentupfern mittels Immunfluoreszenztechniken (IFT) sichtbar gemacht werden. Diese Methode benötigt eine Laborbearbeitung von einigen Stunden. Als zweites kann mit Hilfe der IFT das Virus in frischem Sektionsmaterial (z.B. bei abortierten Früchten) nachgewiesen werden. Weiterhin ist ein Virusnachweis über eine Kultivierung sowohl aus Nasentupfern als auch aus Sektionsmaterial möglich. Diese Methode benötigt im Labor eine Bearbeitungszeit von einigen Tagen. Da Stresssituationen und Infektionen mit anderen Erregern zur Ausscheidung von latent anwesendem BHV-1 Anlass geben können, sollte die Interpretation einer BHV-1-Virusisolierung mit Vorsicht geschehen. Die Kenntnis des serologischen Zustands des Bestands ist hierbei von Bedeutung. Dies ist durch das jährliche serologische „Screening" im Betrieb zu erreichen. Eine kürzlich durchgemachte Infektion mit BHV-1 kann mittels der Serokonversion oder einer signifikanten Titererhöhung in gepaarten Serumproben nachgewiesen werden. Blutproben sollten in einem Abstand von 14 Tagen gezogen werden. Die Laborbearbeitung dauert einige Tage, so dass die An- oder Abwesenheit des BHV-1 etwa 3 Wochen nach der ersten Blutentnahme festgestellt wird. Die letzte Methode ist eine retrospektive Diagnose, aus der gefolgert werden kann, dass BHV-1 während der Krankheitserscheinungen vorhanden gewesen ist.

Bekämpfung

Eine BHV-1-Infektion ist **anzeigepflichtig**. Ihre Bekämpfung wird durch die „Verordnung zum Schutz der Rinder vor einer Infektion mit dem Bovinen Herpesvirus Typ 1" (BHV1-VO) vom 3.11.2004 geregelt. Durch die Aufnahme der IBR in die staatliche Tierseuchenbekämpfung im Jahr 1997 wurden den Anforderungen an EU-Handelsnormen entsprochen und die Grundlagen für eine Sanierung der Rinderbestände geschaffen. Die Sanierung ist innerhalb der einzelnen Bundesländer aufgrund unterschiedlicher Ausgangssituationen verschieden weit fortgeschritten, insgesamt jedoch soweit, dass Deutschland im Jahr 2004 die Vorstufe zum Erlangen der BHV-1-Freiheit zuerkannt bekam.

Laut VO besteht Untersuchungspflicht für alle Zucht- und Nutzrinder im Alter von über 9 Monaten oder, sofern der Bestand aus mindestens 30% aus Kühen besteht, für alle über 9 Monate alten weiblichen und die zur Zucht vorgesehenen männlichen Rinder mindestens einmal im Jahr auf AK gegen das Feldvirus. Um IBR-freie Bestände und solche, die sich in Sanierungsverfahren befinden zu schützen, ist das Verbringen von Zucht- und Nutzrindern streng geregelt.

In einem BHV-1-freien Bestand ist es wichtig, der Einschleppung von BHV-1 vorzubeugen. Gefahren bestehen insbesondere beim Zukauf von als „IBR-frei" deklarierten Tieren sowie beim Besuch von Auktionen und Ausstellungen.

Impfung: Seit einigen Jahren stehen Markerimpfstoffe zur Verfügung, die eine Differenzierung zwischen Feld- und Impfvirus ermöglichen. Diese Impfstoffe enthalten Virus mit einer Deletion des gE-Glykoproteins. Während mit einem Feldvirus infizierte Tiere AK gegen dieses Glykoprotein bilden, fehlen diese bei geimpften Tieren. Mit Hilfe entsprechender Testsysteme können so mit Markerimpfstoffen geimpfte Tiere von mit Feldvirus infizierten unterschieden werden.

Sowohl Markerimpfstoffe als auch konventionelle Impfstoffe sind als attenuierte Lebendvakzine und als inaktivierte Vakzine erhältlich. Für Tiere, die nicht ausschließlich gemästet und zur Schlachtung abgegeben werden, dürfen laut VO nur Markerimpfstoffe verwendet werden. Es besteht Impfpflicht für seropositive Tiere, sog. Reagenten, wenn sie nicht unverzüglich aus dem Bestand entfernt werden.

In den verschiedenen Bundesländern werden zurzeit unterschiedliche Bekämpfungsstrategien verfolgt: Länder mit geringer BHV-1-Seroprävalenz streben die Abschaffung positiver Rinder an und erlauben nur in Ausnahmefällen die Vakzination IBR-freier Tiere (Selektionsprinzip). Reagenten, die im Bestand bleiben, müssen geimpft werden. Durch regelmäßige Wiederholungsimpfungen sowie Kontrolluntersuchungen nicht geimpfter seronegativer Tiere und der nach Beginn der Maßnahme neugeborenen Kälber, die ebenfalls nicht geimpft werden, sowie die Abschaffung der Reagenten, wird der allmähliche Aufbau eines BHV-1-freien Bestandes angestrebt.

Bundesländer mit hoher BHV-1-Seroprävalenz verfahren nach dem Markerkonzept, d.h. durch den Einsatz von Markerimpfstoffen soll das Feldvirus nach und nach aus den noch nicht IBR-freien Beständen verdrängt werden. Gleichzeitig sollen die bereits IBR-freien Bestände vor der BHV-1-Einschleppung geschützt werden. Eine Impfung kann zwar keinen absoluten Schutz vor einer Feldvirusinfektion gewährleisten, somit auch nicht vor Viruslatenz und -ausscheidung bei einer Belastung, jedoch wird die Virusausscheidung deutlich minimiert und damit die Weiterverbreitung eingeschränkt.

3.7.2.2 Lungenwurmbefall

Auch bei erwachsenen Rindern kann ab und zu eine klinische Lungenwurmerkrankung festgestellt werden.

Epidemiologie

Die Infektion ist entweder sofort patent oder tritt in einer Form auf, bei der sich zunächst keine erwachsenen Stadien von *Dictyocaulus viviparus* aus den Larven entwickeln. Da offensichtlich nach einer Lungenwurminfektion nur eine unvollständige Immunität entsteht, können sich aus den in ihrer Entwicklung sistierenden Larven später erwachsene Lungenwurmstadien entwickeln, die dann wieder Eier und Larven produzieren. Dieses Phänomen wird beobachtet, wenn Larven im Spätherbst aufgenommen werden. Im Winter ist keine Larvenausscheidung zu beobachten. Kommen derart infizierte Tiere im Frühjahr auf die Weide, wird die Infektion wieder patent. Es entsteht der Eindruck, dass in einigen Milchviehbetrieben die prophylaktischen Maßnahmen (Avermectine, Boli) derartig gut wirksam sind, dass die Jungrinder zu wenig Immunität gegen Lungwürmer und/oder Magen-Darm-Würmer aufbauen. Das führt später dazu, dass die Milchkühe empfindlich sind und klinisch erkranken.

Symptome

Bei einer nicht patenten Infektion findet sich als Hauptsymptom Husten, evtl. zusätzlich eine beschleunigte Atmung. Die Milchleistung kann vermindert sein, Es tritt in der Regel kein Fieber auf, was bei einer patenten Lungenwurminfektion durchaus der Fall sein kann. Der Husten wird insbesondere beim Melken als hinderlich empfunden, z.B. wenn hierdurch vermehrt Melkzeuge abfallen. Die Diagnose einer nicht patenten Infektion ist nicht einfach, da die klinische Untersuchung (Auskultation) meist keine typischen Abweichungen ergibt und eine ggf. positive serologische Reaktion nur beweist, dass das Tier Kontakt mit Lungenwurmlarven hatte. Jeder wiederholte Kontakt mit Larven wird zu einer positiven AK-Reaktion führen. Nur ein negatives Resultat der Blutuntersuchung hat Aussagewert. Bei einer patenten Infektion richten sich die Krankheitssymptome nach dem Ausmaß des Lungenwurmbefalls. Während bei leichtem Befall keine oder nur geringgradige klinische Erscheinungen auftreten, kann es bei mittel- bis hochgradigem Befall zur Entstehung einer schweren Bronchopneumonie kommen, wobei die Tiere im schlimmsten Fall verenden. Bei einer patenten Infektion lassen sich die Lungenwurmeier und -larven aus dem Speichel und Kot sowie die Lungenwürmer mittels einer Lungenspülung nachweisen.

Diagnose

Man sollte mindestens 5 Tiere untersuchen. Möglichkeiten sind

- Fäzesuntersuchung (Methode Baerman)
- Blutuntersuchung: Obwohl eine Eosinophilie im Blutbild ein Hinweis sein kann, ist diese nicht spezifisch, da sie auch durch andere allergische Abwehrreaktionen verursacht werden kann.
- serologische Untersuchung (ELISA): wird 6 Wochen nach der Infektion positiv und ist weniger empfindlich als die Fäzesuntersuchung; die Antikörper bleiben bis 4 Monate nach der Infektion nachweisbar
- Lungenspülung: hierbei kann man Larven, Würmer und Eier finden
- postmortale Untersuchung

Zu beachten ist, dass oft nach der Verabreichung eines Therapeutikums gegen erwachsene Lungenwurmstadien heftiger Husten auftritt, was diagnostisch verwertet werden kann. Die Anamnese ist ebenfalls von Bedeutung, insbesondere wenn bekannt ist, dass Lungenwurminfektionen im Bestand vorkommen oder dass neue Kühe zugekauft wurden.

Therapie

Zur Therapie einer Lungenwurminfektion steht eine Reihe von Antiparasitika zur Verfügung, die sowohl gegen die erwachsenen als auch gegen die Larvenstadien wirksam sind.

Prophylaxe

Impfung der Kälber mit einer Lungenwurmvakzine ist eine zuverlässige Methode. Gute Ergebnisse werden auch durch wiederholte Verabreichung von Avermectinen oder durch Boli erzielt. Für eine gute Immunität ist es ratsam, dass die Kälber und Jungfärsen zwei Weideperioden durchlaufen haben, bevor die erste Kalbung stattfindet. Mit nur einer Weidesaison kann die Immunität zu niedrig und das Risiko für klinische Wurmerkrankungen erhöht sein. In Lungenwurm-freien Betrieben wird manchmal die Infektion über den Zukauf von infizierten Tieren in der Patentphase eingeschleppt. Man sollte daher immer vorsichtig mit neuen Tieren sein.

3.7.2.3 Spulwurmbefall

Die Infektion mit diesen Endoparasiten erfolgt über den Kontakt mit Schweinemist, der z. B. auf Weiden verteilt wurde. Die Larven von *Ascaris suum* können sich allerdings nicht zur adulten Form weiterentwickeln und sterben in den Lungen ab. Die Diagnose erfolgt serologisch (Nachweis von AK gegen *Ascaris suum*, keine AK gegen Lungenwürmer) sowie aufgrund des Vorhandenseins einer Eosinophilie. Die Therapie besteht in einem Umtreiben der Tiere auf andere, nicht kontaminierte Weiden.

3.7.3 Stumpfes Haarkleid und/oder schlechtes Aussehen

Aufgrund der unklaren Symptomatik ist dieses Problem nicht so leicht lösbar. Oft kommt dieser Symptomenkomplex zusammen mit einer nicht zufriedenstellenden Milchproduktion vor. Differentialdiagnostisch sollten folgende Ursachen in Betracht gezogen werden:

- Fütterungsfehler und Mangelerscheinungen (z. B. Cu);
- Erkrankungen:
  - Stoffwechselstörungen: Ketose (**Kap. 3.4.3**), Fettlebersyndrom (**Kap. 3.4.4**) und Klauenerkrankungen (auf die Häufigkeit lahmer Tiere achten, **Kap. 3.6**)
  - Leberegel
  - Intoxikationen (**Kap. 3.8**)
  - Ektoparasitosen
  - Pilzinfektionen

Da viele der oben genannten Themen schon an anderer Stelle besprochen wurden, wird im Folgenden nur noch auf die Fasziolose, Ektoparasiten, Pilzinfektionen und den Cu-Mangel eingegangen.

3.7.3.1 Leberegelbefall

Wie bei der parasitären Gastroenteritis ist die Fasziolose durch eine Leistungsminderung gekennzeichnet. Stagnierende Gewichtsentwicklung oder Gewichtsverluste stellen die häufigsten Folgen des Befalls mit dem großen Leberegel *(Fasciola hepatica)* dar. Verschiedene Studien haben gezeigt, dass bei Rindern ein Gewichtsverlust von 0,07–0,2 kg pro Woche beim Vorhandensein von 30–80 Leberegeln und von 0,35–1,2 kg pro Woche bei einer Infektion mit 200 Leberegeln zu verzeichnen ist.

Über eine eingeschränkte Milchleistung gibt es nur wenige Informationen. Leistungsminderungen von 10% werden beschrieben.

Das Krankheitsbild hängt von der Anzahl aufgenommener infektiöser Stadien, den sog. Metazerkarien ab. Nach einer Infektion wird nur eine geringe Immunität entwickelt, so dass Reinfektionen additiv sind (im Gegensatz zu gastrointestinalen Würmern) und verschiedene Entwicklungsstadien gleichzeitig auftreten können.

Epidemiologie

Von essenzieller Bedeutung für die Übertragung von Leberegeln ist die Wassertemperatur. Die Entwicklung der Eier, das Schlüpfen der Larven, die Weiterenwicklung und Reproduktion larvaler Stadien in der Zwergschlammschnecke und das Schlüpfen der Zerkarien aus der Schnecke finden nur bei Wassertemperaturen von mehr als 10 °C statt. Wichtige Teile des Entwicklungskreislaufs sind an das Wasser gebunden. Auch der Zwischenwirt benötigt zur Entwicklung Feuchtbiotope. Aus diesem Grunde kommen vor allem in feuchten Sommern vermehrt Infektionen mit Leberegeln vor. Ein sehr trockener Sommer, wie z. B. 2004, geht meistens mit einer niedrigeren Prävalenz von *Fasciola* in den nachfolgenden Jahren einher. Im Gegensatz zu Magen-Darm-Nematoden, die in jedem Betrieb vorkommen, sind *Fasciola*-Infektionen auf bestimmte Regionen beschränkt.

Es finden zwei Infektionszyklen pro Jahr statt. Bei der sog. **„Sommerinfektion"** erscheinen die Metazerkarien von August bis Oktober auf den Weiden. Der Zwischenwirt wird von Mirazidien infiziert, die aus den Eiern geschlüpft sind, die von infizierten Tieren im Frühjahr ausgeschieden wurden, oder aus Eiern, die den Winter im unentwickelten Stadium überlebt haben. Die Entwicklung in den Schnecken findet im Sommer statt, und die Zerkarien erscheinen ab August.

Bei der sog. „Winterinfektion" erscheinen die Metazerkarien von Mai bis Juni auf den Weiden. Sie stammen von Schnecken, die im vorherigen Herbst infiziert wurden. Zu Beginn des Winters wird die Entwicklung von *Fasciola* in der Schnecke gestoppt. Während des Winters gibt es keine Weiterentwicklung des Zyklus. Wenn im Frühjahr die mittlere Wassertemperatur 10 °C überschreitet, werden die Schnecken aktiv, und die infektiösen Stadien vollenden ihre Entwicklung. Die Anzahl der Schnecken ist aber noch klein und die Winterinfektion von geringerer Bedeutung als die Sommerinfektion. Bei letzterer stehen immer mehr Schnecken als Zwischenwirte zur Verfügung. Metazerkarien können auch in beschränktem Maß den Winter überleben. Zeitgleich mit der Winterinfektion können sich die Tiere infizieren, so dass bereits im August Eier ausgeschieden werden, d. h. zu einem Zeitpunkt, an dem eine große Anzahl von Schnecken für eine Weiterentwicklung der Parasitenstadien zur Verfügung steht.

Symptome

Man unterscheidet akute und chronische Fasziolose. Die **akute Fasziolose** tritt in der Präpatenzperiode auf, wobei deutliche klinische Erscheinungen nur nach einer Masseninvasion im Spätsommer/Herbst sichtbar werden. Erscheinungen sind Verdauungsstörungen (Durchfall oder Verstopfung), Bauchfellreizung, subfebrile Temperaturen, verminderte Futteraufnahme und allmählich schlechter werdender Ernährungszustand. Eine klinische Untersuchung ergibt Hinweise auf eine Hepatitis/Perihepatitis.

Die **chronische Fasziolose** ist die am häufigsten vorkommende Form bei Rindern und wird durch die ausgewachsenen Egel in den Gallengängen hervorgerufen. Spezifische Krankheitserscheinungen fehlen häufig. Symptome sind Anorexie, Konstipation, schlechter Allgemeinzustand, progressive Anämie mit Abmagerung, selten Ikterus. Diarrhö wird bei älteren Tieren nur nach wiederholter Infektion festgestellt, evtl. auch im Zusammenhang mit einer gleichzeitig vorhandenen Ostertagiose.

Diagnose

Wie bei der akuten Fasziolose ist die Kenntnis epidemiologischer Faktoren für das Erkennen einer chronischen Fasziolose von Bedeutung. Symptome finden sich vor allem im Winter. Bei leichten Infektionen ist die Erkrankung weniger deutlich. Chronische Fasziolose muss differenzialdiagnostisch von der Ostertagiose Typ II unterschieden werden.

Für die Labordiagnose wird zwischen direkten und indirekten Methoden unterschieden. Bei ersterer erfolgt ein Nachweis von *Fasciola*-Eiern im Kot. Dies ist ab drei Monaten nach der Infektion möglich. Im Gegensatz zu gastrointestinalen Wurminfektionen ist die Eiausscheidung konstant (geringe Immunität). Wenn Tiere infiziert sind, bleiben sie während des ganzen Jahres Eiausscheider. Zu beachten ist, dass die Ausscheidung von Eiern in den Fäzes diskontinuierlich ist und von der Entleerung der Gallenblase abhängt, d. h. eine Kotuntersuchung sollte über mehrere aufeinander folgende Tage erfolgen. Aus diesem Grunde ist es auch vorteilhaft, von verschiedenen Tieren Proben zu nehmen. Der am Nachmittag abgesetzte Kot soll mehr Eier enthalten.

Als Methode werden die klassischen koproskopischen Nachweisverfahren, wie Flotation mit Zinkchlorid (verformt Eier) sowie die Sedimentationsmethode mit Sedimentfärbung mit Methylenblau verwendet. Eine quantitative Bestimmung kann mit der McMaster-Methode (EPG) erfolgen.

Zu den indirekten Nachweismethoden zählt zum einen die Bestimmung von Antikörpern gegen den Leberegel im Serum (z. B. indirekte Hämagglutination [IHA] oder ELISA), die schon einige Wochen nach einer Infektion hinweisend auf eine Leberegelinfektion sein soll. Zum anderen kann versucht werden, einen Leberschaden festzustellen, z. B. durch die Bestimmung der Aktivität von Leberenzymen, insbesondere der Aktivität der γ-GT (Gammaglutamyltransferase). Die Normalwerte liegen zwischen 12 und 19 U/l. Bei Leberschäden (sowohl der Hepatozyten als auch der Epithelzellen der Gallengänge) steigen die Konzentrationen ab

5 Wochen nach einer Leberegelinfektion an (10–15 fach bei schweren Infektionen). Die Bestimmung der Aktivität von Leberenzymen ist aber nicht spezifisch für Leberegelbefall.

Die postmortale Diagnose einer Fasziolose ist relativ einfach. Die Läsionen sind typisch (Zirrhose und Cholangitis chronica), und die Egel sind in den Gallengängen deutlich sichtbar. Bei der seltener vorkommenden akuten Fasziolose findet man eine diffuse serofibrinöse oder zottig-fibröse parietale und viszerale Peritonitis sowie eine akute Hepatitis.

■ Therapie

Zurzeit stehen nur wenige ausreichend wirksame Mittel zur Verfügung, die sowohl gegen erwachsene als auch gegen jugendliche Entwicklungsstadien des Leberegels wirksam sind. Die häufigsten aktiven Substanzen sind Salicylanilide, substituierte Phenole sowie verschiedene Benzimidazol-Derivate. Die meisten dieser Substanzen sind aber relativ toxisch, weshalb sie nur bei nachgewiesenem Leberegelbefall angewendet werden sollten. Bei schweren Leberegelinfektionen ist die Leberfunktion geschädigt, wodurch unerwünschte Neben- bis hin zu Vergiftungserscheinungen auftreten können. Die meisten Produkte werden auch schlecht metabolisiert, so dass behandelte Tiere meist erst 3–4 Wochen nach der Behandlung geschlachtet werden dürfen. Die Wartezeiten für Milch von behandelten Tieren schwanken zwischen 4 und 7 Tagen, wobei einige Präparate nicht bei laktierenden Tieren angewendet werden dürfen.

■ Prophylaxe

Als prophylaktische Maßnahme sollte eine entsprechende Weidehygiene durchgeführt werden (einwandfreies Tränkewasser aus Brunnen, Weidepumpen oder Wasserwagen, ggf. Drainage, Abzäunung von Wasseransammlungen). Des Weiteren kann eine Schneckenbekämpfung versucht werden.

3.7.3.2 Ektoparasitosen

■ Räude

Die Räude wird bei Rindern durch Milben wie *Sarcoptes*, *Psoroptes*, *Chorioptes* und *Demodex* verursacht. Am häufigsten ist die Psoroptes-Räude, gefolgt von Chorioptes-Befall. *Sarcoptes* kommt selten und *Demodex* sehr selten vor. Räude stört das Wohlbefinden der Tiere und kann durch den z. T. starken Juckreiz zu einer großen Unruhe in der Herde führen. Außerdem besteht die Gefahr von Sekundärinfektionen. Alles zusammen dürfte die Leistungsfähigkeit der Milchkühe negativ beeinflussen.

Symptome

***Psoroptes*-Räude** kommt meistens am Widerrist und Schwanzansatz vor, wobei scharf umgrenzte, mit einer dicken Kruste bedeckte Hautveränderungen entstehen. Die Krusten sind an der Unterseite feucht. Durch Lecken oder Scheuern werden Haare und Krusten weggescheuert, und es bleibt eine haarlose, gerötete Hautpartie zurück, die dann durch weiteres Scheuern verletzt werden kann. Manchmal kommt eine latente Infektion bei Weidetieren und in verseuchten Beständen vor. Am Ende der Weidesaison entstehen dann wieder die ersten Veränderungen zusammen mit Juckreiz (Herbsträude).

Bei ***Chorioptes*-Räude** spricht man auch von einer gutartigen Steiß- oder Schwanzräude. Veränderungen finden sich oft am Kronsaum, aber insbesondere während der Stallperiode kommen ebenfalls generalisierte Veränderungen vor. Kleine Knötchen, oft kahle Fleckchen mit Krusten entstehen dann an Euterspiegel, Oberschenkel, Euterhaut oder um die Schwanzwurzel herum. Oft sind die Krusten so klein, dass sie zwar unter dem Fell nicht zu sehen, aber zu fühlen sind. Juckreiz kommt auch vor, ist aber nicht so ausgeprägt.

***Sarcoptes*-Räude** ist im Sommer oft latent und wird dann im Winter klinisch (Winterräude). Klinische Räude manifestiert sich fast immer nur an Stellen, die für die Zunge nicht erreichbar sind. Die Erscheinungen zeigen sich nicht nur am Kopf und Hals, sondern auch verstärkt in der Umgebung der Schwanzhaare. Klinisch ist die Erkrankung durch heftigen Juckreiz, Kahlheit, Hautverdickung, Hyperkeratose, Krustenbildung und Runzelbildung an der Haut gekennzeichnet. Wenn keine Sekundärinfektionen dazukommen, sieht die Haut meistens trocken aus.

> ▶ *Psoroptes:* ist sehr ansteckend.
> *Chorioptes:* ist wenig ansteckend, gutartig.
> *Sarcoptes:* ist ansteckend und schwierig zu behandeln. ◀

Diagnose

Eine klinische Diagnose ist meist leicht anhand der Läsionen zu stellen. Es ist aber stets angeraten, eine parasitologische Untersuchung vorzunehmen. Die daraus folgende Diagnose ist bedeutsam für die Prognose. Weiterhin kann im Fall einer subklinischen oder beginnenden Räude der Verdacht durch den Nachweis der Milben erhärtet werden. Wurde eine Räudebehandlung durchgeführt, kann außerdem der Behandlungserfolg kontrolliert werden.

Milbennachweis: Psoroptes- und Chorioptesmilben kommen in großer Anzahl im Bereich der Läsionen vor, so dass es ausreicht, einige Krusten abzukratzen. Bei Verdacht auf *Sarcoptes* muss ein Hautgeschabsel entnommen werden. Mit einem Skalpell sollte soviel Haut abgeschabt werden, bis das Gewebe zu bluten beginnt. Es sind relativ wenig Milben vorhanden, obwohl die Läsionen hochgradig sein können. Wenn die Probe nicht unmittelbar untersucht werden kann, sollte sie bei 4 °C aufbewahrt werden. Der Nachweis der Milben erfolgt direkt mittels:

- Hautgeschabsel auf schwarzen Untergrund und unter Wärmequelle legen; Milben kommen aus den Krusten heraus und sind mit einer Lupe zu sehen
- Hautgeschabsel auf eine Agarplatte legen und kurze Zeit inkubieren; „Krabbelspuren" der Milben sind auf dem Agar zu sehen
- mikroskopisch nach Anfertigung eines KOH-Präparats

Da die Läsionen nach einer antiparasitären Behandlung oft persistieren, kann mittels des Milbennachweises überprüft werden, ob die Behandlung angeschlagen hat oder eine erneute Behandlung erforderlich ist. Eine erste Kontrolle wird etwa 2 Tage nach der Erstbehandlung durchgeführt (viele tote Milben und Eier). Die zweite Kontrolle wird kurz nach der letzten Behandlung vorgenommen. Zu diesem Zeitpunkt sind noch einige tote Milben zu sehen, Eier sollten aber nicht mehr vorhanden sein.

Behandlung und Bekämpfung

Zur Räudebehandlung steht eine Reihe von Akariziden zur Verfügung. Da die Milbeneier durch die Behandlung nicht zerstört werden, sind meistens zwei, manchmal sogar drei Behandlungen im Abstand von 10–14 Tagen notwendig. Eine Ausnahme hiervon machen Avermectine, bei denen eine Behandlung ausreicht. Tiere, die mit Avermectinen behandelt wurden, sind aber noch in den ersten 5 Tagen nach der Behandlung infiziert.

▶ Ivermectin wirkt nicht gegen *Chorioptes*. ◀

Die Tilgung der Räude erfordert die Behandlung aller Rinder und auch die Entseuchung der Stallgeräte. Neu angekaufte Rinder sollten einer Räudebehandlung unterworfen werden.

Läuse und Haarlinge

Am häufigsten kommen beim Rind vor:

1. Anopluren (Läuse):
   - *Haematopinus eurysternus* (Kurznasige Rinderlaus)
   - *Linognatus vituli* (Langnasige Rinderlaus)
2. Mallophagen (Haarlinge), die sich von Haut und Haarschuppen ernähren:
   - *Damalinia* (*Bovicola*) *bovis* (Rinderhaarling)

Zur Behandlung können verschiedene, auch gegen Räude zu verwendende Produkte benutzt werden. Daneben gibt es auch spezifisch gegen Läuse wirkende Insektizide. Gegen Läuse sind Avermectine wirksam.

Dasselfliegen

Infestationen von Rindern mit larvalen Stadien von *Hypoderma (H.)*-Arten sind häufig, und die ökonomische Bedeutung ist groß. In unseren Bereichen kommen beim Rind zwei Arten vor: *H. lineatum* (kleine Dasselfliege) und *H. bovis* (große Dasselfliege). Dasselbeulen sind insbesondere im hinteren Teil des Rückens zu fühlen, und zwar von Februar bis April bei jungen Tieren und von März bis Juni bei älteren (weniger stark betroffenen) Tieren.

Der Tod der Dassellarven im Rückenmarkkanal kann Ataxie und Paralyse verursachen. Auch werden z. T. kardiorespiratorische Erscheinungen hervorgerufen, die für das betroffene Tier tödlich enden können.

Behandlung und Bekämpfung

Eine Möglichkeit der Behandlung ist die manuelle Entfernung der Larven. Es ist hierbei allerdings darauf zu achten, dass die Larven nicht zerdrückt werden (Gefahr der Abszessbildung oder anaphylaktischer Reaktionen). Verschiedene Insektizide, insbesondere Organophosphate und Avermectine, können zur Behandlung verwendet werden. Die Mittel sollten aber nicht zwischen Anfang Dezember und Anfang März benutzt werden, wenn sich die Larven in der Ösophaguswand oder um den Spinalkanal herum befinden. Die beste Behandlungsperiode liegt im Herbst, wenn die Larven noch klein sind und weniger Schaden verursachen. Später werden sie zu groß und können beim Absterben einen anaphylaktischen Schock auslösen.

Fliegen

Es ist wichtig, die Belastung durch Fliegen bei den Rindern auf ein geringes Maß zu beschränken. Große Fliegenpopulationen verstören die Tiere und haben einen Einfluss auf die Gewichtszunahme und die Milchproduktion. Fliegen, besonders *Hydrothaea irritans*, sind auch von Bedeutung bei der mechanischen Übertragung der Erreger der „Pyogenesmastitis". Fliegen werden vor allem auch bekämpft, weil sie Personal und Anwohner belästigen.

Bekämpfung

Bei der Bekämpfung von Fliegen sind meist mehrere gleichzeitig wirksame Maßnahmen notwendig, die aufeinander abgestimmt werden sollten. Grundsätzlich stehen physikalische, chemische und biologische Verfahren zur Verfügung. Der Einsatz chemischer Mittel sollte sich auf das notwendige Maß beschränken. Ein besonderes Problem beim Gebrauch dieser Mittel ist die Entstehung resistenter Fliegenpopulationen. Jeweils im Frühjahr sollte mit der Bekämpfung begonnen werden, damit die 1. Fliegenpopulation erfasst und ein weiterer Aufbau der nächsten Generationen zumindest erschwert wird.

Folgende Maßnahmen zur Fliegenbekämpfung können versucht werden:

1. Physikalische Maßnahmen (Vernichtung der Brutplätze):

- Stalleinrichtungen mit möglichst wenig Nischen
- trockene Ställe mit einem guten Stallklima
- regelmäßige Reinigung der Ställe
- Anbringen von Fliegengittern vor Fenster und Türen
- Schwimmschicht der Gülle regelmäßig rühren

2. Biologische Bekämpfung:

Seit einiger Zeit sind als biologische Bekämpfungsmaßnahme Güllefliegen erhältlich, die bei Haltung der Tiere auf Spaltenböden eingesetzt werden können. Die Güllefliege hat die gleiche Nahrungsgrundlage wie Fliegenlarven und deckt ihren zusätzlichen Bedarf an Protein aus Larven der Stallfliege, hält sich aber fast nur im Unterflurbereich auf, so dass für die Tiere keine Irritationen entstehen. Für die Ansiedelung der Güllefliege sind mehrere Freilassungen in Intervallen von 1 bis 2 Wochen erforderlich.

3. Chemische Bekämpfung:

- Larvizide (Cyromazin, Diflubenzuron, Hexaflumuron und Mehopren) sind Chitin-Synthetasehemmer, die als Streu, Spritz- oder Gießmittel aufgetragen werden. Sie töten Fliegeneier und Larven ab und verhindern das Ausschlüpfen ausgewachsener Fliegen. Wirkung ist erst nach einigen Wochen sichtbar, daher oft Kombination mit einem Insektizid. Die Mittel sind für Haustiere nicht giftig, und die Resistenzlage ist günstig.
- Insektizide (Pyrethrine, Pyrethroide, Organophosphate, Carbamate) stehen zur Bekämpfung adulter Fliegen im Stall in einer breiten Palette zur Verfügung. Geprüfte und anerkannte Mittel zur Bekämpfung von tierischen Schädlingen sind in einer Liste nach § 18 Infektionsschutzgesetz (Bundesinstitut für Risikobewertung; BfR) bekannt gemacht. Die Mittel werden als Spritz- und Anstreichmittel verwendet. Wichtig ist ein Anbringen des Insektizids an strategisch günstigen Plätzen, die oft von Fliegen aufgesucht werden, d. h. möglichst in der Nachbarschaft von Tieren, aber so, dass Haustiere das Mittel nicht erreichen können (Aufbringen des Insektizids auf Triplex-Platten, die oberhalb der Tiere im Stall angebracht werden; nicht ganze Platte bestreichen, da sich sonst die Fliegen nicht daraufsetzen [schmale vertikale Bande mit trockenen Bereichen dazwischen; nicht auf alkalischen Untergrund aufbringen, z. B. gekalkte Stallmauer, da einige Insektizide ihre Aktivität unter alkalischen Bedingungen verlieren]). Bewährt haben sich auch Fliegenbänder, die Kontaktinsektizide und Lockstoffe enthalten. Diese werden in staubigen Ställen allerdings schnell inaktiv. Eine andere Form sind Granulate oder Blöcke, in denen Fraßgifte und Lockstoffe kombiniert werden.

Bei der Bekämpfung von Weidefliegen stehen folgende Methoden zur Verfügung:

- Insektizid-haltige Ohrmarken (Ohrclips mit Pyrethroiden oder Organophosphaten). Durch Applikation der Ohrmarken bei Weideaustrieb wird kontinuierlich aus der Ohrmarke Wirkstoff freigesetzt und bereits die erste Generation der Fliegenpopulation erfasst.

- Beim Pour-on-Verfahren (Cyfluthrin, Cyhalothrin, Deltamethrin, Permethrin) werden die Wirkstoffe in der vorgeschriebenen Dosierung auf den Rücken der Tiere gegossen. Die Wirkdauer beträgt meist 1–2 Monate, so dass pro Weidesaison mehrere Behandlungen notwendig sind. Auch die Pour-on-Applikation verschiedener makrozyklischer Lactone (Doramectin, Eprinomectin, Ivermectin) führt zu einer erheblichen Reduktion von kleinen Weidestechfliegen (*H. irritans*).

3.7.3.3 Pilzinfektionen

Allgemeines

Die wichtigste Pilzerkrankung beim Rind ist die **Trichophytie** (Glatzflechte, Ringworm). Die Häufigkeit von Dermatomykosen nimmt in unserer intensiven Viehhaltung zu. Die Entwicklung zur Konzentration der Rinderhaltung, wobei die Tiere mehr und mehr in Laufställen gehalten werden, hat die Hautpilzerkrankungen zu typischen Herdenerkrankungen gemacht. Eine schwierigere individuelle Beobachtung der Tiere in unseren modernen Systemen der Betriebsführung führt oft zu einer verspäteten Diagnose, was Konsequenzen für die Beseitigung des Problems hat. Bei Ausbrüchen ist eine Gruppenbehandlung angeraten.

Neben Hautpilzinfektionen kommen auch mykotische Infektionen anderer Organe vor, wie z. B. **mykotische Mastitis**, verursacht durch Hefen wie *Candida*, *Trichosporon* und *Cryptococcus*. Ein **Pilzabort** kann durch *Aspergillus*- und *Mucor*-Arten sowie durch einige Hefen wie *Candida* verursacht werden. Außerdem gibt es noch die **Pseudomykosen,** die durch Bakterien verursacht werden, welche wie die Pilze verzweigte Filamente formen, wodurch das mikroskopische Bild stark dem Bild einer echten Pilzinfektion ähnelt. Als „Pseudomykose“ wird gelegentlich Aktinomykose diagnostiziert.

Trichophytie ist meistens selbstlimitierend. Im Mittel dauern die Ausbreitung und das klinische Bild etwa drei Monate bis zu einem Jahr. Die Verbreitung des Erregers innerhalb einer Herde kann über einen Zeitraum von 9 Monaten ablaufen. Es ist deswegen wichtig, frühzeitig einzugreifen, um eine massive Infektion und Verbreitung zu verhindern. Ein Rind, welches einmal eine Trichophytie durchgemacht hat und genesen ist, wird nicht wieder befallen, da sich eine (zelluläre) Immunität entwickelt. Genesene Tiere bleiben aber eine Infektionsquelle (Träger) für junge Tiere.

Diagnose

Eine Diagnose ist in der Regel anhand des klinischen Bildes zu stellen (rundliche, gräulich borkige Bezirke). In Zweifelsfällen kann die Diagnose durch eine mikroskopische Untersuchung oder durch Anlegen einer Kultur von Haar- und Hautschuppen erhärtet werden. *Trichophyton*-Arten fluoreszieren nicht unter einer Woodschen-Lampe. Im Gegensatz dazu zeigt *Microsporum canis* die typische gelbgrüne Fluoreszenz. Beim Anlegen einer Kultur ist zu beachten, dass Hautpilze nur sehr langsam wachsen (Ergebnis oft erst nach einigen Wochen) und eine mögliche Verunreinigung mit saprophytären Keimen erfolgen kann.

Behandlung

Da die Erkrankung selbstlimitierend ist, sollte die Behandlung eine schnellere Genesung gewährleisten, um so den Infektionsdruck und die Verbreitung über die Jungviehherde zu verhindern. Darüber hinaus muss das Risiko einer Infektion des Personals vermindert werden (Zoonose).

Lokale Therapie

Hierbei ist wichtig, dass das gesamte Tier behandelt wird und nicht nur die Läsionen. Zur Vorbeugung der weiteren Verbreitung der Infektion ist es angeraten, alle Tiere der Herde in derselben Stallabteilung zu behandeln. Um den Infektionsdruck in Problembetrieben zu erniedrigen, sollte die Umgebung (Fressgitter usw.) mitbehandelt werden. Das Entfernen der Krusten und Scheren der Tiere vor der Therapie haben einen positiven Effekt auf die Heilung. Als Mittel können Natamycin (Mycophyt®, Intervet) oder Enilconazol (Imaverol®, Janssen Pharmazeutika) verwendet werden. Letzteres kann auch zur Behandlung der Umgebung verwendet werden.

Systemische Therapie

Griseofulvin (z. Zt. kein zugelassenes Präparate für lebensmittelliefernde Tiere).

Prophylaxe

- Zukauf von Tieren vermeiden.
- Nach Möglichkeit betroffene Tiere isolieren.
- Desinfektion der Umgebung; wie bei jeder Desinfektion ist eine vorhergehende gründliche mechanische Reinigung notwendig
- Vakzination: Über eine Impfung (z. B. Permavax® Tricho, Essex Tierarznei), kann eine lebenslange Immunität erlangt werden. Bei Tieren, die sich zum Zeitpunkt der Impfung in der Inkubationszeit befinden, ist zwar ein Ausbruch der Erkrankung meist nicht mehr zu verhindern, aber die Erscheinungen scheinen rascher zu verschwinden.
- Eine Vakzination ist indiziert in stark befallenen Herden. Geimpft werden sollten alle Kälber im Alter von 3–4 Wochen. Dann ist mit einer guten prophylaktischen Wirkung zu rechnen.

3.7.3.4 Kupfermangel

In gewissen Gebieten kommt **primärer Kupfermangel** vor. Die absoluten Cu-Gehalte im Gras sind zu niedrig z. B. in Naturgebieten, auf Sand- und sandigen Torfböden. Daneben kann auch ein **sekundärer Kupfermangel** vorkommen, z. B. bei eiweißreichem Futter, bei Futter, welches viel Molybdän, Zink oder Sulfat enthält oder bei stark eisenhaltigem Futter oder Trinkwasser. Kupfermangel entsteht bevorzugt im Herbst meist bei jungen Rindern, die kein Kraftfutter bekommen. Außerdem tritt Kupfermangel häufig bei den sog. „Robustrassen" auf.

Diagnose

- Kontrolle des Jungviehs auf klinische Erscheinungen wie Depigmentierung des Haares, Bein- und Klauenbeschwerden
- Kondition des Jungviehs
- klinische Erscheinungen bei älteren Tieren und Leistungsminderung
- Kontrolle der Futter- und Trinkwasserversorgung
- Serumuntersuchung: Kupferversorgung ist ausreichend, wenn die Serum-Cu-Gehalte $> 5\ \mu mol/l$ liegen
- Leberbiopsie: Auf eine ausreichende Kupferversorgung deuten Cu-Gehalte > 50 mg/kg Lebertrockensubstanz hin. Bei Konzentrationen < 25 mg/kg Lebertrockensubstanz besteht eine ernste Mangelsituation.

Behandlung und Prophylaxe

Die Behandlung von defizienten Tieren besteht in der Zufuhr von Cu per os entweder über das Anbieten kupferhaltiger Lecksteine oder die Verabreichung von 2 g $CuSO_4$ über 3 Wochen (eingemischt in schmackhaftes Futter oder Einzeltierverabreichung des in Wasser aufgelösten Spurenelements). Bei Cu-Mangel aufgrund von stark eisenhaltigem Wasser muss ein Eisenfilter in der Leitung angebracht oder Trinkwasser benutzt werden.

Tab. 3.66 Differenzialdiagnosen bei Störungen des Zentralnervensystems.

Ursache	Erkrankung
mechanisch	• meistens traumatisch und auf Einzelfälle beschränkt, insbesondere bei schlechten Haltungsbedingungen
bakteriell	• sporadisch (Meningitis, Abszess, Sinusitis, Otitis, Osteomyelitis) • Listeriose (Tab. 3.66), Tetanus
viral	• Bösartiges Katarrhalfieber (BKF) (Tab. 3.66) • IBR (Kap. 3.7.2.1) • BVD (Kap. 3.7.1.5) • Aujeszky'sche Krankheit (Tab. 3.66) • Tollwut (Tab. 3.66)
Prionen	• Bovine spongiforme Enzephalopathie (BSE) (Tab. 3.66)
nutritiv	• Hypoglykämie (Kap. 3.4.3) • Pansenazidose (Kap. 3.7.1.1) • Hypokalzämie (Kap. 3.4.1) • Hypomagnesämie (Kap. 3.4.2) • Ketonämie (Kap. 3.4.3) • Mangelzustände (Vitamine) (Kap. 3.3.2.2)
Vergiftungen	• Blei, Furoxon, Chinolon, Salzwasserintoxikation, chlorierte Kohlenwasserstoffe, organische Phosphorsäureester, Carbamate (Kap. 3.8) • Botulismus (Tab. 3.66)
sporadisch	• *Hypoderma bovis* (Kap. 3.7.3.2) • Tumoren

In Problembetrieben besteht die Vorbeuge in der Verabreichung von kupferhaltigen Lecksteinen während der Weidesaison. In Nicht-Problembetrieben braucht keine Prävention zu erfolgen.

3.7.4 Störungen des Zentralnervensystems

Differenzialdiagnostisch sollten die in **Tab. 3.66** und **Tab. 3.67** aufgeführten Ursachen in Betracht gezogen werden.

Tab. 3.67 Wichtige Erkrankungen des Zentralnervensystems.

Erkrankung	Ätiologie	Pathogenese	Symptome	Diagnose	Therapie
Listeriose (meldepflichtig)	Listeria monocytogenes	Infektion über kontaminierte Silage (pH-Wert > 5), kontaminierten Boden, aufsteigende Infektion über N. trigeminus, nichteitrige Meningoenzephalitis auf Höhe des Hirnstamms	Depression, oft Fieber, Ausfallserscheinungen der Kopfnerven, Kopfschiefhaltung, in schweren Fällen Kreisbewegungen, auch Aborte und septikämische Form	klinisch nicht sicher, Erregernachweis, Serologie, pathologisch-anatomische und histologische Untersuchung insbesondere des Gehirn	wegen intrazellulärer Lage der Bakterien und Blut-Hirn-Schranke hochdosiert: Tetracycline, Penicillin, Ampicillin, Dauer: min. 10 Tage
Aujeszky'sche Krankheit (anzeigepflichtig)	Herpesvirus	Infektion über Kontakt mit Schweinen oder anderen Vektoren (Ratte/Mensch [infektiöse Kanülen]), 4–8 d Inkubation, Virus steigt an Nerven zum Rückenmark oder Gehirn, nichteitrige Meningoenzephalitis	Fieber, Speichel, Schwitzen, Tachypnoe, Juckreiz z. T. Selbstverletzung, Deckbewegung, final Ataxie, Paralyse, Tod nach 1–2 Tagen, Heilung äußerst selten	Anamnese, Symptome, pathologisch-anatomisch-histologische Untersuchung, Virusisolation aus Gehirn und Rückenmark	nicht möglich
Bovine spongiforme Enzephalopathie (anzeigepflichtig)	Prionprotein	Infektion über Verfütterung von aus Wiederkäuern gewonnenen, nicht sachgemäß behandelten Tiermehlen (vor allem von Schafen), andere Übertragungswege? Inkubationszeit vermutlich bis zu mehreren Jahren, spongiforme Enzephalopathie, Entstehung von „Proteinplaques" im Gehirn	Tiere erkranken im Alter von 2–12 Jahren, Verhaltensänderung (Übererregbarkeit insbesondere gegenüber bekannten Situationen z. B. Melken), Bewegungsstörungen (übermäßige Beinaktion), plötzliches Niederstürzen, in der Endphase Festliegen, Tod nach einer Krankheitsdauer von 1 Woche bis zu 6 Monaten	klinische Symptome, pathologisch-histologische Untersuchung des Gehirns, Infektionsversuch	nicht möglich

Tab. 3.67 Wichtige Erkrankungen des Zentralnervensystems (Fortsetzung).

Erkrankung	Ätiologie	Pathogenese	Symptome	Diagnose	Therapie
Tollwut (anzeigepflichtig)	Rhabdovirus	Infektion über Speichel von Vektoren (Hund, Fuchs), Inkubation 10 Tage bis 6 Monate, lokale Virusvermehrung und Aufsteigen an peripheren Nerven zum Gehirn, von da aus zurück u. a. in die Speicheldrüsen	variabel, zuerst leichte Depression, danach Exzitation, Aggressivität, Brüllen, „Beißen", Schluckbeschwerden etc. Tod meist nach 48 h, auch paralytische Form möglich (nicht in Europa)	klinische Symptome, regionales Vorkommen von Tollwut, histologische Untersuchung des Gehirns: Negrische Körperchen, nichteitrige Enzephalitis, Mäuseinokulation, Immunfluoreszenz	nicht möglich
Bösartiges Katarrhalfieber	ovines Gamma-Herpesvirus-2	Übertragung nicht genau geklärt, tritt oft auf, wenn Schafe in der Nähe sind, nekrotisierende Vaskulitits, nicht-eitrige Enzephalitis	Fieber, Nasenausfluss, Erosionen der Maul- und Nasenschleimhaut, Hornhauttrübung, Lymphknotenschwellung, Diarrhö, Bronchopneumonie, extreme Depression, Mortalität bis zu 100 %	klinische Symptome, pathologisch-anatomische und histologische Untersuchung, Anwesenheit von Schafen	nicht möglich
Botulismus	Botulinumtoxin von Clostridium botulinum (Typ B, C, D)	orale Aufnahme des Botulinumtoxins über mit Kadavern kontaminiertes Futter (z. B. Gebrauch von Hühnermist mit Kadavern als Einstreu, „tote Katze im Heu")	progressive Bulbärparalyse, Zungen- und Pharynxlähmung, Speicheln (Typ B) und/oder Paralyse der Muskulatur (Typ C/D)	klinische Symptome, Nachweis des Toxins im Serum, Leber, Pansen, Magen-Darm-Inhalt oder Futter	symptomatische Therapie kaum erfolgreich, Gabe spezifischer Antitoxine (dafür aber Typisierung notwendig). Vorbeuge: Verhinderung der Kontamination, ggf. Impfung

Literatur

Dirksen, G., Gründer , H. D., Stöber, M. (Hrsg.) (2002). Innere Medizin und Chirurgie des Rindes, 4. Aufl., Parey Buchverlag Berlin, Wien.

Eicken, K., H.R. Frey, B. Grummer, V. Moennig und B. Liess (2004): Epidemiologische Langzeituntersuchungen und Überwachungsmaßnahmen zur Bekämpfung von BVD-Virusinfektionen in einem nordwestdeutschen Rinderzuchtbetrieb. Ein Fallbericht. Prakt. Tierarzt 85, 350–355.

Mayr, A. (Hrsg.) (2001): Medizinische Mikrobiologie, Infektions- und Seuchenlehre 7. Aufl., Ferdinand Enke, Stuttgart.

Moennig, V., K. Eicken, U. Flebbe, H.R. Frey, B. Grummer, L. Haas, I. Greiser-Wilke und B. Liess (2005): Implementation of two-step vaccination in the control of bovine viral diarrhöa (BVD). Prev. Vet. Med. 72, 109–114.

Schadewinkel-Scherkl, A.-M., und R. Scherkl (1995): Antibiotika und Chemotherapeutika in der tierärztlichen Praxis. Gustav Fischer, Jena–Stuttgart.

Schnieder, T., M. Rommel, J. Eckert und E. Kutzer (Hrsg.) (2006): Veterinärmedizinische Parasitologie. Begr. v. J. Boch und R. Supperer 6. Aufl., Paul Parey, Berlin, Hamburg.

Selbitz, H.-J., H.-J. Sinell und A. Sziegoleit (1995): Das Salmonellen-Problem. Gustav Fischer, Jena–Stuttgart.

Stratmann, J., M. Homuth und G.F. Gerlach (2005): Überlegungen zur Kontrolle und Bekämpfung der Paratuberkulose in Milchviehbeständen. Dtsch. Tierärztl. Wochenschr. 112, 304–306.

Wolf, G., P. Thierauf, A. Wolfmeyer, M. Beer, J. Pichler und O.-R. Kaaden (1996): Impfindikation und Impfstrategie bei BVD. Prakt. Tierarzt 77, Collegium Veterinarium, 4–8.

3.8 Vergiftungen

A. de Kruif, R. Mansfeld und M. Hoedemaker

Vergiftungsfälle sind relativ selten, betreffen aber häufig ganze Tiergruppen oder den gesamten Bestand, wenn alle Tiere den toxischen Einflüssen gleichermaßen ausgesetzt sind. Im Folgenden soll das Herangehen an Vergiftungsprobleme auf Bestandsebene besprochen werden.

3.8.1 Vergiftungsfälle auf Bestandsebene

Im Rahmen der Bestandsbetreuung/Bestandsdiagnostik werden zwei Formen von Vergiftungen unterschieden.

3.8.1.1 Einfache Vergiftungsfälle

Als „einfache Vergiftungsfälle" werden diejenigen Vergiftungen bezeichnet, die von Stoffen verursacht sind, die durch gängige diagnostische Verfahren leicht nachzuweisen sind, und von denen die bei den Tieren auftretenden Vergiftungserscheinungen sowie Dosis-Wirkungsbeziehungen gut bekannt sind. Dabei ist zu denken an:

- Nitrat
- Organophosphate
- Arsen, Blei, Zink, Thallium, Quecksilber und Kupfer
- einige Schädlingsbekämpfungsmittel

Der Tierarzt wird in eindeutigen Fällen zu einer Diagnose und einer Ursachenfeststellung kommen, so dass ein komplexerer diagnostischer Ansatz nicht notwendig wird.

3.8.1.2 Schwierige oder komplexe Vergiftungsfälle

Bei den „schwierigen" oder „komplexen" Vergiftungsfällen handelt es sich um Vergiftungen, deren verursachte Symptomatik nicht eindeutig ist oder/und die mit gängigen labordiagnostischen Methoden nicht nachweisbar sind. Zum Teil sind für die Nachweisverfahren teure Geräte oder besonderes „Know-how" erforderlich, die nicht allerorts zur Verfügung stehen. Die Diagnostik wird außerdem dadurch erschwert, dass in vielen Fällen das Wissen hinsichtlich der bei den Tieren hervorgerufenen Krankheitserscheinungen und der Dosis-Wirkungs-Beziehungen nicht ausreicht oder dass mehrere Toxine gleichzeitig wirken.

3.8.2 Diagnostik

Vorberichtlich müssen Art, Umfang und Dauer der aufgetretenen Erscheinungen sowie die betroffenen Tiergruppen (Alter, Leistung/Laktationsstadium) erfragt werden. Außerdem muss festgestellt werden, ob zeitliche Zusammenhänge zwischen Ereignissen im Betrieb und dem Auftreten der Vergiftungserscheinungen bestehen können. Dabei können unwesentlich erscheinende Ereignisse (Öffnen eines neuen Futtersilos, neues Heu, Personalwechsel beim Füttern, Ausbrechen der Tiere auf der Weide etc.) ebenso von Belang sein wie offensichtliche. Auf diese Weise wird versucht, einer Differenzialdiagnose näher zu kommen.

Die vorberichtlichen Angaben werden durch Auswertung der betrieblichen und/oder tierärztlichen Dokumentation (Grad des Leistungsabfalls, Anzahl von Erkrankungsfällen, Aborte, Todesfälle etc.) ergänzt.

Es folgt die Betriebsinspektion, bei der besonderer Wert zu legen ist auf:

- Untersuchung von Tieren mit klinischen Erscheinungen
- Prüfung der vorgelegten Futterration und Feststellung verwendeter Additive
- Feststellung, ob und falls ja, welche Arzneimittel verwendet wurden
- Untersuchung der Tierumgebung (ggf. alle möglichen Aufenthaltsorte): Suche nach Faktoren, die mit den Vergiftungserscheinungen im Zusammenhang stehen können (von der Dose Mennige [Rostschutzfarbe] bis zur chemischen Fabrik in der näheren Umgebung)

Die Fakten, die sich aus der Anamnese, der Analyse des vorhandenen Datenmaterials und den Ergebnissen der Bestandsinspektion ergeben, ermöglichen in einzelnen Fällen bereits eine (Verdachts-)

Diagnose. In allen Fällen muss versucht werden, über nähere Untersuchungen zu einer sicheren Diagnose zu gelangen.

Es ist ratsam, sich bei dem Labor, das die weitergehenden Untersuchungen durchführen soll, genau zu erkundigen, welche Art Probenmaterial (z. B. Blut [Plasma, Serum], Harn, Panseninhalt, Haare, Organmaterial, Wasser, Futter- und Bodenproben) benötigt wird, wann und wie dieses gewonnen und wie und wohin es transportiert werden soll, um die Untersuchung entsprechend der Verdachtsdiagnose durchführen lassen zu können. Dies sollte für jeden Einzelfall neu besprochen werden.

▶ Es ist sehr wichtig, vor etwaigen Untersuchungen genau abzuklären, mit welchen Kosten zu rechnen ist, da einige Untersuchungen sehr teuer sind. ◀

3.8.3 Ursachen

3.8.3.1 Futtermittel und Wasser

Viele Futtermittel können unter bestimmten Umständen unerwünschte Effekte bis hin zu Vergiftungen verursachen. Bei Grundfuttermitteln kommen Nitratvergiftungen, Verunreinigungen mit Ungräsern und Unkräutern (z. B. Farne, Schachtelhalme, Nachtschattengewächse [bei Mais]), Mykotoxikosen, Blei usw. in Betracht. Bei Kraftfuttermitteln ist vor allem Aflatoxin bekannt, aber auch diverse nicht erwünschte oder sogar nicht erlaubte Additive (z. B. Antibiotika, Monensin) können größere Schäden verursachen. Auch Zwiebeln, Kohl und Stoppelrüben können Intoxikationen verursachen. Wasser, vor allem Oberflächenwasser, kann durch verschiedene Ursachen verunreinigt sein.

3.8.3.2 Fabriken, Mülldeponien u.ä.

Bei Vergiftungen, deren Ursachen durch die Nähe von Fabriken, Mülldeponien etc. bedingt sind, sind nicht nur toxikologische, sondern auch forensische Aspekte von Bedeutung. Dabei ist es gleichermaßen wichtig wie schwierig, den kausalen Zusammenhang und den Umfang des eingetretenen Schadens zu beweisen.

3.8.4 Prophylaktische und therapeutische Maßnahmen

Das frühzeitige Erkennen vergiftungsbedingter Gefahrensituationen durch den bestandsbetreuenden Tierarzt kann vielen Problemen zuvorkommen. Auch Fachwissen und Aufmerksamkeit des Viehhalters sind von wesentlicher Bedeutung. Sachkenntnis im Umgang mit Schädlingsbekämpfungsmitteln, Kunstdünger und bestimmten, nicht unproblematischen Futtermitteln sind für die Prävention unentbehrlich.

Die Behandlung hängt stark von der jeweiligen Vergiftung ab. Bei jeder Behandlung von Vergiftungsfällen müssen Maßregeln aufgestellt werden, mit denen entsprechende Fälle in Zukunft vermieden werden. Dabei spielt die Frage der Kosteneffektivität solcher Maßnahmen eine wesentliche Rolle.

Literatur

Frey, H.-H., u. W. Löscher (2002): Lehrbuch der Pharmakologie und Toxikologie für die Veterinärmedizin. Thieme Verlag, Stuttgart.

Mansfeld, R., E. Grunert und J. Kautni (1989): Mykotoxikose als Bestandsproblem bei Milchkühen – ein Fallbericht. Mh. Vet.-Med. 44, 409–412.

Möller, J. A., A. Thalmann und M. Hausmann (1978): Über das Vorkommen von Fusarien und Zearalenon in Futtermitteln. Landwirtsch. Forsch. 31, 38–44.

Schuh, M., und W. Baumgartner (1988): Mikrobiologisch und mykotoxikologisch kontaminierte Futtermittel als Krankheitsursache bei Rindern. Wien. tierärztl. Mschr. 75, 329–332.

Dirksen, G.; Gründer, H.; Stöber, M. (Hrsg) (2002): Innere Medizin und Chirurgie des Rindes. 4. Aufl., Parey Buchverlag, Berlin, Wien.

3.9 Zucht, Selektion und Bullenauswahl

R. Mansfeld, M. Hoedemaker und A. de Kruif

3.9.1 Allgemeines und Erblichkeitsgrade wichtiger Merkmale

Rinder haben natürlicherweise eine geringe Nachkommenzahl und einen großen Generationenabstand. Selektionsmaßnahmen in der Rinderzucht wirken daher erst nach langer Zeit. Die Festlegung von Zuchtzielen ist immer eine schwierige, lange Zeit nachwirkende und dementsprechend verantwortungsvolle Aufgabe. Da sich die Zuchtziele an den agrarmarktpolitischen Gegebenheiten orientieren müssen, diese aber nicht immer längerfristig stabil sind, wird die Zuchtplanung durch äußere politische Einflüsse zusätzlich erschwert. In der Bundesrepublik Deutschland werden vielfach Zweinutzungsrassen (z. B. Deutsches Fleckvieh) gehalten. In vorwiegend Milch produzierenden Betrieben sind Deutsche Schwarbunte, wie auch das Schwarzbunte Milchrind in zunehmendem Maße mit Deutschen Holsteins (Holstein-Friesian) gekreuzt worden, so dass eine stärkere Milchbetonung der Zweinutzungsrassen und eine Entwicklung in Richtung Einnutzungsrasse erkennbar geworden ist. Dies hat zwar zu einer deutlichen Leistungssteigerung geführt, ist aber auch mit Problemen bei der Fitness und der Nutzungsdauer der Tiere verbunden. Die mittlere Nutzungsdauer von Holstein-Kühen beträgt nur noch 2,7 Laktationen. Die Remontierungsraten liegen in manchen Betrieben deutlich über 40% mit entsprechenden wirtschaftlichen Folgen. Während in der kanadischen Zucht unter der Bezeichnung „balanced breeding" Fitness und Nutzungsdauer schon seit längerer Zeit berücksichtigt werden, hat man in Deutschland erst in der jüngeren Vergangenheit begonnen, funktionale Merkmale trotz allgemein niedriger Heritabilitäten vermehrt zu berücksichtigen. Zwar sind die meisten Probleme sehr wahrscheinlich managementbedingt; doch muss parallel zur möglichst flächendeckenden Optimierung des Managements auch züchterisch etwas zur Verbesserung der Situation beigetragen werden. Zu diesem Zweck hat der Deutsche Holstein Verband 2002 beschlossen, die Gewichtung des Relativzuchtwertes Nutzungsdauer (RZN) im Gesamtzuchtwert (RZG) von 6 auf 25% zu erhöhen und gleichzeitig den Relativzuchtwert Milch (RZM) von 56 auf 50% gesenkt. Außerdem werden seither Hilfsmerkmale, die mit der Nutzungsdauer korrelieren (Vordereuteraufhängung, Zellzahl, Fundamentnote, Körpertiefe, Abkalbeverhalten der Töchter) berücksichtigt. Auch Veränderungen des Relativzuchtwerts Exterieur (RZE) hinsichtlich der Gewichtung bestimmter Merkmale, die einen negativen Effekt auf die Nutzungsdauer haben (Milchtyp, Größe, Stärke, Körpertiefe) werden diskutiert.

Die Deutsche Fleckviehzucht strebt nach wie vor ein Zweinutzungsrind mit hoher Milch- und Fleischleistung an. Die Durchschnittsleistung liegt auch beim Fleckvieh mittlerweile bei mehr als 7.000 kg bei 3,9% Fett und 3,7% Eiweiß. Mittels eines Kreuzungsprogramms Fleckvieh × Holstein Friesian sollen in der F1-Generation Heterosiseffekte genutzt werden. Ziele sind eine Verbesserung der Substanz und der Bemuskelung der Milchkühe, des Fundaments und der Fitness, bessere Masteigenschaften der Kälber, eine Erhöhung des Eiweißgehalts der Milch und eine Reduktion des Zellgehalts und der Mastitisanfälligkeit im Vergleich zum reinen Milchtyp.

Der **Zuchtfortschritt** ist abhängig von der Größe der Zuchtpopulation, der Selektionsintensität, der Qualität und dem Umfang der Leistungsprüfungen, der Genauigkeit der Zuchtwertschätzung, der Funktionsfähigkeit der Zuchtprogramme (Auswahl geeigneter Merkmale, Heritabilitäten, genetische Variation [Standardabweichung von jedem Selektionsmerkmal]) und dem Generationsintervall. Die **Tab. 3.68** und **Tab. 3.69** zeigen Übersichten über die Erblichkeitsgrade (Heritabilitäten) wichtiger ökonomisch relevanter Merkmale bzw. „Brauchbarkeitsmerkmale".

3.9.2 Zuchtprogramme

Aufgabe der Rinderzucht ist außer einer Verbesserung der so genannten „direkten Leistungen" (Milch- und gegebenenfalls Fleischleistung) auch eine Verbesserung „indirekter Leistungen" wie Gesundheit, Konstitution, Fruchtbarkeit, Futteraufnahmevermögen, Abkalbevorgang, Melkbarkeit, Eutergesundheit etc. zu erzielen. Leistungsprüfungen sind die wichtigste Grundlage für die Selektion.

Tab. 3.68 Erblichkeitsgrade ökonomisch relevanter Merkmale

Merkmal	Erblichkeitsgrad (h^2)
Milchproduktion	
Milchmenge	0,25
Fettgehalt	0,50
Eiweißgehalt	0,50
Persistenz	–
Fortpflanzung	
Fruchtbarkeit (Zwischenkalbezeit)	0,05
Nutzungsdauer	0,10
Fleischproduktion	
Futterumsetzung	0,05
Wachstumsgeschwindigkeit	0,40
Widerristhöhe	0,60
körperliche Entwicklung	0,50
Grundfutterverbrauch	–
Krankheitsresistenz (Mastitis)	0,15

Tab. 3.69 Erblichkeitsgrade brauchbarkeitsrelevanter Merkmale.

Merkmal	Erblichkeitsgrad (h^2)
Aufhängung und Form des Euters und der Zitzen	
• Aufhängung des Euters	0,20
• Form des Euters	0,35
Futteraufnahme und Melkbarkeit	
• Futteraufnahme (Geschwindigkeit)	0,15
• Maximaler Milchfluss	0,60
• Laufenlassen von Milch	0,10
Kalbeeigenschaften	0,01
dauerhafte Klauen- und Gliedmaßengesundheit	0,15
Umgänglichkeit	0,20

Träger heutiger Zuchtprogramme sind Zuchtverbände, Besamungsorganisationen, Landeskontrollverbände und die staatliche Tierzuchtverwaltung. Ein Zuchtprogramm besteht aus folgenden Abschnitten:

- Leistungsprüfung und Zuchtwertschätzung der Bullen und Kühe
- Auswahl von Bullenmüttern und Bullenvätern
- gezielte Anpaarung
- Selektion und Aufzucht der Bullenkälber aus gezielten Anpaarungen
- Selektion der Prüfbullen
- Nachkommenprüfung der Prüfbullen
- planmäßiger Einsatz der positiv geprüften Bullen

3.9.2.1 Bullenprüfung (klassisches Modell)

Das klassische Modell einer Bullenprüfung ist folgendermaßen aufgebaut:

- Prüfeinsatz (Besamungen mit Samen des Prüfbullen bei einem Teil der aktiven Population)
- Wartebullenhaltung (Herausnehmen des Prüfbullen aus dem Besamungseinsatz bis zum Vorliegen des Ergebnisses der Nachkommenprüfung) oder Sperma-Langzeitlagerung (Anlegen eines ausreichenden Samendepots nach dem Prüfeinsatz und anschließende Schlachtung des Bullen)
- Selektion der Bullen (Auswahl der Bullen nach Vorliegen des Ergebnisses der Nachkommenprüfung)
- Erteilung der Besamungserlaubnis (Einsatz der positiv geprüften Bullen in der künstlichen Besamung)

Aus dem Prüfungseinsatz der Bullen ergeben sich folgende leistungsrelevante Informationen:

- Non-return-Rate der angepaarten Kühe (NR 56, NR 90)
- Trächtigkeitsdauer, Tot- und Schwergeburten (350–400 Geburten)
- mittlere tägliche Zunahmen bei Körungen vorgestellter Söhne (bei Zweinutzungsrassen)
- Mast- und Schlachtleistungen bei Söhnen in Nachkommenprüfstationen (12 Söhne; bei Zweinutzungsrassen)
- Ergebnisse des Messens und Beurteilens von Jungkühen in Praxisbetrieben (Lineare Exterieurbeurteilung bei 50 Töchtern)
- 100-Tage-Leistung (erste 3 Probemelken)
- Ergebnisse der Melkbarkeitsprüfung (30 bis 50 Töchter in der 1. Laktation; Feststellung von ∅ Minutengemelk und ∅-Nachgemelk)
- 305-Tage-Leistung (Milch-, Fett- und Eiweißmenge, Fett- und Eiweißgehalt)
- Zellgehalte in der Milch
- Abgänge bis zum Abschluß der 1. Laktation

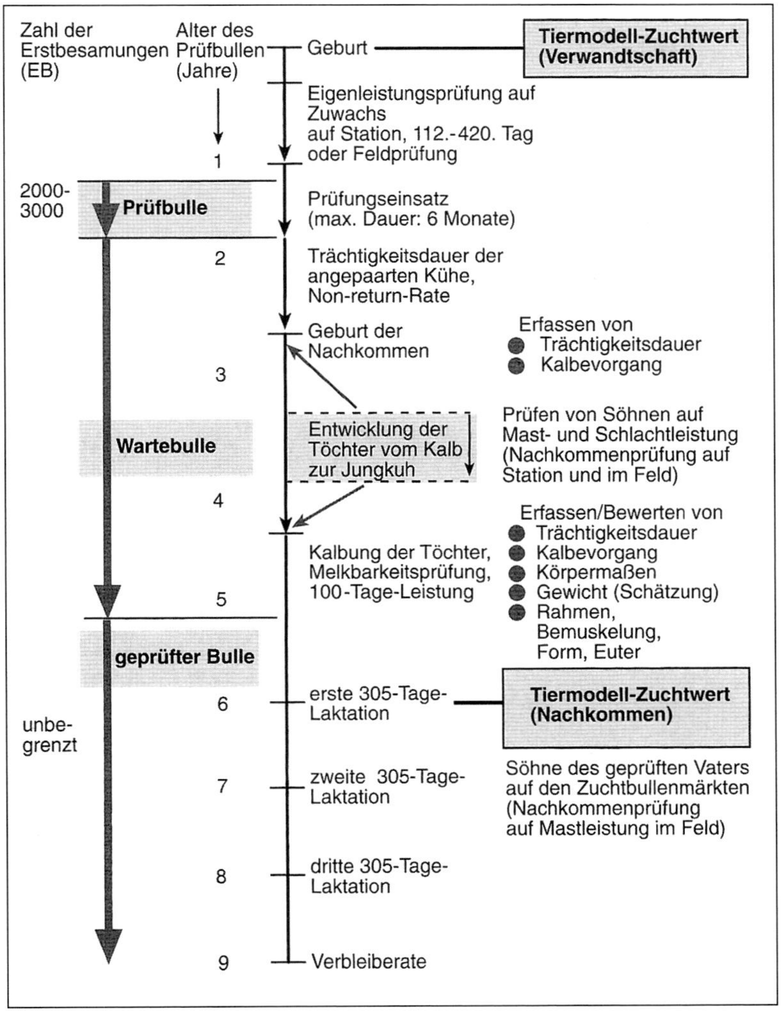

Abb. 3.55 Beispiel eines Bullenprüfprogramms für eine Zweinutzungsrasse (Fleckvieh) (nach Wiedenmann 1994).

- Zwischenkalbezeiten
- Leistungen in 2. und 3. Laktation
- Verbleiberate

Abb. 3.55 zeigt ein Bullenprüfprogramm für eine Zweinutzungsrasse (Deutsches Fleckvieh). Für die Zuchtwertschätzung ist es wichtig, daß beim Einsatz des Spermas von Prüfbullen das gesamte Leistungsspektrum der Kühe abgedeckt wird. In der Regel sollten wenigstens 25% aller Erstbesamungen mit Sperma von Prüfbullen erfolgen. Die Entscheidung über den weiteren Einsatz eines nachkommengeprüften Bullen kann erst erfolgen, wenn die Zuchtwertschätzung ausreichend sicher ist (bei Vorliegen von ca. 40 100-Tage-Leistungen) und die Exterieurbeurteilung der Töchter erfolgt ist. Für die Erteilung der Besamungserlaubnis werden in allen wichtigen Leistungskriterien Mindestwerte gefordert. Bei späterer Unterschreitung dieser Werte (z.B. geringere Leistung in 2. und 3. Laktation) wird die Besamungserlaubnis widerrufen.

3.9.2.2 Auswahl von Bullenmüttern und Bullenvätern

Die Auswahl als Bullenmutter erfolgt in der Regel bereits anhand der Leistungsdaten aus der 1. Laktation, so dass die Belegung zum 2. Kalb bereits als gezielte Anpaarung durchgeführt werden kann. Die Auswahl geschieht in zwei Stufen. Zuerst werden

Tab. 3.70 Anteile verschiedener „Zuchtpfade" am Zuchtfortschritt.

Pfad	Anteil (%)	Anmerkungen
Bullenväter	45	höchster Anteil, da schärfste Selektion
Bullenmütter	30	kann bei Einsatz von Embryotransfer höher liegen
Kuhväter	20	
Kuhmütter	5	sehr geringe Selektionsdifferenz im Betrieb

Herdbuchkühe, die den Leistungsanforderungen des jeweiligen Zuchtprogramms entsprechen (verschiedene Zuchtwerte, Leistung), mit Hilfe der zur Verfügung stehenden Daten vorausgewählt. Anschließend werden die vorausgewählten Tiere im Bestand einer Exterieurbeurteilung und einer Melkbarkeitsprüfung unterzogen. Entsprechen die Ergebnisse den Anforderungen, kann ein Tier in das Zuchtprogramm aufgenommen werden.

Aus den jährlich positiv geprüften Bullen werden je nach Rasse 3 bis 25 als Bullenväter ausgewählt. Zur Vermeidung von Inzucht darf die Anzahl der Bullen nicht zu gering sein.

Die ausgewählten Bullenmütter und Bullenväter werden zur Erzeugung der nächsten Bullengeneration gezielt gepaart. Dazu erhält der Zuchtbetrieb von der Zuchtleitung eine sogenannte Paarungsempfehlung.

3.9.2.3 Zuchterfolg

Tab. 3.70 zeigt die Anteile der verschiedenen „Zuchtpfade" am Zuchtfortschritt.

3.9.3 Alternative Zuchtprogramme

In „MOET-Zuchtprogrammen" oder „Nukleus-Zuchtprogrammen" werden in Elite-Herden, den sogenannten Nukleus-Herden bei Hochleistungskühen mehrfache Superovulationen herbeigeführt und Embryotransfers vorgenommen. Dabei wird zwischen offenen Nukleus-Zuchtprogrammen (es werden immer wieder neue Spitzenkühe aus der Population in den Nukleus einbezogen) und geschlossenen Nukleus-Zuchtprogrammen (keine Nachlieferung von Tieren in den Nukleus) unterschieden. Es gibt auch Kombinationen von herkömmlichen und alternativen Zuchtprogrammen, wie zum Beispiel im Falle des Embryotransfer-Donortest-Zuchtprogramms der Osnabrücker Herdbuchgesellschaft. Dabei werden ein offenes Nukleus-Zuchtprogramm und ein traditionelles Bullenprüfprogramm miteinander kombiniert (**Abb. 3.56**).

3.9.4 Tierbeurteilung

Da die Leistungsfähigkeit eines Tieres für eine bestimmte Nutzungsrichtung bereits frühzeitig am Exterieur erkannt werden kann, hat sich die Exterieurbeurteilung als Hilfsmittel zur Beurteilung der Tiere bezüglich ihrer Eignung für das verfolgte Zuchtziel bewährt. Grundsätzlich werden zwei Typen unterschieden:

1. **Milchtyp oder Stoffumsatztyp:** schmaler, langer und feiner Kopf; schmale, lange und flache Brust; weit nach hinten reichende, hochgestellte Berippung
2. **Masttyp oder Stoffansatztyp:** breiter, kurzer Kopf; kurzer, steiler Hals; stark gewölbte, tiefgestellte Berippung.

Tab. 3.71 zeigt Beispiele für Zusammenhänge zwischen Körperformen und leistungsrelevanten Parametern.

Die praktische Tierbeurteilung umfasst die Bewertung wirtschaftlich relevanter Exterieureigenschaften. Zur Durchführung dient ein bundeseinheitliches Bewertungssystem für die äußere Erscheinung. In diesem System wird für die Kriterien „Rahmen", „Bemuskelung", „Form" und „Euter" eine Benotung vorgenommen (9 = beste Note, 5 = Mittelwert, 1 = schlechteste Note).

Bewertung des Rahmens: Körpergröße, -länge, -breite, -tiefe (**Abb. 3.57**). Die Richtwerte für die Benotung des Rahmens sind rassespezifisch.

Bewertung der Bemuskelung: Bewertung in der Reihenfolge Keule, Rücken, Schulter. Für die Benotung müssen Rassezugehörigkeit, Futterzustand, Alter und Laktationsstadium berücksichtigt werden.

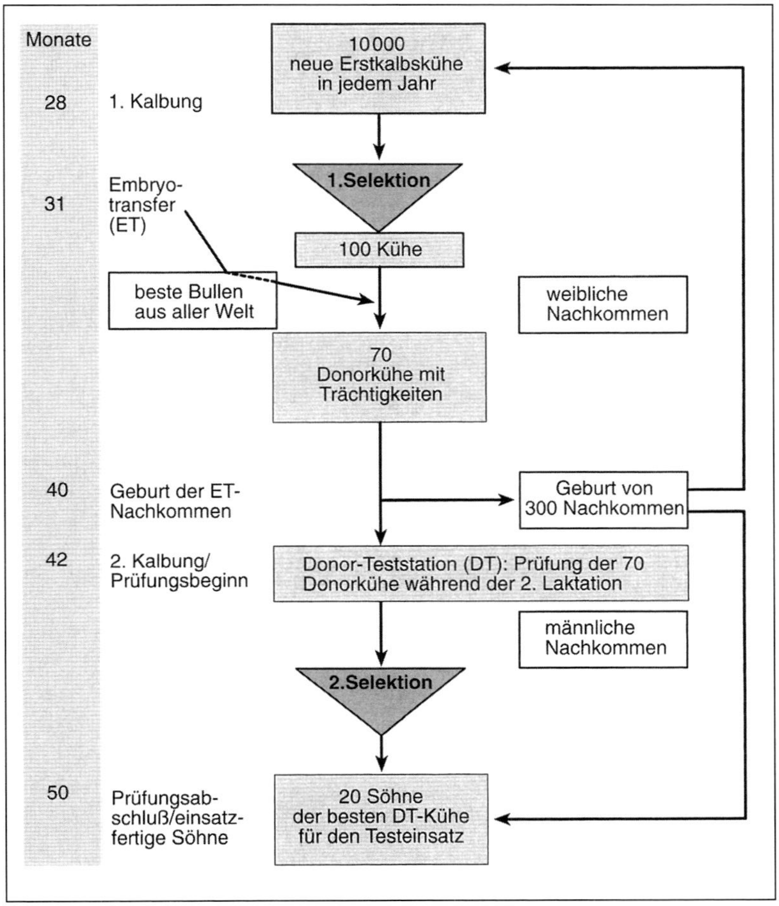

Abb. 3.56 Schema des Embryotransfer-Donortest-Zuchtprogramms der Osnabrücker Herdbuch-Gesellschaft (nach Wiedenmann 1994).

Tab. 3.71 Zusammenhänge zwischen Körperformen und Leistung (nach Wiedenmann 1994).

Merkmal	Art der Leistungsbeeinflussung
Kieferverkürzung	negative Beeinflussung der Futteraufnahme
lockere Schulter	Beeinträchtigung der Fortbewegung
Schnürbrust, gratiger Rücken	Fehlen einer ausgeprägten Schulter-, Rücken- und Lendenmuskulatur
gespaltene Schulter und Kruppe	ausgeprägte Muskulatur (gute Fleischleistung); negative Beeinflussung der Abkalbevorgänge (Schwergeburten)
kurzes, schmales Becken	kleine Keule, kurzer Euteransatz
Fundamentmängel: • Stuhlbeinigkeit, spastische Parese, verdrehte Vorbeinstellung etc.	Beeinträchtigung der Fortbewegung, frühzeitige Verbrauchserscheinungen
Klauenmängel: • Rollklauen, zu kleine Klauen, Klauen mit zu steiler Wand, Spreizklauen etc.	Beeinträchtigung der Fortbewegung, schmerzhafte Erkrankungen (Leistung ↓)
fehlerhaftes Euter: • Stufeneuter, Hängeeuter, Beizitzen etc.	Beeinträchtigung der Melkbarkeit und der Eutergesundheit (Leistung ↓)

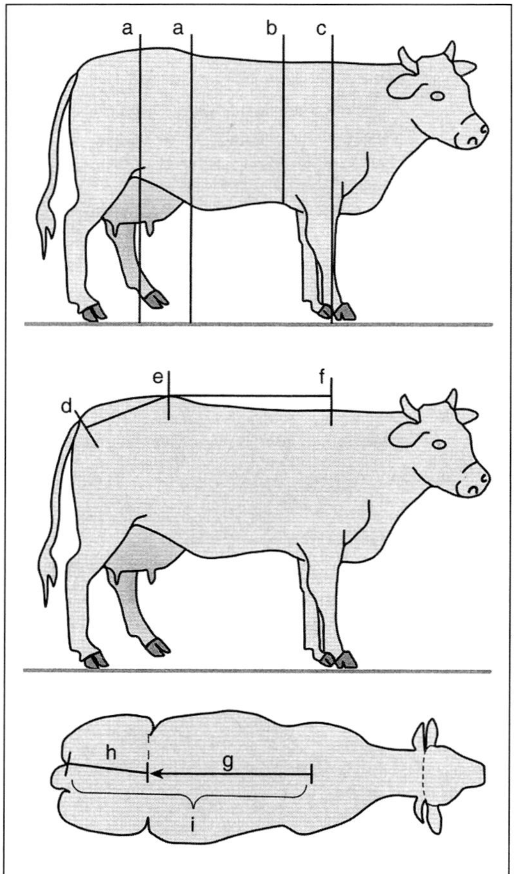

Abb. 3.57 Körpermaße beim Rind nach Wiedenmann (1994) (Zeichnung: S. Mansfeld).
a = Kreuzhöhe
b = Brustumfang
c = Widerristhöhe
d = Sitzbeinhöcker
e = Kreuz
f = Widerrist
g = Mittelhandlänge
h = Beckenlänge
i = Körperlänge

Bewertung der Form: Hier wird im Wesentlichen das Fundament beurteilt, dessen Merkmale die Nutzungsdauer der Tiere am stärksten beeinflussen. Abweichungen werden daher auch als „nutzungsbeschränkende Mängel" bezeichnet.

Bewertung des Euters: Die Euterqualität ist bei Milchkühen von außerordentlicher Bedeutung. Die Euterbeurteilung soll etwa 6 bis 10 Wochen nach dem Kalben vorgenommen werden, da das Laktationsstadium die Euterform beeinflusst.

Das „ideale Euter" hat folgende Eigenschaften:

- weit nach vorne reichendes Baucheuter
- weit nach hinten reichendes, hoch und breit angesetztes Schenkeleuter
- straffer Eutersitz (festes Zentralband)
- korrekte Zitzenstellung (möglichst senkrecht; ausreichender Abstand)
- mittlere Zitzenlänge (6–7 cm) und -dicke
- keine überzähligen Zitzen

3.9.4.1 Lineare Beschreibung der Milchkühe

Bei der ursprünglich aus Amerika stammenden linearen Beschreibung der Milchkühe werden möglichst viele Merkmale erfasst, die für direkte oder indirekte Leistungen von Bedeutung sind. Die Ausprägung der einzelnen Merkmale wird einer vorgegebenen Beschreibung zugeordnet und mit einer Ziffer beschrieben (normale Ausprägung = 5, Extreme = 1 oder 9; **Abb. 3.58** bis **Abb.3.60**, **ABL 3.6**). Die lineare Beschreibung wird v.a. bei der Bewertung der Bullenmütter und -töchter (Nachzuchtbewertung) angewendet. Bei den Bullentöchtern wird das Ergebnis im Nachzuchtbericht als Abweichung vom Vergleichsmittel angegeben (**Abb. 3.61**). Maß ist die Standardabweichung für das jeweilige Merkmal. Die Abweichung wird in Standardabweichungen oder als Relativzahl (Mittelwert = 100; Standardabweichung = 12 Punkte) angegeben. Weist die Nachzucht eines Bullen in einem Merkmal +2 Standardabweichungen bzw. eine Relativzahl von 124 auf, so bedeutet das, daß diese Nachzucht bezüglich dieses Merkmals zur Spitzengruppe von 2,3% gehört. Die Einzelmerkmale werden zu einer Gesamtbewertung in den Hauptkriterien Rahmen, Bemuskelung, Form und Euter zusammengefaßt, wobei die Heritabilitäten und die wirtschaftlichen Bedeutungen der Einzelmerkmale berücksichtigt werden.

3.9.4.2 Zuchtwertschätzung für Milchleistung

Die Zuchtwertschätzung für Milchleistung wird seit 1991 bundeseinheitlich nach dem „Mehr-Abschnittstiermodell" durchgeführt. Dazu werden 5 Leistungsabschnitte herangezogen:

1. Abschnitt: 1. Laktation (1. bis 100. Tag)
2. Abschnitt: 1. Laktation (101. bis 200. Tag)
3. Abschnitt: 1. Laktation (201. bis 305. Tag)
4. Abschnitt: 2. Laktation (305-Tage-Leistung)
5. Abschnitt: 3. Laktation (305-Tage-Leistung)

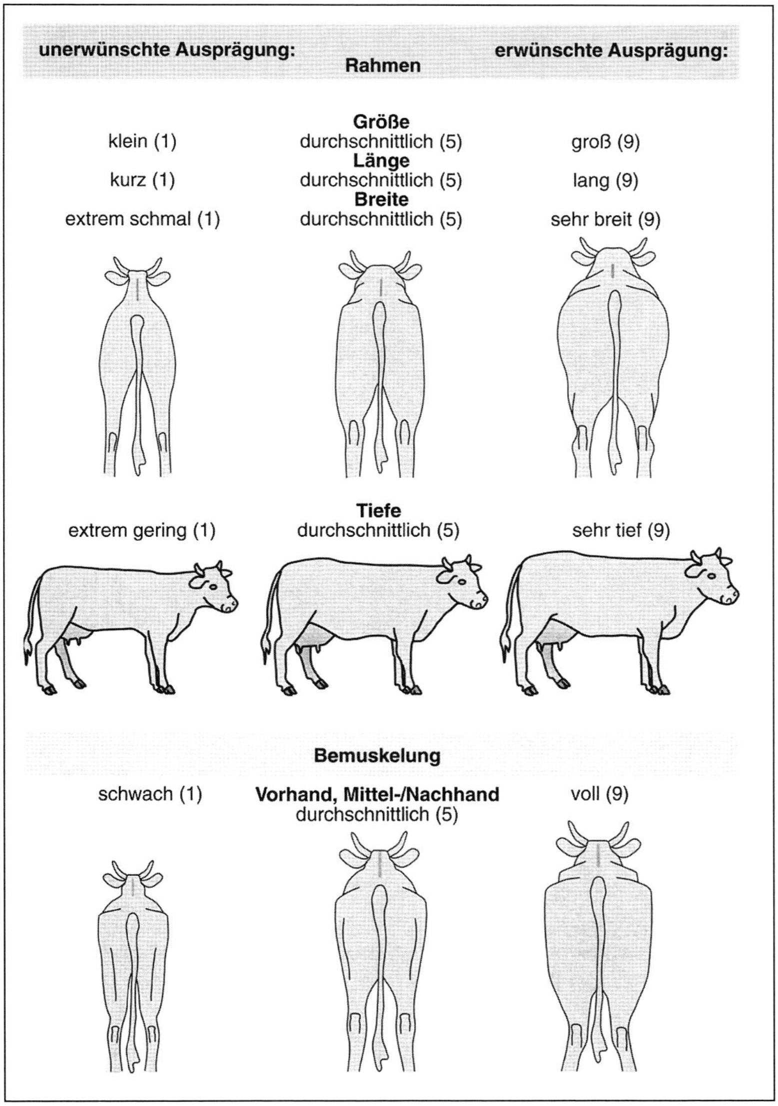

Abb. 3.58 Beispiel für eine lineare Beschreibung von Milchkühen (Rahmen und Bemuskelung) nach Wiedenmann (1994) (Zeichnung: S. Mansfeld).

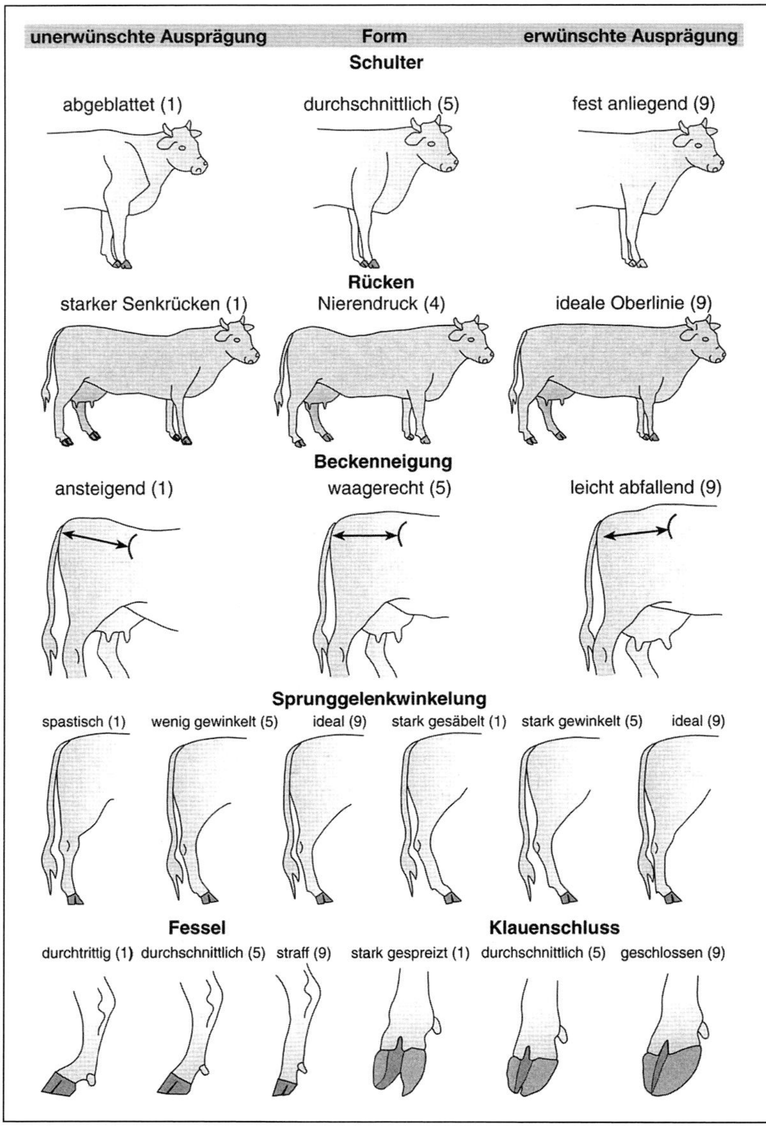

Abb. 3.59 Beispiel für eine lineare Beschreibung von Milchkühen (Form) nach Wiedenmann (1994) (Zeichnung: S. Mansfeld).

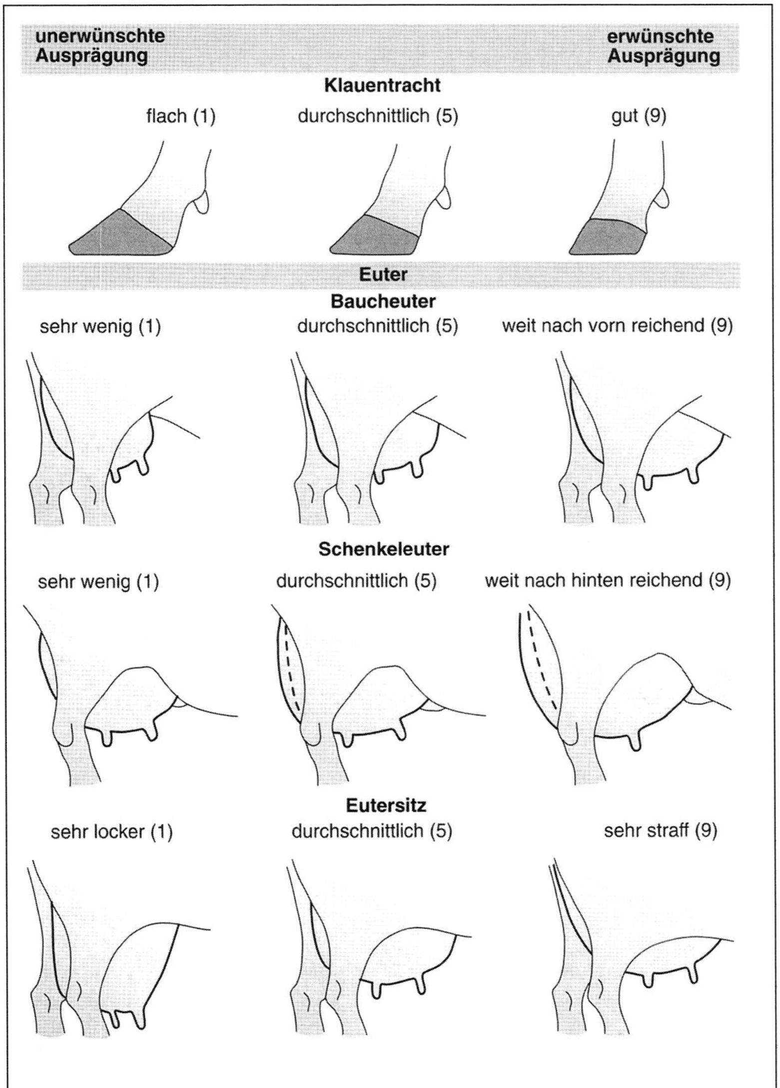

Abb. 3.60 Beispiel für eine lineare Beschreibung von Milchkühen (Klauen und Euter) nach Wiedenmann (1994) (Zeichnung: S. Mansfeld).

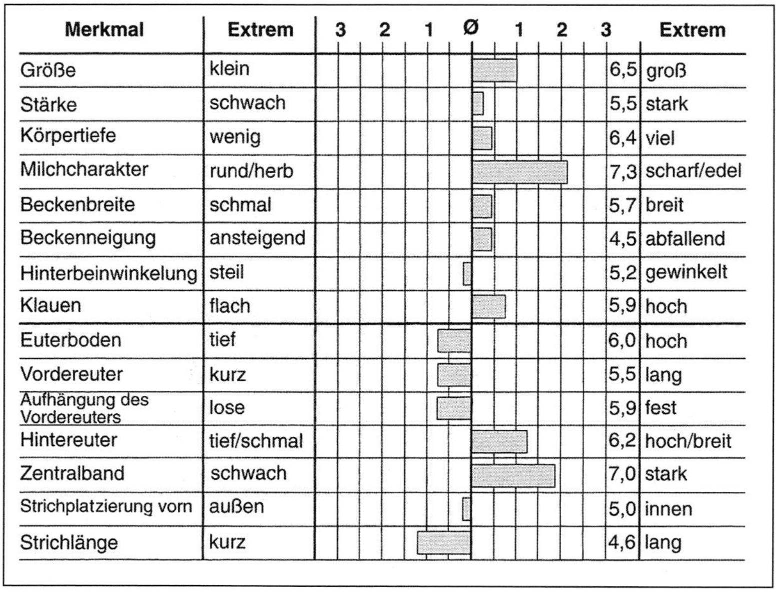

Abb. 3.61 Beispiel für einen Nachzuchtbericht eines Schwarzbuntbullen (∅ ± Standardabweichung). Vorletzte Spalte: Mittelwert der linearen Exterieurbeschreibung.

Die Leistungsabschnitte werden jeweils getrennt für die Merkmale Milch-kg, Fett-kg und Eiweiß-kg ausgewertet und daraus die prozentualen Anteile der Inhaltsstoffe berechnet. Dieses Verfahren ermöglicht durch die Unterteilung der 1. Laktation frühzeitige Selektionsentscheidungen. Außerdem ermöglicht die vergleichende Beurteilung der Leistungsabschnitte Aussagen zum Durchhaltevermögen (Persistenz) der Tiere.

Die Zuchtwertschätzung wird nach dem BLUP-Verfahren (Best Linear Unbiased Prediction = beste lineare, nicht verzerrte Vorhersage) durchgeführt. Für die Berechnung werden eine Reihe von Faktoren im Tiermodell über Vorkorrekturen oder im Rechenmodus berücksichtigt. So werden „Umweltklassen" gebildet (Regioneneinteilung, Saison- und Herdenklassen) und Faktoren wie Jahrgang, Kalbealter, Zwischenkalbezeit, Intervall Kalben–1. Probemelken berücksichtigt. Als Informationen werden sämtliche Leistungsdaten aus der Verwandtschaft des zu schätzenden Tieres herangezogen (Tier-/Verwandtschaftsmodell).

3.9.4.3 Tierbeurteilung und Nutzung von Zuchtdaten im Rahmen der Integrierten Tierärztlichen Bestandsbetreuung

Anhand der linearen Exterieurbeschreibung und der Ergebnisse der Zuchtwertschätzung können Vor- und Nachteile eines Bullen für einzelne Merkmale sehr gut bewertet werden. Die dafür erforderlichen Informationen sind in den aktuellen Bullenkatalogen enthalten. Der Züchter und der in der Zucht beratende ITB-Tierarzt können so nach entsprechender Beurteilung der Kühe eines Bestandes (**ABL 3.6**) sowohl den zu einer Kuh passenden Bullen aussuchen, als auch Zuchtziele definieren und durch regelmäßige Beurteilungen systematisch verfolgen. Wegen der hohen Heritabilitäten und der engen Beziehung zur Eutergesundheit, besonders zum Mastitisgeschehen, ist die lineare Beschreibung der Euter-, Zitzen- und Zitzenkuppenform für die ITB von besonderer Bedeutung. Die lineare Beschreibung der Kühe einer Herde und die nahezu lückenlose Dokumentation von Leistungs-, Fruchtbarkeits-, Gesundheits- und Abgangsdaten im Rahmen der ITB bieten eine wichtige Grundlage für die Überwachung des Zuchtfortschritts auf Bestandsebene.

ABL 3.6 Erfassungsbeleg für die lineare Beschreibung von Kühen.

Logo

Lineare Beschreibung von Kühen

Tier-Nr./Name: .... Datum: ....

Merkmal	Ausprägung		Besonderheit	
Größe	**klein-groß**	.....	**übergroß**	.....
Länge	**kurz-lang**	.....	**grobknochig**	.....
Breite	**schmal-breit**	.....	**sehr feinknochig**	.....
Tiefe	**gering-ausgeprägt**	.....		
Vorhand	**schwach-voll**	.....	**stark verfettet**	.....
Mittel-/Nachhand	**schwach-voll**	.....	**stark abgemagert**	.....
Schulter	**locker-fest**	.....	**geschnürt**	.....
Rücken	**matt-straff**	.....	**Karpfenrücken**	.....
Beckenneigung	**ansteigend-leicht**		**kurzes Becken**	.....
	abfallend	.....	**verjüngtes Becken**	.....
Sprunggelenk			**abgedachtes**	.....
-winkelung	**steil-ideal**	.....	**Becken**	.....
	gesäbelt-ideal	.....	**Hohlschwänzigkeit**	.....
-ausprägung	**schwammig-trocken**	.....	**verstellte V-Beine**	.....
			verstellte H-Beine	.....
Fessel	**durchtrittig-fest**	.....	**Überköten**	.....
Trachten	**flach-hoch**	.....	**Limax**	.....
Klauenschluss	**offen-geschlossen**	.....	**Rollklaue**	.....
Baucheuter	**wenig-viel**	.....	**Stufeneuter**	.....
Schenkeleuter	**wenig-viel**	.....	**Hängeeuter**	.....
Eutersitz	**locker-straff**	.....	**Ödemeuter**	.....
Zitzenausbildung	**fehlerhaft-gut**	.....	**derbes Euter**	.....
Zitzenstellung	**gespreizt-senkrecht**	.....	**seitlich stark**	.....
			geviertelt	.....
Euterreinheit	**Beizitzen-reines**	.....	**lange Zitzen**	.....
	Euter		**kurze Zitzen**	.....
			dicke Zitzen	.....
			milchbrüchige	
			Zitzen	.....
			Zitzen weit außen	.....
			Beizitzen/Afterzitzen	

Bemerkungen:

Literatur

Gottschalk, A. (1992):Praktische Rinderzucht und Rinderhaltung. BLV Verlagsgesellschaft mbH, München, 2. Aufl.

Kräußlich, H. (1994): Tierzüchtungslehre. Eugen Ulmer Verlag, Stuttgart, 4. Aufl.

Weiß, J., W. Pabst, K. E. Strack und S. Granz (2005): Tierproduktion. Parey, 13. Aufl.

Wiedenmann, F. (1994): Rinderzucht. In: Die Landwirtschaft, Band 2, Tierische Erzeugung, BLV Verlagsgesellschaft mbH, München, 10. Aufl., S. 225–305.

3.10 Hygiene

A. de Kruif, R. Mansfeld und M. Hoedemaker

3.10.1 Allgemeines

Im Rahmen eines Bestandsbetreuungsprogramms darf auch die Hygiene nicht außer Acht gelassen werden. Dabei sollte auf Folgendes geachtet werden:

- Hof und Ställe
- die Tiere
- das Wasser
- das Futter
- etwaiges Ungeziefer
- die Aufbewahrung und Anwendung von Arzneimitteln durch den Betriebsleiter
- Injektionsspritzen und -kanülen (soweit vorhanden)
- Rückstandsproblematik
- Tierzukauf
- Arbeitskleidung, Schuhe, Desinfektionsmittel und -einrichtungen
- Durchführung von Reinigungs- und Desinfektionsmaßnahmen
- Abtransport von Tierkadavern

3.10.2 Prophylaktische Maßnahmen

Für die Präventive sind externe und interne Hygienemaßnahmen von Bedeutung, die dazu dienen, das Risiko von Krankheitsübertragungen zu vermindern.

3.10.2.1 Externe Hygiene

- Maßregeln zur Vermeidung von Krankheitseinschleppung (z. B. beim Antransport von Tieren, Produkten oder bei Personenverkehr)
- Maßregeln zur Vermeidung einer Krankheitsverschleppung aus dem Bestand (z. B. beim Abtransport von Kadavern, Müll und Mist/Gülle)

3.10.2.2 Interne Hygiene

- Maßnahmen zu Vermeidung von Krankheitsübertragungen (z. B. bei Geburten, Infektionen und im Zusammenhang mit der Futter- und Tränkwasserversorgung) durch Tiere und Personen

3.10.3 Wege der Krankheitseinschleppung in einen Bestand

Es gibt viele Wege, auf denen Krankheitserreger in einen Bestand gelangen können. Die wichtigsten Vektoren müssen beachtet werden:

Tier

Durch Tierzukauf, sowohl bei Import als auch bei Zukauf über Viehmärkte/Auktionen, aber auch durch den Besuch von Schauen etc. können Krankheiten eingeschleppt werden (z. B. IBR, BVD, Leptospirose, Leukose, Brucellose, Paratuberkulose).

Sperma und Embryonen

Unter normalen Bedingungen der künstlichen Besamung wird auf prophylaktische Maßnahmen gegen die Verbreitung von Krankheiten über Samenportionen oder Embryonen geachtet. Gefahren bestehen vor allem bei illegalem Handel (z. B. Übertragung von BVD).

Wasser

beispielsweise Übertragung von Leptospiren durch Oberflächenwasser; Belastung des Wassers mit Schwermetallen in der Umgebung von Fabriken, H_2S-Bildung bei Verunreinigungen, Fe-Belastung bei Brunnenwasser; Grundwasserbelastungen in der Nähe von Mülldeponien

Futter
Im Grundfutter inkl. Maissilage können unter anderem Schimmelpilze, Fusarien, Hefen und Listerien vorkommen. Bei Kraftfuttermitteln, besonders bei Importfuttermitteln, denen Tier- oder Blutmehle zugesetzt sind, können Risiken für die Übertragung von Salmonellen oder Milzbranderregern entstehen; auch muss Importen aus Ländern, in denen neue Erkrankungen aufgetreten sind (wie z. B. BSE in England) mit äußerster Vorsicht begegnet werden. Verunreinigungen von Futtermitteln (z. B. Heu) können auch in der Umgebung von Industrieanlagen oder z. B. in der Nähe von Tontaubenschießständen (Blei) auftreten.

Dünger
Mit dem Dünger können Schwermetalle und Mikroorganismen in den Betrieb kommen; Schwermetalle z. B. mit Gewässer-/Hafenschlamm (Schlick); Mikroorganismen (z. B. Clostridien [Botulismus], Staphylokokken, Listerien, Salmonellen, Paratuberkuloseerreger) bei Verwendung von Mist/Gülle aus anderen Betrieben.

Einstreu
beispielsweise Tierkadaver mit Botulismuserregern; Sägemehlkontamination mit *E. coli*, *Klebsiella* und Staphylokokken

Mensch
Die Einschleppung von Krankheiten kann auch durch den Menschen erfolgen (z. B. Tierarzt, Milchkontrolleur, Viehhändler; andere viehhaltende Landwirte). Im Allgemeinen werden heute in Milchviehbetrieben noch relativ wenige Vorsichtsmaßnahmen getroffen, um eine Krankheitseinschleppung durch den Menschen zu vermeiden. Der bestandsbetreuende Tierarzt sollte ggf. den Tierhalter auf die Notwendigkeit solcher Maßnahmen hinweisen. Es ist zu empfehlen, betriebseigene Schutzkleidung zu tragen (Stiefel, Kittel, Overall) und Wannen mit (Stiefel-) Desinfektionsmittel zu benutzen. Der Tierarzt selbst muss besondere Sorgfalt walten lassen, um die Verschleppung von Krankheiten von einem Bestand in den anderen nach besten Kräften zu vermeiden (Stiefel, Kleidung, Kanülen, Katheter, Pipetten, Instrumente etc.).

3.11 Fallberichte aus der bestandsdiagnostischen Praxis

A. de Kruif und M. Hoedemaker

Im Folgenden werden unterschiedliche Fallberichte aus der bestandsdiagnostischen Praxis zu den in den vorhergehenden Kapitel beschriebenen Problematiken beschrieben. Sie sollen dazu dienen, die Vorgehensweise bei einem Bestandproblem zu verdeutlichen.

3.11.1 Fallbericht 1 – plötzlich auftretende Atemwegserkrankungen bei Kälbern

3.11.1.1 Anamnese

In einem Betrieb mit ungefähr 200 Milchkühen bestehen seit etwa einer Woche plötzlich auftretende Atemwegserkrankungen bei den 2–3 Monate alten Kälbern. Bis dahin war die Kälberaufzucht problemlos verlaufen. In den letzten zwei Tagen sind drei Kälber gestorben, die anschließend zum Abdecker gingen.

Der Betriebsleiter, der an einer monatlichen tierärztlichen Bestandsbetreuung teilnimmt, hat die Tiere einige Tage nach einem mit dem Tierarzt abgesprochenen Therapieschema (fünftägige parenterale Behandlung mit Trimethoprim-Sulfonamid) behandelt. Wenn nach 24 Stunden keine Verbesserung der Symptome eingetreten ist, sollte der Landwirt den Tierarzt verständigen. Trimethoprim-Sulfonamid wurde ausgewählt, da bei diesem Wirkstoff bei der letzten Auswertung des regionalen Tiergesundheitsdienstes hinsichtlich einer Wirksamkeit gegenüber *Pasteurella multocida* oder *Mannheimia haemolytica* aus der Liste verschiedener Antibiotika der höchste Prozentsatz an empfindlichen Erregerstämmen festgestellt wurde.

Da der Landwirt noch andere Betriebszweige hat, arbeiten neben ihm noch zwei weitere Mitarbeiter im Betrieb.

3.11.1.2 Inspektion des Betriebs

Die Kälber werden nach der Geburt in individuellen Kälberboxen im Freien (sogenannte Kälberiglus) gehalten. Im Alter von ca. 14 Tagen werden sie in einen Laufstall mit Stroheinstreu umgestallt, in dem sie sich bis zu einem Alter von 4 Monaten in Gruppen zu 10 Tieren aufhalten. Danach kommen sie in eine große Scheune, wo sie auf Stroh in größeren Kälberhütten in Gruppen gehalten werden. Die Probleme sind bei den jüngsten Tieren im Laufstall aufgetreten.

Bei der klinischen Untersuchung werden mehrere Kälber unter zwei Monaten mit einer frequenten abdominalen Atmung bemerkt, darunter auch drei Bullenkälber, die der Landwirt zu Zuchtzwecken behalten hat. Im Alter von sechs Wochen sollten sie eigentlich abgeholt werden, unter der Voraussetzung, dass sie gesund sind. Ihm ist deswegen viel daran gelegen, dass die Kälber schnell wieder gesund werden.

3.11.1.3 Individuelle Untersuchung

Bei der Lungenauskultation der aufgefallenen Tiere wird eine **verstärkte bronchiale Atmung** festgestellt. Einige Kälber weisen auch etwas **eingetrockneten Kot am Schwanz** auf. Nach Aussage des Tierhalters tritt häufiger bei einigen Kälbern, die seiner Meinung nach die Milch nicht gut vertragen, **Durchfall** auf. Andere Abweichungen werden nicht wahrgenommen. Die Auskultation weiterer Kälber mit einer erhöhten Atemfrequenz, die dem Landwirt aber so nicht weiter aufgefallen sind, bringt ebenfalls eine verschärfte oder nur bronchiale Atmung zutage. Diese Tiere haben darüber hinaus alle **Fieber** ($> 39{,}5\ ^{\circ}C$). Kälber, die älter als vier oder fünf Monate alt sind, sind unauffällig.

Die zwei Mitarbeiter des Betriebs versorgen die Kälber abwechselnd. Dadurch wird die Verabreichung der Antibiotika nicht immer von der gleichen Person durchgeführt. Die Befragung des Landwirts ergibt, dass die Abstimmung zwischen den Betreuern meist mündlich erfolgt. Die Dokumentation der Behandlungen mit Hilfe eines Betriebsmanagementprogramms ist zudem nur lückenhaft (Einträge der Behandlungen vom aktuellen Tag und vom Vortag fehlen). Es sind daher nur handgeschriebenen Listen vorhanden. Aus diesen Listen wird aber nicht eindeutig sichtbar, ob die Kälber tatsächlich die Behandlungen bekommen haben.

Da es keine neuen Erkenntnisse über das Resistenzverhalten der wahrscheinlichen Erreger gibt, wird die Behandlung mit Trimethoprim-Sulfonamid fortgesetzt: Der Landwirt soll dabei dafür Sorge tragen, dass die Kälber auch tatsächlich behandelt werden.

3.11.1.4 Weitergehende Untersuchungen

Da bereits einige Kälber gestorben sind und es beim Besuch noch weitere Kälber mit Anzeichen einer Lungenentzündung gab, ist es von großer Bedeutung, die Ursache herauszufinden.

Für eine **gepaarte serologische Untersuchung** werden zunächst **Blutproben** von nicht allzu schwer erkrankten Kälbern, die dennoch Fieber aufweisen, genommen. Diese Auswahl erfolgt aus dem Grund, damit die Tiere auch noch in 2 Wochen für eine zweite Blutprobe zur Verfügung stehen und nicht vorher eingehen.

Der Landwirt wird darüber informiert, dass es mindestens drei Wochen dauert, bis das Ergebnis der Untersuchung bekannt ist. Dabei wird betont, dass die Untersuchung nur die Viren, die Lungenentzündungen hervorrufen können, berücksichtigt. Die virologische Untersuchung sollte als ein Bestandteil einer Ursachenforschung mit besonderem Augenmerk auf präventive Maßnahmen angesehen werden.

Weiterhin könnten **Nasentupfer oder Trachealspülproben** zur Isolation von am Krankheitsprozess beteiligten Bakterien (*M. haemolytica*, *P. multocida*, *H. somnei*, Mykoplasmen) gewonnen werden. Man kann aber davon ausgehen, dass die Untersuchung von Tupferproben auf Pasteurellen und Mykoplasmen sehr oft, nicht nur bei klinisch kranken Kälbern, positiv verläuft. Bei einem positiven Mykoplasmennachweis, müssen diese weiter differenziert werden, da nur *M. bovis* pathogene Bedeutung hat.

Der Landwirt wird darüber aufgeklärt, dass der Wissenszuwachs in Relation zu den Kosten verhältnismäßig gering ist. Daher lehnt er diese zusätzlichen Untersuchungen ab.

Zur Abklärung der Ätiologie ist es unabdingbar, dass die Tiere, die trotz einer Therapie sterben, seziert werden. Dies erfolgt an einem am nächsten Tag verstorbenen erkrankten Kalb. Bei der Sektion wird eine **schwere Pneumonie** festgestellt. Drei Tage später erhält die Praxis das Ergebnis. Aus dem veränderten Gewebe wird *P. multocida* isoliert. Der Stamm erweist sich im Labor als **empfindlich gegenüber Trimethoprim-Sulfonamid**. Aufgrund dessen sollte die gewählte Therapie nicht geändert werden und der Landwirt mit dem bereits vorgeschlagenen Behandlungsverfahren weitermachen.

Bei der **virologischen Untersuchung** wurde darüber hinaus **BVD-Virus** in den Lungen festgestellt. Es ist daher sehr wahrscheinlich, das BVDV die Ursache für den Beginn der Atemwegserkrankungen ist. Die Tatsache, dass plötzlich Kälber in der jüngsten Altergruppe infiziert worden zu sein scheinen, deutet auf ein erst kürzliches Einschleppen von BVDV in den Betrieb hin. Der Hof gilt aber als ein geschlossener Betrieb, so dass sich die Frage stellt, wie das Virus in den Betrieb gelangt ist.

3.11.1.5 Nachfolgebesuch

Da nach Angaben des Landwirts bisher keine Probleme mit BVD-Infektionen auftraten muss nun zunächst erforscht werden, wie sich die Kälber dennoch infizieren konnten.

Nach Sichtung der Betriebsunterlagen stellt sich heraus, dass vor einigen Jahren doch bereits ein BVD-Virusträger aus dem Betrieb entfernt wurde. Eine damals durchgeführte Untersuchung mittels Serologie und Virusanzüchtung von allen serologisch negativen Tieren konnte keine weiteren Virusträger identifizieren. Es ist aber dennoch möglich, dass einige Trägertiere nicht entdeckt wurden.

Weiterhin ist der Kontakt der Tiere des betroffenen Betriebs mit anderen Betrieben/Tieren von Bedeutung. Laut Aussage des Landwirts gab es keinen Kontakt mit anderen Betrieben: Es wurden weder Tiere aus- noch eingeführt und auch die Weiden liegen entfernt von den Weiden anderer Landwirte.

Um den Infektionsstatus der weiteren erkrankten Kälber zu bestimmen, werden Blutproben in Heparin-Röhrchen zur Untersuchung auf BVD-Antigen entnommen. Es stellt sich heraus, dass drei der Kälber ebenfalls BVD-positiv sind. Rückschlüsse auf eine persistente Infektion sind aber erst durch eine zweite Untersuchung auf BVDV 3 Wochen später möglich.

Es stellt sich heraus, dass alle positiven Kälber von Trägertieren nach Embryotransfer (ET) geboren wurden. Sowohl die Embryodonorkuh, eine der Spitzenkühe des eigenen Betriebs, als auch die Trägertiere waren Färsen des eigenen Betriebs. Es stellte sich somit für den Landwirt die Frage, ob der Embryotransfer die Ursache für die Verbreitung des BVDV sein könnte. Es wird zwar beim Embryotransfer fetales Kälberserum benutzt, welches möglicherweise mit BVDV kontaminiert war. Dieser Aspekt wird aber zunächst nicht weiter verfolgt, da einige gezielte Fragen zum Management unerwartete neuere Erkenntnisse bringen:

Wie bereits oben beschrieben, verkauft der Landwirt einige Bullenkälber zur Zucht. Diese Kälber bleiben bis zum Jugendalter auf dem Betrieb, werden aber manchmal durch die Züchtervereinigung aus dem Betrieb geholt und dann wieder zurückgebracht. Es gab also doch (indirekte) Kontakte mit anderen Viehstapeln.

Ein weiterer Aspekt ist die Tatsache, dass die Anzahl der Kälber in der betroffenen Lebensaltersgruppe sehr groß ist: Im letzten Monat wurden mindestens 40 Kälber geboren, was selbst für eine Herde mit 200 Milchkühen sehr viel ist. Der Tierarztpraxis ist bekannt, dass der Betrieb eine ganzjährige Abkalbung hat. Zudem berichtet der Landwirt, dass einige ET-Trägertiere zu anderen Betrieben gehören und der Embryo aus der eigenen Herde dann in eine Färse eines anderen Betriebs implantiert wird. Die auf dem anderen Betrieb geborenen Kälber kommen dann nach einer Woche auf den eigenen Betrieb zurück zu den eigenen Kälber. Diese Neuzugänge werden aber vom Landwirt nicht als solche gewertet. Es ist aber davon auszugehen, dass sie ein großes Risiko für die Einschleppung neuer Krankheitserreger darstellen.

Durch die Lage der Ställe für die verschiedenen Tiergruppen sind Kontakte zwischen Kühen, Färsen, Rindern und Kälbern auf dem Betrieb selbst eher sporadisch. Die Kälber werden immer in Iglus, danach im Laufstall und darauf in einer großen Scheune gehalten, wobei der Abstand zum Milchkuhstall etwa 100 m beträgt. Von der Geschlechtsreife bis zur Kalbung befinden sich die Rinder und Färsen in einem separaten Stall, in dem aber auch die trockenstehenden Kühe stehen. In diesem Stall kalben die Kühe und Färsen ab. Falls eine persistent-infizierte Kuh in der Milchviehherde existiert, ist es möglich, dass alle Kälber und Rinder bis zur Besamung frei von einer Infektion mit BVDV geblieben sind, obwohl das Virus im Bestand war, da sich die Tiere nur dann infizieren, wenn eine persistent-infizierte Kuh im Abkalbestall befindet. Ein Teil der Rinder ist dann nach der Besamung oder Transplantation eines Embryos in den ersten Monaten der Trächtigkeit mit BVDV infiziert worden, d. h. in der Periode, in der eventuell eine persistent infizierte Kuh im Abkalbestall gestanden hat.

3.11.1.6 Verlauf

Die drei mit BVDV infizierten Kälber verstarben, bevor die zweite Untersuchung auf BVDV erfolgt war. Eine postmortale Untersuchung dieser Tiere bestätigte jedoch die Anwesenheit von BVDV. Da der zweite BVDV-Nachweis fehlte, konnte keine Aussage darüber getroffen werden, ob die drei Kälber persistent infiziert waren oder ob sie eine Erstinfektion durchmachten.

Da alle untersuchten Kälber bei der ersten Beprobung serologisch positiv waren, gab die gepaarte serologische Untersuchung wenig Anhaltspunkte. Da die Diagnose BVD-Infektion damit gestellt werden kann, ist es nun von großer Wichtigkeit, die gesamte Herde auf Virusträger hin zu untersuchen.

Nach Besprechung der Ergebnisse der Untersuchungen mit dem Landwirt wurde der Beschluss gefasst, alle Tiere mit einem ELISA auf BVDV untersuchen zu lassen. Insgesamt waren neun Tiere gestorben und drei Tiere durch schlechtes Wachstum aufgefallen, obwohl bei diesen Tieren kein BVDV im Blut festgestellt wurde. Die Verluste waren somit so groß, dass eine vollständige Eliminierung des Virus absolut notwendig erschien, insbesondere, da alle eingegangenen Kälber von ET-Trägertieren geboren wurden. Die Untersuchung auf BVDV mit dem Antigen-ELISA (Sensitivität > 99%) ergab keine weiteren Virusträger unter den Jungtieren. Dies legt die Vermutung nach, dass alle Träger gestorben sind. Bei den Milchkühen wurden jedoch zwei BVDV-positive Kühe gefunden. Die Tiere waren ungefähr vier Jahre alt, von normaler Kondition und sahen auf den ersten Blick völlig normal aus. Nach ihrer Identifikation als persistent infizierte Tiere wurden sie gemerzt.

Nach der Entfernung der Virusträger wurden auf dem Betrieb keine Probleme bei den Jungtieren mehr festgestellt.

Um die Herde BVDV-frei zu bekommen, wären mehr Blutuntersuchungen notwendig gewesen und möglicherweise auch eine Impfung gegen BVD. Der Landwirt lehnte dies aber wegen der hohen Kosten ab.

3.11.2 Fallbericht 2 – Fütterungsfehler in einem Problembestand

3.11.2.1 Anamnese

Der Tierarzt wird an einem Freitag gerufen, da eine Kuh nicht frisst und träge ist. Generell wird in diesem Betrieb nur selten die Hilfe eine Tierarztes in Anspruch genommen, so dass nur wenig über den Bestand bekannt ist.

Der Landwirt gibt an, dass er bereits vor einer Woche eine Kuh mit den selben Symptomen schlachten lassen musste und vor zwei Wochen eine andere Kuh mit identischer Symptomatik durch einen anderen Kollegen behandeln ließ. Dies ist ein sehr vager Vorbericht, wie er in der Praxis häufig vorkommt. Man muss also selbst die geeigneten Informationen erfragen oder, was noch wichtiger ist, sich diese anhand eigener Beobachtungen verschaffen.

3.11.2.2 Stallinspektion

Der Stall ist ungefähr 15 Jahre alt. Er hat einen offenen First und an den Längsseiten einen Lufteinlass von ca. 20 cm Höhe. Die Luftführungsplatten sind von derselben Breite wie die seitlichen Lufteinlässe. Dies zeigt, dass die Haltung nicht dem aktuellen Stand entspricht, da der Lufteinlass mindestens 30 cm hoch sein sollte und die Luft über Klappen von einer Breite von 1,20 m geleitet werden.

An der Stalldecke sind weder Spinnweben noch Schimmelpilze zu erkennen, was darauf hindeutet, dass die Luftversorgung ausreichend ist.

Die Anzahl an Fressplätzen reicht für ungefähr 50 Kühe. Auf dem Futtergang befinden sich Blöcke von Maissilage und ein einzelner Haufen von Anwelksilage. Auf den ersten Blick ist die Qualität beider Silagen zufriedenstellend. Es ist zu vermuten, dass der Landwirt abwechselnd Mais- und Grassilage vorlegt, wodurch eine ungleichmäßige Aufnahme von Mais- und Grassilage durch individuelle Kühe erfolgen könnte.

Die Mehrzahl der Kühe liegt in den Boxen und kaut wieder. Die Tiere sind nicht in unterschiedliche Leistungsgruppen eingeteilt. Alle Tiere bekommen unter diesen Bedingungen dieselbe Basisration. Die Kühe besitzen keinen Transponder und eine Kraftfutterstation fehlt. Hieraus kann geschlossen werden, dass die Kraftfuttergabe wahrscheinlich im Melkstand stattfindet. Daher sollte überprüft werden, ob sich Kraftfutterreste in den dortigen Trögen befinden.

Bei Kraftfuttergabe während des Melkens erhalten Kühe gezielt eine extra Portion Kraftfutter, um die Energieversorgung zu verbessern. Es kann jedoch auch vorkommen, dass die Kühe Kraftfutterreste der vorher gemolkenen Gruppe antreffen und somit zu viel Kraftfutter aufnehmen und bei einzelnen Kühen (insbesondere bei Färsen) die Kraft- und Raufutteraufnahme durch ein Übermaß an Kraftfutter unausgeglichen ist. Dies kann Konsequenzen für die Pansenfermentation haben.

Im Melkstand des Betriebes gibt es keine Recorder, d. h. eine Registrierung der individuellen täglichen Milchproduktion ist nicht möglich. Die einzige Möglichkeit für den Landwirt, sich einen Eindruck über die Milchproduktion pro Kuh und Tag zu verschaffen, besteht darin, die Melkdauer pro Kuh festzuhalten.

3.11.2.3 Klinische Untersuchung

An einigen Stellen des Laufgangs ist sehr dünner Kot zu sehen. Die Kühe haben eine normale Körperkondition: Es gibt keine extrem dünnen oder fetten Tiere. Die Pansenfüllung der meisten Tieren ist gut.

Die kranke Kuh liegt in einer Box. Die Palpation der linken Flanke im Pansenbereich weist auf einen Panseninhalt hin, der flüssiger als normal ist. Nach dem Auftreiben und beim Vortreiben auf dem Laufgang hustet die Kuh nicht und hat eine normale Atemfrequenz. Das Tier läuft etwas schlapp, aber gut koordiniert. Der Landwirt erzählt inzwischen, dass er schwarze Körner im Mais gefunden hat. Er hat bemerkt, dass neben der Maisanbaufläche schwarzer Nachtschatten gestanden hat und vermutet nun einen Vergiftung. Die Symptome der Kuh stimmen aber nicht mit denen einer Vergiftung mit schwarzem Nachtschatten (Anorexie, Kolik, Erbrechen, hämorrhagische Diarrhö, Speicheln, schlaffe Lähmung, Dyspnoe, Bradykardie, Kreislaufkollaps, Mydriasis, Konvulsionen) überein.

Während der allgemeinen Untersuchung werden gezielte Fragen bez. der Futteraufnahme, der Kotbeschaffenheit, dem Wiederkauen und der Veränderungen der Milchleistung gestellt. Der Landwirt kann in diesem Fall wenig Informationen über individuelle Kühe geben. Solange die Herde an sich unauffällig ist, beachtet er einzelne Kühe wenig. Er erzählt, dass die Milchleistung der Kuh an diesem Morgen zu niedrig war und dass die Kuh zu schnell ausgemolken war. Er hat die Kuh heute noch nicht am Fressgitter gesehen und sie lag am Morgen in derselben Box wie am Abend vorher. Hieraus kann geschlossen werden, dass die Kuh wahrscheinlich gute 12 Stunden nicht mehr gefressen hat.

Die Pulsfrequenz ist normal. Herzerkrankungen sind daher unwahrscheinlich. Die Kopf- und Euterlymphknoten sind verschiebbar und nicht vergrößert. Der Turgor der Euterhaut ist normal. Die Vestibularschleimhaut ist rosa, ohne Blutungen und feucht. Die Temperatur an den Ohren ist normal.

Weil beim Aufstehen ein flüssiger Panseninhalt gefühlt wurde, ist die Ursache der Erkrankung im Digestionstrakt zu suchen. Der Pansen ist ziemlich gefüllt, aber der Inhalt mehr wässrig. In den zwei Minuten, in denen mit dem Landwirt über eine mögliche Vergiftung gesprochen wurde, ist jedoch eine Pansenkontraktion zu fühlen gewesen, die aber zu schwach war. Bei der rektalen Untersuchung ist die freibewegliche Gebärmutter gut zu fühlen und ohne Inhalt. Der Kot ist sehr dünn, aber gut verdaut. Es wird beschlossen, eine Pansensaftprobe zur Beurteilung der Sedimentation, Flotation und des Säuregrads zu entnehmen.

3.11.2.4 Ration

Die Ration besteht aus Maissilage, Grassilage, Biertreber und Kraftfutter. Nachmittags gehen die Kühe auf eine an den Stall grenzende Weide. Dies dient vor allen Dingen der Körperbewegung, denn der Graswuchs ist in dieser Jahreszeit, im späten Herbst, zu vernachlässigen. Der Landwirt berichtet, dass die Ration von einem Fütterungsberater kontrolliert und berechnet wurde (**Tab. 3.72**). Beim Zusammenstellen der Ration ist die Aufnahme von Weidegras auf knapp 1 kg Trockenmasse Frischgras geschätzt worden. Weiterhin bekommen die Kühe im Durchschnitt 25 kg Maissilage pro Kuh und Tag, ca. 2 kg Anwelksilage, 6 kg Biertreber und 6 kg Kraftfutter im Melkstand nach Leistung. Das Kraftfutter ist eine Standardmischung.

Jeden Monat wird das Silo gefüllt: das letzte Mal sind ungefähr 10 Tonnen Kraftfutter für die Milchkühe geliefert worden. Überschlagsmäßig werden damit pro Tag 330 kg Kraftfutter verbraucht, im Schnitt also 6,5 kg pro Kuh und Tag. Die Ration

Tab. 3.72 Die Komponenten der vom Fütterungsberater berechneten Ration mit den zugrunde gelegten Mengen in kg Trockenmasse.

Bestandteil	kg Trockenmasse
Weidegras	1
Anwelksilage	1
Maissilage	8
Biertreber	1,5
Kraftfutter, gemittelt	6
Total	17,5

besteht daher aus ungefähr 8 kg Trockenmasse (TM) Mais, 1 kg TM Anwelksilage, 1 kg TM Weidegras, 1,5 kg TM Biertreber, zusammen also 11,5 kg TM aus dem Grundfutter. Hinzukommen noch 6,5 kg (6 kg TM) Kraftfutter, so dass insgesamt eine durchschnittliche Trockenmasse von 17,5 kg pro Kuh und Tag errechnet wird; diese Menge ist für die Kühe dieser Gegend akzeptabel. Aber noch ist fraglich, ob sie auch ausreichend für die Milchproduktion ist.

3.11.2.5 Milchproduktion

Der Landwirt gibt an, dass er nicht der Milchleistungskontrolle angeschlossen ist. Die einzige Kontrolle der Milchleistung ist die Tankmilchmenge, die alle 2–3 Tage abgeholt wird. Das letzte Mal waren dies etwas mehr als 2.800 kg in 3 Tagen, also 930 kg pro Tag. Es sind 48 Kühe in der Produktion, d. h. jede Kuh produziert etwa 19 kg Milch pro Tag. Da diese Tagesmilchmenge repräsentativ für die Jahresproduktion ist, errechnet sich eine Leistung von etwa 6.000 kg pro Kuh und Jahr: eine unzureichende Milchproduktion.

Man kann davon ausgehen, dass 1 kg Kraftfutter Energie für 2 kg Milch mit normalen Inhaltsstoffen liefert, d. h. 6,5 kg Kraftfutter müssten 13 kg Milch ergeben. Aus dem Grundfutter erzielt der Landwirt daher noch 6 kg Milch pro Tag, was sehr wenig ist. Die 10 kg Grundfutter enthalten zweifelsohne mehr Energie als für Erhaltungsbedarf plus 6 kg Milch nötig wären. Die Kühe benutzen das Übermaß an Energie offensichtlich für den eigenen Körpermassezuwachs, daher die normale bis gute Körperkondition der Tiere.

3.11.2.6 Pansensaftprobe

Als nächstes soll eine Pansensaftprobe entnommen werden. Da man dazu mit den Stiefeln im Futtergang steht, sollten diese zunächst im Melkstand gesäubert werden. Dies ist eine gute Gelegenheit, sich dort umzuschauen. In der Tat befinden sich in 4 von 8 Futtertrögen Kraftfutterreste, in einem sogar 1–2 kg.

Der entnommene Pansensaft riecht etwas sauer und hat einen pH von ungefähr 6. Bei Pansensaftproben, die über ein Schlundrohr gewonnen wurden, ist der pH immer etwas höher als der pH ventral im Pansen, da die Probe immer aus den oberen Lagen des Panseninhalts stammt. Der Kopf der Pansensonde bleibt auf den oberen im Pansen befindlichen Futterschichten liegen. Unter der Annahme, dass die Kuh möglicherweise die ganze Nacht nicht gefressen hat, ist der pH-Wert nach einer Nacht ohne Futteraufnahme zu niedrig. Während der Nacht hat die Kuh viel Speichel produziert (Speichel hat einen pH von 8) und ihn heruntergeschluckt. Wahrscheinlich war der pH im Pansen am Vortag niedriger.

Das Probengefäß mit dem Pansensaft enthält nach ca. 20 Minuten keine Futterbestandteile mehr, die auf der Oberfläche schwimmen (Flotation ist negativ).

Der Landwirt erzählt unterdessen, dass dies die einzige Kuh ist, bei der er momentan Abweichungen festgestellt hat.

3.11.2.7 Diagnose und Vorgehensweise

Die vorläufige Diagnose ist eine **Fermentationsstörung des Pansens**.

Die Ursache ist ein fehlerhaftes Verhältnis von strukturreichem und strukturarmem Futter. Einige Kühe können bei dem vorliegenden Fütterungsregime eine größere Menge an Kraftfutter fressen, so dass sie in der Folge oft weniger Raufutter aufnehmen. Die Zusammensetzung der berechneten Ration wird hierdurch verändert. Dem Landwirt wird erläutert, dass die Symptomatik regelmäßig entstehen wird, solange nicht der eigentliche Fehler beseitigt wird. Er will daraufhin dafür Sorge tragen, dass er die Tröge immer erst kontrolliert, bevor eine neue Portion Kraftfutter eingefüllt wird.

Als Therapie wird der erkrankten Kuh Pansensaft übertragen.

3.11.2.8 Verlauf

Eine Woche später (wieder an einem Freitag) ruft derselbe Landwirt erneut an. Wieder handelt es sich um eine Kuh mit denselben Symptomen. Da er inzwischen sorgfältig auf eine korrekte Kraftfutterzuteilung im Melkstand geachtet hat, schließt er dies als Ursache aus. Auch der Fütterungsberater ist informiert, um die Ration neu zu beurteilen.

Landwirt und Fütterungsberater stimmen darin überein, dass eine Verschiebung von strukturreichem und strukturarmem Anteil in der Ration nicht als Ursache für die Symptomatik in Frage kommt, da ihrer Meinung nach mehr Kühe erkranken müssten.

Da bei dem ersten Besuch einige dünne Kotreste auf dem Spaltenboden aufgefallen waren, ist davon auszugehen, dass es vermutlich doch mehr Kühe mit den gleichen Problemen gibt, wenn auch in geringerem Ausmaße. Diese Kühe werden vom Landwirt nur nicht zur Untersuchung vorstellt.

Außer der betroffenen Kuh werden noch vier weitere Kühe entdeckt, deren Panseninhalt wässrig ist, und daher ebenfalls einer Pansensaftuntersuchung unterzogen werden. Die Allgemeinuntersuchung liefert bei keiner dieser Kühe auffällige Befunde. Der pH-Wert des Panseninhalts liegt durchweg bei ungefähr 6 und bei drei Kühen tritt nach 20 Minuten keine Flotation auf. Alle Kühe haben also offensichtlich dasselbe Problem.

Die für die Untersuchung selektierten Kühe sind im Laktationsstadium weiter fortgeschritten und bekommen nur begrenzt Kraftfutter. Die vorgelegte Ration hat einen guten Strukturwert, so dass eine Pansenfermentationsstörung durch die Aufnahme von etwas zusätzlichem Kraftfutter nicht erklärt werden kann. Der Fütterungsberater konstatiert zudem, dass die Maissilage vermischt mit Pülpe ausreichende Strukturwerte ergibt. Dass Pülpe in der Ration ist, war bisher nicht bekannt. Über die Menge konnte der Fütterungsberater nichts genaues sagen.

Die trockene Pülpe ist schichtweise auf die darunterliegende Schicht Mais aufgebracht. Am Silagehaufen bemerkt der Fütterungsberater, dass die unterste Schicht Pülpe dicker ist als die anderen Schichten.

Es stellt sich zudem die Frage, warum die Probleme immer am Wochenende auftreten?

Der Landwirt gibt zu, dass er die Menge Pülpe beim Einsilieren falsch eingestellt hatte und nach der ersten Ladung Mais zu viel Pülpe aufgefahren hat, bis er es dann bemerkt hat. Dass dies Konsequenzen haben könnte, war ihm nicht bewusst, da die Ration ohnehin gemischt verfüttert wird.

Nach der Fütterungsmethode gefragt, gibt der Landwirt an, dass er montags den Vorrat für die ganze Woche hereinbringt und dann täglich mit einer Gabel von oben in horizontaler Richtung den mit der Pülpe vermischten Mais vor die Kühe schiebt. Es wird deutlich, dass die dicke Lage Pülpe den Kühen donnerstags oder freitags vorlegt wird. Der Landwirt berichtet auch, dass die ranghöheren Kühe in diesen Tagen oft den Platz wechseln und dass die erkrankten Kühe immer „aggressive Fresser“ waren und als erste am Futtergang standen.

3.11.2.9 Besprechung

Damit wurde die Ursache des Problems deutlich. Am Ende der Woche gab es immer eine gewisse Anzahl an Kühen, die beinahe ausschließlich Pülpe mit nachfolgendem Kraftfutter aufgenommen haben. Bei diesen Kühen war daher das Gleichgewicht zwischen strukturreichem und strukturarmem Futter gestört.

In Absprache mit dem Fütterungsberater wird der Rat erteilt, die Silageblöcke von jetzt an in vertikaler Richtung zu bearbeiten und die Bestandteile gut gemischt vorzulegen. Auf diese Weise wird eine optimale Mischung von Mais und Pülpe sichergestellt und gewährleistet, dass die Ration in der berechneten Zusammensetzung vor die Kühe kommt.

Aus tierärzlicher Sicht hätten die Ration und die Fütterungstechnik bereits beim ersten Betriebsbesuch gründlicher überprüft werden müssen, und zudem der dünne Kot auf den Spalten mehr Beachtung finden müssen, da er ein Indiz dafür war, dass auch bereits in der Woche davor mehrere Kühe erkrankt waren.

3.11.3 Fallbericht 3 – Problembetrieb mit gehäuften Erkrankungen bei frischmelkenden Kühen

3.11.3.1 Anamnese

Aus einem Betrieb mit 200 Milchkühen kommt eine Anfrage für eine Beratung, da in den letzten Monaten zu viele Kühe im ersten Monat der Laktation abgegangen sind.

Der Betrieb ist dem betreuenden Tierarzt gut bekannt: Er hat sehr gute Kühe, das Management ist sehr gut, und die Milchproduktion liegt bei 9.500 kg/Kuh und Jahr.

Die abgegangenen Kühe hatten verschiedene Erkrankungen wie Labmagenverlagerung, deren Symptome auch nach chirurgischer Behandlung nicht vollständig verschwanden, oder Mastitiden bei festliegenden Kühen (downer cow), wobei aber keine definitive Diagnose gestellt wurde. Im letzten Monat gab es allein sechs Labmagenverlagerungen.

Die Futteraufnahme der frischmelkenden Kühe ist zu niedrig. Obgleich die Milchproduktion in den ersten Tagen mehr als ausreichend ist, stagniert diese nach einigen Tagen. Dem Landwirt ist sehr daran gelegen, die Ursachen für die stagnierende Milchleistung zu finden und abzustellen, auch wenn es auf Kosten von einer oder mehreren Kühen geht. Er hat in Relation zur vorhandenen Milchquote ohnehin zu viele Kühe.

3.11.3.2 Klinische Untersuchung und Inspektion

Am Tag des Besuchs wird wiederum eine Kuh mit ähnlich vagen Symptomen vorgestellt. Bei der Adspektion der Kuh, die vor drei Tagen gekalbt hat, fällt sofort eine schlechte Pansenfüllung auf (selbst für eine Kuh, die erst einige Tage zuvor gekalbt hat). Die Struktur des Panseninhalts ist nicht wässrig. Bei der rektalen Untersuchung wird ein fester Panseninhalt festgestellt. Die klinische Untersuchung des Tieres gibt keine unmittelbaren Anhaltspunkte, um die Aufmerksamkeit auf ein bestimmtes Organsystem zu richten: Atmung, Puls und Temperatur sind normal. Allerdings ist das Tier ziemlich träge, wenngleich die Milchleistung mit ca. 32 kg pro Tag die Erwartungen erfüllt. Auch die Untersuchung anderer frischabgekalbter Kühe zeigt an, dass die Pansenfüllung zu wünschen übrig lässt. Das Haarkleid ist kurz, steht aber bei einigen Kühen vor allem über dem Widerrist ab.

Die Kondition der hochtragenden und altmelkenden Kühe ist gut mit einem Konditionsscore von 3,5 bis 4,0. Im Gegensatz dazu hat die Mehrzahl der Kühe mit einer Laktationsdauer von ca. vier Wochen eine sehr schlechte Kondition von knapp 2,0, d. h. die Körperkondition hat innerhalb von vier Wochen um etwa 1,5 Punkte abgenommen. Daraus kann geschlossen werden, dass die Kühe eine stark erhöhte Fettmobilisation haben, mehr als unter normalen Umständen umgesetzt wird. Aufgrund des schnellen Verlusts an Körperkondition erfüllt die Energieaufnahme in den ersten Tagen nach der Kalbung nicht die Norm.

3.11.3.3 Ration

Der Landwirt füttert eine Totale Mischration mit dem Futtermischwagen. Sie besteht aus Maissilage (61%), Anwelksilage von guter Qualität (14%), getrockneter Pülpe (4,5%), Biertreber (4,5%) und einem Kraftfuttergemisch (16%), welches Sojamehl, Tapioka, Kokosschnitzel, Maisgluten, Gerste, Leinsamenschrot, Melasse und Mineralstoffe in Abhängigkeit von der Ration enthält. Die hochwertige Ration ist hinsichtlich Energie- und Eiweißversorgung, Strukturwert, Mineralstoffen und Vitamen gut ausbalanciert. Der Strukturwert ist grenzwertig. Diese Ration wird den laktierenden Kühen seit der Anschaffung eines Futtermischwagens in dieser Form vorgelegt. Die trockenstehenden Kühe haben vor Anschaffung des Futtermischwagens eine separate Ration bekommen. Danach änderte der Landwirt dies, weil die Mischung einer einzigen Ration mit dem Futtermischwagen effektiver war.

Die Ration wird ad libitum in einer solchen Menge verabreicht, dass die Futterreste vor einer erneuten Vorlage von neuem Futter an die trockenstehenden Kühe verfüttert werden. Es findet daher kein drastischer Übergang von der Trockensteher- zur Produktionsration statt. Die Kühe bekommen in der Trockenstehphase die gleiche Ration in reduzierter Menge.

Das Futter wird den Kühen zweimal täglich nach Reinigung des Futterganges vorgelegt. Die Aufnahme ist – nach Angaben des Landwirts – ungefähr 23 kg Trockenmasse pro Kuh und Tag. Im Melkstand bekommen die Kühe kein Kraftfutter.

3.11.3.4 Anfallende Untersuchungen

Der erste Schritt ist die Kontrolle der Milchleistungsdaten. Die Fettgehalte von Kühen mit weniger als zwei Monaten Laktationsdauer sind an der unteren Grenze (im Mittel knapp 4%) und die Eiweißgehalte sind relativ hoch (im Mittel 3,4%), d. h. es gibt keine Hinweise auf das Problem.

Im Anschluss werden Pansensaftproben von sechs frischmelkenden Kühen genommen, die alle wiederkauen. Die Proben haben einen pH von 6 bis 6,5, riechen gut und zeigen nach 20 Minuten deutliche Flotation. Auf dem Boden des Gefäßes mit Pansenflüssigkeit sieht man mit bloßem Auge kleine weiße, sich bewegende Pünktchen (Infusorien).

Insgesamt ergibt die Kontrolle der Rationszusammenstellung und die Untersuchung des Panseninhaltes keine Anhaltspunkte für eine Klärung des Problems.

3.11.3.5 Laboruntersuchung

Alle Gegebenheiten weisen darauf hin, dass eine Stoffwechselstörung vorliegt. Es ist daher notwendig, Laboruntersuchungen durchzuführen. Weiterhin ist es ratsam, Leberbiopsien zu nehmen. Bei den Laboruntersuchungen sollte berücksichtigt werden, dass hiermit nur eine Momentaufnahme über Abweichungen erhalten werden kann: Es ist nicht möglich, Abweichungen aus der vorangegangenen Zeit zu erfassen oder zukünftige Entwicklungen vorherzusagen. Eine nicht veröffentlichte Untersuchung der Tierärztlichen Fakultät in Gent hat keine Verbindung zwischen den Werten einiger Blutparameter (Glukose, Harnstoff, ß-Hydroxybuttersäure, Laktatdehydrogenase) einerseits und der Höhe der Milchleistung bei der ersten Milchkontrolle andererseits gefunden. Man sollte daher gezielt eine Gruppe von Kühen mit (geringen) Abweichungen für die Beprobung und die Entnahme der Leberbiopsien heraussuchen. In der vorliegenden Situation werden alle Kühe im ersten Lakationsmonat mit einer schlechten Pansenfüllung selektiert.

Nachdem die Ergebnisse von der Blutuntersuchung von sechs frischmelkenden Kühen und der einen vorgestellten kranken Kuh, die für das Betriebsproblem Modell stehen müssen, eingetroffen sind, wird bei einer Anzahl der untersuchten Kühe ein mäßig erhöhter Gehalt an ß-Hydroxybuttersäure, ein niedriger Gehalt an Glukose und weiterhin ein hoher Gehalt an nicht veresterten freien Fettsäuren (NEFA) festgestellt.

Die Untersuchung der Leberbioptate ergibt bei allen Proben erhöhte Gehalte an Triazylglyzeriden (TAG) mit einem Maximalwert von 18% bei einer der Kühe. Aufgrund dieser Befunde kann die Diagnose „Leberverfettung" gestellt werden.

3.11.3.6 Besprechung

Eine Leberverfettung kommt zustande, wenn die Kühe in der Trockenstehzeit eine zu hohe Energieaufnahme haben und verfetten. Kühe mit einer zu hohen Energieaufnahme in der Trockenstehperiode nehmen in der ersten Woche nach dem Kalben weniger Futter auf als Tiere mit einer geringeren Energieaufnahme. Als Ausgleich mobilisieren diese Kühe ihre Energiereserven schneller und intensiver als die anderen Kühe. Die massive Lipolyse verursacht ein zu großes Angebot an Fettsäuren in der Leber, die diese unter normalen Umständen in den Mitochondrien zu Ketonkörpern abbaut und in andere Gewebe exportiert zur weiteren Verstoffwechselung. Bei Tieren, die eine Leberverfettung entwickeln, werden die Fettsäuren aus den Reservedepots aber nicht in die Mitochondrien aufgenommen, sondern werden im Zytosol als TAG gelagert. Als Folge werden die Zellorganellen in die Peripherie verlagert. Einzelne Funktionen der Leberzellen, wie z. B. die Produktion von Eiweißen, können hierdurch negativ beeinflusst werden.

Auf dem Betrieb stellt sich beim Wiegen der Futtermenge pro Kuh in der Trockenstehzeit heraus, dass die Aufnahme viel höher liegt (14 kg Trockenmasse) als der Landwirt dachte (ca. 11 kg Trockenmasse).

Außerdem spielt die Länge der Trockenstehperiode eine Rolle: je länger sie dauert, um so größer ist die Gefahr einer Leberverfettung. Im vorliegenden Fall sind die Zwischenkalbezeiten (im Mittel 420 Tage) sehr lang, da gute Kühe mehrere Male zur Embryonengewinnung genutzt werden und bei weniger guten Kühen ca. 80 Tage nach dem Kalben ein oder mehrere Male ein Embryo implantiert wird (ca. 50% werden nach dem Embryotransfer trächtig). Aufgrund dessen ist auch die Trockenstehzeit von ungefähr 9 Wochen im Durchschnitt sehr lang.

3.11.3.7 Maßnahmen und Verlauf

Die Lösung des Problems war sehr einfach: Reduktion der Energieaufnahme während der Trockenstehperiode auf maximal Erhaltung plus 7 kg Milch. Der Landwirt hat dies umgesetzt, indem er den Kühen während der ersten Wochen der Trockenstehzeit nur Heu vorgelegt und in den letzten zwei Wochen vor dem Kalben einen langsamen Übergang zur Ration der laktierenden Kühe vorgenommen hat. Heu als alleinige Futtergrundlage für trockenstehende Kühe ist nicht ganz ideal, da der Energiegehalt zu niedrig und die Pansenpasssage nur sehr langsam ist. Da aber der Landwirt die Energieversorgung unbedingt reduzieren wollte, hat er nur Heu verfüttert.

Die Kühe kalbten darauf mit einem Konditionsscore von ungefähr 3,0 ab. Die Futteraufnahme nach dem Kalben war sofort viel besser als vorher, die Kühe starteten mit einer deutlich geringeren Milchleistung in die Laktation, die aber danach kontinuierlich anstieg. Ein günstiger Nebeneffekt war, dass die Kühe nach dem Kalben deutlicher brünstig wurden. Obwohl sich der Landwirt schon seit Jahren über ein nur mäßiges Brunstverhalten geärgert hat, hat er darüber nie geklagt. Es ist ein verborgenes Problem gewesen, welches bei der Lösung des Problems mit den Leberverfettungen größtenteils verschwand.

Für den Tierarzt ergibt sich, dass er bei der Bestandsbetreuung in der Vergangenheit die Veränderung des Fütterungsmanagements nicht beachtet hat. Er hat nicht berücksichtigt, dass alle Kühe dieselbe Ration bekommen, wobei ja bekannt war, dass die Energiedichte der Ration sehr hoch war, viel zu hoch für trockenstehende Kühe. In der Bestandsbetreuung sollten solche Managementaspekte auf jeden Fall mitaufgenommen werden!!

3.11.4 Fallbericht 4 – Probleme mit erhöhter Zellzahl in der Milch

3.11.4.1 Problem

Während eines Betriebsbesuchs Anfang September wurde durch einen sehr fachkundigen Milcherzeuger mit einem modernen Milchviehbetrieb folgendes Betriebsproblem zur Sprache gebracht: Die Tankmilchzellzahl hatte die Norm von 400.000 Zellen/ml überschritten, und der Gehalt an koliformen Keimen lag über der festgesetzten Norm. Außerdem wollten viele Kühe nicht mehr in den Melkstand kommen. Die Kühe waren während des Melkens sehr unruhig und mussten öfter als früher mit einem Schlagbügel gemolken werden, um zu verhindern, dass die Kühe das Melkzeug abtraten. Dies alles führte dazu, dass sich die Melkzeit stark verlängerte und der Landwirt keine Freude mehr am Melken hatte.

3.11.4.2 Anamnese

Der Betrieb: Im Betrieb wurden 65 mit Red Holstein gekreuzte Rotbunte Kühe gemolken. Die 305-Tage-Milchproduktion betrug etwa 7.800 kg. Während der Winterperiode wurden die Tiere in einem modernen Liegeboxenlaufstall gehalten. In der Sommerperiode hatten die Tiere tagsüber Weidegang und waren nachts aufgestallt.

Die Melkanlage: Das Melken fand in einem 5V5 Durchlaufmelkstand statt. Die tiefverlegte Melkleitung war als Ringleitung verlegt und hatte einen Innendurchmesser von 50 mm. Die Sammelstücke hatten ein Volumen von 150 ml und waren mit einem langen Milchschlauch mit einer Länge von 170 cm und einem Innendurchmesser von 14 mm verbunden. Der lange Milchschlauch war in Reihe an ein Milchflussmessgerät angeschlossen. Von dem Milchflussmessgerät wurde die Milch in die Melkleitung abgeleitet. Das Pulsationssystem bestand aus Wechseltaktpulsatoren mit einer Frequenz von 60 Pulsen pro Minute und einem Saugtaktverhältnis von 60:40. Zusätzlich gab es eine mechanisch gesteuerte Abnahmeautomatik.

Die statische Messung: Im April des gleichen Jahres war eine statische oder Trockenmessung der Anlage durch den lokalen Milcherzeugerberater durchgeführt worden. Es zeigte sich, dass die Luftzufuhr in den Sammelstücken beinahe das Dreifache der Norm überschritt und die a-Phase bei 4 Pulsatoren oberhalb der Norm von 20% lag. Der viel zu hohe Lufteinlass wurde durch verschlissene Vakuumventile der automatischen Abnahme an den Sammelstücken verursacht.

Es wurde empfohlen, die Vakuumventile zu ersetzen und die Magnetklappen der 4 Pulsatoren zu überprüfen. Gleichzeitig wurden die Sammelstücke, die langen Milchschläuche und die Milchflussindikatoren ersetzt, wodurch die milchabführenden Teile vom Sammelstück bis zur Melkleitung einen Durchmesser von 16 mm bekamen. Die langen Milchschläuche wurden auf 135 cm gekürzt und die Milchflussindikatoren durch einen anderen Typ ersetzt, wodurch der Widerstand der Milch beim Übergang vom langen Milchschlauch in den Milchflussindikator geringer wurde (**Abb. 3.62**).

Gleichzeitig wurde vom Melkmaschinentechniker angeraten, dass Betriebsvakuum von 41,5 kPa auf 44 kPa zu erhöhen.

Die empfohlenen Veränderungen wurden im Mai und Juni durchgeführt und hatten zur Folge, dass die Kühe während des Melkens immer unruhiger wurden.

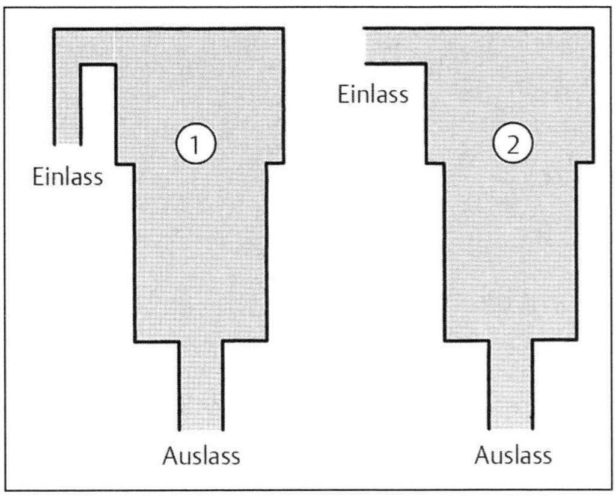

Abb. 3.62 Milchflussindikatoren (1: alter Typ; 2: neuer Typ).

3.11.4.3 Maßnahmen

Um die Ursache für die Unruhe der Kühe herauszufinden, wurde im September eine dynamische oder Nassmessung durch den Milcherzeugerberater durchgeführt. Die dynamische Messung wird vor allen Dingen dann empfohlen, wenn Beschwerden über Mastitis, schlechte Zitzenkondition oder über Schwierigkeiten beim Melken bei empfindlichen Kühen vorliegen. Mit einer dynamischen Messung können Abweichungen der Milchabflusskapazität und der Vakuumschwankungen am Zitzenbecherrand erfasst werden. Außerdem kann dem Auftreten von „Impacts" (**Kap. 3.2.5.2**) nachgegangen werden.

3.11.4.4 Ergebnis der dynamischen Messung

Während des Melkens kommt es zu Vakuumschwankungen unterhalb der Zitzenöffnung, die durch Widerstände beim Milchabfluss, durch das Schließen und Öffnen des Zitzengummis und das Einströmen von Luft entstehen. Diese Schwankungen lassen sich nicht verhindern, sollten aber bei einer gut funktionierenden Melkmaschine möglichst minimiert sein. Man unterscheidet die Messung langsamer Vakuumschwankungen im kurzen Milchschlauch, die Erfassung von zyklischen, d. h. an die Pulsation gebundene Vakuumschwankungen (Messung im kurzen Milch- und Pulsschlauch),

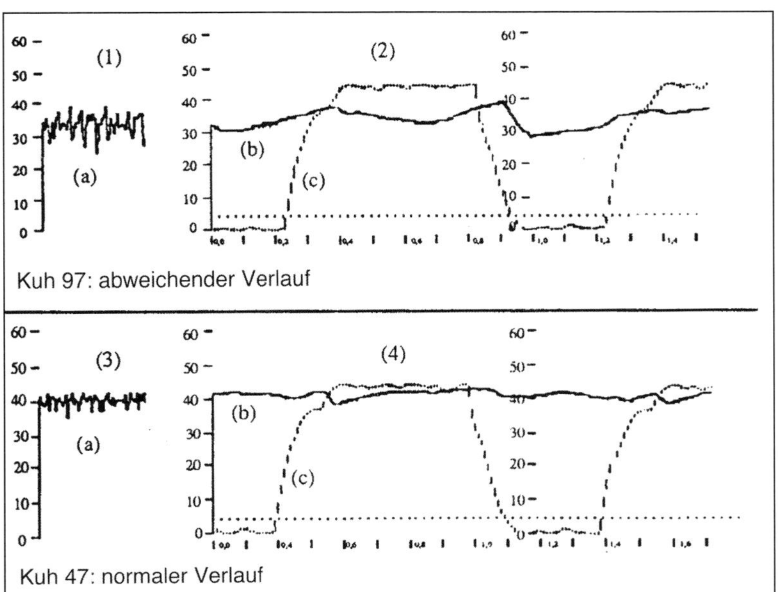

Abb. 3.63 Zyklische Variation (kPa) im kurzen Milchschlauch (1 und 3) bzw. im kurzen Puls- und Milchschlauch (2 und 4) bei zwei Kühen.
a) zyklische Variation im kurzen Milchschlauch während 10 s
b) zyklische Variation im kurzen Milchsschlauch und
c) im kurzen Pulsschlauch während eines Pulszyklus.

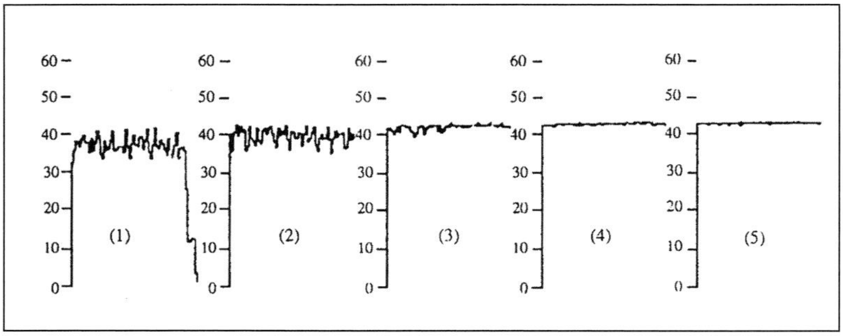

Abb. 3.64 Verhalten der Vakuumvariation (kPa) (Stufenkontrolle) bei Kuh 26 im kurzen Milchschlauch (1), im langen Milchschlauch unmittelbar nach dem Sammelstück (2), im langen Milchschlauch unmittelbar vor dem Milchflussindikator (3), im Milchschlauch unmittelbar nach dem Milchflussindidkator (4) und in der Melkleitung (5).

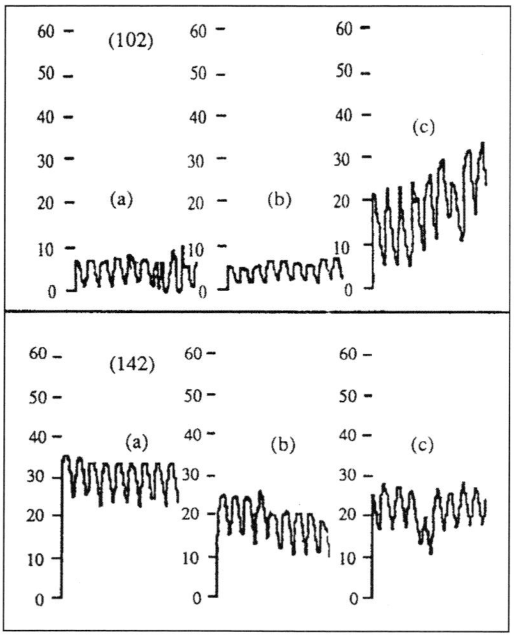

Abb. 3.65 Vakuum im Zitzenbecherrand (kPa) bei Kuh 102 (normal) und Kuh 142 zu Beginn (a), während (b) und am Ende des Melkvorgangs (c).

die Stufenmessung, die an verschiedenen Stellen des milchableitenden Systems stattfindet, die Messung des Vakuums im Zitzenbecherrand und die Messung von unregelmäßigen Vakuumschwankungen an verschiedenen Stellen des Systems.

Die Ergebnisse der dynamischen Messung im Beispielbetrieb werden in **Tab 3.73** wiedergegeben. Abweichende Werte sind in der Tabelle fettgedruckt und werden später besprochen. Der Abfall des Durchschnittsvakuums im kurzen Milchschlauch (Kuh 97; **Tab. 3.73** und **Abb. 3.63**), die zyklischen Variationen und die Stufenkontrolle (Kuh 139) wichen bei Kühen mit hohem Milchfluss (> 4,0 kg/min) zu sehr von der Norm ab. Richtwerte für den Abfall des Durchschnittsvakuums bei unterschiedlichen Milchflussgeschwindigkeiten und milchabführenden Systemen sind in **Tab. 3.74** dargestellt.

Für Kuh 97 wurde ein Abfall des mittleren Vakuums im kurzen Milchschlauch gegenüber dem Vakuum in der Melkleitung von 8,2 kPa gemessen (**Abb. 3.63**). Die Norm bei Kühen mit einem Milchfluss von 5 kg/min erlaubt ein Absinken von nur maximal 4,3 kPa. Bei Kuh 139 (**Tab. 3.73**) wurde ein Abfall von 5,4 kPa gemessen (Norm bei Kühen mit einem Milchfluss von 4,5 kg/min: 3,8 kPa). Auch die zyklischen Variationen im kurzen Milchschlauch waren bei Kuh 97 zu groß (**Tab. 3.73** und **Abb. 3.63**). Diese betrugen 14 kPa, wobei die Norm eine Variation von maximal 10 kPa zulässt. Während der Stufenmessung (**Tab. 3.73**, Kuh 139) blieb das mittlere Vakuum im kurzen Milchschlauch und am Anfang des langen Milchschlauchs zu niedrig. Erst vor dem Milchflussindikator erreichte das mittlere Vakuum das Betriebsvakuum. Die Ursache für diese Abweichung bei Kühen mit einem hohen Milchfluss muss in einem zu kleinen Volumen des Milchsammelstücks und im Verlauf des Milchschlauchs, bevor er in den Milchflussindikator mündet, gesucht werden. Bei Kühen mit einem niedrigeren Milchfluss (47, 89 und 26, < 4,0 kg/min) verliefen der Abfall des mittleren Vakuums (Kuh 47 und 89), die zyklischen Vakuumschwankungen (Kuh 47 und 89) und die Stufenkontrolle normal (Kuh 26) (**Abb. 3.64**). Das niedrige Vakuum im kurzen Milchschlauch bei Kuh 26 wurde durch Luftsaugen am Ende der Messung verursacht.

Das Vakuum im Zitzenbecherrand (**Tab 3.73** und **Abb. 3.65**) lag weit über der Norm bei Kühen mit

Tab. 3.73 Ergebnisse der dynamischen Messung der Melkmaschine.

Phase	Ergebnisse je Kuh			Bemerkungen
1. Zyklische Variationen	**Betriebsvakuum: 42,5 kPa**			**Vakuum in milchführenden Teilen: 42,0 kPa**
1.1 Im kurzen Milchschlauch	**Kuh 97**	**Kuh 47**	**Kuh 89**	
• Milchflussgeschwindigkeit (kg/min)	5,0	3,5	4,0	
• min. Vakuum (kPa)	**25,3**	35,7	35,5	
• max. Vakuum (kPa)	**39,3**	42,8	42,0	
• mittl. Vakuum (kPa)	**33,8**	40,5	39,2	
• Abweichung vom Betriebsvakuum (kPa)	**8,2**	1,5	2,8	
• Norm (kPa)	4,3	3,0	3,4	
1.2 Im kurzen Milch- und Pulsschlauch				
• Milchflussgeschwindigkeit kg/min	5,0	3,5	4,0	
• mittl. Vakuum (kPa)	**33,8**	40,5	39,2	
• +kPa	**5,5**	2,3	2,8	
• -kPa	**8,5**	4,8	4,2	
2. Stufenmessung	**Kuh 26**	**Kuh 139**		
Milchflussgeschwindigkeit kg/min	4,0	4,5		
Lokalisation:				
• kurzer Milchschlauch (kPa)	**34,4**	**36,6**		
• hinter dem Sammelstück (kPa)	39,6	**35,2**		
• vor dem Indikator (kPa)	42,1	42,5		
• nach dem Indikatior (kPa)	43,0	43,0		
• Melkleitung (kPa)	43,0	42,9		
3. Vakuum im Melkbecherrand	**Kuh 102**	**Kuh 142**		**Kuh 142:**
• Melkbeginn (Norm: < 10 kPa)	4,5	**30,4**		Kurze Zitzen
• Mitte (Norm: < 10 kPa)	4,4	**26,3**		
• Melkende (kann > 20 kPa sein)	18,0	20,5		
4. Unregelmäßige Vakuumvariationen				
• kurzer Milchschlauch (kPa)		-		
• langer Milchschlauch (kPa)		**28,3**		
• Melkleitung (kPa)		4,7		

kleinen Zitzen (Kuh 142). Normalerweise bleibt das Vakuum zu Beginn und während des Melkvorgangs unter 10 kPa. Am Ende des Melkens sind Werte von mehr als 20 kPa als normal anzusehen. Liegt das Vakuum zu Beginn oder während des Melkens zwischen 10 und 20 kPa, dann ist dies leicht erhöht, während ein Vakuum von mehr als 20 kPa als zu hoch angesehen werden muss.

Während der dynamischen Messung konnten plötzliche und große Lufteinflüsse bei dem automatischen Abnehmen (**Abb. 3.66**) und beim Abtreten eines Melkzeugs gehört und gemessen werden. Die Ursache war ein schlecht funktionierendes Milchventil im Milchsammelstück, welches den Zugang zum langen Milchschlauch während der Abnahme des Melkzeugs oder, wenn eine Kuh das Melkzeug abtrat, verschließen sollte. Da das Betriebsvakuum erhöht und der Innendurchmesser der abführenden Teile vergrößert worden war, war der Luftdurchfluss auf der Höhe des Übergangs vom Sammelstück zum langen Milchschlauch zu hoch geworden. Hierdurch wurde der Milchhahn

Tab. 3.74 Langsame Vakuumvariation in kPa bei unterschiedlichen Milchflussgeschwindigkeiten (kg/min) und unterschiedlichen Abflusssystemen.

Milchflussgeschwindigkeit (kg/min)						
Melkleitung	**1**	**2**	**3**	**4**	**5**	**6**
Innendurchmesser langer Milchschlauch 14 mm						
hochverlegt	2,9	5,8	8,7	12,0	14,0	17,0
Rekorder (10 kg Marke), 1,60 m	2,0	3,9	5,9	7,9	9,9	12,0
Rekorder (10 kg Marke), 1,20 m	1,4	2,8	4,2	5,6	7,0	8,4
tiefverlegt	1,1	2,3	3,4	4,5	5,6	6,8
Milchschlauch 1 m zu lang und mit Schlaufe	1,1	2,1	3,2	4,2	5,3	6,3
Innendurchmesser langer Milchschlauch 16 mm						
hochverlegt	2,2	4,4	6,6	8,8	11,0	13,0
Rekorder (10 kg Marke), 1,60 m	1,5	3,1	4,5	6,0	7,5	9,0
Rekorder (10 kg Marke), 1,20 m	1,1	2,1	3,2	4,3	5,4	6,4
tiefverlegt	0,9	1,7	2,6	3,4	4,3	5,2
Milchschlauch 1 m zu lang und mit Schlaufe	0,8	1,6	2,4	3,2	4,0	4,8

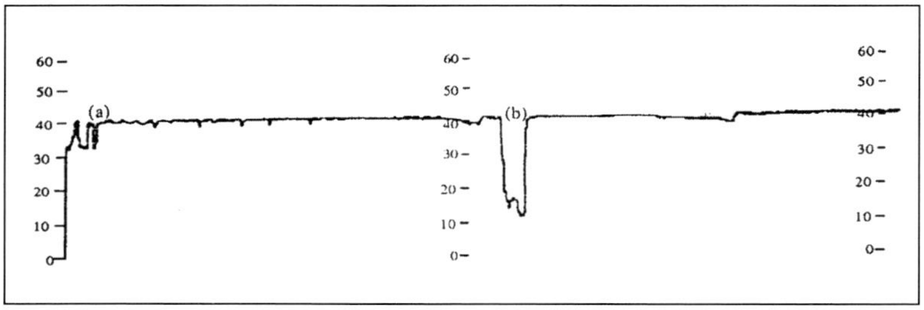

Abb. 3.66 Unregelmäßige Vakuumschwankungen (kPa) im langen Milchschlauch.
a) unregelmäßige Vakuumvariationen als Folge von Luftansaugen an einem Zitzengummi an der Messstelle
b) unregelmäßige Vakuumvariationen als Folge von Lufteinlass, die bei der automatischen Abnahme eines Melkzeugs bei einer benachbarten Kuh auftraten

im Sammelstück schiefgezogen, so dass der Ausgang zum langen Milchschlauch nicht mehr dicht abgeschlossen wurde. Dieser Lufteinlass konnte an verschiedenen Stellen in der Melkleitung und den milchführenden Teilen gemessen werden. In **Abb. 3.66** sind die unregelmäßigen Vakuumschwankungen im langen Milchschlauch wiedergegeben. Zu Beginn der Messung fallen kleine Vakuumschwankungen als Folge des Luftansaugens an einem Zitzengummi in demselben Stand auf, wo die Messung durchgeführt wurde. Die Vakuumschwankung, die in der Mitte der Messung auftrat, wurde durch das automatische Abnehmen eines Melkzeugs bei einer benachbarten Kuh verursacht.

3.11.4.5 Besprechung der Untersuchungsbefunde

Die Unruhe bei den Kühen und das Abtreten der Melkzeuge wurden durch das beständige und erhöhte Vakuum im Rand des Zitzengummis bei Kühen mit kleinen Zitzen verursacht. Diese Tiere mussten auch wegen des regelmäßigen Tretens nach den Melkzeugen überwiegend mit einem Schlagbügel gemolken werden. Der Schmerz, den diese Tiere schon früher gehabt hatten, wenn auch in Maßen, verschlimmerte sich nach der Durchführung der Empfehlungen, die aufgrund der statischen Messung der Anlage gegeben worden waren. Ursachen waren einerseits ein höherer Unterdruck unter den Zitzen, da das Betriebsvakuum höher eingestellt worden war (41,5 kPa während der statischen Messung und 42,5 kPa während der dynamischen Messung), andererseits der bessere Milchabfluss durch die größeren Innendurchmesser der langen Milchschläuche und deren Ansatzstutzen am Sammelstück. Als Folge davon trat die Durchblutung der Zitzen während der Ruhephase nicht schnell genug ein, wodurch Stauungen und Schmerzen entstanden. Nicht selten wurde daher auch nach dem Melken ein bläulich verfärbter und geschwollener Rand an der Zitzenbasis sichtbar. Zusätzlich wurde, wenn eine Kuh ein Melkzeug abtrat, infolge der ungenügenden Funktion des Melkhahns eine erhebliche Menge Luft in das Sammelstück eingesogen. Dieser Lufteinstrom verursachte Milchrückfluss („Impacts") bei den anderen gleichzeitig gemolkenen Kühen. Diese „Impacts" traten auch auf, wenn ein Melkzeug automatisch abgenommen wurde. Ein derartiger Rückschlag von Milch kann so heftig sein, dass bei den Tieren Schmerzen verursacht werden. Dies konnte während des Melkens auch beobachtet werden: Wenn eine Kuh ein Melkzeug abtrat oder ein Melkzeug automatisch abgenommen wurde, fingen andere Kühe auch an zu trippeln. Ein primärer Lufteinstrom hatte also eine Kettenreaktion zur Folge, die so heftig war, dass alle Kühe, die momentan gemolken wurden, unruhig wurden.

Die starke Steigerung des Zellgehalts während der letzten 14 Tage des Monats August ist möglicherweise durch das Auftreten neuer intramammärer Infektionen zu erklären. Die Anzahl klinischer Mastitiden war immer noch nicht angestiegen. Die wichtigste Ursache dieser Zellzahlsteigerung muss in der Reizung der Zitzen als Folge des erhöhten Vakuums am Zitzenbecherrand und der Stresssituation als Folge der beim Melken auftretenden „Impacts" beim Abtreten eines Melkzeugs oder bei der automatischen Melkzeugabnahme gesehen werden.

Der starke Anstieg von koliformen Keimen während derselben Periode war sowohl eine Folge der großen Menge kontaminierter angesaugter Luft während der automatischen Melkzeugabnahme als auch eine Folge der Beschmutzung des Melkzeugs, wenn dieses nach Abtreten zu Boden fiel.

3.11.4.6 Empfehlung

Der Landwirt erhielt folgende Empfehlungen:

1. Die automatische Melkzeugabnahme sollte nicht mehr benutzt werden bis diese durch ein elektronisch gesteuertes Abnahmesystem ersetzt worden war; die Melkzeuge sollten manuell durch Zurückziehen des Melkhahns abgenommen werden, wenn eine Kuh leergemolken war. Bei einer elektronisch gesteuerten Abnahmeautomatik wird am Ende des Melkens mit Hilfe einer Membranklappe der lange Milchschlauch abgedichtet, um die Verbindung mit dem Vakuum zu unterbrechen. Durch die Zufuhr von Luft durch das Luftloch im Sammelstück wird das Vakuum langsam reduziert, und das Melkzeug kann dann abgenommen werden.
2. Die Sammelstücke sollten durch solche mit größerem Volumen ersetzt werden. Größere Sammelstücke sollen einen besseren Abfluss der Milch durch den kurzen Milchschlauch ermöglichen, so dass der Vakuumabfall im kurzen Milchschlauch bei Kühen mit einem hohen Milchfluss die Norm nicht mehr überschreitet.
3. Die Zitzengummis sollten durch solche mit kleinerem Durchmesser ersetzt werden. Solche Zitzengummis verursachen den Kühen mit kleinen Zitzen beim Melken weniger Schmerzen. Das Melken von Kühen mit größeren Zitzen ist selbst bei Gebrauch von kleineren Zitzengummis meist problemlos möglich.
4. Die Empfehlungen wurden vollständig durchgeführt. Zusätzlich wurde das Saugtaktverhältnis der Pulsatoren von 60/40 auf 65/35 verändert. Nach Vornahme der Veränderungen kehrte die Ruhe im Melkstand wieder zurück, und es war wieder angenehm zu melken. Danach trat eine deutliche Verbesserung der Milchqualität ein.

Das geschilderte Beispiel zeigt deutlich die große Bedeutung der Melkmaschine für die Eutergesundheit. Folglich muss der Tierarzt dieses Thema bei der Lösung von Problemen, die mit dem Euter in Verbindung stehen, besonders berücksichtigen.

3.11.5 Fallberichte 5 und 6 – Gliedmaßenprobleme

3.11.5.1 Bestand 1

- 180 Kühe in neu gebautem Stall (Zusammenschluss von zwei Betrieben vor einem Jahr)
- 9.000 kg durchschnittliche Herdenmilchleistung
- Liegeboxen-Laufstall mit 3 Stallabteilen:
  - Trockensteher auf planbefestigter Gummimatten-Lauffläche, Liegeboxen mit Gummimatte und wenig Strohhäckseleinstreu
  - Vorbereitungsgruppe in Tiefstall mit Stroheinstreu, hier auch Abkalbung und Kolostralphase; Frischlaktierende bis etwa 150 Tag p. p. je nach Milchleistung in planbefestigten neu aufgebrachten Gussasphalt-Laufstall, Boxen mit Gummimatte und Strohhäckseleinstreu
  - Altmelkergruppe Spaltenboden mit Gummibelag am Futtergang sonst Beton in den Laufgängen, Boxen mit Gummimatte und Strohhäckseleinstreu
- Maße und Anzahl der Fress- und Liegeplätze entspricht den Anforderungen an moderne Milchviehställe
- Lauf- und Liegeflächen sind sauber
- Fütterung: Mischration aus sehr kurz gehäckselter Maissilage (Anteile 1 – 8 mm > 55%) + Grassilage ausreichend für 26 kg Milch (NEL+nXP) Leistungsfutter über Station (18/III bis maximal 9 kg)
- Klauenpflege zweimal jährlich für die komplette Herde

Symptome

Der äußere Gesamteindruck der Herde ist nicht zufriedenstellend (stumpfes Haarkleid, „schlapp und müde“ lt. Betriebsleiter). Seit einem Jahr sind Leistungsrückgang und unterkonditionierte Tiere zu beobachten. Vereinzelt treten Lahmheiten auf. Einige Tiere wurden wegen schlechten Allgemeinbefindens, Abmagerung und niedriger Milchleistung vorzeitig abgeschafft.

Die Auswertung der Körperkondition ergab, dass in allen Laktationsgruppen vermehrt unterkonditionierte Tiere vorhanden sind. In den Milchleistungsdaten zeigten einige Tiere niedrige Fettwerte (teilweise < 3%) und niedrige Fett-Eiweiß-Quotienten (< 1,0). Bei der Beurteilung der Lahmheiten konnte bei vielen Tieren ein klammer, vorsichtiger Gang mit gekrümmten Rücken festgestellt werden (35% der Tiere in der Frischmelker-Gruppe hatten einen Score > 2 (**Kap. 3.6.4**). Aus dieser Gruppe wurden mehrere Tiere im Klauenstand untersucht. Es stellte sich heraus, dass die Klauen bei allen Tieren sehr kurz waren. Die angestrebte Dorsalwandlänge von 7,5 cm wurde in vielen Fällen unterschritten. Dies war bei den Erstlaktierenden besonders auffällig. In den meisten Fällen war das Sohlenhorn sehr dünn und zeigte Blutungen. Bei zwei Tieren mit höhergradigen Lahmheiten konnten Sohlenspitzengeschwüre einschließlich Kronsaumphlegmonen festgestellt werden.

Interpretation

Für die vermehrten Lahmheiten, besonders in der Gruppe der frischlaktierenden Kühe ist der übermäßige Abrieb des Klauenhorns durch den Gussasphaltbodens verantwortlich (sehr raue Oberfläche auch noch nach einem Jahr der Nutzung). Das Horn wird sehr dünn, so dass vermehrter Druck auf die darunterliegende Lederhaut kommt. Da dies natürlich alle Klauen betrifft, fällt eine Lahmheit nicht sofort auf (tatsächlich wurde dies erst bei der Beurteilung der Einzeltiere für den Landwirt offensichtlich). Erschwerend kommt hinzu, dass in fast allen Laktationsphasen eine weiche Lauffläche zur Verfügung steht, aber in der ohnehin schon sehr sensiblen Transitphase werden die Tiere auf den harten Gussasphalt-Laufboden mit sehr rauer Oberfläche umgestallt. Eine Berücksichtigung dieses Problems bei der Klauenpflege hat offensichtlich nicht stattgefunden. Die geringe Strukturwirksamkeit der Ration wirkt sich hinsichtlich rehebedingter Veränderungen in der frühen Laktation ebenfalls negativ auf die Klauengesundheit aus und hat das Problem möglicherweise noch verschärft. Die vermehrte Mobilisation von Körpermasse erklärt sich durch die reduzierte Futteraufnahme infolge schmerzhafter Prozesse an den Klauen, die im weiteren Verlauf auch mit einer sinkenden Milchleistung einhergeht.

3.11.5.2 Bestand 2

- 200 Kühe
- ganzjährige Anbindehaltung
- Kurzstand mit etwas Stroheinstreu und Mistkante

Symptome

Mehr als 35% der Tiere zeigen vermehrt „Liegebeulen“ außen im Bereich der Sprunggelenke (Peritarsitis lat.). Sie traten im Zusammenhang mit starker Überkonditionierung zur Zeit der Abkalbung (festgestellt mit Hilfe des Body Condition Scoring) auf und zeigten die Neigung zu größtenteils subklinischen Ketosen (festgestellt durch Auswertung der Milchleistungsprüfungsdaten; hohe Fettgehalte und Fett-Eiweißquotienten bei frischlaktierenden Tieren). Brunstäußerungen waren nach Auskunft des Betriebsleiters stark herabgesetzt.

Interpretation

Die Tiere hatten Aufsteh- und Standschwierigkeiten und zeigten erhöhte Liegezeiten. Qualität und Quantität der Einstreu waren nicht ausreichend. Erkennbare Schäden entstanden an den Tieren, die keine Möglichkeit hatten, die schädlichen Einflüsse zu meiden. Der schädliche Einfluss entsteht durch das Haltungssystem, im vorliegenden Fall in Kombination mit dem Fütterungssystem. Da die Tiere nicht in der Lage sind, sich den schädlichen Einflüssen zu entziehen, gelingt weder die Schadensvermeidung noch in vollem Umfang die Bedarfsdeckung, so dass sich Veränderungen von Verhaltensmerkmalen (hier: Brunstverhalten, Abliege-, Liege- und Aufstehverhalten) einstellen.

3.11.6 Fallbericht 7 – Ein Bestand mit Diarrhöproblemen

Am 20. November 2004 hatten in einem Liegeboxenlaufstall mit 60 Kühen 3 Kühe schweren Durchfall. Der Kot war wässrig, bräunlich und übelriechend. Die Kühe hatten hohes Fieber, waren apathisch und anorektisch. Die eingeleitete antibakterielle Therapie hatte keinen Effekt. In den darauffolgenden Tagen nahm die Anzahl der erkrankten Tiere zu, wobei alle Altersgruppen betroffen waren. Bei einer der beiden zuerst erkrankten Kühe bildeten sich Läsionen am Zahnrand. Ein großer Teil der Tiere hatte übermäßigen Nasen- und Augenausfluss. Die Temperatur schwankte bei den Tieren von 39–41 °C. Einige Tiere hatten gerötete Schleimhäute. Am 30. Dezember abortierte eine Kuh.

Aus dieser Anamnese waren viele Informationen zu entnehmen:

- wasserdünner Kot bei 3 Kühen, der später bei mehreren Kühen auftrat;
- akutes Krankheitsgeschehen; es waren einheitlich alle Tiergruppen betroffen;
- es traten auch respiratorische Erscheinungen wie Nasen- und Augenausfluss auf;
- der Appetit war deutlich herabgesetzt;
- es gab einen Abort- und einen Todesfall (im späten Stadium);
- im Oktober 2004 (war ein 8 Monate altes Bullenkalb angekauft worden);
- in den Jahren davor waren keine neuen Tiere in den Bestand eingestellt worden.

Es wird deutlich, dass hier ein Herdenproblem mit Beteiligung aller Altersgruppen vorlag. Neben Symptomen, die den Verdauungsapparat betrafen, kamen auch respiratorische Erscheinungen vor. Das hohe Fieber kann auf ein infektiöses Agens hinweisen. Hierbei ist aber Vorsicht geboten, und um eine zuverlässige Aussage zu treffen, muss eine große Anzahl an Tieren diesbezüglich untersucht worden sein.

Aufgrund der Symptomatik kommen Erkrankungen in Frage, die sowohl den Digestions- als auch den Respirationsapparat betreffen.

Die Erkrankung ist wahrscheinlich infektiös und nicht beschränkt auf eine bestimmte Tiergruppe. Differentialdiagnostisch sollten BHV-1, BVD/MD und Bösartiges Katarrhalfieber (BKF) in Betracht gezogen werden.

Analysiert man die Information aus der Anamnese und der klinischen Untersuchung, dann bleiben nur noch BVD und BHV-1 als mögliche Ursachen. BKF ist auszuschließen, da es immer als ein „sporadisches“ Ereignis mit einer Mortalität von nahezu 100% auftritt. Die Verdachtsdiagnose ist BVD. Um zwischen BVD und IBR unterscheiden zu können, ist eine zusätzliche Untersuchung notwendig. Diese besteht aus einer serologischen und/oder virologischen Untersuchung.

Im Anfangsstadium hatten nur 3 Kühe Diarrhö. Diese Tiere zeigten keine Symptome respiratorischer Art. Wäre man zu diesem Zeitpunkt in den Betrieb gekommen, hätte man vermutlich eine andere differenzialdiagnostische Route verfolgt, und zwar:

- Probleme mit dem Verdauungsapparat
- Erkrankung vornehmlich bei ausgewachsenen Rindern
- infektiöse Ursachen

Angesichts der Kotbeschaffenheit und des akuten Charakters der Erkrankung wären Salmonellose, BVD/MD und Winterdiarrhö in die engere Wahl der Differentialdiagnose gekommen.

Durch das eben aufgeführte Beispiel sollte dargestellt werden, wie verschiedene Erscheinungsformen einer Erkrankung letztlich doch zu einer einheitlichen Diagnose führen können. Zu Beginn der Erkrankung stand die Diarrhö bei ausgewachsenen Rindern im Vordergrund, während im weiteren Verlauf zusätzlich respiratorische Symptome auftraten und inzwischen alle Tiergruppen betroffen waren. Dies schließt aber die Beteiligung von zwei oder mehreren verschiedenen Erregern nicht aus, z. B. BVD und Salmonellose. Die erste Infektion ist immunsuppressiv und hätte so das Angehen einer Salmonelleninfektion begünstigen können.

4 Datenverarbeitung und -auswertung

R. Mansfeld, A. de Kruif und M. Hoedemaker

4.1 Allgemeines

Die Integrierte Tierärztliche Bestandsbetreuung steht und fällt mit einer **exakten Dokumentation**. Sie ist die Grundlage für regelmäßige Datenauswertungen, Verfolgung von Zielen und für die Organisation (Terminplanung, Erstellung von Aktionslisten etc.) der Betreuungstätigkeit. Datenerfassung und -auswertung können manuell oder mittels geeigneter elektronischer Datenverarbeitungssysteme erfolgen. Dabei müssen die Fruchtbarkeits- und Krankenkarte (FKKR = Bestandsbetreuungskarte) und die Jungviehaufzuchtkarte oder das geeignete Betriebstagebuch ebenso korrekt geführt werden wie eventuell genutzte Computerprogramme (elektronische Kuhplaner im landwirtschaftlichen Betrieb, Herden-Computerprogramme in der tierärztlichen Praxis oder zentral, von einem Rechenzentrum geführte Herden-Informationssysteme).

4.2 Manuelle Datenverarbeitung und -auswertung

Für die manuelle Datenverarbeitung und -auswertung eignen sich besonders die FKKR in Kombination mit der 12-Monats-Übersicht sowie der Jungviehaufzuchtkarte. Diese Dokumentationsformen sind sehr übersichtlich und kostengünstig, wenn auch hinsichtlich der Datenerfassung und -auswertung und vor allen der Möglichkeiten zur Ergebnispräsentation sehr beschränkt. Sie sind besonders für Betriebe kleinerer und mittlerer Größe (etwa bis zu 100 laktierende Kühe) geeignet.

4.2.1 Beispiel Herdenfruchtbarkeit

An dieser Stelle soll nur die manuelle Auswertung der **Fruchtbarkeits- und Krankenkarte (FKKR)** hinsichtlich der Herdenfruchtbarkeit dargestellt werden (bezüglich der Datenerfassung s. **Kap. 2.3.1**).

Die FKKR bietet verschiedene Auswertungsmöglichkeiten, die für das Fruchtbarkeitsgeschehen in einer Herde von Bedeutung sind. Dabei können herausragende Auffälligkeiten mit Hilfe der übersichtlichen Darstellung (Herdenübersicht) auf den ersten Blick erkannt werden. Dazu gehören z. B. ungenügende Brunstdokumentation, häufigeres Auftreten bestimmter Störungen im Zusammenhang mit der Kalbung, häufigere Mehrfachbesamungen etc. In regelmäßigen Abständen erfolgt eine Auswertung mit Berechnung verschiedener Fruchtbarkeitskennzahlen. Zum Teil wird die Auswertungsarbeit durch vereinfachte Berechnungsmethoden beschleunigt.

4.2.1.1 Mit Hilfe der FKKR zu berechnende Fruchtbarkeitskennzahlen

Trächtigkeitsrate nach Erstbesamung (TR)
Anteil der Erstbesamungen in % im Berechnungszeitraum, die zur Trächtigkeit geführt haben.

Beispiel: Es wurden 20 Erstbesamungen durchgeführt, 15 davon führten zu einer Trächtigkeit.

$$TR = \frac{15}{20} \times 100 = 75\ \%$$

Mittlere Rastzeit (RZ)
Zeitraum zwischen Abkalbung und erster Wiederbelegung.

Mittlere Güstzeit (GZ)
Zeitraum zwischen Abkalbung und 1. Trächtigkeitstag. Zur Vereinfachung der Berechnung der mittleren Güstzeit wird bei der Auswertung der FKKR ein Monat grundsätzlich mit 30 Tagen berechnet.

Trächtigkeitsindex (TI)

Der Trächtigkeitsindex entspricht der mittleren Anzahl Besamungen bei graviden Tieren.

Beispiel: Im Berechnungszeitraum wurden 60 Trächtigkeiten sicher festgestellt. Die entsprechenden Tiere wurden insgesamt 98-mal besamt. Der Trächtigkeitsindex beträgt 98 : 60 = 1,6.

Fruchtbarkeitsstatus (F.S.)

Der Fruchtbarkeitsstatus stellt den Versuch dar, die Fruchtbarkeitssituation einer Herde in einer Zahl zusammenzufassen. Es vereinfacht die Zusammenarbeit mit dem Landwirt, wenn eine Herdenmaßzahl vorhanden ist, an der man sich orientieren kann. Dieses Vorgehen beinhaltet jedoch die Gefahr eines erheblichen Informationsverlusts, wenn nicht gleichzeitig eine differenzierte Betrachtung und Interpretation der einzelnen Kennzahlen erfolgt. Der Bestandsbetreuer muss sich dessen bewusst sein.

$$\text{F. S.} = \frac{\text{EBE (\%)}}{\text{TI}} - \text{GZ} + 125$$

EBE = Erstbesamungserfolg, TI = Trächtigkeitsindex, GZ = Güstzeit

Beispiel: EBE = 70%; TI = 1,5; GZ = 120 Tage

$$\text{F. S.} = \frac{70}{1{,}5} - 120 + 125 = 52$$

Erstbesamungsindex (EBI)

Quotient aus der Anzahl sämtlicher Belegungen und der Anzahl Erstbelegungen. Der EBI bietet den Vorteil, dass alle Belegungen erfasst werden. Auch zwischenzeitlich abgegangene Tiere fließen in die Berechnung ein. In kleineren Herden können Problemtiere das Ergebnis allerdings extrem verfälschen und eine Herdeninfertilität vortäuschen.

Erwartete Zwischenkalbezeit (eZKZ)

Bei Verwendung der Fruchtbarkeits- und Krankenkarte wird die erwartete Zwischenkalbezeit (eZKZ) für die Tiere berechnet, die für tragend befunden worden sind. Der Einfachheit halber wird dabei davon ausgegangen, dass das Jahr aus 365 Tagen besteht und dies gleichzeitig die anzustrebende Zwischenkalbezeit ist. Da bei jeder Trächtigkeitsfeststellung das erwartete Kalbedatum (je nach Rasse z. B. 9 Monate + 6 Tage) in die FKKR eingetragen wird, lässt sich durch Vergleich des letzten Kalbedatums mit dem erwarteten nächsten Datum leicht die Abweichung von einem Jahr ausrechnen. Diese Abweichung wird in eine „Minus-0-Plus"-Tabelle (**Tab. 4.1**) eingetragen. Anschließend werden die Summen der Werte in der Minusspalte und in der Plusspalte gebildet. Die Differenz beider Summen wird durch die Anzahl aller Werte (ggf. auch 0-Werte berücksichtigen) dividiert. Das Ergebnis wird zu 365 addiert bzw. subtrahiert. Es ergibt sich die mittlere eZKZ für alle bereits tragenden Tiere.

Mittlere eZKZ der z. Z. tragenden Tiere

$$= 365 + \frac{\text{Differenz}}{\text{Anzahl Werte}}$$

$$= 365 + \frac{67}{9} = 365 + 7{,}4 \approx 372 \text{ Tage}$$

Tab. 4.1 Beispiel einer Minus-Null-Plus-Tabelle (neun Kühe) zur Berechnung der erwarteten Zwischenkalbezeit.

Kuh	zurückliegendes Kalbedatum	erwartetes Kalbedatum	Differenz (in Tagen)		
			Minus	Null	Plus
Nr. 1	01.01.	15.01.			14
Nr. 2	31.12.	16.12.	15		
Nr. 3	01.02.	20.03.			49
Nr. 4	02.02.	14.02.			12
Nr. 5	03.02.	03.02.		0	
Nr. 6	04.02.	06.02.			2
Nr. 7	15.03.	10.03.	5		
Nr. 8	16.03.	15.03.	1		
Nr. 9	20.03.	01.04.			11
Summe			21		88
Differenz					67

4.3 Verarbeitung mit Hilfe von Computerprogrammen

Nicht nur die gesetzlichen Vorschriften bezüglich der Kennzeichnung und Herkunftssicherung von landwirtschaftlichen Nutztieren (Viehverkehrsverordnung u. a.), auch die Datenerfassungs-, -transfer- und -verarbeitungssysteme sind in den letzten Jahren erheblich weiterentwickelt worden. Mit dem Herkunftssicherungs- und Informationssystem Tier (HI-Tier, auch „HIT-Datenbank" genannt) ist ein auf EU-Recht zurückgehendes umfangreiches Identifikations- und Meldewesen für Rinder entstanden. Diese Daten bilden heute die Stammdatengrundlage für vielfältig nutzbare Informationssysteme. Ein Rinderhalter benötigt möglichst aktuelle und verlässliche Informationen über seine Tiere (z. B. Milchleistungsdaten, Brunst-, Besamungs- und Kalbedaten, Daten zur Eutergesundheit und andere Gesundheitsdaten). Die Daten entstehen zum Teil im Betrieb selbst, zum Teil durch für den Landwirt tätige Dienstleister in der Milchleistungsprüfung, der künstlichen Besamung, der Herdbuchführung und Zuchtwertschätzung und letztlich auch durch den bestandbetreuenden Tierarzt. Fortschritte in der Informationstechnologie ermöglichen es heute, dem Ziel, alle Daten nur einmal zu erfassen, sie zentral zu verarbeiten und vielfältig dezentral zu nutzen, sehr nahe zu kommen. Das Rechenzentrum „Vereinigte Informationssysteme Tierhaltung" in Verden an der Aller (**VIT-Verden**) ist ein Beispiel für ein großes Rechenzentrum, in dem Rohdaten gesammelt, gespeichert, integriert, auf Plausibilität geprüft, aufbereitet und wieder zur Verfügung gestellt werden. Mit dem Herdeninformationssystem **net*rind*** des VIT Verden ist ein Internet-basiertes System zur Unterstützung des Herdenmanagements realisiert worden. **Abb. 4.1** gibt einen Überblick über den Informationsfluss in der Rinderzucht.

Der bestandsbetreuende Tierarzt ist nicht nur an der Entstehung von Daten beteiligt, er kann die bereits vorhandenen Daten auch für seine Betreuungstätigkeit nutzen. Besonders in größeren Herden ist es von Vorteil, die Datenauswertung mit Hilfe von Computerprogrammen durchzuführen. Zum Teil wird in den Betrieben mit elektronischen Kuhpla-

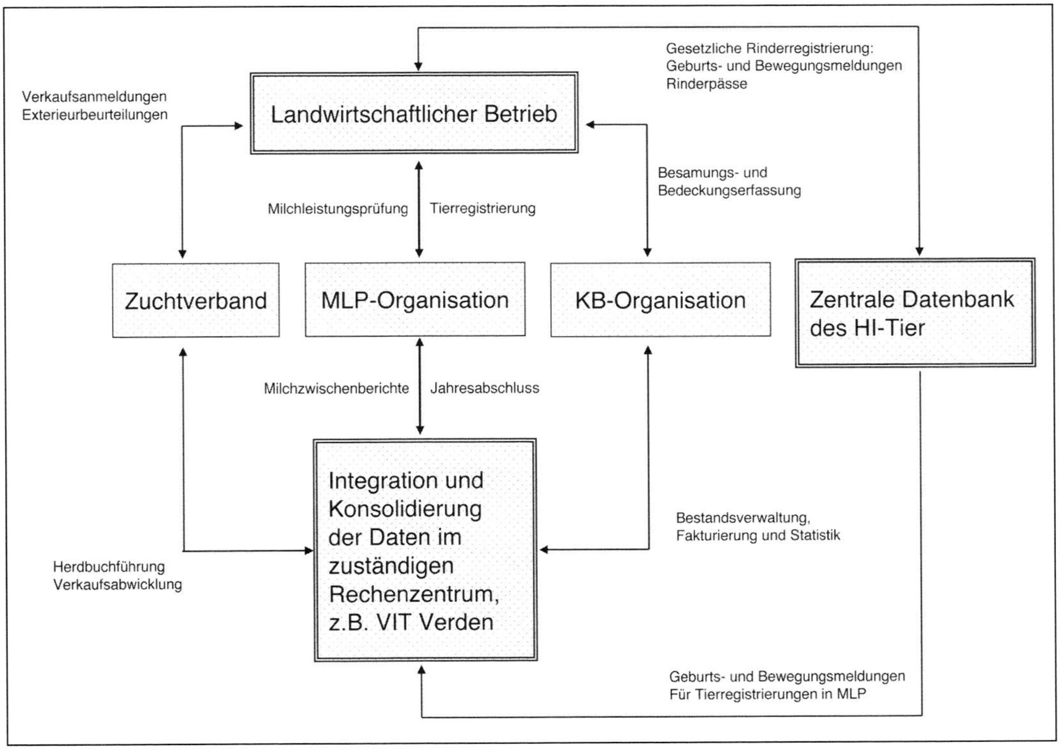

Abb. 4.1 Informationsfluss in der Rinderzucht.

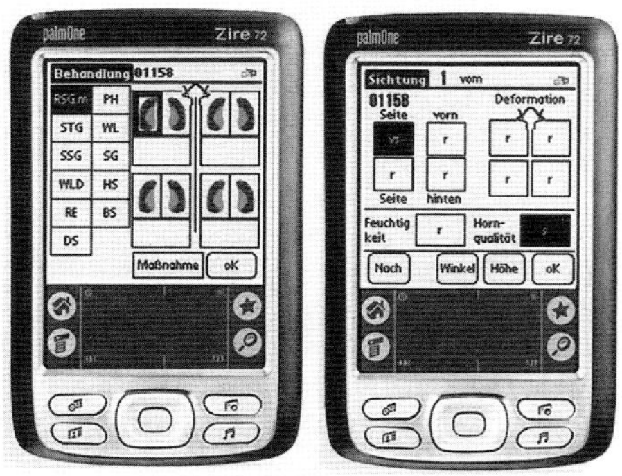

Abb. 4.2 Erfassung von Klauenbefunden mittels PDA.

nern etc. gearbeitet, die oft einige für den Bestandsbetreuer wesentliche Auswertungen erlauben. Es gibt außerdem Herdencomputerprogramme für Tierärzte, deren Auswertungsmöglichkeiten in der Regel umfassender sind. Durch etliche, großenteils standardisierte Schnittstellen lassen sich viele für den Bestandsbetreuer relevante Daten von landwirtschaftlichen Rechenzentren oder aus dem jeweiligen Betrieb ohne viel zusätzliche Handarbeit direkt übernehmen. Auch wenn alle von extern kommenden Daten immer einer eingehenden Konsistenzprüfung unterzogen werden müssen, stellen diese neuen Möglichkeiten erhebliche Arbeitserleichterungen dar. Nach Übernahme der Daten werden diese durch die im Rahmen der Bestandsbetreuung anfallenden tierärztlichen Daten ergänzt und gemeinsam ausgewertet. Im Idealfall können Datenerfassung und -meldung direkt am Tier über einen Handcomputer, einen sogenannten Personal Digital Assistant (PDA) erledigt werden (**Abb. 4.2**). Das dafür erforderliche kabellose Netzwerk (Wireless Local Area Network = Wireless LAN oder WLAN) kann mittels WLAN-Router nahezu in jedem Betrieb eingerichtet werden.

Eine wichtige Funktion von Herdencomputerprogrammen ist die Berechnung von Kennzahlen. Dabei wird zwischen **retrospektiven** und **prospektiven, gelegentlich auch paraspektiven Kennzahlen** unterschieden. Kennzahlen können für alle Betreuungsbereiche (Fruchtbarkeit, Eutergesundheit, Milchleistung, Körperkonditionsentwicklung etc.) berechnet werden.

4.3.1 Beispiel Herdenfruchtbarkeit

Im Folgenden soll zunächst näher auf die **Fruchtbarkeitskennzahlen** eingegangen werden (**Tab. 4.2**). Während mit Hilfe **retrospektiver Kennzahlen** die Daten eines zurückliegenden Zeitraums ausgewertet werden („Fruchtbarkeitsanamnese", **Tab. 4.3**), beziehen sich prospektive Kennzahlen auf das aktuelle Datum, die aktuelle Laktation und gehen z. T. von Annahmen aus („Fruchtbarkeitsstatus"; **Tab. 4.4**). Dabei können die Auswertungen für alle Tiere einer Herde, für bestimmte Gruppen (Alter, Leistung etc.) oder für Einzeltiere durchgeführt werden. Es ist wichtig, zur Beurteilung immer mehrere Kennzahlen heranzuziehen und nicht nur Mittelwerte, sondern auch die Streuung der Werte zu beachten.

Für die Auswertung und Interpretation von Daten ist es wichtig zu wissen, welche Tiere bei der Berechnung der einzelnen Kennzahlen berücksichtigt werden, d. h. welche Auswahlkriterien und Rechenregeln sieht das Computerprogramm vor? Da es hierfür trotz verschiedener Bemühungen um eine Standardisierung nach wie vor keine allgemeingültigen Regeln gibt, muß der Bestandsbetreuer

Tab. 4.2 Formeln für die Berechnung einiger wichtiger Fruchtbarkeitskennzahlen.

Fruchtbarkeitskennzahl	Formel
Erstbesamungsindex	Anzahl Belegungen / Anzahl Erstbelegungen
Trächtigkeitsindex (TI)	Anzahl Belegungen bei tragenden Tieren / Anzahl tragender Tiere bzw. Trächtigkeiten
Erstbesamungserfolg (EBE)	(Anzahl tragender Tiere nach Erstbelegung / Anzahl Erstbelegungen) × 100
Gesamtträchtigkeit	(Anzahl tragender Tiere / Anzahl Erstbelegungen) × 100
Untergrenze 1. Belegung bis 1. Trächtigkeitstag	(Trächtigkeitsindex – 1) × 21
Brunsterkennungsrate (BER)	(21/∅ beobachtetes Brunstintervall) × 100

Tab. 4.3 Beispiel für mit Hilfe eines Herdencomputerprogramms ermittelte retrospektive Fruchtbarkeitskennzahlen („Fruchtbarkeitsanamnese").

Allgemeine Informationen:						
Auswahl: alle Tiere						
Analysenzeitraum von 1.1.2000–31.12.2004						
Abkalbeergebnis: 176 Kühe und 62 Färsen (nicht enthalten: 8 Totgeburten)						
durchschnittliche Zuchtherde: 79,0						
Abgänge im Zeitraum: 103, davon Verkauf: 44						
Intervall-Berechnung	arithm. Mittel	n	min.	max.	s	Referenz
Zwischenkalbezeit	383,3	125	322	600	51,7	< 385
Intervall Kalbung – 1. Brunst	58,5	204	12	144	24,0	
Rastzeit	75,5	197	30	144	20,8	< 85
Intervall Kalbung – letzte Besamung	134,7	42	34	301	63,1	
Güstzeit	101,2	155	38	323	50,8	< 105
Verzögerungszeit	23,6	255	0	286	46,4	<18
Besamungsergebnisse:						
Erstbesamungen:	316		Besamungen insgesamt:			552
Erstbesamungsindex:	1,7		Trächtigkeitsindex:			1,6
Erstbesamungserfolg:	63,5%		Untergrenze 1. Besamung – 1. Trächtigkeitstag:			12,2
Anzahl Tiere besamt < 51 Tage p. p.	19		Brunsterkennungsrate:			61,1%

sich bei dem Hersteller der von ihm verwendeten Software, ggf. auch bei den Herstellern der elektronischen Kuhplaner erkundigen, um nicht Gefahr zu laufen, Auswertungsergebnisse falsch zu interpretieren. Das in der ATF-Schriftenreihe im Jahr 1992 erschienene „Pflichtenheft für EDV-Systeme zur Unterstützung der tierärztlichen Betreuung von Rinderbeständen" enthält entsprechende Regeln, die aber nicht von allen Softwarefirmen beachtet werden. Die Interpretation von Kennzahlen wird durch Darstellung der Auswertungsergebnisse in Form von Histogrammen mit Einzeltieridentifikation (**Abb. 4.3**) wesentlich erleichtert. Fortschrittliche Herdencomputerprogramme erlauben von derartigen Übersichten aus einen direkten Zugriff auf das jeweilige Tier, so dass die „elektronischen Karteikarten" von Tieren, die extreme Kennzahlen aufweisen, sofort einer eingehenden Betrachtung unterzogen werden können.

Die verbreitet angewandte **Zwischenkalbezeit** (ZKZ) ist eine Kennzahl zur Beurteilung der Fortpflanzung pro Zeiteinheit, der sog. Reproduktionsleistung. Sie setzt sich aus Rastzeit, Verzögerungszeit und Tragezeit zusammen (**Abb. 4.4**). Ähnlich wie der Fruchtbarkeitsindex ist die ZKZ eher eine von mehreren Zielgrößen als eine Arbeitsgröße.

Die **Brunsterkennungsrate** (BER) ist eine in der Auswertung problematische Kennzahl. Häufig werden auch heute noch nicht alle Brünste dokumentiert. So kann es sein, dass die berechnete BER nicht der tatsächlichen, d. h. den Beobachtungen entspricht. Da das frühzeitige Erkennen von Brünsten nach der Abkalbung zu einer Verkürzung der Güstzeiten beiträgt, ist es sinnvoll, alle Brünste zu dokumentieren und das Intervall **Kalbung bis 1. Brunst** als Kennzahl zu bestimmen. Aufgrund der in der Regel erheblichen Streuung der Werte innerhalb einer Herde ist hier die Beurteilung der Einzelwerte wichtig.

Die Notwendigkeit einer **biologischen Rastzeit** ist unumstritten. Hinsichtlich der Länge der erforderlichen Rastzeit gibt es jedoch keine einheitlichen Empfehlungen. Einerseits weiss man, dass die Besamungsergebnisse mit zunehmender Rastzeit besser werden, andererseits wird ein erheblicher Prozentsatz der Tiere auch bei früher Besamung kurz nach Ende des Gesamtpuerperiums tragend, ohne einen erkennbaren Schaden davonzu-

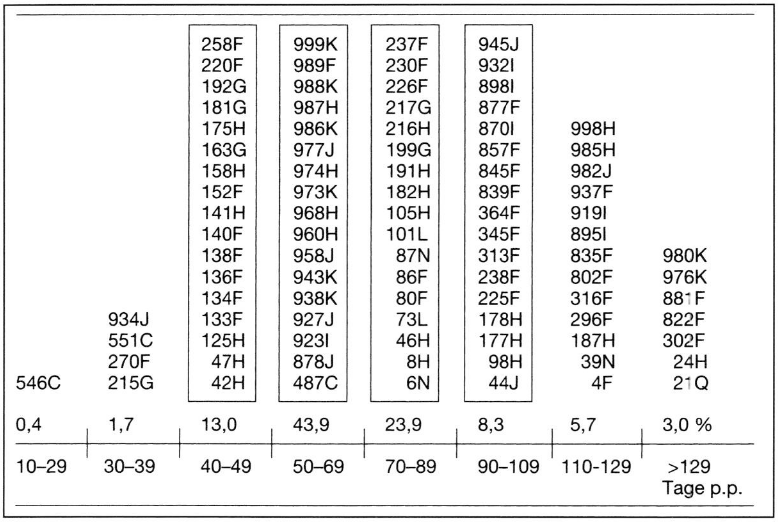

Abb. 4.3 Realisierte Rastzeiten bei einer Fruchtbarkeitsstatusbestimmung in Form eines Histogramms mit Einzeltieridentifikation (n = 230, ∅ = 71,3) (gerahmte Säulen reichen über die Monitordarstellung hinaus).

Tab. 4.4 Prospektive Fruchtbarkeitskennzahlen (Fruchtbarkeitsstatus); TU = Trächtigkeitsuntersuchung, LN = Laktationsnummer.

Herdenstruktur: weiblich: 1052; männlich: 0; Zwitter/unbekannt: 0						
Herdenstatus:						
Kälber/Jungtiere	offen	belegt	TU pos., LN = 0	TU pos. LN > 0		bewusst güst
0	74	65	0	165		0
Intervall-Berechnung	arithm. Mittel	n	min.	max.	s	Referenz
erwartete Zwischenkalbezeit	369,2	165	316	519	40,9	< 385
Rastzeit	71,3	230	23	220	25,6	< 85
Verzögerungszeit	20,8	165	0	148	72,9	
minimale Rastzeit	104,7	26	61	428	72,9	
Zuchtreifeüberschreitung	–	–	–	–	–	< 60
ungeklärte Trächtigkeit	31,1	53	13	69	13,5	< 60
minimale Verzögerungszeit	53,3	65	0	306	66,1	
ungeklärtes Zyklusgeschehen	45,6	23	1	368	76,3	< 42
Besamungsergebnisse:						
Erstbesamungen:	230			Besamungen insgesamt:		434
Erstbesamungsindex:	1,9			Trächtigkeitsindex:		1,8
Erstbesamungserfolg:	39,8 %			Untergrenze 1. Besamung–1. Trächtigkeitstag:		16,7
Anzahl Tiere besamt < 51 Tage p. p.	40			Brunsterkennungsrate:		73,3 %

Realisierte Kennzahlen beziehen sich nur auf die laufende Laktation.
Minimalwerte gehen vom Ist-Zustand und Annahmen aus (z. B. „minimale Rastzeit" = Rastzeit, die sich ergäbe, wenn alle nach Ablauf der freiwilligen Wartezeit noch nicht belegten Tiere am Tag der Auswertung belegt würden).
„Ungeklärte Trächtigkeiten" = ∅ Anzahl Tage nach Besamung bei Tieren, für die noch kein Trächtigkeitsuntersuchungsergebnis vorliegt (Maßstab für die zeitgerechte Durchführung von Trächtigkeitsuntersuchungen).
„Ungeklärtes Zyklusgeschehen" = ∅ Anzahl Tage nach der Kalbung oder nach einem vorher festgelegten Tag post partum, bis zu dem keine Information über den Zyklus der Tiere vorliegt (keine Brunst beobachtet).

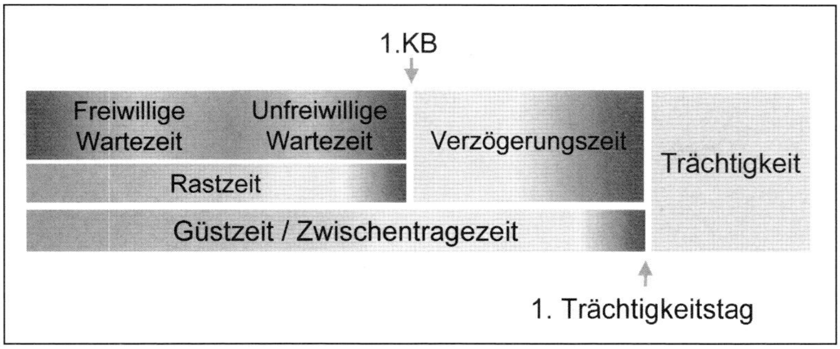

Abb. 4.4 Komponenten der Zwischenkalbezeit.

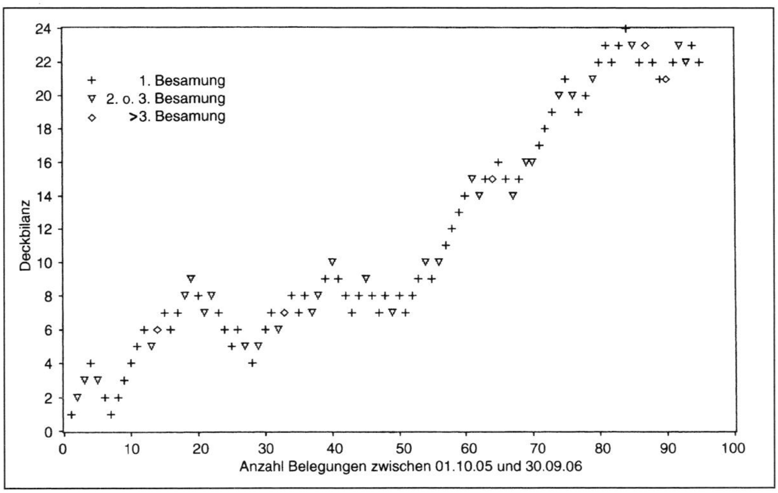

Abb. 4.5 Feststellung der Entwicklung des Besamungserfolgs durch einfache Bilanzierung (Deckbilanz). Bei erfolgreicher Besamung erfolgt bei der Eintragung ein Schritt nach rechts und nach oben, bei erfolgloser Besamung ein Schritt nach rechts und nach unten, bei unsicherem Ergebnis ein Schritt nach rechts bei gleichbleibendem Niveau.

tragen. So ist die **freiwillige Wartezeit** (FWZ), die die Grundlage für die Rastzeit bildet, eine Größe, die in der Regel in Abhängigkeit von den jeweiligen betrieblichen Gegebenheiten, ggf. auch in mehreren Stufen festgelegt wird. Hochzuchtbetriebe tendieren eher zu einer späteren Wiederbelegung, da sie oft auf möglichst hohe 305-Tage-Leistungen Wert legen und einen frühen „Milchleistungsknick" infolge einer frühen Trächtigkeit fürchten. Geht es ausschließlich um die Milchproduktion, so muss nach wie vor eine möglichst kurze Rastzeit angestrebt werden, um zu jedem Zeitpunkt möglichst viele Tiere in der Hochlaktation zu haben, d. h. mit einer vorgegebenen Kuhzahl möglichst viel Milch pro Zeiteinheit zu produzieren. Die Beurteilung der Rastzeit bedeutet für den Bestandsbetreuer also in erster Linie eine Überprüfung eines konsequenten Herdenmanagements in dieser Phase.

Die **Verzögerungszeit** (VZ) kann aus unterschiedlichen Gründen verlängert sein. Inwieweit die Verlängerung der VZ auf Mängel in der Brunsterkennung oder -nutzung zurückzuführen ist, kann durch Vergleich mit der Kennzahl **Untergrenze 1. Belegung bis 1. Trächtigkeitstag** (= geringstmögliche Verzögerungszeit bei gegebenem Besamungserfolg) festgestellt werden (**Tab. 4.5**). Die Differenz beider Kennzahlen multipliziert mit der Anzahl berechneter Verzögerungszeiten (n) ergibt den Verlust an Tagen infolge nicht genutzter Brunsten während der VZ. Wird ein verlorener Tag der ZKZ je nach betrieblichen Gegebenheiten mit 1,50–5,– € Verlust veranschlagt, lässt sich durch nochmalige Multiplikation der an dieser Stelle eingetretene Gesamtverlust errechnen. Auch wenn diese Berechnung nicht auf den Cent genau ist, so gibt das Ergebnis eine weitere Möglichkeit, ein Ziel zu definieren, Ergebnisse verschiedener Auswertungen miteinander zu vergleichen und Entwicklungen zu beurteilen.

Die Beurteilung von Entwicklungen ist auch durch die **Bilanzierung von Kennzahlen oder des Besamungserfolgs** über einen bestimmten Zeitraum möglich (**Abb. 4.5**).

Tab. 4.5 Feststellung des Verlusts durch nicht genutzte Brünste während der Verzögerungszeit.

Beispiel 1:

1. Besamung	2. Besamung	3. Besamung
0. Tag	21. Tag	42. Tag

- 42. Tag = 1. Trächtigkeitstag
- Verzögerungszeit (VZ) = 42 Tage
- Untergrenze 1. Belegung – 1. Trächtigkeitstag (UBT):
  - Trächtigkeitsindex (TI) = 3,0
  - UBT = (3,0 – 1) × 21 = 42 Tage

→ Alle Brünste wurden für eine Besamung genutzt

Beispiel 2:

1. Besamung		2. Besamung
0. Tag	21. Tag	42. Tag

- 42. Tag = 1. Trächtigkeitstag
- VZ = 42 Tage
- TI = 2,0
- UBT = (2,0 – 1) × 21 = 21 Tage
- VZ-UBT = 42–21 = 21

→ Die Brunst nach 21 Tagen (nicht geäußert/nicht gesehen/nicht genutzt) wurde nicht für eine Besamung genutzt. Es entstand dadurch ein Verlust von 21 Tagen.

Die Beispiele lassen sich auf die ganze Herde übertragen, indem die Mittelwerte beider Kennzahlen errechnet und deren Differenz mit der Anzahl der in die Berechnung einfließenden Verzögerungszeiten multipliziert wird.

Verlust an (Kuh-)Tagen durch nicht genutzte Brünste während der Verzögerungszeit (xTg):

$xTg = (\varnothing\, VZ - \varnothing\, UBT) \times nVZ$

Nach Feststellung der Kosten, die durch einen (Kuh-)Tag Verlängerung der Zwischenkalbezeit entstehen ($€_T$) (Größenordnung ≈ 2,50–3,00 € [Betrieb mittlerer Größe]), lässt sich der Verlust in € ($V_€$) errechnen (Achtung: Tiere, die nicht tragend geworden sind, werden bei dieser Berechnung nicht berücksichtigt)

$V_€ = xTg \times €_T$

4.3.2 Beispiel Eutergesundheit

Bezüglich der Kennzahlen zur Beurteilung der Eutergesundheit wird auf **Kap. 3.2** verwiesen. Die Auswertungen können sich auf die gesamte Herde, auf bestimmte Tiergruppen (z. B. aufgegliedert nach Laktationsnummern oder Laktationsstadien) oder auf Einzeltiere beziehen. Verlaufskontrollen geben dabei einen guten Überblick über Entwicklungen der Eutergesundheit (z. B. Erfolg von Sanierungsmaßnahmen, retrospektive Analysen, z. B. um ein bestimmtes Problem zeitlich einordnen zu können, frühzeitiges Erkennen von Problemen). Es sei noch einmal darauf hingewiesen, dass zur Beurteilung der Eutergesundheit Informationen über die Häufigkeit klinischer Mastitiden und den Zellgehalt erforderlich sind. Die Analysen können weiterhin retrospektiv sein oder sich auf die aktuelle Situation beziehen.

Aus einer Herdenübersicht (**Abb. 4.6**) erhält man Informationen über klinische Mastitiden, Mastitishäufigkeiten bei Einzeltieren und sonstige Veränderungen, z. B. Zitzenverletzungen, Stenosen, in einem vorher festgesetzten Analysenzeitraum. Die Auswertungen beziehen sich dabei auf eine vorab definierte Risikogruppe (im Beispiel: laktierende und trockenstehende Kühe). Weiterhin sind der Prozentsatz der Tiere mit einem Zellgehalt oberhalb eines Schwellenwerts (hier: 250.000/ml) im Gesamtgemelk und das Ergebnis der letzten Milchkontrolle angegeben. Bei der Herdenzellzahl handelt es sich um die sog. „theoretische Tankmilchzellzahl". Diese errechnet sich nach folgender Formel:

$$\text{Theoretische Tankmilchzellenzahl (TZ)} = \frac{\sum \text{SZZ im GGM pro ml} \times \text{kg Milch}}{\text{Anzahl gemolkener Tiere}}$$

Anamnese – Eutergesundheit

Auswahl: alle Tiere
Analysenzeitraum von: 05. 01. 05 – 04. 01. 06

Risikogruppe: 60 Tiere (LN > 0, anwesend und laktierend/trocken) ≤ 240 Euterviertel
Laktationstage: 16283 aus 82 in den Zeitraum reichenden ZKZ

Euterdiagnosen:	**Anzahl Tiere**	**Anzahl Viertel** (% Risiko)
Erkrankungen des Euters:	28 (46,7%)	39 (16,3%)
klinische Mastitiden:	24 (40,0%)	32 (13,3%)
subklinische Mastitiden:	3 (5,0%)	3 (1,3%)
atrophierte Euterviertel:	0 (0,0%)	0 (0,0%)
Verletzungen:	3 (5,0%)	4 (1,7%)
Zitzenstenosen:	0 (0,0%)	0 (0,0%)

Häufigkeiten/Tier:	**1**	**2**	**>2**		
klinische Mastitisfälle:	15	7	2	Mastitis + Verletzung:	2
Verletzungsfälle:	2	1	0	Problemtiere:	2

Milchleistung (21.11.05):	Mtg*	Menge (kg)	Zellen (x1 000/ml)	Fett %	Eiweiß%
n = 36	171	26,3	169	4,1	3,6
(unter Berücksichtigung der Milchmenge)			156	4,1	3,6

erhöhter Zellgehalt (21. 11. 05) (>250000): 11 (30,6%)

*Mtg: Melktage

Abb. 4.6 Retrospektive Analyse der Eutergesundheit im Zeitraum von einem Jahr.

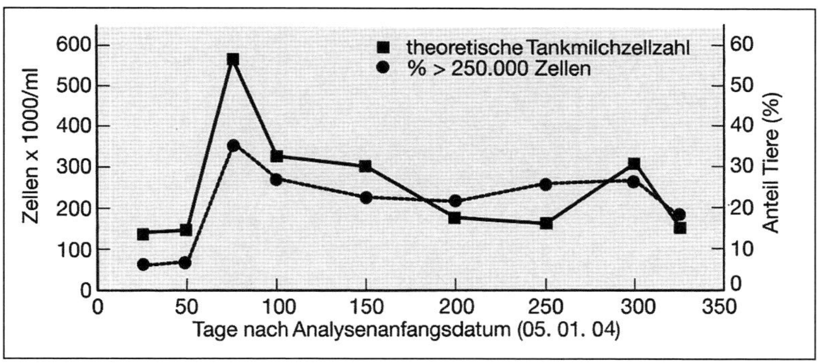

Abb. 4.7 Zeitlicher Verlauf (5.1.2004–4.1.2005) der theoretischen Tankmilchzellzahl und des Prozentsatzes der Tiere mit einem Zellgehalt im Gesamtgemelk von über 250.000/ml.

```
            100A
             98A        80A
             92A   98A   48A   55A
             85A   97A   25A   45A
             80A   46A   12A   41A
             69A   46A    9A   40A                     58A
       98A   68A   12A    9A    8A                     28A   11A   79A
       85A   21A    9A    8A    6A                     11A    9A   28A

 0.0   5.6  22.2  16.7  19.4  16.7   0.0   0.0   0.0   8.3   5.6   5.6
 Jan   Feb   Mär   Apr   Mai   Jun   Jul   Aug   Sep   Okt   Nov   Dez
```

Abb. 4.8 Verteilung der Mastitisfälle im Beispielbetrieb nach Jahreszeiten (5.1.2004–4.1.2005).

Dabei bedeuten: SZZ = somatische Zellzahl, GGM = Gesamtgemelk.

Die theoretische Tankmilchzellzahl ist meist etwas höher als die aktuelle Zellzahl in der Herdensammelmilch, da alle laktierenden Tiere mit berücksichtigt werden (auch Tiere, die sich in der Wartezeit befinden, oder Tiere, deren Milch wegen erhöhter Zellzahlen nicht in den Tank gemolken wird). Aus **Abb. 4.6** wird deutlich, daß der Prozentsatz von klinischen Mastitiden mit 40% sehr hoch liegt. Aus der Verlaufskurve der theoretischen Tankmilchzellzahl und dem Prozentsatz der Tiere mit einem Zellgehalt von über 250.000/ml (**Abb. 4.7**) sowie einer Verteilung der Mastitisfälle

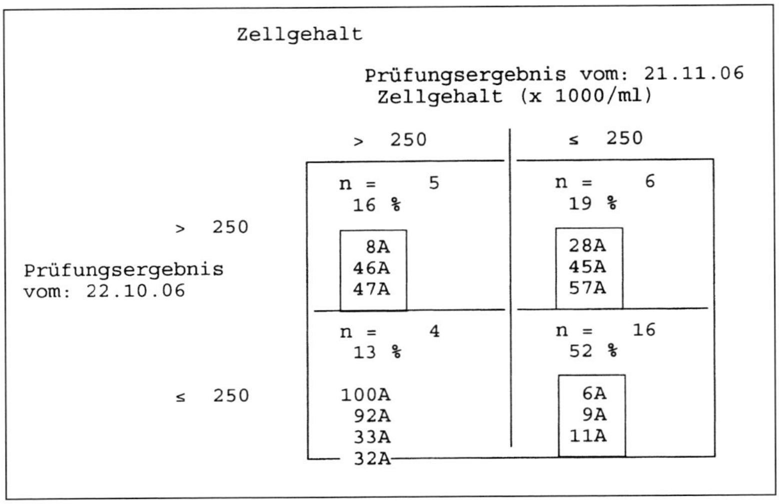

Abb. 4.9 Vierfelder-Tafel zur Darstellung der Zellzahlentwicklung in zwei Monaten, Computerausdruck. (gerahmte Säulen reichen über die Monitordarstellung hinaus).

nach der Jahreszeit (**Abb. 4.8**) ist zu ersehen, dass in den Monaten März bis Juni offensichtlich große Probleme mit der Eutergesundheit aufgetreten sind. Als Ursache wurde eine vorübergehende Verschlechterung der hygienischen Verhältnisse im Stall (voller Güllekanal mit zeitweisem Überlaufen der Gülle sowie Überbelegung) festgestellt. Dies führte zu einem massiven Problem mit klinischen Mastitiden, verursacht durch koliforme Keime und *Streptococcus uberis*. Die Situation hat sich in den darauffolgenden Monaten aufgrund der durchgeführten Maßnahmen zwar gebessert, aber der „Idealzustand" ist noch nicht erreicht.

Weitere sinnvolle Auswertungen sind z. B. eine Häufigkeitsverteilung der Mastitiden nach Laktationsstadium oder Laktationsnummer, eine Aufgliederung der Eutererkrankungen sowie eine Verteilung festgestellter Mastitiserreger. Manche Computerprogamme bieten auch hier einen direkten Zugriff auf das Einzeltier in Form von Histogrammen mit Einzeltieridentifikation. So können sofort Informationen über bestimmte Tiere erhalten und weitere Maßnahmen (z. B. Entscheidung darüber, ob das Tier im Bestand bleiben oder gemerzt werden soll) beschlossen werden.

Andere Auswertungen ermöglichen es, Entwicklungen von Monat zu Monat oder die Situation in einem bestimmten Monat zu erfassen, was dann bei den regelmäßigen Bestandsbesuchen erörtert werden und ggf. Maßnahmen nach sich ziehen kann.

Aus einer Darstellung der Zellzahlen von zwei Kontrollmonaten in Form einer Vierfelder-Tafel (**Abb. 4.9**) lassen sich z. B. die Tiere herausfinden, die zweimal einen erhöhten Zellgehalt aufgewiesen haben. Weiterhin sind Tiere aufgeführt, bei denen sich die Zellzahl verschlechtert hat. So ist zu ersehen, dass 52 % der geprüften Tiere in beiden Kontrollmonaten einen Zellgehalt < 250.000/ml und 16 % einen Zellgehalt > 250.000/ml hatten. Bei 19 % der Tiere hat eine Verbesserung und bei 13 % eine Verschlechterung der Zellzahlsituation stattgefunden. Setzt man auf Einzeltierniveau den Übergang der Zellzahl von z. B. unter 250.000 Zellen/ml Gesamtgemelk auf über 250.000/ml als Indikator für eine Neuinfektion fest, so beträgt die Neuinfektionsrate im Monat November für den Beispielbetrieb 13 %.

Anhand folgender Formel lässt sich der Beitrag eines Tieres am Herdendurchschnitt der Zellzahl ermitteln:

$$\% \text{ Beitrag} = \frac{\text{individuelle Zellzahl} \times \text{kg Milch} \times 100}{\text{Tierzahl} \times \text{mittlere Zellzahl} \times \text{mittlere kg Milch}}$$

Diese Auswertung kann von Bedeutung sein, wenn es aus irgend einem Grund zu einem starken Anstieg der Tankmilchzellzahl gekommen ist und vielleicht sogar die Gefahr von Milchgeldabzügen wegen Zellzahlüberschreitung besteht. Wird die Milch von Tieren mit einem hohen Beitrag zur durchschnittlichen Zellzahl nicht mitgemolken, dann kann meist wieder Milch, die den gesetzlich vorgeschriebenen oder mit der Molkerei vereinbarten Gütemerkmalen entspricht, abgeliefert

Ergebnisse der Milchleistungskontrolle vom 16. 02. 06

Tnr	Tiername	LN	Melktage	kg	%Fett	%Eiw.	(F/E)	Lakt.	Harnst.	Zellzahl	%TZ
222A	Rabea	2	13	26,4	4,56	3,74	1,2	4,60	231	790	4,9
180A	Katharina	1	51	29,0	3,82	3,12	1,2	4,73	211	1120	7,6
139B	Belinda	5	71	27,5	5,30	3,55	1,5	4,53	286	1151	7,4
133B	Petra	4	418	16,4	5,57	4,22	1,3	4,53	398	1614	6,2
261A	Liguste	3	218	17,4	6,53	3,76	1,7	4,54	263	5848	23,9

Herdenübersicht aus den aufgelisteten Werten:

Kuhzahl		Milch (kg)		Melkdurchschnitt				
LN > 0	Prüfung	am Prüftag	Melktage	kg	%Fett	%Eiw.	Harnst.	Zellzahl
69	55	1370,1	167	24,9	4,77	3,53	296,6	310

Tiere mit Zellzahlen > 250 : 29%

Abb. 4.10 Ergebnisse einer Milchleistungskontrolle mit Angabe des Beitrags der Einzelkühe zur theoretischen Tankmilchzellzahl (% TZ) (verkürzte Darstellung).

werden. Aus **Abb. 4.10** ist z. B. zu ersehen, dass 23,9% der theoretischen Tankmilchzellzahl von 310.000/ml durch die Kuh „Liguste“ verursacht wird.

Es sei allerdings darauf hingewiesen, dass es sich hierbei nur um eine Notfallmaßnahme handelt. Auf Dauer ist es natürlich nicht wirtschaftlich, die Milch von Tieren mit erhöhten Zellzahlen nicht mit abzuliefern. Vielmehr sollte mit einem effektiven Mastitissanierungsprogramm versucht werden, die Eutergesundheit der Herde zu verbessern.

4.3.3 Beispiel Milchleistung und Fütterung

Die Auswertung von Milchleistungsdaten (sog. Leistungsanalysen) wird in **Kap. 3.3** beschrieben. Moderne Herdencomputerprogramme und z. T. auch die gebräuchlichen elektronischen Kuhplaner bieten diese Auswertungsmöglichkeiten. Dabei ist die Darstellung in Form von „Punktewolken“ sehr anschaulich. Einige Programme bieten hier die Möglichkeit des direkten Zugriffs auf die Karteikarte der Einzeltiere, so dass „Ausreißer“ schnell identifiziert und näher betrachtet werden können. Auch bei der Auswertung von Milchleistungsdaten ist die Berücksichtigung von Zeiträumen sinnvoll. So können z. B. jahreszeitliche Einflüsse oder Einflüsse von termingebundenen Futterumstellungen auf bestimmte Kenndaten ermittelt oder auch Veränderungen unter dem Einfluss betreuerischer Maßnahmen dargestellt werden (**Abb. 4.11**).

4.3.4 Bedeutung von Plausibilitätskontrollen

In guten Herdencomputerprogrammen werden neue Daten auf Plausibilität geprüft. Nicht plausible Daten werden entweder nicht oder nur nach Rückfrage und Bestätigung angenommen. So sind zum Beispiel bei der Eingabe einer Kalbung 30 Tage post partum oder bei einem positiven Ergebnis einer Trächtigkeitsuntersuchung eines Tieres, für das keine Besamung registriert worden ist, Rückfragen seitens des EDV-Programms erforderlich. Diese mit viel Aufwand zu programmierenden Plausibilitätskontrollen sind von außerordentlicher Bedeutung, da die Daten für die ITB ständig wachsende Datenbanken darstellen. Einmal unbemerkt eingebrachte Fehler, bleiben über Jahre bestehen und verfälschen nach und nach die Auswertungsergebnisse.

Literatur

AG Rinderbestandsbetreuung/Mansfeld, R. (Hrsg.) (1992): Pflichtenheft für EDV-Systeme zur Unterstützung der tierärztlichen Betreuung von Rinderbeständen. Schriftenreihe der Akademie für tierärztliche Fortbildung (ATF).

Binder, S. und O. Distl (1986): Einsatzmöglichkeiten von Computern und Anforderungen an Computerprogramme für das Management von Milchrinderbeständen am Beispiel des Lehr- und Versuchsgutes der Universität München. EDV in Medizin und Biologie 17, (4), 80–90.

Brandl, A. (2004): Vergleichende Analyse von Programmen zur elektronischen Datenverarbeitung für die tierärztliche Bestandsbetreuung unter besonderer Berücksichtigung der Ermittlung von Fruchtbarkeitskennzah-

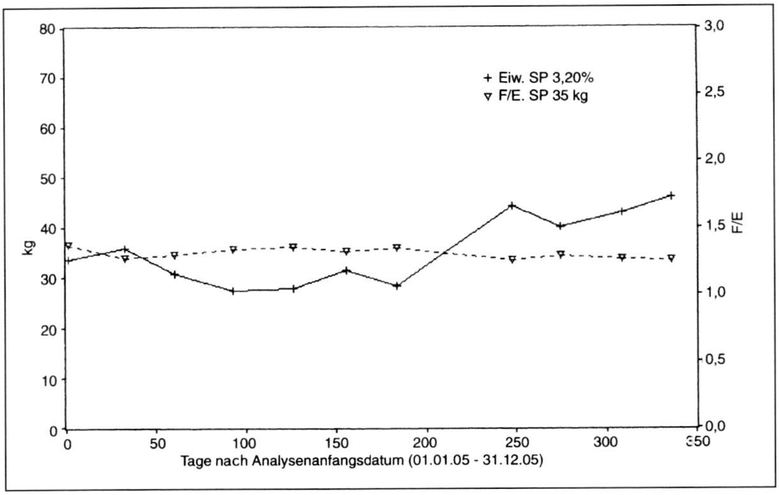

Abb. 4.11 Auswertung der Kenndaten der Milchleistung.
Eiw.SP = Schnittpunkt der Regressionsgeraden (Milcheiweiß/Milchmenge) mit der 3,2%-Eiweißlinie (**Kap. 3.3.2.4**).
F/E.SP = Schnittpunkt der Regressionsgeraden (Fett-Eiweiß-Quotient/Milchmenge) mit einer Senkrechten bei 35 kg Milchleistung.
Das Beispiel zeigt einen deutlichen Anstieg des Eiw.SP im Verlauf des Jahres nach Fütterungskorrektur. Der gleichzeitig stabile F/E.SP belegt, dass die Optimierung der Energieversorgung die „Wiederkäuergerechtigkeit" der Ration (Rohfaseranteil) nicht wesentlich beeinträchtigt.

len beim Milchrind [Dissertation]. München: Ludwig-Maximilians-Universität.

Dohoo, I. R. and K. E. Leslie (1991): Evaluation of changes in somatic cell counts as indicators of new intramammary infections. Prev. Vet. Med. 10, 225–237.

Ewy, A., T. van Halsema und T. Held (1992): Integrierte tierärztliche Bestandsbetreuung mit Hilfe der Fruchtbarkeits- und Krankenkarte für Rinder und der 12-Monatsübersicht. Prakt. Tierarzt 73, 611–619.

Mansfeld, R. und W. Heuwieser (2003): Beurteilung der Bestandssituation – Aktuelles zum Umgang mit Fruchtbarkeitskennzahlen. bpt-Kongreß. Vortragsband, ISBN 3-937266-00-3, S. 27–31.

Metzner, M. (1991): Überwachung der Herdengesundheit von Milchrinderbeständen mit dem Computerprogramm Bovi-Concept. VI. Seminar der Deutsch-Niederländischen Arbeitsgruppe für Rindviehhaltung, Berlin, 02.–03.05.1991. In: Klinik für Klauentiere, Fortpflanzung und Haltungshygiene der Freien Univ. Berlin (Hrsg.): Beiträge zu Fragen der Ernährung, Haltung und Gesundheit von Rindern, S. 125–130.

Metzner, M. und R. Mansfeld (1992): Tierärztliche Betreuung von Milcherzeugerbetrieben. Teil 2: Die Beurteilung von Fruchtbarkeitsparametern. Möglichkeiten und Grenzen. Prakt. Tierarzt 73, 800–814.

5 Bedeutung und Anwendung der Ökonomie in der ITB

R. Mansfeld, W. Heuwieser, R. Martin, M. Hoedemaker und A. de Kruif

5.1 Allgemeines

Die Bewertung ökonomischer Ergebnisse stellt in der heutigen Landwirtschaft ein besonderes Problem dar. Zum einen gibt es nach wie vor in vielen Fällen Mängel in der Dokumentation, wie auch in der Leistungsfähigkeit mancher Herdencomputerprogramme im Hinblick auf betriebswirtschaftliche Analysen, zum anderen machen die äußeren Wirtschaftsbedingungen mit Milchquotensystem, saisonalen Milchpreisschwankungen und schwer zu überblickenden Prämienbedingungen eine Beurteilung schwierig. Für den bestandsbetreuenden Tierarzt ergeben sich weitere Schwierigkeiten, da bezüglich der Kosteneffektivität seiner Tätigkeiten oft keine allgemeingültigen Erkenntnisse vorliegen. Zwar muss eine **Kosten-Nutzen-Analyse** (**KNA**) nicht auf rein monetäre Aspekte beschränkt bleiben, sondern kann durch nichtmonetäre Leistungen, Ansprüche und Nutzenaspekte (Mehrleistung durch Krankheitsvermeidung oder Behebung von Managementmängeln; Verlustreduktion) erweitert werden, doch beachten die üblichen Schätzungen der Verluste durch Krankheiten und z. T. auch durch Managementmängel häufig nicht den tatsächlichen Nutzenentgang, da ihnen vereinfachte mathematische Methoden zugrunde liegen.

Grundlage für eine exakte KNA ist die präzise Datenerfassung und -verwaltung im Rahmen eines umfassenden **Kontroll- und Managementsystems** (**KMS**). Der bestandsbetreuende Tierarzt muss in dieses KMS integriert sein. Für alle veterinärmedizinisch relevanten Bereiche (Gesundheitsvorsorge, Leistungsoptimierung und -überwachung, Reproduktionsmanagement, Milchqualität etc.) kommt ihm im Rahmen der Integrierten Tierärztlichen Bestandsbetreuung (ITB) eine tragende Rolle zu. Im Idealfall übernimmt er eine Art Controller-Funktion (Tierärztliches Controlling) (**Kap. 1**), in der er in enger Zusammenarbeit mit dem landwirtschaftlichen Betriebsleiter die Gesamtleistung einer Herde plant, Ziele definiert, Ergebnisse prüft und dabei möglichst viele den Erfolg beeinflussende Faktoren kontrolliert. Das Erreichen der gesteckten Ziele (Betriebsziele, Arbeitsziele, Ergebnisse) und das Gesamtergebnis innerhalb eines Betriebszweigs (Deckungsbeitrag pro kg Milchquote) entscheiden in einem solchen System letztendlich über Erfolg oder Misserfolg der gemeinsamen Arbeit.

Trotz der eher schwierigen Rahmenbedingungen sind in der ITB regelmäßig Entscheidungen zu treffen, die von betriebswirtschaftlichen Überlegungen beeinflusst werden. Dementsprechend müssen ITB-TierärztInnen einige Grundlagen der Ökonomie kennen und Werkzeuge für die tägliche Arbeit parat haben. Nach einer Einführung in die Thematik werden im Folgenden für die ITB nützliche betriebswirtschaftliche Verfahren anhand von Beispielen erläutert.

5.2 Grundlagen der Ökonomie

Wirtschaftswissenschaften sind nach Debertin (1986) definiert als die Lehre vom bestmöglichen Nutzen begrenzt vorhandener Ressourcen für die Erfüllung unbegrenzter Wünsche des Menschen. Die Ökonomie lässt sich in zwei Hauptbereiche, die Makro- und die Mikroökonomie unterteilen. Während erstere sich in einem großen Maßstab, zum Beispiel innerhalb eines Industriezweigs, mit wirtschaftlichen Phänomenen beschäftigt, betrifft die Mikroökonomie einzelne Betriebe oder Betriebszweige.

Aufgaben der Ökonomie sind die Analyse und Bewertung zurückliegender Zeiträume, die Quantifizierung und Beschreibung der gegenwärtigen Situation und die Planung sowie die Vorhersage

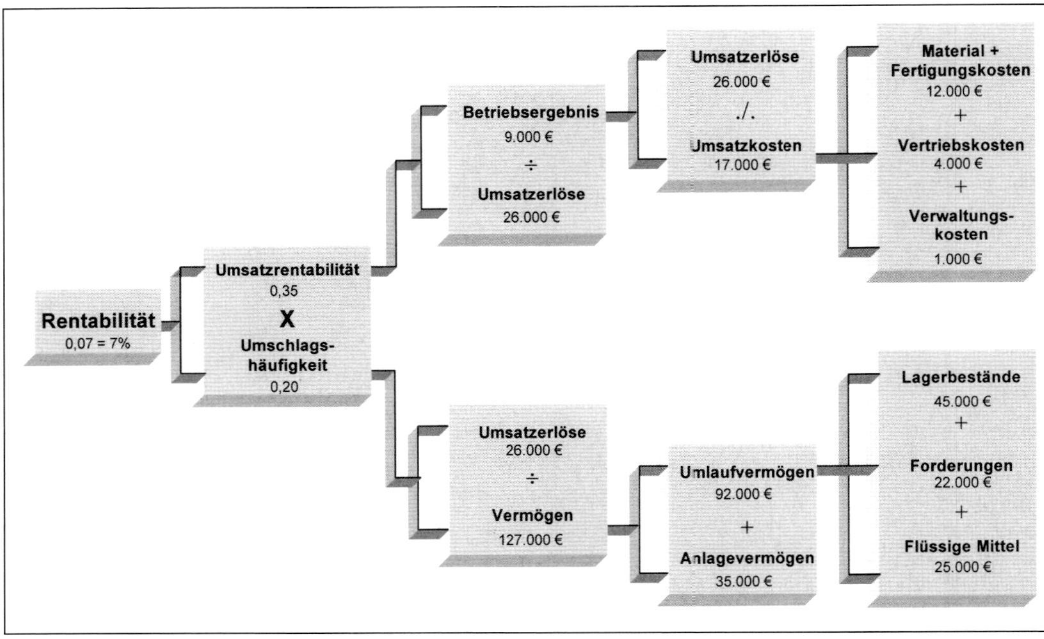

Abb. 5.1 Return on Investment nach DuPont (1919) (Beschorner und Peemöller 1995)

zukünftiger Entwicklungen. Keine dieser Aufgaben löst sie perfekt. Trotz begrenzter Möglichkeiten können vereinfachte, unvollständige und damit mehr oder weniger unpräzise wirtschaftliche Bewertungen bei korrekter Anwendung dennoch sehr nützlich sein.

5.2.1 Kosten-Nutzen-Analyse

Unter Kosten-Nutzen-Analyse (KNA) wird in der Betriebswirtschaftslehre der Vergleich zwischen Kosten und Nutzen verstanden, wobei dieser Vergleich nicht auf rein monetäre Maßstäbe beschränkt bleiben muss, sondern durch nicht monetäre Leistungen, Ansprüche und Nutzenaspekte erweitert werden kann. Solche Nutzenaspekte sind Gegenstand von Zielformulierungen des Unternehmens. Dabei sind Ziele erwünschte Zustände oder Zustandsfolgen oder auch Leitwerte für zu koordinierende Aktivitäten, von denen ungewiss ist, ob sie erreicht werden. Die konkrete Zielbildung in einem Unternehmen ist ein komplexes, mehrdimensionales Problem. Werden mehrere Ziele verfolgt, ist die Zielverträglichkeit zu überprüfen und gegebenenfalls eine Zielhierarchie zu erstellen. Durch die Berücksichtigung von Zielzusammenhängen und ihrer Intensität können Zielsysteme entwickelt werden. Das Beispiel für ein solches System mit der größten praktischen Bedeutung ist der „Return on Investment" (**Abb. 5.1**).

ITB-TierärztInnen werden täglich mit Zielkonfliktsituationen konfrontiert, i. d. R. ohne diese direkt und zuverlässig lösen zu können. Grundlage für jegliche Kosten-Nutzen-Rechnungen und daraus folgende Entscheidungen ist eine präzise Datenerfassung, -verwaltung und -zurverfügungstellung in den betreuten Betrieben. Mit Hilfe einer geeigneten Dokumentation können Kosten (Input) und Nutzen (Output) für einen Betriebszweig, zum Beispiel auf monatlicher Basis, ermittelt und für die weitere Planung verwendet werden.

5.2.1.1 Kostenarten

Der Begriff „Kosten" wird in der Betriebswirtschaftslehre auf den Bereich der betrieblichen Leistungserstellung beschränkt. Das Erstellen betrieblicher Leistungen setzt den Einsatz von Gütern (Rohstoffe, Hilfsstoffe, Brennstoffe, Energie etc.) und Diensten (menschliche und maschinelle Arbeitskraft) voraus. Kosten sind demnach bewerteter Verbrauch von Gütern und Diensten zur Erstellung und zum Absatz betrieblicher Leistungen. Es ist erforderlich, verschiedene Kostenarten zu beachten. Zunächst ist es am wichtigsten „variable" und „feste" oder „fixe" Kosten voneinander zu unterscheiden.

Variable Kosten sind direkt von der Größe des Betriebszweigs und/oder vom Produktionsniveau abhängig. Bedingung ist also, dass sie einem Betriebszweig zugeordnet werden können. Kosten, die die Bedingungen für variable Kosten nicht erfüllen, werden den **fixen Kosten** zugeordnet.
Für die ITB gilt:

- variabel = abhängig vom Produktionsniveau und von einer Entscheidung
- fix = unabhängig vom Produktionsniveau und von einer Entscheidung

Die Kostenzuordnung ist aber auch von der Art des Betriebs abhängig. Handelt es sich um einen Familienbetrieb werden Arbeitskosten, Kosten für wirtschaftseigene Futtermittel und für Einstreu häufig den fixen Kosten zugeordnet. Wird mit Fremdarbeitskräften gearbeitet, sind Arbeitskosten in jedem Fall variable Kosten.

Des Weiteren ist die Kostenzuordnung vom Analysezeitraum abhängig. Fixe Kosten müssen in Kurzzeitanalysen (short time horizon) nicht, in Langzeitanalysen (extended time horizon) jedoch immer berücksichtigt werden.

Schließlich ist die Kostenzuordnung auch von der jeweiligen Problembetrachtung abhängig. Ist zum Beispiel eine Entscheidung im Kälberbereich zu treffen (z. B. Anschaffung und Unterhaltung von Kälberiglus), werden in der entsprechenden Kostenrechnung die Futterkosten für Kühe den fixen Kosten zugeordnet. Geht es dagegen um eine Entscheidung im Bereich Eutergesundheit (z. B. Trockenstellmethode) gehören die Futterkosten der Kühe zu den variablen Kosten.

Die dritte Kostenart, die sogenannten **„kalkulatorischen Kosten"**, berücksichtigen die Tatsache, dass eingesetztes Kapital auch für andere Zwecke hätte genutzt werden können. Es handelt sich um indirekte Kosten, deren exakte Ermittlung ein sehr komplexes Unterfangen ist. Im Allgemeinen wird daher zur Vereinfachung davon ausgegangen, dass die für die Durchführung einer gewählten Alternative anfallenden Kosten vom Entscheidungsträger in Form eines Kredits aufgewendet werden müssten. Die Kreditkosten entsprechen dann den kalkulatorischen Kosten.

5.2.2 Erfolgsrechnungen

Erfolgsrechnungen dienen der retrospektiven Feststellung des betriebswirtschaftlichen Ergebnisses eines Betriebs oder Betriebszweigs bezogen auf einen definierten Zeitraum.

5.2.2.1 Vollkostenrechnung

Eine Vollkostenrechnung dient der Ermittlung des Gewinnbeitrags, der sich aus den Umsatzerlösen abzüglich variabler, fixer und kalkulatorischer Kosten bezogen auf eine Produktionseinheit (hier: eine Kuh) ergibt. Außerdem werden Naturaldaten (z. B. Kuhbestand zu Beginn und am Ende des Analysezeitraums) berücksichtigt (**Tab. 5.1**).

5.2.2.2 Teilkostenrechnung

Im Gegensatz zur Vollkostenrechnung handelt es sich bei der Teilkostenrechnung um ein System, bei dem nicht alle Kosten den jeweiligen Kostenstellen und Kostenträgern zugerechnet werden, die mit der betrieblichen Leistungserstellung anfallen, sondern nur ein Teil davon. In jedem Fall werden die variablen Kosten erfasst. Die in der Milchproduktion als Verfahren der Erfolgsrechnung und -kontrolle verbreitet angewandte Deckungsbeitragsrechnung ist eine Teilkostenrechnung. Diese geht davon aus, dass die schematische Verteilung sämtlicher Kosten (Vollkosten) in der Kalkulation zu erheblichen Fehlschlüssen bei der Beurteilung einzelner Kostenträger führen kann, weil diese unter Umständen mit Kostenanteilen belastet werden, auf die sie keinen Einfluss haben. In ihrer einfachsten Form verringert die Deckungsbeitragsrechnung (DB_1) die nach Produktarten gegliederten Erlöse (= Umsätze) eines Abrechnungszeitraums um die zugehörigen variablen Kosten (= variable Selbstkosten des Umsatzes). Der auf eine Einheit (z. B. kg Milch) bezogene Deckungsbeitrag (DB_E) ergibt sich aus dem Umsatz pro Einheit abzüglich der Grenzkosten (= variable Einheitskosten). Die variablen Einheitskosten in der Milchproduktion sind von Betriebsgröße und Produktionsniveau abhängig.

Tab. 5.1 Vollkostenrechnung eines Beispielbetriebs.

Jahresauswertung				**3/05–2/06 Betrieb Mustermann**	
	Einheiten	**€/Einheit**	**€ Gesamt**	**€/Kuh**	**€/kg Milch**
1. Erlöse					
Milch (kg)	5488085	0,3006	1.644.069,4	1.935,30	0,3005
Kühe verkauft (Anzahl)	212	395,05	83.750,53	98,59	0,0153
Kälber verkauft (Anzahl)	794	151,89	128.183,08	150,89	0,0234
Sonstige			18.975,05	22,34	0,0035
Summe Erlöse			**1.874.978,06**	**2.207,11**	**0,3427**
2. Variable Kosten					
Viehzukauf					
Kühe	0	0,0000	0,00	0,00	0,0000
Starken	256	1.103,54	280.392,47	330,06	0,0513
Sonstige	0	0,0000	0,00	0,00	0,0000
Summe Viehzukauf			**280.392,47**	**330,06**	**0,0513**
Kraftfutter					
Triticale	9455,3	12,51	117.956,20	138,85	0,0215
Soja	6466,9	21,26	137.437,56	161,78	0,0251
Raps	1936,05	15,54	30.232,97	35,59	0,0055
Melasse	2252,38	11,45	25.799,20	30,37	0,0047
Mineralstoffmischung	206,77	30,73	6.271,58	7,38	0,0011
Sonstige	0	0,0000	0,00	0,00	0,0000
Summe Kraftfutter			**317.697,51**	**373,97**	**0,0579**
Grundfutter					
Maissilage	55193,4	2,77	152.775,03	179,84	0,0279
Grassilage	44993,95	2,88	132.691,59	156,19	0,0243
Sonstige	0	0,0000	0,00	0,00	0,0000
Summe Grundfutter			**285.466,62**	**336,04**	**0,0522**
Tierarzt			34.719,35	40,87	0,0064
Medikamente			41.598,26	48,97	0,0076
Besamung			17.147,20	20,19	0,0031
Milchkontrolle			16.608,81	19,55	0,0030
Sonstiger Aufwand Vieh			40.783,21	48,01	0,0074
Energie + Wasser			68.142,02	80,21	0,0125
Löhne			345.692,57	406,93	0,0632
Stroh			33.745,26	39,72	0,0062

Tab. 5.1 Vollkostenrechnung eines Beispielbetriebs (Fortsetzung)

Jahresauswertung				**3/05–2/06 Betrieb Mustermann**	
	Einheiten	**€/Einheit**	**€ Gesamt**	**€/Kuh**	**€/kg Milch**
Maschinen + Geräte			48.456,99	57,04	0,0089
Gebäude			4.406,66	5,19	0,0008
Fremdleistung			29.364,74	34,57	0,0054
Sonstiger Aufwand allgemein			11.899,81	14,01	0,0042
Summe Variable Kosten			**1.576.121,40**	**1.855,32**	**0,2881**
3. Deckungsbeitrag			**298.856,58**	**351,79**	**0,0546**
4. Festkosten					
Kalkulatorisch					
Lohnansatz			37.324,31	43,94	0,0068
Zinsen Eigenkapital			1.325,27	1,56	0,0003
Sonstige			0,00	0,00	0,0000
zu zahlende Festkosten					
Afa Gebäude + bauliche Anlagen			55.198,05	64,97	0,0101
Afa Stall- + Melktechnik			26.181,21	30,82	0,0048
Versicherungen + Verwaltung			91.450,69	107,65	0,0167
Steuern, Beiträge, Zinsen			89.283,83	105,10	0,0163
Sonstige			0,00	0,00	0,0000
Summe Festkosten			**300.763,36**	**354,04**	**0,0550**
5. Gewinnbeitrag			**–1.906,78**	**–2,24**	**–0,0004**
6. Naturaldaten					
durchschnittlicher Kuhbestand	**849,52**				
Zugang	256				
Abgang	221				
Notschlachtungen	12				
Bestandsveränderung	23				
Korrektur Gesamtgewinnbeitrag	49.641,67				
Abkalbungen	849				
Totgeburten	64				
Milchqualität					
Fett-%	4,48				
Eiweiß-%	3,54				
SSC	336.083				

5.2.3 Controlling

Das Controlling hat seinen Ursprung in den USA, wo das Finanzmanagement der Unternehmen in den 30er Jahren in die Bereiche „Controllership" und „Treasurership" untergliedert wurde. Eine umfassende Definition des Begriffs „Controlling" nach Hans und Warschburger (1996) lautet:

„Controlling ist ein Instrument der Unternehmensführung, das die Aufgabe hat, die Aktivitäten der Unternehmensteilbereiche sowohl in sachlicher als auch in zeitlicher Hinsicht im Sinne der Unternehmensziele abzustimmen. Hierzu werden für die einzelnen Unternehmensteilbereiche für diese nachvollziehbare Vorgaben (Unterziele) erarbeitet, deren Einhaltung dann zu überwachen ist. Abweichungen zwischen Plan und Ist sind aufzuzeigen, zu erläutern sowie gegebenenfalls Maßnahmen zur Gegensteuerung einzuleiten und zu koordinieren."

Die in dieser Definition genannten Aufgaben setzen folgende Maßnahmen voraus:

1. Aufbau und Anwendung eines Planungs- und Kontrollsystems
2. Aufbau und Anwendung eines Informationssystems
3. Nutzung moderner betriebswirtschaftlicher Verfahrenstechniken

Planung und Kontrolle bedingen sich gegenseitig. Die Koordination dieser beiden Funktionen mit der Steuerung und Informationsversorgung wird vom Controlling wahrgenommen. Im Rahmen der ITB, insbesondere bei Umsetzung in Form eines Qualitätssicherungssystems, wie zum Beispiel das Veterinary Herd Controlling System (**Kap. 1.3.2**) übernimmt der Tierarzt/die Tierärztin bestimmte Aufgaben des Controlling. d. h. er/sie richtet das Planungs- und Kontrollsystem ein, unterhält es und versorgt den landwirtschaftlichen Betriebsleiter mit Fachinformationen. Dabei sind in allen Entscheidungs- und Beurteilungsfällen unter anderem betriebswirtschaftliche Gesichtspunkte zu berücksichtigen.

5.2.3.1 Plankostenrechnung und Budgetierung

Die Planung und damit auch die Entscheidung für bestimmte Verfahrenstechniken ist wesentlicher Bestandteil des Controlling. Dementsprechend werden Kostenrechnungen in zunehmendem Maße im Rahmen des Controlling zur Unterstützung unternehmerischer Entscheidungen angewandt. So genannte Plankostenrechnungen werden beispielsweise erstellt, um den einzelnen Kostenstellen Soll-Kosten zuordnen und diese mit den jeweiligen Ist-Kosten vergleichen zu können. Beim Zielkostenmanagement (engl. „Target Costing") handelt es sich um einen umfassenden Kostenplanungs-, -steuerungs- und -kontrollprozess, der in den Gesamtprozess der Produktentstehung eingebettet ist. Die Anwendung von Plankostenrechnungen erlaubt eine kostenstellenbezogene Budgetierung (engl. „Partial Budgets").

Beim **Partial Budgeting** (Plankostenrechnung) werden einzelnen Kostenstellen Sollkosten zugeordnet (sog. kostenstellenbezogene Budgetierung = Partial Budgets) und Soll-Ist-Vergleiche vorgenommen. Es dient der Quantifzierung der ökonomischen Auswirkung einer bestimmten Veränderung im Produktionsprozess und folgt der Formel:

Erlöszuwachs – Erlösverlust = Nettoerlösveränderung (ΔE_N)
Kostenzuwachs – Kostensenkung = Nettokostenveränderung (ΔK_N)
(ΔE_N) – (ΔK_N) = Nettogewinn

Voraussetzung für die Anwendung des Partial Budgeting ist die Möglichkeit, Kosten- und Erlösveränderungen zu ermitteln bzw. zu schätzen. Der dabei zu beachtende Kostenzuwachs (Marginal Costs) berücksichtigt ausschließlich die durch die aktuelle Veränderung beeinflussten Kosten (**Kap. 5.3.3**).

5.3 Anwendung im Rahmen der ITB

5.3.1 Eutergesundheit und Milchleistung

Die Eutergesundheit ist von außerordentlicher wirtschaftlicher Bedeutung, denn zum einen hat sie einen erheblichen Einfluss auf die Leistung der Tiere, zum anderen auf Qualitätsmerkmale, die bei der Bezahlung der Milch berücksichtigt werden. Die wirtschaftlichen Schäden pro Kuh und Jahr infolge Mastitis werden von verschiedenen Autoren mit etwa 150 bis 200 € angegeben. In amerikanischen Arbeiten wurden die infolge von Eutergesundheitsstörungen entstandenen jährlichen Schäden auf insgesamt rund 1,8 Mrd. $ geschätzt. Schäden entstehen durch Leistungsminderung, nicht ablieferbare Milch („Sperrmilch"), zusätzliche Remontierung, zusätzliche Arbeit, tierärztliche Leistungen und angewandte Arzneimittel sowie gegebenenfalls Milchgeldabzug. Etwa zwei Drittel des Gesamtschadens werden durch subklinische Mastitiden verursacht.

Die Berechnung der durch Mastitiden verursachten Kosten ist in mancher Hinsicht schwierig. Dementsprechend gibt es verschiedene Ansätze, die je nach Sichtweise und Intention der Berechnung zwar weitgehend korrekt sind, aber Teilaspekte außer Acht lassen. Außerdem verändern sich die zu berücksichtigenden Kostenfaktoren in Abhängigkeit von der Herdengröße, wie auch des relativen und des absoluten Anteils der Mastitisfälle. In einer Herde mit 1.000 Kühen, in der mit Fremdarbeitskräften gearbeitet wird, muss die durch Mastitiden verursachte Mehrarbeit bei der Berechnung in jedem Fall berücksichtigt werden. In einem Familienbetrieb mit 50 Kühen, in dem der Betriebsleiter selbst melkt, kann dieser Faktor bis zu einer gewissen Größe außer Acht gelassen werden. Der durch die Menge an Sperrmilch verursachte Milchgeldausfall und die höheren Remontierungskosten stehen hier eher im Vordergrund.

Die Berechnung wird auch dadurch erschwert, dass die Gleichung „Milchleistung ohne Mastitis – Milchleistung mit Mastitis = Mastitis-bedingter Leistungsverlust" nicht aufgeht. Diese Rechnung stimmt annähernd für eine einzelne Kuh. Summiert man die Verluste einzelner Kühe und bezieht das Ergebnis auf die ganze Herde, wird die Möglichkeit zur Verbesserung der Situation aber mit Sicherheit weit überschätzt, da in jeder Herde eine bestimmte Mastitisrate unvermeidbar ist. Die Rechnung, die in der Bestandsbetreuung im Zusammenhang mit Managemententscheidungen aufzustellen wäre, müsste die vermeidbaren, durch Mastitiden bedingten Verluste berücksichtigen und diese den Kosten eines entsprechend wirkungsvollen Mastitis-Kontrollprogramms gegenüberstellen. Doch selbst „hart gesottene" Spezialisten tun sich schwer, den vermeidbaren Verlust zu quantifizieren. Es ist also nicht sehr zweckmäßig mit dieser Größe zu arbeiten. Besser, d. h. praktikabler ist es, die Ausgangssituation zu erfassen, diese einer realistischen Zielsituation gegenüberzustellen und den Gewinnverlust gegenüber der Zielsituation zu quantifizieren.

Idealerweise müsste die Berechnung der durch Mastitiden bedingten Kosten alle Kosten berücksichtigen, die durch den krankheitsbedingten Schaden und durch das Mastitis-Kontrollprogramm im weitesten Sinn verursacht werden. Auch dieser Ansatz ist nicht zweckmäßig, da nicht alle Kosten eines Kontrollprogramms ausschließlich der Mastitisvermeidung dienen (z. B. Kosten für Einstreu von Liegeflächen, Kosten für Futter und Fütterungstechnik) und nicht alle infolge der Erkrankung entstehenden Kosten allein der Mastitis anzulasten sind (z. B. Remontierung aus Anlass einer Mastitis bei einem Tier, das mehrfach besamt und nicht trächtig ist o. ä.).

Die Kosten infolge Mastitis sind nicht nur von Bestand zu Bestand unterschiedlich. Sie variieren auch innerhalb eines Bestandes infolge veränderlicher Milchpreise, Futterkosten, Remontierungskosten, Arzneimittelpreise, Tierarztkosten etc.

Abgelieferte Milchmenge und Milchinhaltsstoffe stehen bei der ökonomischen Betrachtung der Milchleistung im Vordergrund. Auch hier ist es schwierig, zu einer eindeutigen und umfassenden Kostenzuordnung zu kommen. An erster Stelle stehen sicher die Futterkosten, aber das Reproduktionsmanagement und die daraus resultierende Fortpflanzungsleistung der Herde wie auch die Haltungsbedingungen haben erhebliche Einflüsse auf die Milchleistung pro Zeiteinheit und die Umsetzung der angebotenen Futterration. Auch hier ist es einfacher, die Ausgangssituation zu erfassen, diese einer realistischen Zielsituation gegenüberzustellen und den Gewinnverlust gegenüber der Zielsituation zu quantifizieren. Hierzu können verschiedene Werkzeuge in Form spezieller Teilkostenrechnungen, wie zum Beispiel das „partial budgeting" herangezogen werden.

5.3.2 Reproduktion

Zur Bewertung der Reproduktion in einer Milchviehherde müssen Reproduktionsleistung (Fortpflanzung pro Zeiteinheit) und Besamungserfolg berücksichtigt werden (**Kap. 3.1**). Dies kann zum Beispiel durch die Ermittlung der Kosten pro erzielte Trächtigkeit geschehen. Für die Berechnung gibt es unterschiedliche Ansätze. Die Kosten einer Trächtigkeit können zum Beispiel nach folgender Formel ermittelt werden:

$$K_T = \frac{K_R + K_{GV} + K_{BL} + K_{BES} + K_{TA\text{-}AM}}{n_T}$$

K_T = Kosten einer Trächtigkeit, K_R = Remontierungskosten, K_{GV} = Kosten durch Güstzeitverlängerung, K_{BL} = Kosten für betriebliche Leistungen (Reproduktionsmanagement), K_{BES} = Besamungskosten, $K_{TA\text{-}AM}$ = Kosten für Tierarzt und Arzneimittel, n_T = Anzahl erzielter Trächtigkeiten

Die Ermittlung der einzelnen relevanten Kostenfaktoren ist oft schwierig. Häufig muss der ITB-Tierarzt sich auf die ohne allzu großen Aufwand ermittelbaren Kosten beschränken. Je mehr Kostenfaktoren berücksichtigt werden, desto genauer wird die Rechnung. Werden nur wenige Kostenfaktoren berücksichtigt, wird die Rechnung ungenauer. Sie kann aber auch dann ein brauchbares Hilfsmittel sein und ist nicht falsch. Die Formelsammlung am Ende dieses Kapitels soll eine gewisse Hilfestellung für die Kostenermittlung leisten.

5.3.3 Fütterung

Die Fütterung eignet sich sehr gut für den Einsatz des Partial Budgeting. Im folgenden Beispiel (**Tab. 5.2**) wird eine Rationsänderung vorgenommen und deren Auswirkungen in Bezug auf die Milchleistung bewertet. Auswirkungen in anderen Bereichen (im Beispiel positive Auswirkungen auf die Fruchtbarkeit) müssen – zumindest im negativen Fall berücksichtigt werden.

Eine Kostensenkung des in **Tab. 5.2** aufgeführten Beispiels könnte sich z. B. ergeben, wenn man die Kosten der Futterkomponenten einzeln gegenüberstellt. Hier wurden der Einfachheit halber die Gesamtrationskosten vorab berechnet und einander gegenübergestellt.

Diese Rechnung geht nur dann auf, wenn die Leistungssteigerung tatsächlich eintritt. Das heißt, bei Plankostenrechnungen, wie dem Partial Budgeting, geht man immer von Annahmen aus. In diesem Fall von der Annahme, dass die Futterumstellung eine bestimmte Leistungssteigerung mit sich bringt. Dementsprechend kann man feststellen, wie hoch die Leistungszunahme sein muss, damit sich diese Futterumstellung lohnt.

Da die Fütterung sich auch auf andere Bereiche auswirkt, z. B. Gesundheit und Reproduktion, sollten weitere, möglicherweise nicht direkt monetäre Nutzenaspekte bei einer Entscheidung in diesem Bereich berücksichtigt werden. Das Monitoring im Rahmen der ITB dient unter anderem der Feststellung von Auswirkungen derartiger Entscheidungen auf die Leistungsfähigkeit, die Gesundheit und die Fruchtbarkeit der Herde.

5.3.4 Remontierung oder „das Verbleib-Ersatz-Problem“

Ein Problem, mit dem der ITB-Tierarzt immer wieder konfrontiert wird, ist die Frage, wann und unter Berücksichtigung welcher Kriterien ein Tier zuchtuntauglich wird und den Bestand verlassen muss. Da es bisher nur sehr aufwendige methodische Konzepte für die Beantwortung der Frage nach Abgang oder Verbleib gibt, werden fast alle Kosten- und Nutzenabwägungen ohne derartige Hilfen vorgenommen. Unter Berücksichtigung der Betriebszweigabrechnung lassen sich vereinfachte Konzepte verfolgen. Weist ein Tier unterdurchschnittliche Leistungs- und Erfolgswerte auf, so ist der Ersatz umso eher geboten, je weiter das Tier dem Durchschnitt nachhinkt, je höher die nachhaltige Leistungseinbuße durch die jeweilige Gesundheitsstörung sein wird und je geringer der Zuchtwert ist. Unter Berücksichtigung eines höheren Leistungsniveaus des Ersatztiers infolge des allgemeinen Zuchtfortschritts, ist im Falle zu erwartender dauerhafter gesundheitlicher Schäden oft der Ersatz die bessere Alternative. Dabei ist immer vom aktuellen Wert des Tieres auszugehen. Ist das Tier schwer erkrankt und z. Zt. nicht verwertbar, muss ein Negativwert (Kosten für Euthanasie und Tierkörperbeseitigung) zugrunde gelegt werden. Die Verbleib-Ersatz-Entscheidung ist dann zunächst unter Berücksichtigung der Wahrscheinlichkeit (h_v) der Wiederherstellung einer Verwertungsmöglichkeit (Schlachtung), des damit verbundenen Aufwands und der Differenz des aktuellen Wertes des Tieres und eines erzielbaren Schlachtwerts zu prüfen.

$$(W_{Schlachtung} - W_{Tier\ aktuell}) \times h_V = A_{1\ max}$$

h_v = Wahrscheinlichkeit der Wiederherstellung einer Verwertungsmöglichkeit

$A_{1\ max}$ = maximal möglicher Aufwand zur Wiederherstellung des Schlachtwerts

Tab. 5.2 Auswirkungen einer Rationsänderung auf die Milchleistung.

Betrieb:

- 56 Kühe, ganzjährige Stallhaltung (Tiefboxen)
- Leistung: Ø 8.900 kg Milch pro Jahr, 4,4% Fett, 3,9% Eiweiß

Alte Futterration

Grundfutter	• 12 kg Anwelksilage; 22 kg Maissilage; 33% TM; 5,8 MJ NEL
Leistungsfutter	• 6,62 MJ NEL; 16% RP • Hofeigene Getreidemischung: – 30% Hafer, 10% Triticale, 5% Gerste, 5% Weizen, 20% Melasseschnitzel • 30% Milchleistungsfutter (MLF) III 28/2

Futterkosten

Grundfutter	• 5,8 MJ NEL pro kg TM • 0,11 € pro kg TM ist der auf Basis der Energiebewertung errechnete Grundfutterwert
Leistungsfutter	• 0,13 € pro kg, d. h. 10 MJ NEL kosten 0,1964 €
Gesamtration	• Grundfutterwert (11,22 kg TM) = 1,23 € • GF reicht für Erhaltung plus 8,6 kg Milch • ∅ Kraftfutterbedarf: 7,3 kg • ∅ Kraftfutterkosten bei 24 kg Tagesmilchleistung: 0,95 € • Kosten der Gesamtration: 2,18 € • Kosten Herde (pro Tag): 122,08 €

Leistung der Herde

- ∅ Tagesmilchmenge: 24 kg
- 4,40% Fett
- 3,40% Eiweiß
- ∅ Tage in Milch (Melktage): 141

Milcherlös der Herde: 403,20 €/Tag

Geänderte Futterration

Grundfutter	• unverändert
Leistungsfutter:	• 6,83 MJ NEL, 17,6% RP • Hofeigene Getreidemischung: – 30% Hafer, 20% Triticale, 5% Gerste, 5% Weizen, 20% Melasseschnitzel, 20% Sojaschrot

Futterkosten

Grundfutter	• 5,8 MJ NEL pro kg T • 0,12 € pro kg T ist der auf Basis der Energiebewertung errechnete Grundfutterwert
Leistungsfutter	• 0,14 € pro kg, d. h. 10 MJ NEL kosten 0,20 €
Gesamtration	• Grundfutterwert (11,22 kg TM) = 1,35 € • GF reicht für Erhaltung plus 8,6 kg Milch • Steigerung der ∅ Tagesmilchleistung um 3 kg • ∅ Kraftfutterbedarf: 8,5 kg • ∅ Kraftfutterkosten bei 27 kg Tagesmilchleistung: 1,19 € • Kosten der Gesamtration: 2,54 € • Kosten Herde pro Tag: 142,24 € • Differenz gegenüber alter Ration: 20,16 €/Tag

Tab. 5.2 Auswirkungen einer Rationsänderung auf die Milchleistung (Fortsetzung).

Leistung der Herde

- ∅ Tagesmilchmenge: 27 kg
- 4,40% Fett
- 3,65% Eiweiß
- ∅ Tage in Milch (Melktage): 131

Korrektur der Leistung:

- Annahme: Leistungsabfall = 6% pro Monat
- Δ Melktage = 10 (= ⅓Monat)
- 27 kg – 2% = 26,46 kg

Milcherlös der Herde: 455,09 €/Tag

Differenz gegenüber alter Ration und Leistung:

- 41,33 € durch erhöhte Mengenleistung
- 10,56 € durch erhöhte Eiweißleistung
- Gesamtdifferenz: 51,89 € pro Tag

Einsetzen der Werte in die Formel für das Partial Budgeting:

- Erlöszuwachs = 51,89 €
- Erlösverlust* = 9,52 €
- Nettoerlösveränderung (ΔE_N) = 42,37 €
- Kostenzuwachs = 20,16 €
- Kostensenkung = 0,00 €
- Nettoveränderung = 20,16 €
- Nettogewinn = 22,21 €/Tag (= 8.106,65 €/Jahr)

* Der Erlösverlust ergibt sich daraus, dass Triticale marktfähig ist. Der erhöhte Anteil in der neuen Futterration schließt eine Vermarktung der zusätzlich verfütterten Menge aus.

Kann mit einer gewissen Wahrscheinlichkeit von einer vollständigen Wiederherstellung der Gesundheit des Tieres ausgegangen werden, gilt:

$$(W_{Kuh} - W_{Tier\ aktuell}) \times h_G = A_{2\ max}$$

W_{Kuh} = „Restwert" der gesunden Kuh unter Berücksichtigung der mittleren Nutzungsdauer, der zu erwartenden Leistung des Tiers sowie der Marktpreise für Zukauffärsen.
h_G = Wahrscheinlichkeit der vollständigen Wiederherstellung der Gesundheit des Tieres
$A_{2\ max}$ = Maximal möglicher Aufwand zur Wiederherstellung der Gesundheit des Tieres

Schwierig ist die Verbleib-Ersatz-Entscheidung bei Spitzentieren, da hier weitere, sog. „dynamische Entscheidungsvariablen" (Zuchtwert, überdurchschnittlicher Zuchtwert der Nachkommen, Bedeutung der Spitzentiere für die Beurteilung der Herde etc.) berücksichtigt werden müssen und der allgemeine Zuchtfortschritt als Argument für den Ersatz wegfällt. Ein Spitzentier bleibt unter Umständen trotz eines anhaltenden Gesundheitsschadens wirtschaftlicher als sein Ersatz. Zur Feststellung muss außer dem Vergleich mit dem Herdendurchschnitt auch ein Vergleich zwischen der (Zukauf-) Färse und dem zu ersetzenden Tier durchgeführt werden. Für das zu ersetzende Tier sind Alter, Vorjahresleistungen unter Berücksichtigung möglicher früherer Erkrankungen zu extrapolieren, um die Leistungserwartung ohne Krankheit zu schätzen. Diese Schätzung wird um die Schädigung infolge der vorliegenden Erkrankung reduziert. Die Färse wird bewertet, indem die durchschnittliche Leistung der Färsen des Vorjahres, erhöht um die durch den allgemeinen Zuchtfortschritt bedingte, zu erwartende Mehrleistung, zugrunde gelegt wird. Außerdem wird für dieses Tier die durchschnittliche Nutzungsdauer angenommen und dementsprechend die zu erwartende Lebensleistung in Ansatz gebracht.

Alle halbwegs korrekten Ansätze sind für die tägliche Arbeit in den Beständen, bei der schnelle Entscheidungen erforderlich sind, zu kompliziert, solange sie nicht durch entsprechende computergestützte Herdenmanagementsysteme nutzbar gemacht werden. Die Arbeitsblätter **ABL 5.1** und gemacht werden. Die Arbeitsblätter **ABL 5.1** und **ABL 5.2** zeigen Hilfsmittel, wie sie in der täglichen Arbeit genutzt werden können. **ABL 5.1** ermöglicht die Bewertung eines Tieres nach einem Punkteschema. Durch die Spalte „Faktor" kann eine zusätzliche Gewichtung der einzelnen Bewertungskriterien vorgenommen werden. **ABL 5.2** wird vor allem in größeren Betrieben genutzt, um Tiere, die vom Personal als zuchtuntauglich eingestuft werden, zu registrieren und die Entscheidung der Betriebsleitung über Abgang oder Verbleib vorzubereiten.

Einige moderne Herdencomputerprogramme bieten die Möglichkeit, die in der laufenden Laktation noch zu erwartende Milchleistung eines Tieres aufgrund der von dem jeweiligen Tier vorhandenen Leistungsdaten schnell zu ermitteln, was eine weitere Unterstützung bei der Verbleib-Ersatz-Entscheidung darstellt.

5.4 Arbeiten mit Tabellenkalkulation

Herden-Computerprogramme bieten unterschiedliche Möglichkeiten, wirtschaftliche Auswirkungen von Managemententscheidungen zu kalkulieren. Allzu oft passen die vorhandenen Möglichkeiten nicht zu einer aktuellen Fragestellung, oder die verfügbare Datenbasis ist aufgrund lückenhafter Dokumentation nicht ausreichend. Hier leisten Tabellenkalkulationsprogramme (z. B. Excel), in denen mittels einfacher Eingabe von Formeln beliebige Kalkulationstabellen (sog. spreadsheets) erstellt werden können, sehr gute Dienste. Sie können für Vollkosten- und Teilkostenrechnungen aller Art herangezogen werden. In der ITB werden Excel-spreadsheets vor allem für Kostenvoranschläge und Plankostenrechnungen genutzt. Im Folgenden wird dies anhand eines Beispiels aus dem Reproduktionsmanagement erläutert.

5.4.1 Plankostenrechner für das Reproduktionsmanagement

Der Plankostenrechner ist ein einfaches Hilfsmittel, mit dem die durchschnittlichen Kosten pro Trächtigkeit zweier alternativer Reproduktionsmanagementprogramme (im Beispiel: konventionelles Reproduktionmanagement/Prostaglandinprogramm) in einem Milcherzeugerbetrieb einander gegenübergestellt werden können.

Auf dem Arbeitsblatt „Kosten" (**Abb. 5.2**) müssen der bisherige durchschnittliche Aufwand pro Trächtigkeit und die dazugehörigen Kosten eingegeben werden. Der Plankostenrechner ermittelt die Kosten pro Trächtigkeit und zeigt die prozentualen Anteile der einzelnen Kostenfaktoren in einem Diagramm an (**Abb. 5.2** bis **Abb. 5.4**). Der Plankostenrechner rechnet ab dem 86. Tag nach der Kalbung mit einer Güstzeitverlängerung.

Auf dem Arbeitsblatt „Plankosten" (**Abb. 5.3**) muss der kalkulierte Aufwand bei Durchführung eines alternativen Programms (z. B. Prostaglandinprogramm; „Programmziel") in Prozent des bisherigen Aufwands pro Trächtigkeit eingegeben werden. Als Basis des kalkulierten Aufwands sollten Ergebnisse entsprechender Untersuchungen oder eigene Erfahrungen zu Grunde gelegt werden. Der bisherige Aufwand pro Trächtigkeit sowie die dazugehörigen Kosten werden vom Plankostenrechner automatisch übernommen.

Der Plankostenrechner ermittelt den zu erwartenden Aufwand sowie die zu erwartenden Kosten pro Trächtigkeit und zeigt auch hier die prozentualen Anteile der einzelnen Kostenfaktoren in einem Diagramm an. Die Differenzen der beiden Reproduktionsmanagementprogramme werden neben dem Diagramm angezeigt.

Bei der Arbeit mit Tabellenkalkulationsprogrammen ist es sehr hilfreich, die Zahlenfelder farblich zu hinterlegen (z. B. alle Felder, in die etwas eingegeben werden muss = gelb; alle Felder, in die nichts eingegeben werden darf = rot usw.). Felder, in die nie etwas eingegeben werden darf, können auch entsprechend schreibgeschützt werden, um versehentliches Überschreiben zu vermeiden.

Mittels so genannter Sensitivitätsanalysen wird geprüft, wie sich das Ergebnis einer Plankostenrechnung verändert, wenn ein Kostenfaktor variiert und alle anderen konstant gehalten werden (**Abb. 5.4**). Auf diese Weise kann festgestellt werden, welcher Kostenfaktor den größten Einfluss auf die zu treffende Entscheidung hat und ab welcher Grenzgröße der betrachteten Faktoren die Entscheidung beeinflusst wird, das heißt im vorliegenden Beispiel, dass das alternative Reproduktionsmanagementprogramm gewählt werden müsste.

Im Beispiel zeigt der Plankostenrechner auf dem Arbeitsblatt „Sensitivitätsanalyse", wie sich die

ABL 5.1 Ausmerzhilfe

Logo

Ausmerzhilfe

Punkte		-100	-50	0	+50	+100	Faktor	Kuh:
letzte Jahresleistung								Ergebnis:
≥ 150 %						x		
110 - 149 %					x			
90 - 109 %				x				
80 - 89 %			x					
< 80 %		x						
zu erwartende Leistung in dieser Laktation								
≥ 75 % dLL*						x		
50 - 74 % dLL					x			
35 - 49 % dLL				x				
25 - 34 % dLL			x					
< 25 % dLL		x						
offene Tage								
< 50						x		
50 - 100					x			
101 - 150				x				
151 - 200			x					
> 200		x						
Zuchtwert**								
MW - 100								
Zellgehalt*** x 1.000 / ml								
< 150						x		
151 - 250					x			
251 - 300				x				
301 - 400			x					
> 400		x						
Dreistrich			x					
min. 2 therapieresistente Viertel		x						
1/4 klinisch#			x					
2/4 klinisch#		x						
Kein Zyklus			x					
Konditionsmangel (BCS≤2)			x					
Alter								
LN= 1-2						x		
LN= 3-4					x			
LN= 5-6				x				
LN> 6			x					

Gesamtpunktzahl	

ABL 5.1 Ausmerzhilfe

Legende:

* dLL = durchschnittliche Lakatationsleistung

** MW = durchschnittlicher Milchwert

*** Zellgehalte in mind. 3 Kontrollen; schwankende Zellgehalte werden mit 0 Punkten gewertet

Flocken und/oder deutliche Verhärtungen

Bewertung:

Tiere < 0 Punkte:	**Vorschlag zur Merzung (im letzten Trächtigkeitsdrittel: Separieren und Merzung nach Abkalbung)**
Tiere ≥ 0 Punkte:	**erneute Laktation oder Behandlungsversuch**

ABL 5.2 Zuchtuntauglichkeitskontrolle (ZU-Liste)

Zuchtuntauglichkeitskontrolle - ZU-Liste

Ohr-Nr.	LN	Mtg	letzte Lakt. Leistung	letzte Kontr.	TR Tage	BCS	Zellzahl	Dreistrich	Hauptmerzungsgrund	Nebenmerzungsgründe	* Behandlg. versuch	* ZU	* ZT

* Spalten sind nur von der Betriebsleitung auszufüllen

Abk.: LN = Laktations-Nr.; Mtg. = Melktage; TR-Tage = Trächtigkeitstage; BCS = Body Condition Score; ZU = zuchtuntauglich; ZT = zuchttauglich

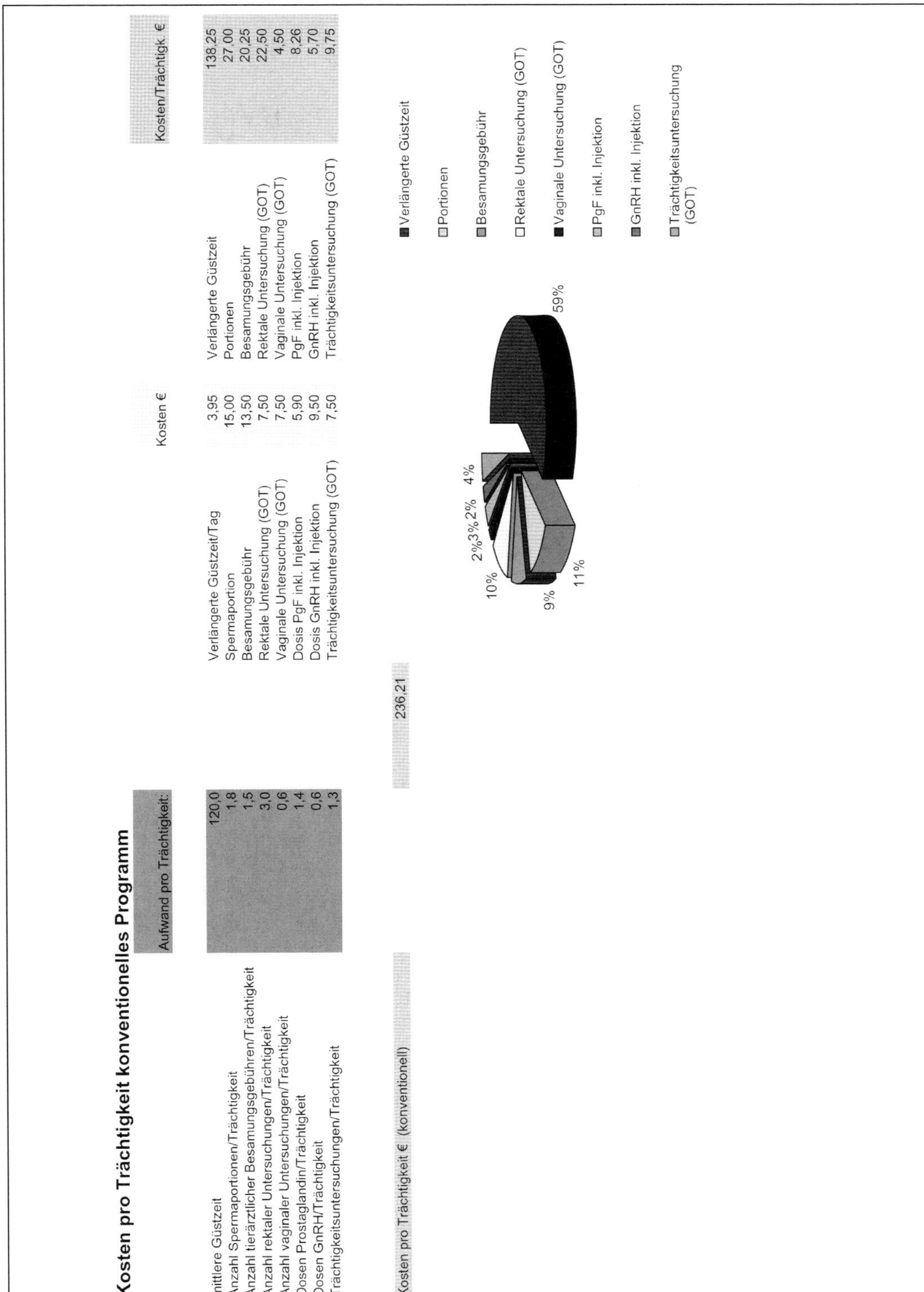

Kosten pro Trächtigkeit konventionelles Programm

	Aufwand pro Trächtigkeit:
mittlere Güstzeit	120,0
Anzahl Spermaportionen/Trächtigkeit	1,8
Anzahl tierärztlicher Besamungsgebühren/Trächtigkeit	1,5
Anzahl rektaler Untersuchungen/Trächtigkeit	3,0
Anzahl vaginaler Untersuchungen/Trächtigkeit	0,6
Dosen Prostaglandin/Trächtigkeit	1,4
Dosen GnRH/Trächtigkeit	0,6
Trächtigkeitsuntersuchungen/Trächtigkeit	1,3

	Kosten €
Verlängerte Güstzeit/Tag	3,95
Spermaportion	15,00
Besamungsgebühr	13,50
Rektale Untersuchung (GOT)	7,50
Vaginale Untersuchung (GOT)	7,50
Dosis PgF inkl. Injektion	5,90
Dosis GnRH inkl. Injektion	9,50
Trächtigkeitsuntersuchung (GOT)	7,50

	Kosten/Trächtigk. €
Verlängerte Güstzeit	138,25
Portionen	27,00
Besamungsgebühr	20,25
Rektale Untersuchung (GOT)	22,50
Vaginale Untersuchung (GOT)	4,50
PgF inkl. Injektion	8,26
GnRH inkl. Injektion	5,70
Trächtigkeitsuntersuchung (GOT)	9,75

Kosten pro Trächtigkeit € (konventionell) 236,21

Abb. 5.2 Plankostenrechner: Arbeitsblatt „Kosten“ (Erläuterungen Kap. 5.4.1).

Kosten pro Trächtigkeit PgF-Programm

	bisheriger Aufwand	Programmziel	zu erwartender Programmaufwand		Kosten €		zu erwartende Kosten/Trächtigk. €
mittlere Güstzeit	120,0	80%	96,0	Verlängerte Güstzeit/Tag	3,95	Verlängerte Güstzeit	43,45
Anzahl Spermaportionen/Trächtigkeit	1,8	113%	2,0	Spermaportion	15,00	Portionen	30,51
Anzahl tierärztlicher Besamungsgebühren/Trächtigkeit	1,5	113%	1,7	Besamungsgebühr	13,50	Besamungsgebühr	22,88
Anzahl rektaler Untersuchungen/Trächtigkeit	3,0	0%	0,0	Rektale Untersuchung (GOT)	7,50	Rektale Untersuchung (GOT)	0,00
Anzahl vaginaler Untersuchungen/Trächtigkeit	0,6	0%	0,0	Vaginale Untersuchung (GOT)	7,50	Vaginale Untersuchung (GOT)	0,00
Dosen Prostaglandin/Trächtigkeit	1,4	180%	2,5	Dosis PgF inkl. Injektion	5,90	PgF inkl. Injektion	14,87
Dosen GnRH/Trächtigkeit	0,6	0%	0,0	Dosis GnRH inkl. Injektion	9,50	GnRH inkl. Injektion	0,00
Trächtigkeitsuntersuchungen/Trächtigkeit	1,3	95%	1,2	Trächtigkeitsuntersuchung (GOT)	7,50	Trächtigkeitsuntersuchung (GOT)	9,26

Kosten pro Trächtigkeit € (PgF-Programm)	120,97
Kosten pro Trächtigkeit € (konventionell)	236,21
Differenz € (PgF-Konventionell)	-115,24

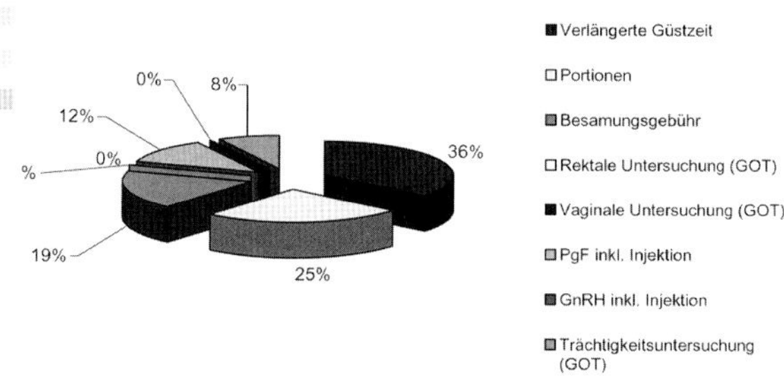

Abb. 5.3 Plankostenrechner: Arbeitsblatt „Plankosten" (Erläuterungen Kap. 5.4.1).

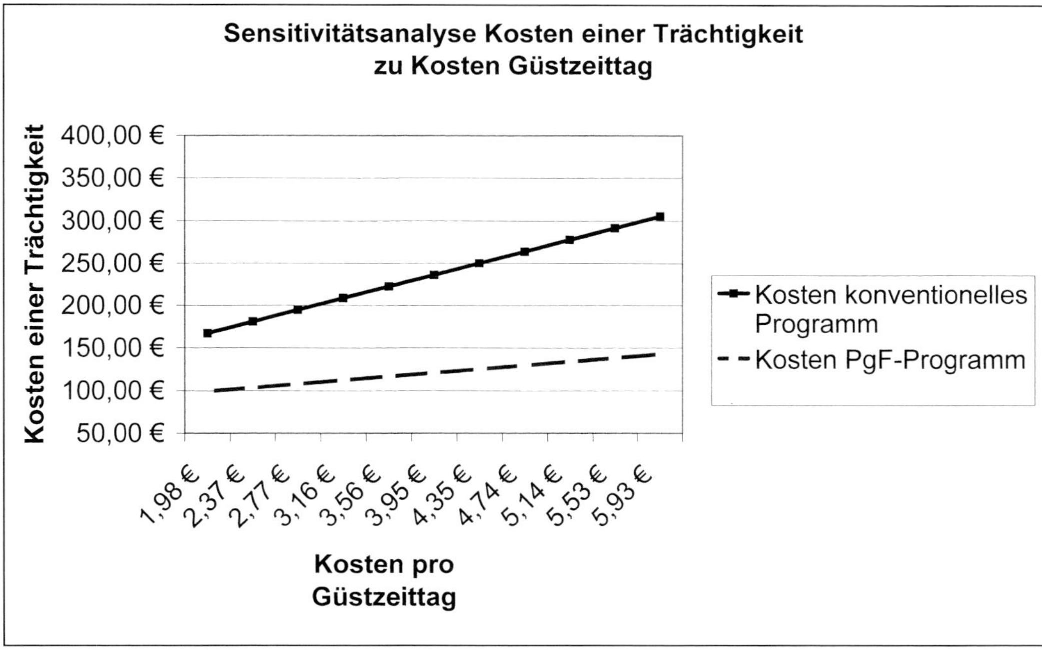

Abb. 5.4 Plankostenrechner: „Sensitivitätsanalyse" (Erläuterungen Kap. 5.4.1).

Kosten pro Trächtigkeit der beiden Reproduktionsmanagementprogramme im Verhältnis zu den Kosten pro Tag verlängerte Güstzeit entwickeln. Die Spanne der Kosten pro Tag verlängerte Güstzeit umfasst 50–150% der vorgewählten Kosten, die auf dem Arbeitsblatt „Kosten" eingegeben wurden.

Ein derartiger mittels Tabellenkalkulationsprogramm erstellter Plankostenrechner rechnet immer nur mit den vorgegebenen Formeln unter Berücksichtigung der vorgegebenen Kostenfaktoren. Die Genauigkeit der Berechnungen ist von der Detailliertheit der zugrunde gelegten Formeln abhängig. Im Beispiel werden die Kosten für die Güstzeitverlängerung einfach in die Tabelle eingetragen (entweder vorab berechnet oder geschätzt), obwohl diese auch in der Tabelle berechnet werden könnten. Andere kostenrelevante Faktoren, wie mögliche Unterschiede hinsichtlich des Abgangs von Tieren oder des betrieblichen Aufwands in Abhängigkeit vom jeweiligen Reproduktionsmanagementprogramm sind im Beispiel ebenfalls nicht enthalten. Diese müssten zusätzlich beachtet werden.

5.4.2 Formelsammlung

Die nachfolgende Formelsammlung soll bei der Kostenermittlung helfen. Die einzelnen Formeln stellen Möglichkeiten der Berechnung dar. Das bedeutet nicht, dass andere Berechnungswege falsch sein müssen. Jede Berechnung kann nur eine möglichst weitgehende Annäherung an die tatsächlichen Verhältnisse ermöglichen.

5.4.2.1 Grenzkostenberechnung und -nutzung bei Verlustermittlungen

Zur Entwicklung von Kostenszenarien und zur Ermittlung von Verlusten infolge von Milchleistungseinbußen unter den jeweiligen Bedingungen werden die Grenzkosten für die Produktion von 1 kg Milch während des Bewertungszeitraums benötigt. Die Berechnung kann in ein oder zwei Stufen erfolgen (**Tab. 5.3**). Bei der Ermittlung der Grenzkosten 1 (GK1) werden allgemein übliche und damit vergleichbare Faktoren berücksichtigt.

Tab. 5.3 Vorlage für eine Grenzkostenberechnung zur Produktion von 1 kg Milch.

∅ Milchauszahlungspreis pro kg:	€
./.	
Kraftfutterkosten/kg Milch:	€
Grundfutterkosten/kg Milch:	€
zusätzliche Lohnkosten/kg Milch:	€
Lohnkosten kalkulatorisch/kg Milch:	€
Zinsanspruch kalkulatorisch/kg Milch:	€
Grenzkosten 1 (hier = $DB_{E\ 1}$):	€
./.	
sonstige variable Kosten/kg Milch (gem. Tab. 5.1)	€
Grenzkosten 2 (hier = $DB_{E\ 2}$):	€

Die Auswertungsergebnisse werden auf diese Weise horizontal vergleichbar. Unter Berücksichtigung weiterer Faktoren, die im jeweiligen Betrieb aufgrund ihrer Abhängigkeit von der Größe des Betriebszweigs und vom Produktionsniveau den variablen Kosten zuzuordnen sind, erfolgt die Berechnung der Grenzkosten 2 (GK2). Durch die Benutzung von GK2 werden betriebsspezifische Gegebenheiten berücksichtigt. Bildet man die Differenz aus Erlös pro Einheit (kg Milch) und Grenzkosten pro Einheit erhält man den Deckungsbeitrag pro Einheit (DB_E). Bei der Ermittlung von Verlusten wird in der Literatur häufig der Begriff Grenzkosten benutzt, obwohl eigentlich der DB_E gemeint ist, da dieser im negativen Fall den Verlust darstellt.

Tab. 5.4 Formeln zur ökonomischen Bewertung einer Remontierung.

Direktkosten für eine Remontierung (DK1)

DK1 = ∅ Preis für Zukauffärsen – ∅ Preis für Verkaufskühe

Direktkosten für eine Remontierung unter Berücksichtigung einer durchschnittlichen Nutzungsdauer von y Laktationen (DK2)

DK2 = DK1 : y

Leistungsverlust pro Remontierung (LV1)

LV1 = L1 – L2

L1 = ∅ 305-Tage-Leistung der Tiere mit LN > 1

L2 = ∅ 305-Tage-Leistung der Tiere mit LN = 1 (LN = Laktationsnummer)

Leistungsverlust pro Remontierung bei gegebener Reproduktionsleistung (eZKZ) bezogen auf 1 Jahr (LV2)

$$LV2 = \frac{LV1 \times 365}{\varnothing eZKZ}$$

(eZKZ = erwartete Zwischenkalbezeit)

Leistungszuwachs infolge 1 Remontierung bezogen auf 1 Jahr (LZ1)

$$LZ1 = \frac{L1 \times ZF \times (\varnothing ND - 1) \times 365}{\varnothing\, eZKZ}$$

ZF = Zuchtfortschritt in % der L1

∅ ND = ∅ Nutzungsdauer

Gesamtleistungsverlust pro Jahr infolge 1 Remontierung (LVg)

LVg = LV2 – LZ1

Kosten durch Leistungsverlust

Zur Ermittlung der durch den Leistungsverlust bei einer Remontierung verursachten Kosten (K_{RL}) wird LVg mit den Grenzkosten pro kg Milch (GK1, GK2) multipliziert.

$K_{RL\ 1,2} = LVg \times GK_{1,2}$

Gesamt-Remontierungskosten

$K_R = n_{AU} \times K_{RD} + n_{AU} \times K_{RL}$

K_R = Remontierungskosten

n_{AU} = Anzahl Abgänge aufgrund von Unfruchtbarkeit während des Bewertungszeitraums

K_{RD} = Direktkosten für eine Remontierung (= DK2 s. o.)

K_{RL} = Kosten durch Leistungsverlust infolge einer Remontierung

Tab. 5.5 Formeln zur Berechnung der Kosten für eine erzielte Trächtigkeit.

Tierarztkosten

$K_{TA} = \sum K_{TL} + \sum K_M$

K_{TA} = Tierarztkosten

$\sum K_{TL}$ = Summe der Kosten für programmgemäße tierärztliche Leistungen

$\sum K_M$ = Summe der Medikamentenkosten

Kosten durch Güstzeitverlängerung

$K_{GV} = \sum K_{LV} + \sum K_{KV}$

K_{GV} = Kosten infolge Güstzeitverlängerung

K_{LV} = Kosten infolge Leistungsverlust

K_{KV} = Kosten infolge Kälberverlust

Kosten durch Leistungsverlust

$K_{LV} = \sum GT > 85 \cap < 100 \times (L_a - L_b) \times GK1_a/GK2_a + \sum GT \geq 100 \times (L_a - L_c) \times GK1_a/GK1_a/GK2_a$

K_{LV} = Kosten infolge Leistungsverlust

GT = Güsttage

L_a = ∅ Tagesmilchleistung im Zeitraum bis 99 Tage p. p.

L_b = ∅ Tagesmilchleistung im Zeitraum ab 100 Tage p. p.

L_c = ∅ Tagesmilchleistung im Zeitraum 150 bis 200 Tage p. p.

$GK1_a/GK2_a$ = gemäß Formel 14 aufgrund unterschiedlicher Kraft- und Grundfutterkosten korrigierte Grenzkosten

Kosten durch Kälberverlust

$K_{KFLa,\,b,\,c} = (1 - PS) \times \varnothing P_K : 365$

PS = Perinatale Sterblichkeit (Kälberverlust in den ersten 7 Lebenstagen), angegeben als Dezimalzahl

$\varnothing P_K$ = Mittlerer Kälberverkaufspreis

Kosten durch Kraftfutter

$$K_{KFLa,b,b} = \frac{\varnothing TMM_{BZR} \times K_{KF} / kgMilch}{L_{a,b,c}}$$

K_{KF} = Kraftfutterkosten

$\varnothing TMM_{BZR}$ = Mittlere Tagesmilchmenge pro Tier im Bewertungszeitraum

$L_{a,b,c}$ = Tagesmilchleistungen gemäß Formel „Kosten für Leistungsverlust"

Kosten durch betriebliche Leistungen

$K_{BL} = \sum Akh_1 \times W_{Akh_1} + \sum Akh_2 \times W_{Akh2}$

K_{BL} = Kosten für betriebliche Leistungen

W_{Akh1} = Wert einer Arbeitskraftstunde in Euro

Programmbedingte Gesamtkosten für eine erzielte Trächtigkeit

$$K_T = \frac{K_{TA} + K_R + K_{GV} + K_{BL} + K_{Bes}}{n_T}$$

K_{Bes} = Kosten für Besamungen

n_T = Anzahl erzielter Trächtigkeiten

5.4.2.2 Remontierungskosten

Die ökonomische Bewertung einer Remontierung erfolgt auf Basis der tatsächlichen Kosten und Erlöse unter Berücksichtigung einer durchschnittlichen Nutzungsdauer (betriebsspezifisch oder regionenspezifisch je nach Berechnungsziel) und auf Basis des Leistungsverlusts infolge Remontierung unter Berücksichtigung des zu erwartenden Zuchtfortschritts und der erwarteten Zwischenkalbezeit. Für die Berechnung werden die in **Tab. 5.4** aufgeführten Formeln verwendet.

5.4.2.3 Kosten für eine erzielte Trächtigkeit

Die Ermittlung der Kosten für eine erzielte Trächtigkeit erfolgt nach den Formeln in **Tab. 5.5**.

Literatur

Beschorner, D., u. H. Peemöller (1995): Allgemeine Betriebswirtschaftslehre – Grundlagen und Konzepte. Verlag Neue Wirtschaftsbriefe, Herne – Berlin

Dijkhuizen, A. A., u. R. S. Morris (1997): Animal Health Economics. Post Graduate Foundation in Veterinary Science, University of Sydney ISBN 0.646.31481 5

Hans, L., u. V. Warschburger (1996): Controlling. R. Oldenbourg Verlag, München, Wien

Irgel, L. (1991): Handbuch für Kaufleute. Gabler-Verlag, Wiesbaden, 3. Auflage

Sachregister

Q

R

S

T